[美] 吉尔·加塞（Gilles Gasser） 著

蒲陆梅 译

无机
化学生物学

Inorganic
Chemical
Biology

Principles,Techniques
and Applications

化学工业出版社

·北京·

内容简介

本书共 12 章内容，适当地涵盖了所有的化学生物学概念，书中所有章节都是以化学的基本理论与具体实例相结合来解释所提出的概念，内容新颖、丰富，原理清晰，实例取材广泛准确，图文并茂，形式活泼。将无机化学通过金属配合物引入生物学，学科交叉特色明显且自然。

本书适合所有化学背景和生物学背景的本科生、研究生、教师及科研工作者阅读使用。

Inorganic Chemical Biology：Principles，Techniques and Applications，1st edition/by Gilles Gasser

ISBN 9781118510025/111851002X

Copyright © 2014 by John Wiley & Sons，Ltd. All rights reserved.

Authorized translation from the English language edition published by John Wiley & Sons，Ltd

本书中文简体字版由 John Wiley & Sons，Ltd 授权化学工业出版社独家出版发行。

北京市版权局著作权合同登记号：01-2025-2249

图书在版编目（CIP）数据

无机化学生物学 /（美）吉尔·加塞
（Gilles Gasser）著；蒲陆梅译. — 北京：化学工业
出版社，2024．4. — ISBN 978-7-122-44727-2

Ⅰ．O61；Q

中国国家版本馆 CIP 数据核字第 2024A35778 号

责任编辑：李　琰　　　　文字编辑：朱　允
责任校对：李雨晴　　　　装帧设计：关　飞

出版发行：化学工业出版社
　　　　　（北京市东城区青年湖南街 13 号　邮政编码 100011）
印　　装：河北鑫兆源印刷有限公司
787mm×1092mm　1/16　印张 20½　彩插 4　字数 488 千字
2025 年 6 月北京第 1 版第 1 次印刷

购书咨询：010-64518888　　　售后服务：010-64518899
网　　址：http：//www.cip.com.cn
凡购买本书，如有缺损质量问题，本社销售中心负责调换。

定　　价：128.00 元　　　　　　　　版权所有　违者必究

—— 译者序

　　本书主要内容广义上分为三部分。第一部分阐述金属配合物辅助生物分子纯化、结构识别和活细胞中金属检测的分离分析技术，具体内容包括固相金属离子亲和色谱基本原理和应用以及其对包括抗癌剂曲古抑菌素 A 和博来霉素、抗感染剂等非蛋白基低分子量化合物的分离和对更多目标物的选择，在多维固相金属离子亲和色谱、代谢组学研究、依赖于配位键的固相有机合成发展中的作用和应用（第 1 章）；金属配合物作为结构生物学工具在化学生物学中的 AAS、XRF 和 MS 表征方法，通过金属基抗癌药物和抗疟疾药物中金属的精确痕量分析，金属及其配合物在生物环境和生物体中的分布、性质检测等应用实例（包括亚细胞 X 射线荧光成像和 X 射线荧光成像在药物开发中的应用），展示了这些光谱技术在化学生物学相关金属分析中的优点、适用性、存在的问题及未来发展前景（第 2 章，第 3 章）。第二部分重点介绍通过发光化合物使活细胞中重要的细胞器、分子和离子成像可视化的原理和方法，实现细胞内的传感和标记（第 4 章）；金属羰基配合物的细胞成像（第 5 章）；Ru(Ⅱ)配合物通过可逆相互作用、靶向 G-四联体和穿嵌方式辅助不同类型的 DNA 发光成像（第 6 章）；二巯基金属配合物对蛋白质和细胞的成像（第 7 章）；金属离子、阴离子与小分子成像（第 8 章）。第三部分的内容有应用钙、锌、铜、铁、钴等金属离子的"光笼"配合物在活细胞中释放生物相关金属离子（第 9 章）和 CO、NO、H_2S 等生物活性分子（第 10 章），以及多核多吡啶钌配合物对特定酶（如端粒酶等）的抑制性能和对 NAD^+/NADH 的催化作用（第 11 章）。本书最后展望了金属配合物在化学生物学中表面固定蛋白质和酶、用作人工核酸酶和增强细胞摄取等领域的潜在应用前景（第 12 章）。

　　本书的翻译人员有甘肃农业大学蒲陆梅（第 1 章，第 12 章）、南米娜（第 2 章，第 8 章）、李静（第 3 章）、许卫兵（第 4 章，第 5 章）、龙海涛（第 6 章）、胡冰（第 9 章）、付国瑞（第 10 章，第 11 章）、中国石油天然气股份有限公司兰州化工研究中心唐中华（第 7 章）。

　　本书内容新颖、丰富，原理清晰，实例取材广泛准确，图文并茂。将无机化学通过金属配合物引入生物学，学科交叉特色明显且自然。适合所有化学背景和生物学背景的本科生、研究生、教师及科研工作者阅读使用。

译者
2023 年 12 月

前言

　　化学生物学是一个迅速兴起的领域，新的化学生物学研究院所正在全球各高校不断组建。同时，为了满足该领域和其他相关研究方向广大学生的研究兴趣，一些面向本科生和硕士研究生的化学生物学新课程也陆续展开。然而这些课程中的绝大多数都是由有机化学背景的教师讲授，他们很少涉及金属配位化合物。这些化合物已被证实在化学生物学研究领域起着极其重要的作用，在不久的将来，它们的应用有望进一步扩大。尽管人们很快认识到了金属配位化合物的重要性，然而迄今为止，能够胜任该领域专业教学和管理的师资却非常有限[1-3]。编著本书的目的就是要通过全面综述当前金属配位化合物在化学生物学中的作用来解决这一问题。这里我们要强调药用无机化学（例如，抗肿瘤药、抗寄生虫药和抗微生物药）并没有在本书中出现，这是因为在其他著作中对这一部分已经有详细论述[4-8]。另外，由于要理解化学生物学特定的定义，本书也没有涉及小分子或化学技术对生物系统的识别和影响[2,9-12] 以及金属离子在生物学中的作用等内容，仅仅呈现了应用于（分子）生物学的金属配位化合物。

　　为了便于无机化学和有机化学教师教学和学生理解，本书适当地涵盖了所有的化学生物学概念，书中所有章节都是以化学的基本理论与具体实例相结合来解释所提出的概念。前两章阐述金属配位化合物如何辅助基本生物分子的纯化（第 1 章）和结构识别（第 2 章）。接下来深入描述了能够辅助检测活细胞中特定金属的分析技术（第 3 章）。从这个意义上讲，本书第一部分重点介绍了这些技术的生物学应用，并且展现了一个无机化学和化学生物学交叉领域的美好远景。接着，本书第二部分着重于使活细胞中重要的细胞器、分子和离子可视化，更具体地说，就是利用发光化合物对特定细胞器成像（第 4 章），并且首先介绍了金属羰基配合物（第 5 章）。在后续的三章中阐释了金属配合物是如何辅助不同类型的 DNA（第 6 章）、蛋白质（第 7 章），以及金属离子、阴离子与小分子（第 8 章）成像的。本书第三部分的内容与应用金属化合物在活细胞中释放生物相关金属离子（第 9 章）和生物活性分子（第 10 章），以及对特定酶的抑制性能（第 11 章）有关。最后一章（第 12 章）展望了金属配位化合物在化学生物学中潜在的应用前景。

我们希望无论是对化学生物学领域的初学者还是有丰富经验的专业人员，本书都能提供一定的帮助，能进一步激励更多的生物学专家将金属配位化合物应用于他们的研究中，同时也鼓励更多的无机化学专家为进一步揭示细胞过程而研发新的金属基探针。

愿悦享此书！

Gilles Gasser

苏黎世

瑞士

参考文献

1. K. L. Haas and K. J. Franz（2009）Application of metal coordination chemistry to explore and manipulate cell biology，Chem. Rev.，**109**，4921-4960，and references therein.

2. M. Patra and G. Gasser（2012）Organometallic compounds，an opportunity for chemical biology，ChemBioChem，**13**，1232-1252.

3. S. J. Lippard（2006）The inorganic side of chemical biology，Nat. Chem. Biol.，**2**（10），504-507.

4. E. Alessio（ed.）（2011）Bioinorganic Medicinal Chemistry，Wiley-VCH Verlag GmbH，Weinheim.

5. J. L. Sessler，S. R. Doctrow，T. J. McMurry and S. J. Lippard（2005）Medicinal Inorganic Chemistry，American Chemical Society，Washington，D. C.

6. M. Gielen and E. R. T. Tiekink（eds）（2005）Metallotherapeutic Drugs & Metal-based Diagnostic Agents-The Use of Metals in Medicine，John Wiley & Sons Ltd，Chichester.

7. J. C. Dabrowiak，（2009）Metals in Medicine，John Wiley & Sons，Ltd，Chichester.

8. G. Jaouen and N. Metzler-Nolte（eds）（2010）Medicinal Organometallic Chemistry，in Topics in Organometallic Chemistry，Springer-Verlag，Heidelberg.

9. S. L. Schreiber（2005）Small molecules：the missing link in the central dogma，Nat. Chem. Biol.，**1**，64-66.

10. K. L. Morrison and G. A. Weiss（2006）The origins of chemical biology，Nat. Chem. Biol.，**2**（1），3-6（2006）.

11. H. Waldmann and P. Janning，（2009）Chemical Biology：Learning through Case Studies，Wiley-VCH Verlag GmbH，Weinheim.

12. S. L. Schreiber，T. M. Kapoor and G. Wess（eds）（2007）Chemical Biology：From Small Molecules to Systems Biology and Drug Design，Wiley-VCH Verlag GmbH，Weinheim.

作者介绍

Gilles Gasser，1976 年出生于瑞士法语区，2004 年取得瑞士纳沙泰尔大学超分子/配位化学方向的博士学位，其导师是 Helen Stoeckli-Evans 教授。2010 年，完成与澳大利亚莫纳什大学的 Leone Spiccia 教授合作的生物无机化学博士后工作，之后在德国波鸿鲁尔大学 Nils Metzler-Nolte 教授团队作为 Alexander von Humboldt 的合作伙伴，得到瑞士国家科学基金会（SNSF）在药用金属有机化学领域的资助，他又获得了作为瑞士国家科学基金会种子成员去瑞士苏黎世大学化学系进行独立研究的机会。2011 年 3 月，作为助理教授被瑞士国家科学基金会授予苏黎世大学化学系教授职称。他新近主要研究领域涵盖了无机化学生物学和药用无机化学的多个方面，注重研究利用金属配合物杀灭癌细胞与寄生生物及其细胞过程。

编著一本书是一项团队工作，我非常有幸成为一支世界级队伍的"带头人"。非常感谢所有为本书作出贡献的共同作者。他们在极短的时间内进行了大量的工作。与来自五大洲知识渊博的科学家一起工作是我莫大的荣幸。

特别感谢我已经毕业的与在读的博士后、博士和硕士研究生 Anna Leonidova、Jeannine Hess、Philipp Anstätt、Vanessa Pierroz、Cristina Mari、Dr Malay Patra、Sandro Konatschnig、Dr Tanmaya Joshi、Angelo Frei 和 Dr Riccardo Rubbiani（按加入团队的顺序），他们不仅参与了本书的校对，更重要的是对每一章提出了重要建议和意见反馈，我非常有幸能与这样一群既执着又智慧的年轻学者一起工作。感谢他们每天在愉悦的气氛中在苏黎世实验室完成繁重的工作。诚挚地感谢 Dr Jacqui F. Young 在撰写本书提纲时的鼎力相助。

最后，真诚地感谢 Wiley 出版公司给予编著本书的机会，特别感谢出版团队的 Sarah Higginbotham、Sarah Tilley 和 Rebecca Ralf 为本书编著工作的顺利完成而作出的不懈努力。

Gilles Gasser
苏黎世
瑞士

目录

第 3 章　化学生物学中金属配合物的 AAS、XRF 和 MS 表征方法　054

第 4 章　用于细胞和生物成像的金属配合物　082

第 5 章　金属羰基配合物的细胞成像　　　　　　　**111**

第 8 章　金属配合物在测定金属离子、阴离子和小分子中的应用　180

第 9 章　活细胞中金属离子的光解释放　210

第 1 章

固相金属离子亲和色谱在化学生物学中的新应用

Rachel Codd,Jiesi Gu,Najwa Ejje,Tulip Lifa
悉尼大学医学院和博世研究所,澳大利亚

1.1 引言

固相金属离子亲和色谱 (immobilized metal ion affinity chromatography,IMAC) 最早用于从复杂的人血清混合物中分离表面具有组氨酸残基的蛋白质[1]。后来,在分子生物学中,IMAC 就是纯化 N-端或 C-端连接组氨酸的重组蛋白的常规方法。IMAC 在纯化蛋白质中的广泛应用可能掩盖了其在生物分子化学和化学生物学中的其他应用潜力。自然界存在着大量低分子量的非蛋白质化合物,由于它们对金属离子具有固有的亲和力,或者说它们只有与金属离子结合才具有活性,所以 IMAC 就可以用来在复杂混合物中分离这些目标化合物。使用这种高选择性亲和分离方法,能促进从细菌、真菌、植物和海绵动物中发现新的抗感染和抗癌化合物。近期一系列研究明显表现出了 IMAC 主要在已知药物和未知药物分离、代谢组学分析和基于化学组学药物开发的金属探针制备等领域的新应用,其核心是 IMAC 是以配位化学基本原理为基础的一种分离分析方法,本章在进一步概述近期有关 IMAC 的大量创新内容之前,将简要介绍以上内容。本章的基本目的是阐述其他团队在化学生物学之外的领域对 IMAC 进行的应用研究。

1.2 基本原理和应用

一个 IMAC 体系由三个要素组成 (图 1.1),分别是不溶性基质 (左边)、固定相金属螯合物配体（亚氨基二乙酸，IDA）和金属离子［通常是 Ni（Ⅱ）］；其中基质与配体以共价键结合，配体与金属离子形成 1∶1 配合物，该配合物中金属离子提供不饱和配位点，与目标化合物可逆键合。常见的 IMAC 目标化合物（右边）包括表面有组氨酸残基的天然蛋白、组氨酸标记蛋白和磷酸化蛋白。IMAC 作为一种分离技术，其核心原理是固定相的金属配合物内界（配位层）是不饱和的，这就使被分离的目标化合物通过可逆配位键与树脂结合形成能可逆解离的配合物。改变 IMAC 体系的单一要素或同时改变基本实验条件（如缓冲液、pH）都会影响分离的实验效果，由此可以得到实验的最优条件。

与预期用途相一致，IMAC 的主要目标化合物是蛋白质，因为即使是天然蛋白质分子，它们也能与固定相金属配合物以不同的亲和力相结合，结合力的强弱由暴露在表面的组氨酸残基决定，在某些情况下，也由结合力更弱的半胱氨酸残基决定（图 1.1 所示的居左蛋白质）。作为 IMAC 的目标化合物，在 C-端或 N-端连接六个组氨酸重复单元的重组蛋白质与天然蛋白质相比具有更高的亲和力（图 1.1 所示的居中蛋白质）。在这种情况下，重组蛋白质中的组氨酸残基取代了固定相［Ni（Ⅱ）-IDA 配位层］中的三个水配体，而蛋白质混合物中其他大部分组分没有保留在树脂上（图 1.2）。在洗涤树脂移去那些未键合的组分之后，利用一种高浓度咪唑缓冲液洗涤树脂，通过竞争使 Ni（Ⅱ）-IDA 配合物与 C-端组氨酸残基之间的配位键断开。

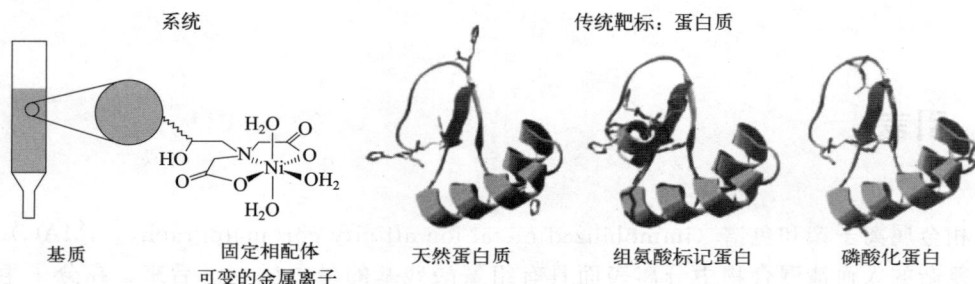

图 1.1 固相金属离子亲和色谱（IMAC）实验要素

磷酸化蛋白组学研究表明[2-4]，IMAC 依据 Fe（Ⅲ）和磷酸化蛋白之间的亲和力［Fe（Ⅲ）-磷酸丝氨酸，$\lg K$ 约为 13[5]］也能将磷酸化蛋白质（图 1.1 所示的居右蛋白质）分离。IMAC 可结合的大多数金属离子，包括 Fe（Ⅲ）、Ga（Ⅲ）、Zr（Ⅳ）等，都适用于磷酸化蛋白组学，因为这些硬酸与硬碱磷酸基都有较强的亲和力。IMAC 技术的理论由配位化学的基本理论支持，包括软硬酸碱理论（the hard and soft acids and bases，HSAB）[6]、配位数和几何构型的关系、热力学和动力学因素。

基于 IMAC 分离在生物领域的广阔市场需求，对其研究主要集中在新材料、修饰材料和固定相配体方面。常用的材料包括交联琼脂糖、纤维素和琼脂糖凝胶，这些高分子材料所具有的不同交联度、接枝量及活化水平，都能影响基质中固定相配体的浓度。以下是一些用于 IMAC 分离的不同类型的配体（图 1.3），有三配位的亚氨基二乙酸［IDA，图 1.3（a）］和四配位的三乙酸［NTA，图 1.3（b）］是它们最基本的共同特点。四配位配体 N-羧甲基天冬氨酸［CN-Asp，图 1.3（c）］和五配位配体 N,N,N'-三（羧甲基）乙二胺［TED，图 1.3（d）］的利用率相对低一些。这些配体中所含 N 原子和 O 原子数目的不同决定着配位不饱和度的不同，易与金属离子生成的八面体配合物可涵盖三配位点的 ｛M[NO₂(OH₂)₃] IDA｝、二配

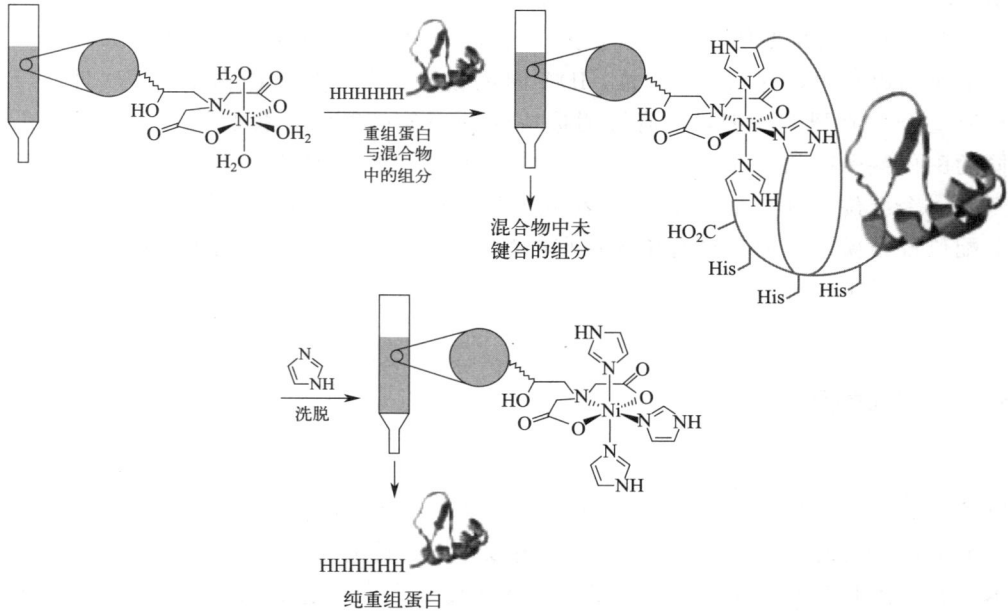

图 1.2　利用 IMAC 纯化组氨酸标记重组蛋白传统方法。重组蛋白通过 C-端或 N-端连接的组氨酸残基取代配体中的水分子来与固定相配合物键合，在洗涤树脂除去混合物中未键合的组分之后，利用高浓度的咪唑缓冲液将纯蛋白从固定相树脂上洗脱

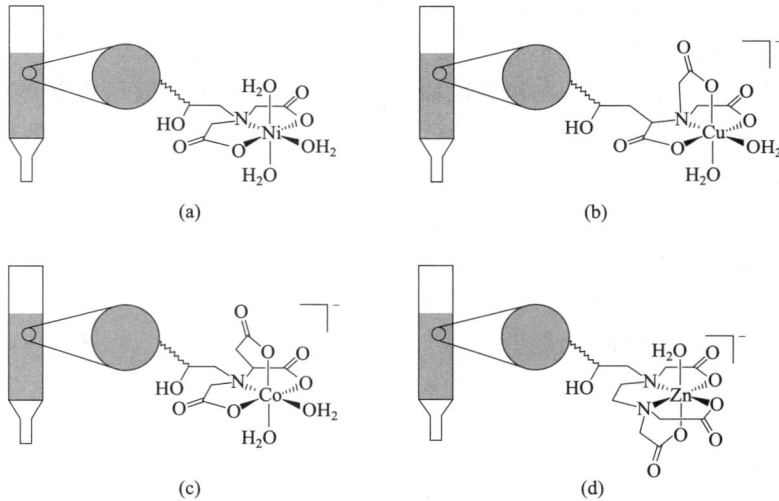

图 1.3　用于 IMAC 的固定相配体。配体：亚氨基二乙酸［IDA，（a）］、次氨基三乙酸［NTA，（b）］、N-(羧甲基)天冬氨酸［CM-Asp，（c）］或 N, N,N′-三(羧甲基)乙二胺［TED，（d）］。一系列金属离子：包括 Ni(Ⅱ)、Cu(Ⅱ)、Co(Ⅱ)、Zn(Ⅱ)，能与每一类固定相配体配位。配体和金属离子的配位类型与固定相配体的不饱和度有直接的关系

位点的 {M[NO_3(OH_2)_2]NTA} 和一配位点的 {M[N_2O_3(OH_2)]TED}。现已制备了许多新型的固定相树脂，比如 1,4,7-三偶氮基环壬烷[7]、8-羟基喹啉[8] 或 N-(2-吡啶甲基)氨基乙酸(盐)[9]，与传统的 IMAC 树脂相比，它们在纯化蛋白质方面表现出特异的性能。

IMAC 的分离效果显著地受到固定相配位化合物中配体和金属离子两因素的影响。在 IMAC 应用于组学的早期研究中，就有关于不同配体影响分离效果的例子。如含磷酸丝氨酸的卵清蛋白碎片可以保留在 Fe(III)-IDA 固定相树脂上，却不能保留在 Fe(III)-TED 固定相树脂上[2]。在研究初期，没有说明造成这种现象的原因，我们认为这很可能是由配体不同的配位数引起的，在 Fe(III)-IDA 配合物中有三个配位点，而在 Fe(III)-TED 配合物中只有一个配位点（图 1.3）。这就表明通过丝氨酸残基保留的卵清蛋白碎片至少涉及一个双配位键合模式，而只具有单配位点的配合物 Fe(III)-TED 不满足保留目标化合物的条件。

1.3 发展简史

IMAC 是一种应用性技术，基于其对纯蛋白质数量激增的促进作用，它在分子学、细胞学和人类生物学领域都有极其重要的意义。遍及世界各地的许多实验室每时每刻都在应用这种技术，那么就很有必要简述一下 IMAC 发展历史和人们对它的认知过程。许多早期有关 IMAC 发展历史的文章只是一些简短的新闻报道[10-14]。第一篇有关 IMAC 文章中用载 Zn(II) 或 Cu(II) 的 IDA 树脂串联柱在实验室对蛋白质进行分级[1]。人血清分离过程显示 Zn(II) 柱内富含转铁蛋白、酸性糖蛋白和血浆铜蓝蛋白，而 Cu(II) 柱内却富含白蛋白、触珠蛋白和 β-脂蛋白[1]。在这篇报道之后的十年里，除了少数有关固定相 Cd(II)、Ca(II) 或 Cu(II) IMAC 模式的报道以外，最主要的报道是围绕 IMAC 模式 Zn(II)-IDA 用于分离蛋白质展开，但效果不尽人意。在初始阶段，IMAC 在纯化蛋白质研究领域受到的关注有限。最初几位学者的后续研究促进了 IMAC 的兴起，并展示了 IMAC 广泛的用途[15]。在第二篇报道中，载 Ni(II) 或 Fe(III) 的 IDA 树脂与载相同金属离子的 TED 树脂同样在纯化表面连接组氨酸残基的天然蛋白质过程中效果良好。Ni(II)-IDA 树脂最终成为 IMAC 基于蛋白质应用的选择模式[16]。

随着 IMAC 对纯化重组蛋白的良好表现，其应用研究开始迅猛增长[17]。Ni(II)-IDA（图 1.2）或 Ni(II)-NTA 树脂以特异的选择性将组氨酸-标记蛋白从复杂的混合物中分离出来。IMAC 作为一种与重组生物学密切相关的技术，在生命科学研究领域迅速兴起，而且很大程度地激发了生物技术公司对相关 IMAC 产品的开发热情，至今依旧活跃。从每年引用的 IMAC 基于天然蛋白和重组蛋白纯化的首次报道文章数目可以清楚地看到 IMAC 的研究进程和影响力[17]（图 1.4）。

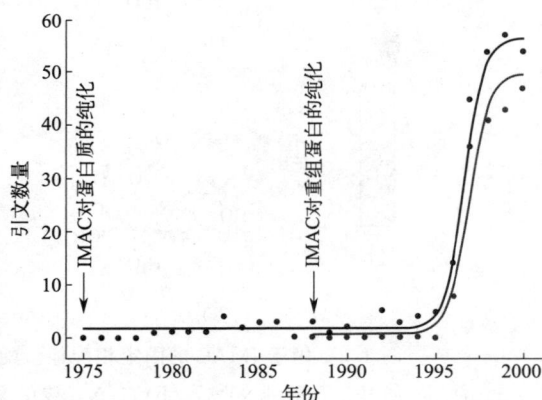

图 1.4 每年引用的 IMAC 基于天然蛋白（黑）[1] 和重组蛋白（灰）[17] 纯化的首次报道文章数目。从发现 IMAC 到其被广泛接受为一种纯化重组蛋白的有力方法经历了 20 年时间

1.4 新应用 1：基于低分子量的非蛋白质化合物

许多基于低分子量的非蛋白质化合物对金属离子具有固有的亲和性，或由于其只有与金属离子键合才具有活性的基本特性，使得 IMAC 分离这类化合物具有可行性，这对基于天然产物的药物研发具有促进作用。细菌的次级代谢产物、植物以及海洋生物的提取物含量普遍非常低，对其进行结构性能和生物筛选等进一步研究需要提供足够的产量，所以精细纯化这些物质就显得尤为重要[18]。IMAC 作为一种基于亲和力的分离方法，对物质的纯化和富集有着特殊的应用价值，因为它可以将目标物质从大量的初始低浓度培养基或提取液中富集在树脂上，从而规避了传统纯化过程中必须的浓缩步骤。我们团队以嗜铁素细菌为试验对象，研究了应用 IMAC 纯化基于低分子量的非蛋白质化合物的可靠性。

1.4.1 嗜铁素

我们实验室集中研究了嗜铁素的化学生物学性质。嗜铁素是细菌为了捕获铁而产生的低分子量（约 1000）的有机配体[19-25]。在有氧、中性 pH 的水体系中，大多数 Fe 是以不溶性的 Fe(Ⅲ)-氢氧化物形式存在的，这就限制了细菌对铁的有效吸收作用。为了保证对必需 Fe 的供应，作为应激反应，细菌进化了许多机制，最典型的代表之一就是产生 Fe(Ⅲ)-特效嗜铁素配合物。由细菌分泌的嗜铁素首先进入细胞外，使基质中的 Fe(Ⅲ) 或者以哺乳动物为宿主的 Fe-键合蛋白（比如转铁蛋白）溶解而形成稳定的 Fe(Ⅲ)-嗜铁素配位化合物。Fe(Ⅲ) 再通过一个蛋白介质通道返回细菌细胞，此通道由介于 Fe(Ⅲ)-嗜铁素配合物与源细菌细胞表面受体之间的应激识别反应启动。最后，Fe(Ⅲ)-嗜铁素配合物在细胞质中解离且释放出 Fe 并进入富铁蛋白质，它们包括细胞色素、核糖核苷酸、还原酶和乌头酸梅等生命基础物质[26,27]。

由于嗜铁素对 Fe(Ⅲ) 配位能力较强，对其他一系列金属离子配位能力相对较弱[28]，所以其具有治疗人类金属离子介导并发症和修复环境金属的潜力[28-36]。因细菌对有限铁的竞争，细菌基因组通常为生物合成特异结构的嗜铁蛋白而指定遗传编码，此嗜铁蛋白与 Fe 形成的配合物就被专一对应结构的细胞受体识别。无论是对金属键合结构多样性还是其在健康和环境领域应用的广泛性研究，都能为建立一个完善的涵盖细菌领域的嗜铁蛋白数据库提供资源。

嗜铁蛋白与大多数天然产物目标物一样，在原培养基中的产量非常低（$<1\text{mg} \cdot \text{L}^{-1}$）[37,38]，而对其结构特性进行光谱和 X 射线晶体表征分析时，收集足量产品才能满足需要。这个矛盾让我们不得不思考如何更为合理地从复杂的细菌培养基质中纯化嗜铁蛋白，实现为表征分析嗜铁蛋白顺利进行而建立一个可靠分离方法的目标。按照 Fe 键合基团性质，嗜铁蛋白可以分为三类，即异羟肟酸类、儿茶酚类和羟基羧酸类，其中羟基羧酸类以柠檬酸结构为基础[39]。金属与嗜铁蛋白固有的键合能力启发我们思考能否利用 IMAC 从细胞培养基中选择这些配体。与此相关的第一个实验，我们专门针对基于嗜铁蛋白的异羟肟酸，它是由非病源土壤细菌毛链霉菌（*Streptomyces pilosus*）产生的螯合剂去铁胺 B（DFOB）。DFOB 的甲

磺酸盐通过皮下注射可用于治疗继发性铁过量病，这种病是由为了预防遗传血液病中威胁生命的贫血症状而频繁输血引起的，包括 β-地中海贫血和脊髓发育不良综合征[40-42]。尽管已有许多新的口服铁配体药剂应对这种病症，比如去铁斯若（地拉罗司）和去铁酮[40]，而 DFOB 仍然是治疗铁过量疾病的"权威首选"，这一结果得益于 DFOB 对 Fe(Ⅲ) 的高亲和力和长期使用的低毒性。

由于嗜铁蛋白对 Fe(Ⅲ) 的高亲和力，我们格外关注用 Fe(Ⅲ)-IDA IMAC 树脂对它们进行分离，因为就 Fe(Ⅲ) 而言，嗜铁素 [Fe(Ⅲ)-DFOB，$\lg K$ 为 30.6] 很可能竞争过 IDA [Fe(Ⅲ)-IDA，$\lg K$ 为 10.7]，并将 Fe(Ⅲ) 从树脂上竞争下来，所以不能提供大量混合物分离的解决办法（表 1.1）。

表 1.1　与 IMAC 相关的固定相配体与基于低分子量非蛋白目标分子所形成配合物的平衡常数

配体	缩写	平衡	$\lg K$[①,②]					
			Fe(Ⅲ)	Co(Ⅱ)	Ni(Ⅱ)	Cu(Ⅱ)	Zn(Ⅱ)	Yb(Ⅱ)
亚氨基二乙酸	IDA	ML/(M·L)	10.7[③]	6.9	8.1	10.6	7.2	7.4
甲基亚氨基二乙酸	MIDA	ML/(M·L)	NA[⑤]	7.6	8.7	11.0	7.6	7.6
三乙酸	NTA	ML/(M·L)	15.9	10.4	11.5	12.9	10.7	12.2
		ML₂/(M·L²)	24.3	14.3	16.3	17.4	14.2	21.4[②]
乙二胺四乙酸	EDTA	ML/(M·L)	25.0	16.3	18.5	18.7	16.4	19.5
醋羟氨酸	AHA	ML/(M·L)	11.4[④]	5.1[④]	5.3[④]	7.9[④]	5.4[④]	6.3[④]
去铁胺 B	DFOB	MHL/(M·HL)	30.6[④]	10.3[④]	10.9[④]	14.1[④]	10.1[④]	16.0
去铁胺 E	DFOE	ML/(M·L)	32.5[④]	11.9[④]	12.2[④]	13.7[④]	12.1[④]	NA[⑤]
博来霉 A₂	BLMA₂	ML/(M·L)	NA[⑤]	9.7[④,⑥]	11.3[④,⑥]	12.6[④,⑥]	0.1[④,⑥]	NA[⑤]

① 25℃，0.1mol·L⁻¹（除非另有说明）。

② 源自参考文献 [43] 和 [44]（除非另有说明）。

③ 25℃，0.5mol·L⁻¹。

④ 20℃，0.5mol·L⁻¹。

⑤ NA，未得到。

⑥ 源自参考文献 [45]。

有一篇文献报道了利用 Fe(Ⅲ)-IMAC[46] 从真养产碱杆菌（*Alcaligenes eutrophus*）CH34 中分离嗜铁素的方法。真养产碱杆菌 CH34 后来被重新命名为罗尔斯通菌（*Ralstonia eutropha*）CH34，也就是现在常称的 *Cupriavidus metallidurans* CH34。在最初研究报告中，将在常规的嗜铁素铬天青磺酸盐（chrome azurol sulfonate，CAS）检测分析实验中能得到正相关结果的化合物鉴定为基于嗜铁素的异羟肟酸[46]。随后，一类既不含异羟肟酸基，也不含儿茶酚基[47] 的新型酚基嗜铁素（分子量约为 1470）被其他工作者应用化学降解和光谱法鉴定为柠檬酸基嗜铁素 staphyloferrin B[48]。在最初的报告中，与异羟肟酸基嗜铁素相比，明显区别是羟基羧酸盐基嗜铁素与 Fe(Ⅲ) 之间的亲和力减弱[49]。虽然这个方法没有将它用于分离嗜铁素，但它仍然使 Fe(Ⅲ)-IMAC 纯化的应用成为可能。

研究中，我们选择利用 Ni(Ⅱ)-IMAC 来检测这个方法从细菌培养基中选择 DFOB 的能力（图 1.5）。Ni(Ⅱ)-DFOB 的亲和常数（$\lg K = 10.9$）提示，与基于 IMAC 的 Fe(Ⅲ)-IDA 相比，DFOB 从 Ni(Ⅱ)-IDA 配合物中洗脱出 Ni(Ⅱ) 的可能性减弱，主要由于在 DFOB 和固定相 Ni(Ⅱ)-IDA 配合物之间发生键合作用，而不是载 Ni(Ⅱ) 的 DFOB 洗脱。

多篇有关 Ni(Ⅱ)-异羟肟酸配位化学的报道指出，Ni(Ⅱ) 应该是金属离子最佳的选择[50-52]。

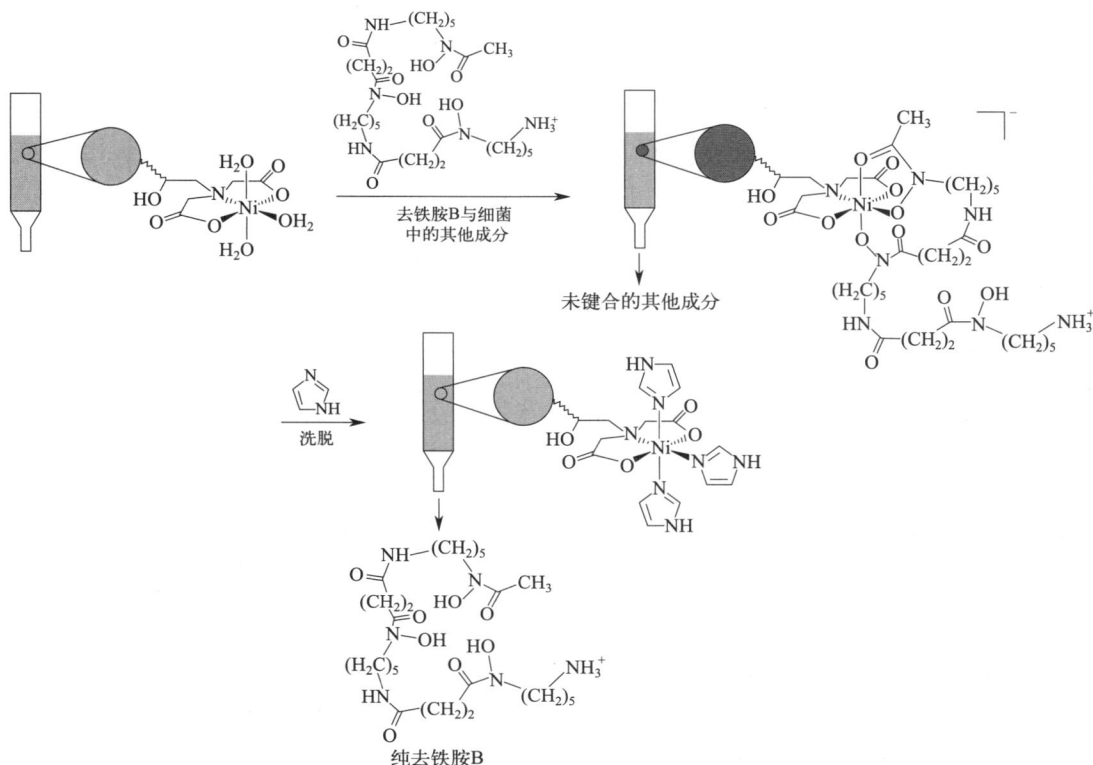

图 1.5　纯化与金属离子具有键合力的细菌次级代谢物是 IMAC 的一种新应用，比如去铁胺 B（DFOB），与其传统应用形式相似（参考图 1.2），基于低分子量的非蛋白质代谢物作为目标物通过金属键合官能团（对 DFOB 来说就是异羟肟酸官能团）取代水配体与固定相键合形成配位化合物。洗涤树脂，移去细菌培养上清液中未键合的组分，再用高浓度咪唑缓冲液或通过降低洗脱缓冲液的 pH 至小于 pK_a（官能团）将纯化的代谢物从树脂上洗脱。该图显示了被分析物与树脂之间的键合位点

　　这些实验表明，1mL Ni(Ⅱ)-IDA 树脂柱在 pH 为 9.0 时可以键合大约 350nmol 单羟肟酸乙酰羟肟酸，而在相同的条件下，树脂对二羟肟酸、次二羟肟酸和三羟肟酸 DFOB 的键合容量提高到约 3000nmol，这一结果与所得的稳定常数相对应[53]，并且反映出后面两个配体至少有作为三齿配体与树脂配位的能力，从而提高键合强度。这三个羟肟酸键合的最佳 pH 是 9.0，它与 N—OH 质子酸在水溶液中的 pK_a 值接近[54]。在较高 pH 环境下，金属氢氧化物会沉淀在树脂表面。这项研究的最大亮点是原 DFOB 在 *S. pilosus* 的培养上清液中的选择性[55]。对这个上清液，除了将其 pH 调至 9.0 之外，再没有作其他处理。从高效液相色谱（HPLC）分析明显发现，粗上清液中含有许多组分，包括来自细胞培养基（氨基酸、肽类和维生素）和其他 *S. pilosus* 次生代谢产生的物质。用 Ni(Ⅱ)-IMAC 一步处理从混合物中分离出 5 个组分，其中有 2 个组分在保留时间 $t_R = 8.9$min 处被同时洗脱 [图 1.6(b)]。基于质谱和 DFOB 标准样的加入，在 $t_R = 15.03$min 和 15.45min 处的峰 [图 1.6(b)] 分别归属于 $DFOA_1$ 和 DFOB，它们属于铁链霉素类嗜铁素[19,20,56]。外加 Fe(Ⅲ) 后，反相色谱

HPLC（RP-HPLC）图［图 1.6(c)］显示这些峰整体移至更加亲水的区域，这与嗜铁素能增强 Fe（Ⅲ）水溶性的作用相一致。Fe（Ⅲ）溶液的 LC-MS 与鉴定 Fe（Ⅲ）-DFOA$_1$ 和 Fe（Ⅲ）-DFOB 有关。t_R＝9.45min、12.63min、13.93min 处的信号源于培养基的组分以及可变 Fe（Ⅲ）的响应。

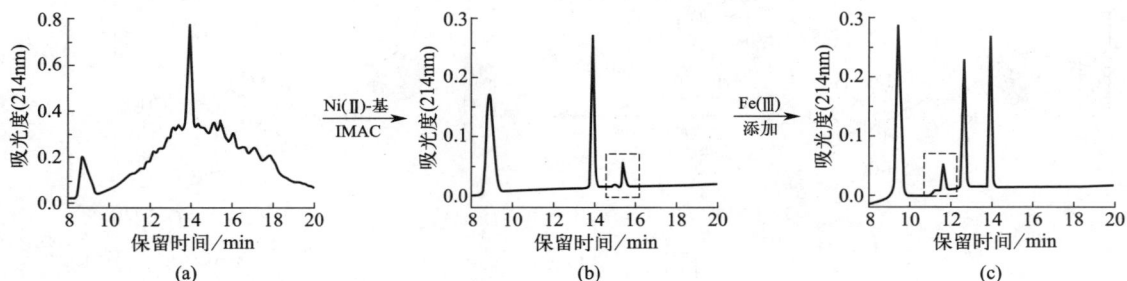

图 1.6　经 RP-HPLC 测定的 *S. pilosus* 粗培养液含有许多组分（a），用 Ni（Ⅱ）-IMAC 处理后分离不含金属的 DFOB（主要）（b，框中峰）和载有的 DFOA$_1$（次要）（c，框中峰）物种。IMAC 过程在复杂混合物中对各组分的选择性更彻底地解决了载 Fe（Ⅲ）的问题。与游离配体相比，从 RP-HPLC 柱中洗脱出来的 Fe（Ⅲ）-DFOB 和 DFOA$_1$ 具有更高的水溶性，这与嗜铁素具有增强 Fe（Ⅲ）水溶性的作用相一致。经许可引自［55］2008 Royal Society of Chemistry

　　这项工作显示了 IMAC 直接从细菌培养液中分离有临床意义药剂的可行性，预测 Ni（Ⅱ）-IMAC 在分离其他类型嗜铁素时很有应用价值，这些物质包括但不限于源于 *Escherichia* 的儿茶酚基化合物肠菌素或沙门菌素（salmochelin）、源于 *Mycobacteria* 的 2-羟苯基环噁唑啉基嗜铁素[57] 和以 lystabactin 为代表的海生嗜铁素[58]。近期有关嗜铁素全结构多样性的综述[19,20] 给我们提供了一个能与 IMAC 结合的目标物类型范围。

　　在 IMAC 过程中选择的金属离子对实验结果会有重要影响。正如预计，用 Fe（Ⅲ）-IMAC 树脂捕获对 Fe（Ⅲ）有高键合力的异羟肟酸基嗜铁素是不合适的。在这种情况下，DFOB 从固定相 Fe（Ⅲ）-IDA 配合物中螯合了 Fe（Ⅲ）［式（1.1），$\lg K$＝19.9］，并且以载 Fe（Ⅲ）配合物的形式被淋洗至洗脱部分［图 1.7(a)］。在 Ni（Ⅱ）-IMAC 的例子中，Ni（Ⅱ）-DFOB 与 Ni（Ⅱ）-IDA 各自的亲和常数（表 1.1）为能够使产物保留［式（1.2），$\lg K$＝2.8］和以无金属形式洗脱 DFOB［图 1.7(b)］提供了依据。

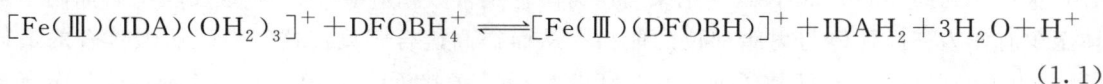

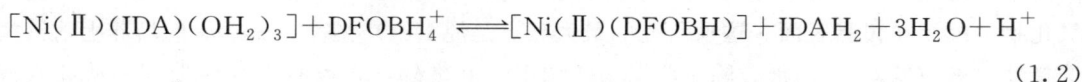

$$[Fe(Ⅲ)(IDA)(OH_2)_3]^+ + DFOBH_4^+ \rightleftharpoons [Fe(Ⅲ)(DFOBH)]^+ + IDAH_2 + 3H_2O + H^+$$

$$(1.1)$$

$$[Ni(Ⅱ)(IDA)(OH_2)_3] + DFOBH_4^+ \rightleftharpoons [Ni(Ⅱ)(DFOBH)] + IDAH_2 + 3H_2O + H^+$$

$$(1.2)$$

　　在其他的实验中，用 V（Ⅳ）-IDA 树脂捕获 DFOB。因为 DFOB 及与其相关的异羟肟酸与 V（Ⅳ）和 V（Ⅴ）具有充足的化学配位点[38,59-64]，DFOB 没有保留在这个树脂上，很可能归因于固定相［V（Ⅳ）(O)(IDA)］配合物中配位点的数目不足。用同样的原因可以解释含有［V（Ⅴ）(O)$_2$(IDA)］$^-$ 配合物的固定相 V（Ⅴ）-IDA 树脂应该接近配位饱合而不能与配体键合。

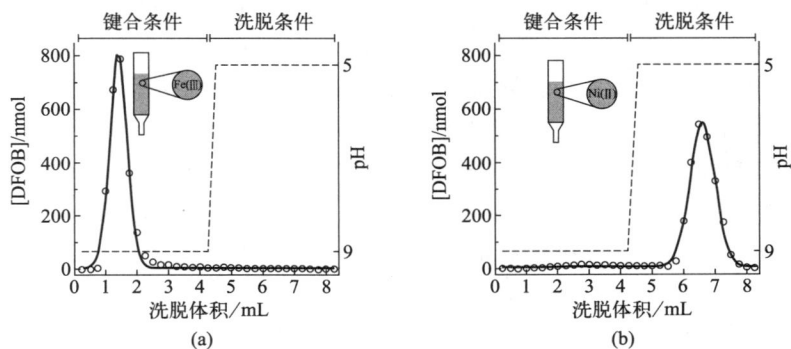

图 1.7 Fe(Ⅲ)-IMAC（a）或 Ni(Ⅱ)-IMAC（b）纯化目标物去铁胺 B（DFOB）的性能。在 Fe(Ⅲ)-IMAC 情况下，DFOB 从 IDA 上竞争到 Fe(Ⅲ)［参考式(1.1)］，且以 Fe(Ⅲ)-DFOB 形式从树脂上被洗脱下来。在 Ni(Ⅱ)-IMAC 的情况下，DFOB 和 IDA 之间对 Ni(Ⅱ) 的竞争［参考式(1.2)］在一定范围达到平衡，pH 达到 9 时 DFOB 与树脂的键合作用会受到影响，之后在 pH 为 5 时 DFOB 会以无金属的配体形式被洗脱

1.4.2 抗癌剂：曲古抑菌素 A

染色质的酶介导修饰属于癌症研究的前沿领域，因为这个蛋白（组蛋白）-多核苷酸的拓扑学结构决定着它的转录活性[65]。对染色质中组蛋白成分最常规的修饰是对选择的赖氨酸残基进行 N-乙酰化，且乙酰化程度受一个双酶系统控制，双酶是指组蛋白乙酰基转移酶（HAT）和组蛋白去乙酰酶（HDAC）。上调 HDAC 活性，裸露的赖氨酸残基浓度升高，从而凝结出转录活性较低的染色质形式，弱化了癌症抑制基因表达。这类酶可作为抗癌靶点，上调 HDAC 活性对基因沉默效应与癌症的发生和发展有一定的关联作用[66,67]。在已知的 18 种 HDAC 异构体中，四分之三属于含 Zn(Ⅱ) 酶，键合 Zn(Ⅱ) 的配合物成为潜在的 HDAC 抑制剂[68-72]。

最有效的含 Zn(Ⅱ) HDAC 抑制剂之一是单异羟肟酸曲古抑菌素 A（TSA），它是在吸水链霉菌 Y-50（*Streptomyces hygroscopicus* Y-50）的培养基中被发现的[73]。TSA（HDAC1，IC_{50} 约为 5nmol·L^{-1}[74]）包括金属蛋白酶类、金属-β-内酰胺酶、羧肽酶 A 和碳酸酐酶，都是设计抑制 HDAC 和其他疾病的相关含 Zn(Ⅱ) 酶抑制剂的先导化合物[28,30,75-78]。结构相对简单的 TSA 类似物辛二酰苯胺异羟肟酸（SAHA，伏立诺他）与 Zn(Ⅱ) 配合可以抑制 HDAC[79]，并且临床应用于治疗皮肤 T 细胞淋巴瘤。对 SAHA 与包括 Ni(Ⅱ) 在内的金属配位化学研究[80] 和证明乙酰氧肟酸与 Ni(Ⅱ)-IDA 树脂键合的实验研究[55]，促进了 IMAC 从培养基中分离 TSA 的应用研究。IMAC 可以解决 TSA 和 β-葡糖基取代曲古抑菌素 C（TSC）类似物混合的问题。TSA 是一种昂贵的化学制剂，利用全合成的方法只能制备很少量的纯对映体（99% e. e.）[81]。能从培养基中得到 TSA 和其他类似物对新药研发和精细化工的发展具有非凡的意义。

与 Ni(Ⅱ)-IDA 树脂键合的 TSA 标准溶液在负载量为 0.5μmol·mL^{-1} 时，有超过

95％的能回收。Ni(Ⅱ)-IDA 树脂对来源于培养基的天然 TSA 的键合容量比来自产生吸水链霉菌-MST-AS5346 TSC 要小一些，这是由培养基中存在配体及一些对金属具有固有亲和力的次级代谢物配体之间的竞争导致的[82]。在初始培养基中，通过紫外光谱［图 1.8 (a)］检测到至少有 50 个组分，用 LC-MS 检测，在总离子流中有 150～200 个组分。其中都有 TSA、TSC 和曲古抑菌酸，LC-MS 检测结果证明后面两个组分是 TSA 前体及其水解产物。除了包含 TSA 总量 20％外，未键合组分的部分使 TSC 和曲古抑菌酸的浓度增大。葡萄糖对 TSC 的 NH—O 基团和曲古抑菌酸的末端羧基的掩蔽作用，抑制了这些化合物与树脂的结合。键合组分使 TSA 丰度升高［图 1.8(b)］，这种方法显示对 TSA 的选择性明显高于 TSC 和曲古抑菌酸。在 $t_R = 14.5 \text{min}$（$m/z_{obs} = 432.89$）检测到了键合部分中的一个次要组分，它虽然没有被鉴定，但很可能是含 Zn(Ⅱ) 或 Ni(Ⅱ) 金属蛋白的潜在抑制剂。

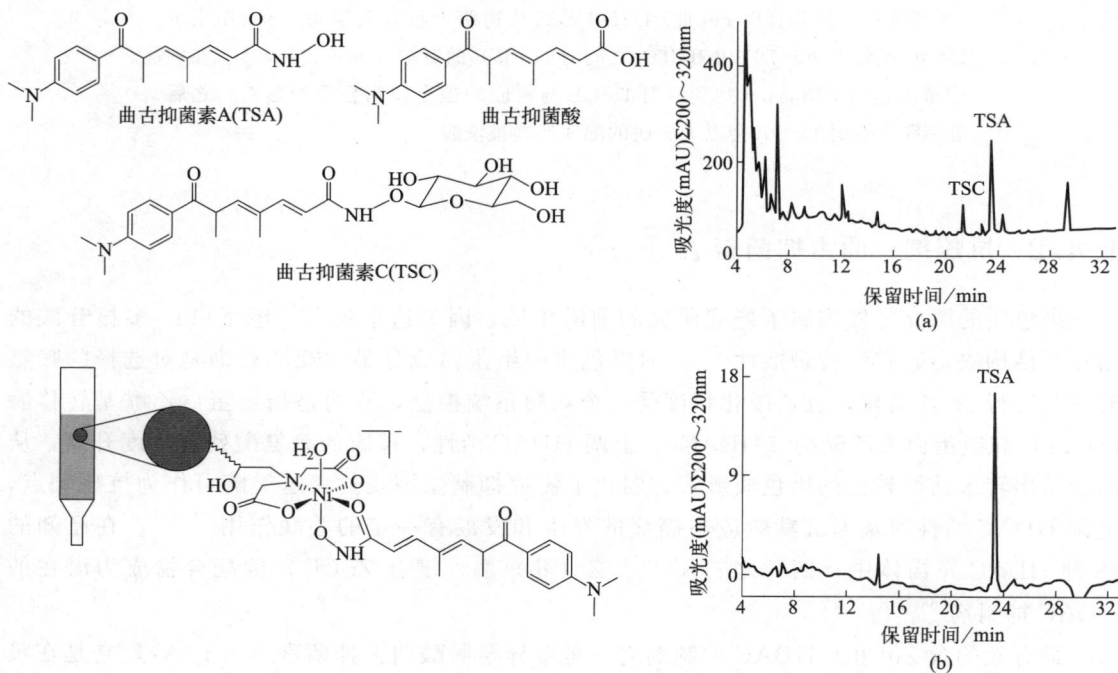

图 1.8　Ni(Ⅱ)-IMAC 从吸水链霉菌-MST-AS5346 培养基中纯化曲古抑菌素 A（TSA），左下方表示被分析物和树脂之间的键合模式。正如 RP-HPLC 检测结果，这种方法能有效地从复杂成分的混合物中分离 TSA（b），这些成分包括存在于细菌培养上清液中的 TSA、—NH—O—糖基类似物 TSC 和曲古抑菌酸（a）。经许可引自［82］2012 Royal Society of Chemistry

1.4.3　抗癌剂：博来霉素

博来霉素是由轮枝链霉菌（*Streptomyces verticillus*）产生的一个糖肽抗生素家族，临床上用于治疗许多癌症[83-85]。联合使用博来霉素、顺氯氨铂和依托泊苷治疗睾丸癌，可使其治愈率提高至 90％[86]。博来霉素全合成已成功实现[87]，但要达到制药生产规模，

只能从大量的 *S. verticillus* 发酵液中分离纯化。博来霉素的结构要素包含一个金属键合区域，它由咪唑、β-羟基组氨酸（酰胺）、嘧啶、β-氨基丙氨酸（伯胺和仲胺）提供的配位原子氮原子[88-90]，一个能够区分博来霉素同系物的双噻唑侧基和一个双糖主基组成[84,85]。按照作用机理，一定是 Fe(Ⅱ) 配位至博来霉素的金属键合区域后，产生一种可以切割 DNA 的低自旋铁的过氧化物（O_2^{2-}-Fe(Ⅲ)-博来霉素）[91-93]。发酵过程中，博来霉素的金属键合区域选择与 Cu(Ⅱ)（$\lg K = 12.6$，表 1.1）配位，所以在临床使用之前需要从混合物中除去 Cu(Ⅱ)。

因为博来霉素对 Cu(Ⅱ) 具有固有的亲和力，我们决定测定 Cu(Ⅱ)-IMAC 纯化博来霉素的效率。与分离 DFOB 和 TSA 所采用的方法相似，我们首先优化 Cu(Ⅱ)-IDA 树脂在标准溶液中对博来霉素的键合条件，结果表明，键合容量达到了 $300\,nmol \cdot mL^{-1}$[94]。为了达到直接从 *S. verticillus* 培养液中选择博来霉素的目的，我们进行了如下实验，先用大孔树脂 XAD-2 吸附培养液，再用 EDTA 洗涤树脂以除去其中的 Cu(Ⅱ)，工业化过程也与此一致。上述步骤完成之后，将不含 Cu(Ⅱ) 的混合物在 pH=9 时负载于 Cu(Ⅱ)-IMAC 树脂上。与以前的实例相似，从培养液中键合博来霉素的效率要比博来霉素标准溶液中低大约50%，这是由于在混合物中存在竞争配体。用 XAD-2 处理过的粗培养液中至少含有 50 种具有紫外（UV）活性的组分 [图 1.9(a)]。这些物质大部分是以非结合态存在的，而两种重要的博来霉素同系物，博来霉素 A_2（BLMA$_2$）和博来霉素 B_2（BLMB$_2$），却存在于收集到的洗脱液里 [图 1.9(b)]。从大量混合物中分离 BLMA$_2$ 和 BLMB$_2$ 的纯化因数保守估算是

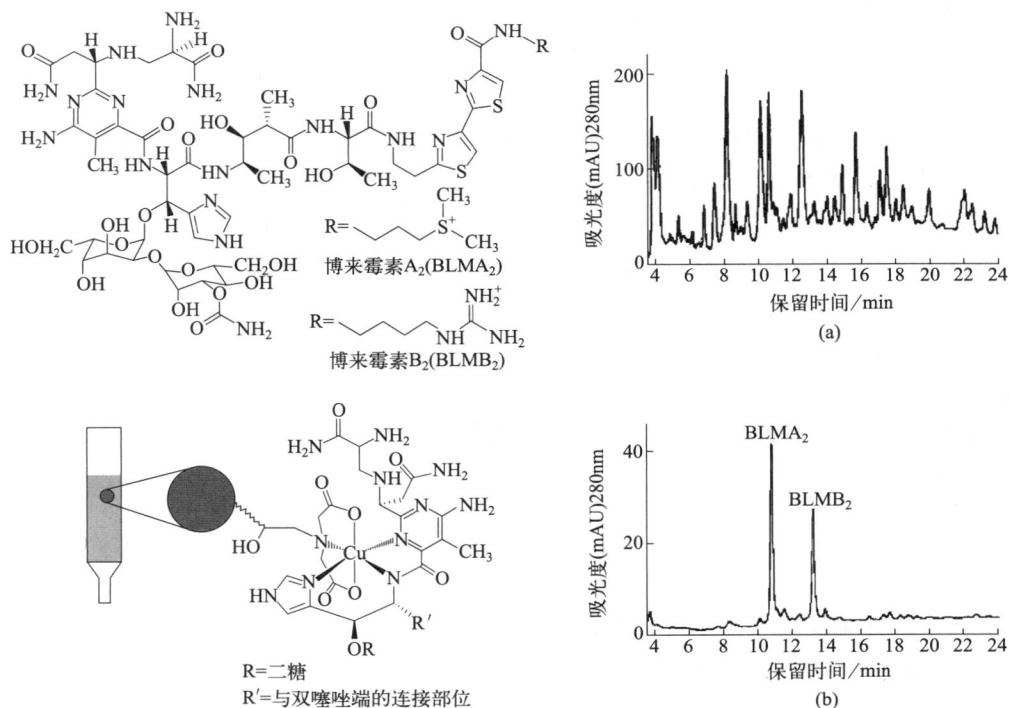

图 1.9　Cu(Ⅱ)-IMAC 从 *S. verticillus* 培养液中纯化博来霉素，左下方表示被分析物和树脂之间的键合模式。正如 RP-HPLC 检测结果，这种方法能有效地从细菌培养上清液中的复杂成分混合物（a）中分离两种博来霉素同系物 BLMA$_2$ 和 BLMB$_2$（b）。经许可引自 [94] 2012 Elsevier

25。BLMB$_2$ 对 Cu(Ⅱ)-IDA 的亲和力要比 BLMA$_2$ 大一些，因此后者同系物大部分存在于洗涤部分，而前者同系物大部分存在于洗脱部分。因为 BLMB$_2$ 主要的金属键合区域和 BLMA$_2$ 相同，所以与 Cu(Ⅱ)-IDA 树脂键合能力的不同一定是由于双噻唑取代了键合基团。至于 BLMB$_2$，Cu(Ⅱ) 和胍丁胺氮原子之间可以形成配位键，这与检测到的分别存在于精氨酸或胍丁胺与含 Mn(Ⅱ) 精氨酸酶[95] 或胍丁胺酶[96] 之间的配位键相似。与实验观察到的结果相同，这种额外的相互作用使之与 Cu(Ⅱ)-IDA 树脂作用力更强。利用博来霉素进行的从粗培养基中选择键合 DFOB 或 TSA 的实验研究，都为 IMAC 纯化新型金属键合剂的应用提供了依据。

1.4.4　抗感染剂

学者们对利用 IMAC 分离非蛋白基药物制剂的研究兴趣与日俱增。最近一项研究报道了 Cu(Ⅱ)-IMAC 和 Fe(Ⅲ)-IMAC 对兽药和人药中所用抗生素的分析效果[97]。研究表明，四环素类、氟喹诺酮类、大环内酯类、氨基糖苷类和内酰胺类抗生素的标准溶液吸附在载 Cu(Ⅱ)-IMAC 和载 Fe(Ⅲ)-IMAC 树脂上的回收率都很明显，而磺胺类药物、类固醇类和非类固醇激素类均未保留。对这些化合物的结构鉴定都验证了这些实验结果。保留在 IMAC 树脂上的抗生素组分，都有多个氧或氮配位原子能够与固定相 Cu(Ⅱ)-IDA 或 Fe(Ⅲ)-IDA 复合物形成稳定的五元或六元螯合环。这些抗生素分别是四环素类（酮类的、甲酰胺类、邻二醇）、氟代喹啉类（酮类的、羧化物类）、红霉素（邻二醇）、链霉素（邻二醇、α-羟基羧化物、胺类）和青霉素（酰胺类、羧化物类）。在配位化学文献中，对这些化合物中的每一个都有讨论[98,99]，这对利用 IMAC 分离这些物质的实践具有指导作用。在 IMAC 树脂中极少保留的组分（那塞罗、阿维菌素 A）和未保留的组分（磺胺类、去甲雄三烯醇酮、玉米赤霉醇）均有不足的或极少的配位原子以形成配合物。青霉素基抗生素氨苄青霉素（R＝NH$_2$）在 Cu(Ⅱ)-IMAC 和 Fe(Ⅲ)-IMAC 树脂上的保留率均接近 100%，而苄基青霉素（R＝H）在 Fe(Ⅲ)-IMAC 和 Cu(Ⅱ)-IMAC 树脂上的保留率仅分别为 70% 和 35%。这很可能是由于氨苄青霉素中酰胺官能团的氨基氮原子和羧基氧原子正好与固定相中的 Cu(Ⅱ)-IDA 或 Fe(Ⅲ)-IDA 复合物形成了稳定的五元螯合物环。这种存在于两种非常近似的化合物之间明显不同的键合现象说明在 IMAC 纯化过程中配位化学对选择目标化合物的影响。对 β-内酰胺抗生素而言，用 Zn(Ⅱ)-树脂或 Co(Ⅱ)-树脂，会引起金属离子催化水解 β-内酰胺环，从而在洗脱过程中产生开环结构[100]。

1.4.5　其他试剂

Cu(Ⅱ)-IDA 树脂常被用于富集存在于海水表面的 Cu(Ⅱ) 的特定配体[101]。由于浓度太低，无法通过 LC-MS 测试来确定这些配体的确切性质，但是由嗜铁素降解而来的小肽单元和/或碎片的结构是可以推测的。Cu(Ⅱ)-IMAC 也被用于研究土壤样品中存在的配体[102]。通过测定一系列模式配体在 Cu(Ⅱ)-IMAC 的保留行为以及与 Cu(Ⅱ) 之间亲和力的区别，发现吡啶类型的配体和水杨基羟肟酸牢固地保留在 Cu(Ⅱ)-IDA 基质上，而以含羧酸官能团为主的配体通常不能保留。

1.4.6 选择可行的目标物

　　大量存在于固体或溶液中的八面体金属-IDA 或-NTA 配合物，其配位层中空出的配位点分别由不同的三齿或双齿配体填充[103-105]。非 IDA 或 NTA-配体，或以这类配体为基础结构的其他更复杂的化合物，可以利用 IMAC 进行分离，因为 IMAC 树脂被认为是金属基-IDA 或-NTA 组成的混合配体配合物的典型代表。例如 $[Fe(Ⅲ)(NTA)(OH_2)_2]$ 与异羟肟酸的结构表征结果[104]，与包括 DFOB 和 TSA 在 IDA-IMAC 树脂上捕获异羟肟酸化合物的结果一致[55,82]，Fe(Ⅲ)-NTA 多配体配合物（配体为氟代喹啉类抗生素环丙沙星，R^1＝环丙烷，R^2＝H，R^3＝哌嗪，R^4＝H）（图 1.10）的 X 射线晶体学结构显示，配合物 [Fe(环丙沙星)(NTA)]·$3.5H_2O$ 通过环丙沙星中酮基氧和羧基氧配位[106]。环丙沙星和其他氟代喹啉类物质都是合成产物，而不是细菌发酵产物，在化学合成过程中能够作为一个纯化步骤。[Fe(环丙沙星)(NTA)]·$3.5H_2O$ 的结构特征和 Fe(Ⅲ)-IMAC 成功捕获氟代喹啉类抗生素化合物是一致的[97]。从多配体配合物 Cu(Ⅱ)-N-甲基-IDA 和单配体配合物腺嘌呤[107] 或双齿配位阿昔洛韦[108] 中得到的 X 射线晶体学结构数据可以看出，IMAC 可以纯化多核苷酸[109]。

　　多配体配合物 [Cu(IDA)(α-吡啶甲酰胺)]·$2H_2O$[105] 的 X 射线晶体结构数据同样支持 Cu(Ⅱ)-IDA 基 IMAC 可以用于分离以 α-吡啶甲酰胺为主体的结构特征更复杂的天然化合物的结论，包括从真菌 *Verticillium lecanii* 发酵液中分离表征并表现出抗生素性质的 Vertilecanins[110]。对多配体配合物 [Ni(IDA)(DABT)(OH_2)]（DABT＝2,2′-二氨基-4,4′-双-1,3-噻唑）[111] 的表征可以看出，含有双噻唑主体的天然产物可用 IMAC 纯化。含有双噻唑主体的天然产物实例包括黏液细菌（*Myxococcus fulvus*）的代谢产物，它们有黏噻唑菌醇 A（Myxothiazole A）[112]、胞嘧啶唑（Cystothiazoles）[113] 和美利噻唑（Melithiazoles）[114]，都证明了各种各样的抗菌和细胞毒性效果[115]。虽然选中的这些化合物可以通过合成生产[116,117]，但烦琐的步骤和复杂的合成方法导致产率有限。而用 IMAC 一步从培养液中直接分离的方法有两方面的优势：既可以提高母体化合物的产率，又可以同时捕获结构同系物而使化学品多样化。除了含双噻唑类天然产物以外，IMAC 还可以用于分离非芳香性同系物，比如铁载体耶尔森菌素和铜绿假单胞菌螯铁蛋白，它们都含有 4,2-连接的二氢噻唑-四氢噻唑体系[118-120]。因为 IDA-或 NTA-多配体配合物是最好的 IMAC 通用配体，那么其他多配体配合物也就能够用于选择过程。例如，由 2,2′-双吡啶和天然产物白花丹素形成的 Cu(Ⅱ)-多配体配合物的结构表征[121] 表明，中药所用的白花丹科（*Plumbaginaceae*）提取物中含有的相关萘醌基化合物就可以用 Cu(Ⅱ)-基 IMAC 分离得到[122]。

　　其他利用 IMAC 进行分离的目标物可以考虑金属蛋白抑制剂，为了与底物对接和随后的化学转化，金属蛋白中金属-配体活性位点通常是不饱和的。未饱和配位的金属-IDA 或金属-NTA 树脂从性能上可以看作是金属蛋白活性位点的替代物，这就推出了一个从复杂混合物中选择金属蛋白抑制剂的有力手段。利用 Ni(Ⅱ)-IMAC 从 *S. hygroscopicus* MST-AS5346 培养基中选择 TSA 已经有力地证明了这一点，它是有记录的最有效的含 Zn(Ⅱ) 组蛋白去乙酰酶[72,82]。本那米德（Bengamides）是一类从海洋海绵中分离得到的天然产

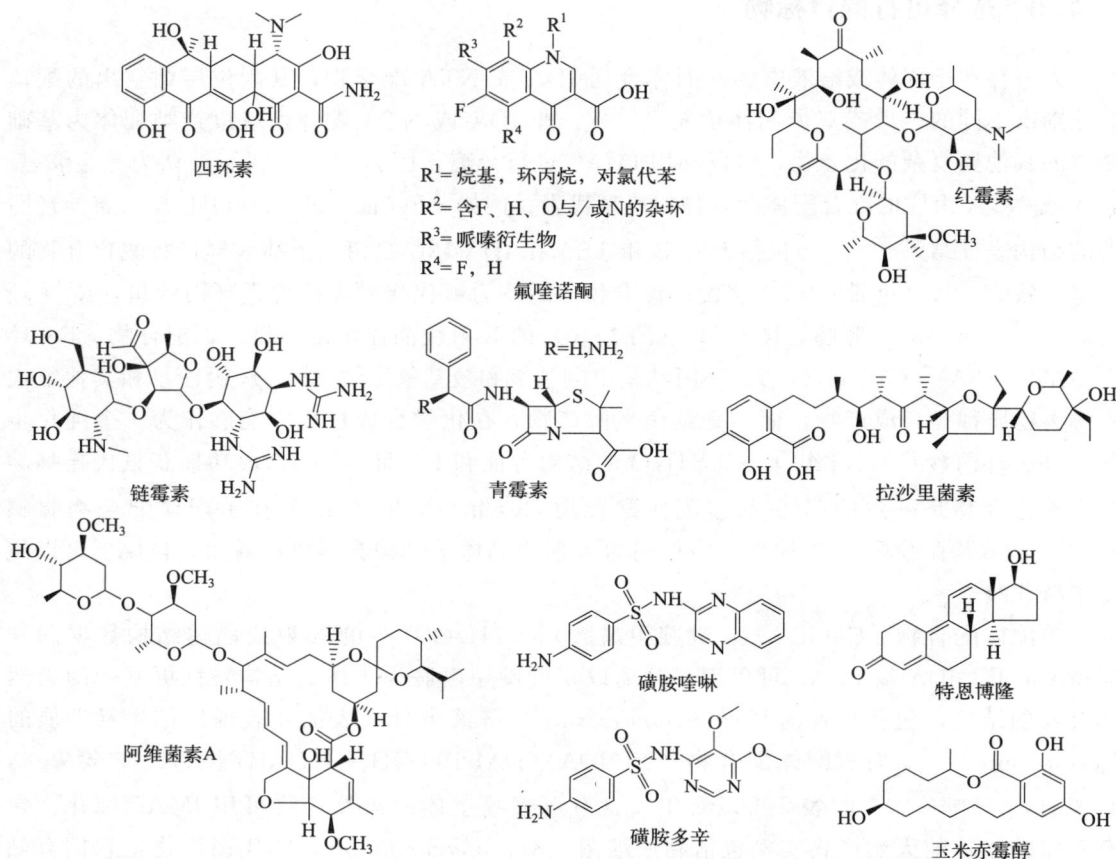

四环素

R¹＝烷基，环丙烷，对氯代苯
R²＝含F、H、O与/或N的杂环
R³＝哌嗪衍生物
R⁴＝F，H

氟喹诺酮

红霉素

链霉素

R=H,NH₂

青霉素

拉沙里菌素

阿维菌素A

磺胺喹啉

特恩博隆

磺胺多辛

玉米赤霉醇

图 1.10　作为 IMAC 检测目标物的抗生素化合物、抗寄生兽药化合物和激素。这些试剂与具有官能团的载有 Cu(Ⅱ)-或 Fe(Ⅲ)-树脂配位形成能与 IMAC 过程相容的配位化合物

物[123]，它能够从三羟基取代酰胺的外延区域通过桥接配位方式与人类或结核分枝杆菌（*Mycobacterium tuberculosis*）甲硫氨酸氨肽酶中的双金属配位活性点配位[124,125]。这类化合物有可能从提取物中利用 Ni(Ⅱ)-、Mn(Ⅱ)-或 Co(Ⅱ)-IMAC 分离出来。三元固定相本那米德-金属-IDA/NTA 配合物的化学计量学或许与通过 X 射线观察到的桥状结构不同，但 IMAC 方法仍然适用于这类化合物。对所有基于金属蛋白抑制剂的天然产物的文献记录远远超过本章内容，但这几个例子足以说明可以利用蛋白质 X 射线晶体学数据指示 IMAC 选择可分离的目标物。

在缺少有关金属-IDA 或-NTA、其他多配体配合物的可用数据，或化合物的金属蛋白抑制的指导性理论的情况下，仅仅通过探讨潜在目标物的配位化学来评价利用 IMAC 进行选择的可行性是不充分的。细菌、真菌、植物和海绵能够产生众多的化学性质各异的天然产物，它们要么自己本身作为药物，或作为母体以供化学修饰，或设计合成类似物[126-130]。本身具有金属键合能力的待选化合物，比如嗜铁素；或为有活性而需要键合金属的化合物，比如博来霉素和其他金属抗生素[131]。根据 HSAB 理论[6] 和其他配位化学理论，IMAC-基纯化方案应该以配位原子的类型与结构以及最适合 IMAC 配位的金属离子为前提。包括链霉素、庆大霉素、妥布霉素、丁胺卡那霉素、新霉素和巴龙霉素在内的氨基糖苷类抗生素含有大量的能够与 Cu(Ⅱ)-或 Fe(Ⅲ)-IMAC 树脂键合的氨基和羟基[99,132]。我们目前用 IMAC 从复杂的发酵混合物中纯化其他抗癌化合物，比如氨基糖苷类多柔比星，这已有 Cu(Ⅱ) 和 Fe(Ⅲ) 相关的配位化学文献证明。用 ^{1}H-NMR 和 ^{13}C-NMR（核磁共振）谱建立了 Cu(Ⅱ) 和抗生素林可霉素配合物解析方法[133]，它可以证实 Cu(Ⅱ)-IMAC 可以有效地从林可链霉菌（*Streptomyces lincolnensis*）的培养液中选择林可霉素及其类似物。这些例子的成功都取决于目标化合物的水溶性，因为 IMAC 过程通常只适用极少量的有机溶剂，并且极不适合配位溶剂，比如甲醇和二甲基甲酰胺。最根本的，实验仍然是 IMAC 捕获非蛋白基目标物最有效的依据。

1.5 新应用 2：多维固相金属离子亲和色谱

发展 IMAC 分离非蛋白基细菌代谢物的部分驱动力在于从一个培养液中获得多于一种化合物的可能性。从一个混合物中纯化多个组分，可以提高生产效率并简化药品加工过程。两个或更多的含有不同金属离子基的 IMAC 树脂柱的串联组合，以不同的代谢物与金属离子的亲和为界定，可以保留不同类型的代谢物。我们把这种 IMAC 模式称为多维 IMAC（MD-IMAC）。可以预计，每个柱子都能富集到不同类别的代谢物，这些都可以在拆开柱子后通过洗脱键合组分而回收。

有关 IMAC 分离血清蛋白的最早报道中，利用一个串联形式的载 Zn(Ⅱ)-和 Cu(Ⅱ) IMAC 树脂[1]。很像 IMAC 的初始阶段（图 1.4），利用串联柱获得更高的分离率的文献很少，仅出现了为数不多的几篇相关文章，将其称为"协同 IMAC"[15] 或"串联 IMAC"[134]。我们正在尝试使用 MD-IMAC 解决如何从一个培养液中得到多个高价值的临床药剂的问题。MD-IMAC 先前没有用于分离多种细菌次级代谢产物。我们最初的实验专注于分离 DFOB 和博来霉素的标准溶液混合物。在单维 IMAC 中，Ni(Ⅱ)-IMAC 对保留标准溶液中的 DFOB 很有效（图 1.6 和图 1.7），且 Cu(Ⅱ)-IMAC 对保留博来霉素标准溶液很有效（图 1.9）。对 MD-IMAC 模式，用 Yb(Ⅲ)-IMAC 和 Cu(Ⅱ)-IMAC 对 DFOB 和博来霉素实现显著分离（图 1.11，左侧），我们团队工作所得结果与之前用串连柱分离血清蛋白所得结果之间最主要的区别是柱的顺序影响较大。在载 Yb(Ⅲ)-树脂柱安装在载 Cu(Ⅱ)-树脂柱之上的情况下，大约 70% 的 DFOB 保留在载 Yb(Ⅲ)-树脂柱上，同时，大约 30%DFOB 和全部的博来霉素样品都保留在了载 Cu(Ⅱ)-树脂柱上。当把柱子顺序反过来时，即将载 Cu(Ⅱ)-树脂柱安装在载 Yb(Ⅲ)-树脂柱之上时，就没有将 DFOB 和博来霉素分离，因为两种组分都保留在上面的载 Cu(Ⅱ)-树脂上了（图 1.11 右侧）。这是一个利用 MD-IMAC 的简单例子，而它的基本原理就是分离非蛋白基细菌代谢物是基于金属离子亲和力的差别。

成功地部分分离 DFOB 和博来霉素是由它们与 Yb(Ⅲ) 有明显不同的键合力决定的，DFOB 与 Yb(Ⅲ) 有强烈的键合作用（$\lg K = 16.0$），而博来霉素在金属键合区域拥有中心配位原子（O-基）和边界配位原子（N-基）联合的原子供体（图 1.9），它们与 Yb(Ⅲ) 的

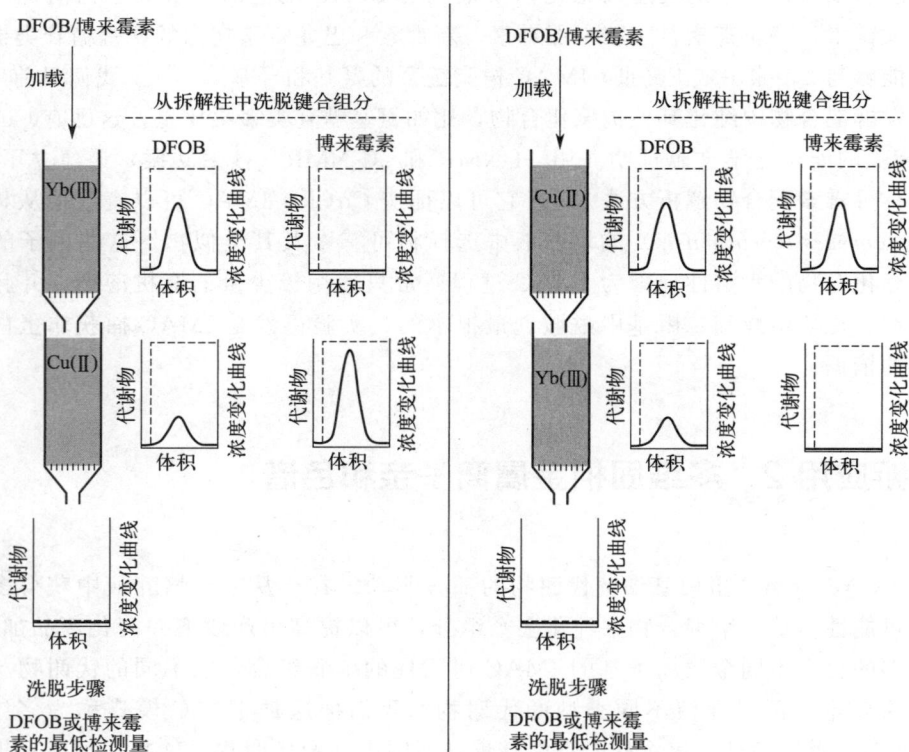

图 1.11 多维固相金属离子亲和色谱（MD-IMAC）分离具有不同金属离子亲和力的多种细菌次生代谢物。在 MD-IMAC 装置中，含有附载不同金属离子的 IMAC 树脂的两个柱串联起来，加入含有分析物的混合物之后，拆开这两个柱，洗脱每个柱中的键合组分。柱的顺序影响分离结果：载 Yb(Ⅲ)-树脂柱安装在载 Cu(Ⅱ)-树脂柱之上能很好地分离 DFOB 和博来霉素（左侧），但载 Cu(Ⅱ)-树脂柱安装在载 Yb(Ⅲ)-树脂柱之上就不能得到好的效果（右侧）

键合力可以忽略不计（lg$K$ 未定）。当 Cu(Ⅱ) 柱装置在 Yb(Ⅲ) 柱之上时，由于 Cu(Ⅱ) 与 DFOB 形成的配合物（lg$K$＝14.1）或与博来霉素形成的配合物（lg$K$＝12.6）的键合常数很接近，从而使得两个组分都键合在 Cu(Ⅱ) 柱上。在用串联 Cu(Ⅱ)-和 Fe(Ⅲ)-IMAC 模式分离血清蛋白的实验中，柱的顺序对分离效果没有影响，相同的蛋白质图谱分布在每一个柱上，不受柱顺序的影响[15]。

从一组混合物中捕获多个组分，多维 IMAC 潜力巨大。它可以用于制药过程，也可以从全部细菌代谢物中进行满足分析规模的目标物分离，这一内容在下一部分讨论。在我们的工作中，用了两个串联柱，当然也可以再额外加柱，每个柱子载有不同的金属离子。实验装置如图 1.12 所示。在这个装置中，每个含有不同金属离子的多维 IMAC "盒"被连续旋入 Falcon 管样的外壳中。键合步骤是依靠重力、压力或轻微的离心力进行的，接着就是拆卸下每一个"盒子"之后，洗脱出每个"盒子"中键合的组分。

增压管，可通过施压
或离心操作的装置

用来捕获的装置结构

滤膜，专对低分子量化合物

螺纹

IMAC单元固定树脂或膜的外壳：
金属离子 I（如Ni^{2+}）

螺纹

IMAC单元固定树脂或膜的外壳：
金属离子 II（如Co^{2+}）

螺纹

A

双螺纹单元模块(IMAC盒)
金属离子：Ni^{2+}、Co^{2+}、
Zn^{2+}、Fe^{3+}等

用于离心的结构

组装捕获装置的部件A
（任意数量）、B和D

组装捕获装置的部件
C、A(单个的)和D

选择IMAC单元并将其
组装成一个整体装置

部件

B C D

在键合之后，通过竞
争缓冲溶液或在低pH
洗涤IMAC单元，将键
合化合物洗脱出来

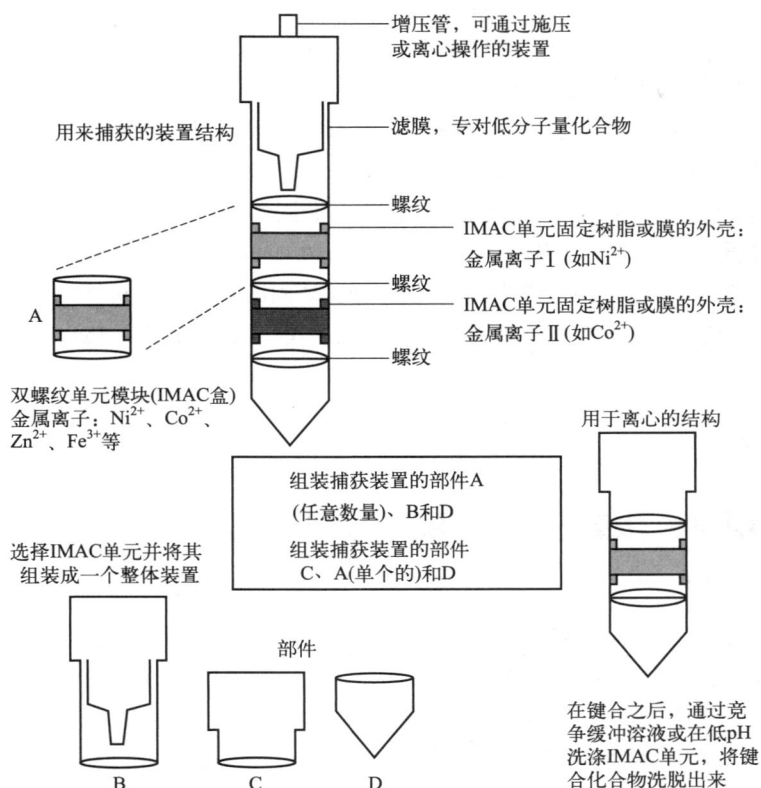

图1.12　多维固相金属离子亲和色谱（MD-IMAC）应用实验装置示意
图。图中装置显示，每个 IMAC "盒"被连续旋入串联的 Falcon 管样的
外壳中，它可以在较低的离心力条件下操作

1.6　新应用 3：代谢组学研究

代谢组学是近期加入生物组学家族，对特定物种进行一系列代谢特性研究的方法[135-138]。每个细菌的代谢组物质都包含数以百计的化合物，这对药物发现提供了丰富的资源[139,140]。细菌代谢组学也报道了有机体在受到所在的生长环境或宿主的调节下的相关代谢情况[141,142]。因为一定的代谢组蕴藏着丰富的信息内容，对其组分绝对数量的分析是复杂的，不能靠 LC-MS 分析完全解决[142]。要减小分离细菌代谢组的复杂性需要健康和环境领域代谢组学研究的支持。

利用 IMAC，可按细菌代谢组物质与金属离子之间不同的亲和力将它们分组。当然与金属离子没有亲和力的组分将会从所有代谢组物质中除去。虽然可以认为这是个缺点，但这个概念的确提供了一种选择数量极少的目标化合物的可能。代谢组物质可以通过外部条件在原位进行调控，比如温度和可用的营养素，也可以在体外利用前体定向生物合成途径进行调控，也就是将非天然的基质加入细菌生长培养基，从而引入一个天然合成途径以产生新的化合物[143,144]。IMAC 很适合分析嗜铁素和博来霉素的代谢组物质，也适合 IMAC-兼容的其

他化合物。例如，前体定向生物合成途径用于生产去铁胺 E、铜绿假单胞菌螯铁蛋白和奥佐铁蛋白等嗜铁素的类似物[145-147]。通过抑制在生物合成天然嗜铁素腐殖酸所用的 1,4-二氨基丁烷的内源性水平，成功调控了腐败希瓦氏菌 (*Shewanella putrefaciens*) 嗜铁素代谢组物质[148,149]。每一种嗜铁素代谢组物质都可以用 IMAC 分析。

我们团队目前研究海洋细菌 *Salinispora tropica* 中嗜铁素代谢组。海洋细菌，包括 *S. tropica* 和其他 *Actinomycetes*，鉴于在它们陆生的同类物中发现了许多临床药物，因而它们在天然产物的研究中也受到重视[150,151]。*Salinispora tropica* 由于化学多样性而让人望而生畏，因为其将近 10% 的基因编码为次级代谢物的基因编码[152]。这些研究结果进一步支持利用 IMAC 从培养液中选择捕获嗜铁素。可以用 Fe(Ⅲ) 或 Cu(Ⅱ)-IMAC 分离前体定向生物合成途径合成的一种带有工程菌株大肠埃希菌 (*Escherichia coli*)[153] 的新红霉素类似物[97]。

1.7 新应用 4：依赖于配位键的固相有机合成

在近期的发展中，IMAC 模式已经扩展到对非蛋白基低分子量细菌次级代谢物的亲和基分离之外的领域。在这种应用中，IMAC 树脂床含有的键合细菌代谢物在同一树脂床中固相合成的作用下生成代谢物的衍生物[154]。这种方法是有效的，因为同一树脂床，既可以用于捕获分子，又可以用于后期化学半合成。利用前体分子通过配位键键合在 IMAC 树脂上的系统进行固相有机合成具有传统固相合成方法的所有优势，在传统方法中，前体配体以共价键与 Merrifield 树脂、Rink 树脂或 Wang 树脂键合。为使化学反应完成，需要使用过量的试剂，这些过量的试剂以及反应副产物很容易通过过滤方法除去。这种方法与另外一种固相有机合成方法不同，后者是通过多种配位键而不是共价键将前体配体固定的，因此将它称为依赖于配位键的固相有机合成 (CBD-SPOS)[154]。

在第一个关于 CBD-SPOS 的例子中，一份 DFOB 样品键合到 Ni(Ⅱ)-IDA 树脂上，在 pH 为 9 时，DFOB 是通过异羟肟酸官能团中存在的保留化学活性的侧氨基 (图 1.5) 键合到 IMAC 树脂的。与 2,4,6-三硝基苯磺酸反应显示黄色已经证明了这一点。DFOB 键合之后，水被无 (或弱) 配位能力的四氢呋喃 (THF) 所替换，它在树脂键合点不能有效地与 DFOB 竞争。甲醇和二甲酰胺是不合适的试剂，因为它们有竞争配体的作用，会将 DFOB 从树脂上取代下来。选择的半合成的目标物是生物素化的 DFOB (生物素-DFOB)。生物素-DFOB 可以作为分子探针与产生 *S. pilosus* 的原 DFOB 中同源细胞蛋白相对照。DFOB-键合 Ni(Ⅱ)-IDA 树脂与 *N*-羟基丁二酰亚胺-生物素在 40℃ 的 THF 中反应过夜生成生物素-DFOB，并继续保留在树脂上 (图 1.13)。在这个过程中淋洗出的 DFOB 不到 1%。用 THF 彻底洗涤树脂，以确保从树脂上淋出最小量 (<1%) 的产物。

CBD-SPOS 的产物是用水在 pH 为 6 时洗脱的，这一 pH 下足以取代树脂上的 DFOB-基产物 [pH6<pK_a (异羟肟酸) (pK_a=9.0)]，但酸度不强，无法解离固定相 Ni(Ⅱ)-IDA 配位化合物 [pH6>pK_a(IDA)(pK_a=2.5)]，这样就导致生物素-DFOB 以不含金属加合物的形式释放出来。生物素-DFOB 的产率是 76%，而且其纯度也明显优于通过传统的液相化学法制备的等量产品 (图 1.14)。这个方法的可靠性依赖于 DFOB 和 Ni(Ⅱ)-IDA 螯合剂之

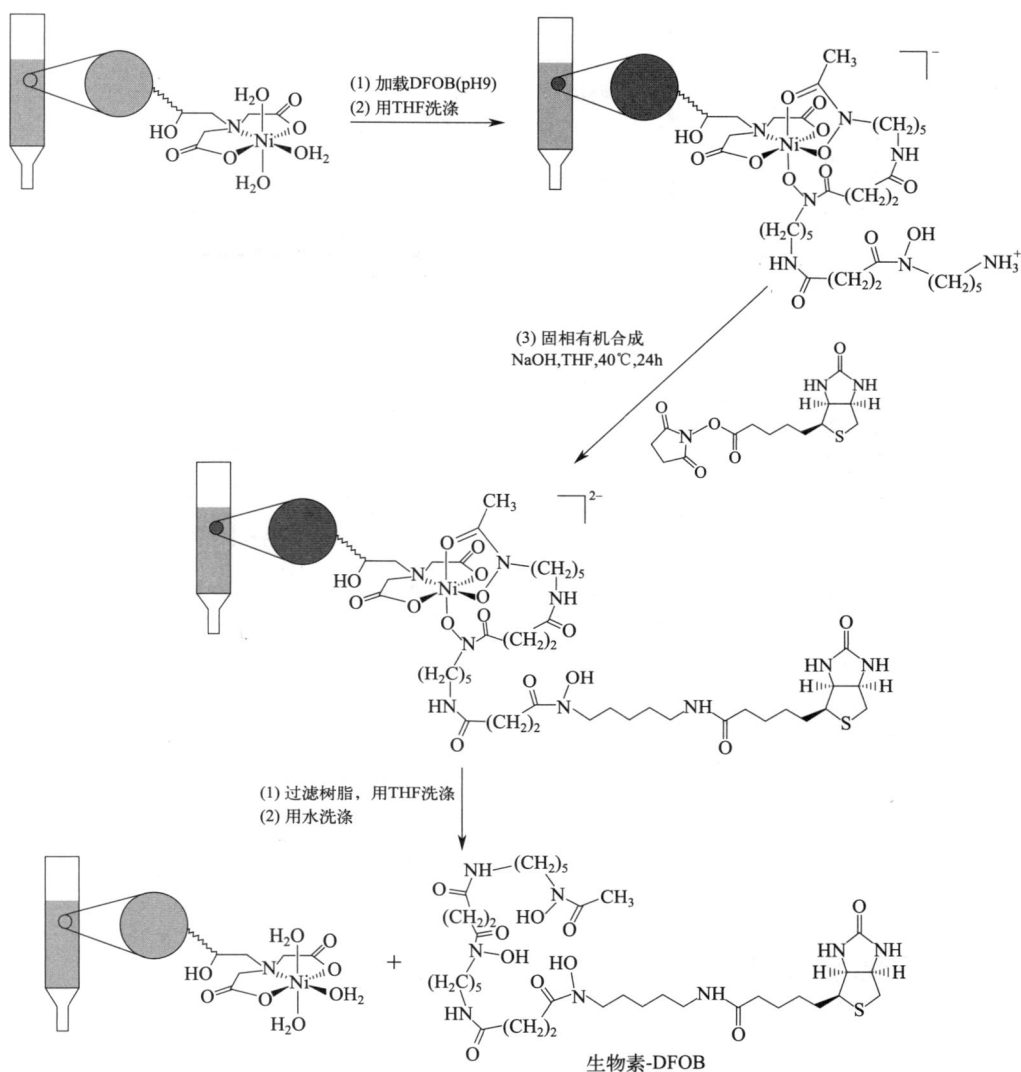

图 1.13　用载 Ni(Ⅱ)-IMAC 树脂通过 CBD-SPOS 制备特定金属探针和其他半合成衍生物。在 CBD-SPOS 中，没有与 IMAC 树脂键合的具有反应活性基团（如氨基）的代谢物可以直接在同样 的树脂床上固相化学转化。这种方法具有传统固相合成的所有优势且已成功用于在温和条件下制 备生物素-DFOB。经许可引自［154］2012 Royal Society of Chemistry

间的多种配位键的强度从功能上与传统 SPOS 方法中所用的共价键相等。人们正在探索代谢 物作为分子探针在代谢组学/蛋白质组学中的应用[155-158]，CBD-SPOS 还提供了一种使用这 些探针的新的方法学。我们目前正在用 CBD-SPOS 制备一种化学探针以替代氨基嗜铁素， 包括由病原菌铜绿假单胞菌（*Pseudomonas aeruginosa*）产生的铜绿假单胞铁载体-Ⅱ（pyoverdine type Ⅱ）[31,159,160] 和其他原生病原铁载体，比如来自洋葱伯克霍尔德菌 （*Burkholderia cepacia*）的 ornibactin C-4[161] 和新金色分枝杆菌（*Mycobacterium neoaurum*）的 exochelin MN[162,163]。

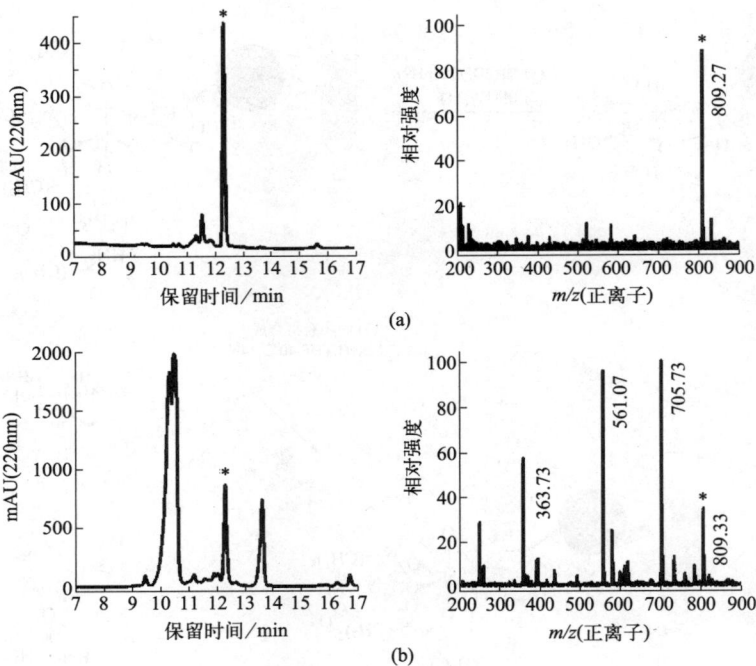

图 1.14 用 CBD-SPOS 制备的产率为 76% 的生物素-DFOB（$[M+Na^+]^+$ m/z_{calc} 809.42，∗）(a) 与传统的溶液方法 (b) 的对照。经许可引自 [154] 2012 Royal Society of Chemistry

1.8 绿色化学技术

IMAC 作为捕获代谢产物的技术，最主要的优势是能与水相溶。在从 *S. pilosus* 培养液中分离 DFOB 的实验中，水相上清液调节 pH 为 9.0，在被承载到 Ni(Ⅱ)-IDA 树脂上之前，这是唯一的预处理步骤[55]。这个化合物以及后续工作中的 TSA 的保留[82]，完全是在不存在有机溶剂的情况下进行的，并突显了 IMAC 过程内在的绿色化学原理。在其他的应用中，存在于细菌培养基的组分，包括氨基酸、肽类和维生素类，它们能竞争金属键合点，在 IMAC 过程之前能够利用大孔吸附树脂 XAD-2 层析法将其除去[94]。这有利于改善金属离子亲和步骤的性能，但是以牺牲效率为代价，额外增加了层析步骤。绿色化学的目标之一就是要减少有机溶剂的使用[164-166]。在制药生产中，从发酵液中提取临床制剂可能依赖于使用大量的有机溶剂。当前生产博来霉素和 DFOB 就是典型例子，其 75% 的生产成本用于纯化有机溶剂[167]。将 IMAC 过程放大到工业生产规模能够明显减少制药过程中有机溶剂的用量。而且，IMAC 与水的相溶性在天然产物化学中尤为有用，因为从萃取物中分离极性物质比分离有机可溶性组分更加困难。

1.9 结论

根据我们团队的研究和本章阐述的其他实验室的工作，很明显，IMAC 的应用还有广阔的领域。就从复杂的发酵混合物中直接分离单一或复合非蛋白基低分子量细胞代谢物而言，这种技术在制药过程领域的可持续性前景可期。分离不同级别的代谢物需要类型多样的树脂，串联柱的使用可以满足这一需求并能提高纯化效率。这部分通常是生产临床用试剂过程中的最主要的成本。这一技术可用于提供本身具有金属键合力的非蛋白基细胞代谢物的选择类别信息，包括但不限于嗜铁素和博来霉素。这对发现新药物和理解代谢组学中特定细菌种类的周围环境是如何调控这些代谢物的类型和/或相对含量都有一定的启示，这也给药物开发和环境研究的生物过程体系补充了实验数据。

为了实现生物技术领域自动纯化重组蛋白的目标，开发 IMAC 新模式的研究仍然在继续。这些更新的 IMAC 模式，包括 96 孔板、过滤膜、磁子和量子点[168] 都能应用到本章所描述的非蛋白基低分子量金属键合化合物相关的领域中。这些模式预示着 IMAC 在天然产物研发和制药过程领域的应用有光明的未来。

IMAC 的主要优势之一就是它具有水相溶性，在这个绿色化学的时代，有一种强烈的愿望就是减少利用大量的有机溶剂从天然资源中提取新的化学物质，IMAC 满足这个要求。研究者们期待着继续为拓展 IMAC 的领域作出贡献，期待着在未来将这种易于使用的方法更加全面地与化学生物学研究平台相结合。

致谢

感谢 Douha Lozi 女士对这项工作早期阶段所作出的贡献，这项工作得到澳大利亚研究生奖学金（J.G.）、悉尼大学的基金［过渡性资助（R.C.）、大学研究生基金（N.E.，T.L.）］和澳大利亚国家卫生与医学研究委员会（R.C.）的支持。

参考文献

1. Porath, J., Carlsson, J., Olsson, I., Belfrage, G. (1975) Metal chelate affinity chromatography, a new approach to protein fractionation. Nature, 258:598-599.

2. Andersson, L., Porath, J. (1986) Isolation of phosphoproteins by immobilized metal (Fe^{3+}) affinity chromatography. Anal. Biochem., 154:250-254.

3. Nühse, T. S., Stensballe, A., Jensen, O. N., Peck, S. C. (2003) Large-scale analysis of *in vivo* phosphorylated membrane proteins by immobilized metal ion affinity chromatography and mass spectrometry. Mol. Cell. Proteomics, 2:1234-1243.

4. Imam-Sghiouar, N., Joubert-Caron, R., Caron, M. (2005) Application of metal chelate affinity chromatography to the study of the phosphoproteome. Amino Acids, 28:105-109.

5. Österberg, R. (1957) Metal and hydrogen-ion binding properties of *O*-phosphoserine.

Nature,179:476-477.

6. Pearson, R. G. (1963) Hard and soft acids and bases. J. Am. Chem. Soc., 85: 3533-3539.

7. Jiang, W., Graham, B., Spiccia, L., Hearn, M. T. W. (1998) Protein selectivity with immobilized metal ion-tacn sorbents: chromatographic studies with human serum proteins and several other globular proteins. Anal. Biochem., 255:47-58.

8. Zachariou, M., Hearn, M. T. W. (2000) Adsorption and selectivity characteristics of several human serum proteins with immobilized hard Lewis metal ion-chelate adsorbents. J. Chromatogr. A,890:95-116.

9. Chaouk, H., Hearn, M. T. W. (1999) New ligand, N-(2-pyridylmethyl)aminoacetate, for use in the immobilized metal ion affinity chromatographic separation of proteins. J. Chromatogr. A,852:105-115.

10. Cheung, R. C. F., Wong, J. H., Ng, T. B. (2012) Immobilized metal ion affinity chromatography: a review on its applications. Appl. Microbiol. Biotechnol., 96:1411-1420.

11. Block, H., Maertens, B., Spriestersbach, A., Brinker, N., Kubicek, J., Fabis, R., Labahn, J., Schäfer, F. (2009) Immobilized-metal affinity chromatography: a review. Methods Enzymol., 463:439-473.

12. Gutierrez, R., Martin del Valle, E. M., Galan, M. A. (2007) Immobilized metal-ion affinity chromatography: Status and trends. Sep. Purif. Rev., 36:71-111.

13. Chaga, G. S. (2001) Twenty-five years of immobilized metal ion affinity chromatography: past, present and future. J. Biochem. Biophys. Methods, 49:313-334.

14. Gaberc-Porekar, V., Menart, V. (2001) Perspectives of immobilized-metal affinity chromatography. J. Biochem. Biophys. Methods, 49:335-360.

15. Porath, J., Olin, B. (1983) Immobilized metal ion affinity adsoption and immobilized metal ion affnity chromatography of biomaterials. Serum protein affinities for gel-immobilized iron and nickel ions. Biochemistry, 22:1621-1630.

16. Priestman, D. A., Butterworth, J. (1985) Prolinase and non-specific dipeptidase of human kidney. Biochem. J., 231:689-694.

17. Hochuli, E., Bannwarth, W., Döbeli, H., Gentz, R., Stüber, D. (1988) Genetic approach to facilitate purification of recombinant proteins with a novel metal chelate adsorbent. Bio/ Technology, 6:1321-1325.

18. Bucar, F., Wube, A., Schmid, M. (2013) Natural product isolation-how to get from biological material to pure compounds. Nat. Prod. Rep., 30:525-545.

19. Budzikiewicz, H. (2010) Microbial siderophores, in: Kinghorn, A. D., Falk, H. and Kobayashi, J. (eds) Progress in the Chemistry of Organic Natural Products, pp. 1-75 (New York, Springer- Verlag).

20. Hider, R. C., Kong, X. (2010) Chemistry and biology of siderophores. Nat. Prod. Rep., 27:637-657.

21. Neilands, J. B. (1995) Siderophores: structure and function of microbial iron transport compounds. J. Biol. Chem., 270:26723-26726.

22. Raymond, K. N., Dertz, E. A. (2004) Biochemical and physical properties of siderophores, in: Crosa, J. H., Mey, A. R. and Payne, S. M. (eds) Iron Transport in Bacteria, pp. 3-17(Washington, DC, ASM Press).

23. Crumbliss, A. L., Harrington, J. M. (2009) Iron sequestration by small molecules: thermodynamic and kinetic studies of natural siderophores and synthetic model complexes. Adv. Inorg. Chem., 61:179-250.

24. Butler, A., Theisen, R. M. (2010) Iron(III)-siderophore coordination chemistry: Reactivity of marine siderophores. Coord. Chem. Rev., 254:288-296.

25. Boukhalfa, H., Crumbliss, A. L. (2002) Chemical aspects of siderophore mediated iro transport. BioMetals, 15:325-339.

26. Miethke, M., Marahiel, M. A. (2007) Siderophore-based iron acquisition and pathogen control. Microbiol. Mol. Biol. Rev., 71:413-451.

27. Miethke, M. (2013) Molecular strategies of microbial iron assimilation: from high-affinity complexes to cofactor assembly systems. Metallomics, 5:15-28.

28. Codd, R. (2008) Traversing the coordination chemistry and chemical biology of hydroxamic acids. Coord. Chem. Rev., 252:1387-1408.

29. Scott, L. E., Orvig, C. (2009) Medicinal inorganic chemistry approaches to passivation and removal of aberrant metal ions in disease. Chem. Rev., 109:4885-4910.

30. Marmion, C. J., Griffith, D., Nolan, K. B. (2004) Hydroxamic acids. An intriguing family of enzyme inhibitors and biomedical ligands. Eur. J. Inorg. Chem.; 3003-3016.

31. Schalk, I. J., Hannauer, M., Braud, A. (2011) New roles for bacterial siderophores in metal transport and tolerance. Environ. Microbiol., 13:2844-2854.

32. Telpoukhovskaia, M. A., Orvig, C. (2013) Werner coordination chemistry and neurodegeneration. Chem. Soc. Rev., 42:1836-1846.

33. Casentini, B., Pettine, M. (2010) Effects of desferrioxamine-B on the release of arsenic from volcanic rocks. Appl. Geochem., 25:1688-1698.

34. Duckworth, O. W., Bargar, J. R., Sposito, G. (2009) Quantitative structure-activity relationships for aqueous metal-siderophore complexes. Environ. Sci. Technol., 43:343-349.

35. Liddell, J. R., Obando, D., Liu, J., Ganio, G., Volitakis, I., Mok, S. S., Crouch, P. J., White, A. R., Codd, R. (2013) Lipophilic adamantyl- or deferasirox-based conjugates of desferrioxamine B have enhanced neuroprotective capacity: implications for Parkinson disease. Free Radic. Biol. Med., 60:147-156.

36. Gez, S., Luxenhofer, R., Levina, A., Codd, R., Lay, P. A. (2005) Chromium(V) complexes of hydroxamic acids: Formation, structures, and reactivities. Inorg. Chem., 44: 2934-2943.

37. Pakchung, A. A. H., Soe, C. Z., Codd, R. (2008) Studies of iron-uptake mechanisms in two bacterial species of the Shewanella genus adapted to middle-range(Shewanella putrefaciens) or Antarctic(Shewanella gelidimarina) temperatures. Chem. Biodivers., 5:2113-2123.

38. Pakchung, A. A. H., Soe, C. Z., Lifa, T., Codd, R. (2011) Complexes formed in solution between vanadium(IV)/(V) and the cyclic dihydroxamic acid putrebactin or linear sub-

erodihydroxamic acid. Inorg. Chem. ,50：5978-5989.

39. Drechsel, H. , Winkelmann, G. (1997) Iron Chelation and Siderophores, in：Winkelmann, G. and Carrano, C. J. (eds) Transition Metals in Microbial Metabolism, pp. 1-49 (Amsterdam, Harwood Academic).

40. Bernhardt, P. V. (2007) Coordination chemistry and biology of chelators for the treatment of iron overload disorders. Dalton Trans. ,3214-3220.

41. Liu, J. , Obando, D. , Schipanski, L. G. , Groebler, L. K. , Witting, P. K. , Kalinowski, D. S. , Richardson, D. R. , Codd, R. (2010) Conjugates of desferrioxamine B(DFOB) with derivatives of adamantane or with orally available chelators as potential agents for treating iron overload. J. Med. Chem. ,53：1370-1382.

42. Kalinowski, D. S. , Richardson, D. R. (2005) The evolution of iron chelators for the treatment of iron overload disease and cancer. Pharmacol. Rev. ,57：547-583.

43. Martell, A. E. , Smith, R. M. (1974) Critical Stability Constants. Vol. 1. (New York, Plenum Press).

44. Martell, A. E. , Smith, R. M. (1977) Critical Stability Constants. Vol. 3. (New York, Plenum Press).

45. Sugiura, Y. , Ishizu, K. , Miyoshi, K. (1979) Studies of metallobleomycins by electronic spectroscopy, electron spin resonance spectroscopy, and potentiometric titration. J. Antibiot. ,32：453-461.

46. Khan, M. A. , Lelie, D. , Cornelis, P. , Mergeay, M. (1994) Purification and characterization of "alcaligin E", a hydroxamate-type siderophore produced by Alcaligenes eutrophus CH 34, Conference Proceedings of the Plant Pathogenic Bacteria：8th International Conference, Versailles, France, 1992, pp. 591-597.

47. Gilis, A. , Khan, M. A. , Cornelis, P. , Meyer, J. -M. , Mergeay, M. , van der Lelie, D. (1996) Siderophore-mediated iron uptake in Alcaligenes eutrophus CH34 and identificatoin of aleB encoding the ferric iron-alcaligin E receptor. J. Bacteriol. ,178：5499-5507.

48. Münzinger, M. , Taraz, K. , Budzikiewicz, H. (1999) Staphyloferrin B, a citrate siderophore of Ralstonia eutropha. Z. Naturforsch. C. ,54：867-875.

49. Harris, W. R. , Carrano, C. J. , Raymond, K. N. (1979) Coordination chemistry of microbial iron transport compounds. 16. Isolation, characterization and formation constants of ferric aerobactin. J. Am. Chem. Soc. ,101：2722-2727.

50. Stemmler, A. J. , Kampf, J. W. , Kirk, M. L. , Pecoraro, V. L. (1995) A model for the inhibition of urease by hydroxamates. J. Am. Chem. Soc. ,117：6368-6369.

51. Benini, S. , Rypniewski, W. R. , Wilson, K. S. , Miletti, S. , Ciurli, S. , Mangani, S. (2000) The complex of Bacillus pasteurii urease with acetohydroxamate anion from X-ray data at 1. 55 Å resolution. J. Biol. Inorg. Chem. ,5：110-118.

52. Gaynor, D. , Starikova, Z. A. , Ostrovsky, S. , Haase, W. , Nolan, K. B. (2002) Synthesis and structure of a heptanuclear nickel(Ⅱ) complex uniquely exhibiting four distinct binding modes, two of which are novel, for a hydroxamate ligand. Chem. Commun. ,506-507.

53. Brown, D. A. , Geraty, R. , Glennon, J. D. , Choileain, N. N. (1986) Design of metal

chelates with biological activity. 5. Complexation behavior of dihydroxamic acids with metal ions. Inorg. Chem. ,25:3792-3796.

54. Fazary,A. E. (2005) Thermodynamic studies on the protonation equilibria of some hydroxamic acids in $NaNO_3$ solutions in water and in mixtures of water and dioxane. J. Chem. Eng. Data,50:888-895.

55. Braich,N. ,Codd,R. (2008) Immobilized metal affinity chromatography for the capture of hydroxamate-containing siderophores and other Fe(Ⅲ)-binding metabolites from bacterial culture supernatants. Analyst,133:877-880.

56. Keller-Schierlein,W. ,Mertens,P. ,Prelog,V. ,Wasler,A. (1965) Metabolic products of microorganisms. XLIX. Ferrioxamines A1,A2,and D2. Helv. Chim. Acta,48:710-723.

57. De Voss,J. J. ,Rutter,K. ,Schroeder,B. G. ,Su,H. ,Zhu,Y. ,Barry,C. E. I. (2000) The salicylate-derived mycobactin siderophores of Mycobacterium tuberculosis are essential for growth in macrophages. Proc. Natl. Acad. Sci. USA,97:1252-1257.

58. Zane,H. K. ,Butler,A. (2013) Isolation,structure elucidation,and iron-binding properties of lystabactins,siderophores isolated from a marine Pseudoaltermonas sp. J. Nat. Prod. ,76:648-654.

59. Rehder,D. (1999) The coordination chemistry of vanadium as related to its biological functions. Coord. Chem. Rev. ,182:297-322.

60. Butler,A. ,Parsons,S. M. ,Yamagata,S. K. ,de la Rosa,R. I. (1989) Reactivation of vanadate-inhibited enzymes with desferrioxamine B,a vanadium(Ⅴ) chelator. Inorg. Chim. Acta,163:1-3.

61. Bell,J. H. ,Pratt,R. F. (2002) Mechanism of inhibition of the β-lactamase of Enterobacter cloacae P99 by 1:1 complexes of vanadate with hydroxamic acids. Biochemistry,41:4329-4338.

62. Goldwaser, I. , Li, J. , Gershonov, E. , Armoni, M. , Karnieli, E. , Fridkin, M. , Shechter,Y. (1999) L-Glutamic acid γ-monohydroxamate. A potentiator of vanadium-evoked glucose metabolism in vitro and in vivo. J. Biol. Chem. ,274:26617-26624.

63. Haratake,M. ,Fukunaga,M. ,Ono,M. ,Nakayama,M. (2005) Synthesis of vanadium (Ⅳ,Ⅴ) hydroxamic acid complexes and in vivo assessment of their insulin-like activity. J. Biol. Inorg. Chem. ,10:250-258.

64. Luterotti,S. ,Grdinic,V. (1986) Spectrophotometric determination of vanadium(Ⅴ) with desferrioxamine B. Analyst,111:1163-1165.

65. Minucci,S. ,Pelicci,P. G. (2006) Histone deacetylase inhibitors and the promise of epigenetic(and more) treatments for cancer. Nat. Rev. Cancer,6:38-51.

66. Bolden,J. E. ,Peart,M. J. ,Johnstone,R. W. (2006) Anticancer activities of histone deacetylase inhibitors. Nat. Rev. Drug Discov. ,5:769-784.

67. Liu,T. ,Kuljaca,S. ,Tee,A. ,Marshall,G. M. (2006) Histone deacetylase inhibitors: multifunctional anticancer agents. Cancer Treat. Rev. ,32:157-165.

68. Bertrand,P. (2010) Inside HDAC with HDAC inhibitors. Eur. J. Med. Chem. ,45:2095-2116.

69. Marks, P. A. , Breslow, R. (2007) Dimethylsulfoxide to vorinostat: Development of this histone deacetylase inhibitor as an anticancer drug. Nat. Biotechnol. ,25:84-90.

70. Codd, R. , Braich, N. , Liu, J. , Soe, C. Z. , Pakchung, A. A. H. (2009)Zn(Ⅱ)-dependent histone deacetylase inhibitors:suberoylanilide hydroxamic acid and trichostatin A. Int. J. Biochem. Cell Biol. ,41:736-739.

71. Liao, V. , Liu, T. , Codd, R. (2012) Amide-based derivatives of β-alanine hydroxamic acid as histone deacetylases inhibitors:Attenuation of potency through resonance effects. Bioorg. Med. Chem. Lett. ,22:6200-6204.

72. Bieliauskas, A. V. , Pflum, M. K. H. (2008) Isoform-selective histone deacetylase inhibitors. Chem. Soc. Rev. ,37:1402-1413.

73. Tsuji, N. , Kobayashi, M. , Nagashima, K. , Wakisaka, Y. , Koizumi, K. (1976) A new antifungal antibiotic, trichostatin. J. Antibiot. ,29:1-6.

74. Woo, S. H. , Frechette, S. , Khalil, E. A. , Bouchain, G. , Vaisburg, A. , Bernstein, N. , Moradei, O. , Leit, S. , Allan, M. , Fournel, M. , Trachy-Bourget, M. -C. , Li, Z. , Besterman, J. M. , Delorme, D. (2002) Structurally simple trichostatin A-like straight chain hydroxamates as potent histone deacetylase inhibitors. J. Med. Chem. ,45:2877-2885.

75. Anzellotti, A. I. , Farrell, N. P. (2008) Zinc metalloproteins as medicinal targets. Chem. Soc. Rev. ,37:1629-1651.

76. Puerta, D. T. , Cohen, S. M. (2004) A bioinorganic perspective on matrix metalloproteinase inhibition. Curr. Top. Med. Chem. ,4:1551-1573.

77. Whittaker, M. , Floyd, C. D. , Brown, P. , Gearing, A. J. H. (1999) Design and therapeutic application of matrix metalloproteinase inhibitors. Chem. Rev. ,99:2735-2776.

78. Hu, J. , Van den Steen, P. E. , Sang, Q. -X. A. , Opdenakker, G. (2007) Matrix metalloproteinase inhibitors as therapy for inflammatory and vascular diseases. Nat. Rev. Drug. Discov. ,6:480-498.

79. Finnin, M. S. , Donigian, J. R. , Cohen, A. , Richon, V. M. , Rifkind, R. A. , Marks, P. A. , Breslow, R. , Pavletich, N. P. (1999) Structures of a histone deacetylase homologue bound to the TSA and SAHA inhibitors. Nature,401:188-193.

80. Griffith, D. M. , Szöcs, B. , Keogh, T. , Suponitsky, K. Y. , Farkas, E. , Buglyó, P. , Marmion, C. J. (2011) Suberoylanilide hydroxamic acid, a potent histone deacetylase inhibitor; its X-ray crystal structure and solid state and solution studies of its Zn(Ⅱ), Ni(Ⅱ), Cu(Ⅱ) and Fe(Ⅲ) complexes. J. Inorg. Biochem. ,105:763-769.

81. Zhang, S. , Duan, W. , Wang, W. (2006) Efficient, enantioselective organocatalytic synthesis of trichostatin A. Adv. Synth. Catal. ,348:1228-1234.

82. Ejje, N. , Lacey, E. , Codd, R. (2012) Analytical-scale purification of trichostatin A from bacterial culture in a single step and with high selectivity using immobilised metal affinity chromatography. RSC Adv. ,2:333-337.

83. Umezawa, H. , Takita, T. (1980) The bleomycins:Antitumor copper-binding antibiotics. Struct. Bond. ,40:73-99.

84. Chen, J. , Stubbe, J. (2005) Bleomycins:Towards better therapeutics. Nat. Rev. Canc-

er,5:102-112.

85. Galm, U., Hager, M. H., Van Lanen, S. G., Ju, J., Thorson, J. S., Shen, B. (2005) Antitumor antibiotics: Bleomycin, enediyenes, and mitomycin. Chem. Rev., 105:739-758.

86. Einhorn, L. H. (2002) Curing metastatic testicular cancer. Proc. Natl. Acad. Sci. USA, 99:4592-4595.

87. Aoyagi, Y., Katano, K., Suguna, H., Primeau, J., Chang, L.-H., Hecht, S. M. (1982) Total synthesis of bleomycin. J. Am. Chem. Soc., 104:5537-5538.

88. Sugiyama, M., Kumagai, T., Hayashida, M., Maruyama, M. (2002) The 1.6-Å crystal structure of the copper(II)-bound bleomycin complexed with the bleomycin-binding protein from bleomycin-producing Streptomycin verticillus. J. Biol. Chem., 277:2311-2320.

89. Iitaka, Y., Nakamura, H., Nakatani, T., Muraoka, Y., Fujii, A., Takita, T., Umezawa, H. (1978) Chemistry of bleomycin. XX The X-ray structure determination of P-3A Cu (II)-complex, a biosynthetic intermediate of bleomycin. J. Antibiot., 31:1070-1072.

90. Decker, A., Chow, M. S., Kemsley, J. N., Lehnert, N., Solomon, E. I. (2006) Direct hydrogen-atom abstraction by activated bleomycin: An experimental and computational study. J. Am. Chem. Soc., 128:4719-4733.

91. Sam, J. W., Tang, X.-J., Peisach, J. (1994) Electrospray mass spectrometry of iron bleomycin: Demonstration that activated bleomycin is a ferric peroxide complex. J. Am. Chem. Soc., 116:5250-5256.

92. Burger, R. M., Peisach, J., Horwitz, S. B. (1981) Activated bleomycin. A transient complex of drug, iron, and oxygen that degrades DNA. J. Biol. Chem., 256:11636-11644.

93. Westre, T. E., Loeb, K. E., Zaleski, J. M., Hedman, B., Hodgson, K. O., Solomon, E. I. (1995) Determination of the geometric and electronic structure of activated bleomycin using X-ray absorption spectroscopy. J. Am. Chem. Soc., 117:1309-1313.

94. Gu, J., Codd, R. (2012) Copper(II)-based metal affinity chromatography for the isolation of the anticancer agent bleomycin from Streptomyces verticillus culture. J. Inorg. Biochem., 115:198-203.

95. Bewley, M. C., Jeffrey, P. D., Patchett, M. L., Kanyo, Z. F., Baker, E. N. (1999) Crystal structure of Bacillus caldovelox arginase in complex with substrate and inhibitors reveal new insights into activation, inhibition and catalysis in the arginase superfamily. Structure, 7:435-448.

96. Ahn, H.-J., Kim, K. H., Lee, J. K., Ha, J.-Y., Lee, H. H., Kim, D., Yoon, H.-J., Kwon, A.-R., Suh, S. W. (2004) Crystal structure of agmatinase reveals structural conservation and inhibition mechanism of the ureohydrolase superfamily. J. Biol. Chem., 279: 50505-50513.

97. Takeda, N., Matsuoka, T., Gotoh, M. (2010) Potentiality of IMAC as sample pretreatment tool in food analysis for veterinary drugs. Chromatographica, 72:127-131.

98. Drechsel, H., Fiallo, M., Garnier-Suillerot, A., Matzanke, B. F., Schünemann, V. (2001) Spectroscopic studies on iron complexes of different anthracyclines in aprotic solvent systems. Inorg. Chem., 40:5324-5333.

99. Gokhale, N., Patwardhan, A., Cowan, J. A. (2007) Metalloaminoglycosides: Chemistry and biological relevance, in: Arya, D. P. (ed.) Aminoglycoside Antibiotics: From Chemical Biology to Drug Discovery, pp. 235-254 (Hoboken, NJ, Wiley-Interscience).

100. Chen, Z.-F., Tang, Y.-Z., Liang, H., Zhong, X.-X., Li, Y. (2006) Cobalt(II)-promoted hydrolysis of cephalexin: crystal structure of the cephalosporate-cobalt(II) complex. Inorg. Chem. Commun., 9:322-325.

101. Ross, A. R. S., Ikonomou, M. G., Orians, K. J. (2003) Characterization of copper-complexing ligands in seawater using immobilized copper(II)-ion affinity chromatography and electrospray ionization mass spectrometry. Mar. Chem., 83:47-58.

102. Paunovic, I., Schulin, R., Nowack, B. (2005) Evaluation of immobilized metal-ion affinity chromatography for the fractionation of natural Cu complexing ligands. J. Chromatogr., Sect. A., 1100:176-184.

103. Kruppa, M., König, B. (2006) Reversible coordinative bonds in molecular recognition. Chem. Rev., 106:3520-3560.

104. Gabričević, M., Crumbliss, A. L. (2003) Kinetics and mechanism of iron(III)- nitrilotriacetate complex reactions with phosphate and acetohydroxamic acid. Inorg. Chem., 42: 4098-4101.

105. Bugella-Altamirano, E., González-Pérez, J. M., Choquesillo-Lazarte, D., Niclós-Gutiérrez, J., Castiñeiras-Campos, A. (2000) Structural relationships obtained from the coordination of α-picolinamide to the (iminodiacetato) copper(II) chleate: synthesis, crystal structure, and properties of (α-picolinamide) (iminodiacetato) copper (II) dihydrate. Z. Anorg. Allg. Chem., 626:930-936.

106. Wallis, S. C., Gahan, L. R., Charles, B. G., Hambley, T. W. (1995) Synthesis and X-ray structural characterisation of an iron(III) complex of the fluoroquinoline antimicrobial ciprofloxacin, [Fe(CIP)(NTA)]3.5H$_2$O (NTA = nitrilotriacetato). Polyhedron, 14: 2835-2840.

107. Bugella-Altamirano, E., Choquesillo-Lazarte, D., González-Pérez, J. M., Sánchez-Moreno, M. J., Marín-Sánchez, R., Martín-Ramoa, J. D., Covelo, B., Carballo, R., Castiñeiras, A., Niclós-Gutiérrez, J. (2002) Three new modes of adenine-copper(II) coordination: interligand interactions controlling the selective N3-, N7- and bridging μ-N3, N7-metal-bonding of adenine to different N-substituted iminodiacetato-copper(II) chelates. Inorg. Chim. Acta, 339:160-170.

108. del Pilar Brandi-Blanco, M., Choquesillo-Lazarte, D., Domínguez-Martín, A., González-Pérez, J. M., Castiñeiras, A., Niclós-Gutiérrez, J. (2011) Metal ion binding patterns of acyclovir: Molecular recognition between this antiviral agent and copper(II) chelates with iminodiacetate or glycylglycinate. J. Inorg. Biochem., 105:616-623.

109. Kanakaraj, I., Jewell, D. L., Murphy, J. C., Fox, G. E., Wilson, R. C. (2011) Removal of PCR error products and unincorporated primers by metal-chelate affinity chromatography. PLoS ONE, 6:e14512. doi:10.1371/journal. pone. 0014512.

110. Soman, A. G., Gloer, J. B., Angawi, R. F., Wicklow, D. T., Dowd, P. F. (2001)

Vertilecanins:new phenopicolinic acid analogues from Verticillium lecanii. J. Nat. Prod. ,64:189-192.

111. Liu,J. -G. ,Xu,D. -J. (2005) Synthesis and crystal structure of aqua(diaminobithiazole)(iminodiacetato)nickel(Ⅱ) hydrate. J. Coord. Chem. ,58:735-740.

112. Ahn,J. -W. ,Jang,K. H. ,Yang,H. -C. ,Oh,K. -B. ,Lee,H. -S. ,Shin,J. (2007) Bithiazole metabolites from the Myxobacterium Myxococcus fulvus. Chem. Pharm. Bull. ,55:477-479.

113. Suzuki,Y. ,Ojika,M. ,Sakagami,Y. ,Fudou,R. ,Yamanaka,S. (1998) Cystothiazoles C-F,new bithiazole-type antibiotics from the myxobacterium Cystobacter fuscus. Tetrahedron,54:11399-11404.

114. Sasse, F. ,Böhlendorf, B. ,Hermann, M. ,Kunze, B. ,Forche, E. ,Steinmetz, H. ,Höfle,G. ,Reichenbach,H. (1999) Melithiazols,new β-methoxyacrylate inhibitors of the respiratory chain isolated from Myxobacteria. J. Antibiot. ,52:721-729.

115. Weissman,K. J. ,Müller,R. (2010) Myxobacterial secondary metabolites:bioactives and modes-of-action. Nat. Prod. Rep. ,27:1276-1295.

116. Colon, A. ,Hoffman, T. J. ,Gebauer, J. ,Dash,J. ,Rigby, J. H. ,Arseniyadis, S. ,Cossy,J. (2012) Catalysis-based enantioselective total synthesis of myxothiazole Z,(14S)-melithiazole G and(14S)-cystothiazole F. Chem. Commun. ,48:10508-10510.

117. Williams,D. R. ,Patnaik,S. ,Clark,M. P. (2001) Total synthesis of cystothiazoles A and C. J. Org. Chem. ,66:8463-8469.

118. Quadri,L. E. N. ,Keating, T. A. ,Patel, H. M. ,Walsh,C. T. (1999) Assembly of the Pseudomonas aeruginosa nonribosomal peptide siderophore pyochelin:in vitro reconstitution of aryl-4,2-bisthiazoline synthetase activity from PchD,PchE,and PchF. Biochemistry,38:14941-14954.

119. Brandel,J. ,Humbert, N. ,Elhabiri, M. ,Schalk, I. J. ,Mislin, G. L. A. ,Albrecht-Gary, A. -M. (2012) Pyochelin,a siderophore of Pseudomonas aeruginosa:Physiochemical characterization of the iron(Ⅲ),copper(Ⅱ) and zinc(Ⅱ) complexes. Dalton Trans. ,41:2820-2834.

120. Hare,N. J. ,Soe,C. Z. ,Rose,B. ,Harbour,C. ,Codd,R. ,Manos,J. ,Cordwell,S. J. (2012) Proteomics of Pseudomonas aeruginosa Australian epidemic strain 1(AES-1) cultured under conditions mimicking the cystic fibrosis lung reveals increased iron acquisition via the siderophore pyochelin. J. Proteome Res. ,11:776-795.

121. Chen,Z. -F. ,Tan,M. -X. ,Liu,L. -M. ,Liu,Y. -C. ,Wang,H. -S. ,Yang,B. ,Peng,Y. ,Liu,H. -G. ,Liang,H. ,Orvig,C. (2009) Cytotoxicity of the traditional chinese medicine (TCM) plumbagin in its copper chemistry. Dalton Trans. ,10824-10833.

122. Padhye,S. ,Dandawate,P. ,Yusufi,M. ,Ahmad,A. ,Sarkar,F. H. (2012) Perspectives on medicinal properties of plumbagin and its analogs. Med. Res. Rev. ,32:1131-1158.

123. Quinoa,E. ,Adamczeski,M. ,Crews,P. ,Bakus,G. J. (1986) Bengamides,heterocyclic anthelmintics from a Jaspidae marine sponge. J. Org. Chem. ,51:4494-4497.

124. Towbin, H. ,Bair, K. W. ,DeCaprio, J. A. ,Eck, M. J. ,Kim, S. ,Kinder, F. R. ,

Morollo, A. , Mueller, D. R. , Schindler, P. , Song, H. K. , van Oostrum, J. , Versace, R. W. , Voshol, H. , Wood, J. , Zabludoff, S. , Phillips, P. E. (2003) Proteomics-based target identification: bengamides as a new class of methionine aminopeptidase inhibitors. J. Biol. Chem. , 278:52964-52971.

125. Lu, J. -P. , Yuan, X. -H. , Yuan, H. , Wang, W. -L. , Wan, B. , Franzblau, S. G. , Ye, Q. -Z. (2011) Inhibition of Mycobacterium tuberculosis methionine aminopeptidase by bengamide derivatives. ChemMedChem, 6:1041-1048.

126. Newman, D. J. , Cragg, G. M. (2012) Natural products as sources of new drugs over the 30 years from 1981-2010. J. Nat. Prod. , 75:311-335.

127. Lam, K. S. (2007) New aspects of natural products in drug discovery. Trends Microbiol. , 15:279-289.

128. Garson, M. J. (1993) The biosynthesis of marine natural products. Chem. Rev. , 93:1699-1733.

129. Demain, A. L. (1999) Pharmaceutically active secondary metabolites of microorganisms. Appl. Microbiol. Biotechnol. , 52:455-463.

130. Ganesan, A. (2008) The impact of natural products upon modern drug discovery. Curr. Opin. Chem. Biol. , 12:306-317.

131. Ming, L. -J. (2003) Structure and function of metalloantibiotics. Med. Res. Rev. , 23:697-762.

132. Priuska, E. M. , Clark-Baldwin, K. , Pecoraro, V. L. , Schacht, J. (1998) NMR studies of iron-gentamycin complexes and the implications for aminoglycoside toxicity. Inorg. Chim. Acta, 273:85-91.

133. Gaggelli, E. , Gaggelli, N. , Valensin, D. , Valensin, G. , Jeżowska-Bojczuk, M. , Kozłowski, H. (2002) Structure and dynamics of the lincomycin-copper(Ⅱ) complex in water solution by ^{1}H and ^{13}C NMR studies. Inorg. Chem. , 41:1518-1522.

134. Porath, J. , Hansen, P. (1991) Cascade-mode multiaffinity chromatography: fractionation of human serum proteins. J. Chromatogr. , 550:751-764.

135. Kuehnbaum, N. L. , Britz-McKibbin, P. (2013) New advances in separation science for metabolomics: resolving chemical diversity in a post genomic era. Chem. Rev. , 113:2437-2468.

136. Patti, G. J. , Yanes, O. , Siuzdak, G. (2012) Innovation metabolomics: the apogee of the omics trilogy. Nat. Rev. Mol. Cell Biol. , 13:263-269.

137. Johnson, C. H. , Gonzalez, F. J. (2012) Challenges and opportunities of metabolomics. J. Cell. Physiol. , 227:2975-2981.

138. Mounicou, S. , Szpunar, J. , Lobinski, R. (2009) Metallomics: the concept and methodology. Chem. Soc. Rev. , 38:1119-1138.

139. Kersten, R. D. , Dorrestein, P. C. (2009) Secondary metabolomics: Natural products mass spectrometry goes global. ACS Chem. Biol. , 4:599-601.

140. Rochfort, S. (2005) Metabolomics reviewed: a new "omics" platform technology for systems biology and implications for natural products research. J. Nat. Prod. , 68:1813-1820.

141. Phelan, V. V. , Liu, W. -T. , Pogliano, K. , Dorrestein, P. C. (2012) Microbial metabolic exchange-the chemotype-to-phenotype link. Nat. Chem. Biol. , 8:26-35.

142. Ryan, D. , Robards, K. (2006) Metabolomics: The greatest omics of them all? Anal. Chem. , 78:7954-7958.

143. Thiericke, R. , Rohr, J. (1993) Biological variation of microbial metabolites by precursordirected biosynthesis. Nat. Prod. Rep. , 10:265-289.

144. Bode, H. B. , Bethe, B. , Hofs, R. , Zeeck, A. (2002) Big effects from small changes: possible ways to explore nature's chemical diversity. ChemBioChem, 3:619-627.

145. Meiwes, J. , Fiedler, H. -P. , Zähner, H. , Konetschny-Rapp, S. , Jung, G. (1990) Production of desferrioxamine E and new analogues by directed fermentation and feeding fermentation. Appl. Microbiol. Biotechnol. , 32:505-510.

146. Ankenbauer, R. G. , Staley, A. L. , Rinehart, K. L. , Cox, C. D. (1991) Mutasynthesis of siderophore analogues by Pseudomonas aeruginosa. Proc. Natl. Acad. Sci. USA, 88: 1878-1882.

147. Tschierske, M. , Drechsel, H. , Jung, G. , Zähner, H. (1996) Production of rhizoferrin and new analogues obtained by directed fermentation. Appl. Microbiol. Biotechnol. , 45:664-670.

148. Soe, C. Z. , Pakchung, A. A. H. , Codd, R. (2012) Directing the biosynthesis of putrebactin or desferrioxamine B in Shewanella putrefaciens through the upstream inhibition of ornithine decarboxylase. Chem. Biodivers. , 9:1880-1890.

149. Ledyard, K. M. , Butler, A. (1997) Structure of putrebactin, a new dihydroxamate siderophore produced by Shewanella putrefaciens. J. Biol. Inorg. Chem. , 2:93-97.

150. Capon, R. J. (2012) Biologically active natural products from Australian marine organisms, in: Tringali, C. (ed.) Bioactive Compounds from Natural Sources, pp. 579-602 (Boca Raton, FL, CRC Press).

151. Kim, T. K. , Garson, M. J. , Fuerst, J. A. (2005) Marine actinomycetes related to the 'Salinospora' group from the Great Barrier Reef sponge Pseudoceratina clavata. Environ. Microbiol. , 7:509-518.

152. Udwary, D. W. , Zeigler, L. , Asolkar, R. N. , Singan, V. , Lapidus, A. , Fenical, W. , Jensen, P. R. , Moore, B. S. (2007) Genome sequencing reveals complex secondary metabolome in the marine actinomycete Salinispora tropica. Proc. Natl. Acad. Sci. , USA, 104:10376-10381.

153. Harvey, C. J. B. , Publisi, J. D. , Pande, V. S. , Cane, D. E. , Khosla, C. (2012) Precursordirected biosynthesis of an orthogonally functional erythromycin analog: selectivity in the ribosome macrolide binding pocket. J. Am. Chem. Soc. , 134:12259-12265.

154. Lifa, T. , Ejje, N. , Codd, R. (2012) Coordinate-bond-dependent solid-phase organic synthesis of biotinylated desferrioxamine B: A new route for metal-specific probes. Chem. Commun. , 48:2003-2005.

155. Hou, Y. , Braun, D. R. , Michel, C. R. , Klassen, J. L. , Adnani, N. , Wyche, T. P. , Bugni, T. S. (2012) Microbial strain prioritization using metabolomics tools for the discovery

of natural products. Anal. Chem. ,84:4277-4283.

156. Boughton,B. A. ,Callahan,D. L. ,Silva,C. ,Bowne,J. ,Nahid,A. ,Rupasinghe,T. ,Tull,D. L. ,McConville,M. J. ,Bacic,A. ,Roessner,U. (2011) Comprehensive profiling and quantitation of amine group containing metabolites. Anal. Chem. ,83:7523-7530.

157. Boettcher,T. ,Pitscheider,M. ,Sieber,S. A. (2010) Natural products and their biological targets:Proteomic and metabolomic labeling strategies. Angew. Chem. ,Int. Ed. ,49:2680-2698.

158. Carlson,E. E. (2010) Natural products as chemical probes. ACS Chem. Biol. ,5:639-653.

159. Visca,P. ,Imperi,F. ,Lamont,I. L. (2007) Pyoverdine siderophores:From biogenesis to biosignificance. Trends Microbiol. ,15:22-30.

160. Lamont,I. L. ,Beare, P. A. ,Ochsner, U. ,Vasil, A. I. ,Vasil, M. L. (2002) Sierophoremediated signaling regulates virulence factor production in Pseudomonas aeruginosa. Proc. Natl. Acad. Sci. USA,99:7072-7077.

161. Meyer,J. -M. ,Van,V. T. ,Stintzi,A. ,Berge,O. ,Winkelmann,G. (1995) Ornibactin production and transport properties in strains of Burkholderia vietnamiensis and Burkholderia cepacia(formerly Pseudomonas cepacia). BioMetals,8:309-317.

162. Sharman,G. J. ,Williams,D. H. ,Ewing,D. F. ,Ratledge,C. (1995) Determination of the structure of exochelin MN,the extraceullular siderophore from Mycobacterium neoaurum. Chem. & Biol. ,2:553-561.

163. Dhungana,S. ,Miller,M. J. ,Dong,L. ,Ratledge,C. ,Crumbliss,A. L. (2003) Iron chelation properties of an extracellular siderophore exochelin MN. J. Am. Chem. Soc. ,125:7654-7663.

164. Sheldon,R. A. (2005) Green solvents for sustainable organic synthesis:state of the art. Green Chem. ,7:267-278.

165. Cue,B. W. ,Zhang,J. (2009) Green process chemistry in the pharmaceutical industry. GreenChem. Lett. Rev. ,2:193-211.

166. Sheldon,R. A. (2007) The E factor:fifteen years on. Green Chem. ,9:1273-1283.

167. Umezawa,H. ,Suhara,Y. ,Takita,T. ,Maeda,K. (1966) Purification of bleomycins. J. Antibiot. ,19:210-215.

168. Gupta,M. ,Caniard,A. ,Touceda-Varela,A. ,Campopiano,D. J. ,Mareque-Rivas,J. C. (2008) Nitrilotriacetic acid-derivatized quantum dots for simple purification and site-selective fluorescent labeling of active proteins in a single step. Bioconjugate Chem. , 19:1964-1967.

第 2 章

金属配合物作为结构生物学的工具

Michael D. Lee，Bim Graham，James D. Swarbrick
莫纳什大学莫纳什药学研究所，澳大利亚

2.1　结构生物学主要研究内容和方法

随着解析基因组数据的速度越来越快，有必要对蛋白质和核酸及其配合物和多聚体进行结构分析，以帮助人们明确理解其体外功能，最重要的是可阐明它们在复杂生物系统中的作用。此外，医学科学和药物研发的许多重大进展已经并将继续很大程度依赖于确定生物大分子三维结构的能力，尤其是合理的（基于结构的）药物设计能力。

目前，结构生物学家拥有用来设计结构模型的多种强大工具和技术。X 射线晶体衍射[1]和核磁共振（NMR）波谱[2]能为蛋白质和核酸提供原子级的高分辨率结构信息。结合小角 X 射线散射（SAXS）[3]、小角中子散射（SANS）[4]和低温电子显微镜[5]等方法给出的单个结构域/分子的结构，可推导出较大多聚体的低分辨率结构。类似地，有几种数据"稀疏"技术，如质谱技术（CX-MS）[6]、电子顺磁共振（EPR）波谱[7]和发光共振能量转移（LRET）分析，它们提供少量的但是对深入理解多聚体中子单元的相互作用和排列（包括化学交联）又十分重要的数据[8]。

所有以上技术成功的关键是开发了一系列能够生成符合各类实验数据的 3D 模型的算法和工具。即使在缺少实验数据的情况下，通过计算机模拟（如同源建模、分子动力学模拟、分子对接和蛋白质折叠）也可以有效地确定可能的结构[9]。此外，计算能力、数据处理和分析的巨大进步与同步光源和高场核磁共振波谱结合，正在加快结构识别的速度[10]。例如，目前已超出毫秒级的从头计算模拟结合 NMR 弛豫研究，对揭示生物大分子的聚集动力学和功能有重要作用，其中对蛋白质折叠路径的阐释是最有代表性的例子[11]。

尽管已有大量蛋白质和核酸的结构［蛋白质数据库（PDB）接近 10 万个条目］[12]被确定，但是众所周知，仍然有几类重要的蛋白质，其结构即使采用 NMR 和/或 X 射线方法也难以确定。造成这种结果的原因有许多，除了 NMR 对分子量的限制外，还有重组蛋白在异源性细胞系或菌株中的低水平表达以及在结构中高度不稳定区域对形成结晶造成的内在障碍。有一类蛋白质在表达、增溶、纯化和结晶等各个层面都需要膜性环境才能折叠和发挥功能。这类蛋白质中最有代表性的应该是 G 蛋白偶联受体（GPCR），它与激酶是制药行业中研究最多的药物靶标。靶向 GPCR 的药物占市场畅销药物的大部分，约占处方药的 40%[13]。大家知道，药物和内源性配体与 GPCR 的结合可引起耦合信号转导受体的拓扑结构发生复杂的变化。因此，对 GPCR（和其他完整膜结合蛋白）的结构表征，包括基于其功能的结构构建，是研究人员最大的挑战之一。为应对这一挑战，显然需要新技术或改进现有技术以解决生物和医药领域解析生物大分子的精细结构的其他重要问题。

2.2　金属配合物在结构生物学中的作用

金属配合物已经并将继续通过上述技术作为促进分析蛋白质和核酸结构的工具。某种意义上，这是有关生物系统可研究范围和可获得的结构信息质量两方面的"跃迁式变化"。在 X 射线晶体衍射研究中，金属配合物被用于为实现提取相位信息而进行的蛋白质重原子衍生化，与此同时，蛋白质和其他大分子的核磁共振波谱分析得益于"结合镧系元素标记"的引入。事实证明，这种标记对于收集距离和角度约束以及解析高度重叠的蛋白质 NMR 光谱尤其有用。将特定的发光镧系元素配合物在荧光共振能量转移（FRET）光谱测量中作为"供体"，大幅提升了该技术对距离测定的上限和准确度。最近，用半满的高自旋金属配合物自旋标记物代替传统氮氧化物自由基，显著提高了电子顺磁共振（EPR）距离测定的灵敏度和范围。以下各节将讨论每种应用的背景知识以及典型的示例，说明金属配合物用作生物分子结构的研究工具可带来的好处。

2.3　金属配合物在 X 射线晶体定相中的作用

生物大分子及其聚集体的最高分辨率结构可通过 X 射线晶体衍射得到，该方法是将晶体样品暴露于 X 射线的聚焦光束中来生成用以推断单个原子坐标的电子密度的三维图形。晶体晶胞中特定点 (x,y,z) 的电子密度 $\rho(x,y,z)$ 由式（2.1）给出：

$$\rho(x,y,z)=\frac{1}{v}\sum_h \sum_k \sum_l |F(h,k,l)| \cos2\pi\{hx+ky+lz-\phi(h,k,l)\} \tag{2.1}$$

式中，v 是晶胞体积；$F(h,k,l)$ 是波的振幅，它与强度的平方根成正比（在晶体衍射实验中以反射或"光斑"测量，称为"结构因子"）；h，k，l 是衍射光束的密勒指数（倒数点，它确定在检测器上的测定反射的位置）；$\phi(h,k,l)$ 表示结构因素的相位[1]。遗憾的是，尽管 X 射线晶体衍射可以测定光斑的位置、强度以及晶胞的体积，但其收集到的数据无法测量不同衍射光束的相位。因此，为了计算电子密度，从而确定晶胞内原子的坐标，必须解决所谓的"相位问题"。

对于由生物大分子组成的晶体，相位问题可以通过以下三种方式解决：①在高散射性结构中引入原子（称为多重同晶置换，MIR）；②引入不规则散射 X 射线的原子（单波长不规则衍射，SAD；多波长不规则衍射，MAD）；③使用同源分子的已知结构作为被研究大分子的初始模型，然后对其进行解析（分子置换法，MR）[1]。对于前两种方法，生物合成硒代蛋氨酸是引入必要的"重原子"的重要策略[14]，当然，金属配合物在用于定相的重原子试剂中也具有突出的作用[15,16]。与生物大分子中的原子相比，这些配合物中高散射性的金属离子会改变天然大分子的衍射强度。这两个光谱之间强度的差异可以用来生成重原子位置之间的原子间矢量图（patterson map），用该图可以相对容易地确定原子在晶胞内的坐标。

在 X 射线晶体衍射实验中作为相位剂的金属离子配合物包括：与生物大分子静电相互作用的金属离子水合配合物、与蛋白质或核酸中特定基团配位的配合物、多金属簇配合物以及通过配体与生物大分子共价连接的配合物[15]。根据配合物的不同，它们既可以通过将蛋白质/核酸的晶体浸入配合物溶液中使两种物质共结晶，也可以通过结晶前配合物与生物大分子之间共价反应的方式将配合物引入生物大分子。K_2PtCl_4、$KAu(CN)_2$、K_2HgI_4、$UO_2(OAc)_2$、$HgCl_2$、$K_3UO_2F_5$、对氯汞苯甲酸硫酸盐、乙酰氧基三甲基铅和乙基汞硫代水杨酸（硫柳汞）是常用的相位剂[15]。这些配合物可以选择性地与蛋白质中半胱氨酸和蛋氨酸残基的含 S 侧链，以及组氨酸残基的咪唑侧链相结合。

镧系元素的 L(Ⅱ) 和 L(Ⅲ) 吸收边强而清晰的"白线"［与需吸收足够的辐射能量将电子从 $2p(^2p_{1/2})$ 和 $2p(^2p_{3/2})$ 轨道态提升到连续态有关］与第三代同步辐射光源的研发结合，非常有助于相位信息的推导。例如，Kahn 等报道了利用包裹在蛋白质晶格中的一系列钆(Ⅲ)配合物，通过 SAD 成功地进行了重新定相［图 2.1(1)］[17]。此后，众多课题组也采用了这些配合物。Hermoso 等借助于图 2.1(1) 确定了 CbpF 的结构，CbpF 是一种双功能胆碱结合蛋白和肺炎链球菌的调节因子[18]。Mayer 等利用镝(Ⅲ) 配合物的特异性信号确定了火球菌 abyssi Pab87 肽酶蛋白的晶体结构[19]。Wiener 等描述了适于将镧系元素掺入蛋白质晶体和基于 SAD 定相的两种具有巯基反应活性的螯合物 2 和 3（图 2.1)[20]。同时，Imperiali 等已经研制出了可用于这一目的基因编码肽基镧系键合标记物[21]。

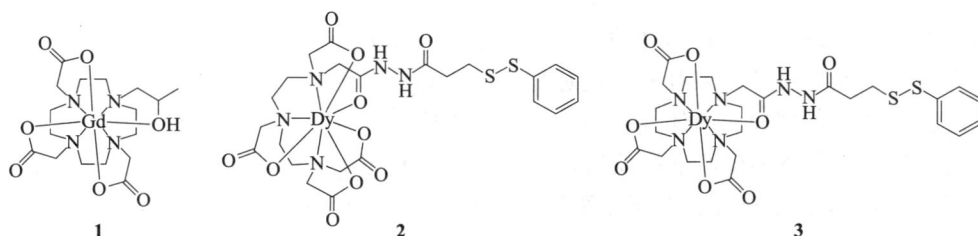

图 2.1　X 射线衍射数据用于蛋白质相位的镧系（Ⅲ）配合物示例

Schultz 等提出并证明了一种将有序重金属离子引入蛋白质的新方法，它包括将与金属螯合的非天然氨基酸与重组蛋白质进行遗传合并[22]。这种方法利用了从詹氏甲烷球菌进化而来的正交琥珀突变型抑制基因 tRNA/酪氨酰-tRNA 合成酶对，引入非天然氨基酸以响应琥珀终止密码子[23]。Schultz 及其同事通过使用 O-乙酰丝氨酸巯基水解酶作为测试蛋白并使用 8-羟基喹啉丙氨酸（HQ-Ala，4）作为非天然氨基酸，成功地将锌离子(Ⅱ)固定到蛋白质表面，并将其用于 SAD 定相中来确定蛋白质晶体结构（图 2.2)。

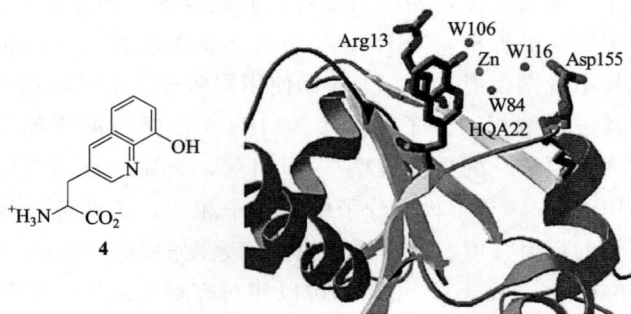

图 2.2　金属离子螯合非天然氨基酸 HQ-Ala(4)，*O*-乙酰丝氨酸巯基水
解酶突变体的结构，该突变体包含通过遗传掺入的 HQ-Ala 残基的 Zn
(Ⅱ) 中心。Zn(Ⅱ) 由 HQ-Ala 侧链的 N 和去质子化的 O 配位。经许可
引自 [22] 2009 American Chemical Society

2.4　金属配合物在顺磁 NMR 波谱推导结构约束中的作用

　　许多生物大分子以及它们与其他生物分子或配体形成的配合物，不能或者很难制成适于
采集高质量衍射数据的结晶，从而阻碍了 X 射线晶体衍射分析的可行性。蛋白质及其配合
物，以及其他生物大分子单体在溶液中的动力学性质，可能也严重阻碍晶体学对这些系统的
研究。出于这些原因，核磁共振波谱（NMR）就成了结构生物学家主要使用的技术。

　　应用于结构生物学的核磁共振波谱技术通常涉及数个归属所有原子化学位移的多维
(2D-4D) 实验，联合核欧沃豪斯效应谱（nuclear Overhauser effect spectroscopy，NOESY），确
定所有在空间邻近的质子（<6Å)[2]。然后，通过符合距离约束综合模型的计算，核磁共振
就从大分子的随机延伸的链结构得到了"折叠"结构。这些计算中包括由不同实验参数中所
派生的其他约束，最常见的是角度约束，尤其是骨架 Phi(φ) 和 Psi(ψ) 扭转角。在计算过
程中，需要一个能为每种约束补充一些势能项的简化原子力场，以维持原子适当的共价几何
形状（键长和键角，例如四面体 sp^3 碳）和范德华斥力。多年来，计算算法和硬件技术的改
进有力地促进了生物 NMR 波谱的发展。但是，它通常用于分子量小于 35000 的系统的分析
（尽管高分辨率 NMR 结构存在分子量限制，但超过 100000 的系统中的主链原子还是易于归
属的，并且超过 300000 的生物大分子对称结构中的侧链甲基原子也能确定；两者均生成了
非常完美的包含许多核信息的特定位点"指纹"图谱，利用它可以探测大型生物分子的结构
和/或动力学变化)[24]。超过这个极限，核磁共振信号大幅扩宽，大多数实验的灵敏度迅速
降低。此外，通常在高分子量或天然非定形生物大分子的光谱中发现严重的重叠信号，它们
很难归属，对称低聚物分子间距离的数据也是如此。

　　顺磁性 NMR 波谱法利用顺磁性金属离子尤其是镧系元素离子的特有磁性，可以扩展
NMR 技术在结构生物学中的研究范围[25-28]。顺磁性镧系离子 4f 轨道中不成对电子的旋磁
比几乎比质子高 1000 倍，从而导致较大的磁化率[29]。当它们以适当方式与蛋白质或其他大

分子结合时（见下文），会对 NMR 波谱产生诸多影响。这些效应的提取和量化，可对蛋白质精细结构分析、蛋白质-蛋白质相互作用[30,31] 和蛋白质-小分子对接（包括基于片段的先导化合物的合成）[32,33] 的研究提供附加约束。然而，顺磁性 NMR 波谱法的真正作用源于这些效应的远程特性（与金属离子相距可达 40Å 以上）[34]，使用这种特性可以实现对实际大分子或以前难解析的分子系统的结构分析。

当顺磁性镧系元素离子结合到生物分子上时，可以观察到三个主要影响：顺磁弛豫增强（PRE）、残余偶极耦合（RDC）和赝接触位移（PCS）[25-28]。这些效应对 NMR 谱的影响取决于镧系元素离子的磁化率张量。镧系元素的离子磁化率张量按照金属离子中不成对电子的数量和排列，可以是各向同性的（例如钆），也可以是各向异性的（所有其他顺磁性镧系元素）。

2.4.1 顺磁弛豫增强

顺磁弛豫增强（PRE）是指与顺磁性镧系离子的未配对电子与原子核之间的偶极耦合而引起的核自旋弛豫速率加快[35]。它导致 NMR 共振的距离依赖性加宽，加宽程度与 $1/r^6$ 成正比，其中 r 是原子核与顺磁中心之间的距离。4f 轨道半满的钆在所有镧系元素中具有最大的各向同性磁化率和最大的 PRE 效应。PRE 的定量化可以提供原子核和顺磁中心之间短至中等的距离限制（<15Å）。

2.4.2 残余偶极耦合

当具有各向异性磁化特性的顺磁性镧系离子与生物大分子结合时，分子在磁场的作用下是按一定程度整齐排列，而不是在溶液中随机旋转。这种以排列张量为特征的各向异性旋转产生了两个核自旋之间可测量的偶极耦合（大约几到十几 Hz）[36]。RDC 显示当顺磁性引起的排列存在（J + RDC）和不存在（J）的情况下总耦合常数的变化可以为正、负或零。RDC 的大小和符号很容易在一对异核自旋间确定，尤其是蛋白质中具有较大 J 耦合（例如，J_{HN}^1-15_N=93Hz）的酰胺键。此外，由于 ^{15}N 和 ^1HN 的距离是固定的，^1H-^{15}N RDC 仅取决于 N—H 键矢量与排列张量所成的角度，从而对任意酰胺键产生远程角度约束，接近镧系离子使它无法通过 PRE 扩展。

2.4.3 赝接触位移

赝接触位移（PCS）由具有各向异性磁化特性的顺磁性镧系元素产生，并且表现为顺磁性样品与反磁性样品核化学位移的相对变化。由于 PCS 值的大小与 $1/r^3$ 成正比，因此对 PCS 的量化可以给出远程范围信息，远大于从 PRE 得到的信息（依赖于 $1/r^6$）。因此，对于具有各向异性强磁性张量的顺磁性镧系离子，例如 Dy^{3+}、Tb^{3+} 和 Tm^{3+}，距金属中心 40~50Å 的核都可以观察到 PCS[34]。对于这些强顺磁性镧系元素而言，PRE 增宽效果非常显著，例如，对于 Dy^{3+}，在约金属 15Å 范围内的酰氨基的 2D ^{15}N HSQC 峰，被拓宽到超出检测范围，从而导致 PRE 特征波谱中的"不可见区域"。然而，靠近镧系元素原子的 PCS 可以从具有较小固有各向异性的弱顺磁性镧系离子（例如 Eu^{3+} 或 Ce^{3+}）获得。与 PRE 不同，PCS 的大小和符号取决于原子核相对于磁化张量的距离和角度。PCS 的距离和角度依赖性可以通过计算 PCS 相等的三维空间区域（图 2.3）的各向异性磁性张量的等值面来描述。

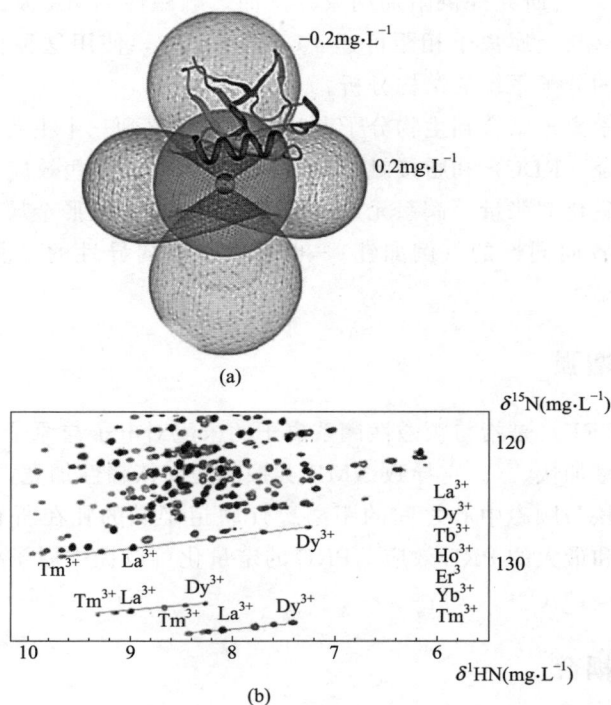

(a)

(b)

图 2.3　（a）结合到蛋白质（泛素）上的镧系元素离子（Dy^{3+}，黄色）的各向异性磁性张量（粉红色和蓝色）和 PRE 扩展区（绿色）的等值面表示。核的 NMR 信号坐标落在张量等值面上的 PCS 为 ± 0.2，而粉红色等值面上的核的信号与蓝色等值面相反。（b）用各种顺磁性镧系离子（Ⅲ）作为抗磁性参考标记蛋白质（泛素），叠加 ^{1}H-^{15}N HSQC NMR 的光谱（见彩页）

　　实际上，由于 ^{15}N 和连接的 ^{1}HN 自旋非常接近，PCS 在镧系离子标记蛋白质的 2D 光谱中描绘出的是平行线（图 2.3）。虽然 PCS 的归属可能具有挑战性，但通过将记录着每个连接不同镧系离子的几个 ^{15}N HSQC 光谱叠加，就极大地简化了这一问题。通过对这些至少八个每种金属离子的 PCS 的分析来计算各向异性磁性张量参数，给出特有金属中心配位系统的坐标系，借助其测量 PCS 来表征自旋的三维位置。

2.4.4　生物大分子中引入镧系离子的策略

　　在蛋白质 NMR 光谱中利用顺磁性镧系离子的第一个例子仅限于具有天然金属离子结合位点的蛋白质，其中天然金属离子可以用顺磁性镧系元素离子替代。例如，Lee 和 Sykes 用顺磁性 Yb^{3+} 代替了许多小白蛋白中蛋白质的 EF 手性钙结合域中的 Ca^{2+}，并使用 NMR 光谱法揭示了 EF 域中核位置的微小结构差异，这在当时用 X 射线数据的分辨率水平是无法检测的[37]。Otting 等将镧系元素离子置换到大肠埃希菌 DNA 聚合酶Ⅲϵ亚单位的 Mg^{2+}/Mn^{2+} 结合位点中，利用 PCS 数据结合刚性对接，快速推导出了这种多蛋白配合物的结构（图 2.4）[38]。

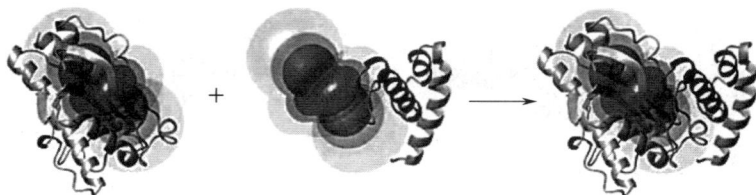

图 2.4　大肠埃希菌 DNA 聚合酶Ⅲ的 ϵ（左）和 θ（中间）亚基以及 ϵ（左）和 θ（中间）相应配合物的各向异性磁化率张量等值面，由基于 PCS 的刚体对接计算确定。经许可引自 [38] 2006 American Chemical Society

　　然而，大多数蛋白质不含天然金属离子结合位点。为了利用镧系离子的顺磁性潜力并且推广其在 NMR 结构分析研究中的应用，研究者已经研发出许多以特定位点方式将这些离子引入蛋白质中的不同策略（图 2.5）。其中最适合的方法包括，使用合成的镧系元素配合物或螯合剂（镧系元素键合标记物，LBT），它们可以与生物大分子表面共价连接（共轭结合）。图 2.6 为代表性示例。

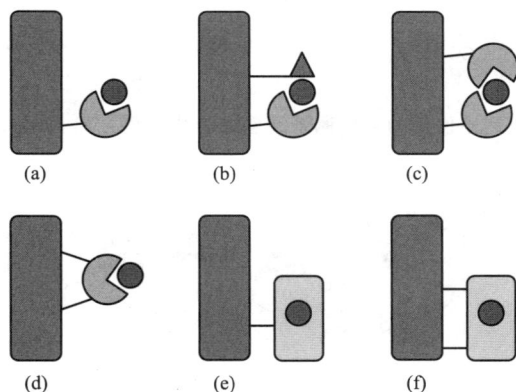

图 2.5　将镧系离子引入蛋白质的不同策略（蓝色矩形代表蛋白质，黄色图形代表螯合配体/肽，绿色圆圈代表镧系离子）。(a) 稳定镧系元素配合物的单点结合；(b) 稳定的镧系元素螯合物的单点结合且与氨基酸残基侧链配位结合（蓝色三角形）；(c) 单个金属离子与一对镧系螯合剂的两点结合；(d) 稳定的镧系元素配合物的两点结合；(e) 镧系元素结合肽的单点结合；(f) 镧系元素结合肽的两点结合（见彩页）

　　为了将镧系离子定位在蛋白质表面的特定位置，该离子必须与一组适当的供电子原子结合。在某些情况下，在同一个 NMR 实验中交换抗磁性和顺磁性金属离子是有利的。例如，Swarbrick 等借助 LBT 5 附近的天冬氨酸残基以适当的速率捕获和释放镧系元素离子（图 2.6）以实现光谱交换，交换交叉峰有助于较容易地归属 PCS（图 2.7）以及在靠近金属位置释放较慢异核 PCS 的测定（质子 PCS 通过 PRE 扩宽）[39]。不过，通常情况下，需要一种高稳定性的镧系元素配合物，以最大程度地降低溶液中游离顺磁性金属离子的水平（许多蛋白质不能耐受溶液中的游离金属离子，或者需要其自身的金属离子存在下进行研究）。

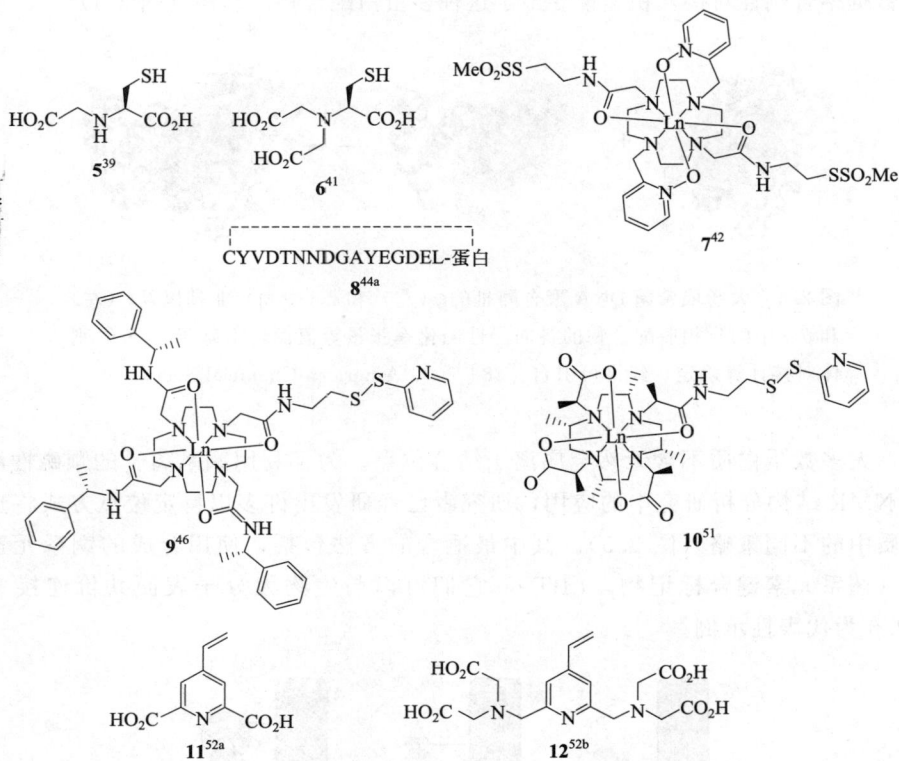

图 2.6　顺磁 NMR 研究中使用的合成镧系元素配合物和螯合剂（镧系元素标记物，LBT）

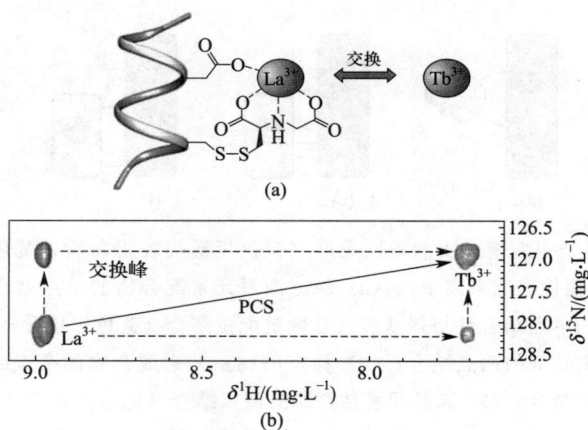

图 2.7　LBT 5 和天冬氨酸残基在 LBT5 α-螺旋内的 i、$i+4$ 排列中定位，导致镧系离子的刚性结合，虽然其在动力学上不稳定（a）。这样产生核磁共振交换光谱，其中在抗磁性（La^{3+}）和顺磁性（Tb^{3+}）离子混合物的存在下得到蛋白质光谱。在 NMR 波谱中可观察到抗磁和顺磁标记蛋白质的信号，以及交换交叉峰（b）。经许可引自［39］2011 Wiley-VCH Verlag GmbH&Co. KGaA，Weinheim

将镧系离子尽可能牢固地结合在生物大分子表面是 LBT 设计的一个重要特性，特别是对较大的 PCS 甚至是对于 RDC 的观测。这是因为，与 PRE 不同，RDC 和 PCS 都可以取正值或负值，并且相对于生物大分子，镧系离子的运动增加，使这些值平均后接近零。现已有将镧系离子牢固结合的不同方法的示例，见图 2.5。如前所述，镧系元素与 LBT5 的结合依赖于相关 $i+4$ 标记位置的天冬氨酸，并协同镧系元素在两个配位基团之间配合[39,40]。同样，以 i、$i+4$ α-螺旋结构排列的 LBT 6 的两种标记物（图 2.6）可以牢固结合镧系元素（图 2.8）[41]。或者可以使用单个标记物与镧系元素形成紧密配合物，并通过两个残基连接到蛋白质上。一个特别值得注意的例子是 Ubbink 等采用 1,4,7,10-四氮杂环十二烷基 LBT7（CLaNP-5），使其与近端半胱氨酸残基结合（图 2.9）[42]。该标记物已成功用于蛋白质动力学分析[43]，以及小分子蛋白质[32] 和蛋白质-蛋白质复合物的结构分析[30,31]。

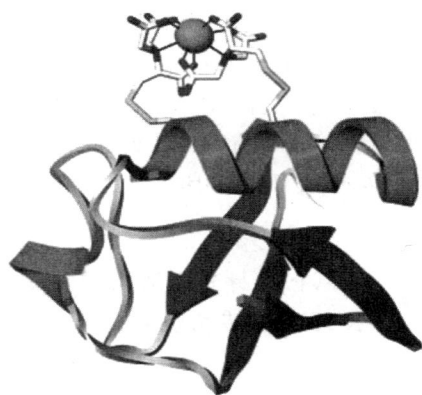

图 2.8　通过一对 LBT 6 固定的 Ln^{3+} 的人泛素蛋白模型。该蛋白显示一条带，Cys24 和 Cys28 侧链带有 LBT，镧系离子为浅蓝色的球体（见彩页）。经许可引自 [41] 2011 Royal Society of Chemistry

图 2.9　LBT 7 通过两个近端半胱氨酸残基的二硫键与假天青素假天青蛋白两点连接。LBT 以棍棒结构显示，镧系元素离子以粉红色球形表示（见彩页）。经许可引自 [25] 2011 Elsevier

镧系结合肽可用于在明确的几何结构中配位镧系离子，然后通过与一个或两个结合点共轭将其与适当的蛋白质结合以引入刚性（图 2.6，LBT 8）[44,45]。例如，Prestegard 等通过引入镧系元素至结合肽 Galectin-3，从而能够测量和利用 PCS 和 RDC，以及单个分子间核磁欧沃豪斯效应（NOE）约束，进而确定 Galectin-3-乳糖配合物的结构（图 2.10）[45]。

虽然已证明以上讨论的镧系元素固定方法是成功的，但它们至少需要一些有关靶蛋白结构的信息，以及原蛋白序列潜在的多重突变信息。仅单点连接就与镧系元素紧密结合的标记物（图 2.6，LBT 9~12）的利用更简单，而且适用蛋白质的范围更大。例如，大环多氨基的 LBT 9，其特点是"悬臂"具有庞大的苯基，一旦结合到蛋白质上就很牢固（图 2.11）[46]。许多研究中已应用了这一性质，包括基于 PCS 的抑制剂与药物靶标结合的构象变化、登革热病毒 NS2B-NS3 蛋白酶[47]，以及脱氧鸟苷 5′-单磷酸酯与核酸结合蛋白 Sμbp-2 的 R3H 结构域的结合等研究[48]。

研究人员已研发出基于螯合剂 1,4,7,10-四氮杂环十二烷-N,N',N'',N'''-四乙酸（DOTA）的几种 LBT（如图 2.6，LBT 7、9、10）。DOTA 与镧系元素形成极其稳定的配合物，解离常数范围为 10^{-27}~$10^{-23}\ mol \cdot L^{-1}$。但是，因为在溶液中，其 Ln(Ⅲ) 配合物

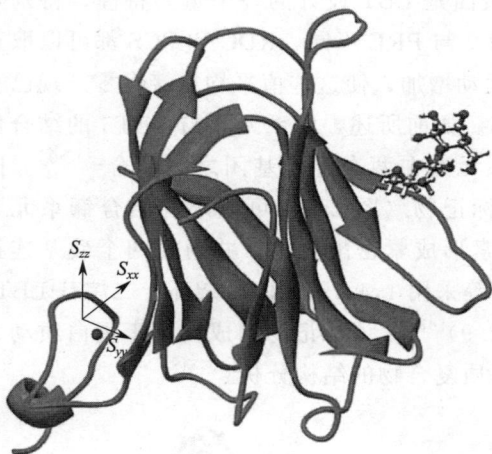

图 2.10 Galectin-3-乳糖配合物的结构。镧系元素结合肽已被引入 Galectin-3 中，其镧系元素离子的位置由左下方的紫红色球形表示（见彩页）。经许可转载［45］2008 The Protein Society

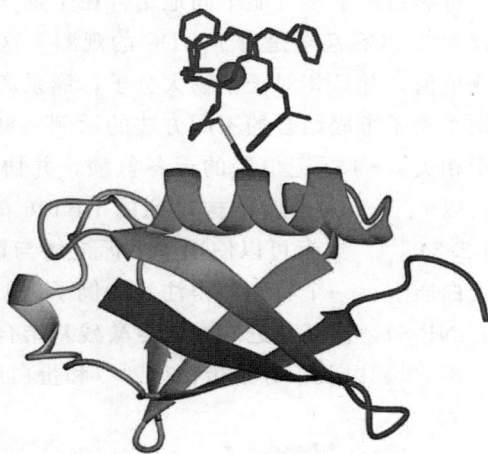

图 2.11 泛素 A28C 突变体 Cys28 与 LBT 9 的结合模型。镧系离子由紫红色球表示，为突出显示二硫键，标记为黄色，LBT 和 Cys28 的侧链以棍棒结构显示（见彩页）。经许可引自［46］2011 American Chemical Society

以互变立体异构体的混合物形式存在（图 2.12）[49,50]，所以它本身并不适用于顺磁 NMR 波谱。这些不同之处在于大环多胺的环构像（由四个 NCCN 扭转角决定，可以为 $\delta\delta\delta\delta$

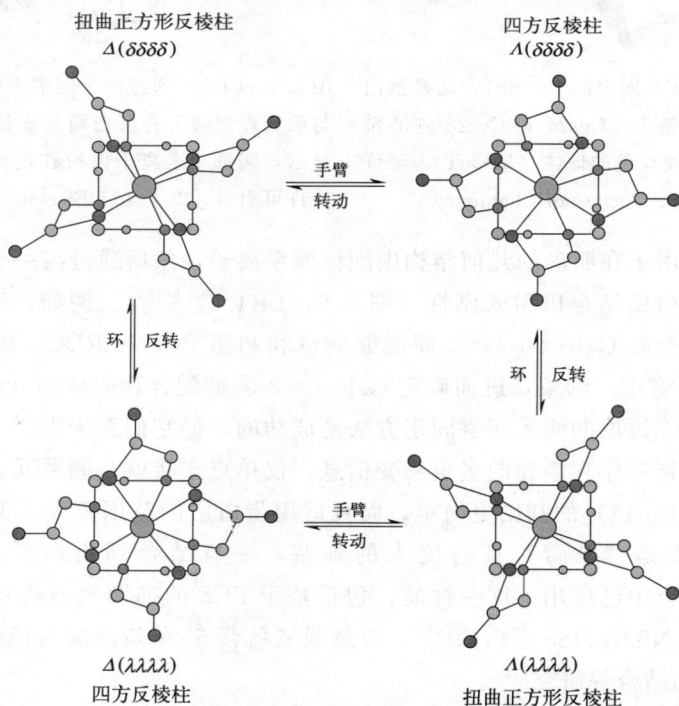

扭曲正方形反棱柱
$\Delta(\delta\delta\delta\delta)$

四方反棱柱
$\Lambda(\delta\delta\delta\delta)$

手臂
转动

环 反转

环 反转

$\Delta(\lambda\lambda\lambda\lambda)$
四方反棱柱

手臂
转动

$\Lambda(\lambda\lambda\lambda\lambda)$
扭曲正方形反棱柱

图 2.12 Ln(Ⅲ)-DOTA 的四种立体异构形式。它们通过单键的旋转或环翻转相互转换。经许可引自［50］2005 Royal Society of Chemistry

或λλλλ）和"悬臂"的螺旋度（由 NCCO 扭转角决定，Δ 或 Λ）。当 Ln(Ⅲ)-DOTA 配合物与手性分子（如蛋白质）相互作用时，可形成多达四个不同的非对映体，从而在 NMR 波谱中产生多个 PCS 峰，这使 PCS 的归属变得复杂。LBT 中的手性元素，正如 Häussinger 等报道的 LBT 9 和 LBT 10[51]，用于"冻结"这些构象变换过程，并选择性支持单个异构体的形成，从而形成单一的 PCS。在 LBT 7 中，标记的 C$_2$ 对称性和两点连接法将 LBT-蛋白限制成了单一的非对映异构体形式[42]。

迄今为止，绝大多数 LBT 都是通过半胱氨酸基础化学方法设计与目标蛋白结合的。最常见结合方式包括在标记物和蛋白质之间形成二硫键（图 2.6，LBT 5～7、9 和 10），尽管也用到了通过烯烃和半胱氨酸之间的迈克尔加成反应生成硫醚键的方法（LBT 11 和 12）[52]。这些方法依赖于单溶剂暴露的半胱氨酸残基（在两点连接的情况下为一对）的存在，这可能需要突变以在适当的位点引入半胱氨酸或去除含多个半胱氨酸的蛋白质中的半胱氨酸。如果催化活性需要另一个半胱氨酸，这可能是有问题的。此外，如果 LBT 通过二硫键连接，如果必须在还原条件下研究蛋白质，或者 LBT 通过硫醇-二硫键交换切断蛋白质中任何结构稳定的二硫键，那么就会出现问题。筛选文库可以包含具有二硫键反应性基团（包括硫醇）的配体，它们可能以同样的方式取代 LBT。

鉴于上述问题，其他不依赖半胱氨酸将 LBT 引入蛋白质的方法取得了进展。Otting 等报道了两个带有炔烃的标记物 LBT 13 和 LBT 14，它们可以通过 Cu(Ⅰ) 催化的与一种基因编码的对叠氮基-L-苯丙氨酸残基发生"生物正交"叠氮炔烃的"点击"反应，以特定位点方式结合到蛋白质上（图 2.13）[53]。尽管与蛋白质所形成的链比 LBT（例如 LBT 9 和

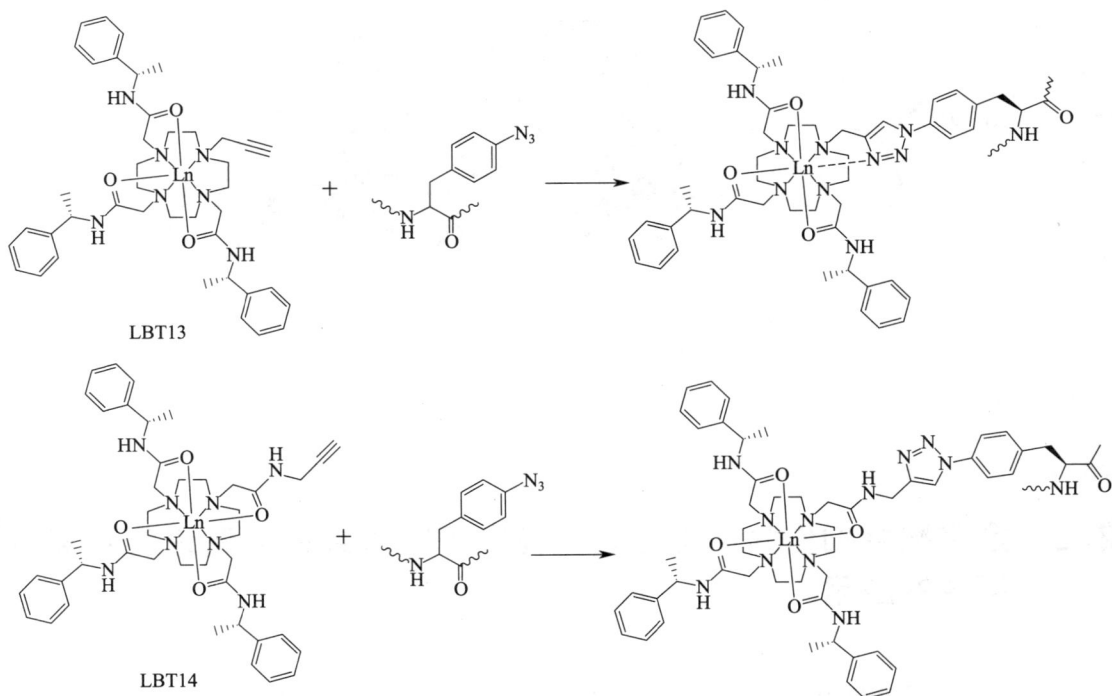

图 2.13　"可点击的"LBT 通过与基因编辑的对叠氮基-L-苯丙氨酸残基反应，成功掺入蛋白质中，且用于生成 PCS 数据[53]

LBT 10）的二硫键更长（图 2.6），但标记物 LBT 13 和 LBT 14 却能产生非常可靠的 PCS。使用 Cu（Ⅰ）-稳定配体，例如 2-[4-[（双[（1-叔丁基-1H-1，2，3-三唑-4-基]甲基]氨基]甲基]-1H-1，2，3-三唑-1-基]乙酸（BTTAA），既能确保蛋白质与标记物较高的结合量，又可防止蛋白质与 Cu（Ⅰ）结合。

　　另一种新方法是将镧系元素配合物作为"转移试剂"通过特定的、非共价的相互作用与蛋白质结合。例如，Otting 等表明，三个吡啶二甲酸配体（DPA）与镧系离子形成的配合物（图 2.14）可以与一对相邻且带正电荷的氨基酸残基结合，其电荷未被附近带负电荷的残基所中和[54,55]。此外，如果使用配合物与蛋白质 1∶1 的比率，则结合实际上对单个位点具有选择性，从而可以测定磁化率张量和解释用以结构分析的 PCS 测定。虽然，这种方法提供的 PCS 明显小于图 2.6 中许多标记物产生的 PCS，但是它具有以下优势：分析之前不需要对蛋白质进行任何化学处理，并且与其他 LBT 不同，PCS 表现出更短的时间尺度的化学位移，因此很容易归属。

　　一些顺磁性过渡金属离子的配合物也已用于生物 NMR 研究，但研究程度不及 LBT。例如，Kojima 等表明亚氨基二乙酸铜（Ⅱ）配合物与蛋白质表面的组氨酸残基配位，可用于提供远程信息[56]，同样，Bertini[57] 和 Jaroniec 等[58] 已经证明，使用旋转固体核磁共振技术（SSNMR），掺杂顺磁性过渡金属离子或经共价键修饰顺磁性过渡金属-EDTA 配合物，可以获得高达 20Å 的电子-核距离限制。Otting 等报道了使用与具有联吡啶侧链的非天然氨基酸结合钴（Ⅱ）的基因编码在蛋白质 NMR 波谱中成功地生成了 PCS[59]。

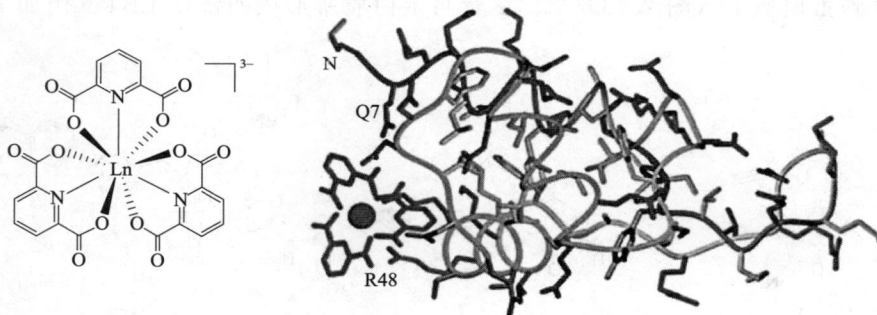

图 2.14　[Ln(DPA)$_3$]$^{3-}$ 配合物和与 ArgN 的结合模型（紫色）（见彩页）。
经许可引自 [54] 2009 American Chemical Society

2.5　金属配合物作为自旋标记物在电子顺磁共振光谱进行距离测算中的应用

　　随着研究体系变得越来越大且越来越复杂，通过 X 射线晶体衍射或核磁共振波谱对同源二聚体、同源寡聚体和生物大分子配合物进行结构表征就变得越来越困难。因此，研发独特而互补的方法以获得更多结构信息就越显重要了。基于 EPR 的技术（例如双电子-电子共振，DEER，也称脉冲电子-电子双共振，PELDOR）提供的远程距离约束对于结构验证、大分子聚集体备选结构的筛选，或作为重新确定结构的附加条件都非常有用[7,60]。DEER实验包括通过一个微波频率（"泵浦"频率）对EPR谱的扰动来检测未配对电子之间的偶极相互作用，并观察第二个频率对EPR谱的影响，这样可精确地确定未配对电子之间的距离。

DEER实验一般采用带有一对氮氧化物自旋标记的蛋白质[7,60]。但是，最近出现了一种新的基于半满的高自旋钆（Ⅲ）和锰（Ⅱ）螯合物的高自旋标记物，并在许多模型中证明了它们的应用[61-65]。这些金属配合物标记物的优点是它们允许在W波段（95GHz）、Q波段（约34GHz）和K波段（约30GHz）频率进行纳米级测量（高达8nm以上）。在这种情况下，DEER测量的固有灵敏度大幅提高［用氮氧化物标记的测量通常在X波段频率（约9.5GHz，0.35T），因为各向异性效应阻碍了它们在较高频率下的使用］。例如，在每条链末端带有标记的DNA双链体中，在K波段频率处测得的Gd（Ⅲ）-Gd（Ⅲ）距离为5.73nm[62]。W波段DEER实验也有使用LBT 5的报道（图2.6），表明在亚纳摩尔级含量的蛋白质聚集体中可以非常准确地测定6nm范围内的Gd（Ⅲ）-Gd（Ⅲ）距离（使用同型二聚体蛋白ERp29作为模型系统）（图2.15）[64]。

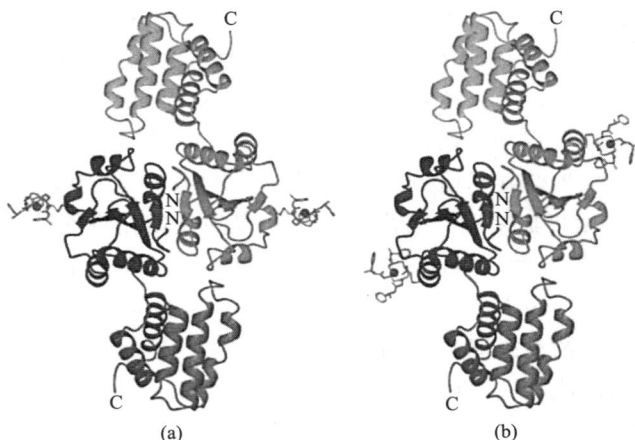

图 2.15 Gd（Ⅲ）-9标记在114位置（a）和147位置（b）的ERp29二聚体结构模型。蛋白质单体以蓝色和绿色表示，N-端结构域使用较深的颜色，标记物以棍棒结构（灰色）表示，粉红色的球表示Gd^{3+}。Gd（Ⅲ）-Gd（Ⅲ）模型的距离与通过DEER实验测得的距离非常吻合（见彩页）。经许可引自［64］2011 American Chemical Society

2.6 金属配合物作为电子供体在发光共振能量转移距离测算中的作用

荧光共振能量转移（FRET）是在生物大分子及其聚集体中测定距离最常用波谱法之一，这一过程中，最初处于电子激发态的电子供体生色团，通过非辐射偶极-偶极耦合将能量转移到电子受体生色团[66]。

要使 FRET 发生，受体的激发光谱必须与供体的发射光谱相重叠。能量的传输速率 k_τ 由式（2.2）给出：

$$k_\tau = \frac{1}{\tau_D}\left(\frac{R_0}{r}\right)^6 \tag{2.2}$$

式中，τ_D 是在无受体时的衰减时间；r 是供体与受体之间的距离；R_0 为 50% 能量发生转移时供体与受体之间的距离，即 Förster 半径，由式（2.3）给出[67]：

$$R_0 = 0.211[k^2 n^{-4} Q_D J(\lambda)]^{1/6} \tag{2.3}$$

式中，n 是介质的折射率；Q_D 是在无受体时供体的量子产率；$J(\lambda)$ 是供体-受体的光谱重叠积分；k^2 为取向因子，假定值为 2/3[66]。k_τ 依赖于供体和受体间距离六次幂的倒数，这使得 FRET 适合于在生物大分子尺度（1～7nm）上测量距离。FRET 可被检测为荧光强度、荧光寿命或各向异性的降低，或受体荧光强度的增加（如果具有荧光）[67]。

发光共振能量转移（LRET）是传统 FRET 的一种改进，可更准确地测量更长距离，该方法使用的供体是发光铽(Ⅲ) 或铕(Ⅲ) 配合物[8]。这种配合物的特征是发光寿命非常长（毫秒级）、较大的斯托克斯位移（吸收和发射最大值之间的差异）和较窄的发光谱带（半峰值小于 10nm），这些性质比传统 FRET 中供体的有机荧光发色团有更多的优势[8]。首先，镧系元素供体较长的发光寿命极大地延长受体的敏化发射寿命，通过在样品激发和检测之间引入短延迟（≥100ns），实现纳秒时间尺度背景荧光（样品自动荧光和直接激发的受体荧光）的时间分辨。这极大地改善了信噪比（提高了 50 倍甚至更多），可以测量更大的距离，也使 FRET 荧光寿命测量更加精确。其次，镧系元素的长斯托克斯位移减少了测量时激发光的"损失"，它们尖锐的发射带为进行测量提供了几个适当的波长，其受到供体发射的干扰最小。最后，由于供体的多重电子跃迁和较长的寿命，能量转移的方向依赖性降到最低，减少了由方向效应引起的测量距离的不确定性。举例说明 LRET 在复杂的大分子结构研究中的应用，LRET 实验已成功采用反应活性巯基的配合物（图 2.16）测量钾通道蛋白的电压依赖性距离变化[68]、红细胞中肌球蛋白[69] 和 AE1 蛋白同源二聚体[70] 的构象变化以及 DNA 双螺旋[8] 和 RNA 聚合酶配合物[71] 之间的距离。

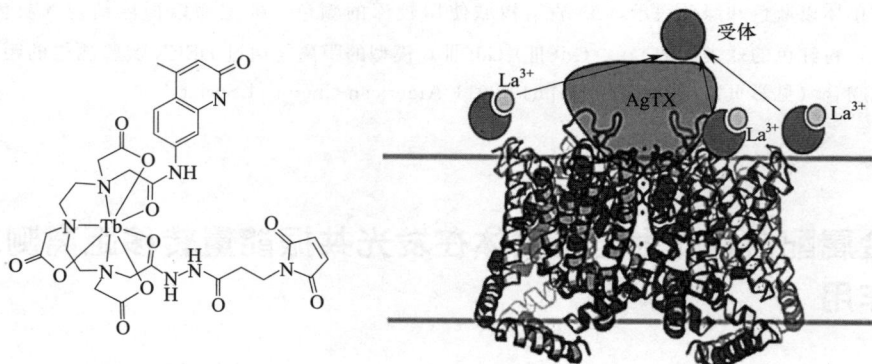

图 2.16 用作 LRET 供体的发光铽(Ⅲ) 配合物，用于测量生物分子及其配合物之间的距离。经许可引自 [72] 2010 Elsevier

2.7　结论与展望

如本章所述，金属配合物与结构生物学的许多主要技术结合使用，不仅可以简化数据分析（X 射线晶体衍射），而且极大地扩展了现有技术（NMR、EPR 波谱和 FRET）的功能。对 X 射线晶体衍射和 LRET 而言，有关金属配合物的应用已非常广泛。而顺磁性金属配合物在 NMR 和 EPR 波谱学中的应用水平远不及其在结构生物学领域的应用，但是随着 LBT 的日益普及，这种情况在未来几年内有望发生显著的变化。与 20 世纪下半叶超分子化学（"分子之外的化学"）的兴起一样，我们正在见证结构生物学朝着"超生物大分子"的方向迈出决定性的一步，并将致力于对蛋白质和/或核酸相互作用所引起的特定功能改变的研究。几乎可以肯定，由于顺磁性金属配合物具有提供精确的远程限制的独特能力，它将在新兴的结构生物学中发挥重要作用。

参考文献

1. a) Albrecht Messerschmidt. X-Ray Crystallography of Biomacromolecules：A Practical Guide，Wiley-VCH Verlag GmbH：Weinheim，2007；b) Jan Drenth，Principles of Protein X-ray Crystallography，3rd edition，Springer：New York，2007.

2. a) Gerhard Wider. Structure determination of biological macromolecules in solution using nuclear magnetic resonance spectroscopy. Biotechniques，2000，29，1278- 1282；b) Michael Bieri，Ann H. Kwan，Mehdi Mobli，Glenn F. King，Joel P. Mackay，Paul R. Gooley. Macromolecular NMR spectroscopy for the non-spectroscopist：beyond macromolecular solution structure determination. FEBS Journal，2011，278，704-715.

3. Alexander Grishaev，Justin Wu，Jill Trewhella，and Ad Bax. Refinement of multidomain protein structures by combination of solution small-angle X-ray scattering and NMR data. J. Am. Chem. Soc. ，2005，127，16621-16628.

4. Maxim V. Petoukhov，and Dmitri I. Svergun. Analysis of X-ray and neutron scattering from biomacromolecular solutions. Curr. Opin. Struct. Biol. ，2007，17，562-571.

5. Joachim Frank. Three-Dimensional Electron Microscopy of Macromolecular Assemblies. Oxford University Press：New York，2006.

6. David L. Tabb. Evaluating protein interactions through cross-linking mass spectrometry. Nat. Methods，2012，9，879-881.

7. Gunnar Jeschke，and Yevhen Polyhach. Distance measurements on spin-labelled biomacromolecules by pulsed electron paramagnetic resonance. Phys. Chem. Chem. Phys. ，2007，9，1895-1910.

8. a) Paul R. Selvin，and John E. Hearst. Luminescence energy transfer using a terbium chelate：Improvements on fluorescence energy transfer. Proc. Natl. Acad. Sci. USA，1994，91，10024-10028；b) Paul R. Selvin，Tariq M. Rana，and John E. Hearst. Luminescence resonance

energy transfer. J. Am. Chem. Soc. ,1994,116,6029-6030.

9. a) Narayanan Eswar,Ben Webb,Marc A. Marti-Renom,M. S. Madhusudhan,David Eramian,Min-yi Shen,Ursula Pieper,and Andrej Sali. Comparative Protein Structure Modeling with MODELLER. In Current Protocols in Bioinformatics,Hoboken:John Wiley & Sons,Inc. ,Supplement 15,5. 6. 1-5. 6. 30,2006; b) James C. Phillips,Rosemary Braun,Wei Wang,James Gumbart,Emad Tajkhorshid,Elizabeth Villa,Christophe Chipot,Robert D. Skeel,Laxmikant Kale,and Klaus Schulten. Scalable molecular dynamics with NAMD. J. Comp. Chem. ,2005,26,1781-1802; c) Douglas B. Kitchen,Hélène Decornez,John R. Furr, and Jürgen Bajorath. Docking and scoring in virtual screening for drug discovery:methods and applications. Nat. Rev. Drug Discov. ,2004,3,935-949.

10. a) Janet L. Smith,Robert F. Fischetti,and Masaki Yamamoto. Micro-crystallography comes of age. Curr. Opin. Struct. Biol. , 2012, 22, 602-612; b) Torsten Herrmann, Peter Güntert,and Kurt Wüthrich. Protein NMR structure determination with automated NOE assignment using the new software CANDID and the torsion angle dynamics algorithm DYANA. J. Mol. Biol. ,2002,319,209-227.

11. a) Kresten Lindorff-Larsen,Paul Maragakis,Stefano Piana,Michael P. Eastwood, Ron O. Dror,and David E. Shaw. Systematic validation of protein force fields against experimental data. PLoS ONE,2012,7,e32131; b) David E. Shaw,Paul Maragakis,Kresten Lindorff-Larsen,Stefano Piana,Ron O. Dror,Michael P. Eastwood,Joseph A. Bank,John M. Jumper,John K. Salmon,Yibing Shan,and Willy Wriggers. Atomic-level characterization of the structural dynamics of proteins. Science,2010,330,341-346.

12. RCSB Protein Data Bank; see http://www. rcsb. org/pdb/home. home. do(accessed 12 November 2013).

13. a) John P. Overington,Bissan Al-Lazikani,and Andrew L. Hopkins. How many drug targets are there? Nat. Rev. Drug Discov. ,2006,5,993-996; b) David Filmore. It's a GPCR world. Mod. Drug Discov. ,2004,7,24-28.

14. Sylvie Doublié. Preparation of selenomethionyl proteins for phase determination. Methods Enzymol. ,1997,276,523-530.

15. Elspeth Garman, and James W. Murray. Heavy-atom derivatization. Acta Crystallogr. ,2003,D59,1903-1913.

16. The Heavy Atom Databank provides extensive information on heavy-atom use in protein crystallography; see http://www. sbg. bio. ic. ac. uk/had/(accessed 12 November 2013).

17. Éric Girard,Meike Stelter,Pier L. Anelli,Jean Vicata,and Richard Kahn. A new class of gadolinium complexes employed to obtain high-phasing-power heavy-atom derivatives:results from SAD experiments with hen egg-white lysozyme and urate oxidase from Aspergillusflavus. Acta Crystallogr. ,2003,D59,118-126.

18. Rafael Molina,Ana González,MeikeStelter,Inmaculada Pérez-Dorado,Richard Kahn, María Morales,Susana Campuzano,Nuria E. Campillo,Shahriar Mobashery,José L. García,

Pedro García, and Juan A. Hermoso. Crystal structure of CbpF, a bifunctional choline-binding protein and autolysis regulator from Streptococcus pneumonia. EMBO Rep. , 2009, 10, 246-251.

19. Vanessa Delfosse, Eric Girard, Catherine Birck, Michaël Delmarcelle, Marc Delarue, Olivier Poch, Patrick Schultz, and Claudine Mayer. Structure of the archaeal Pab87 peptidase reveals a novel self-compartmentalizing protease family. PLoS ONE, 2009, 4, e4712.

20. Michael D. Purdy, Pinghua Ge, Jiyan Chen, Paul R. Selvin, and Michael C. Wiener. Thiol-reactive lanthanide chelates for phasing protein X-ray diffraction data. Acta Crystallogr. , 2002, D58, 1111-1117.

21. Nicholas R. Silvaggi, Langdon J. Martin, Harald Schwalbe, Barbara Imperiali, and Karen N. Allen. Double-lanthanide-binding tags for macromolecular crystallographic structure determination. J. Am. Chem. Soc. , 2007, 129, 7114-7120.

22. Hyun Soo Lee, Glen Spraggon, Peter G. Schultz, and Feng Wang. Genetic incorporation of a metal-ion chelating amino acid into proteins as a biophysical probe. J. Am. Chem. Soc. , 2009, 131, 2481-2483.

23. Chang C. Liu, and Peter G. Schultz. Adding new chemistries to the genetic code. Annu. Rev. Biochem. , 2010, 79, 413-444.

24. Mark P. Foster, Craig A. McElroy, and Carlos D. Amero. Solution NMR of large molecules and assemblies. Biochemistry, 2007, 46, 331-340.

25. Peter H. J. Keizers, and Marcellus Ubbink. Paramagnetic tagging for protein structure and dynamics analysis. Prog. NMR Spectrosc. , 2011, 58, 88-96.

26. Julia Koehler, and Jens Meiler. Expanding the utility of NMR restraints with paramagnetic compounds: background and practical aspects. Prog. NMR Spectrosc. , 2011, 59, 360-389.

27. Gottfried Otting. Prospects for lanthanides in structural biology by NMR. J. Biomol. NMR, 2008, 42, 1-9.

28. Michael John, and Gottfried Otting. Strategies for measurements of pseudocontact shifts in protein NMR spectroscopy. ChemPhysChem, 2007, 8, 2309-2313.

29. CRC Handbook of Chemistry and Physics, 93rd edition, CRC Press: Boca Raton, FL, 2012-2013.

30. Xingfu X, Peter H. J. Keizers, Wolfgang Reinle, Frank Hanneman, Rita Bernhardt, and Marcellus Ubbink. Molecular dynamics studied by paramagnetic tagging. J. Biomol. NMR, 2009, 43, 247-254.

31. Peter H. J. Keizers, Berna Mersinli, Wolfgang Reinle, Julia Donauer, Yoshitaka Hiruma, Frank Hannemann, Mark Overhand, Rita Bernhardt, and Marcellus Ubbink. A solution model of the complex formed by adrenodoxin and adrenodoxinreductase determined by paramagnetic NMR spectroscopy. Biochemistry, 2010, 49, 6846-6855.

32. Tomohide Saio, Kenji Ogura, Kazumi Shimizu, Masashi Yokochi, Terrence R. Burke, Jr. , and Fuyuhiko Inagaki. An NMR strategy for fragment-based ligand screening utilizing a

paramagnetic lanthanide probe. J. Biomol. NMR,2000,51,395-408.

33. Jia-Ying Guan,Peter H. J. Keizers,Wei-Min Liu,Frank Loehr,Simon Peter Skinner, Edwin A. Heeneman, Harald Schwalbe, Marcellus Ubbink, and Gregg David Siegal. Small molecule binding sites on proteins established by paramagnetic NMR spectroscopy. J. Am. Chem. Soc. ,2013,135,5859-5868.

34. Marco Allegrozzi,Ivano Bertini,Matthias B. L. Janik,Yong-Min Lee,Gaohua Liu,and Claudio Luchinat. Lanthanide-induced pseudocontact shifts for solution structure refinements of macromolecules in shells up to 40 Å from the metal ion. J. Am. Chem. Soc. ,2000,122, 4154-4161.

35. G. Marius Clore,and Junji Iwahara. Applications of paramagnetic relaxation enhancement for the characterization of transient low-population states of biological macromolecules and their complexes. Chem. Rev. ,2009,109,4108-4139.

36. Rebecca S. Lipsitz,and Nico Tjandra. Residual dipolar couplings in NMR structure analysis. Annu. Rev. Biophys. Biomol. Struct. ,2004,33,387-413.

37. a) Lana Lee, and Brian D. Sykes. Strategies for the uses of lanthanide NMR shift probes in the determination of protein structure in solution. Application to the EF calcium binding site of carp parvalbumin. Biophys. J. ,1980,32,193-210; b) Lana Lee,David C. Corson,and Brian D. Sykes. Structural studies of calcium-binding proteins using nuclear magnetic resonance. Biophys. J. ,1985,47,139-142.

38. Guido Pintacuda,Ah Y. Park,Max A. Keniry,Nicholas E. Dixon,and Gottfried Otting. Lanthanide labeling offers fast NMR approach to 3D structure determinations of protein-protein complexes. J. Am. Chem. Soc. ,2006,128,3696-3702.

39. James D. Swarbrick,Phuc Ung,Sandeep Chhabra,and Bim Graham. An iminodiacetic acid based lanthanide binding tag for paramagnetic exchange NMR spectroscopy. Angew. Chem. Int. Ed. ,2011,50,4403-4406.

40. Hiromasa Tagi,Ansis Maleckis,and Gottfried Otting. A systematic study of labelling an α-helix in a protein with a lanthanide using IDA-SH or NTA-SH tags. J. Biomol. NMR, 2013,55,157-166.

41. James D. Swarbrick, PhucUng, Xun-Cheng Su, Ansis Maleckis, Sandeep Chhabra, Thomas Huber,Gottfried Otting,and Bim Graham. Engineering of a bis-chelator motif into a protein α-helix for rigid lanthanide binding and paramagnetic NMR spectroscopy. Chem. Commun. ,2011,47,7368-7370.

42. Peter H. J. Keizers,Athanasios Saragliadis,Yoshitaka Hiruma,Mark Overhand,and Marcellus Ubbink. Design,synthesis,and evaluation of a lanthanide chelating protein probe: CLaNP-5 yields predictable paramagnetic effects independent of environment. J. Am. Chem. Soc. ,2008,130,14802-14812.

43. Mathias A. S. Hass,Peter H. J. Keizers,Anneloes Blok,Yoshitaka Hiruma,and Marcellus Ubbink. Validation of a lanthanide tag for the analysis of protein dynamics by paramagnetic NMR spectroscopy. J. Am. Chem. Soc. ,2010,132,9952-9953.

44. a) Tomohide Saio, Kenji Ogura, Masashi Yokochi, Yoshihiro Kobashigawa, and Fuyuhiko Inagaki. Two-point anchoring of a lanthanide-binding peptide to a target protein enhances the paramagnetic anisotropic effect. J. Biolmol. NMR, 2009, 44, 157-166; b) Katja Barthelmes, Anne M. Reynolds, Ezra Peisach, Hendrik R. A. Jonker, Nicholas J. De Nunzio, Karen N. Allen, Barbara Imperiali, and Harald Schwalbe. Engineering encodable lanthanide-binding tags into loop regions of proteins. J. Am. Chem. Soc. , 2011, 133, 808-819c) Xun-Cheng Su, Kerry McAndrew, Thomas Huber, and Gottfried Otting. Lanthanide-binding peptides for NMR measurements of residual dipolar couplings and paramagnetic effects from multiple angles. J. Am. Chem. Soc. ,2008,130,1681-1687.

45. Tiandi Zhuang, Han-Seung Lee, Barbara Imperiali, and James H. Prestgard. Structure determination of a galectin-3-carboyhydrae complex using paramagnetism-based NMR constraints. Protein Sci. ,2008,17,1220-1231.

46. Bim Graham, Choy Theng Loh, James David Swarbrick, PhucUng, James Shin, Hiromasa Yagi, Xinying Jia, Sandeep Chhabra, Nicholas Barlow, Guido Pintacuda, Thomas Huber, and Gottfried Otting. DOTA-amide lanthanide tag for reliable generation of pseudocontact shifts in protein NMR spectra. Bioconjugate Chem. ,2011,22,2118-2125.

47. Laura de la Cruz, Thi Hoang Duong Nguyen, Kiyoshi Ozawa, James Shin, Bim Graham, Thomas Huber, and Gottfried Otting. Binding of low molecular weight inhibitors promotes large conformational changes in the dengue virus NS2B-NS3 protease;fold analysis by pseudocontact shifts. J. Am. Chem. Soc. ,2011,133,19205-19215.

48. Kristaps Jaudzems, Xinying Jia, Hiromasa Yagi, Dmitry Zhulenkovs, Bim Graham, Gottfried Otting, and Edvards Liepinsh. Structural basis for 5'-end-specific recognition of single-stranded DNA by the R3H domain from human Sμbp-2. J. Mol. Biol. , 2012, 424, 42-53.

49. Lorenzo Di Bari, and Piero Salvadori. Static and dynamic stereochemistry of chiral Ln DOTA analogues. Chem. Phys. Chem. ,2011,12,1490-1497.

50. Mark Woods, Mauro Botta, Stefano Avedano, Jing Wang, and A. Dean Sherry. Towards the rational design of MRI contrast agents;a practical approach to the synthesis of gadolinium complexes that exhibit optimal water exchange. Dalton Trans. ,2005,3829-3837.

51. Daniel Häussinger, Jie-rong Huang, and Stephan Grzesiek. DOTA-M8;an extremely rigid, high-affinity lanthanide chelating tag for PCS NMR spectroscopy. Bioconjugate Chem. , 2011,22,2118-2125.

52. a) Qin-Feng Li, Yin Tang, Ansis Maleckis, Gottfired Otting, and Xun-Cheng Su. Thiol-ene reaction;a versatile tool in site-specific labelling of proteins with chemically inert tags for paramagnetic NMR. ,Chem. Commun. ,2012,48,2704-2706; b) Yin Yang, Qing-Feng Li, Chan Cao, Feng Huang, and Xun-Cheng Su. Site-specific labelling of proteins with a chemically stable, high-affinity tag for protein study. Chem. Eur. J. ,2013,19,1097-1103.

53. Choy T. Loh, Kiyoshi Ozawa, Kellie L. Tuck, Nicholas Barlow, Thomas Huber, Gottfried Otting, and Bim Graham. Lanthanide tags for site-specific ligation to an unnatural ami-

no acid and generation of pseudocontact shifts in proteins. Biocon. Chem. ,2013,24,260-268.

54. Xun-Cheng Su, Haobo Liang, Karin V. Loscha, and Gottfried Otting. $[Ln(DPA)_3]^{3-}$ is a convenient paramagnetic shift reagent for protein NMR studies. J. Am. Chem. Soc. ,2009, 131,10352-10353.

55. Xinying Jia, Hiromasa Yagi, Xun-Cheng Su, Mitchell Stanton-Cook, Thomas Huber, and Gottfried Otting. Engineering $[Ln(DPA)_3]^{3-}$ binding sites in proteins: a widely applicable method for tagging proteins with lanthanide ions. J. Biomol. NMR,2011,50,411-420.

56. Makoto Nomuraa, Toshitatsu Kobayashia, Toshiyuki Kohnob, Kenichiro Fujiwarac, Takeshi Tennod, Masahiro Shirakawac, ItsukoIshizakia, Kazuo Yamamotoe, Toshifumi Matsuyamae, Masaki Mishimaa, and Chojiro Kojima. Paramagnetic NMR study of Cu^{2+}-IDA complex localization on a protein surface and its application to elucidate long distance information. FEBS Lett. ,2004,566,157-161.

57. Stéphane Balayssac, Ivano Bertini, Anusarka Bhaumik, Moreno Lelli, and Claudio Luchinat. Paramagnetic shifts in solid-state NMR of proteins to elicit structural information. Proc. Natl. Acad. Sci. USA,2012,109,11095-11100.

58. a) Philippe S. Nadaud, Jonathan J. Helmus, Stefanie L. Kall and Christopher P. Jaroniec. Paramagnetic ions enable tuning of nuclear relaxation rates and provide long-range structural restraints in solid-state NMR of proteins. J. Am. Chem. Soc. , 2009, 131, 8108-8120; b) Ishita Sengupta, Philippe S. Nadaud, Jonathan J. Helmus, Charles D. Schwieters, and Christopher P. Jaroniec. Protein fold determined by paramagnetic magic-angle spinning solid-state NMR spectroscopy. Nat. Chem. ,2012,4,410-417.

59. Thi Hoang Duong Nguyen, Kiyoshi Ozawa, Mitchell Stanton-Cook, Russell Barrow, Thomas Huber, and Gottfried Otting. Generation of pseudocontact shifts in protein NMR spectra with a genetically encoded cobalt(Ⅱ)-binding amino acid. Angew. Chem. Int. Ed. , 2010,49,1-3.

60. Janet E. Banham, Christiane R. Timmel, Rachel J. M. Abbott, Susan M. Lea, and Gunnar Jeschke. The characterization of weak protein-protein interactions: evidence from DEER for the trimerization of a von Willebrand Factor A domain in solution. Angew. Chem. Int. Ed. ,2006,45,1058-1061.

61. Arnold M. Raitsimring, Chidambaram Gunanathan, Alexey Potapov, Irena Efremenko, Jan M. L. Martin, David Milstein, and Daniella Goldfarb. Gd^{3+} complexes as potential spin labels for high field pulsed EPR distance measurements. J. Am. Chem. Soc. ,2007,129,14138-14140.

62. Alexey Potapov, Hiromasa Yagi, Thomas Huber, Slobodan Jergic, Nicholas E. Dixon, Gottfried Otting, and Daniella Goldfarb. Nanometer-scale distance measurements in proteins using Gd^{3+} spin labeling. J. Am. Chem. Soc. ,2010,132,9040-9048.

63. Ying Song, Thomas J. Meade, Andrei V. Astashkin, Eric L. Klein, John H. Enemark, and Arnold Raitsimring. Pulsed dipolar spectroscopy distance measurements in biomacromolecules labeled with Gd(Ⅲ) markers. J. Magn. Reson. ,2011,210,59-68.

64. Hiromasa Yagi, Debamalya Banerjee, Bim Graham, Thomas Huber, Daniella Goldfarb, and Gottfried Otting. Gadolinium tagging for high-precision measurements of 6 nm distances in protein assemblies by EPR. J. Am. Chem. Soc. ,2011,133,10418-10421.

65. Debamalya Banerjee, Hiromasa Yagi, Thomas Huber, Gottfried Otting, and Daniella Goldfarb. Nanometer-range distance measurement in a protein using Mn^{2+} tags. J. Phys. Chem. Lett. ,2012,3,157-160.

66. Joseph R. Lakowicz, Principles of Fluorescence Spectroscopy, New York: Kluwer Academic/Plenum Publishers,1999.

67. Theodor Förster, Zwischenmolekulare Energiewanderung und Fluoreszenz. Ann. Phys. ,1948,6,55-74.

68. Albert Cha, Gregory E. Snyder, Paul R. Selvin, and Francisco Bezanilla. Atomic scale movement of the voltage-sensing region in a potassium channel measured via spectroscopy. Nature,1999,402,809-813.

69. Ming Xiao, Handong Li, Gregory E. Snyder, Roger Cooke, Ralph G. Yount, and Paul R. Selvin. Conformational changes between the active-site and regulatory light chain of myosin as determined by luminescence resonance energy transfer: The effect of nucleotides and actin. Proc. Natl. Acad. Sci. USA,1998,95,15309-15314.

70. Phillip A. Knauf, and Prithwish Pal. Use of luminescence resonance energy transfer to measure distances in the AE1 anion exchange protein dimer. Blood Cells, Mol. Dis. ,2004, 32,360-365.

71. Tomasz Heyduk. Luminescence resonance energy transfer analysis of RNA polymerase complexes. Methods,2001,25,44-53.

72. Justin W. Taraska, and William N. Zagotta. Fluorescence applications in molecular neurobiology. Neuron,2010,66,170-189.

第 3 章

化学生物学中金属配合物的 AAS、XRF 和 MS 表征方法

Ingo Ott [a]，Christophe Biot [b]，Christian Hartinger [c]

a. 德国布伦瑞克理工大学医药化学研究所

b. 法国里尔大学结构与功能糖生物学第 47 组

c. 新西兰奥克兰大学化学学院

3.1 引言

近年来，不断革新的金属分析技术和先进仪器不仅加快了复杂的金属基试剂、金属药物的发展，也极大地方便了我们对金属配合物的化学生物学研究，增进了对它们参与生物过程的认知。金属配合物具有独特光谱学特征，因此基于金属配合物的适当的元素分析为生物分析化学研究提供了可能。通常，金属本身可以通过痕量元素定量，也可以通过配位配体的特征进行检测。而将金属分析应用于化学生物学，即灵敏地、选择性地对细胞或组织悬液等生物基质中的金属配合物进行快速检测，则是生物学领域当前至关重要且具有一定挑战性的课题。

本章将要探讨的是金属特定的定性和定量生物分析测试方法。其中包括原子吸收光谱（AAS）、电感耦合等离子体质谱分析（ICP-MS）以及基于同步辐射的 X 射线荧光（XRF）技术，将讨论各种技术的基本原理并给出一些无机化学生物学中的应用实例。

原子吸收光谱技术是数十年来应用最广泛的微量元素分析技术。近年来，基于 ICP 的方法也逐渐成为原子光谱领域重要的检测方法。如今，这两种技术都已被广泛应用于生物样品中金属的精确痕量分析。一些涉及 ICP-MS 与铬酸盐图像/电泳分离方法的耦合技术最近也有报道，该类技术结合了先进的分离方法与高灵敏度元素特异性定量检测，极具应用潜力。X 射线荧光技术不仅可以对金属进行定性分析，还能进行定量检测。特别是显微 X 射线荧光技术几经革新，在引入激光消融 ICP-MS 技术后，可以获得金属配合物在组织中空间

生物分布的重要信息。

上述技术正越来越多地应用于金属组学领域[1]。与基因组学或蛋白质组学相似，在金属组学中，借助以上技术可以研究金属及其配合物在生物环境和生物体中的分布及性质[2]。显然，在该研究领域，金属特定的分析方法是至关重要的。

3.2　原子吸收光谱

3.2.1　原子吸收光谱的基本原理

原子吸收光谱（AAS）是基于自由气态基态原子对辐射吸收的一种分析方法[3-6]。该方法由本生和克希荷夫建立，主要依据被测元素原子对该元素原子辐射的特征吸收进行分析。其实人们早在研究太阳光谱弗琅禾费（Fraunhofer）谱线时，就已发现这些暗的吸收谱线是观察者和太阳之间的较冷气体中气态原子对太阳光谱中同种元素辐射吸收的结果。原子吸收就是利用这些基本的物理原则对诸多金属原子进行选择性和灵敏性光谱检测分析的。

在原子吸收光谱分析中，原子从基态到激发态跃迁对应的波长适宜用于吸收读数。克希荷夫和本生发现，这样的波长对于被测元素具有高特异性。根据朗伯-比尔定律，吸光度值与基态原子的浓度成正比，因此可用于确定待测元素的浓度。借助合适的仪器，可以记录吸收随时间的变化，吸收峰峰形信号也可以通过积分面积（AUC）获得。通常，将峰高和积分面积用于数据分析。

由于原子吸收谱线的数目通常很少，所以待测元素原子谱线与样品中其他元素谱线相叠加的情况很少见。相反，背景干扰往往是未对分子进行分离或者有粒子存在，前者会引起分子吸收谱线变宽，后者会造成初级辐照束散射。在下面的讨论中，将详细阐述几种有利于减少这些不必要干扰的技术和样品制备方法。

总之，原子吸收光谱具有高选择性、高灵敏性，方便对微量物质及生物来源物质进行金属定量。这些优点使得原子吸收光谱法已经成为一种生物痕量金属定量分析中广泛应用的仪器分析技术。

3.2.2　原子吸收光谱的仪器和方法

原子吸收光谱仪的基本仪器元件包括辐射源、雾化器、单色仪、信号放大器和检测器等（图 3.1）[3-6]。

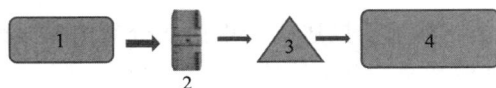

图 3.1　原子吸收光谱仪简易示意图

1——一次辐射源；2—原子化装置（如石墨管）；3—单色仪；4—检测器

3.2.2.1　主要辐射源

主要的辐射源可以提供适用于特定元素的检测线，根据基尔霍夫定律和本生定律，也可以产生同样的元素。该装置主要的技术要求是在特定的原子吸收线上存在高强度的发射，以易于区分吸收线与背景线。最常用的辐射源是充满惰性气体的包含阴极材料的空心阴极灯或含有充氩硅管的无极放电灯。该领域最新的进展是使用基于连续辐射源吸收谱学的 Xe 短弧灯作为光源。与空心阴极灯或无极放电灯不同的是，Xe 短弧灯是一种连续发射体，可对待测元素发射特定的谱线。受限于可用灯发射太弱，之前连续辐射源使用有限，但这一缺点现如今已通过热点工作模式得以克服。随着单色仪和探测器的同时改进，高分辨率连续源原子吸收光谱法（HR-CSAAS）现已成为一种允许使用波长作为第三维（除吸收强度和时间外）进行数据分析处理的现代原子吸收光谱技术[7-9]。这为检测某些分子，例如由某些双原子物种如 PO 或 CS 引起的吸收提供了更多可能。

3.2.2.2 雾化器

雾化器是一种将分析样品中的金属元素转化为气态自由金属原子的设备。雾化通常是通过在火焰或炉中加热探头至 1500～3000℃ 来实现的，理想的结果是分析物完全雾化。

3.2.2.3 单色仪和检测器

由于大多数辐射源发射不止一条线，所以必须在探测器前放置单色仪以消除不必要的辐射。干扰滤波器、平面光栅或阶梯光栅常用作单色仪，光谱带宽通常在 0.2～1.0nm 范围内。当使用火焰雾化技术时，几秒钟就能获得一个稳定的信号。在石墨炉原子吸收光谱法中，可以通过监测吸收时间确定峰型信号。高分辨率双单色仪由棱镜前单色仪和阶梯光栅单色仪组成，常与包含数百个独立探测器的现代线阵 CCD 探测器联合使用。总的来说，该仪器可以确保背景校正及分析样品信号和其光谱环境的三维成像同时进行（图

时间(s)   波长(nm)

图 3.2 HR-CSAAS 可单次测定同时含有铁和钌的样品，所选元素具有非常接近的光谱原子线

3.2)，但由于现有 CCD 系统的读出率仍然有限，因此只能对 1nm 以上的信号进行监测。迄今为止，这一非常窄的光谱窗口仍然限制着全光谱范围内多元素的同时测量[7-9]。

3.2.2.4 背景校正

背景吸收是在原子吸收线上引起非特定强度损失干扰的总和。现代原子吸收光谱仪包含识别和处理这些现象的先进设备。在传统仪器中，最常用的方法是氘校正和塞曼校正，而 HR-CSAAS 在测试同时可进行背景校正。

① 氘校正　该校正指除了元素特定的吸收线之外，连续体光束还可以通过雾化装置传导。由于连续辐射使用更宽的波段，样品吸收与特定原子吸收不是同时测量。因此，这种方法不能严格地校正吸收线，也不能同时进行测试和校正。基于校正背景的目的，氘灯是最常用的连续体发射器。

② 塞曼校正　该校正是一种基于描述磁场中谱线分裂的塞曼效应的校正技术。该校正会用到脉冲磁场，当磁场被激活时，共振线附近会出现约 ±0.01nm 的两条裂分线。裂分线是极化的，不仅可以与去极化的中心线共同用于相同波长下的背景校正，还可用于分析波长附近的背景测量。

③ 同时背景校正　基于连续体辐照度的综合利用，HR-CSAAS 中的离子源、高分辨率双单色仪和 CCD 探测器可以有效测量分析物信号周围的背景，这一过程严格与分析物信号同时进行。这是迄今为止 AAS 中最先进的背景校正手段。

3.2.3　方法开发和应用

原子吸收光谱分析方法的发展包括根据不同雾化技术的需要进行仪器设置以及样品制备的优化，如添加化学修饰剂。尤其重要的是消除基质效应，抑制光谱干扰，以及以高回收率的分析物进行有效的雾化。光谱干扰在原子吸收光谱分析中并不常见，因为元素的原子吸收线是特定的，但必须仔细考虑基质效应（如源自探针的挥发性成分的非特定吸收）和分析物金属的不完全雾化，特别是生物来源的样品。

一般地，通过简单使用外标就可以获得理想的校准，再对外标进行线性回归就可得到分析数据。然而，实际应用中精确的校准往往涉及更多耗时的方法，如矩阵匹配校准法或标准加入法。

3.2.3.1　火焰原子吸收法和石墨炉原子吸收法的发展参数

对于火焰原子吸收光谱技术，由于气体原子是通过在火焰中加热样品获得的，气体混合物的类型非常重要。最常用的是空气-乙炔和 N_2O-乙炔，可以达到 $2000\sim3000℃$。欲达到最佳雾化效果，需控制两种气体成分的比例以及样品辐照束在燃烧火焰中的位置，后者可通过垂直上下移动燃烧器进行调整。

当采用石墨炉原子吸收技术时，技术发展主要集中在为带有样品的石墨管炉设置适当的温控程序。如图 3.3 所示，初始加热步骤旨在预热处理和热解之前就能去除溶剂并对样品进行干燥处理。理想情况下，通过在管中通入氩气流除去非分析物成分的同时使金属分析物还原为元素基态。雾化通常发生在 $2000\sim3000℃$，测量后的最后一步加热程序用于清洁管道。在这一过程中，可以修改的参数，除了检测温度外，还有升温速率以及保温时间。干燥步骤通常根据经验进行优化，而合适的热解和雾化温度可以通过系统的方式来确定。一般在此过程中，先设定恒定的初始雾化温度，并逐步提高热解温度。而对于每个热解温度，测量同浓度的样品。在最佳热解温度下，不仅能获得分析物的高响应信号，也能同时测量非特定背景下的低的吸光度。一般地，热解温度过低会导致背景吸收过高，过高则会导致雾化前分析物的蒸发和质量损失。在第二步中，雾化温度会在恒定的热解温度下变化，因此通常可以确定发生有效雾化的合适的温度平台。雾化温度过高会导致信号降低，例如高温下金属的热离子化就会引起信号减弱。

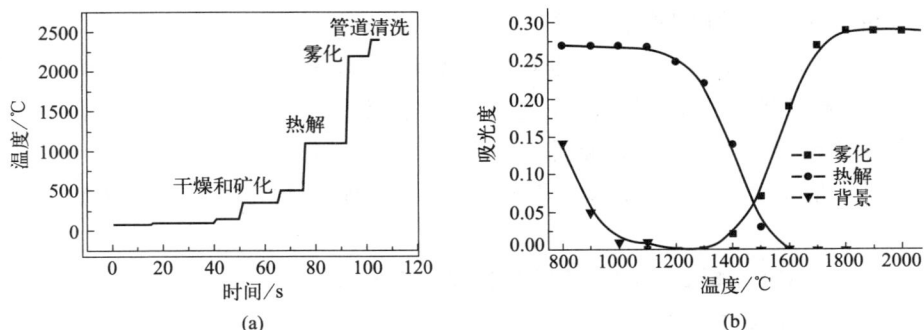

图 3.3　(a) 石墨炉原子吸收光谱的温控程序；(b) 热解和雾化温度的优化

3.2.3.2　干扰和改性剂的使用

在原子吸收光谱中，存在光谱干扰和非光谱干扰两种干扰形式。非光谱干扰可能是难以雾化的盐形成的结果。在化学生物学中，这一点必须考虑进去，特别是在含有高阴离子浓度的探针分析中不容忽视。例如，在测定钙时由磷酸引起的干扰就已被大众所熟知。光谱干扰可能是样品基质成分的非特定吸收和光散射现象的结果，也可能是共振线重叠的结果。其中由其他元素的谱线引起的光谱干扰并不特别频繁，而且往往具有明显的特征。通常，通过切换到待测元素的另一条分析线或通过背景校正，就可以很容易地处理此类干扰。样品基质的成分可引起非特定吸收或光散射，并导致背景噪声升高。许多干扰可以通过适当的参数设置（例如，通过在石墨炉原子吸收中加热有效去除基质成分）或适当的背景校正技术（见前面的讨论）方便地处理。

在以上方法基础上，如果干扰仍然存在，还可以选择化学改性剂进行改进。化学改性剂是一类能抑制干扰并产生稳定雾化信号的添加剂。现在已经有多种类型的化学改性剂在检测中使用。例如，La^{3+} 可以与磷酸盐形成热稳定的盐。因此，它可以用来抑制钙测定中磷酸盐的干扰，保证钙被释放并形成自由原子。当某种元素容易电离并且元素态的原子数减少时，还会发生电离干扰，这种情况尤其适用于碱金属。在这种情况下，可以使用诸如 CsCl 之类的电离缓冲液。当加入过量的电离缓冲液后，这些缓冲液会发生电离并产生大量的电子，这种电离可使待测碱金属达到元素状态的平衡。在石墨炉原子吸收法中，与待测元素相比，改性剂可专门用于增加物质基体成分挥发的差异或减少与石墨表面的反应。例如，硝酸锰和钯的混合物已发展成为广泛使用的"通用改性剂"。此外，有机添加剂，如 Triton、EDTA 或抗坏血酸，通常用于改善溶解性或提升分析物的被还原性。

3.2.4　应用实例

3.2.4.1　钌多吡啶配合物的细胞摄取

近年来，钌多吡啶配合物作为一种新型的抗癌药物，在体外实验方面已展现出广阔的应用前景。尽管人们对这些物种的作用方式尚未完全了解，但最近的数据表明 DNA 相互作用和/或抗线粒体特性可能发挥了重要作用[10,11]。

石墨炉原子吸收光谱法在测定细胞制剂中的钌时具有良好的灵敏度。结构上密切相关的 $[(\eta^6\text{-}C_6Me_6)Ru(L)(聚吡啶)]^{n+}$ 配合物在 HT-29 和 MCF-7 细胞的定量吸收中可明确提供物种大小、总电荷和亲脂性之间的相关性等信息（图 3.4）[10]。通常，含有大 dppn（4,5,9,16-四氮杂二苯并[a,c]萘）配体的配合物的吸收率最高。dppn 配合物 a、b 和 d 的数据（图 3.4）表明，如果配合物的总电荷从 +1 变为 +2，则吸收量会减少，并且含有四甲基硫脲的配合物的蓄积性比亲脂性较低的硫脲同类物略高。随着 dppn 配体尺寸的减小，细胞钌水平会降低。但是，值得注意的是，很少会观察到金属配合物的物化性质与其细胞积累水平之间严格的相关性。

3.2.4.2　金（Ⅰ）配合物的细胞吸收和细胞内分布

在古代，金配合物就以其在生物医学领域的重要作用备受关注。现如今，金材料不仅在类风湿关节炎的治疗方面有应用，在抗感染药物和抗癌药物领域也展示出很大的潜力[12-14]。

石墨炉原子吸收光谱法可便利地定量生物组织中的金，但由于基体效应，应采用基体匹配法或标准加入法进行校正[15]。

图 3.5 为在肿瘤组织中，以比较的方式研究了几种含金（Ⅰ）-磷杂合物（含氯化氢或

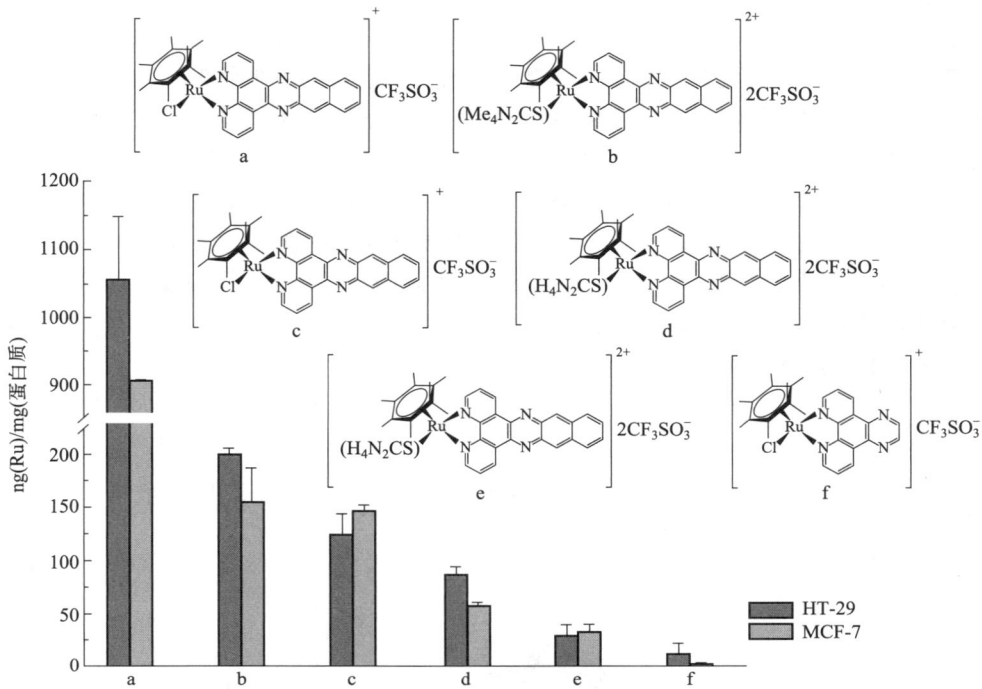

图 3.4　在 $10\mu mol \cdot L^{-1}$ 复合物 a～f 作用 4h 后 HT-29 和 MCF-7 癌细胞中的细胞钌水平

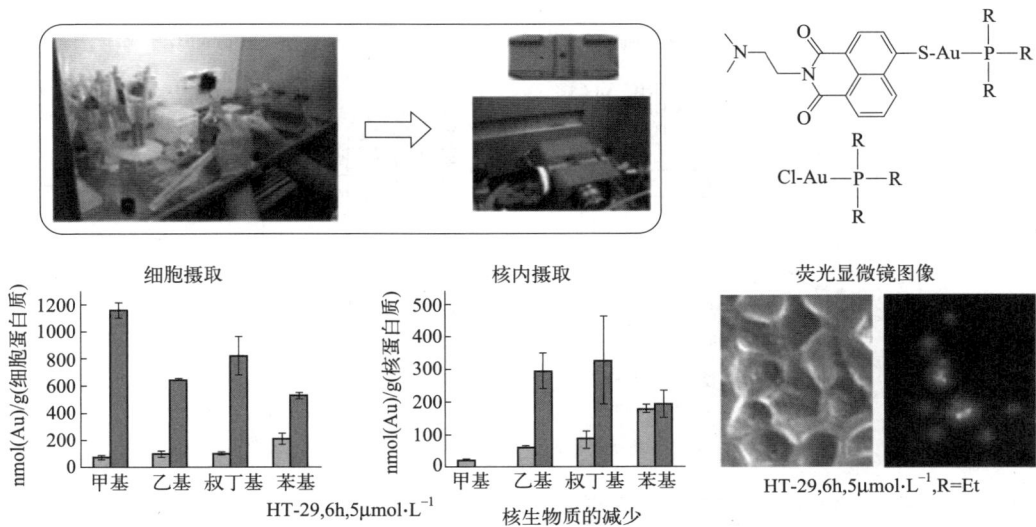

图 3.5　细胞和细胞核金含量的量化。含 4-硫萘酰亚胺配体或氯配体配合物的比较研究。荧光显微镜观察到萘酰亚胺在细胞核内的聚集。经许可引自 [17] 2009，American Chemical Society

4-硫萘酰亚胺配体）的细胞含金量[16,17]。有趣的是，与氯代衍生物相比，萘酰亚胺衍生物配体引起了细胞对金的高吸收。这些配合物在磷原子上具有不同的取代基，但对金的细胞积累并没有明显的促进。萘酰亚胺是众所周知的 DNA 插层剂[18]。因此，萘酰亚胺衍生物可用于从细胞中分离的细胞核中高浓度金的测量。通过显微镜下观察萘酰亚胺核的强蓝色荧光可以进一步证实萘酰亚胺有助于增强细胞核对金的吸收。

近年来在抗癌药物研究中，另一类备受关注的是基于 N-杂环卡宾（NHC）的金配合物。人们对这类金属有机化合物的研究兴趣主要与它们能够有效地触发细胞凋亡、对肿瘤细胞的细胞毒性以及它们抑制硫氧还原蛋白还原酶活性的潜力有关[19-21]。

根据 NHC 配体的类型，可以得到中性或阳离子型的 Au-NHC 配合物。图 3.6 所示的 Au(Ⅰ)-NHC 配合物表明阳离子（和亲脂）衍生物导致的细胞金含量远高于相应的中性配合物[22]，这也与带正电的配合物可以强烈抑制肿瘤细胞生长有关。研究表明，从经药物处理，特别是金（Ⅰ）-三苯基膦烷衍生物处理的肿瘤细胞中所分离的线粒体其金含量有所升高。该化合物及其相关化合物的生物分布行为可能与其亲脂阳离子性质有关。这是由于线粒体跨膜电位较大，非定域亲脂阳离子易在线粒体内积聚并引发抗软骨作用[23]。

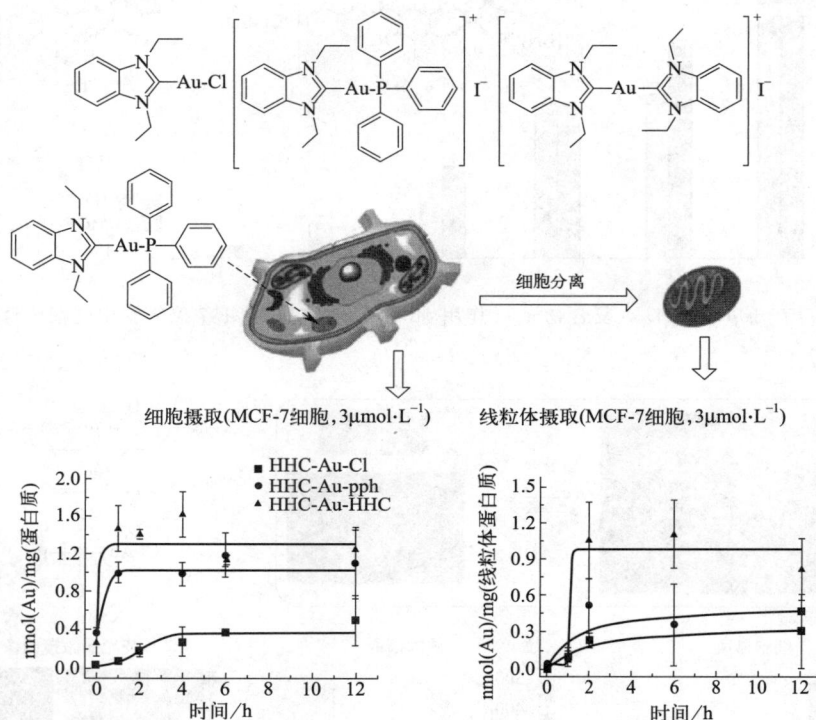

图 3.6　Au(Ⅰ)-NHC 配合物及其生物分布。经许可引自［22］2011，American Chemical Society

3.3　全反射 X 射线荧光光谱法

3.3.1　基本原理

简言之，X 射线光谱学是基于用 X 射线束激发样品的谱学技术[24,25]。如图 3.7 所示，在高能辐照作用下，待测元素的核心电子可以从原子的 K 层、L 层或 M 层中激发出来。当这些被激发的电子再次跃迁至内层时，就会产生某种特定于元素的荧光发射，这种二次发射称为 X 射线荧光。

X 射线荧光技术已广泛应用于材料化学和表面分析。近年来，随着全反射 X 射线荧光（TXRF）光谱技术的发展，利用该技术已使痕量金属定量成为可能。在全反射 X 射线荧光测试中，样品以极低的角度（如 0.1°）被 X 射线束照射，并发生全反射。这一技术减少了吸收和散射现象，从而降低了背景噪声。与传统的 X 射线荧光法相比，TXRF 由于只有样品表面的元素受到辐照，具有更强的灵敏度。其荧光发射的强度与所研究元素的量/浓度有关，发射产生的能量（通常以 keV 表示）对于

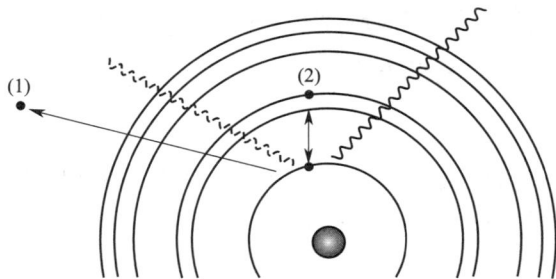

图 3.7　X 射线荧光原理：X 射线辐射（虚线）激发内壳层电子，使其从原子中射出（1）或转移到激发能级（2）。当被激发的电子返回内壳层能量下降时，会产生元素特定的荧光发射（曲线）

相应的元素是特定的。因此，TXRF 既能定量又能定性，同时可分析许多元素。

3.3.2　仪器、方法和应用

进行样品分析时，首先将几微升样品溶液或悬浮液沉积在载盘上并干燥，从而形成直径在低微米范围内的薄层。然后开启 X 射线荧光仪，用 X 射线束照射光盘，记录发射的荧光强度。最常见的辐射源是钼或钨阳极。TXRF 作为一种便于使用的微量元素分析技术，其优点主要有样品预处理程序简单、使用内标校准，以及影响测量结果的仪器参数数量少。在测试方法中必须考虑的参数包括样品预处理程序（如有关均匀化和干燥）、测量时间和内标的选择。当前，由于 TXRF 还不是一种常规技术，只有有限的应用报道，因此与已建立的痕量金属的定量方法相比还是有困难的。然而，有文献报道表明，该技术在药物杂质分析以及金属药物的生物分析方面具有很大的潜力（图 3.8）[26-29]。

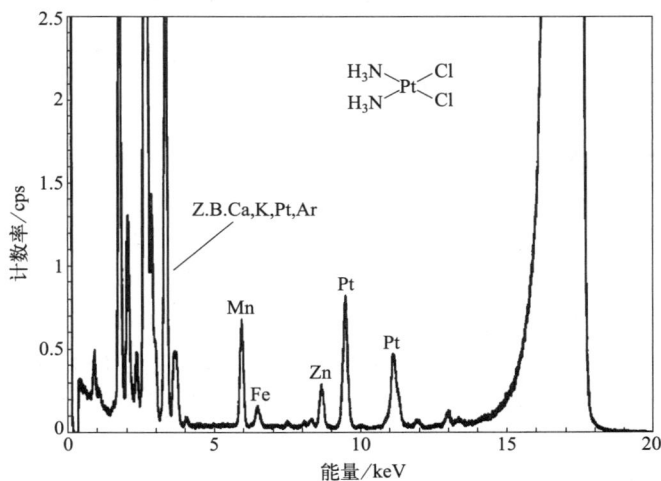

图 3.8　TXRF 光谱示例：HT-29 细胞悬浮液中的顺铂（5.1μmol·L^{-1}）；在样品基质和内标 Mn 的其他元素中显示出两个特定的铂信号

3.4 同步辐射对抗疟疾钌类似药物二茂铁氯喹的亚细胞 X 射线荧光成像

同步加速器 X 射线荧光成像是一种利用来自同步加速器的超纯且精准聚焦的 X 射线束的强大技术，开辟了微量元素分析、表面分析、化学状态分析、微量分析等新的应用模式。如图 3.9 所示，通过光束逐像素扫描样品可以获得显微或纳米样品的数字图像。

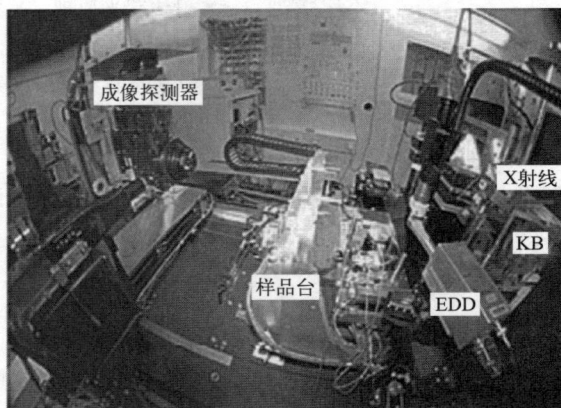

图 3.9 X 射线荧光仪实验装置的照片，主要部件包括成像探测器、样品台、柯克帕特里克-贝兹反射镜（KB）和能量色散衍射仪（EDD）

每个像素上对应化学元素的特征 X 射线荧光辐射。荧光光谱的数学去卷积揭示了样品的化学成分，并由此合成了定量元素图像。它们通常显示为伪彩色图形。同步辐射 X 射线荧光实验取得巨大成功的关键在于同步辐射源提供的高通量和低发射率。

在生物应用中，通过这些图像可以直接清晰地观察到样品不同区域的元素分布情况。得益于同步辐射 X 射线荧光显微镜具有低的检测限和高的空间分辨率，有关元素亚细胞分布和浓度的元素图在生物医学研究中具有巨大的应用潜力[30]。

3.4.1 X 射线荧光成像在药物开发中的应用——以二茂铁氯喹为例

虽然抗疟疾药物的选择是有限的，但有机金属配合物二茂铁氯喹（FQ 或 SSR97193，图 3.10）为目前防治这种致命的寄生虫病提供了新的希望。FQ 是从已建立的抗疟药氯喹（CQ，图 3.10）的化学结构出发设计的[31]。作为一种传统的抗疟药物，CQ 已成功应用 50 年。然而，人类恶性疟原虫对 CQ 产生了抗药性[32]。为了恢复 CQ 的敏感性，人们在其结构中引入了稳定、亲油、氧化还原活性好、毒性小的二茂铁[33]。FQ 对 CQ 敏感，对抗 CQ 的恶性疟原虫和间日疟原虫株和/或分离株均有效[34]。在人类的临床研究（第 I 和第 II 阶段）中，FQ 被单独或与另一种抗疟药物青蒿琥酯（artesunate）联合进行了检测[35]。目前，FQ 是正在研发的最重要的抗疟药物之一。在今后的一段时期内，药物学家们应着重确定一种合适的辅助药物，以便开发单剂量抗疟药。有关 FQ 作用机制的最新数据已经公布[36-38]，主要讨论了与茂金属的特异性有关的性质，如亲油性和氧化还原行为[36]。尽管如此，我们还是必须获得相应的图片详细地研究 FQ 在感染红细胞内的亚细胞分布，以阐明 FQ 的作用机制。

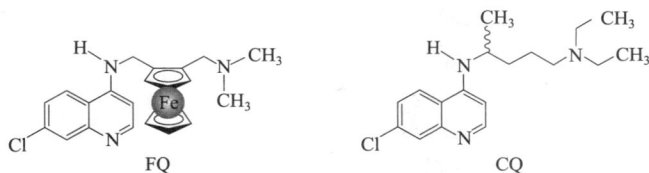

图 3.10　二茂铁氯喹（FQ）和氯喹（CQ）的化学结构

在小的红细胞（RBC，大小约 $6\sim8\mu m$）中，疟原虫会在特殊的细胞器消化泡（DV，图 3.11）中消化血红蛋白。在 DV（大小约 $1\sim2\mu m$）中，对寄生虫本身具有潜在毒性的降解化合物会结晶成一种不溶的、含有不同铁物种的棕色色素（也称为疟色素）[39]。

在这种情况下，显然难以区分 FQ、亚铁血红素、正铁血红素和疟色素中的不同铁原子。为了解决这个问题，人们采用二茂钌氯喹（RQ，图 3.12），一种用钌原子取代铁原子的 FQ 类似物作为冷示踪物进行辅助检测分析。使用钌原子取代铁是因为它在元素周期表中位于铁的正下方。因此，可以预见 RQ 与 FQ 具有相似的理化和抗疟活性。

在生物条件下跟踪 FQ/RQ 的主要问题之一是生物物理技术的敏感性。已知一个体积约为 $87\mu m^3$ 的红细胞中含有约 1014 个原子。如果假设整个红细胞上的钌浓度约为 $4\mu mol \cdot L^{-1}$，则必须能够检测到 5 亿原子中的 1 个原子。因此，可以通过测量暴露于临床相关剂量（IC_{90} 值，$40nmol \cdot L^{-1}$）的恶性疟原虫感染红细胞（iRBC）的 CQ 易感 HB3 株中的 Ru，并作为时间（5min、10min 和 15min）的函数，通过电感耦合等离子体-质谱（ICP-MS）分析测定 RQ 的细胞摄取（图 3.13）[40]。

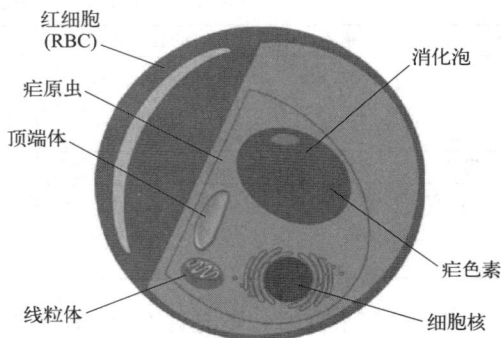

图 3.11　恶性疟原虫感染红细胞的示意图

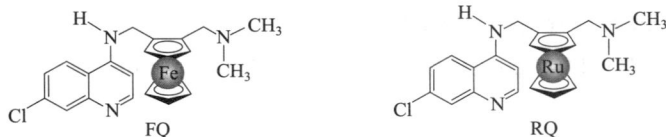

图 3.12　二茂铁氯喹（FQ）和二茂钌氯喹（RQ）的化学结构

与 15∶1（iRBC∶RBC）和 180∶1（iRBC∶介质）的培养基相比，RQ 在 iRBC 中积累迅速（10min），且优先于 RBC（表 3.1）。这在一定程度上证实了 Sullivan 等的数据。他们在研究中发现与红细胞 23∶1（iRBC∶RBC）相似的比率相比，^{3}H 标记的 CQ（[^{3}H] CQ）在 HB3 iRBC 中有明显的聚集，但时间较长（$20\sim24h$），浓度高 30 倍（$1.2\mu mol \cdot L^{-1}$）[41]。

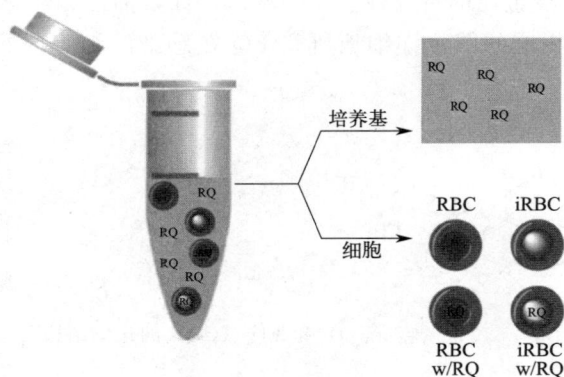

图 3.13　样品的 ICP-MS 分析示意图

表 3.1　电感耦合等离子体-质谱法测定 RQ 作用下未感染红细胞和感染红细胞的钉的累积率

时间/min	感染红细胞摄取钉的百分比/%	未感染红细胞摄取钉的百分比/%	累积率
5	10.98	0.65	17
10	11.06	0.67	16
15	13.07	0.62	21
时间/min	RQ 在 1μL 培养基中的累积率/%	RQ 在 1μL 感染红细胞中的累积率/%	感染红细胞的相对浓度
5	0.06	10.99	184
10	0.06	11.07	187
15	0.06	13.07	215

测定总钉浓度时，不允许在 iRBC 中定位准确的聚集位点。但由于钉原子的存在，可用 RQ 作为染色剂，在透射电子显微镜（TEM）中进行图像对比。在未处理的 iRBC 中，不会检测到明显的差异。相反，经 RQ（$40nmol \cdot L^{-1}$）处理的 iRBC 中，仅 15min 后，就会在寄生物的 DV 膜（HB3）形成强烈的对比，这表明该化合物与 DV 膜相关[40]。

在处理 30min 后，DV 膜的对比度进一步增加，说明 DV 膜中钉的浓度较高。此外，在 DV 内部靠近疟色素晶体处也观察到明显的不同。值得注意的是，一些不透明区域也在细胞液中显现出清晰的结构。这些结构被鉴定为脂滴，能催化血红素生物结晶形成疟原虫色素。

为了证实 TEM 观察到的黑点确实是钉原子，我们根据钉的 X 射线发射特性，利用基于 X 射线荧光的同步辐射化学纳米成像进行进一步验证（图 3.14）。欧洲同步辐射装置（ESRF）纳米成像终端可以在 29keV 能量激发下获得 60~100nm 的 X 射线光斑范围，并且具有很高的通量。

这种通过钉、铁、硫和氯原子的 K 层激发而产生的精细明亮的焦点为这些元素的分析提供了独特的机会，而这些元素也是生物学研究饶有兴趣的主要元素。

实验用红细胞感染 HB3CQ 敏感株，用 RQ（$40nmol \cdot L^{-1}$，30min）处理（或不处理）。然后将 iRBC 沉积在 500nm 厚的氮化硅玻璃上，用甲醇固定并用蒸馏水洗涤。光学显微照片显示治疗和固定后 iRBC 有明显的正常形态。图 3.15 展示了一系列对照组和 RQ 处理的 iRBC 的典型图像。在未经处理和 RQ 处理的 iRBC 中，由于 DV 内的血红素晶体具有高铁含量，因此可借助强烈的铁信号对 DV 进行定位。在 RQ 处理的 iRBC 中，由于背景噪声高于总的钉含量，整个细胞均未检测到钉信号。然而，在 DV 中检测到一个强烈的钉信

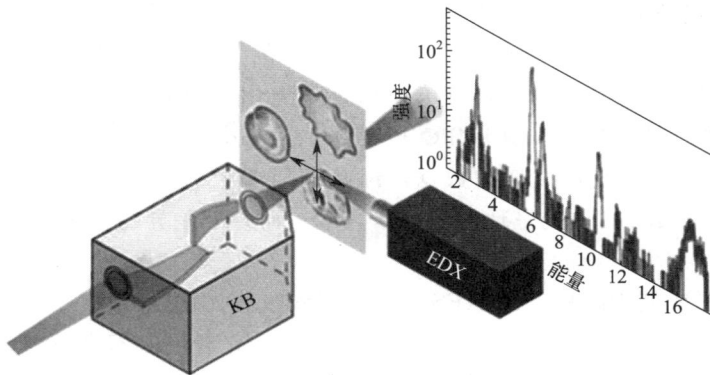

图 3.14　单个红细胞的 X 射线荧光显微镜。在收集 X 射线荧光信号的同时，可通过 ID22NI 站 KB 光学系统产生的纳米聚焦束扫描样品（EDX：能量散射 X 射线荧光光谱仪）

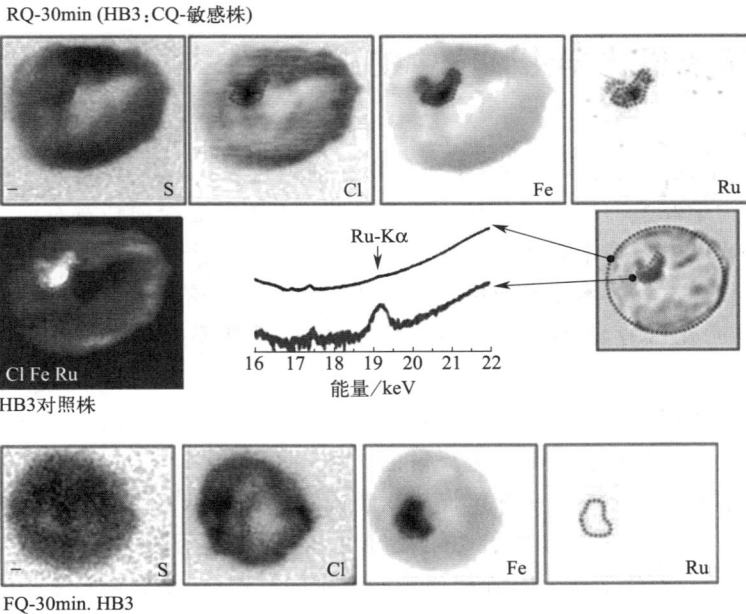

图 3.15　基于 X 射线荧光的同步辐射化学纳米成像。iRBC 中硫（S）、氯（Cl）、铁（Fe）和钌（Ru）在 RQ（40nmol·L^{-1}）下暴露 30min 的 Kα X 射线荧光强度图和未暴露的 RBC 对照。iRBC 的相应光学图像显示化学固定不仅保留了细胞的完整性，并且很好地展示了疟色素（与 iRBC 中的铁分布明显匹配）

号，证明了钌在靠近疟色素的地方存在特殊积累。尽管这种纳米探针在 X 射线方法中是独一无二的，但高的元素灵敏度不允许显示膜（厚度在 10～20nm 之间）。将这些结果与先前在超薄截面上用 TEM（空间分辨率：2nm）获得的结果结合起来，可以对所有信息进行互补性定性。不过，氯原子的 X 射线发射特性也可用于氯分析，因为 RQ、FQ 甚至 CQ 在喹啉环的 7 位上都含有氯原子。有趣的是，钌和氯原子的共定位清楚地证明了 RQ（或 RQ 衍生物）在 DV 中的特定积累。因此，可以使用氯作为化合物的示踪剂，用感染 HB3-CQ 敏感菌株的红细胞进行补充实验，并用 FQ 或 CQ（$40nmol \cdot L^{-1}$，30min）处理。虽然结果表明可在 FQ 和 RQ 方面获得类似的数据，但是即使 DV 中总氯原子的比例明显高于对照组，氯在 CQ 处理的 iRBC 中仍呈现均匀分布。这一动力学差异与先前用 ICP-MS 获得的数据一致。

扩展 X 射线吸收精细结构（EXAFS）是 X 射线吸收光谱（XAS）的振荡部分，可延伸到样品中特定元素吸收边缘上方约 1000eV 处[42]。研究者们在模拟 DV 环境的氧化条件（H_2O_2 或氯化血红素）下，在固态和水溶液中分析了不同的 RQ（中性或双质子）样品。EXAFS 光谱提供了配位数、吸收原子周围散射原子的性质、吸收原子与后向散射原子的原子间距离以及德拜-沃勒因子（用于解释由静态位移和热振动引起的无序）等信息。$Ru-C_{Cp}$ 距离细微变化的统计学检测结果暗示在氨基喹啉环中氮原子是非双键键合的，这也表明 RQ 在体外可能被部分氧化[43]。

3.5 质谱在无机化学生物学中的应用

质谱（MS）不仅可以对新的小分子或生物制剂进行表征，鉴定代谢产物或靶点，也可以应用于药代动力学和蛋白质组学分析，因此在药物开发的各个阶段都有应用。多年来，无机化学生物学的研究主要集中在无机化合物与生物分子反应产物的检测方面。最近，随着仪器的改进，复杂的方法和技术已经应用于该类物质的检测。这些研究中使用的大多数无机化合物都与新的癌症化学疗法的发展有关，并且含有通常不会在生物样品中自然产生的元素[44]。

在这一节中，我们将对最重要的质谱技术进行总结性阐述。将围绕侧重于抗癌药物发展的文献实例对质谱技术的优点和缺点进行讨论。

许多涉及质谱的研究最初集中在抗癌药物顺铂和相关的第二代和第三代化合物上。据估计，超过 50% 的化疗方案使用铂类抗癌药物[45]。这些抗癌药物的作用方式与生物大分子 DNA 的结合及其结构修饰有关，从而阻碍肿瘤细胞的复制/转录。近年来，新的药物研发主要涉及非铂类抗癌药物，其生物分子靶点不再是 DNA。

近几十年来，质谱仪的发展取得了巨大的进步。实际上从离子源、质量分析仪到数据分析的软件解决方案，质谱仪的所有方面都经历了快速发展（图 3.16）[46]。许多金属的性质使它们非常适合质谱分析：它们具有特征性的质量和同位素分布，在治疗和诊断中用作药物的金属通常在生物样品中找不到。这些特性利于在不受其他来源干扰的情况下，明确鉴定含有金属的物种。此外，与其他方法相比，质谱仪作为一种具有高样品处理量和微小的样品用量的高灵敏仪器，是药物开发和无机化学生物学研究的有力工具。

质谱学的主要进展之一是引入了新的离子源，可以用来分析高分子量分子和带有弱化学键的化合物。电喷雾电离（ESI）、基质辅助激光解吸电离（MALDI）和电感耦合等离子体（ICP）是目前无机化学生物学中最常用的电离方法（图 3.17）。软电离方法 ESI 和 MALDI

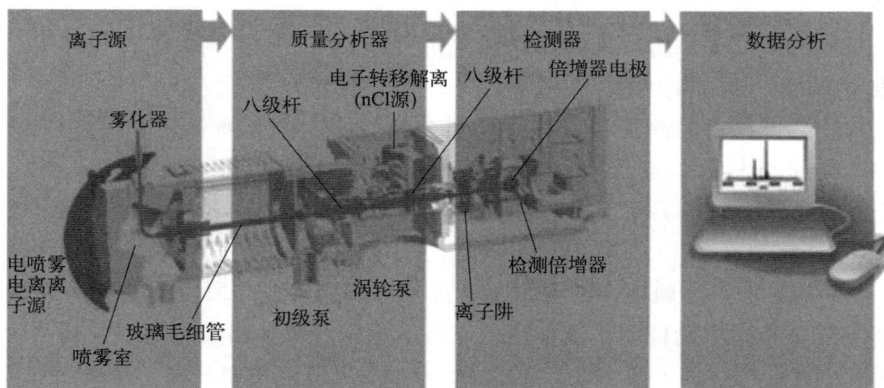

图 3.16　质谱仪的主要部件

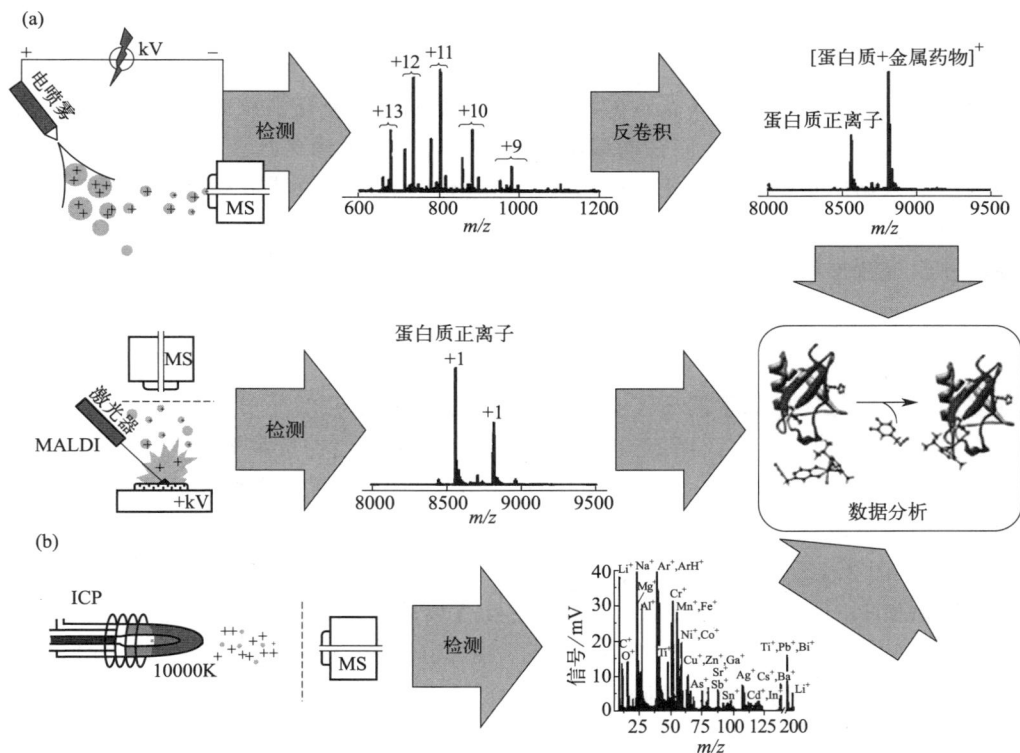

图 3.17　两种方法 ESI-和 MALDI-MS（a）及 ICP-MS（b）从样品电离到检测和数据解释以及元素特异性比较。这两种电离方法结合各种质谱仪都广泛应用于金属药物的研究。部分图[47] 经 Samuel M. Meier 许可改编，并经许可引自［48］2013 Wiley VCH Verlag GmbH&Co. KGaA，Weinheim

可以检测完整的生物分子，也可以检测与金属部分形成加合物后的生物分子，它们通常被称为分子质谱法。ESI 通常产生多电荷离子，而在 MALDI-MS 中，大多数物种被检测到携带单一电荷。在这两种情况下，电荷都来源于质子和碱金属离子（如钠离子或脱质子）形成的加合物。相比之下，电感耦合等离子体-质谱法是一种灵敏度较高的特定于元素的检测方法。鉴于在这一领域的研究中，所使用的元素通常在生物系统中找不到，这种特定于元素的检测方法非常重要，通常也被称为无机质谱法。

在质谱仪中，电离后的离子被转移到质量分析仪中。现代质谱仪使用多种质量分析仪（及其组合）。质量分析仪如四极子（q）、三维和线性离子阱（ITs）以及飞行时间分析器（ToFs）已经在市场上销售了相当长的时间，并在无机化学生物学中得到了广泛应用。现在傅里叶变换（FT）离子回旋共振（ICR）已经被用于需要更高分辨率的样品分析。此外，另一种基于 FT 的方法——轨道跟踪分析仪在近年来发展迅速并取得重大突破。轨道跟踪分析仪具有高分辨率和高质量精度，这在蛋白质组学和生命科学相关应用中尤其需要。

ICP 四极子是最常用的电离方法，较软的电离方法通常与离子阱、ToFs 和基于 FT 的分析仪相连。电离方法和质谱仪的选择都会影响质谱仪的价格。

采用串联质谱法能够获得特定离子的额外信息，如其结构和组成。分子碎裂一般可以通过不同的方法实现。其中，碰撞诱导解离（CID）作为标准方法，在大多数商用仪器中都会用到。随着新型质谱仪的发展，各种解离方法相继出现，红外多光子解离（IRMPD）、高能C 陷阱解离（HCD）、电子转移解离（ETD）和电子俘获解离（ECD）等都是质谱仪的有效选择。而碎裂机制的潜在差异导致这些不同的技术经常产生补充型数据，从而有助于测试者获得更多的信息[49]。因此，人们在购买新的质谱仪时，会考虑到这些优势。

影响质谱数据质量的另一个重要因素是质谱分析前与分离装置的耦合。使用液相色谱法（或在较小程度上使用气相色谱法）或电泳法对生物样品混合物进行分离，可以降低质谱的复杂性，并改进数据集。

3.5.1　质谱在无机化学生物学中的应用实例

许多用于无机化学生物学的质谱分析方法都与相对简单的低分子量金属配合物的抗癌活性发现有关[44]，其中包括广泛用于治疗肿瘤性疾病的第一代铂抗癌药物顺铂及其下一代衍生物卡铂和奥沙利铂（图 3.18）[45]。它们的作用方式与 DNA 结合有关，而静脉注射后血清蛋白相互作用通常被认为是化疗的副作用。除铂配合物外，目前正在研究的主要是 Ru-和Ga-基抗癌剂（图 3.18）。为减少经典化疗药物的副作用和耐药性，并增加治疗疗效，一些新研发的药物如 KP1339、NAMI-A、KP46 已经开始转入临床试验。此外，许多新的含金属药物，特别是那些基于 Ru {RAPTA-C 和 [Ru（arene）（en）Cl]$^+$，图 3.18} 的药物，目前正作为潜在的抗癌药物被广泛研究。

3.5.1.1　金属药物与蛋白质的相互作用

当前，大多数已注册的抗癌金属药物以及那些临床前开发的药物都是为静脉注射而设计的。在血液中，与药物结合的第一类物质是蛋白质，尤其是高丰度的人血白蛋白（HSA）和转铁蛋白（Tf）是主要的靶点[50]。这两种蛋白质都有助于将抗癌活性部分传递给肿瘤。HSA 可能作为一个蓄水池，通过增强的通透性和滞留效应（EPR）促进肿瘤组织的吸收，EPR 允许蛋白质等大分子穿透渗漏的血管，从而在肿瘤中积聚。转铁蛋白受体在肿瘤细胞上会过度表达，因此携带细胞毒性药物的 Tf 可为肿瘤中抗癌药物的积累提供一种途径，而对健康组织的影响较小。

质谱法如今已广泛应用于研究金属药物与血液蛋白的反应。人们已经用毛细管电泳、高

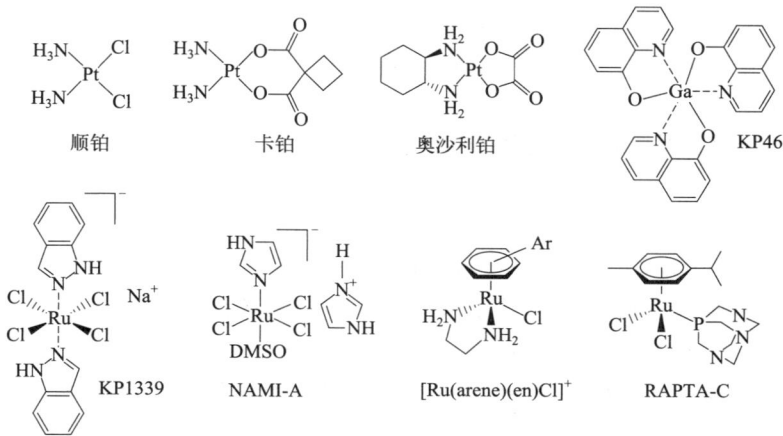

图 3.18　抗癌药物顺铂、卡铂、奥沙利铂以及目前正在进行临床试验或
临床前研发的金属抗癌药物的化学结构

效液相色谱-电感耦合等离子体-质谱和离线分子质谱研究抗癌铂、钌、镓配合物与血清的键合作用。由于生物体中通常都不存在这些金属，因此可以利用电感耦合等离子体-质谱（ICP-MS）的元素选择性来确定复杂生物基质中的金属归属（例如，图 3.19 中用钌配合物 KP1019 治疗的患者的临床血浆样品分析）。一般来说，这些金属配合物对生物分子的供体原子具有高亲和力，例如，KP1019 的 Ru 片段主要附着在 HSA 上，而 Ga 配合物 KP46 则与转铁蛋白结合。研究者们认为通过与血清蛋白结合进行转运是这两种配合物发挥作用的重要方式，而且临床试验中观察到的癌症患者治疗期间的低副作用可能与这一特性有关。另一方面，研究者们认为铂类抗癌药物是通过与蛋白质结合而失活的，然而，这与20 世纪 80 年代顺铂的蛋白质结合物的临床试验相反，后者在减少副作用的情况下显示出与顺铂静脉注射相似的活性[51,52]。正电荷多核铂配合物 BBR3464 是另一种临床研究的铂配合物，由于其阳离子性质，学者们在 ESI-MS 研究的基础上提出了该药物与 HSA 的结合是非共价的[53]。

金属药物金属片段与 HSA、Tf 等蛋白质的确切结合位点一直是热门的课题。近年来，有团队研究了 Tf 在金属有机药物［Ru(η^6-联苯)(en)Cl]$^+$ 中的释放作用[55]。其胰蛋白酶消化和

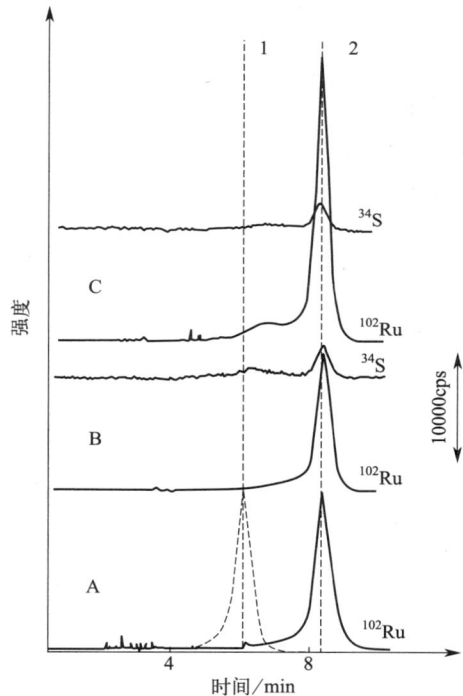

图 3.19　临床环境中钌配合物 KP1019 的血浆蛋白结合：临床样品分析（A—与 KP101 培养后的 Tf 和 HSA 标样；B—首次输注后 24 小时；C—第六次输注后）。峰鉴定：1—Tf 加合物；2—HSA 加合物。经许可引自［54］2008Wiley-VCH Verlag GmbH&Co. KGaA，Weinheim

HPLC-ESI-MS 分析表明，该复合物与 N-供体 His242、His273、His578 和 His606 配位，而顺铂在相同条件下表现出不同的结合模式。然而，这两种金属药物均不影响 Tf 与 Fe(III) 的结合能力，也不干扰 Tf 的转铁蛋白受体的相互作用和胞吞作用。但值得注意的是，在这一过程中 Ru 复合物会保留其生物活性，而顺铂则会失活。

此外，结构对生物活性的影响也可以通过质谱进行研究。顺铂及其抗癌非活性反式异构体反铂与蛋白质的反应性和加合物形成不同。尽管顺铂倾向于形成双功能甚至三功能加合物（通过两个或三个配位键与 Pt 中心结合），但反铂倾向于以单功能方式结合，而在这两种情况下都会保留一些原始的氨/氯配体。学者们对这种行为进行了研究，例如，采用模型蛋白泛素（Ub）通过 ESI-MS 和 MALDI-MS 进行分析研究[56]。这些实验还初步揭示了铂配合物在蛋白质上的结合位点。在顺铂中氨是通过 Ub 处的蛋氨酸-1 结合而被反式激活的，在反铂中则观察不到这样的结合方式。以上结果说明利用 MS 对蛋白质结合进行研究有助于理解金属药物的作用机制。

由于蛋白质自身存在许多潜在的结合位点，金属离子对生物配体及其配位原子的高度亲和力，对细胞内蛋白质靶点的准确识别具有一定的挑战性。不过，现在已有多种方法可表征细胞内金属药物的分子靶点。许多研究组证实可以通过蛋白质组学研究评估铂、金、砷和钌配合物对癌细胞的反应[57-59]。例如，Wolters 等采用基于 MS 的多维蛋白质识别技术（MudPIT）[59] 确定了组蛋白在 RAPTA-T 的作用模式中扮演着重要角色[59-60]。

大多数蛋白质结合的研究都是在抗癌金属配合物上进行的。最近，Sun 和他的同事报道了一种有趣的方法，即利用连续流动凝胶电泳和 ICP-MS 来鉴定含有金属离子的细胞中的蛋白质[48]。一个已报道的例子是，次硝酸铋中的铋与蛋白质的结合虽然可治疗幽门螺杆菌，但也会导致溃疡并与胃癌相关[61]。而结合 MALDI-ToF-MS 的肽质量指纹图谱，可以识别如图 3.20 所示的含铋肽[48]。这是又一证实互补方法能够为研究生物活性金属体系的作用方式提供重要信息的实例。

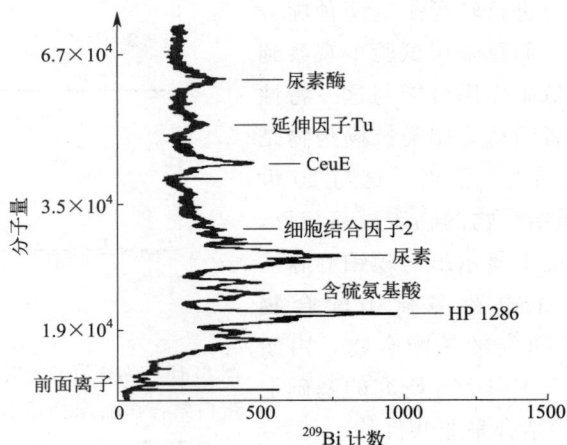

图 3.20　幽门螺杆菌经硝酸铋处理后，用凝胶电泳-电感耦合等离子体-质谱分析其 Bi 结合蛋白谱。经许可引自 [48] 2013 Wiley-VCH Verlag GmbH & Co. KGaA，Weinheim

3.5.1.2　金属药物与 DNA 及 DNA 模型化合物的结合

抗癌铂类药物通过与 DNA 结合，特别是与相邻的鸟嘌呤碱基结合形成双功能加合物，显示出其抑瘤活性[45]。这种与 DNA 的相互作用会引起结构的改变，并最终导致癌细胞的凋亡。人们采用许多分析方法来研究金属配合物与 DNA 或其组分的结合，通常称之为 DNA 模型，其中最突出的是 5′-磷酸鸟苷（5′-GMP 和 2-脱氧变异体 5′-dGMP）。所采用的分析技术包括核磁共振波谱、毛细管电泳（CE）、高效液相色谱（HPLC）、X 射线衍射分析和质谱分析[62-68]。其中，核磁共振波谱、质谱和 X 射线衍射[69] 可以对金属配合物与寡核苷酸和其他 DNA 模型之间形成的加合物进行结构表征[44,68,70-73]。而分离技术 CE 和 HPLC（有时也与 MS 检测器联用）主要用于研究这些反应的结合动力学[66,74-80]。

将一些分离方法与质谱联用可以为样品分析提供有价值的互补信息。例如，研究表明，顺铂与 DNA 模型 5′-GMP 的相互作用依赖于培养缓冲液[81,82]。当采用毛细管电泳和电喷雾质谱联用技术进行分析时，不仅可以阐明反应动力学，还可以对包含缓冲成分的多种样品进行鉴定和表征[82]。这类研究为开发新的抗癌物提供了基础信息，因为筛选铂类抗癌药物的候选药物，特别是针对 DNA 模型的筛选，已经成为抗癌药物早期开发阶段的常规步骤。类似地，非铂配合物也采用了相似的研究方法。采用 ESI-MS 技术可以监测不同钌、铑和 Os-PTA 配合物对鸟嘌呤的反应性[83]，而钌配合物 KP1019 及其咪唑类似物 KP418 与 RAPTA-C 和 dGMP 之间的加合物形成则一般通过 CE-MS 技术进行分析[84,85]。

使用单个 DNA 核苷酸、核苷，甚至仅使用碱基的主要缺点是 DNA 大分子的三维结构对键合作用没有影响。在实际条件下，通常使用少于 15 个碱基的短寡核苷酸。通过对碱基序列的仔细选择，可以阐明金属配合物结合行为和选择性的重要信息。研究者们最早将 ESI、MALDI-MS 和酶消化技术结合用以阐明顺铂、多核铂和铑化合物在寡核苷酸上的结合位点，以及确认了鸟苷是首选的结合核苷酸[86-89]。而将 LC-ESI-MS 方法结合可以成功地检测和量化草酸铂诱导的 GG 和 AG 链内交联[90]。在不同裂解技术联合 FT-ICR-MS 研究中，研究人员发现顺铂优先交联相邻鸟苷残基[91]，证实了抗癌铂配合物与 DNA 的主要结合方式。类似地，也有团队用 ESI-qToF-MS^2 技术分析了在气相中铂化寡核苷酸的解离机理[92]。此外，也有人采用连续凝胶电泳（GE）与 ICP 和 MALDI-MS 联用的方法研究了顺铂与寡核苷酸加合物形成的动力学。总之，通过这些技术的结合，可以用互补的方式获得样

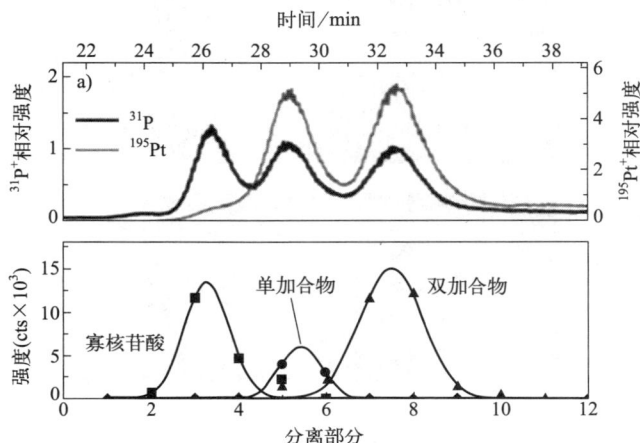

图 3.21　从 5′-TCCGTCC-3′ 和顺铂的反应得到的互补 GE-ICP-MS（顶部）和 GE-MALDI-MS（底部）数据。经许可引自 [94] 2008 Wiley-VCH Verlag GmbH & Co. KGaA，Weinheim

品的定量信息和结构信息（图 3.21）[93]。另外，MALDI-MS 还用于研究 14-聚核苷酸与 RAPTA-C 之间的加合物形成[94]，HPLC-ESI-MS 用于探索钌-芳烃配合物与组氨酸、细胞色素 c 和 14-聚核苷酸的竞争反应[95]。

3.5.1.3 活体中的金属分布

电感耦合等离子体-质谱（ICP-MS）具有灵敏度高、元素特异性强等优点，近年来已用于生物组织中金属药物消化后的定量分析。然而，通过消化样品，无法获得无机物等的金属空间分布。激光烧蚀（LA）-ICP-MS 提供了克服此问题的方法，并允许扫描不同材料以获得样品的金属分布[96]。例如，该方法已成功应用于研究用顺铂治疗的大鼠肾脏中的铂分布（图 3.22）[97]。研究者们通过探索肾下结构的高空间分辨率（8μm 以下）金属谱图并结合组织学研究的结果证实皮质和皮质髓质区的 Pt 积聚与肾损害相关。此外，电感耦合等离子体-质谱可以平行测量元素，在这种情况下，对锌和铜分布的测定表明它们在肾细胞中已经被铂置换。类似的方法也适用于各种不同的应用，例如用于涉及基于

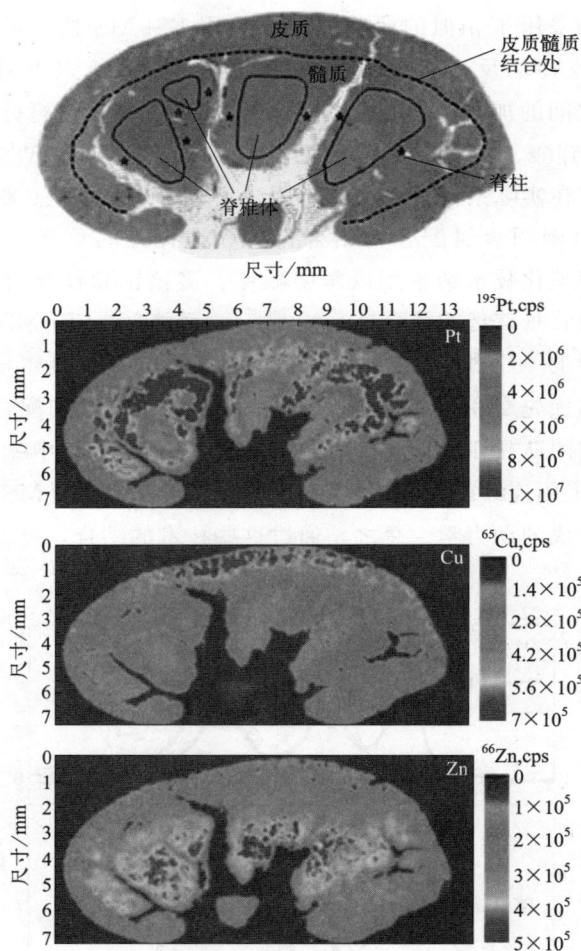

图 3.22　LA-ICP-MS 法同时监测大鼠单剂量顺铂（16mg·kg^{-1}）治疗后肾脏矢状面 Pt、Cu、Zn 的分布。组织学染色显示为皮质、髓质和皮质髓质结合处（虚线）。经许可引自 [97] 2011 American Chemical Society

Gd 的造影剂的分析[98]，或允许在单侧 6-羟基多巴胺（6-OHDA）损伤的小鼠模型中对 Cu、Fe、Mn 和 Zn 进行定量成像[99]。但是，LA-ICP-MS 的主要缺点是采集时间长、难以定量和灵敏度低[96]。

3.5.1.4　金属配合物标记的蛋白质

蛋白质通常被认为是一些金属药物的潜在载体。然而，通过使用金属基标签对蛋白质进行选择性功能化，也可以明确地监测它们在复杂生物系统中的情况（关于使用金属基标签纯化蛋白质或确定生物分子结构的更多信息，另见第 1 章和第 2 章）。例如，Whetstone 等报道了用不同元素编码的金属螯合物从复杂混合物中鉴定标记肽[100]。而在原理证明法中，有人在 Cys 残基处用与铽或钇配位的多齿配体修饰合成肽。胰蛋白酶消化、亲和柱色谱法和 LC-MS/MS 证明该方法是适用的。此外，研究者们认为 DOTA-稀土元素配合物具有极性高、水溶性好，且许多稀土元素为单一同位素等优势，很适合用作亲和标记。Tanner 及其同事采用了一种相关的方法来量化复杂生物样品中的多种蛋白质[101]。他们使用可区分的元素标记抗体，在低至 $2\sim100\mathrm{ngmL}^{-1}$ 的浓度范围内，通过电感耦合等离子体-质谱（ICP-MS）对蛋白质进行了检测。

3.6　结论

现代分析技术极大地促进了新型金属基治疗方法的发展，使得用该类方法治疗各种疾病成为可能。然而，由于每种方法都有其优缺点，显然我们还需要使用互补的方法来获得关于含金属物种生物活性的明确信息。其中，元素特异性方法在这类研究中发挥着重要作用，这种元素特异性为了解物种形成、分布甚至分子靶点提供了独特的方法。这些技术的发展促进了这一研究领域的重大进展。同时，新的生物分析方法不断涌现，为我们理解金属在生物过程中的作用作出了重大贡献。

在生物分析中，利用金属的特殊性质进行研究分析的报道很多。质谱分析以其仪器多样性、电离方法和分析器各具优势，已成为最强大的分析技术之一。特别是，具有极高分辨率的现代仪器能够测定分子量的微小差异，从而准确地确定元素组成。基于质量位移和同位素分布对生物分子进行的微小无机修饰不仅能够高精度指示许多元素，还可以明确物种形成过程。随着 LA-ICP-MS 和 MALDI 成像技术的出现，质谱分析还获得了空间维度，现在可以用于确定金属和金属功能化生物分子的分布。然而，电感耦合等离子体-质谱法作为一种与分离方法或金属定量相关的生物组织消化后的检测器，目前主要用于无机化学生物学领域。后者也是原子吸收法的优势所在。近年来，不断涌现的干扰少的方法促进了原子吸收法在这一研究领域的应用。在生物和医学领域涉及的金属研究可用辅助技术中，基于同步辐射的 X 射线能谱技术使亚细胞化学成像成为可能，并因此带来了新的机遇。然而，不容忽略的是该技术需要同步辐射源。

在本章中，通过一些例子展示了各种检测方法的优点和适用性。但是，限于基本理论知识匮乏，仍然难以阐明无机物的生物学特征，笔者相信随着检测方法的不断革新、应用和精密仪器的开发，我们终将得偿所愿。

致谢

感谢 Sylvain Bohic 博士（Inserm，U836，ESRF）的有益意见，感谢奥克兰大学的支持，以及参与 MS 研究领域的所有学生和合作者。同时感谢 COST actions D39、CM1105 和 CM0902 给予的资金支持。

参考文献

1. H. Haraguchi，Metallomics as integrated biometal science，J. Anal. At. Spectrom. ，19（1），5-14（2004）.

2. M. Groessl and C. G. Hartinger，Anticancer metallodrug research analyticallypainting the "omics" picture-current developments and future trends，Anal. Bioanal. Chem. ，405（6），1791-1808（2013）.

3. D. A. Skoog and J. L. Leary，Instrumentelle Analytik，Springer-Verlag（Berlin）（1996）.

4. K. Cammann，Instrumentelle Analytische Chemie，Spektrum Akademischer Verlag（Heidelberg）（2001）.

5. R. A. Kellner，J. -M. Mermet，M. Otto，M. Valcarel and H. M. Widmer，AnalyticalChemistry，Wiley-VCH Verlag GmbH（Weinheim）（2004）.

6. B. Welz and M. Sperling，Atomabsorptionsspektrometrie，Wiley-VCH Verlag，GmbH（Weinheim）（1997）.

7. B. Welz，H. Becker-Ross，S. Florek and U. Heitmann，High-Resolution ContinuumSource AAS，Wiley-VCH Verlag GmbH（Weinheim）（2005）.

8. B. Welz，High-resolution continuum source AAS：the better way to perform atomicabsorption spectrometry，Anal. Bioanal. Chem. ，381，69-71（2005）.

9. M. Resano and E. Garcia-Ruiz，High-resolution continuum source graphite furnace-atomic absorption spectrometry：Is it as good as it sounds? A critical review，Anal. Bioanal. Chem. ，399，323-330（2011）.

10. S. Schafer，I. Ott，R. Gust and W. S. Sheldrick，Influence of the polypyridyl（pp）ligand size on the DNA binding properties，cytotoxicity and cellular uptake oforganoruthenium（II）complexes of the type $[(\eta^6\text{-}C_6Me_6)Ru(L)(pp)]^{n+}[L=Cl, n=1; L=(NH_2)_2CS, n=2]$，Eur. J. Inorg. Chem. ，3034-3046（2007）.

11. V. Pierroz，T. Joshi，A. Leonidova，C. Mari，J. Schur，I. Ott，L. Spiccia，S. Ferrari and G. Gasser，Molecular and cellular characterization of the biological effects of ruthenium（II）complexes incorporating 2-pyridyl-2-pyrimidine-4-carboxylic acid，J. Am. Chem Soc. ，134，20376-20387（2012）.

12. I. Ott，On the medicinal chemistry of gold complexes as anticancer drugs，Coord. Chem. Rev. ，253，1670-1681（2009）.

13. F. Magherini，A. Modesti，L. Bini，M. Puglia，I. Landini，S. Nobili，E. Mini，M. A. Cinellu，C. Gabbiani and L. Messori，Exploring the biochemical mechanisms of cytotoxicgold

compounds; a proteomic study, J. Biol. Inorg. Chem. , 15, 573-582 (2010).

14. A. Casini and L. Messori, Molecular mechanisms and proposed targets for selectedanticancer gold compounds, Curr. Top. Med. Chem. , 11(21), 2647-2660 (2011).

15. I. Ott, H. Scheffler and R. Gust, Development of a method for the quantificationof the molar gold concentration in tumour cells exposed to gold-containing drugs, ChemMedChem, 2, 702-707 (2007).

16. C. P. Bagowski, Y. You, H. Scheffler, D. H. Vlecken, D. J. Schmitz and I. Ott, Naphthalimide gold(I) phosphine complexes as anticancer metallodrugs, Dalton Trans. , 10799-10805 (2009).

17. I. Ott, X. Qian, Y. Xu, D. H. W. Vlecken, I. J. Marques, D. Kubutat, J. Will, W. S. Sheldrick, P. Jesse, A. Prokop and C. P. Bagowski, A gold(I) phosphine complexcontaining a naphthalimide ligand functions as a TrxR inhibiting antiproliferativeagent and angiogenesis inhibitor, J. Med. Chem. , 52, 763-770 (2009).

18. M. F. Brana and A. Ramos, Naphthalimides as anticancer agents: synthesis and biologicalactivity, Curr. Med. Chem. Anti-Cancer Agents, 1, 237-255 (2001).

19. L. Oehninger, R. Rubbiani and I. Ott, N-Heterocyclic carbene metal complexes inmedicinalchemistry, Dalton Trans. , 42, 3269-3284 (2013).

20. A. Gautier and F. Cisnetti, Advances in metal-carbene complexes as potentanti-cancer agents, Metallomics, 4, 23-32 (2012).

21. W. Liu and R. Gust, Metal N-heterocyclic carbene complexes as potential antitumormetallodrugs, Chem. Soc. Rev. , 42, 755-773 (2013).

22. R. Rubbiani, S. Can, I. Kitanovic, H. Alborzinia, M. Stefanopoulou, M. Kokoschka, S. Monchgesang, W. S. Sheldrick, S. Wolfl and I. Ott, Comparative in vitro evaluation of N-heterocyclic carbene gold(I) complexes of the benzimidazolylidene type, J. Med. Chem. , 54, 8646-8657 (2011).

23. J. S. Modica-Napolitano and J. R. Aprille, Delocalized lipophilic cations selectivelytarget the mitochondria of carcinoma cells, Adv. Drug Delivery Rev. , 69, 63-70 (2001).

24. P. Wobrauschek, Total reflection X-ray fluorescence analysis-a review, X-ray Spectrom. , 36, 289-300 (2007).

25. M. West, A. T. Ellis, P. J. Potts, C. Streli, C. Vanhoof, D. Wegrzynekf and P. Wobrauschek, Atomic spectrometry update-X-ray fluorescence spectrometry, J. Anal. At. Spectrom. , 25, 1503-1545 (2010).

26. B. J. Shaw, D. J. Semin, M. E. Rider and M. R. Beebe, Applicability of total reflection X-ray fluorescence (TXRF) as a screening platform for pharmaceutical inorganicimpurity analysis, J. Pharm. Biomed. Anal. , 63, 151-159 (2012).

27. F. J. Antosz, Y. Xiang, A. R. Diaz and A. J. Jensen, The use of total reflectance X-rayfluorescence (TXRF) for the determination of metals in the pharmaceutical industry, J. Pharm. Biomed. Anal. , 62, 17-22 (2012).

28. A. Meyer, S. Grotefend, A. Gross, H. Watzig and I. Ott, Total reflection X-ray fluo-

rescencespectrometry as a tool for the quantification of gold and platinum metallodrugs:Determination of recovery rates and precision in the ppb concentration range, J. Pharm. Biomed. Anal. ,70,713-717(2012).

29. N. Szoboszlai, Z. Polgari, V. G. Mihucz and G. Zaray, Recent trends in total reflection X-ray fluorescence spectrometry for biological applications, Anal. Chim. Acta, 633, 1-18 (2009).

30. S. Bohic, M. Cotte, M. Salome, B. Fayard, M. Kuehbacher, P. Cloetens, G. Martinez-Criado, R. Tucoulou and J. Susini, Biomedical applications ofthe ESRF synchrotron-based microspectroscopy platform, J. Struct. Biol. ,177(2),248-258(2012).

31. D. Dive and C. Biot, Ferrocene conjugates of chloroquine and other antimalarials:the development of ferroquine, a new antimalarial, ChemMedChem, 3(3),383-391(2008).

32. P. G. Bray and S. A. Ward, Malaria chemotherapy-resistance to quinoline containing drugs in plasmodium-falciparum, FEMS Microbiol. Lett. ,113(1),1-7(1993).

33. D. R. van Staveren and N. Metzler-Nolte, Bioorganometallic chemistry of ferrocene, Chem. Rev. ,104(12),5931-5985(2004).

34. C. Biot, F. Nosten, L. Fraisse, D. Ter-Minassian, J. Khalife and D. Dive, The antimalarialferroquine:from bench to clinic, Parasite,18(3),207-214(2011).

35. U. S. National Institutes of Health, Dose Ranging Study of Ferroquine With Artesunatein African Adults and ChildrenWith Uncomplicated Plasmodium Falciparum Malaria (FARM). http://clinicaltrials. gov/ct2/show/NCT00988507(accessed 13 November 2013).

36. F. Dubar, T. J. Egan, B. Pradines, D. Kuter, K. K. Ncokazi, D. Forge, J. F. Paul, C. Pierrot, H. Kalamou, J. Khalife, E. Buisine, C. Rogier, H. Vezin, I. Forfar, C. Slomianny, X. Trivelli, S. Kapishnikov, L. Leiserowitz, D. Dive and C. Biot, The antimalarial ferroquine:role of the metaland intramolecular hydrogen bond in activity and resistance, ACS Chem. Biol. ,6 (3),275-287(2011).

37. C. Biot, D. Taramelli, I. Forfar-Bares, L. A. Maciejewski, M. Boyce, G. Nowogrocki, J. S. Brocard, N. Basilico, P. Olliaro and T. J. Egan, Insights into the mechanism ofaction of ferroquine. Relationship between physicochemical properties and antiplasmodial activity, Mol Pharmaceut,2(3),185-193(2005).

38. F. Dubar, C. Slomianny, J. Khalife, D. Dive, H. Kalamou, Y. Guerardel, P. Grellierand C. Biot, The ferroquine antimalarial conundrum :redox activation and reinvasion inhibition, Angew. Chem. Int. Ed. ,52,7690-7693(2013).

39. S. Pagola, P. W. Stephens, D. S. Bohle, A. D. Kosar and S. K. Madsen, The structure ofmalaria pigment beta-haematin, Nature,404(6775),307-310(2000).

40. F. Dubar, S. Bohic, C. Slomianny, J. C. Morin, P. Thomas, H. Kalamou, Y. Guerardel, P. Cloetens, J. Khalife and C. Biot, In situ nanochemical imaging of label-free drugs:a case study of antimalarials in Plasmodium falciparum-infected erythrocytes, Chem. Commun. ,48 (6),910-912(2012).

41. D. J. Sullivan, I. Y. Gluzman, D. G. Russell and D. E. Goldberg, On the molecular-

mechanism of chloroquine's antimalarial action, Proc. Natl. Acad. Sci. USA, 93(21), 11865-11870(1996).

42. F. de Groot, High resolution X-ray emission and X-ray absorption spectroscopy, Chem. Rev. ,101(6),1779-1808(2001).

43. E. Curis, F. Dubar, I. Nicolis, S. Benazeth and C. Biot, Statistical methodology for the detection of small changes in distances by EXAFS: Application to the antimalarial ruthenoquine, J. Phys. Chem. A, 116(23), 5577-5585(2012).

44. C. G. Hartinger, M. Groessl, S. M. Meier, A. Casini and P. J. Dyson, Application of mass spectrometric techniques to delineate the modes-of-action of anticancer metallodrugs, Chem. Soc. Rev. ,42,6186-6199(2013).

45. M. A. Jakupec, M. Galanski, V. B. Arion, C. G. Hartinger and B. K. Keppler, Antitumour metal compounds: more than theme and variations, Dalton Trans. ,(2), 183-194 (2008).

46. R. B. Cole(ed.) Electrospray and MALDI Mass Spectrometry: Fundamentals, Instrumentation, Practicalities, and Biological Applications: Fundamentals, Instrumentation, and Applications, 2nd edn, John Wiley & Sons, Inc. (Hoboken) 2010.

47. J. Pelka, H. Gehrke, A. Rechel, M. Kappes, F. Hennrich, C. G. Hartinger and D. Marko, DNA damaging properties of single walled carbon nanotubes in human colon carcinoma cells, Nanotoxicology, 7(1), 2-20(2013).

48. L. Hu, T. Cheng, B. He, L. Li, Y. Wang, Y. -T. Lai, G. Jiang and H. Sun, Identification of metal-associated proteins in cells by using continuous-flow gel electrophoresis and inductively coupled plasma mass spectrometry, Angew. Chem. Int. Ed. ,52(18),4916-4920(2013).

49. M. L. Nielsen, M. M. Savitski and R. A. Zubarev, Improving protein identification using complementary fragmentation techniques in Fourier transform mass spectrometry, Mol. Cell. Proteomics, 4(6), 835-845(2005).

50. A. R. Timerbaev, C. G. Hartinger, S. S. Aleksenko and B. K. Keppler, Interactions of antitumor metallodrugs with serum proteins: Advances in characterization using modern analytical methodology, Chem. Rev. ,106(6), 2224-2248(2006).

51. J. D. Holding, W. E. Lindup, C. van Laer, G. C. Vreeburg, V. Schilling, J. A. Wilson and P. M. Stell, Phase I trial of a cisplatin-albumin complex for the treatment of cancer of the head and neck, Br. J. Clin. Pharmacol. ,33(1), 75-81(1992).

52. F. Kratz, Drug conjugates with albumin and transferrin, Expert Opin. Therap. Pat. , 12(3), 433-439(2002).

53. E. I. Montero, B. T. Benedetti, J. B. Mangrum, M. J. Oehlsen, Y. Qu and N. P. Farrell, Preassociation of polynuclear platinum anticancer agents on a protein, human serum albumin. Implications for drug design, Dalton Trans. ,(43), 4938-4942(2007).

54. M. Groessl, C. G. Hartinger, K. Polec-Pawlak, M. Jarosz and B. K. Keppler, Capillary electrophoresis hyphenated to inductively coupled plasma-mass spectrometry: a novel approach for the analysis of anticancer metallodrugs in human serum and plasma, Electrophore-

sis,29(10),2224-2232(2008).

55. W. Guo,W. Zheng,Q. Luo,X. Li,Y. Zhao,S. Xiong and F. Wang,Transferrin serves as a mediator to deliver organometallic ruthenium(Ⅱ) anticancer complexes into cells,Inorg. Chem. ,52(9),5328-5338(2013).

56. C. Scolaro,A. B. Chaplin,C. G. Hartinger,A. Bergamo,M. Cocchietto,B. K. Keppler, G. Sava and P. J. Dyson,Tuning the hydrophobicity of ruthenium(Ⅱ)-arene(RAPTA) drugs to modify uptake, biomolecular interactions and efficacy, DaltonTrans. ,(43), 5065-5072 (2007).

57. F. Guidi,A. Modesti,I. Landini,S. Nobili,E. Mini,L. Bini,M. Puglia,A. Casini,P. J. Dyson,C. Gabbiani and L. Messori,The molecular mechanisms of antimetastatic ruthenium compounds explored through DIGE proteomics,J. Inorg. Biochem. ,118,94-99(2013).

58. X. Sun,C. -N. Tsang and H. Sun,Identification and characterization of metallodrug binding proteins by(metallo)proteomics,Metallomics,1(1),25-31(2009).

59. D. A. Wolters,M. Stefanopoulou,P. J. Dyson and M. Groessl,Combination of metal-lomics and proteomics to study the effects of the metallodrug RAPTA-T on human cancer cells,Metallomics,4(11),1185-1196(2012).

60. B. Wu,M. S. Ong,M. Groessl,Z. Adhireksan,C. G. Hartinger,P. J. Dyson and C. A. Davey,A ruthenium antimetastasis agent forms specific histone protein adducts inthe nucleo-some core,Chem-Eur J,17(13),3562-3566(2011).

61. B. J. Marshall and J. R. Warren,Unidentified curved bacilli in the stomach of patients with gastritis and peptic ulceration,The Lancet,323(8390),1311-1315(1984).

62. A. M. Fichtinger-Schepman,A. T. van Oosterom,P. H. Lohman and F. Berends,cis-Diamminedichloroplatinum(Ⅱ)-induced DNA adducts in peripheral leukocytes from seven cancer patients:quantitative immunochemical detection of the adduct induction and removal after a single dose of cis-diamminedichloroplatinum(Ⅱ), CancerRes. , 47(11), 3000-3004 (1987).

63. J. L. Beck,M. L. Colgrave,A. Kapur,P. Iannitti-Tito,S. F. Ralph,M. M. Sheil,A. Weimann and G. Wickham,Electrospray and tandem mass spectrometry of drug-DNA com-plexes,Adv. Mass Spectrom. ,15,175-192(2001).

64. J. L. Beck,M. L. Colgrave,S. F. Ralph and M. M. Sheil,Electrospray ionization mass spectrometry of oligonucleotide complexes with drugs,metals,and proteins,Mass Spectrom. Rev. ,20(2),61-87(2001).

65. J. M. Koomen,B. T. Ruotolo,K. J. Gillig,J. A. McLean,D. H. Russell,M. Kang,K. R. Dunbar,K. Fuhrer,M. Gonin and J. A. Schultz,Oligonucleotide analysis with MALDI-ion-mobility-TOFMS,Anal. Bioanal. Chem. ,373(7),612-617(2002).

66. C. G. Hartinger and B. K. Keppler,Capillary electrophoresis in anticancer metallo-drug research-an update,Electrophoresis,28(19),3436-3446(2007).

67. C. G. Hartinger, W. H. Ang, A. Casini, L. Messori, B. K. Keppler and P. J. Dyson, Mass spectrometric analysis of ubiquitin-platinum interactions of leading anticancer drugs:

MALDI versus ESI,J. Anal. At. Spectrom. ,22(8),960-967(2007).

68. S. L. Kerr, T. Shoeib and B. L. Sharp, A study of oxaliplatin-nucleobase interactions using ion trap electrospray mass spectrometry, Anal. Bioanal. Chem. , 391 (6), 2339-2348 (2008).

69. E. R. Jamieson and S. J. Lippard, Structure, recognition, and processing of cisplatin-DNA adducts, Chem. Rev. ,99(9),2467-2498(1999).

70. S. E. Sherman, D. Gibson, A. H. J. Wang and S. J. Lippard, Crystal and molecular structure of cis-[Pt(NH$_3$)$_2$[d(pGpG)]], the principal adduct formed bycis-diamminedichloroplatinum(II) with DNA, J. Am. Chem. Soc. ,110(22),7368-7381(1988).

71. H. Huang, L. Zhu, B. R. Reid, G. P. Drobny and P. B. Hopkins, Solution structure of a cisplatin-induced DNA interstrand cross-link, Science,270(5243),1842-1845(1995).

72. S. O. Ano, F. P. Intini, G. Natile and L. G. Marzilli, A novel head-to-head conformer of d(GpG) cross-linked by Pt: New light on the conformation of such cross-links formed by Pt anticancer drugs, J. Am. Chem. Soc. ,120(46),12017-12022(1998).

73. S. Komeda, T. Moulaei, K. K. Woods, M. Chikuma, N. P. Farrell and L. D. Williams, Athird mode of DNA binding: Phosphate clamps by a polynuclear platinum complex, J. Am. Chem. Soc. ,128(50),16092-16103(2006).

74. R. Da Col, L. Silvestro, C. Baiocchi, D. Giacosa and I. Viano, High-performance liquid chromatographic-mass spectrometric analysis of cis-dichlorodiamineplatinum-DNA complexes using an ionspray interface, J. Chromatogr. ,633(1-2),119-128(1993).

75. F. Reeder, Z. Guo, P. D. S. Murdoch, A. Corazza, T. W. Hambley, S. J. Berners-Price, J. -C. Chottard and P. J. Sadler, Platination of a GG site on single-stranded anddouble-stranded forms of a 14-base oligonucleotide with diaqua cisplatin followed by NMR and HPLC. Influence of the platinum ligands and base sequence on 5$'$-Gversus 3$'$-G platination selectivity, Eur. J. Biochem. ,249(2),370-382(1997).

76. A. Zenker, M. Galanski, T. L. Bereuter, B. K. Keppler and W. Lindner, Capillary electrophoretic study of cisplatin interaction with nucleoside monophosphates, diand trinucleotides, J. Chromatogr. A,852(1),337-346(1999).

77. D. B. Strickmann, A. Kung and B. K. Keppler, Application of capillary electrophoresis-mass spectrometry for the investigation of the binding behavior of oxaliplatin to 5$'$-GMP in the presence of the sulfur-containing amino acid L-methionine, Electrophoresis,23(1),74-80(2002).

78. E. Volckova, L. P. Dudones and R. N. Bose, HPLC determination of binding of cisplatin to DNA in the presence of biological thiols: implications of dominant platinum-thiol binding for its anticancer action, Pharm. Res. ,19(2),124-131(2002).

79. U. Warnke, C. Rappel, H. Meier, C. Kloft, M. Galanski, C. G. Hartinger, B. K. Keppler and U. Jaehde, Analysis of platinum adducts with DNA nucleotides and nucleosides by capillary electrophoresis coupled to ESI-MS: Indications of guanosine 5$'$-monophosphate O6-N7 chelation, ChemBioChem,5(11),1543-1549(2004).

80. M. Groessl, C. G. Hartinger, P. J. Dyson and B. K. Keppler, CZE-ICP-MS as a tool for studying the hydrolysis of ruthenium anticancer drug candidates and their reactivity towards the DNA model compound dGMP, J. Inorg. Biochem. , 102(5-6), 1060-1065(2008).

81. R. C. Todd, K. S. Lovejoy and S. J. Lippard, Understanding the effect of carbonate ion on cisplatin binding to DNA, J. Am. Chem. Soc. , 129(20), 6370-6371(2007).

82. G. Grabmann, B. Keppler and C. Hartinger, A systematic capillary electrophoresis study on the effect of the buffer composition on the reactivity of the anticancer drug cisplatin to the DNA model 2′-deoxyguanosine 5′-monophosphate(dGMP), Analyticaland Bioanalytical Chemistry. , 405(20), 6417-6424(2013).

83. A. Dorcier, C. G. Hartinger, R. Scopelliti, R. H. Fish, B. K. Keppler and P. J. Dyson, Studies on the reactivity of organometallic Ru-, Rh- and Os-pta complexes with DNA model compounds, J. Inorg. Biochem. , 102(5-6), 1066-1076(2008).

84. M. Groessl, C. G. Hartinger, P. J. Dyson and B. K. Keppler, CZE-ICP-MS as a tool for studying the hydrolysis of ruthenium anticancer drug candidates and their reactivity towards the DNA model compound dGMP, J. Inorg. Biochem. , 102, 1060-1065(2008).

85. P. Schluga, C. G. Hartinger, A. Egger, E. Reisner, M. Galanski, M. A. Jakupec and B. K. Keppler, Redox behavior of tumor-inhibiting ruthenium(Ⅲ) complexes and effect of physiological reductants on their binding to GMP, Dalton Trans. , (14), 1796-1802(2006).

86. F. Gonnet, F. Kocher, J. C. Blais, G. Bolbach, J. C. Tabet and J. C. Chottard, Kinetic analysis of the reaction between d(TTGGCCAA) and $[Pt(NH_3)_3(H_2O)]^{2+}$ by enzymic degradation of the products and ESI and MALDI mass spectrometries, J. Mass Spectrom. , 31(7), 802-809(1996).

87. H. T. Chifotides, J. M. Koomen, M. Kang, S. E. Tichy, K. R. Dunbar and D. H. Russell, Binding of DNA purine sites to dirhodium compounds probed by mass spectrometry, Inorg. Chem. , 43(20), 6177-6187(2004).

88. R. Gupta, J. L. Beck, M. M. Sheil and S. F. Ralph, Identification of bifunctional GA and AG intrastrand crosslinks formed between cisplatin and DNA, J. Inorg. Biochem. , 99(2), 552-559(2005).

89. J. Zhu, Y. Zhao, Y. Zhu, Z. Wu, M. Lin, W. He, Y. Wang, G. Chen, L. Dong, J. Zhang, Y. Lu and Z. Guo, DNA cross-linking patterns induced by an antitumor-active trinuclear platinum complex and comparison with its dinuclear analogue, Chem. Eur. J. , 15(21), 5245-5253(2009).

90. R. C. Le Pla, K. J. Ritchie, C. J. Henderson, C. R. Wolf, C. F. Harrington and P. B. Farmer, Development of a liquid chromatography-electrospray ionization tandem mass spectrometry method for detecting oxaliplatin-DNA intrastrand cross-links inbiological samples, Chem. Res. Toxicol. , 20(8), 1177-1182(2007).

91. A. E. Egger, C. G. Hartinger, H. Ben Hamidane, Y. O. Tsybin, B. K. Keppler and P. J. Dyson, High resolution mass spectrometry for studying the interactions of cisplatin with oligonucleotides, Inorg. Chem. , 47(22), 10626-10633(2008).

92. A. Nyakas, M. Eymann and S. Schuerch, The influence of cisplatin on the gas-phase dissociation of oligonucleotides studied by electrospray ionization tandem mass spectrometry, J. Am. Soc. Mass Spectrom. ,20(5),792-804(2009).

93. W. Bruechert, R. Krueger, A. Tholey, M. Montes-Bayon and J. Bettmer, A novel approach for analysis of oligonucleotide-cisplatin interactions by continuous elutiongel electrophoresis coupled to isotope dilution inductively coupled plasma mass spectrometry and matrix-assisted laser desorption/ionization mass spectrometry, Electrophoresis, 29（7）, 1451-1459(2008).

94. W. H. Ang, E. Daldini, C. Scolaro, R. Scopelliti, L. Juillerat-Jeannerat and P. J. Dyson, Development of organometallic ruthenium-arene anticancer drugs that resist hydrolysis, Inorg. Chem. ,45(22),9006-9013(2006).

95. F. Wang, J. Bella, J. A. Parkinson and P. J. Sadler, Competitive reactions of a ruthenium arene anticancer complex with histidine, cytochrome c and an oligonucleotide, J. Biol. Inorg. Chem. ,10(2),147-155(2005).

96. I. Konz, B. Fernandez, M. Fernandez, R. Pereiro and A. Sanz-Medel, Laser ablation ICP-MS for quantitative biomedical applications, Analytical and Bioanalytical Chemistry, 403 (8),2113-2125(2012).

97. E. Moreno-Gordaliza, C. Giesen, A. Lazaro, D. Esteban-Fernandez, B. Humanes, B. Canas, U. Panne, A. Tejedor, N. Jakubowski and M. M. Gomez-Gomez, Elemental bioimaging in kidney by LA-ICP-MS as a tool to study nephrotoxicity and renal protective strategies in cisplatin therapies, Anal. Chem. ,83(20),7933-7940(2011).

98. A. Sussulini, E. Wiener, T. Marnitz, B. Wu, B. Muller, B. Hammand J. Sabine Becker, Quantitative imaging of the tissue contrast agent $[Gd(DTPA)]^{2-}$ in articular cartilage by laser ablation inductively coupled plasma mass spectrometry, Contrast Media Mol. Imaging, 8 (2),204-209(2013).

99. A. Sussulini, A. Matusch, M. Klietz, A. Bauer, C. Depboylu and J. S. Becker, Quantitative imaging of Cu, Fe, Mn and Zn in the L-DOPA-treated unilateral 6-hydroxydopamine Parkinson's disease mouse model by LA-ICP-MS, Biomed. Spectrosc. Imaging, Chem. Eur. J, 1 (2),125-136(2012).

100. P. A. Whetstone, N. G. Butlin, T. M. Corneillie and C. F. Meares, Element-coded affinity tags for peptides and proteins, Bioconjug. Chem. ,15(1),3-6(2004).

101. Z. A. Quinn, V. I. Baranov, S. D. Tanner and J. L. Wrana, Simultaneous determination of proteins using an element-tagged immunoassay coupled with ICP-MS detection, J. Anal. At. Spectrom. ,17(8),892-896(2002).

第 4 章

用于细胞和生物成像的金属配合物

Kenneth Yin Zhang[a]，Kenneth Kam-Wing Lo[b]
a 南京邮电大学有机电子与信息显示重点实验室和先进材料研究所，中国
b 香港城市大学生物化学系，中国

4.1 引言

　　有机荧光团[1]、量子点[2] 和遗传编码的荧光蛋白[3] 已广泛用于细胞成像，以了解细胞结构、细胞内分子相互作用和生物学过程。鉴于其丰富而有用的光物理性质[4]，发光无机复合物，包括过渡金属复合物和镧系元素螯合物，在细胞和生物成像试剂的开发中引起了越来越多的关注[5]。本章描述了发光无机复合物的基本光物理特性以及在细胞内环境中检测复合物的常用技术，并总结了它们在细胞和生物成像中的应用。区分了术语荧光和磷光，并引入双光子吸收（TPA）和上转换发光，即将低能激发转换为高能发射。还介绍了通过激光扫描共聚焦显微镜（CLSM）、荧光寿命成像显微镜（FLIM）和流式细胞术检测细胞吸收的复合物的发光情况。在细胞和生物成像方面，解释了形式电荷、亲脂性、分子大小和底物对复合物细胞摄取特性的影响。还讨论了设计细胞器特异性成像试剂的策略。此外，总结了在细胞和生物成像中双光子和上转换发光的最新应用，回顾了使用配备有识别单元和/或反应性官能团的无机配合物来感测和标记细胞内离子和分子的策略。

4.2 光物理性质

4.2.1 荧光和磷光

　　当受激发的分子通过释放光子进行弛豫时，就会发光，其效率称为量子产率（Φ），即

发射光子数与吸收光子数的比值。根据转变是否自旋分为荧光和磷光，事实上从单重态到单重态的发射是荧光，从三重激发态到单重基态是磷光。这些状态之间的电子状态和光物理过程见 Jablonski 图（图 4.1）。基态、第一和第二单重态电子激发态以及第一三线态电子激发态分别由 S_0、S_1、S_2 和 T_1 表示。这些激发态都有很多振动能级。光子的吸收促进分子激发单重态为 S_n（$n > 0$）。在发光之前，受激发的分子进行了内部转换，即电子的自旋方向要么保持不变，要么通过系间跨越发生改变。在后一种情况中，存在从单重态到三重态的转变。无论哪种情况，电子最终都跃迁到能量最低的激发态，即 S_1 或 T_1。在单重激发中，激发态轨道中的电子与基态轨道中的电子成对，因此荧光过程可以迅速发生自旋。在三重激发态下，激发电子的自旋取向与基态电子相同，其向基态跃迁，即磷光，此过程禁止自旋，因此比产生荧光需要的时间更长。由于三重态与相应的单重态相比，其能量较低，磷光总是出现较大的斯托克斯位移（吸收和发射光谱的最大波长之差）。理论上，不能直接从基态 S_0 到三重激发态 T_n 发生跃迁。实际上，单重态-三重态跃迁的可能性比单重态-单重态吸收过程大约小 10^{-6}[4a-e]。

与因 $\pi \rightarrow \pi^*$ 跃迁而产生寿命为纳秒级荧光的大多数有机分子相比，包括钌（Ⅱ）、锇（Ⅱ）、铼（Ⅰ）、铱（Ⅲ）、铑（Ⅲ）、铂（Ⅱ）和金（Ⅰ）等发光跃迁型金属配合物则产生在微秒或亚微秒级时间范围内的长寿命磷光[4f~h,5c,j,l]。这种磷光过程与金属和配体的轨道都有关，导致激发态的多样性。

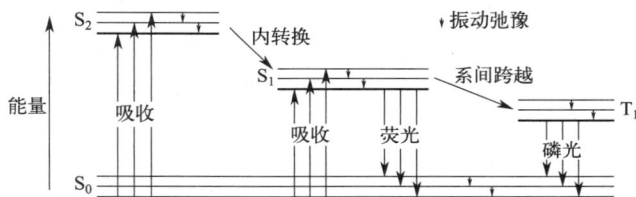

图 4.1　Jablonski 图说明了各种电子状态和光物理过程之间的途径

常见的激发态包括金属到配体的电荷转移（MLCT）、配体到金属的电荷转移（LMCT）、配体内电荷转移（ILCT）和配体间电荷转移（LLCT）。激发时涉及共价金属-配体键断裂的配合物能够在最高占据分子轨道（HOMO）和基于配体的最低未占据分子轨道（LUMO）之间表现出强金属-配体 σ 键特征。

这些配合物的磷光可能主要由 σ 键对配体的电荷转移（SBLCT）特性决定。平面多核的 d^8 或 d^{10} 金属配合物中通常存在金属-金属-配体电荷转移（MMLCT）和配体-金属-金属电荷转移（LMMCT）特征的激发态，人们可观察到其中的金属与金属的相互作用。镧系元素是独特的发光金属离子，5s 和 5p 轨道的屏蔽效应使外部配体场的影响最小化，其仅显示出有关 4f 轨道内电子的重新分布的跃迁的发射[4e,f,5a,b]。由于跃迁是自旋禁止的，镧系元素显示出非常长的发射寿命，通常以 ms 为单位。因为它们的消光系数很小（$< 10 \text{L} \cdot \text{mol}^{-1} \text{cm}^{-1}$），镧系元素的激发态不是直接被激发，而是通常由敏化螯合剂的能量转移填充。因此，镧系元素螯合物的激发光谱反映了其螯合剂的吸收光谱。

有机荧光团因其强的吸收和高的发射量子产率而被广泛用作生物成像剂，并表现出优异的检测能力。无机过渡金属配合物和镧系元素螯合物有趣而丰富的光物理性质使它们成为有潜力的细胞和生物成像剂候选物。使用这些配合物的优势包括：①它们是光化学惰性的，使得光漂白可以忽略不计；②其高发射强度导致高灵敏度；③长的发射寿命允许时间解析程序的应用；④较大的斯托克斯位移可使自我猝灭最小化；⑤可变的发射能量可以用作多色检测。

4.2.2 双光子吸收

双光子吸收（TPA）是单个分子同时吸收两个光子，从而产生激发态，其能量等于入射光子的能量之和（图 4.2)[4e]。分子在到达最终激发态之前没有中间态。低能量激发［例如近红外（NIR）］可以实现 TPA，且此过程不受单光子光谱选择规则的约束。TPA 不会干扰发射过程，且发光体通常表现出与受到反斯托克斯位移的单光子吸收所激发相同的发射能量和寿命。由于 NIR 激发比紫外线和可见光激发穿透力更深、自发荧光更弱、光漂白更小和光毒性更低，因此 TPA 技术在生物成像领域具

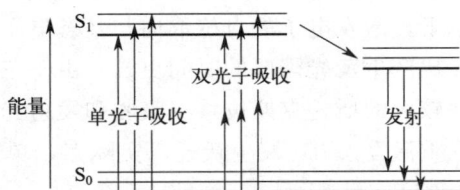

图 4.2　说明 TPA 过程的 Jablonski 示意图

有很大的应用潜力[6]。比如肾脏动力学可视化[7]、神经生物学和脑研究[8]、心血管成像[9]、眼睛的化学和结构成像[10]、皮肤中的构筑现象[11]、活细胞和组织中动态过程的成像和分析[12]、临床双光子显微内窥镜[13]、用于检测器官恶性肿瘤的非侵入性诊断程序[14]、癌症成像[15]、溶酶体和血管成像[16] 以及组织诊断工具和药物输送[17]。然而，TPA 有两个主要局限性：①TPA 需要高功率来增加两个光子同时吸收的可能性；②导致低发射效率的小的 TPA 横截面（与线性吸收中的消光系数类似）。这将给设备和发光试剂的设计带来挑战。

4.2.3 上转换发光

上转换发光是一个通过连续吸收多个低能光子而引起高能发射的特殊过程。例如，从NIR 转换为可见光。与 TPA 相似，上转换发光得益于细胞和生物成像中的近红外激发。与TPA 的不同之处在于，在达到最终激发态之前，存在为进行进一步的光子吸收或能量转移的中间态。上转换发光主要发生在掺杂镧系元素的纳米粒子中[18]。导致镧系元素掺杂材料上转换的过程主要有三种类型，如图 4.3 所示：①激发态吸收（ESA）；②能量转移上转换（ETU）；③光子雪崩（PA）。在 ESA 中，基态吸收（GSA）形成中间亚稳态和长寿命激发态 E1，紧接着是第二次吸收，将镧系离子从 E1 升到更高激发态 E2，此时发生了与 E2→G跃迁相对应的上转换发光。ETU 包括处于 E1 状态的两个镧系离子之间的能量转移。在受体接受被激发到 E2 态所需的能量的同时供体对基态进行非辐射弛豫并发光。在 PA 过程中，非共振 GSA 之后的共振 ESA 将一个镧系元素离子激发到 E2 状态。E2 激发态离子与另一个基态离子之间的交叉弛豫能量转移导致两个离子都处于 E1 中间态。进一步周期性发生的ESA 和交叉弛豫能量转移，使 E2 激发态的数量呈指数级增长，其间上转换发光像雪崩一样发生。这三个过程的上转换效率高低顺序为 ESA<ETU<PA。其中 ETU 是即时且与泵动力无关，而 PA 则取决于泵浦功率，并且由于 ESA 太多的循环和交叉松弛过程而显示出对激发的较慢响应。

三重态-三重态湮灭（TTA）是另一种有用的上转换方法。它需要三重态敏化剂和受体。在典型的 TTA 过程中，首先将敏化剂激发到其单重激发态（$^1S^*$），然后是系间跨越（ISC）到三重态（$^3S^*$），此时三重态-三重态之间的能量转移（TTET）将受体升级至三重态（$^3A^*$）（图 4.4）[19]。这两个三重态受体的 TTA 最终成为一个基态和一个单重激发态（$^1A^*$），后者的辐射衰减产生上转换发光。上转换量子产率（Φ_{uc}）取决于包括 ISC、TTET、TTA 以及受体的发光在内的整个过程的效率。通常情况下，过渡金属配合物因其有非常高的 ISC（几乎 100%）而被用作敏化剂。在大多数情况下，TTET 是一种速率常数随着供体和受体之间距离的增加而急剧下降的 Dexter 过程。因此，敏化剂和受体间的共价连接促进了能量转移。受体和敏化剂的三重态能级的高度匹配可以提高 TTET 效率。另外，为了使上转换发光最大，受体必须首先表现出高的发光量子产率。由于镧系材料的吸收通常非常弱，所以与基于镧系元素的上转换相比，TTA 不仅所需的激发功率密度很低，而且上转换能力整体更高（$\eta = \Phi_{uc} \times \varepsilon$，其中 ε 为消光系数）。

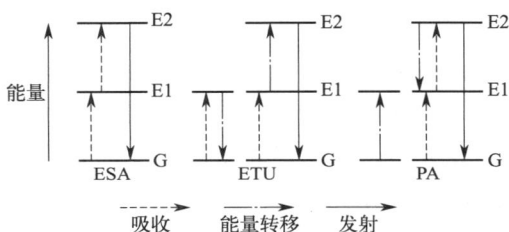

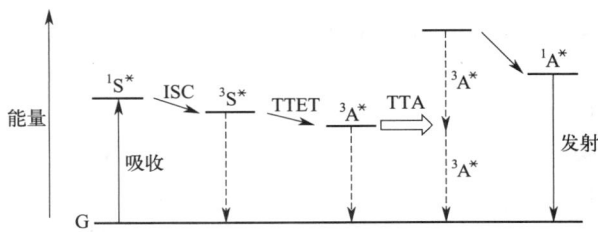

图 4.3　引起上转换三个过程的 Jablonski 示意图　　图 4.4　说明 TTA 上转换过程的 Jablonski 图

4.3　细胞内环境检测发光金属配合物

4.3.1　激光扫描共聚焦显微镜

荧光显微镜是各种生物科学研究中的有力工具，因为各种高质量发光探针的光信号可以提供有关细胞和组织的生物化学、生物物理和结构状态的重要信息[20]。典型的荧光显微镜测量过程是，首先用激发样品中所含发光探针的光照射样品，然后通过显微镜物镜对发光进行成像（图 4.5）。由于整个样品完全被光源均匀照射，光路中样品的所有部分同时被激发，因此检测到的发光强度也包括很多未聚焦背景的作用。

激光扫描共聚焦显微镜（CLSM）已普及到科学界和工业界，现已是最普遍的用于光学切片成像的技术之一。它利用两个针孔来提供具有位差选择性的高分辨率光学图像。物镜将穿过激发针孔光源聚焦到样品中的一个小斑点上（图 4.6），然后，经聚焦面的发光（红线）聚焦并通过检测器前面的针孔，而聚焦面以下或上方的光（绿线和蓝线）被有选择地拒绝而不能到达检测器。对于给定的目标，增加针孔的直径可使更多的光通过，这会提高灵敏度，但会降低空间分辨率。通常，较小的针孔会产生较薄的焦平面，因此分辨率更高。但是，一旦针孔尺寸减小到超过衍射极限的艾里斑，分辨率不再提高，而是降低了。

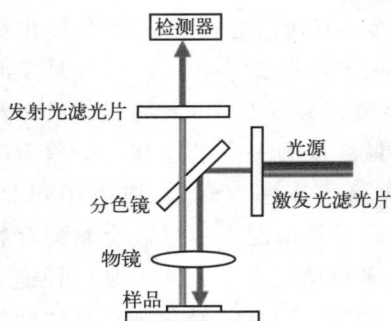

图 4.5　荧光显微镜示意图

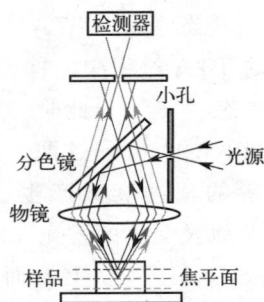

图 4.6　激光扫描共聚焦显微镜示意图（见彩页）

4.3.2　荧光寿命成像显微镜

发光过渡金属配合物和镧系元素螯合物的长发射寿命（分别以 μs 和 ms 为单位）有助于它们在荧光寿命成像显微镜（FLIM）中的应用。由于发光体的发射寿命与它们的浓度无关，而细胞和组织的发光体浓度很难测量或控制，因此 FLIM 在细胞和组织成像中特别有用[21]。同样，在样品厚层中光子散射的影响也减小了。重要的是，即使发光体在相同的波长下吸收或发射，FLIM 都能以不同的发射衰减率区分它们。与基于强度的成像显微镜一样，FLIM 还会生成能够提供细胞和组织内部诸如 pH、离子浓度、氧含量以及结构状态等信息的图像。目前，有三种普遍应用 FLIM 的方法。第一是频域相位调制测量。在这种方法中，样品被高频正弦调制光激发后，虽然正弦调制发射的频率与激发频率相同，但相位发生偏移（$\Delta\phi$）且调制深度减小（图 4.7），由此可以计算出寿命。第二种方法是对样品在脉冲激发后发光时间间隔的检测。用依次在多个延迟时间间隔内检测到的发光确定寿命。例如，在两间隔检测中，寿命由式 $\tau_o = \Delta t / \lg(I_{t1}/I_{t2})$ 给出，其中 Δt 是两个时间窗口之间的时间差，I_{t1} 和 I_{t2} 分别为时间窗口 t_1 和 t_2 的积分发光强度（图 4.8）。第三种方法是与时间相关的单光子计算法（TCSPC），这是一种记录单脉冲激发后检测到单个光子所用时间的在线直方图技术。这一方法由于避免时间间隔控制和波长切换而具有较高的计数效率。

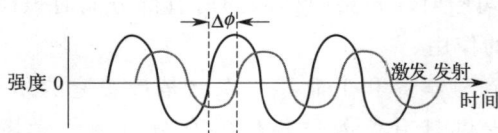

图 4.7　FLIM 在频域相位调制测量中的基本原理

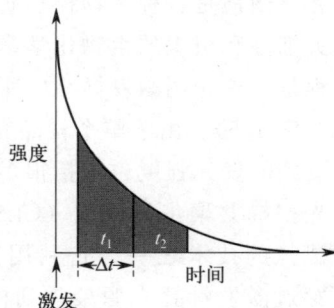

图 4.8　双栅寿命检测示意图

4.3.3　流式细胞仪

流式细胞仪是一种基于激光的生物物理技术，它不给出细胞的直接图像，而是提供对异质群体中单个细胞的多个参数的分析[22]。流式细胞仪每秒可以同时检测多达数千个细胞的物理和化学性质。流式细胞仪对细胞计数、分类、生物标志物检测和蛋白质工程是很有价值的工具。在典型的流式细胞仪中，是用光源照射一段细胞液体悬浮，并用多个检测器收集确定的信息（图 4.9）。直光束在通过样品池后被捕获。与激发光源具有相同能量的散射光分别由与光源成一直线和垂直方向上的前向散射（FSC）和侧向散射（SSC）检测器收集，散射光与细胞的体积和内部组成相关。荧光检测器同时收集细胞内部和附着在细胞表面发光体的发射（图 4.9 中的 FL1、FL2 或 FL3）。

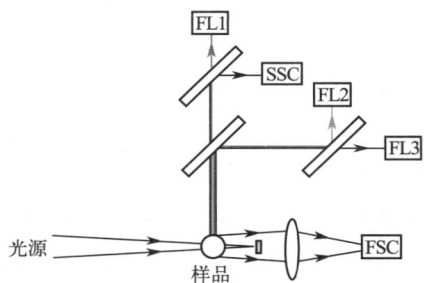

图 4.9　流式细胞仪的光学原理示意图
SSC—侧向散射检测器；FSC—前向散射检测器；
FL1、FL2 和 FL3—用于不同发射波长的荧光检测器

4.4　细胞和有机体成像

4.4.1　影响细胞摄取的因素

作为生命的基础，细胞是所有生物体的基本结构和功能单元。活细胞成像不论是对细胞结构可视化，还是对在分子和细胞水平了解生物学作用和过程都是非常有意义的。细胞成像剂必须具有相当好的膜渗透性。近年来，人们使用 CLSM、FLIM 和流式细胞仪已经对无机配合物的细胞摄取进行了广泛研究[5]。由于过渡金属和镧系元素离子的参与，可以直接通过电感耦合等离子体-质谱法（ICP-MS）、电感耦合等离子体-原子发射光谱法（ICP-AES）和原子吸收光谱法（AAS）很方便地测量这些配合物的细胞摄取。在许多情况下，过渡金属配合物是通过与能量无关的类扩散途径和/或与能量相关的类胞吞作用途径进入细胞的[5c,j,l]。然而，大多数报道的镧系元素螯合物是通过巨胞饮作用被细胞吸收的[5a,b]。由于细胞膜电位通常在内部保持荷负电，因此，与中性或阴离子型配合物相比，带正电荷的配合物会更有效地进入活细胞。例如，虽然中性三核铼（Ⅰ）配合物 $[Re(CO)_3(N^\wedge N\text{-py})]_3$（1）是膜不可渗透的，但通过三个未配位的吡啶螯合 Ag^+ 产生阳离子 Re-Ag 加合物却能够穿过膜[23]。在另一项研究中，研究者发现锌（Ⅱ）配合物 [Zn(ATSM)]（2）比铜（Ⅱ）类似物 [Cu(ATSM)] 表现出更快的细胞质中内化作用，就是因为锌（Ⅱ）配合物在生理 pH 条件下更容易质子化而成为阳离子[24,25]。

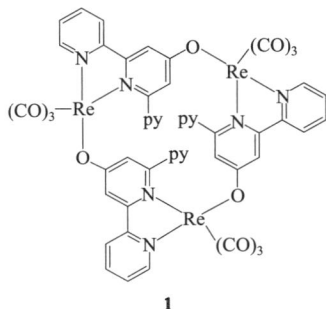

1

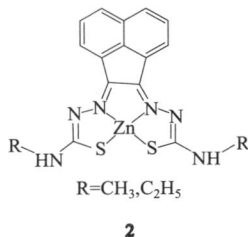

R=CH₃,C₂H₅

2

化合物的亲脂性是指其在脂肪、油或脂类中的溶解亲和力，通常用在正辛醇-水体系中的分配系数（$\lg P_{o/w}$）将其量化。它不仅与化合物生物膜渗透性有关，还是与其细胞内分布和运输有关的重要参数[26]。许多研究表明，具有较高 $P_{o/w}$ 值的无机配合物显示出较高的细胞吸收效率。例如，在钌（Ⅱ）配合物 $[Ru(N^{\wedge}N)_2(dppz)]^{2+}$（3）（亲脂性范围 $-1.48 \sim 1.30$）中，疏水性最强的 Ph_2-phen 配合物（$\lg P_{o/w} = 1.30$）的细胞摄取非常可观，该配合物处理过的 HeLa 细胞表现的最强烈发射可以证明这一结果[27]。在另一例子中，发现与铱（Ⅲ）配合物 $[Ir(N^{\wedge}C)_2(Hdcbpy)]$（4）孵育的 KB 细胞的细胞质发射强度随配合物亲脂性单调增加（图 4.10）[28]。这突出了亲脂性对探针吸收效率的重要性。

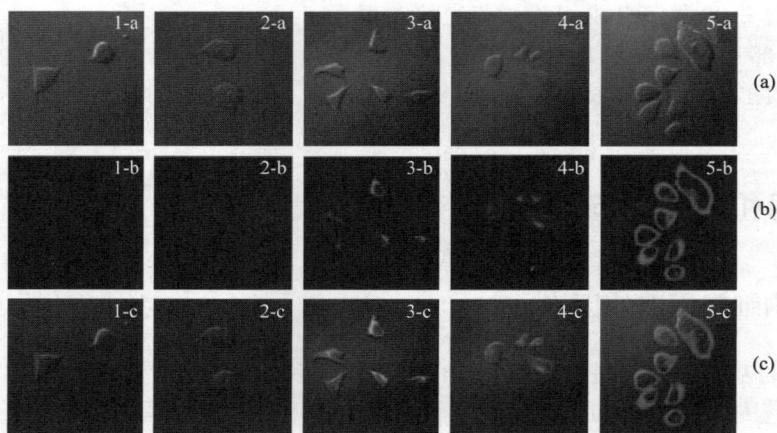

图 4.10 用配合物处理过的 KB 细胞的明场（a）、荧光（b）和重叠（c）激光扫描共聚焦显微镜图像。这些配合物的亲脂性从左到右增加。经许可引自 [28] 2010 American Chemical Society

无机配合物的分子尺寸对其细胞摄取率也有影响。例如，尽管铱（Ⅲ）烷基配合物 $[Ir(pq)_2(bpy-C_{18}H_{37})]^+$（5a）的亲脂性（$\lg P_{o/w} = 9.89$）比 $[Ir(pq)_2(bpy-C_{10}H_{21})]^+$（5b）（$\lg P_{o/w} = 5.34$）大，但其较大的分子尺寸会降低其细胞摄取率[29]。八核树状铱（Ⅲ）配合物 $[\{Ir(ppy)_2\}_8(bpy-8)]^{8+}$（6a）和单核配合物 $[Ir(ppy)_2(bpy-Et)]^+$（6b）的亲脂性分别为 1.66 和 0.44[30]。有趣的是，ICP-MS 分析表明，配合物 6a 的细胞摄取效率比配合物 6b 低得多，这可能是因为其分子尺寸大得多。

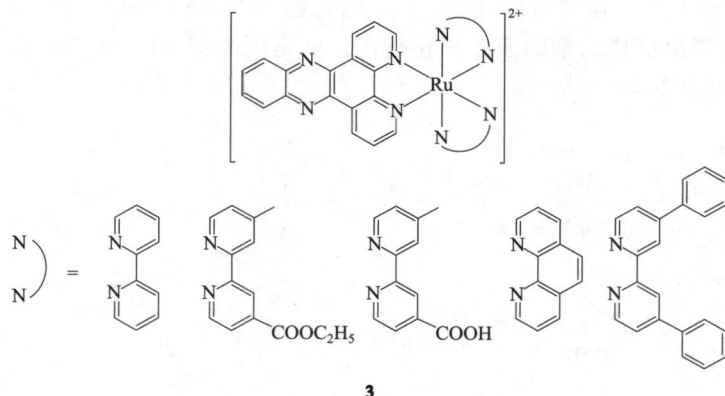

3

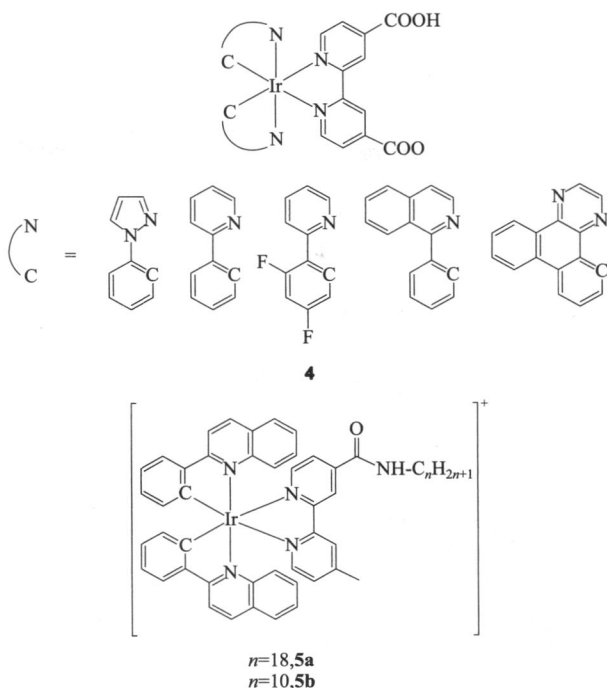

含有生物活性底物的配合物可以通过受体介导的摄取途径，由细胞膜中的蛋白质特异性地转运到细胞中。例如，叶酸受体（FRs）介导叶酸（维生素 B_9）和还原态叶酸衍生物向细胞内的传递。铼（Ⅰ）叶酸配合物 $[Re(N^{\wedge}N^{\wedge}N\text{-}B_9)(CO)_3]^+$（7）被 FRs 过表达的 A2780/AD 卵巢癌细胞有效地内化[31]。当向培养液中添加过量叶酸或使用 FRs 非表达的 CHO 细胞时，观察不到配合物的内化。钴胺素特定地与糖基化蛋白质内在因子（IF）结合，形成的 B_{12}-IF 结合物的细胞摄取是由分子质量 460kDa 的 Cubilin 蛋白介导的。在 IF 的协助下，铼（Ⅰ）钴胺素（维生素 B_{12}）复合物 $[Re(N^{\wedge}N^{\wedge}N\text{-}B_{12})(CO)_3]^+$（8）以类似的 Cubicin 介导途径进入细胞[32]。葡萄糖是细胞代谢和细胞生长中最重要的糖[33]。葡萄糖的摄取是由一系列便利的转运蛋白（葡萄糖转运蛋白，GLUTs）介导的[34]。

铱（Ⅲ）葡萄糖配合物 $[Ir(pq)_2(bpy\text{-}Glu)]^+$（9）[35]和钌（Ⅱ）葡萄糖配合物$[Ru(bpy\text{-}\{CH_2S\text{-}Glu\}_2)_3]^{2+}$（10）[36] 比起半乳糖、乳糖、甘露糖和麦芽糖对应物（图 4.11）能更有效地进入细胞，这归因于细胞膜中的 GLUTs。

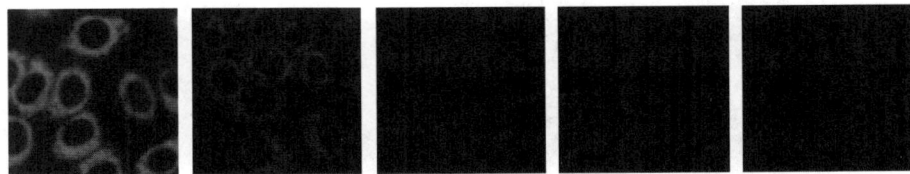

图 4.11　用配合物 9（$5\mu mol \cdot L^{-1}$）和其他糖类似物孵育的 HeLa 细胞的激光扫描共聚焦显微镜图像（从左至右：含 β-葡萄糖、α-半乳糖、β-半乳糖、β-乳糖和 β-麦芽糖的复合物），在 37℃下放置 2h。经许可引自 [35] 2010 American Chemical Society

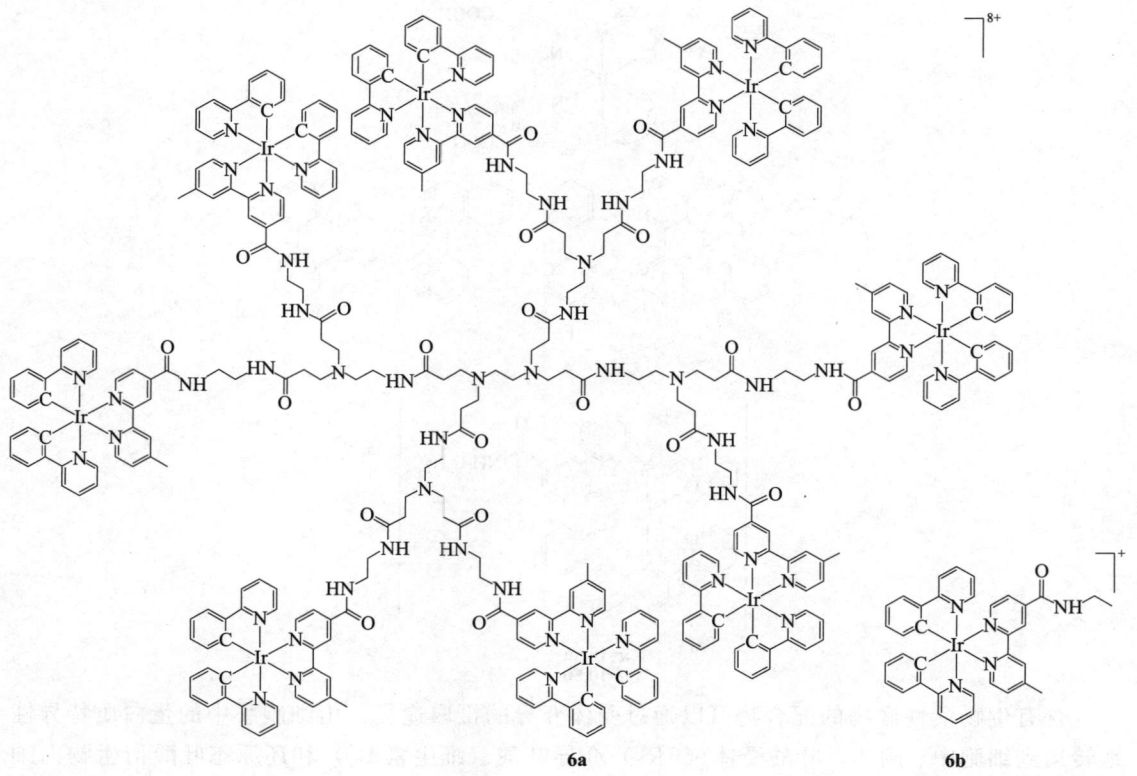

6a

6b

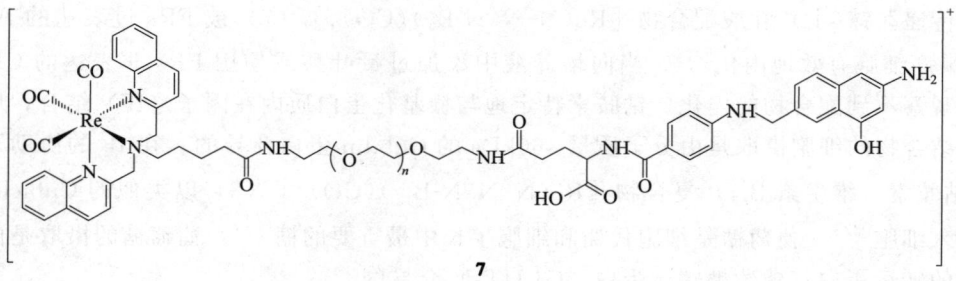

7

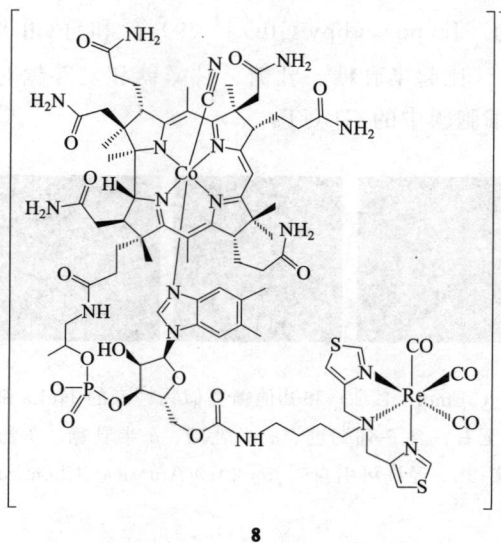

8

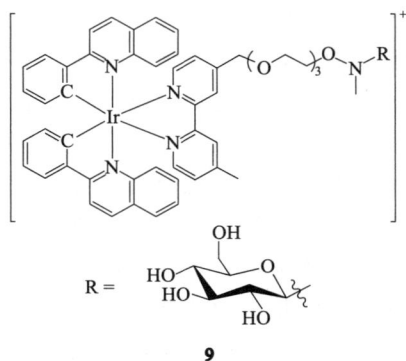

9

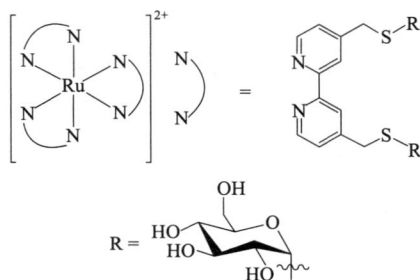

10

发现铼（Ⅰ）葡萄糖配合物 [Re(Ph$_2$-phen)(CO)$_3$(py-葡萄糖)]$^+$（11）表现出细胞选择性摄取[37]。转化细胞（GLUTs 过表达的 HeLa 和 MCF-7）对这种配合物的内化比未转化细胞（HEK293T 和 NIH-3T3）更有效。这说明该配合物具有作为高选择性癌细胞探针的潜力。

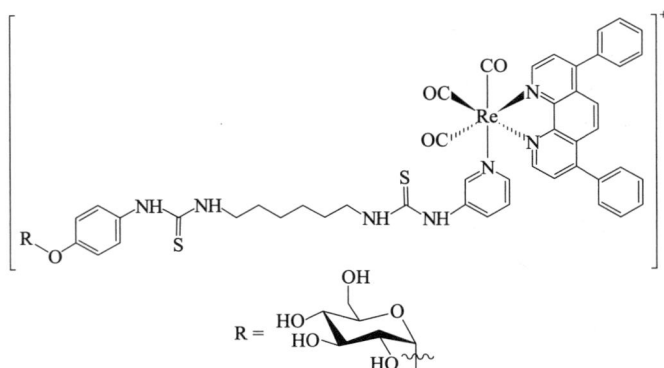

11

4.4.2 细胞器成像

许多具有简单配体和螯合剂的可发光过渡金属配合物和镧系元素螯合物会有效地内化到不同类型的细胞中。尽管它们在细胞质内分布不均匀，但是大多数配合物都没有显示细胞器特性。已发现许多疾病与细胞器破裂密切相关，所以各种细胞器的成像在获取有关细胞形态和超微结构动力学信息方面具有重要意义。通过准确选择发光无机配合物的配体和螯合剂可以实现特定的细胞器成像。

细胞膜是包围细胞并将内部与外部环境隔开的细胞最外层部分，细胞膜的染色对于细胞表面界定是很重要的，而且对于研究包括细胞融合和分裂在内的细胞功能是必不可少的。然而，由于大多数化合物不是被有效内化，就是对细胞膜根本没有任何亲和力，染色细胞膜的专门染料并不常见。这样一来，特异性膜染色剂的设计主要基于染料和膜成分即双脂质层和嵌入蛋白之间的相互作用。从而，可获得的质膜染色剂主要有两种类型：①具有带电荷的亲水基团头和亲脂基团（如疏水性烷基链）尾的化合物，它们在结构上与磷脂相似，有利于与脂质双层融合；②对嵌入在质膜中的蛋白质具有特定亲和力的化合物。对于第一类试剂的设计，过渡金属聚吡啶核可以用作带正电荷的亲水性头，然后引入亲脂性尾可以制得有效的膜染色剂。例如，十八烷基环金属化铂（Ⅱ）配合物 $[Pt(N^{\wedge}N^{\wedge}C\text{-}C18)(P\{C_6H_4SO_3\}_3)]^{2-}$ (12)[38] 和双丁基氨基甲基取代的铱（Ⅲ）配合物 $[Ir(pppy\text{-}C4)_2(bpy\text{-}et)]^+$ (13)（K. Y. Zhang，H. -W. Liu，K. K. -W. Lo，未发表的研究成果）活的 HeLa 细胞的质膜显示了快而高效的染色能力。至于第二种试剂的研发，铱（Ⅲ）配合物 $[Ir(ppy)_3]$ 已与 Ac-TZ14011 肽缀合，得到的配合物 $[Ir(ppy)_2(ppy\text{-}Ac\text{-}TZ14011)]$ (14) 可以特异性靶向膜蛋白趋化因子受体 4（CXCR4）[39]，产生的结合物专门染色 CXCR4 过度表达的 MDAMB231 细胞的细胞膜。

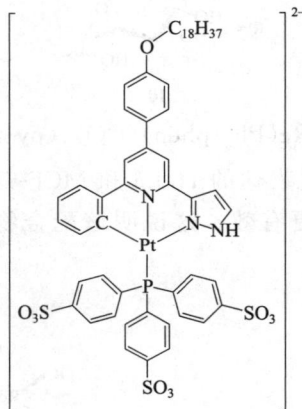

12

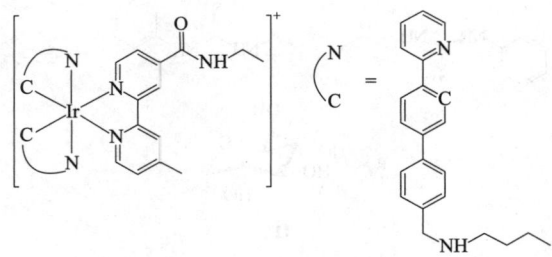

13

线粒体因产生驱动细胞反应和机制的通用能量 ATP 分子而被称为细胞的动力站。线粒体内膜与细胞膜类似，在内部带负电。它的电势（$\Delta\Psi=-120\sim-180\text{mV}$）比细胞膜的（$\Delta\Psi=-30\sim-90\text{mV}$）更负[40]。在平衡状态下，单价阳离子化合物在线粒体中的积累通过能斯特方程计算：$\Delta\Psi=-59\lg C_{in}/C_{out}$，其中 C_{in} 和 C_{out} 分别是线粒体内外的浓度。因此，从理论上讲，线粒体可以累积一价阳离子化合物，其相对于细胞其他部分的浓度比高达 1000∶1，而与细胞外空间的浓度比高达 30000∶1。因此，对线粒体的无机染料的设计已聚焦在膜可渗透的带正电的亲脂性配合物上。例如铼（Ⅰ）葡萄糖配合物 $[Re(Ph_2\text{-}phen)$

$(CO)_3(py-葡萄糖)]^+$（11）（图 4.12）[37]、铼（Ⅰ）氯甲基和羟甲基配合物 $[Re(CO)_3(bpy)(py-CH_2R)]^+$（15）[41]、铂（Ⅱ）$N$-杂卡宾配合物 $[Pt(C^\wedge N^\wedge N)(^nBu_2NHC)]^+$（16）[42]、钌（Ⅱ）聚吡啶配合物 $[Ru(phen)_2(MOPIP)]^{2+}$（17a）[43a] 和 $[Ru(dppz)_2(CppH)]^{2+}$（17b）[43b]、铱（Ⅲ）联苯基吡啶配合物 $[Ir(pppy)_2(Ph_2-phen)]^+$（18）（香港城市大学 K. Y. Zhang，H. -W. Liu，K. K. -W. Lo，未发表的研究成果）、铽（Ⅲ）螯合物（19）[44] 和镱（Ⅲ）螯合物（20）[45]。这些配合物中的大多数显示出正电荷，并且它们的所有配体和螯合剂本质上都具有亲脂性。尽管这些复合物有效且选择性定位于线粒体中，但它们的积累会引起线粒体膜电位去极化，这可能会加速线粒体介导的细胞凋亡[43]。

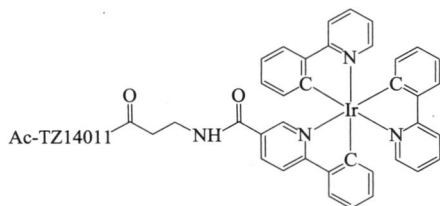

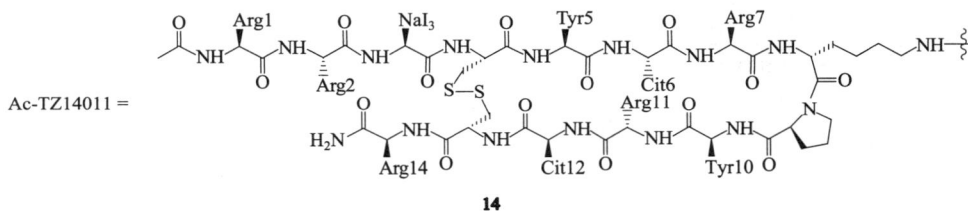

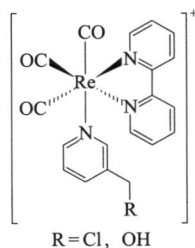

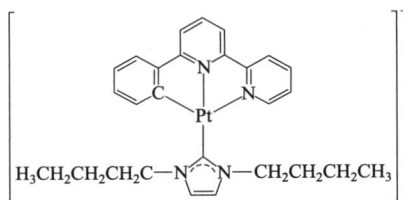

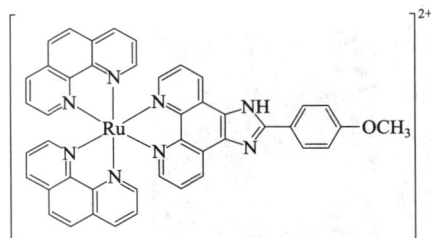

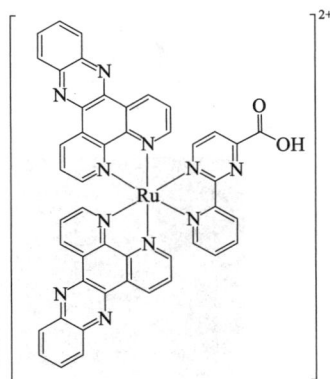

14

15

16

17a

17b

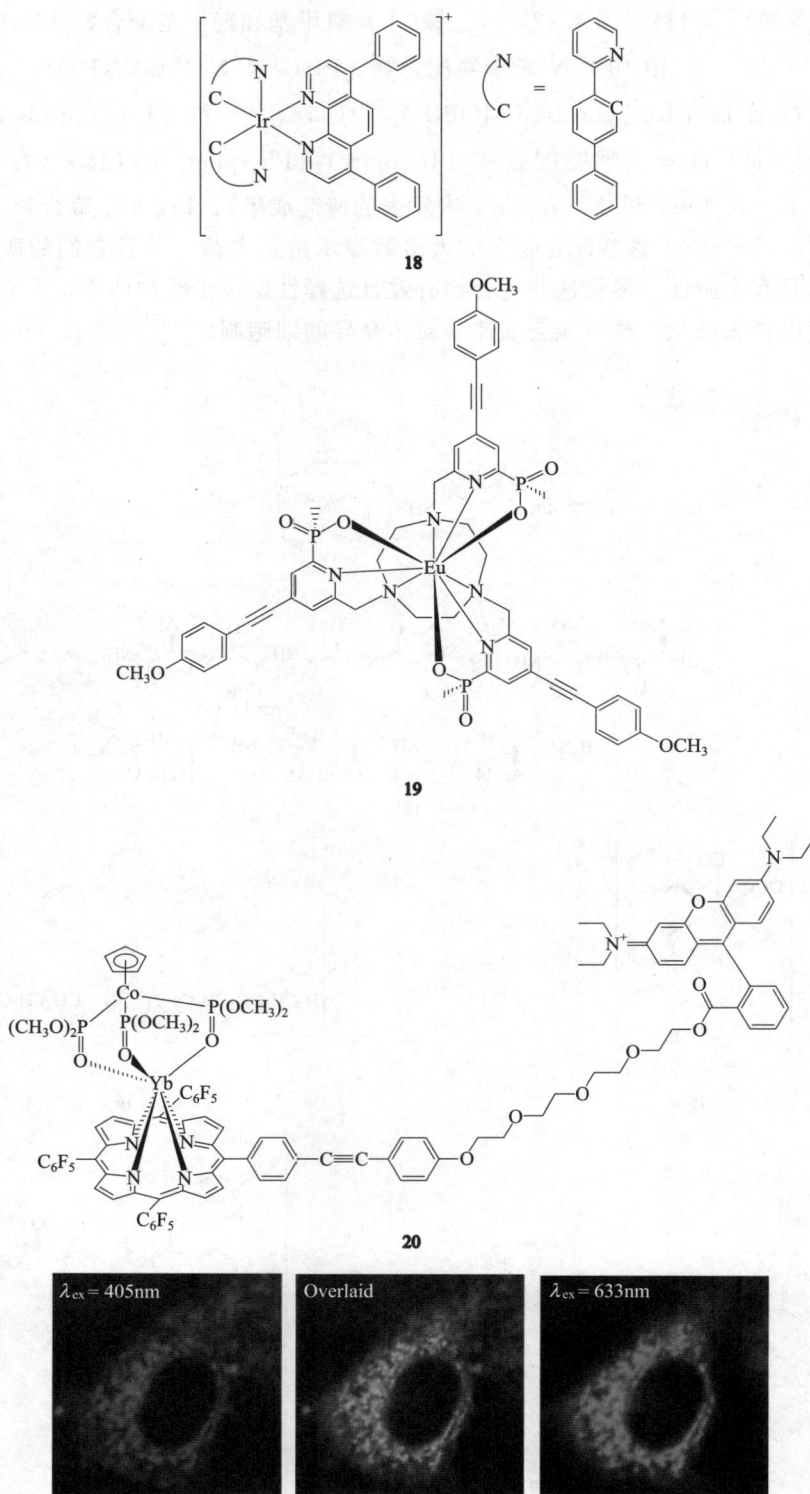

图 4.12 MitoTracker 深红 FM（100nmol·L^{-1}，20min，λ_{ex}＝633nm）和复合物 11（100μmol·L^{-1}，5min，λ_{ex}＝405nm）连续处理的 HeLa 细胞的激光扫描共聚焦显微镜图像，介质温度为 37℃。经许可引自 [37] 2011 Wiley-VCH Verlag GmbH&Co. KGaA，Weinheim

内质网（ER）是在整个细胞中由单膜包围的从细胞外核膜到细胞内膜的通道网络。ER有两种类型：①光滑的 ER 用于存储和突然释放钙离子；②粗糙的 ER 被核糖体覆盖并负责蛋白质合成。合成的蛋白质在高尔基体中（细胞中囊泡的堆叠和分布点）被加工，然后定向到它们的目标位。ER 和高尔基体都是细胞的重要细胞器，研究者已发现许多无机配合物可对这些功能性细胞区室进行特异性染色。例如，锌（Ⅱ）配合物 [Zn(salen)](21)[46] 和铕（Ⅲ）螯合物（22a）[47] 与内质网标记物特异性共定位于活细胞，而铼（Ⅰ）配合物 [Re(N^N)(CO)_3(py-biotin-NCS)]^+(23)[48] 和 [Re(N^N)(CO)_3(Cl)]^+(24)[49]、铱（Ⅲ）配合物 [{Ir(ppy)_2}_8(bpy-8)]^{8+}(6a)[30] 和 [Ir(ppy-N)_2(ppy-B)](25a)[50] 是结合到高尔基体上的（图 4.13）。此外，镝（Ⅲ）的螯合物（26）通过与内质网应激通路相关的凋亡表现出抗癌活性[51]。人们确信这些无机染料的化学结构对它们的染色性能起着非常重要的作用。对配体或螯合剂轻微的修饰都会影响它们的染色性质。例如，配体（22b）和铱（Ⅲ）的配合物 [Ir(ppy)2(bpy-Et)]+(6b)[30] 以及 [Ir(ppy-N)_3](25b)[50]，它们分别是 22a 三噻吩甲酰三氟丙酮、6a 的单核和 25a 的双核多羧基的对映体，均定位于细胞质中且无选择地与不同细胞器结合。

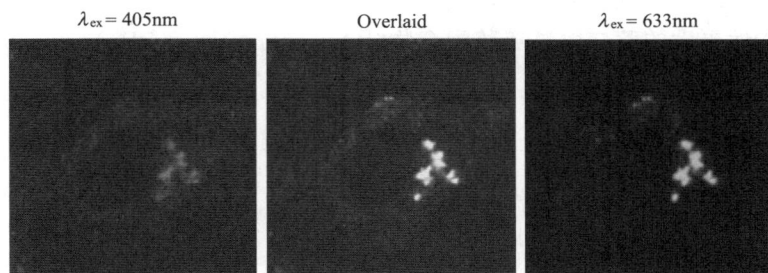

图 4.13　在 37℃下连续用配合物 6a（[Ir]=2μmol・L^{-1}）处理 2h，含有 3% 多聚甲醛的 PBS，抗-golgin-97（人类）小鼠 IgG$_1$ 和 Alexa 635 山羊抗小鼠 IgG（H+L）的 He-La 细胞的激光扫描共聚焦显微镜图像（1μg・mL^{-1}，1h）（10μg・mL^{-1}，30min）。经许可引自 2010 American Chemical Society

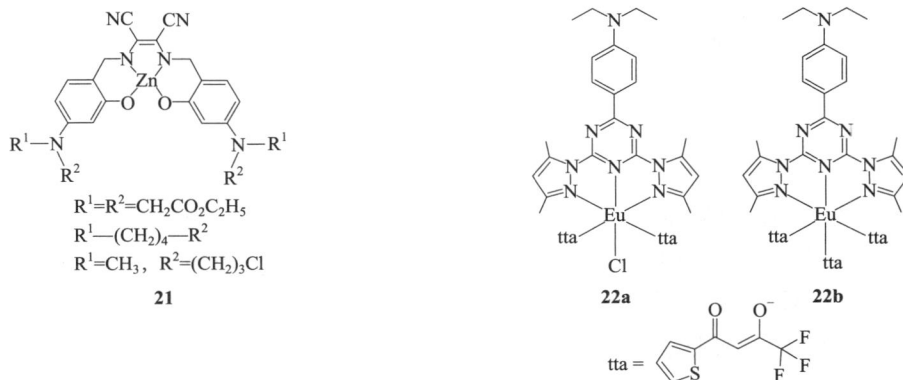

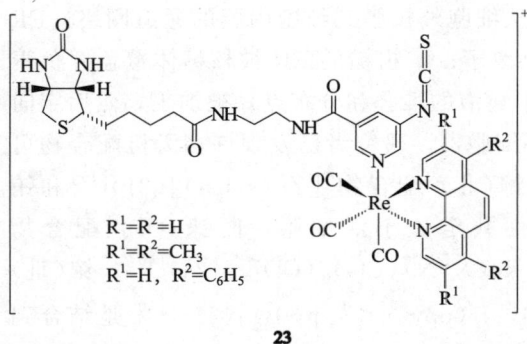

23

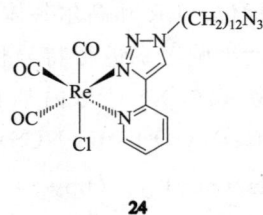

24

细胞核是细胞中最大而且最重要的细胞器。它由内含遗传物质并将细胞核内容物与细胞质分开的双层核膜所包围。其借助核孔可以实现核与细胞质之间的物质交换，核孔是跨越核膜的大型蛋白质复合物[52]。与平面方形和八面体过渡金属配合物以及不同结构的镧系元素螯合物相比，线性金（Ⅰ）膦配合物分子要小得多，这很可能就是它们能更有效进入核的原因。例如，由电热原子吸收光谱法对 HT-29 细胞核内的检测和定量分析表明金（Ⅰ）配合物 [Au(Cl)(PR₃)]（27）表现出大量的核吸收[53]。同样，核吸收的效率与复合物的亲脂性有关。例如，亲脂性更大的萘二甲酰亚胺配合物 [Au（Naphth）（PR₃）]（28）在细胞核中的累积效果比氯类似物 27 更好[54]。

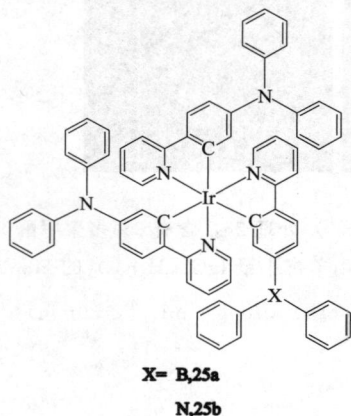

X= B,25a

N,25b

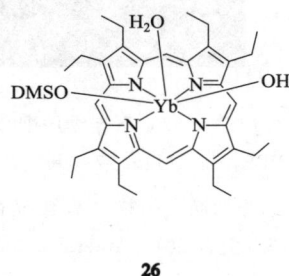

26

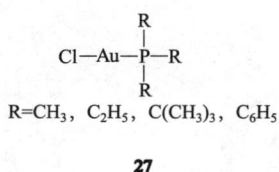

$R=CH_3$，C_2H_5，$C(CH_3)_3$，C_6H_5

27

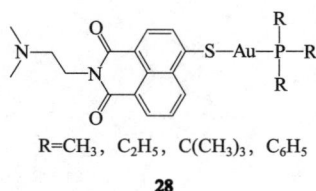

$R=CH_3$，C_2H_5，$C(CH_3)_3$，C_6H_5

28

大多数八面体多吡啶金属配合物由于其庞大且刚性的骨架结构而没有核吸收特性。增强核吸收的策略通常包括利用物理或化学方法提高核渗入并减少核输出。例如，对中国仓鼠细胞 V79 进行物理电穿孔可使双核钌（Ⅱ）复合物 [Ru（phen）₂（cpdppz-C4-cpdppz）Ru（phen）₂]⁴⁺（29）的核吸收显著增加[55]。用 N-乙基马来酰亚胺（NEM）处理细胞会诱导核孔畸变并抑制核输出途径，结果增加了最初位于活细胞的核周区域的铱（Ⅲ）吲哚配合物（30）的核进入（图 4.14）[56]。核染料的设计主要集中在对核酸有强亲和力的配合物上。例如，钌（Ⅱ）配合物 [Ru(phen)$_2$(tpphz)Ru(phen)2]$^{4+}$（31）在水中不发光，但与 DNA 凹槽结合时发光强烈[57]。细胞摄取后，它定位于 MCF-7 细胞的核质中，并与核 DNA 相互作用。这里，为了获取有关金属配合物作为 DNA 探针的更多信息，建议读者查阅第 6 章。

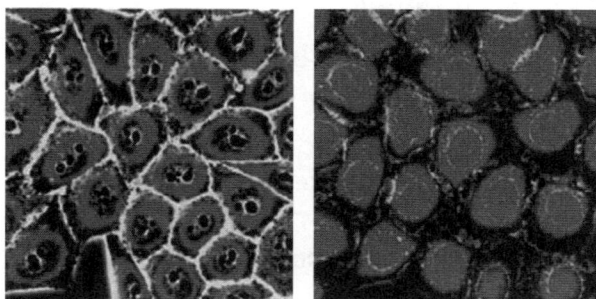

图 4.14　NEM（右）在 37℃预培养 20min 后，用配合物 30 处理的 HeLa 细胞的激光扫描
共聚焦显微镜图像（左）。经许可引自 [56] 2009 American Chemical Society

　　肽核酸（PNA）是与互补核酸链结合的合成聚合物[58]。用 PNA 修饰的铼（Ⅰ）配合物 [(CO)$_3$Re(哒嗪-PNA)(Cl)$_2$Re(CO)$_3$]（32）处理的 HEK-239 细胞证明了由 PNA 侧链与核内核酸链相结合而引起的特别核染色[59]。将可渗入细胞的肽引入过渡金属配合物中，不仅可以增加配合物的细胞摄取，而且还能促进它们进入活细胞核内。例如，将寡聚精氨酸接入铑（Ⅲ）配合物 [Rh(chrysi)(phen)(bpy-R$_8$-fluor)]$^{3+}$（33）[60] 和钌（Ⅱ）配合物 [Ru(phen)(dppz)(bpy-R$_8$-fluor)]$^{2+}$（34）[61] 增加了配合物对匹配和非匹配的 DNA 分子的非特异性亲和力。配合物在细胞摄取后显示出明显的核定位。有趣的是，铱（Ⅲ）螯合物 35 和 36 显示出浓度依赖性的细胞内定位[62]。用这些复合物以相对较高的浓度（10～100μmol·L^{-1}）处理的 HeLa 细胞显示出内体/溶酶体染色。相反，将细胞与浓度低得多的复合物（<1μmol·L^{-1}）孵育会产生清晰的核定位轮廓，尤其是在 M 相分裂的细胞中，膜的完整性会受到一定程度的损害。最重要的是，这些配合物可使分裂细胞的有丝分裂染色体可视化。

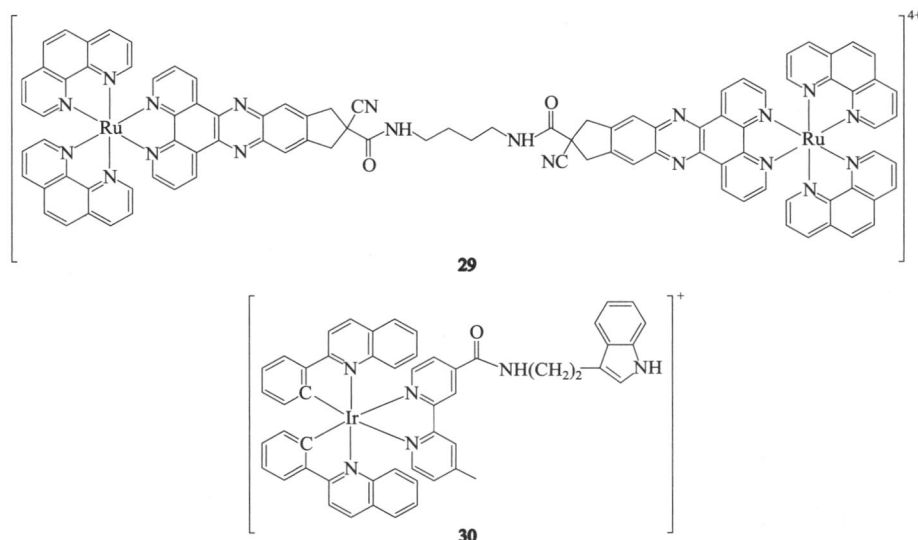

29

30

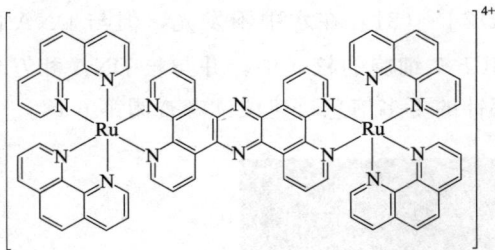

31

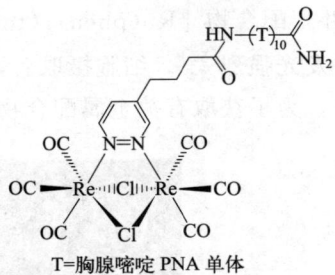

T=胸腺嘧啶 PNA 单体

32

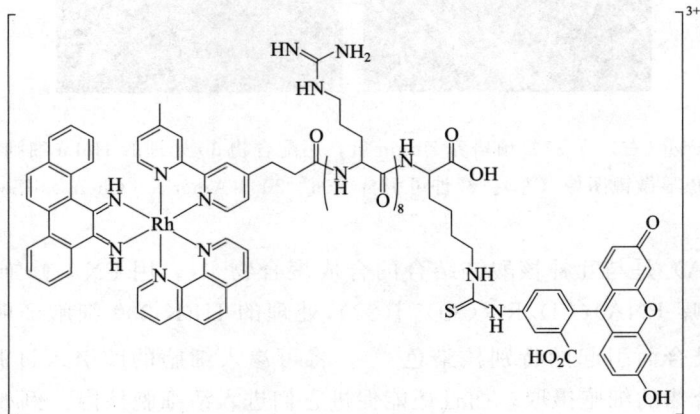

33

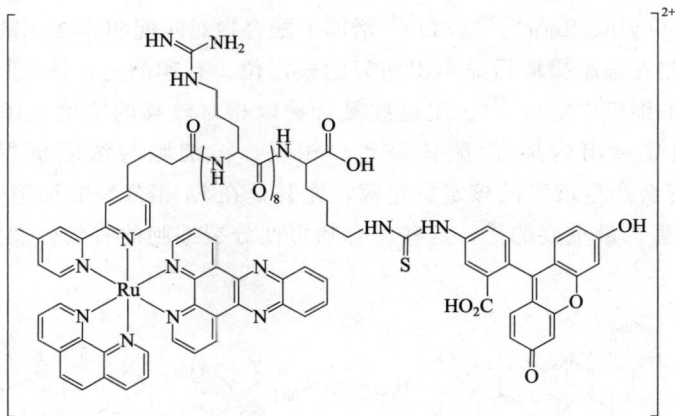

34

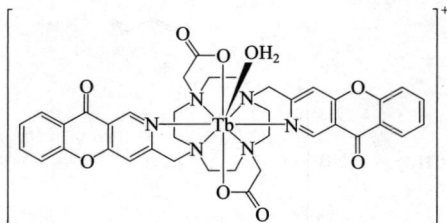

35

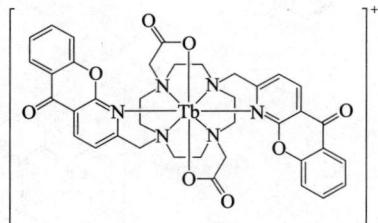

36

核仁是由蛋白质和核酸组成的亚核非膜结合结构。这是转录和加工核糖体 RNA 的区域。研究者是以靶向为核仁蛋白或 RNA 的配合物为基础对核仁无机染料进行设计的。例如，钌（Ⅱ）配合物 [Ru(bpy)₂(phen-ethidium)]³⁺（37）[63] 和铂（Ⅱ）配合物 [Pt(N^C^N-COOMe)Cl]（38）[64] 与 RNA 强烈结合，并在 CHO、成纤维细胞、C8161 和 MDA-MB-231 细胞中显示出明显的核仁染色。尽管有关核仁蛋白中氨基酸作用的生物信息学分析并未证实疏水性氨基酸的特异性[65]，但是细胞生物学实验表明核渗透性的疏水性探针可以使核仁成像[66]。铱（Ⅲ）配合物 [Ir(N^C)₂(N^N)]⁺（39）有效地积累在细胞核中（图 4.15）[67]。它们的疏水 DNA 二亚胺配体的插入促进了这些配合物的核吸收，并使 39 与核仁蛋白的疏水腔结合。同样，铂（Ⅱ）配合物 [Pt(C^N^N-PPh₃)Cl]⁺（40）[68] 和铕（Ⅲ）螯合物（41）[69] 也能进入核，且随后就定位在 NIH-3T3、HeLa 和 HDF 细胞的核仁中。

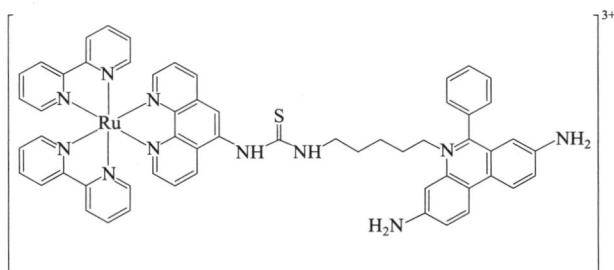

37

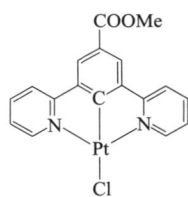

38

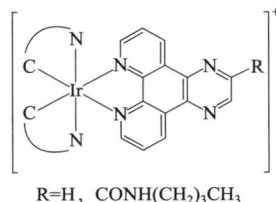

R=H，CONH(CH₂)₃CH₃

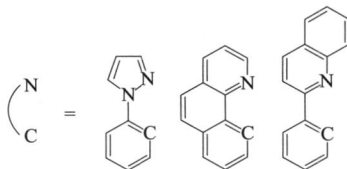

39

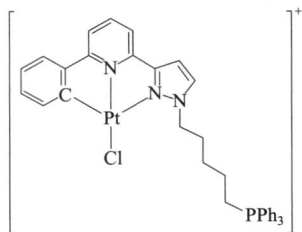

40

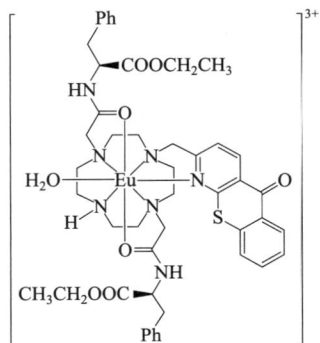

41

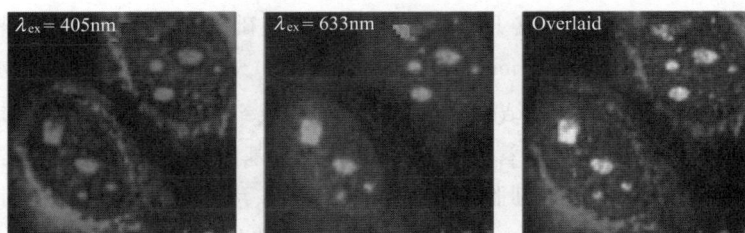

图 4.15　依次用纤维蛋白抗体（$20\mu l \cdot mL^{-1}$，1h）、Alexa 633 抗兔 IgG 抗体（$20\mu g \cdot mL^{-1}$，30min）和配合物 39[Ir(ppz)$_2$(dpq)](PF6)（$5\mu mol \cdot L^{-1}$，30min）中的一个连续处理的固定 MDCK 细胞的激光扫描共聚焦显微镜图像。经许可引自 ［67］2010 American Chemical Society

4.4.3　细胞和有机体的双光子及上转换发射成像

　　最近，研究者对进行活细胞成像时使用低能量激发源（例如 NIR）的兴趣与日俱增。与紫外线和可见光激发相比，近红外激发具有组织穿透更深、自发荧光更弱、光漂白更少和光毒性更低的特点。人们已经研制出了可以作为细胞成像剂的双光子激发发光过渡金属配合物和镧系元素螯合物。例如，前面提及的细胞膜染色剂铂（Ⅱ）配合物 [Pt(N^N^C-C18)(P{C$_6$H$_4$-SO$_3$}$_3$)]$^{2-}$（12）[38]、ER 染色剂锌（Ⅱ）配合物[Zn(salen)]（21）[46]、铕（Ⅲ）螯合物（22a）[47]、高尔基体染色剂铱（Ⅲ）配合物 [Ir(ppy-N)$_2$(ppy-B)]（25a）[50] 和靶向核仁的染色剂铂（Ⅱ）配合物 [Pt(C^N^N-PPh$_3$)Cl]$^+$（40）[68] 均在 NIR 和 IR 区域表现出 28～350GM（Goeppert-Mayer 单位）的双光子截面，其中 1GM 为 10^{-50} cm$^4 \cdot$ s $\cdot$ photon^{-1}。它们的双光子截面远大于活体标本中光学成像应用的最小值（0.1GM）[70]。镱（Ⅲ）螯合物（42）旨在证明厚组织小鼠大脑毛细血管的双光子发射成像[71]。在此强烈散射的样本中，图像清楚地显示，小鼠脑切片的血管以深度高达 $80\mu m$ 的合理信噪比染色。在另一项研究中，研究者已将双光子发射成像与时间分辨发射成像合并以进一步降低自发荧光。双光子截面为 4GM 的惰性铂（Ⅱ）配合物 [Pt(N^C^N)Cl]（43）表现出核仁中积累的倾向[72]。

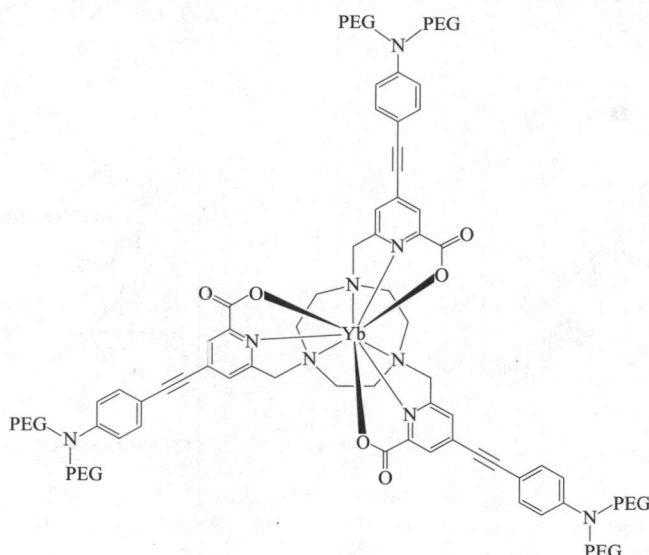

42

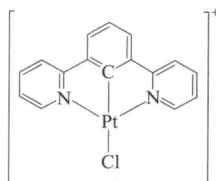

43

因上转换材料与双光子发射成像具有相同的优势而已被用于细胞和生物成像。掺杂镧系元素的上转换纳米材料在连续 NIR 激发下表现出独特的发射。可以通过掺杂剂组成和掺杂水平以及形态、结晶度、大小和表面配体来微调它们的发射颜色[73]。除了低能量激发的优点外，这些纳米材料还可以在 NIR 和 IR 区域成像是因为许多镧系元素掺杂的粒子在 NIR 激发后会发生下转换。此外，它们的阴极发光（由电子的撞击引起的光子的发射）允许使用扫描电子显微镜进行超高分辨率的空间分辨率成像。下面列举几个它们在细胞和生物成像中的最新应用实例。

水溶性二氧化硅涂层的 $NaYF_4$：Yb，Er 上转换纳米颗粒已用于对骨髓干细胞和骨骼肌成肌细胞进行成像[74]。在 980nm 激发时，观察到具有高信噪比的细胞内纳米颗粒强烈发光。以正常 Wistar 大鼠为模型，以 $10mg \cdot kg^{-1}$ 的剂量注射进行的生物分布研究表明，纳米颗粒在注射后 30min 后在肺和心脏中蓄积，然后在 7 天内逐渐随尿液或粪便排出。在整个研究过程中，所有大鼠均保持其健康状况和行为。

用不同分子对纳米颗粒涂层可以改变其细胞摄取特性。例如，将油酸封端的 $NaYF_4$：Yb，Er 涂上叶酸标记的 N-琥珀酰-N'-辛基壳聚糖，然后再加入酞菁锌（Ⅱ）光敏剂，产生的纳米粒子在 980nm 的近红外激发下表现出绿色发光[75]。这些纳米颗粒已被应用于近红外共聚焦显微镜和小动物成像中（图 4.16）。表面上的叶酸单元增强了纳米颗粒对过表达 FRs 的癌细胞的肿瘤选择性。在另一项研究中，由 $NaYF_4$：Yb，Er（Y：Yb：Er＝69：30：1）、聚丙烯酸、磁性 Fe_3O_4 和多巴胺制备带有聚乙二醇（PEG）官能团，并涂覆薄薄的一层金壳的多功能纳米颗粒[76]。它们既可以进行上转换光学成像，也可以进行磁共振成像。用这些纳米颗粒处理的小鼠骨髓间质干细胞显示出强烈的发光。为了研究体内干细胞追踪，将这些纳米颗粒染色的细胞皮下注射到裸鼠的背部，然后在 980nm 激发下成像。被确定检测限低至十个细胞。

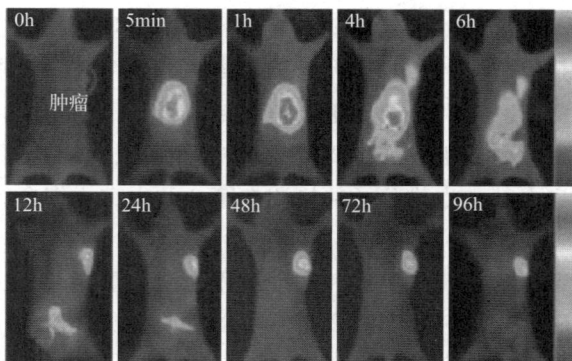

图 4.16　纳米颗粒体内肿瘤靶向。静脉注射颗粒后，携带 Bel-7402 肿瘤裸体小鼠的荧光图像。经许可引自［75］2013 American Chemical Society

与基于镧系元素的上转换发光相比，基于 TTA 的上转换发光需要的激发能量密度更低且具有更高的上转换能力，是另一种有前途的低能激发生物成像方法[19]。过渡金属配合物，特别是那些在低能量下强吸收的配合物，在该系统中是极好的三重态敏化剂。例如，研究者已经用八乙基卟啉钯（Ⅱ）（44）作为敏化剂和 9,10-二苯基蒽（45）作为受体制备了水溶性的基于 TTA 的上转换二氧化硅 Tumor 纳米颗粒[77]。在用绿光激发时，纳米粒子在纯水中显示蓝色发射，整体上转换发光量子产率为 4.5%。使用这些纳米颗粒对昆明小鼠的活细胞和淋巴结成像已被证明。在高度散射的生物样品中，量化的信噪比高达 25。在另一项研究中，将铂（Ⅱ）四苯基四苯并卟啉（46）敏化剂和 BODIPY 染料（47）受体输入 BSA-葡聚糖稳定的大豆油滴中，以产生基于 TTA 的上转换纳米颗粒[78]。在该系统中使用大豆油可显著降低聚集和氧诱导的基于 TTA 的上转换发射的猝灭。

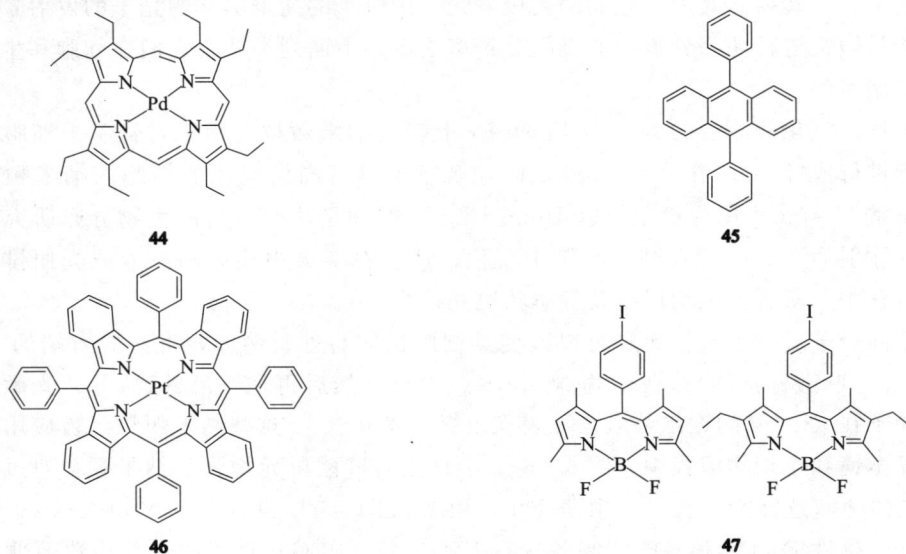

44

45

46

47

4.4.4　细胞内传感和标记

由于发光过渡金属多吡啶配合物和镧系元素螯合物对配体或螯合剂以及周围微环境敏感发光，人们已将它们应用于研发 pH、金属阳离子、阴离子、气体蒸汽、小型生物分子（如糖、核苷酸和氨基酸），以及大分子（如核酸和蛋白质）等的传感器。用传感基团修饰无机配合物的配体和螯合剂是很容易的。对于大分子的传感，采用间隔臂来减少探针和分析物之间的空间位阻。由于细胞内离子和分子在生物学和神经科学中的作用，最近对它们的检测已成为重要的研究课题。细胞内分析成分主要包括氧气、质子、必需金属离子、自由基和生物分子。必需金属离子、自由基和生物分子的检测在第 8 章中有详细介绍，在本章中仅将重点放在氧和质子上。

细胞内氧浓度对确定生物系统中生理和病理过程是至关重要的。由于氧分子能有效地猝灭发光过渡金属多吡啶配合物的三重态激发态，所以它们是被普遍应用的氧传感器。最近的研究已扩展到细胞内的氧气感测。例如，用铱（Ⅲ）配合物 [Ir(btp)₂(acac)]（48）处理的活细胞培养在 5% 的氧气浓度下的放射强度大于 20% 氧浓度下的发射强度[79]。众所周知，肿瘤组织是缺氧的，因此该配合物已被用于活体动物的肿瘤成像。将 5 种肿瘤细胞系列（包括小鼠口腔鳞癌来源的 SCC-7、人类神经胶质瘤 U87、人类淋巴瘤衍生 RAMOS、人结肠癌 HT-29 和小鼠肺癌 LL-2）植入无胸腺雌性鼠。所有这 5 种肿瘤在注射配合物 48 后 5min 都强烈发光。除氧分子之外，过渡金属配合物对其他许多微环境因素也是发光敏感的，因此，将钌（Ⅱ）配合物 $[Ru(bpy)_2(bpy-pyr)]^{2+}$（49）固定在磷脂层包膜的聚苯乙烯颗粒的表面，从而使配合物避免了复杂细胞内环境的干扰而只对氧分子感应[80]。铱（Ⅲ）螯合物（50）的发光对氧猝灭是敏感的，铕（Ⅲ）螯合物（50）的发光对氧猝灭是不敏感的，研究者通过使用这两种配合物的混合物，设计了一种比率式的胞内氧感应策略[81]。

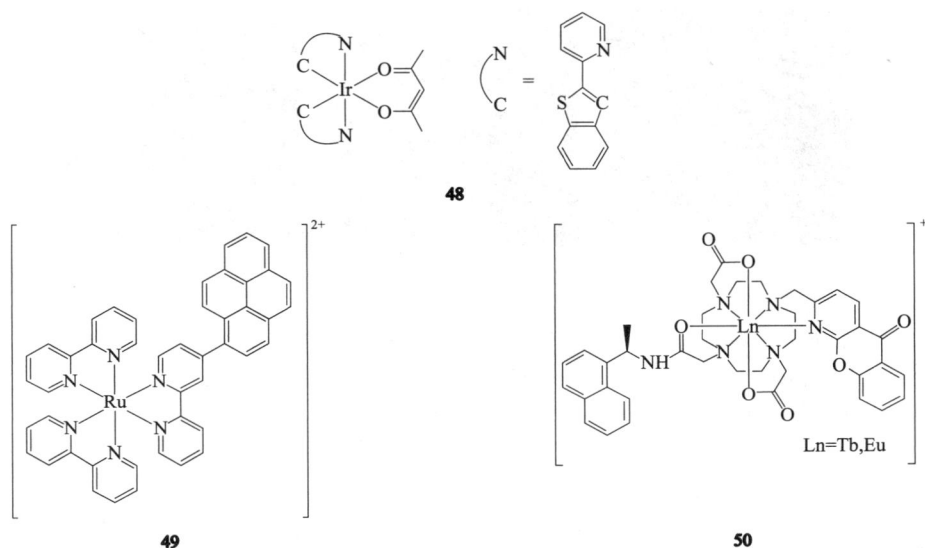

48

49

Ln=Tb,Eu

50

pH 是工业生产、污染控制、食品加工和临床诊断中最常见的测定项目之一。细胞内 pH 测定也很重要，因为酸性环境与包括血管化不良的肿瘤[82]、囊性纤维化[83] 和哮喘[84] 在内的某些疾病有关。发光过渡金属多吡啶配合物和镧系元素螯合物作为 pH 传感器具有很大的潜力。研究者通常用质子供体或受体修饰配合物的配体或螯合剂来设计 pH 敏感染料。酸碱平衡是控制电子结构实现对吸收光谱和/或发射光谱控制的一种手段。然而，在比如细胞内环境的非均相介质中，由于染料浓度或视觉观察受到限制，则 pH 测定需要更灵敏地显示和更精确的方法。pH 传感器是利用比率方法的特点显示出质子相互作用时发射光谱轮廓的改变。质子浓度与两个发射波长处的强度比率有关。用 N-甲基磺酰氨基官能化的铕（Ⅲ）螯合物（51）可以在 6~8 的范围内进行比率法 pH 测量[85]。磺酰氨基的质子化增加了铕（Ⅲ）中心的内层水合数，从而导致 587nm 处的发光增强和 680nm 处的发光减弱。该螯合物已被用于反映 NIH3T3 细胞内的 pH。通过测定发光强度比率判断，整个细胞内 pH 为 7.4[85]。除用于细胞内感测外，发光过渡金属配合物还被设计用来标记细胞成分。实际上，自 20 世纪 90 年代以来，含有对蛋白质标记有反应活性官能团的金属配合物就引起了人们的关注[5g,i]。一旦内化进入活细胞，这些配合物保持其反应活性并能标记细胞内分子和结构。例如，铱（Ⅲ）双醛配合物 $[Ir(qba)_2(Ph_2-phen)]^+$（52）通过醛基和氨基酸中氨基之间的反应有效标记 HeLa 细胞的细胞内蛋白[86]。通过固化和甲醇的洗涤，染色细胞的发光强度便保留下来（图 4.17）。

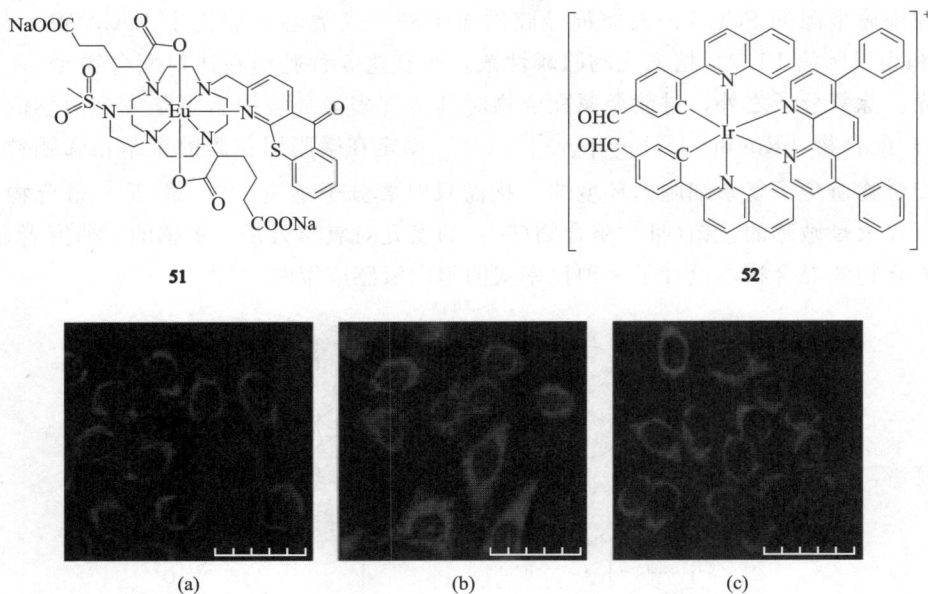

51

52

(a)　　　　　　　　(b)　　　　　　　　(c)

图 4.17　HeLa 细胞与配合物 52（5μmol·L^{-1}）在 37℃孵育 1h 的荧光图像。
在用 MeOH 固定之前（a）或之后（b）或用低聚甲醛固定，然后用 MeOH 充
分洗涤（c）。经许可引自［86］2011 Royal Society of Chemistry

　　在另一项研究中，带有不稳定二甲基亚砜（DMSO）配体的铱（Ⅲ）配合物［Ir(ppy)$_2$
(DMSO)$_2$］$^+$（53）发生的弱场溶剂配体被强场 π-接受的组氨酸中的咪唑（His）取代的反
应，结果是细胞内含 His 的蛋白质标记[87]。用这种复合物处理的活细胞证实了组氨酸介导
的细胞核染色。尽管进行了以上研究，但反应性配合物的细胞内靶标以及受这些配合物干扰
的生物学过程均尚不明确。铱（Ⅲ）异硫氰酸酯配合物［Ir(pq)$_2$(phen-NCS)］$^+$（54）已被
用于鉴定明确的蛋白质靶标[88]。通过包括硫酸铵分级沉淀富集蛋白质、聚丙烯酰胺凝胶电
泳分离蛋白质以及 MALDI-TOF/TOF 质谱分析在内的一系列实验，已发现其中靶标之一是
线粒体蛋白质，即电压依赖性阴离子通道 1（VDAC1）。这与证明配合物具有线粒体定位特
性的共染色实验结果一致。

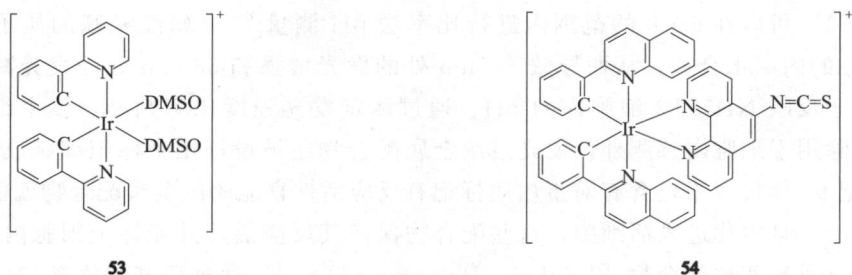

53　　　　　　　　　　　　　　　　　　　**54**

　　目前出现的一种在本体环境中对生物分子成像的通用方法是生物正交标记[89]。其典型
程序是，首先将被化学标记的底物输入活细胞或有机体中，接着被带有互补功能的生物正交
探针识别[89]。研究者设计的第一种磷光生物正交标记试剂是带有二苯并环辛炔（DIBO）单

元的铱（Ⅲ）配合物 [Ir(ppy-COOH)$_2$(bpy-DIBO)]$^+$（55）[90]。由于 DIBO 单元对叠氮化物具有高反应活性，该复合物与叠氮化物修饰的生物分子（包括人血白蛋白和转铁蛋白）容易发生反应。又由于配合物 1，3，4，6-四-O-乙酰基-N-叠氮基乙酰基-D-甘露糖胺（Ac$_4$ManNAz）可以被 CHO 细胞通过生物合成途径转化为位于细胞表面的 N-叠氮基乙酰唾液酸，它已被用于通过生物正交反应标记细胞表面的聚糖（图 4.18）。

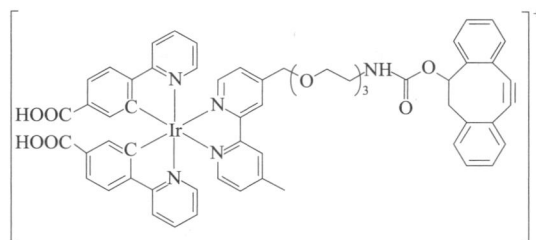

55

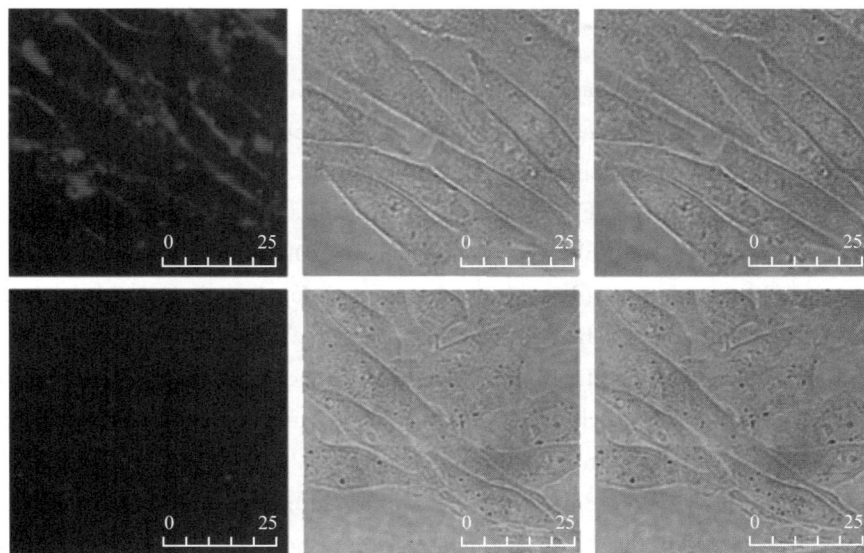

图 4.18 Ac$_4$ManNAz 处理的（顶部）和未处理的（底部）CHO 细胞与配合物 55（30μmol·L^{-1}，37℃，5h）孵育后的荧光（左）、明场（中）和重叠（右）共聚焦显微镜图像。经许可引自 [90] 2012 Royal Society of Chemistry

4.5 结论

本章描述了有关发光过渡金属配合物和镧系元素螯合物的光物理过程的基础知识以及在细胞内环境中检测这些化合物的基本技术。我们也讨论了发光无机配合物的细胞吸收特性、细胞器特异性配合物的设计、TPA 和上转换发光在细胞和生物成像中的应用以及配合物作为细胞内传感器和标记物的应用。发光过渡金属配合物和镧系元素螯合物显示出强烈且长寿命的发光，并具有较大的斯托克斯位移，从而可以通过 CLSM、FLIM 和流式细胞仪检测细胞内配合物。许多配合物也表现出 TPA 和上转换发光，其中包括低能量激发、较深的穿透性、较弱的自体荧光、较少的光漂白和较低的光毒性。这些配合物的细胞摄取通常取决于其形式电荷、亲脂性、分子大小和附加的生物底物。通过巧妙地修饰其配体或周围的螯合剂，可以设计出具有特定细胞器染色特性的配合物。将各种识别或反应性官能团并入这些复合物中还将促进新的细胞内传感器以及离子和分子标记的发展。总之，我们希望，发光过渡金属配合物和镧系元素螯合物丰富而优异的光物理性质将继续推动细胞和有机体成像剂设计的发展。

致谢

感谢香港研究资助局（计划编号：CityU102212 和 CityU102311）的资金支持。

参考文献

1. See for example：A. Periasamy（ed.）Methods in Cellular Imaging，American Physiological Society，2001；M. Fernandez-Suarez，A. Y. Ting，Nat. Rev. Mol. Cell Bio. 2008，9，929.

2. See for example：I. L. Medintz，H. T. Uyeda，E. R. Goldman，H. Mattoussi，Nat. Mater. 2005，4，435；X. Michalet，F. F. Pinaud，L. A. Bentolila，J. M. Tsay，S. Doose，J. J. Li，G. Sundaresan，A. M. Wu，S. S. Gambhir，S. Weiss，Science 2005，307，538；M. C. Vasudev（ed.）Quantum Dots as Fluorescent Probes for in Vitro Cellular Imaging：A Multi Labeling Approach，University of Illinois at Chicago，2006.

3. See for example：S. Gross，D. Piwnica-Worms，Cancer Cell 2005，7，5；H. J. Carl- son，R. E. Campbell，Curr. Opin. Biotechnol. 2009，20，19；G. Jung（ed.）Fluorescent Proteins Ⅱ：Application of Fluorescent Protein Technology，Springer，2012.

4. See for example：（a）V. Balzani，F. Scandola，Supramolecular Photochemistry，Ellis Horwood，New York，1990（b）K. Kalyanasundaram，Photochemistry of Polypyridine and Porphyrin Complexes，Academic Press，San Diego，1992（c）D. M. Roundhill，Photochemistry and Photophysics of Metal Complexes，Plenum Press，New York，1994（d）J. -C. G. Bünzli，C. Piguet，Chem. Soc. Rev. 2005，34，1048（e）J. R. Lakowicz，Principles of Fluorescence Spectroscopy，3rd edn，Springer，2009（f）K. M. -C. Wong，V. W. -W. Yam，Acc. Chem. Res. 2011，44，424（g）V. W. -W. Yam，K. M. -C. Wong，Chem. Commun. 2011，47，11579（h）X. He，V. W. -W. Yam，Coord. Chem. Rev. 2011，255，2111（i）K. A. Gschneidner，Jr.，，J. -C. G. Bünzli，V. K. Pecharsky（ed.）Handbook on the Physics and Chemistry of Rare Earths：Optical Spectroscopy，Elsevier，2011.

5. See for example：（a）J. -C. G. Bünzli，Chem. Lett. 2009，38，104（b）J. -C. G. Bün-zli，S. V. Eliseeva，Chem. Soc. Rev. 2010，39，189（c）V. Fernández-Moreira，F. L. Thorp-Greenwood，M. P. Coogan，Chem. Commun. 2010，46，186（d）K. K. -W. Lo，M. -W. Louie，K. Y. Zhang，Coord. Chem. Rev. 2010，254，2603（e）Q. Zhao，F. Li，C. Huang，Chem. Soc. Rev. 2010，39，3007（f）K. K. -W. Lo，K. Y. Zhang，S. P. -Y. Li，Pure Appl. Chem. 2011，83，823（g）

K. K. -W. Lo, K. Y. Zhang, S. P. -Y. Li, Eur. J. Inorg. Chem. 2011, 3551(h) R. G. Balasingham, M. P. Coogan, F. L. Thorp-Greenwood, Dal- ton Trans. 2011, 40, 11663(i) K. K. -W. Lo, S. P. -Y. Li. K. Y. Zhang, New J. Chem. 2011, 35, 265(j) Q. Zhao, C. Huang, F. Li, Chem. Soc. Rev. 2011, 40, 2508(k) D. Parker, Aust. J. Chem. 2011, 64, 239(l) K. K. -W. Lo, A. W. -T. Choi, W. H. -T. Law, Dalton Trans. 2012, 41, 6021.

6. See for example: K. Konig, J. Microsc. 2000, 200, 83; M. D. Cahalan, I. Parker, S. H. Wei, M. J. Miller, 2002, 2, 872; S. Yao, K. D. Belfield, Eur. J. Org. Chem. 2012, 3199.

7. S. L. Ashworth, R. M. Sandoval, G. A. Tanner, B. A. Molitoris, Kidney Int. 2007, 72, 416.

8. G. Stutzmann, Microsc. Microanal. 2008, 14, 482.

9. J. A. Scherschel, M. Rubart, Microsc. Microanal. 2008, 14, 492.

10. Y. Imanishi, K. H. Lodowski, Y. Koutalos, Biochemistry 2007, 46, 9674.

11. K. Park, J. Control. Release 2008, 132, 1.

12. Q. Yu, A. A. Heikal, J. Photochem. Photobiol. B-Biol. 2009, 95, 46.

13. K. Koenig, A. Ehlers, I. Riemann, S. Schenkl, R. Bueckle, M. Kaatz, Microsc. Res. Tech. 2007, 70, 398.

14. E. S. Kim, H. J. Chun, H. M. Kim, B. R. Cho, Gastroenterolgy, 2009, 136, A648.

15. N. J. Durr, T. Larson, D. K. Smith, B. A. Korgel, K. Sokolov, A. Ben-Yakar, Nano Lett. 2007, 7, 941.

16. C. D. Andrade, C. O. Yanez, H. -Y. Ahn, T. Urakami, M. V. Bondar, M. Komatsu, K. D. Belfied, Bioconjugate Chem. 2011, 22, 2060.

17. K. Schenke-Layland, I. Riemann, O. Damour, U. A. Stock, K. Koenig, Adv. Drug Deliv. Rev. 2006, 58, 878.

18. See for example: F. Wang, X. Liu, Chem. Soc. Rev. 2009, 38, 976.

19. J. Zhao, S. Ji, H. Guo, RSC Adv. 2011, 1, 937.

20. M. Hoppert, Microscopic Techniques in Biotechnology, John Wiley & Sons Ltd, 2006; J. B. Pawley, Handbook Of Biological Confocal Microscopy, Springer, 2006.

21. L. -C. Chen, W. R. Lloyd III, , C. -W. Chang, D. Sud, M. -A. Mycek, Methods Cell Biol. 2013, 114, 457.

22. M. G. Ormerod, Flow Cytometry: A Practical Approach, Oxford University Press, 2000.

23. F. L. Thorp-Greenwood, V. Fernández-Moreira, C. O. Millet, C. F. Williams, J. Cable, J. B. Court, A. J. Hayes, D. Lloyd, M. P. Coogan, Chem. Commun. 2011, 47, 3096.

24. S. I. Pascu, P. A. Waghorn, T. D. Conry, B. Lin, H. M. Betts, J. R. Dilworth, R. B. Sim, G. C. Churchill, F. I. Aigbirhio, J. E. Warren, Dalton Trans. 2008, 2107.

25. S. I. Pascu, P. A. Waghorn, B. W. C. Kennedy, R. L. Arrowsmith, S. R. Bayly, J. R. Dilworth, M. Christlieb, R. M. Tyrrell, J. Zhong, R. M. Kowalczyk, D. Collison, P. K. Aley, G. C. Churchill, F. I. Aigbirhio, Chem. Asian. J. 2010, 5, 506.

26. H. F. VanBrocklin, A. Liu, M. J. Welch, J. P. O'Neil, J. A. Katzenellenbogen, Steroids

1994,59,34.

27. C. A. Puckett,J. K. Barton,J. Am. Chem. Soc. 2007,129,46; C. A. Puckett,J. K. Barton,Biochemistry 2008,47,11711.

28. W. Jiang, Y. Gao, Y. Sun, F. Ding, Y. Xu, Z. Bian, F. Li, J. Bian, C. Huang, Inorg. Chem. 2010,49,3252.

29. K. K.-W. Lo,P. -K. Lee,J. S. -Y. Lau,Organometallics 2008,27,2998.

30. K. Y. Zhang, H. -W. Liu, T. T. -H. Fong, X. -G. Chen, K. K. -W. Lo, Inorg. Chem. 2010,49,5432.

31. N. Viola-Villegas,A. E. Rabideau,J. Cesnavicious,J. Zubieta,R. P. Doyle,ChemMed-Chem 2008,3,1387.

32. N. Viola-Villegas, A. E. Rabideau, M. Bartholoma, J. Zubieta, R. P. Doyle, J. Med. Chem. 2009,52,5253.

33. O. Warburg,Science 1956,123,309.

34. R. A. Medina,G. I. Owen,Biol. Res. 2002,35,9.

35. H. -W. Liu, K. Y. Zhang, W. H. -T. Law, K. K. -W. Lo, Organometallics 2010, 29,3474.

36. M. Gottschaldt, U. S. Schubert, S. Rau, S. Yano, J. G. Vos, T. Kroll, J. Clement, I. Hilger,ChemBioChem 2010,11,649.

37. M. -W. Louie, H. -W. Liu, M. H. -C. Lam, Y. -W. Lam, K. K. -W. Lo, Chem. Eur. J. 2011,17,8304.

38. (a) A. J. Amoroso, M. P. Coogan, J. E. Dunne, V. Fernández-Moreira, J. B. Hess, A. J. Hayes,D. Lloyd,C. Millet,S. J. A. Pope,C. Williams. Chem. Commun. 2007,3066

(b)V. Fernández-Moreira, F. L. Thorp-Greenwood, A. J. Amoroso, J. Cable, J. B. Court, V. Gray, A. J. Hayes, R. L. Jenkins, B. M. Kariuki, D. Lloyd, C. O. Millet, C. F. Williams, M. P. Coogan,Org. Biomol. Chem. 2010,8,3888.

39. J. Kuil, P. Steunenberg, P. T. K. Chin, J. Oldenburg, K. Jalink, A. H. Velders, F. W. B. van Leeuwen,ChemBioChem 2011,12,1897.

40. J. R. Casey,S. Grinstein,J. Orlowski,Nat. Rev. Mol. Cell Biol. 2010,11,50.

41. A. J. Amoroso, R. J. Arthur, M. P. Coogan, J. B. Court, V. Fernández-Moreira, A. J. Hayes,D. Lloyd,C. Millet,S. J. A. Pope,New. J. Chem. 2008,32,1097.

42. R. W. -Y. Sun, A. L. -F. Chow, X. -H. Li, J. J. Yan, S. S. -Y. Chui, C. -M. Che, Chem. Sci. 2011,2,728.

43. (a) T. Chen,Y. Liu, W. -J. Zheng,J. Liu,Y. -S. Wong,Inorg. Chem. 2010,49,6366

(b) V. Pierroz, T. Joshi, A. Leonidova, C. Mari, J. Schur, I. Ott, L. Spiccia, S. Ferrari, G. Gasser,J. Am. Chem. Soc. 2012,134,20376.

44. J. W. Walton, A. Bourdolle, S. J. Butler, M. Soulie, M. Delbianco, B. K. McMahon, R. Pal, H. Puschmann, J. M. Zwier, L. Lamarque, O. Maury, C. Andraud, D. Parker, Chem. Commun. 2013,49,1600.

45. T. Zhang, X. Zhu, C. C. W. Cheng, W. -M. Kwok, H. -L. Tam, J. Hao, D. W. J.

Kwong,W. -K. Wong,K. -L. Wong,J. Am. Chem. Soc. 2011,133,20120.

46. Y. Hai,J. -J. Chen,P. Zhao,H. Lv,Y. Yu,P. Xu,J. -L. Zhang,Chem. Commun. 2011, 47,2435.

47. G. -L. Law,K. -L. Wong,C. W. -Y. Man,S. -W. Tsao,W. -T. Wong,J. Biophoton. 2009,2,718.

48. K. K. -W. Lo,M. -W. Louie,K. -S. Sze,J. S. -Y. Lau,Inorg. Chem. 2008,47,602.

49. S. Clède,F. Lambert,C. Sandt,Z. Gueroui,M. Réfrégiers,M. -A. Plamont,P. Dumas, A. Vessières,C. Policar,Chem. Commun. 2012,48,7729.

50. C. -L. Ho,K. -L. Wong,H. -K. Kong,Y. -M. Ho,C. T. -L. Chan,W. -M. Kwok,K. S. -Y. Leung,H. -L. Tam,M. H. -W. Lam,X. -F. Ren,A. -M. Ren,J. -K. Feng,W. -Y. Wong, Chem. Commun. 2012,48,2525.

51. W. -L. Kwong,R. W. -Y. Sun,C. -N. Lok,F. -M. Siu,S. -Y. Wong,K. -H. Low,C. -M. Che,Chem. Sci. 2013,4,747.

52. R. Berezney,K. W. Jeon(ed.) Nuclear Matrix:Structural and Functional Organization,Elsevier,1995.

53. H. Scheffler,Y. Ya,I. Ott,Polyhedron 2010,29,66.

54. C. P. Bagowski,Y. You,H. Scheffler,D. H. Vlecken,D. J. Schmitz,I. Ott,Dalton Trans. 2009,10799.

55. B. Önfelt,L. Göstring,P. Lincoln,B. Nordén,A. Önfelt,Mutagenesis 2002,17,317.

56. J. S. -Y. Lau,P. -K. Lee,K. H. -K. Tsang,C. H. -C. Ng,Y. -W. Lam,S. -H. Cheng,K. K. -W. Lo,Inorg. Chem. 2009,48,708.

57. M. R. Gill,J. Garcia-Lara,S. J. Foster,C. Smythe,G. Battaglia,J. A. Thomas,Nature Chem. 2009,1,662.

58. P. E. Nielsen,M. Egholm,R. H. Berg,O. Buchardt,Science 1991,254,1497.

59. E. Ferri,D. Donghi,M. Panigati,G. Precipe,L. D'Alfonso,I. Zanoni,C. Baldoli,S. Maiorana,G. D'Alfonso,E. Lincandro,Chem. Commun. 2010,46,6255.

60. J. Brunner,J. K. Barton,Biochemistry 2006,45,12295.

61. C. A. Puckett,J. K. Barton,J. Am. Chem. Soc. 2009,131,8738.

62. G. -L. Law,C. Man,D. Parker,J. W. Walton,Chem. Commun. 2010,46,2391.

63. N. A. O'Connor,N. Stevens,D. Samaroo,M. R. Solomon,A. A. Martí,J. Dyer,H. Vishwasrao,D. L. Akins,E. R. Kandel,N. J. Turro,Chem. Commun. 2009,2640.

64. S. W. Botchway,M. Charnley,J. W. Haycock,A. W. Parker,D. L. Rochester,J. A. Weinstein,J. A. G. Williams,Proc. Natl. Acad. Sci. USA 2008,105,16071.

65. A. K. L. Leung,J. S. Andersen,M. Mann,A. I. Lamond,Biochem. J. 2003,376,553.

66. J. Dyckman,J. K. Weltman,J. Cell. Biol. 1970,45,192; R. R. Cowden,S. K. Curtis, Histochem. J. 1974,6,447.

67. K. Y. Zhang,S. P. -Y. Li,N. Zhu,I. W. -S. Or,M. S. -H. Cheung,Y. -W. Lam,K. K. -W. Lo,Inorg. Chem. 2010,49,2530.

68. C. -K. Koo,L. K. -Y. So,K. -L. Wong,Y. -M. Ho,Y. -W. Lam,M. H. -W. Lam,K. -

W. Cheah, C C. -W. Cheng, W. -M. Kwok, Chem. Eur. J. 2010, 16, 3942.

69. J. Yu, D. Parker, R. Pal, R. A. Poole, M. J. Cann, J. Am. Chem. Soc. 2006, 128, 2294.

70. T. Furuta, S. S. -H. Wang, J. L. Dantzker, T. M. Dore, W. J. Bybee, E. M. Callaway, W. Denk, R. Y. Tsien, Proc. Natl. Acad. Sci. USA 1999, 96, 1193.

71. A. D'Aléo, A. Bourdolle, S. Brustlein, T. Fauquier, A. Grichine, A. Duperray, P. L. Baldeck, C. Andraud, S. Brasselet, O. Maury, Angew. Chem. Int. Ed. 2012, 51, 6622.

72. S. W. Botchway, M. Charnley, J. W. Haycock, A. W. Parker, D. L. Rochester, J. A. Weinstein, J. A. G. Williams, Proc. Natl. Acad. Sci. USA 2008, 105, 16071.

73. J. Zhou, Z. Liu, F. Li, Chem. Soc. Rev. 2012, 41, 1323.

74. R. A. Jalil, Y. Zhang, Biomaterials 2008, 29, 4122.

75. S. Cui, D. Yin, Y. Chen, Y. Di, H. Chen, Y. Ma, S. Achilefu, Y. Gu, ACS Nano 2013, 7, 676.

76. L. Cheng, C. Wang, X. Ma, Q. Wang, Y. Cheng, H. Wang, Y. Li, Z. Liu, Adv. Funct. Mater. 2013, 23, 272.

77. Q. Liu, T. Yang, W. Feng, F. Li, J. Am. Chem. Soc. 2012, 134, 5390.

78. Q. Liu, B. Yin, T. Yang, Y. Yang, Z. Shen, P. Yao, F. Li, J. Am. Chem. Soc. 2013, 135, 5029.

79. S. Zhang, M. Hosaka, T. Yoshihara, K. Negishi, Y. Iida, S. Tobita, T. Takeuchi, Cancer Res. 2010, 70, 4490.

80. J. Ji, N. Rosenzweig, I. Jones, Z. Rosenzweig, J. Biomed. Opt. 2002, 7, 404.

81. G. -L. Law, R. Pal, L. O. Palsson, D. Parker, K. -L. Wong, Chem. Commun. 2009, 7321.

82. R. A. Gatenby, R. J. Gillies, E. T. Gawlinski, A. F. Gmitro, B. Kaylor, Cancer Res. 2006, 66, 5216.

83. Y. Song, D. Salinas, D. W. Nielson, A. S. Verkman, Am. J. Physiol.: Cell Physiol. 2006, 290, 741.

84. F. L. M. Ricciardolo, B. Gatston, J. Hunt, J. Allergy, Clin. Immunol. 2004, 113, 610.

85. R. Pal, D. Parker, Org. Biomol. Chem. 2008, 6, 1020.

86. P. -K. Lee, H. -W. Liu, S. -M. Yiu, M. -W. Louie, K. K. -W. Lo, Dalton Trans. 2011, 40, 2180.

87. C. Li, M. Yu, Y. Sun, Y. Wu, C. Huang, F. Li, J. Am. Chem. Soc. 2011, 133, 11231.

88. B. Wang, Y. Liang, H. Dong, T. Tan, B. Zhan, J. Cheng, K. K. -W. Lo, Y. W. Lam, S. H. Cheng, ChemBioChem 2012, 13, 2729.

89. (a) E. Saxon, C. R. Bertozzi, Science 2000, 287, 2007 (b) J. A. Prescher, C. R. Bertozzi, Nat. Chem. Biol. 2005, 1, 13 (c) P. V. Chang, J. A. Prescher, M. J. Hangauer, C. R. Bertozzi, J. Am. Chem. Soc. 2007, 129, 8400 (b) E. M. Sletten, C. R. Bertozzi, Angew. Chem. Int. Ed. 2009, 48, 6974.

90. K. K. -W. Lo, B. T. -N. Chan, H. -W. Liu, K. Y. Zhang, S. P. -Y. Li, T. S. -M. Tang, Chem. Commun. 2013, 49, 4271.

第 5 章

金属羰基配合物的细胞成像

Luca Quaroni[a]，Fabio Zobi[b]

a 瑞士光源，保罗谢勒研究所

b 瑞士弗士保化学系

5.1　引言

　　振动光谱与标准群论方法相结合一直以来是化学系统中最常用的结构技术之一。特别是对于包含配体（如 CN^-、CNR^-、CO 和 NO 等）的金属配合物，它们在可快速解析的光谱区域中呈现出独特的振动特征。傅里叶变换仪器的出现使振动光谱学在 20 世纪 80 年代初发生了革命性变化，它取代了旧的色散设备，并使该技术发展成为一种可靠的分析工具。伴随着这一技术飞跃，具有金属键合羰基（M-CO）功能的标准有机金属化合物开始进入生物学、生物化学和医学领域。

　　Gérard Jaouen 的小组率先在生化分析中利用了羰基金属的特殊振动特性。在 20 世纪 80 年代中期，法国科学家研发了一种特殊的生物分析测定方法，称为羰基金属免疫测定法（CMIA）[1]，以检测和定量临床相关分子的存在[2,3]。CMIA 是一种非均相、非同位素、竞争型的金属免疫分析方法，其中以金属羰基碎片标记的特异性生物示踪剂为振动探针。几种抗癫痫药如卡马西平、苯巴比妥、二苯乙内酰脲和类固醇激素（如皮质醇）已在 CMIA 中被不同的金属羰基配合物标记，包括 $Cr(CO)_3$、$Co_2(CO)_6$、$CpMn(CO)_3$ 和 $CpFe(CO)_2$（方案 5.1）[4-8]。通过分析羰基金属探针的特征伸缩振动[$v(CO)$]，可以使复杂生物提取物中对分析物浓度定量检测低至约 $10nmol \cdot L^{-1}$。该测定法最初是在临床生物学领域开发的，但最近已扩展到使用诸如阿特拉津和氯麦隆等农药测定的环境研究中[9,10]。

自从引入 CMIA，金属羰基配合物已在许多系统中用作红外光谱探针，包括从寡肽、蛋白质和 DNA 标记到 pH 变化、π-堆积相互作用或碱金属浓度的读出传感器[11,12]。然而，直到现在，研究者认为常规振动光谱法还不适合用于对生物样品可视化和成像。原因是在生物样品中的水和有机（宏观）分子的背景吸收使大部分红外光谱不清晰，因此本质上不适合于真实可信地解释小光谱变化。

然而，与生化科学中的成像工具一样，阻碍振动技术发展的原因也为有机金属化学家提供了独特的机会。众所周知，当金属羰基配合物暴露于适当能量的电磁辐射下时，键合的 CO 基团将在振动频谱的透水区域中以拉伸频率共振。该特有区域大约在 $2200 \sim 1800 cm^{-1}$ 之间，这里几乎没有有机官能团的振动信号。金属羰基配合物的独特特征，再加上振动显微镜技术的进步，可能会彻底改变我们能够实时可视化细胞结构和动态过程的方式。

本章的主题是被广泛定义为振动细胞成像的无机探针的方法和应用。这里不再讨论金属羰基配合物作为生物探针结构的一般用途。其他地方对此已有详细的研究，读者可以参考相关文献以进行更深入的了解[11-13]。为了引导读者掌握主要内容，本章安排如下：在 5.2 节，首先描述了金属羰基配合物振动光谱的基本特性；5.3 节概述了振动显微镜和细胞成像；5.4～5.6 节详细介绍了目前在细胞成像中以金属羰基配合物为生物探针的主要光谱技术，分别是红外（IR）、拉曼（Raman）和近场显微镜，首先介绍每个技术的光学原理和仪器的设计，其次是全面总结该领域的研究成果；最后，5.7 节对在细胞成像背景下应用的不同振动技术进行了比较分析，突出了每种技术的优点和局限性。

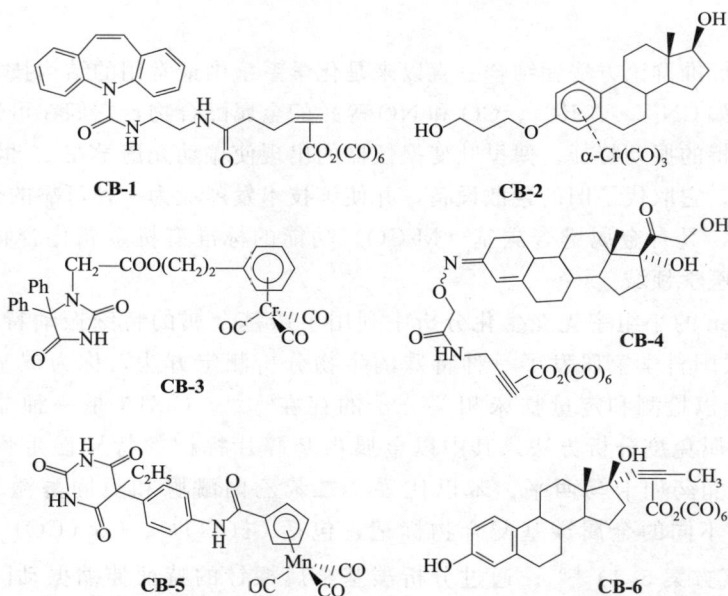

方案 5.1　选定的金属羰基标记的生物示踪剂的结构，用 CMIA. CB 代表羰基金属的生物示踪剂

5.2　金属羰基配合物的振动光谱

过渡金属配合物往往含有大量原子，因此有很大的振动自由度。对于包含能量间隔振动系统的振动谱是最容易进行解析的。金属羰基配合物因其独特的红外光谱性能而闻名。此类配合物的频谱通常具有至少一个特征区域，该区域有相对较少（3N-6）并且可能不会与远离它们的其他振动强烈偶合的标准振动模式。与 M-CO 功能相关的基本振动模式有以下四种：

① C—O 在 $2150 \sim 1750 \mathrm{cm}^{-1}$ 区域的伸缩振动，$v(CO)$；

② M—C—O 在 $700 \sim 500 \mathrm{cm}^{-1}$ 区域的弯曲振动，$\delta(MCO)$；

③ M—C 在 $500 \sim 300 \mathrm{cm}^{-1}$ 区域的伸缩振动，$v(MC)$；

④ C—M—C 在 $150 \sim 50 \mathrm{cm}^{-1}$ 区域的弯曲振动，$\delta(CMC)$。

C—O 的伸缩振动 $v(CO)$ 频率远高于 M—C—O 单元中的其他所有模式。因此，它们的组合产生了一个几乎是纯粹 C—O 伸缩振动的正常频率模式，其中弯曲振动模式几乎没有贡献。尽管存在不同的 $v(CO)$ 模式偶合，但 $v(CO)$ 与配合物的任何其他振动之间的偶合都可以忽略。事实上，人们在解释金属羰基配合物的红外光谱时，会忽略除指定为 $v(CO)$ 以外的所有振动模式。正是由于这个原因，振动光谱法在羰基金属化学中的应用非常普遍。仅考虑 6 种高能 CO 伸缩模式，而不是全部处理所有 33 种正常振动模式，可以更简单地对诸如 Cr（CO）$_6$ 之类的分子进行振动分析。

气态一氧化碳本身不是强红外吸收剂。双原子分子的伸缩振动在 $2143 \mathrm{cm}^{-1}$ 附近，并且在暴露于电磁辐射时仅产生微弱的振动信号。然而，带有末端 CO 基团的任何过渡金属羰基配合物的振动光谱都以非常高的 CO 伸缩振动吸收为主。这些现象最常见于水和大多数有机官能团不表现出振动的低波数（$2200 \sim 1800 \mathrm{cm}^{-1}$）窗口中（图 5.1）。根据 M—CO 键的经典协同描述，我们很好地理解了相对于自由 CO，其向较低振动频率偏移的原因。

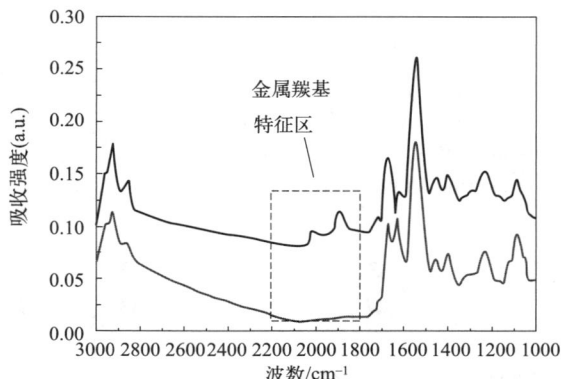

图 5.1　用 fac-[Re(CO)$_3$(OH$_2$)$_3$]$^+$ 复合物孵育过夜后，单个 3T3 成纤维细胞（底部，深灰线）和同一细胞在吸收模式下记录的红外光谱（黑线）。虚线框显示 $2200 \sim 1800 \mathrm{cm}^{-1}$ 之间的特征性羰基金属诊断区域（L. Quaroni 和 F. Zobi 未发表的结果）。$1600 \sim 1700 \mathrm{cm}^{-1}$ 之间的酰胺 I 吸收带因吸水率升高而扭曲

一氧化碳与过渡金属离子的键合作用包括在 σ 和 π 成键轨道上的协同电子离域作用。σ 键起源于对称金属轨道与碳原子的 sp 杂化轨道的重叠部分，在游离 CO 中该杂化轨道理论上含有一对非键合电子。π 键来自具有适当对称性的反对称金属轨道与源自 CO 三键的 $π^*$ 反键轨道的重叠。这种协同作用被称为"捐赠"和"回赠"的部分组成。游离 CO 上的非成键电子对是 σ 捐赠给过渡金属的。然后，可以认为这对电子成了金属离子键合系统的一部分，它反过来将电子密度贡献给 CO 的 $π^*$ 轨道。

这种相互作用为进一步定性解析和判断羰基配合物中的配合效应和 $v(CO)$ 振动频率的相对位移提供了一个有用的模型。有些模型还定量地描述了这些关系，从而使人们对羰基伸缩振动的预测有一个很好的精确度[14]。解释 M—CO 功能团的振动光谱通常是基于这种协同电子离域作用。因此，经常会碰到在这些配合物中金属离子的相对电子密度与 $v(CO)$ 频率关系的争论。随着中心金属离子上电子密度的增加（即在阴离子配合物中），金属向 CO 的 $π^*$ 轨道的"回赠"倾向于更加显著。这种作用降低了 CO 键级，同时增加了 MC 键级。反过来，较低的 CO 键级转化为较低的 $v(CO)$ 频率。相反的论点适用于阳离子或中性配合物。

然而，情况比以上提出的简单论点要复杂得多。多项研究表明，CO 键的极化效应对 CO 频率的位移也有重要影响[15-20]。红外强度与振动相关的偶极变化的平方成正比。羰基配合物的 $v(CO)$ 强度非常显著，因为它们可以比标准有机官能团的谱带高 4～10 倍。此特征意味着当羰基振动时，偶极变化很大。这种效果无疑与前面所述的协调的 σ"捐赠"和 π "回赠"有关。键合到金属原子上的 CO 基团的拉伸导致 2π 轨道的能量降低，反键相互作用的减弱使该轨道成为更好的受体。同时，随着 M—C 距离的减小，碳和金属轨道之间的重叠也会增加。但是，[$v(CO)$]频率与金属电子密度或 M—C 距离之间没有线性关系[13,14,20,21]。CO 伸缩振动位置与 CO 基团末端氧原子上的电子密度密切相关。这一观测结果可以理解为对 C≡O 键极化作用的直接度量，其可转化为 CO 键级的降低，因此，就被理解为对高偶极变化和共振频率的度量[21]。

在本章论述中，用作生物探针或生物成像的金属羰基配合物都含一个以上的羰基。具有独立 M—C≡O 官能团的金属配合物产生一个单一的尖锐振动带，代表 CO 振动模式 v

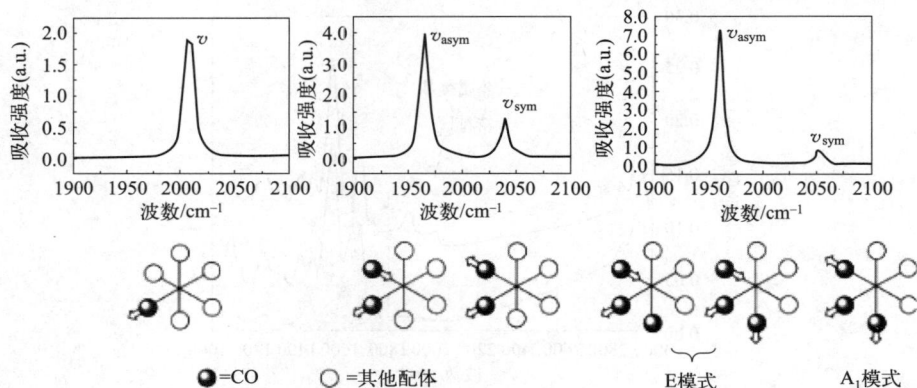

图 5.2 DFT 计算的通用 $[M(CO)_n(OH_2)_{6-n}]$ 配合物羰基的 $v_{sym}(CO)$ 和 $v_{asym}(CO)$ 的红外光谱。从左到右，$n=1～3$。箭头指示在不同拉伸模式下 CO 的相对位移

(CO)。$[M(CO)_n(L)_{6-n}]^z$ 中 CO 基团数量越多，振动谱就越复杂（图 5.2）。双羰基物质（即 $n=2$ 的化合物）产生两个不同的信号，即高频对称和低频反对称振动模式。然而，在接下来的章节中我们将会看到，大多数用于细胞系统成像的金属羰基配合物都含有 fac-[M(CO)$_3$]^z 型核（即 $n=3$）。这个核心的振动频谱再次显示了一个单一的高频对称伸缩模式（称为 A_1 模式，见图 5.2），而有两个不同的能量振动（E 模式）。实际上，后者的能量分离很小。这两个跃迁经常退化，例如在 IR 光谱中显示为单个宽信号。通常，这些 $v(CO)$ 的位置（即频率）受金属离子的电荷（或氧化态）影响，而振动偶合以及 $v(CO)$ 谱带的分离则受配合物的几何形状以及 CO 基团和辅助配体的空间排列的影响。

5.3　细胞系统的显微镜技术和成像

几个世纪以来，显微镜技术一直是生物学和生物医学研究的关键技术[22]，其理论随着分辨率和对比度的进步而不断提高，分辨率和对比度是决定显微镜技术信息内容的两个主要属性。

分辨率是光学系统分辨空间中相近两点图像的能力。自 19 世纪末，人们已经认识到，显微镜可达到的分辨率受到光的衍射特性的限制，并且是波长的函数。通常，衍射所允许的极限分辨率约为用于图像构建的波长，并且随着向电磁光谱的较短波长移动而提高。对于可见光显微镜，该极限约为几百纳米。

但是，分辨率并不是限制我们了解微观世界的唯一因素。对比度也同样重要。对比度是一个图像元素在其他相邻元素的背景下突出显示的能力。在光学显微镜下，未染色的生物样品的对比度通常很低。在典型的未染色的细胞样品中，对比度主要由实验材料每一部分折射率不连续的光学效应决定，比如折射、散射和干涉。

对许多生物学关注的目标物的成像实验条件，例如细胞在水体环境中，由于整个样品的折射率变化非常小，以至于许多物体几乎不可见。这种局限性促使显微镜专家去开发增强对比度的技术，以提高样品的可见度、图像细节和信息含量。

通过在显微镜配置中实施振动光谱技术已经为对比度增强机制的研究创造了新的机遇。这些技术依赖于不同分子类型振动光谱的特异性和唯一性。因此，它们提供了基于样品的分子特性和化学成分对比度，俗称化学对比度。正是在这种情况下，基于之前描述的金属羰基配合物独特的振动特性，它已被选作成像探针。

5.3.1　振动显微镜技术

当前使用多种技术来获得分子的振动光谱。从量子力学的角度来看，可以按照它们是依赖于光子吸收还是光子散射对其进行分类。传统的红外吸收光谱，简称红外光谱，顾名思义，是基于对红外光子的吸收。它是第一类的典型例子。传统的拉曼光谱法基于可见光和近红外光子的非弹性散射，它是第二类的典型例子。一些优秀的评论和书籍介绍了这两种技术的基本概念，读者可以直接从中获得更多信息[23]。红外光谱和拉曼光谱都可以用作显微镜技术，其中的光传输和收集光学系统由可以将光束聚焦到一个小点的快速透镜或物镜组成[24]。

5.4　红外显微镜

除同核双原子分子外，大多数分子种类都在中红外光谱区有吸收。因此，大多数的生物类分子，包括大分子、小的有机和无机分子、水以及晶体包裹体，都被通过红外光谱研究过。几十年以来，红外光谱由于其普遍的适用性，已被广泛用于研究生物分子的结构和功能。红外光谱测量可以使用显微光学进行。此时这种技术通常被称为红外光谱显微术。红外成像、红外光谱显微术（或等效红外光谱显微术）用于将在本章稍后详细介绍的特定配置。当在显微镜配置下工作时，该技术通常在 1min 测量时间内对 $mmol \cdot L^{-1}$ 浓度的生色团敏感，其精确值取决于特定吸收带的消光系数[25,26]。

红外显微镜可以被看作是一个干涉仪精密的样品室，里面有作为光束聚光镜的物镜。它的整体结构与传统的光学显微镜相似，有一个用于检测样品的摄像机和双筒望远镜，有一个用于样品移动的与样品光路垂直且与 x, y 平面平行的平台。物镜将用于光谱测量的红外光束和用于样品检查的可见光束都聚焦。两个光束的光路是同焦和同心的。因此，它们可确保红外光束在样品图像上的位置匹配一致，并允许选择性测量特定空间位置[27]。图 5.3 显示了红外显微镜的光学系统。

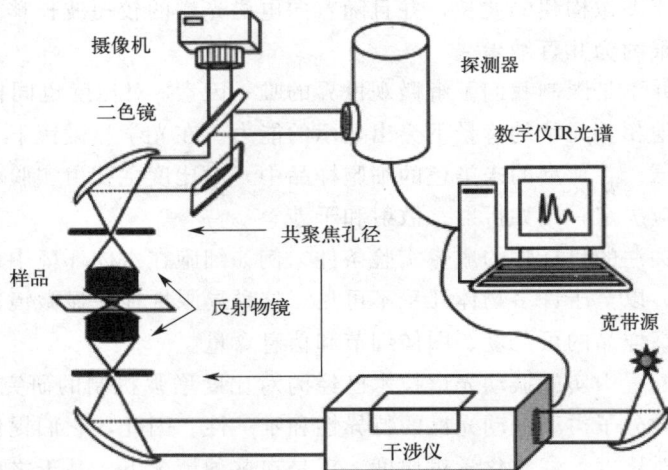

图 5.3　红外显微镜示意图。光源（内部热源或外部源，如同步加速器）发出的光由干涉仪分析。然而，调制光使用光学反射和一组共聚焦光圈聚焦于样品上来定义测量区域。样品透过或反射的光被收集并传到探测器进行强度测量。探测器可以是用于光谱镜测量的单元素检测器，也可以是用于成像的多元素检测器。二色镜可以将可见光引导到摄像机进行样品检查

红外显微镜使用两种基本的实验配置，通常称为光谱显微镜（或显微）结构和成像结构。在光谱显微镜测量中，使用红外显微镜将光汇聚成单个小斑点，并收集样品被照射部分的光谱。为了进行该测量，显微镜通常以共焦几何状态进行操作。用于限定入射光束大小或检测器视野的一个或多个光圈定位于与样品平面共轭的光学平面上。在大多数显微镜中，光路可以设置既可以进行透射光测量也可以进行反射光测量的配置。

红外显微镜实验的空间分辨率是一个关键参数。只要共聚焦光圈直径大于光的波长，关闭光圈就可以测量样品的较小部分，并有较好的空间分辨率。当光圈直径小于波长时，分辨率就由衍射效应决定。远场光学元件用于聚焦，瑞利定义的常规分辨率极限（通常用于可见显微镜）也适用于红外显微镜。限制衍射的远场分辨率的瑞利准则如式(5.1)所示[28]：

$$d = 0.61\lambda/NA \tag{5.1}$$

式中，d 为可以分辨两个点的最小距离；λ 为光的波长；NA 为物镜的数字光圈。数字光圈 NA 是物镜设计属性，也是光线聚焦所通过介质（如果不是空气）的属性。具有典型商业价值的 NA 值是 $0.5 \sim 0.6$，它的分辨率近似为 λ。对于中红外区的光，衍射极限分辨率在 $2.5 \sim 25\mu m$ 之间。这与从几微米到一百微米范围的真核细胞的大小在同一级别。一套光谱显微镜测量可以通过光栅扫描而获得样品每个点的光谱二维分布。随后分析所得的光谱数据可以绘出整个样品的特定光谱特征图，比如特定吸收带的强度。此过程称为 IR 映射。在高空间分辨率且光圈小到几微米时，共聚焦红外显微镜的性能较差。这是由 IR 光束通过小光圈造成光通量损失的原因。由于台式红外光源的亮度有限，受到影响尤其大。因此，通常很难在孔径小于 $10 \sim 40\mu m$（低于衍射极限）的情况下进行 IR 光谱测量，对于吸收带相对较弱的一个复杂样品系统（例如细胞）就更是如此。用明亮的 IR 辐射同步辐射源代替常规热源可以弥补光通量的缺陷。光源亮度保证了在光圈直径达到衍射极限之前，光通量几乎不受影响，并且当光圈直径小于此极限时，仍然有一些有用的光通量[29]。迄今为止，在大多数对立体小型单细胞或亚细胞的光谱显微镜和成像实验中使用的都是同步加速器，尤其是对水介质中的活细胞[26]。

中红外辐射的 2D 检测器阵列已投放市场，并获得了广泛认可。我们称之为红外焦平面阵列（FPA）探测器，它可以收集样品在红外光中的扩展图像[27]。当把它们安装在与干涉仪耦合的显微镜上时，它们就可以记录每个像素位置的红外吸收光谱。结果是同时采集数千个覆盖扩展样本的光谱。目前"红外成像"一词是用 FPA 探测器采集红外图像的意思。

5.4.1 用红外光谱和光谱显微镜进行浓度测定

根据测得的红外吸光度，用朗伯-比尔定律[式(5.2)]计算出稀溶液中发色团的浓度：

$$A = \varepsilon \times L \times c \tag{5.2}$$

式中，A 是峰值吸光度；ε 是最大吸收波数的消光系数；L 是光程长度；c 是浓度。在夹层型样品器，这是为了匹配样品器中使用的间隔的厚度。

应用朗伯-比尔定律宏观测量均匀样品很简单。但是，在光谱显微镜实验中必须注意以下事项。①在评价定量测量的准确性时必须考虑样品的异质性。例如，测定细胞内的生色团时，在计算生色团分布细胞体积时，必须考虑细胞与光学窗口之间的间隙。②文献中报道的消光系数 ε 的值通常使用平行或仅略微聚焦于干涉仪样品室内的光进行测量。当使用显微镜的强聚焦光束时，这些值并不准确，这是由于光线以一定的角度进入样品，所以穿过显微镜的平均光程比样品的实际厚度更长。为了避免光路差异而进行准确的测量，尤其是在使用光圈较大的物镜时，消光系数 ε 必须从与使用样品相同样品室的标准溶液中测得。

5.4.2 水的吸收特性

当使用活体样品时，测定工作常常是在有大量细胞内和细胞外水存在条件下进行的。水是一种很强的红外吸收剂，它的存在会使多个细胞吸收带变模糊。水的干扰是在组织和细胞样品中使用红外光谱的主要缺陷。因此，样品中的水分通常用干燥法除去。这种方法有一个缺点，即干燥后的样品会失活。当水层厚度大于 $15\mu m$ 时，水的弯曲振动 δ_{H_2O} 吸收使吸收光谱在 $1650cm^{-1}$ 处达到饱和。对蛋白质的酰胺 I 谱带的分析需要更薄的样品，这是因为该谱带与 δ_{H_2O} 的重叠（通常低至 $5\sim10\mu m$）。由于 $[v_{s,H_2O}]$ 和 $[v_{as,H_2O}]$ 的吸收，在层厚度大于 $2\mu m$ 时，吸收也在 $3600\sim3200cm^{-1}$ 之间饱和。当细胞或组织样品层较厚时，这可能是一个较大的缺陷。相反，金属羰基配合物就有一个明显的优势，即它们的特征 $v(CO)$ 完全出现在水的饱和光谱区域之外，因此仍然可以通过红外光谱研究这些配合物的相当厚的水样品[26]。

5.4.3　金属羰基配合物作为细胞成像的红外探针

2007 年，Leong 小组报道了第一个中红外区域生物成像的有机金属羰基标记的例子[30]。在他们的研究中，使用水溶性锇羰基簇 1 和 2 作为红外活性探针标记脂肪酸和磷脂酰胆碱衍生物。口腔黏膜细胞与簇 1 和 2 在低物质的量浓度（$32\mu mol \cdot L^{-1}$）下培养，结果表明，这两种化合物均可通过红外光谱在细胞中成像。

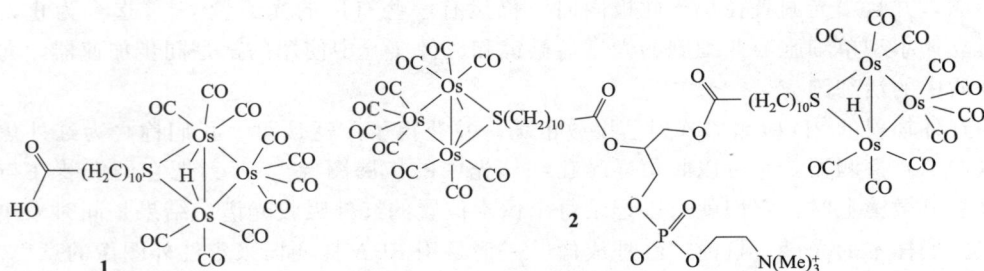

通过洗脱实验、符合细胞外表面缺乏吸附的浓度依赖性研究以及细胞核、细胞质、细胞器和膜的分离分析，证明了簇 1 和 2 在细胞中的被动扩散内化作用。红外光谱显微镜也没有显示簇 1 和 2 明显分解或水解，说明它们抗水解或细胞代谢。任何影响簇核心的分解（即羰基标记）都将以羰基伸缩区域的变化形式被检测到。Leong 小组进一步表明，簇 1 和 2 在单个黏膜细胞上的吸光度具有相似的强度和分布。

通过分析 $2010cm^{-1}$ 区域的伸缩振动，最终得到了锇簇细胞分布的 2D 和 3D 图像。与簇 1 相关的分布结果如图 5.4 所示。IR 化学成像[图 5.4(b)和(c)]与光学成像密切相关，首次显示了 IR 光谱显微镜在金属羰基配合物细胞成像方面的潜力。

在 Leong 首次报道之后，又出现了两项有关金属羰基配合物 IR 细胞成像的研究。法国的 Clotilde Policar 小组进行了两项研究。一项是在 2012 年进行的用同步辐射 FTIR 光谱显微镜（SR-FTIR-SM）检测 MDA-MB-231 乳腺癌细胞中的铼三羰基他莫昔芬类似物 3[31]。另一项是将激素非依赖性癌细胞在 IR 通过的 CaF_2 光片上与 $10\mu mol \cdot L^{-1}$ 的 3 溶液培养 1h。通过绘制 3 中 CO 的特定伸缩振动带积分，可以检测亚细胞水平的羰基配合物并随后生成单细胞图像。在红外化学图谱中，把不同波长的强红外信号区域称为热点，并用不同的颜色表示（图 5.5）。

以上相关研究表明，所有 3 的 E 谱带和酰胺 I 谱带的图谱都显示了细胞相同位置的热

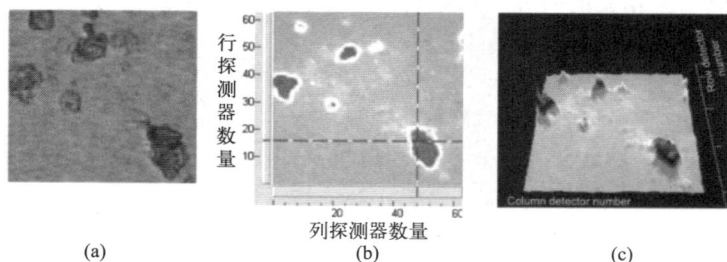

图 5.4 （a）口腔黏膜细胞的正常光学图像；（b）伪彩色红外图像；（c）用簇 1 处理的口腔黏膜细胞
图像的 3D 显示，拍摄于 2013cm^{-1}。经许可引自 2007American Chemical Society

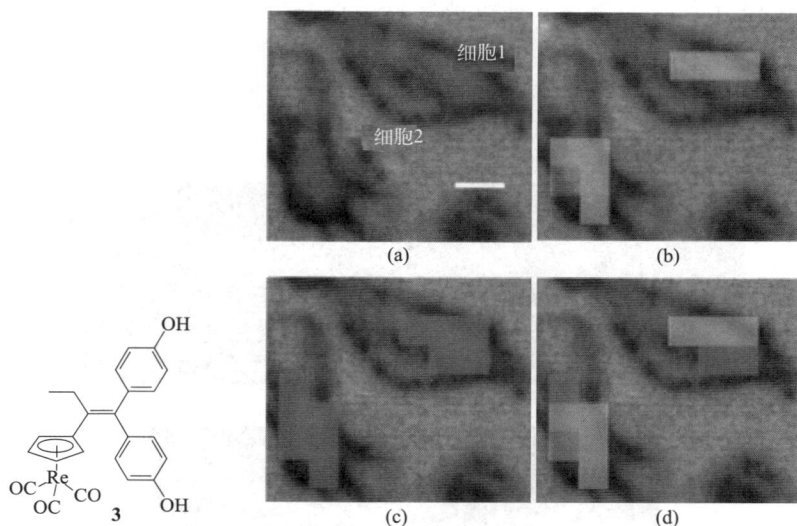

图 5.5 用 3 处理的 MDA-MB-231 细胞。（a）明场图像（比例尺为 10μm）。SR-FTIR-SM 映射：（b）E 波
段热点（红色）；（c）酰胺 I 波段热点（蓝色）；（d）E 波段热点（蓝色），酰胺 I 波段热点（红色），覆盖
层（洋红色）。像素大小：6×6μm^2（见彩页）。经许可改编自 [31] 2013 Elsevier

点。该区域与被认为是核的标志的细胞隆起相关。在隆起内部的红外光谱显示了对称的 A$_1$
波段和 3 的 E 波段的红外特征。这些光谱在同一细胞的其他区域是不存在的，这为铼-三羰
基他莫昔芬探针的核定位功能提供了强有力的证据。从图 5.5 可以清楚地看出，与其他标准
检测技术如荧光显微镜、磁共振或放射成像相比，MDA-MB-231 细胞中与 3 积累有关的红
外信号的衍射极限分辨率相当低。但是，用金属羰基试剂进行细胞成像的优点是无须进一步
用有机生色团对其进行衍生就可以对有机金属单元进行定位和成像，有机生色团的大尺寸可
能会改变分子的物理化学性质，从而改变其细胞分布。

　　为克服上述部分缺陷，Policar 团队引入了一种既可利用红外性质又可用发光性能进行
细胞成像的铼-三羰基探针，比如单个的多模态试剂 4[32]。探针 4 包含 C$_{3v}$ 局部对称的 fac-
[Re(CO)$_3$]$^+$ IR-标记，与 3 一样，它能在细胞的 IR 透过窗口中产生两条吸收带：约
1920cm^{-1} 处的一个 E 波段（反对称伸缩，双重退化）和约 2020cm^{-1} 处的一个 A$_1$ 波段
（对称伸缩）。4-(2-吡啶基)-1,2,3-三唑配体可作为荧光标签引入金属离子的配位层。Policar

小组进行了与多模态 4 相关的研究，这些研究显示内源性细胞反应可以很容易识别 4 的红外和发光特性。

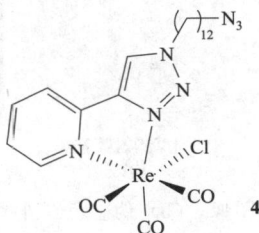

该方法被称为单核多模态成像探针（SCoMPI），它已成功地将 4 定位于 MDA-MB-231 细胞的高尔基体中（图 5.6）。首先通过能够以图像显示核周 4 的广域荧光显微镜观察了 MDA-MB-231 细胞，其次是在中红外的 SR-FTIR-SM 细胞图像中显示了 4 位置热点相匹配响应的 E 波段和 A_1 波段辐射荧光发射（图 5.6）。所得结果进一步为双模态核 4 在细胞内环境完全显示 IR 和发光成像双模态可靠性提供了证据。

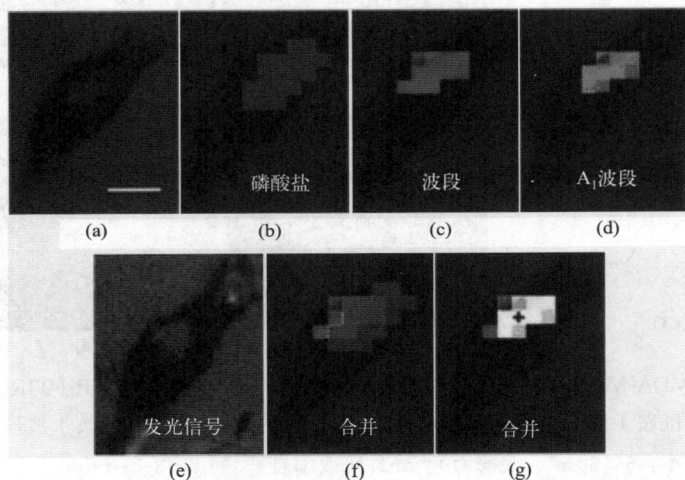

图 5.6　MDA-MB-231 细胞与 4 培养。（b）～（d）SR-FTIR 映射，热点：（b）磷酸盐反对称伸缩（蓝色），（c）E 波段（红色），（d）A_1 波段（青色）。（e）荧光图像，4（蓝色）定位。（f）、（g）SR-FTIR 热点的叠加：（f）（b）（蓝色）和（c）（红色）的叠加（洋红色），（g）（c）（红色）和（d）（青色）的叠加（白色）。经许可引自［32］2012Royal Society of Chemistry。像素大小：3mm×3mm（见彩页）

羰基配合物的细胞摄取通常在 $1\sim10$mmol·L^{-1} 的浓度范围进行测量。如果实验允许更长的摄取时间，则可以使用更低的浓度。但是，细胞内积累的羰基物质的局部浓度可能高达数 mmol·L^{-1}。所以必须采取谨慎措施确保细胞活力不受羰基探针相对较高浓度的影响。当然，可以将这种作用当作细胞暴露于化学物质的标准毒性试验的一部分来进行。另外，振动光谱的使用可以使监测金属羰基吸收和反应性的同一实验中同时监测毒性。通过比较处理和未处理细胞的 IR 光谱可检测未处理样品的活力。细胞凋亡和坏死过程的发生会影响细胞的红外光谱，引起羰基酯区域（在 $1750\sim1700$cm^{-1} 之间）和酰胺吸收区域（在 $1700\sim1600$cm^{-1} 之间）的吸收变化［33］。对经历死亡的不同细胞系和组织类型不同的光谱变化已有报道。因此，如果在暴露于含 CO 探针时观察到这些区域的光谱变化，建议没有羰基配合物诱导细胞凋亡和/或坏死的情况下，进行独立的对照实验，并记录特定的红外光谱。该对照将证实羰基显像剂是否真的诱导细胞死亡，或者是观察到的光谱变化是由其他作用所致。

5.4.4　金属羰基配合物的体内摄取和反应活性

迄今为止，IR 显微镜对金属羰基配合物的细胞摄取研究的最多应用是依赖于将羰基配体作为 IR 探针使用。我们小组最近正在探索使用红外显微镜研究羰基配合物的体内摄取和生物化学性质。近十年来，鉴于 CO 在体内稳态和信号转导中的生理作用，人们对其生物化学性质的关注与日俱增。部分关注已针对药理应用，以利用低浓度的 CO 表现出的细胞保护特性。药理学研发集中在 CO 释放分子（CORM）的设计上。它们的作用机制及其在体内的适用性是目前关注的主题（见第 10 章）。迄今为止，红外显微镜是唯一用于研究 CORM 实时摄取和反应活性的振动成像技术。

我们的研究已表明，IR 显微镜对活细胞样品进行检测可提供细胞内和细胞外环境中有关含 CO 化合物的反应活性信息。基本方法是先在具有生物相容性的 IR 透过光学片上培养细胞，当细胞生长至所需密度之后[26,34,35]，将带有所需组成培养基的光学片转移至夹层型样品架（图 5.7）。封闭样品时，根据样品架设计和实验要求，可以在封闭样品时将 CO 配合物添加到介质中或者在之后注入。这样的操作既可以是光谱显微镜测定实验，也可以是映射或成像实验。

图 5.7　活体样品的红外显微测量样品盒。该支架具有夹层结构，包括两个红外光学片，其包围着一定体积含细胞的生长培养基。测微间隔环确定样品的厚度，并防止细胞在闭合过程中受损。金属外壳可以通过流动恒温液体或使用热电单元来控制温度。经许可改编自 ［26］2011 Royal Society of Chemistry

以图 5.8 为例，它表示一个对新鲜溶解了 cis-$[Re(CO)_2(Br)_4]^{2-}$（5，也称为 ReCORM^{-1}）$^{[1,36-38]}$ 的 DMEM（Dulbecco 改性 Eagle 介质）样品在 3T3 纤维原细胞培养基细胞外环境中进行的光谱显微镜测定。光谱在 30 min 内的变化表明复合物不稳定且存在配体交换。这是因为从开始测量光谱就有变化。正峰和负峰的形态表明配合物发生的水化作用。这与在水溶液中的测定相比，尽管动力学不同，但其性质是一致的，表明介质的组成对水合作用的动力学有显著的影响。2342cm^{-1} 处的谱带随水解时间增长急剧增强。该谱带源于培养基成分之一的 HCO_3^- 在水溶液中质子化而生成的二氧化碳[39]。CO_2 浓度的增加表明溶液的酸度在增加，这与 5 水化之后的质子释放步骤一致[37]。

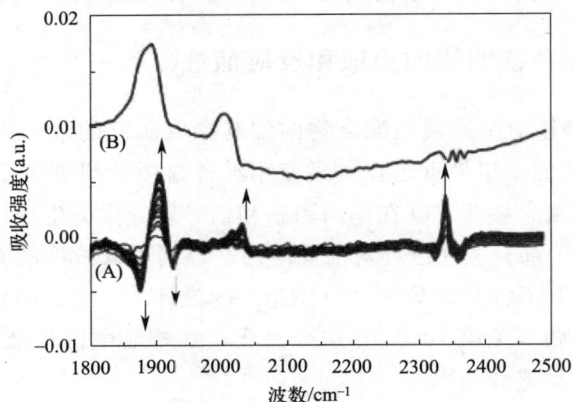

图 5.8　对活的单个 3T3 纤维原细胞和培养基的光谱显微镜测定。（A）在 DMEM 介质中 $v(CO)$ 区的时间分辨差异光谱。光谱显示了 5 在暴露于水环境时的水解。（B）在 DMEM 培养基中过夜吸收后，在 3T3 细胞内积累的 Re-CO 复合物（L. Quaroni 和 F. Zobi，未发表成果）

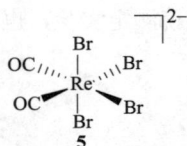

值得注意的是，时间分辨光谱显微镜对单个细胞的测试表明，在此时间范围内，无论是 5 还是其直接水解产物都没有发生细胞摄取。相反，在细胞位置过夜摄取后的光谱显微镜测试结果显示了第三种化合物的细胞累积，其 $v(CO)$ 谱带如图 5.8（B）所示。累积物种的 $v(CO)$ 谱带图初步表明形成了稳定的 $[Re^I(CO)_3(L)_3]^n$ 物种（其中 L 为水或其他配体），其中三个羰基很可能是围绕中心金属离子成平面排列。有趣的是，该化合物不是 5 的活性形式，这表明至少在 3T3 细胞中 5 不能通过细胞摄取来表达其细胞保护活性[38]。最终被细胞吸收的物质可能是无活性的 5 的后期水解产物。在对体内化学反应缺乏实时测量的情况下以上观察结果为理解摄取数据提供了一个有效的假设。仅通过描述细胞干燥后摄取的最终结果的测定，会漏掉有关活性形式及其细胞摄取的信息。突出详细解析羰基光谱性质在解释体内发生过程中的作用也是很有用的。$v(CO)$ 谱带对其他配体和金属配位几何构型的灵敏度为溶液中的反应动力学提供了宝贵的依据。

我们研究小组利用这些特点描述光敏性 CORM 的细胞摄取和反应活性，可见光照射可以激发它的 CO 释放性能[40]。化合物 6（B_{12}-MnCORM-1）是基于 fac-$[(CO)_3Mn^I(tacd)]^+$ 复合物（tacd ＝1,4,8,11-四氮杂环十四烷）与维生素 B_{12} 的核糖部分相连。B_{12}-MnCORM-1 利用 B_{12} 作为载体促进内化。研究表明，的确可以追踪 3T3 纤维原细胞中大约 1h 内 6 的实时摄取[40]。图 5.9 显示可以用 1min 或更短的时间分辨率进行测定，显示在 1912cm^{-1} 和 2027cm^{-1} 处，即在 B_{12}-MnCORM-1 的 E 和 A_1 跃迁特征频率处的谱带增加。这些峰为正，表明所测量的样品中 6 的浓度越来越大。

暴露在可见光下会引起 CO 配体的释放，从 1931cm^{-1} 和 2027cm^{-1} 的吸收强度下降可

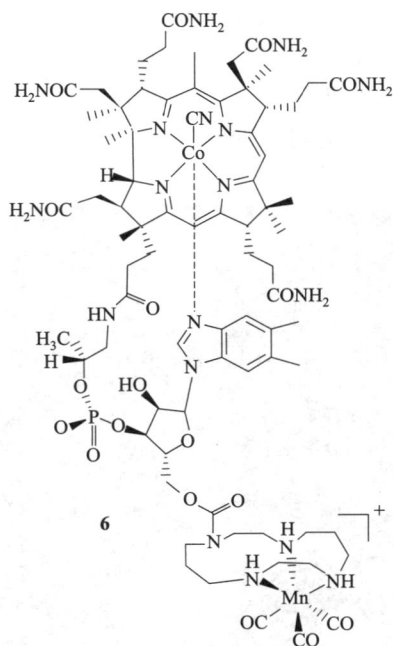

以看出，在暴露几分钟后，谱带会完全消失（见图5.9）。

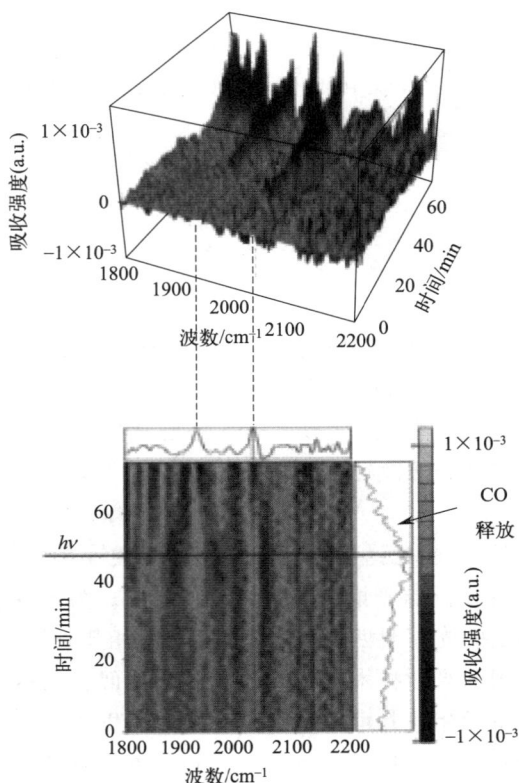

图 5.9 单个 3T3 纤维原细胞中 6 的积累和随后的光解。图片以 2D（底部）和 3D（顶部）表示复合物 6 培养的 3T3 细胞的 IR 光谱随时间的变化。2D 光谱框架中的绿线是沿图中所示方向的"横截面"。标记的峰对应于 fac-$[Mn^I(CO)_3]^+$ 核的 E 和 A_1 伸缩模式（见彩页）。经许可改编自 [40] 2013 American Chemical Society

摄取数小时后，可通过 E 和 A_1 跃迁的吸收带的图像来描述复合物的亚细胞分布。图 5.10 显示了一个完整的 3T3 单元内两个吸收带的分布。如前所述，在定量解释图像时必须认真考虑细胞位置的作用。即使有此提示，我们仍可以排除 6 的特有胞质定位。与其他金属羰基配合物的报道一致，对图像最有可能的解释是核内和/或其附近的核周分布[32]。

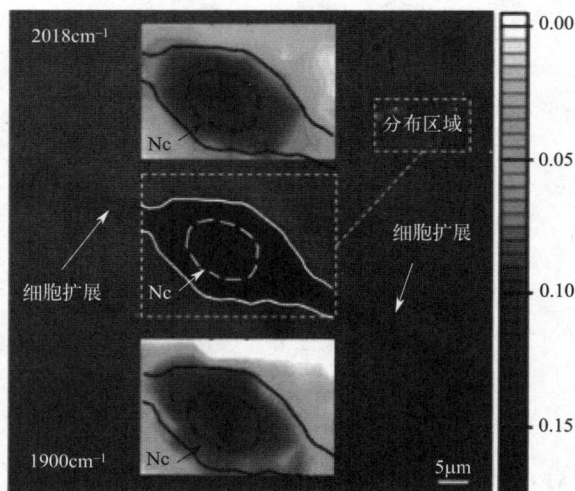

图 5.10　配合物 6 孵育的 3T3 纤维原细胞的光学图像。顶部和底部插图分别显示了通过积分在 $2018cm^{-1}$ 和 $1900cm^{-1}$ 频率下羰基伸缩振动强度而得到的图像。经许可可改编自［40］2013American chemical Society

5.5　拉曼显微镜

拉曼光谱已广泛用于均相宏观样品中生物分子的振动光谱研究。该技术的特点是响应限范围宽，这取决于激发激光束与样品电子跃迁的共振（或缺乏）。响应限范围在 $10\sim 100$ mmol·L^{-1} 可以预期共振测量约 1 min，而满足共振条件时响应限下降到 10μmol·L^{-1}。该技术的一个特点是大体积水的信号很弱使得它可以容易地测定毫米厚度范围的水样[41]。

近 20 年来，出现了用于拉曼光谱显微镜和成像的显微镜光学配置[42]。它们由用作样品室的显微镜单元和用于光谱分析的光谱仪组成（图 5.11）。为确保测量位置选择的准确性，照射样品的光路与光谱测定的光路要匹配。与 IR 显微镜相比，因为激发光在可见光和近红外范围内，拉曼显微镜使用的光学技术与荧光显微镜相类似。在多数情况下，显微镜单元本身就是现成的，与分光计单元相连并可以进行拉曼光谱分析的标准光学显微镜。因此，拉曼显微镜测定可以在与荧光测定非常相似的条件下进行，并且通常使用相同的样品架。然而，在宏观拉曼实验中使用了几种激发和吸收结构，而在商业拉曼显微镜[42] 中使用了反向散射设置[42]。

激光是传统的拉曼显微镜光源，具有高亮度和激发波长的高选择性。其缺点是光子在样

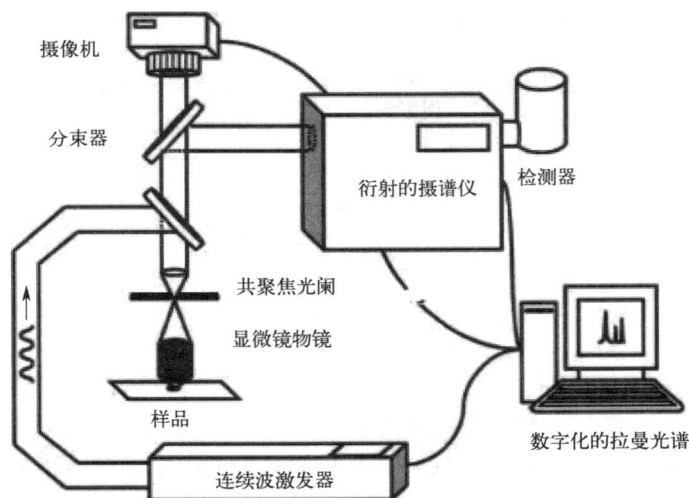

图 5.11 拉曼显微镜的示意图。使用可见激光物镜将通常为连续波（CW）的激光光源聚焦在样品上。用共焦光圈可将激光减小到衍射极限点。一组分束器和滤光片（未显示）可使用摄像机进行样品检查，并从拉曼散射中分离出激发波长。后者通过分散光谱仪进行分析，并通过光谱级 CCD 相机进行测量

品上的高通量密度，它会由于热或光化学效应引起荧光发射干扰和样品的降解。当进行非共振测量时，因为需要使用更高的功率来补偿微弱的散射，这些问题就特别严重。非共振测量所必需的能级是几毫瓦，而共振条件下进行测量只需 $10 \sim 100 \mu W$。

　　水的拉曼散射很弱，这就使得样品大小和几何形状对红外显微镜的限制对拉曼显微镜不起作用。样品的厚度通常可达几毫米级，这就确保了即使是较大的真核细胞也能被测量[43,44]。与已经讨论过的红外显微镜类似，拉曼显微镜的测量可以在光谱显微镜或成像配置中进行。在光谱显微镜实验中，用显微镜的物镜作聚光镜将激光束聚焦到一个小点上。来自该点的拉曼反向散射光被同一物镜聚集并发送到光谱仪进行分析。用共焦光圈限制激光光斑的大小，直至衍射极限光斑[42]。

　　拉曼显微镜测量的衍射极限空间分辨率也由瑞利公式[式(5.1)]描述。在传统的拉曼实验中，激发光和散射光的波长在 UV、可见光和近红外光谱范围内，而显微镜物镜是激光光学物镜，其设计与荧光显微镜相同。结果极限分辨率在荧光显微镜所能达到约为 $100 \sim 500$ nm 的范围内。

5.5.1　用拉曼显微镜进行浓度测定

　　拉曼信号的强度随着生色团的浓度而增加。但是，考虑到由自吸效应和其他样品成分的散射以及样品中界面的反射或折射引起的强度减弱所致的强基质效应，这种关系是复杂的。样品架的几何形状和显微镜光学器件的排列也会影响结果。因此，出于定量目的，一般的方法是在适当介质中用已知分析物浓度的溶液绘制标准曲线，从而消除样品的基质效应。绘制标准曲线和进行测量时，应在平行的条件下使用同一仪器。

5.5.2　作为细胞成像拉曼探针的金属羰基配合物

与红外光谱一样，用拉曼活性金属羰基探针进行细胞成像尚处于研究初期阶段，且在文献中仅出现几个相关研究。在 2010 年，Havenith、Meltzer-Nolte 和 Schatzschneider 小组报道了对光诱导细胞毒性 CO 释放分子 fac-$[Mn(tmp)(CO)_3]^+$（7）的细胞摄取和细胞内分布的研究[45]。

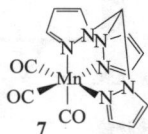

与化合物 3 和 4 相似，fac-$[CO(CO)_3]^+$ 核的局部 C_{3v} 对称在 7 中产生了两个吸收带，但在 HT29 细胞（人结肠癌细胞）的拉曼光谱中只能检测到反对称 E 带。因此，只有通过分析 E 波段的 CO 伸缩振动的最大积分强度重新生成 HT29 细胞的光学图像。如图 5.12 所示，拉曼图像清楚地显示在核中心进一步定位时形成明显的圆形图案，结果表明 7 主要与核和核膜相关。应用拉曼光谱显微镜，作者还能够通过测量细胞沿 x，z 方向的横截面积来证明 7 在细胞中被内化作用。图 5.12(e)～(g) 中重新生成的图像提供了细胞渗透和核积聚的证据。本研究首次表明，稳定的水溶性金属羰基配合物可作为活细胞三维拉曼成像的内部无标签标记物。德国科学家展示的拉曼光谱图像的质量是证明这项技术潜力的一个突出例证。

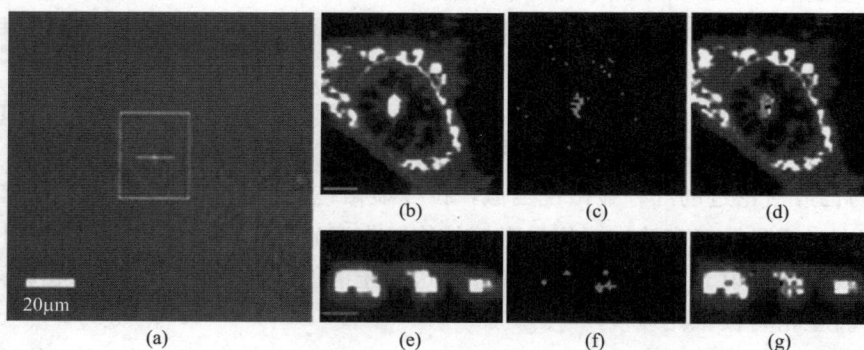

图 5.12　(a) 与 7 培养的 HT29 人结肠癌细胞的光学图像。(b)、(c) 通过对 C—H（3050～2800cm^{-1}）和 C≡O（1965～1945cm^{-1}）伸缩振动强度的积分重新生成的拉曼图像。(d) 图像（b）和（c）的叠加。(e)～(g) 同一成像沿 x，z 方向截面的拉曼图像。拉曼图像的比例尺为 6μm。经许可改编自 ［45］2010 Wiley-VCH Verlag GmbH&Co. KGaA，Weinheim

用作活细胞成像的羰基金属探针的第二个例子由 Leong 和 Olivo 研究小组在 2012 年提出[46]。这些研究者解决了拉曼截面散射低以及与成像所需的基于羰基金属生物标签相对较高浓度相关的问题。作为降低金属离子探针浓度（μmol·L^{-1}）的一种解决方案（从而避免了生物标签的不必要细胞毒性问题），他们提出了通过将铼簇 8 与金纳米粒子偶合来增强羰基伸缩振动频率信号（NP，图 5.13）的表面增强拉曼光谱（SERS）法。由于纳米结构表面的强等离子体共振，胶体金或银纳米颗粒上的分子拉曼信号可以增强几个数量级（通常从 10^6 到 10^{14}）[47,48]。这种光谱方法已经成功地应用于如 DNA 或细胞分子检测[49-55] 和癌症诊断[56,57] 的化学传感领域。

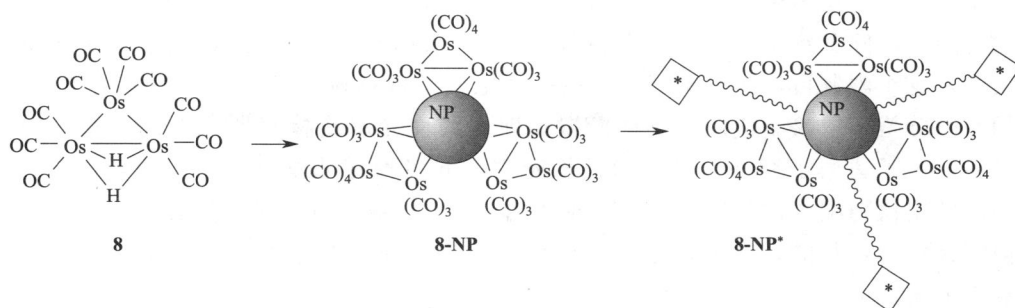

图 5.13　锇簇 8 的结构和金纳米颗粒偶联 8-NP 及其抗 EGFR 抗体衍生物 8-NP* 的示意图，抗 EGFR 抗体在 8-NP 中以带星标的框表示

当时将化合物 8-NP（见图 5.13）与一种抗表皮生长因子受体的抗体（抗 EGFR，在多种癌细胞中高表达）偶联，并与 OSCC（表皮样癌）或 SKOV3（卵巢癌）细胞一起培养。然后利用 SERS 增强的 CO 在 2030cm^{-1} 处吸收信号将 8-NP* 的细胞分布成像，并且观察到的羰基标签的定位与明场和暗场显微镜图像相关[图 5.14(c)～(f)]。明亮的散射点与检测到 CO 振动信号的位置明显相关（图 5.14）。

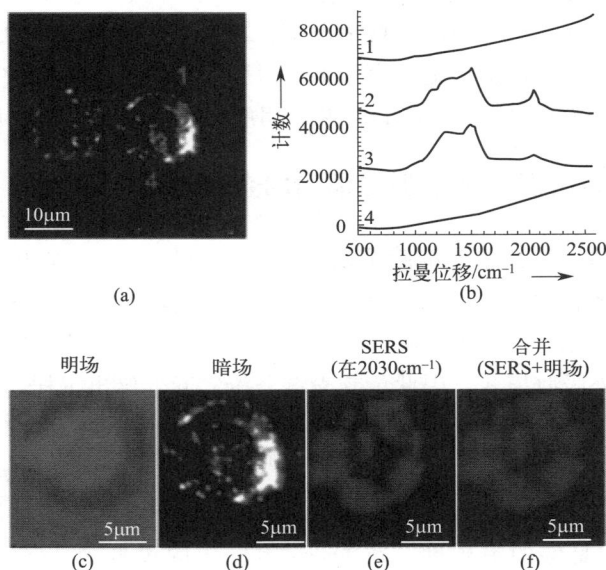

图 5.14　（a）用 8-NP* 培养后的 OSCC 细胞暗场图像；（b）在所示的四个不同位置的 OSCC 细胞的 SERS 光谱；（c）～（f）经 8-NP* 处理的 OSCC 细胞的明场、暗场和 SERS 映射图像。经许可改编自 ［46］2012 Wi-ley-VCH Verlag GmbH&Co. KGaA，Weinheim

5.6　近场技术

红外和拉曼显微镜依靠反射和折射光学元件使探测光束聚焦的距离远远大于光的波

长和光源的大小。这种聚焦被定义为远场条件，其特征是夫琅禾费衍射效应和如式（5.1）所示的有限的空间分辨率。当用光源或检测器所探测样品的大小接近或小于所使用的光的波长时，这个限制可以忽略不计。这些条件定义了近场显微镜测定。在确定的条件下，有限的空间分辨率取决于使用的具体配置，即大约由光源或检测器元件的大小确定。人们已经研发出了适用于紫外、可见和红外光谱区域多种宽波段近场实验光学装置[58-64]。分辨率的特定值随配置而异，但可以低至 $1/400\lambda$[65]。该分辨率对于具有中红外辐射的细胞显微镜是特别难得的，因为在这个尺寸范围的许多亚细胞结构由于太小而无法用远场光学器件分辨。

现已发布了多种用于近场光谱显微镜和在 IR 光谱区域成像的光学配置。然而迄今为止，已用于细胞样品研究的仅有其中一部分，已用于表征羰基配合物摄取的仅其中之一。在以下各节中将对后者展开讨论。

5.6.1　使用近场技术进行浓度测定

大多数近场技术都不容易得出有关浓度的准确定量信息。尽管信号的强度通常随生色团的浓度而增加，但相关性很复杂，并且在很大程度上取决于特定的光学配置和样品的形貌。因此，很少尝试量化。然而，更适合定量测定浓度的光学配置是基于传输光学器件（如光纤和亚波长光圈）的光学配置。在所有这些情况下，有必要用与研究对象具有相似光学性质的样品来绘制标准曲线。样品的形貌通常会影响信号强度。对这些影响的校正需要单独测量样品形貌，例如通过原子力显微镜（AFM），然后用所得结果校正近场响应。

5.6.2　光热诱导共振高分辨率测定细胞内金属-羰基累积

在本节中，仅描述一种已用于细胞系统中羰基金属探针的表征和成像的近场配置[66]。该配置是基于红外光吸收的光热检测（图 5.15）[67,68]。其用宽带红外光源照射样品，产生光热诱导共振效应（PTIR）。检测是通过测量吸收红外光后样品的热辐射来实现的。辐射的波长依赖性再现了红外吸收模式，因此，其光谱分析实际上给出了样品的吸收光谱。在近场测量中，红外光束用于照射整个延伸样品，位于样品附近的亚波长热探针用于检测。测量的空间分辨率由探针尖端的大小（大约 50nm）决定。这足以识别细胞核和更大的亚细胞结构。扫描样品顶端可以合成特定频段的二维红外（2D IR）图谱。这种设置的主要困难是需要高倍 IR 光源以达到足够的灵敏度。在 Dazzi 等使用的设置中，光源是自由电子激光器（FEL）[68]。

样品的 IR 光照射使用的是 ATR 棱镜，样品细胞在其上放置或生长（图 5.15）。红外光在棱镜和样品之间的界面处内部反射，从而确保吸收光是仅经瞬逝场延伸至样品的。这种设置避免了将热探头直接暴露在激发光束下，并且还可以在水体环境中工作。这种装置的高分辨率的权衡是为得到可测的光热信号需要相对较高功率，而这样又可能影响样品的生存能力。如图 5.16 的示例中，使用的是 10 mW 脉冲 IR 辐射。用于热探头的针尖也可以与 AFM 针尖具有相同功能，能够通过轻触模式测得样品形貌并具有近似的空间分辨率。在相同空间分辨率下收集的形貌和光谱显微镜数据的比较对评价形貌在红外吸收图中的贡献有特别的价值。

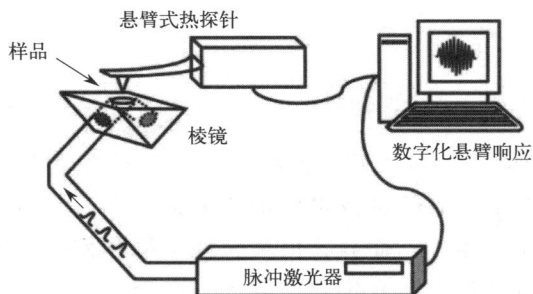

图 5.15　近场光热红外显微镜的设置。来自高倍光源（例如自由电子激光器或台式激光器）的光被定向到载样品的 ATR 棱镜。红外光在棱镜-样品界面处内部完全反射，并通过瞬逝场的介质被样品吸收。样品将吸收的红外光作为热量重新发射，并由近端悬臂纳米探针检测到。用测到的探头振荡的变化重现样品的吸收光谱

　　Policar 和他的同事利用这种特殊的设备成功地对 MDA-MB-231 乳腺癌细胞中的铼-三羰基他莫昔芬类似物 3（见 5.4.3 节）进行了检测和成像[66]。这些细胞最初是用 AFM 方法定位的。这种方法提供了图 5.16 中黑色轮廓表示的样品形貌。用 $3\mu\text{mol}\cdot\text{L}^{-1}$ 溶液培养后，使用 PTIR 装置在几个不同波长处对细胞进行定位。他们为 3 的内化作用提供了证据，并显示了羰基探针的普遍核定位作用。利用在 1240cm^{-1}（反对称 PO_2^- 振动）和 1650cm^{-1}（酰胺 I 带）辐射初步对核做了定位。

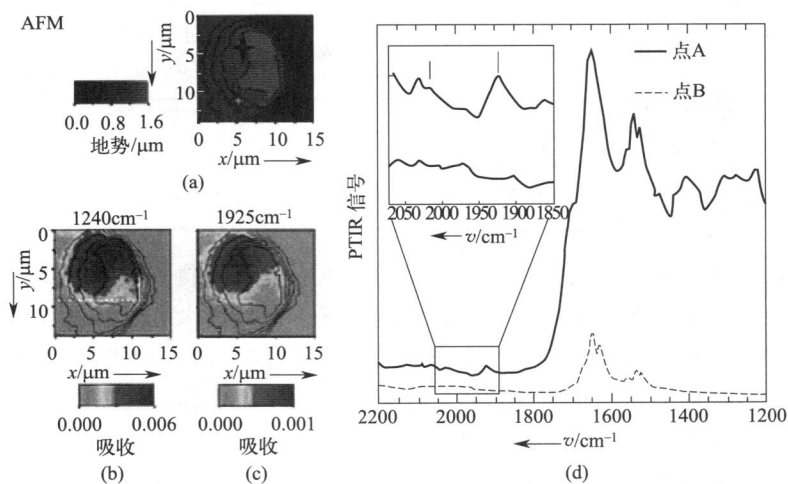

图 5.16　经 3 处理和分光镜检测的 MDA-MB-231 细胞核图像。（a）AFM 形貌。（b）、（c）为 PTIR 映射，其 AFM 轮廓叠加为记录在 1240cm^{-1}（b）和 1925cm^{-1}（c）的黑线。（d）PTIR 光谱显微镜测定的光谱图，平均入射功率为 10 mW；点 A 的光谱为实线，点 B 的光谱为虚线。插图显示 $2050\sim1850\text{cm}^{-1}$ 区域；两个刻度表示 3 的特征峰的位置。经许可改编自 [66] 2011 WILEY-VCH Verlag GmbH&Co. KGaA，Weinheim

5.7 技术比较

表 5.1 概述了与前面各节中的细胞成像所描述的不同振动技术相关的优点和局限性。中红外显微镜技术是所有振动显微镜技术中最普遍适用的。它可以检测所有异核多原子分子。虽然灵敏度极限随具体分子而异，但通常在毫摩尔附近。它的通用性意味着该技术在单次测量中提供了相关多个分子的大量信息。这个检测水平既是机遇也是挑战，因为复杂的光谱变化很难解析，甚至与简单的过程相关也是如此。红外吸收测定所需的低功率意味着样品几乎不受测定干扰，这使其成为研究活体样品的首选技术。它的主要局限性之一是水的吸收，严重限制了样品的厚度，通常仅限于单细胞层。结果可能使样品支架的设计复杂化，因为红外显微镜的样品支架是一个复杂程度可变的微流体装置。实验设计和样品制备方案还需要对用于光学显微镜测量的方案进行一些修改。另一个局限性是相对较低的空间分辨率，这给亚细胞成像带来了挑战。后者意味着中红外显微镜作为光谱显微镜技术比成像技术更有价值。

表 5.1　用于细胞组织中的羰基配合物的光谱显微镜和成像的振动显微镜技术的比较

技术	空间分辨率	检出限	样品的功率	优点	缺点
中红外显微镜	在衍射极限下为 $2.5 \sim 25 \mu m$	约 $1 mmol \cdot L^{-1}$	$10 \sim 50 \mu W$	一般适用于温和样品	·高水干扰 ·没有选择性 ·高空间分辨率的低通量
拉曼显微镜	在衍射极限下为 $200 \sim 500 nm$	约 $10 mmol \cdot L^{-1}$	$1 \sim 10 mW$	一般适用于低水干扰的样品	·低灵敏度 ·对样品苛刻（高功率） ·荧光干扰
共振拉曼显微镜	在衍射极限下为 $200 \sim 500 nm$	约 $10 \mu mol \cdot L^{-1}$	$0.1 \sim 1 mW$	选择性敏感可忽略不计的水干扰	·适用于少数样品和分子 ·高荧光干扰
PTIR	$30 \sim 50 nm$（探针尺寸）	无限制	$10 mW$	非常高的分辨率	·可用性有限 ·对样品苛刻（高功率）

相比之下，拉曼显微镜与光学显微镜技术一样具有衍射限制分辨率，并且对水仅是轻度敏感。这两个特点意味着在实验条件几乎相同的情况下，该技术可以用于与光学显微镜所适用的非常相似的样品和样品支架。它的主要缺陷是拉曼信号需要相当高的功率（高达几毫瓦）才能在非共振条件下获得有用的信号。这可能不利于敏感样品的测试，也限制了拉曼显微镜在活体样品上的应用。另一个缺陷是荧光发射产生的严重干扰，它发生在与拉曼发射相同的光谱区域，但是强度可能比拉曼信号大几个数量级，从而将其覆盖。由于生物样品含有丰富的天然荧光团，所以来自荧光发射的干扰在测定生物样品时通常是一个问题。

当拉曼信号与其中一个发色团的电子跃迁共振时，以上缺陷会大幅降低。信号被共振增强后大了几个数量级，从而对高功率激光的需求减少。它们的强度有时足以在荧光背景上可见。很遗憾，仅仅卟啉和类胡萝卜素类这些特定的生色团才能达到共振条件，从而限制了其适用性。表面增强拉曼光谱测量的条件也减弱了拉曼显微镜的局限性，使其灵敏度提高并在很多情况下使荧光猝灭[47]。然而，表面增强作用要求生色团与纳米金属结构接近。虽然一些样品可以满足这一条件，但并不普遍。

在用于研究金属羰基配合物的振动显微镜技术中，可以测定亚细胞结构的 PTIR 无疑提供了最高的分辨率。然而它也存在缺陷，主要是测定过程需要高功率，这可能会影响长时间曝光样品的生存能力。其次是当前有限的适用性。目前，仅有位于巴黎南大学奥赛校区克利奥费尔（CLIO FEL）的一套设备，能够提供大功率自由电子激光器并在宽光谱范围内获得良好的热信号。由于作为高功率可调节台式中红外光源的量子级联激光器（QCL）正在陆续投入应用，目前状况在不久的将来会得到改善。

5.8　结论与展望

本章介绍了最先进的振动光谱显微镜以及金属羰基配合物在细胞和组织中的成像技术。金属羰基配合物丰富和独特的物理化学性质使其成为研究细胞系统的绝佳工具。正如贯穿本章的重点，这些物质的 CO 特异伸缩振动频率为化学生物学研究提供了极好的条件。现已充分证明，当金属羰基配合物被暴露在适当能量的电磁辐射下，即使在活细胞中，它也会在振动光谱透过的不存在有机官能团共振的水层区域产生响应信号。振动显微镜技术作为一种将细胞结构和动态过程实时可视化的方法，仍处于初期的发展阶段。随着金属羰基化学的不断创新和研究技术的进步，该领域必将得到进一步发展。

在撰写本文期间，与本章主题相关的技术和应用都在快速发展。这使得一些技术虽然尚未研究，但还是有望在未来几年甚至几个月内实现。其中之一就是将远场振动显微镜技术应用于金属羰基配合物在细胞和组织中的光谱显微镜成像技术。已有几种基于光吸收或散射的振动技术被成功配置在显微镜中。用许多已经用于细胞成像的方法来解决有关金属羰基配合物的摄取和定位只是时间问题。相干反斯托克斯拉曼光谱（CARS）[69-71] 显微镜和受激拉曼散射（SRS）显微镜技术是两个有潜力的基于光散射的技术[72,73]。两者都是多光子相干技术，即多重激光束与样品匹配并产生一个也是相干光束的样品发射的散射信号。尽管所用可见光和近红外光区域的波长有相应的较高衍射限制的分辨率，而样品发射的散射信号却能保证较高灵敏度。两种技术均已成功用于细胞成像，并且能够解析水样品中的细胞器和脂质膜等亚细胞结构。由于以上特性，对单细胞内金属羰基配合物进行研究的非常有前景的工具就非它们莫属。

近场振动光谱法是另一个对金属羰基配合物研究有前景的发展领域。除了本章详细介绍的 PTIR 配置外，其他几种包括近场吸收和近场散射的配置已在文献报道[60,65-71]。其中几种已应用于细胞成像并已达到亚细胞分辨率[60,67]。它们的主要局限性是需要相当高能量的光源。尽管它们很容易在可见光谱区域提供，例如对于尖端增强拉曼光谱（TERS），但基于中红外光吸收的配置仍然受到对既有宽波带又有高功率光源选择的限制。然而，从目前的发展看，量子级激光器（QCL）的制造和应用在未来几年内很可能会克服这些局限性，这将提供价格可承受的台式光源并大幅扩展中红外光谱的适用性。

致谢

F. Zobi 非常感谢瑞士国家科学基金会（Grant ♯ PZ00P2 _ 139424）的资金支持。

L. Quaroni 非常感谢 Paul Scherrer 研究所和 Swiss Light Source 的资金支持。

参考文献

1. F. Zobi, L. Kromer, B. Spingler and R. Alberto, Synthesis and reactivity of the 17 e-complex $[Re \, II \, (Br)_4 \, (CO)_2]^{2-}$: A convenient entry into rhenium(II) chemistry, Inorg. Chem., 48(18), 8965-8970(2009).

2. G. Jaouen and A. Vessieres, Transition-metal carbonyl estrogen-receptor assay, Pure Appl. Chem., 57(12), 1865-1874(1985).

3. S. Top, G. Jaouen, A. Vessieres, J. P. Abjean, D. Davoust, C. A. Rodger, B. G. Sayer and M. J. Mcglinchey, Chromium tricarbonyl complexes of estradiol derivatives-differentiation of alpha-diastereoisomer and beta-diastereoisomers using one-dimensional and two-dimensional NMR-spectroscopy at 500-Mhz, Organometallics, 4(12), 2143-2150(1985).

4. A. Varenne, A. Vessieres, P. Brossier and G. Jaouen, Application of the nonradioiso-topic carbonyl metalloimmunoassay(Cmia) to diphenylhydantoin, Res. Commun. Chem. Pathol. Pharmacol., 84(1), 81-92 (1994).

5. A. Varenne, A. Vessieres, M. Salmain, P. Brossier and G. Jaouen, Production of spe-cific antibodies and development of a nonisotopic immunoassay for carbamazepine by the car-bonyl metallo-immunoassay(Cmia) method, J. Immunol. Methods, 186(2), 195-204(1995).

6. A. Vessieres, K. Kowalski, J. Zakrzewski, A. Stepien, M. Grabowski and G. Jaouen, Synthesis of CpFe(CO)(L) complexes of hydantoin anions($Cp = \eta^5 - C_5 H_5$, $L = CO, PPh_3$), and the use of the 5,5-diphenylhydantoin anion complexes as tracers in the non-isotopic im-munoassay CMIA of this antiepileptic drug, Bioconjugate Chem., 10(3), 379-385(1999).

7. V. Philomin, A. Vessieres and G. Jaouen, New applications of carbonylmetalloim-mu-noassay(Cmia)-a nonradioisotopic approach to cortisol assay, J. Immunol. Methods, 171(2), 201-210(1994).

8. M. Salmain, A. Vessieres, P. Brossier, I. S. Butler and G. Jaouen, Carbonylmetal-loim-munoassay(Cmia) a new type of nonradioisotopic immunoassay-principles and application to phenobarbital assay, J. Immunol. Methods, 148(1-2), 65-75(1992).

9. N. Fischer-Durand, A. Vessieres, J. M. Heldt, F. le Bideau and G. Jaouen, Evaluation of the carbonyl metallo immunoassay(CMIA) for the determination of traces of the herbicide at-razine, J. Organomet. Chem., 668(1-2), 59-66(2003).

10. A. Vessieres, N. Fischer-Durand, F. Le Bideau, P. Janvier, J. M. Heldt, S. Ben Rejeb and G. Jaouen, First carbonyl metallo immunoassay in the environmental area: application to the herbicide chlortoluron, Appl. Organomet. Chem., 16(11), 669-674(2002).

11. M. Salmain, Labeling of proteins with organometallic complexes: Strategies and appli-cati-ons, in Bioorganometallics: Biomolecules, Labeling, Medicine, (ed. G. Jaouen), Wiley-VCH, Wein-heim, pp. 181-214(2006).

12. G. R. Stephenson, Organometallic bioprobes, in Bioorganometallics: Biomolecules,

Labeling, Medicine, (ed. G. Jaouen), Wiley-VCH, Weinheim, pp. 215-262(2006).

13. M. Salmain and A. Vessieres, Organometallic complexes as tracers in non-isotopic immunoassay, in Bioorganometallics: Biomolecules, Labeling, Medicine, (ed. G. Jaouen), Wiley-VCH, Weinheim, pp. 263-302(2006).

14. F. Zobi, Parametrization of the contribution of mono-and bidentate ligands on the sym-metric C O stretching frequency of fac-$[Re(CO)_3]^+$ complexes, Inorg. Chem. ,48(22), 10845-10855(2009).

15. F. Aubke and C. Wang, Carbon-monoxide as a sigma-donor ligand in coordination chemistry, Coord. Chem. Rev. ,137,483-524(1994).

16. G. Frenking and N. Frohlich, The nature of the bonding in transition-metal compounds, Chem. Rev. ,100(2),717-774(2000).

17. A. S. Goldman and K. KroghJespersen, Why do cationic carbon monoxide complexes have high C-O stretching force constants and short C-O bonds? Electrostatic effects, not sigma-bonding, J. Am. Chem. Soc. ,118(48),12159-12166(1996).

18. A. J. Lupinetti, S. Fau, G. Frenking and S. H. Strauss, Theoretical analysis of the bond-ing between CO and positively charged atoms, J. Phys. Chem. A,101(49),9551-9559 (1997).

19. A. J. Lupinetti, G. Frenking and S. H. Strauss, Nonclassical metal carbonyls: Appropriate definitions with a theoretical justification, Angew. Chem. Int. Ed. ,37(15),2113-2116 (1998).

20. A. J. Lupinetti, S. H. Strauss and G. Frenking, Nonclassical metal carbonyls, Prog. Inorg. Chem. ,49,1-112(2001).

21. F. Zobi, Ligand electronic parameters as a measure of the polarization of the C-O bond in $[M(CO)_x L_y]^n$ Complexes and of the relative stabilization of $[M(CO)_x L_y]^{n/n+1}$ species, Inorg. Chem. ,49(22),10370-10377(2010).

22. P. Fara, A microscopic reality tale, Nature,459(7247),642-644(2009).

23. C. Matthaeus, B. Bird, M. Miljkovic, T. Chernenko, M. Romeo and M. Diem, Infrared and Raman microscopy in cell biology, in Biophysical Tools for Biologists, Vol 2: in Vivo Techniques, (eds J. J. Correia and H. W. Detrich Ⅲ,), Elsevier, pp. 275-308(2008):

24. R. Salzer, G. Steiner, H. H. Mantsch, J. Mansfield and E. N. Lewis, Infrared and Raman imaging of biological and biomimetic samples, Fresenius J. Anal. Chem. ,366(6-7),712-726(2000).

25. K. L. Goff, L. Quaroni and K. E. Wilson, Measurement of metabolite formation in single living cells of Chlamydomonas reinhardtii using synchrotron Fourier-transform infrared spectromicroscopy, Analyst,134(11),2216-2219(2009).

26. L. Quaroni and T. Zlateva, Infrared spectromicroscopy of biochemistry in functional single cells, Analyst,136(16),3219-3232(2011).

27. I. W. Levin and R. Bhargava, Fourier transform infrared vibrational spectroscopic imaging: Integrating microscopy and molecular recognition, Ann. Rev. Anal. Chem. ,56,429-

474(2005).

28. D. E. Wolf, The optics of microscope image formation, in Digital Microscopy, (eds G. Sluder and D. E. Wolf), Elsevier, San Diego, pp. 11-55(2003).

29. G. L. Carr, Resolution limits for infrared microspectroscopy explored with synchrotron radiation, Rev. Sci. Instrum. ,72(3),1613-1619(2001).

30. K. V. Kong, W. Chew, L. H. K. Lim, W. Y. Fan and W. K. Leong, Bioimaging in the mid-infrared using an organometallic carbonyl tag, Bioconjugate Chem. , 18(5), 1370-1374 (2007).

31. S. Clede, F. Lambert, C. Sandt, Z. Gueroui, N. Delsuc, P. Dumas, A. Vessieres and C. Policar, Synchrotron radiation FTIR detection of a metal-carbonyl tamoxifen ana-log. Correlation with luminescence microscopy to study its subcellular distribution, Biotechnol. Adv. , 31(3),393-395(2012).

32. S. Clede, F. Lambert, C. Sandt, Z. Gueroui, M. Refregiers, M. A. Plamont, P. Dumas, A. Vessieres and C. Policar, A rhenium tris-carbonyl derivative as a single core mul-timodal probe for imaging (SCoMPI) combining infrared and luminescent properties, Chem. Commun. ,48(62),7729-7731(2012).

33. H. Y. Holman, M. C. Martin, E. A. Blakely, K. Bjornstad and W. R. McKinney, IR spectroscopic characteristics of cell cycle and cell death probed by synchrotron radi-ation based Fourier transform IR spectromicroscopy, Biopolymers,57(6),329-335(2000).

34. H. W. Kreuzer, L. Quaroni, D. W. Podlesak, T. Zlateva, N. Bollinger, A. McAllister, M. J. Lott and E. L. Hegg, Detection of metabolic fluxes of O and H atoms into intracel-lular water in mammalian cells, PLoS ONE,7(7),doi: 10. 1371/journal. pone. 0039685(2012).

35. J. R. Mourant, R. R. Gibson, T. M. Johnson, S. Carpenter, K. W. Short, Y. R. Yamada and J. P. Freyer, Methods for measuring the infrared spectra of biological cells, Phys. Med. Biol. ,48(2),243-257(2003).

36. F. Zobi and O. Blacque, Reactivity of 17 e(−)complex $[Re\rm{II}(Br)_4(CO)_2]^{2-}$ with bridg-ing aromatic ligands. Characterization and CO-releasing properties, Dalton Trans. , 40(18), 4994-5001 (2011).

37. F. Zobi, O. Blacque, R. A. Jacobs, M. C. Schaub and A. Y. Bogdanova, 17 e−rhenium dicarbonyl CO-releasing molecules on a cobalamin scaffold for biological application, Dalton Trans. ,41(2),370-378(2012).

38. F. Zobi, A. Degonda, M. C. Schaub and A. Y. Bogdanova, CO releasing properties and cytoprotective effect of $cis\text{-}trans\text{-}[Re\rm{II}(CO)_2Br_2L_2]^n$ complexes, Inorg. Chem. ,49(16), 7313-7322(2010).

39. M. Carbone, T. Zlateva and L. Quaroni, Monitoring and manipulation of the pH of sin-gle cells using infrared spectromicroscopy and a molecular switch, Biochim. Biophys. Ac-ta,Apr;1830(4):2989-93(2013).

40. F. Zobi, L. Quaroni, G. Santoro, T. Zlateva, O. Blacque, B. Sarafimov, M. C. Schaub and A. Y. Bogdanova, Live-fibroblast IR imaging of a cytoprotective photoCORM activated

with visible light, J. Med. Chem. ,56(17),6719-6731(2013).

41. J. R. Ferraro, K. Nakamoto and C. W. Brown, Introductory Raman Spectroscopy, Aca-demic Press(2003).

42. S. Stewart, R. J. Priore, M. P. Nelson and P. J. Treado, Raman Imaging, Ann. Rev. Anal. Chem. ,5,337-360(2012).

43. M. M. Mariani, P. J. R. Day and V. Deckert, Applications of modern micro-Raman spectroscopy for cell analyses, Integr. Biol. ,2(2-3),94-101(2010).

44. T. Weeks and T. Huser, Raman spectroscopy of living cells, in Biomedical Applications of Bio-physics, (ed. T. Jue), Humana Press, New York, pp. 185-210(2010).

45. K. Meister, J. Niesel, U. Schatzschneider, N. Metzler-Nolte, D. A. Schmidt and M. Havenith, Label-free imaging of metal-carbonyl complexes in live cells by Raman microspec-troscopy, Angew. Chem. Int. Ed. ,49(19),3310-3312(2010).

46. K. V. Kong, Z. Lam, W. D. Goh, W. K. Leong and M. Olivo, Metal carbonyl-gold nan-oparticle conjugates for live-cell SERS imaging, Angew. Chem. Int. Ed. ,51(39),9796-9799 (2012).

47. I. A. Larmour and D. Graham, Surface enhanced optical spectroscopies for bioanalys-is, Analyst,136(19),3831-3853(2011).

48. P. L. Stiles, J. A. Dieringer, N. C. Shah and R. R. Van Duyne, Surface-enhanced Ra-man spectroscopy, Ann. Rev. Anal. Chem. ,1,601-626(2008).

49. A. Barhoumi, D. Zhang, F. Tam and N. J. Halas, Surface-enhanced Raman spectrosco-py of DNA, J. Am. Chem. Soc. ,130(16),5523-5529(2008).

50. S. E. J. Bell and N. M. S. Sirimuthu, Surface-enhanced Raman spectroscopy(SERS) for sub-micromolar detection of DNA/RNA mononucleotides, J. Am. Chem. Soc. ,128(49), 15580-15581(2006).

51. J. A. Dougan, D. MacRae, D. Graham and K. Faulds, DNA detection using enzymatic signal production and SERS, Chem. Commun. ,47(16),4649-4651(2011).

52. K. Kneipp, A. S. Haka, H. Kneipp, K. Badizadegan, N. Yoshizawa, C. Boone, K. E. Shafer-Peltier, J. T. Motz, R. R. Dasari and M. S. Feld, Surface-enhanced Raman spec-troscopy in single living cells using gold nanoparticles, Appl. Spectrosc. ,56(2),150-154 (2002).

53. E. Papadopoulou and S. E. J. Bell, Label-free detection of single-base mismatches in DNA by surface-enhanced Raman spectroscopy, Angew. Chem. Int. Ed. ,50(39),9058-9061 (2011).

54. E. Papadopoulou and S. E. J. Bell, DNA reorientation on Au nanoparticles: label-free detection of hybridization by surface enhanced Raman spectroscopy, Chem. Commun. ,47 (39),10966-10968(2011).

55. R. Stevenson, R. J. Stokes, D. MacMillan, D. Armstrong, K. Faulds, R. Wadsworth, S. Kunuthur, C. J. Suckling and D. Graham, In situ detection of pterins by SERS, Analyst,134 (8),1561-1564(2009).

56. S. Y. Feng, J. Q. Lin, M. Cheng, Y. Z. Li, G. N. Chen, Z. F. Huang, Y. Yu, R. Chen and H. S. Zeng, Gold nanoparticle based surface-enhanced Raman scattering spectroscopy of cancerous and normal nasopharyngeal tissues under near-infrared laser excitation, Appl. Spectrosc., 63(10), 1089-1094(2009).

57. D. Graham, R. Stevenson, D. G. Thompson, L. Barrett, C. Dalton and K. Faulds, Combining functionalised nanoparticles and SERS for the detection of DNA relating to disease, Faraday Discuss., 149, 291-299(2011).

58. E. Bailo and V. Deckert, Tip-enhanced Raman scattering, Chem. Soc. Rev., 37(5), 921-930(2008).

59. A. Hartschuh, Tip-enhanced near-field optical microscopy, Angew. Chem. Int. Ed., 47(43), 8178-8191(2008).

60. F. Huth, M. Schnell, J. Wittborn, N. Ocelic and R. Hillenbrand, Infrared-spectroscopic nanoimaging with a thermal source, Nature Mater., 10(5), 352-356(2011).

61. L. Novotny, The history of near-field optics, in Progress in Optics, Vol. 50, (ed. E. Wolf), Elsevier, Amstrdam, pp. 137-184(2007).

62. B. Pettinger, Tip-enhanced Raman spectroscopy (TERS), Surface-Enhanced Raman Scattering: Physics and Applications, 103, 217-240(2006).

63. D. W. Pohl, Optics at the nanometre scale, Philosoph. Trans. Royal Soc. London Ser. Math. Phys. Eng. Sci., 362(1817), 701-717(2004).

64. D. A. Schmidt, I. Kopf and E. Bruendermann, A matter of scale: from far-field microscopy to near-field nanoscopy, Laser Photon. Rev., 6(3), 296-332(2011).

65. J. Houel, E. Homeyer, S. Sauvage, P. Boucaud, A. Dazzi, R. Prazeres and J. -M. Ortega, Midinfrared absorption measured at a lambda/400 resolution with an atomic force microscope, Opt. Express, 17(13), 10887-10894(2009).

66. C. Policar, J. B. Waern, M. A. Plamont, S. Clede, C. Mayet, R. Prazeres, J. -M. Ortega, A. Vessieres and A. Dazzi, Subcellular IR imaging of a metal-carbonyl moiety using photothermally induced resonance, Angew. Chem. Int. Ed., 50(4), 860-864(2011).

67. L. Bozec, A. Hammiche, H. M. Pollock, M. Conroy, J. M. Chalmers, N. J. Everall and L. Turin, Localized photothermal infrared spectroscopy using a proximal probe, J. Appl. Phys., 90(10), 5159-5165(2001).

68. A. Dazzi, Photothermal induced resonance. Application to infrared spectromicroscopy, in Thermal Nanosystems and Nanomaterials, (ed. C. E. Ascheron), Springer, Heidelberg, pp. 469-503(2009).

69. C. L. Evans and X. S. Xie, Coherent anti-Stokes Raman scattering microscopy: Chemical imaging for biology and medicine, Ann. Rev. Anal. Chem., 1, 883-909(2008).

70. L. G. Rodriguez, S. J. Lockett and G. R. Holtom, Coherent anti-stokes Raman scattering microscopy: A biological review, Cytometry Part A, 69A(8), 779-791(2006).

71. A. Zumbusch, G. R. Holtom and X. S. Xie, Three-dimensional vibrational imaging by coherent anti-Stokes Raman scattering, Phys. Rev. Lett., 82(20), 4142-4145(1999).

72. C. W. Freudiger, W. Min, B. G. Saar, S. Lu, G. R. Holtom, C. He, J. C. Tsai, J. X. Kang and X. S. Xie, Label-free biomedical imaging with high sensitivity by stimulated Raman scattering microscopy, Science, 322(5909), 1857-1861(2008).

73. C. W. Freudiger and S. Xie, *In vivo* imaging with stimulated Raman scattering microscopy, Opt. Photonics News, 22(12), 27-27(2011).

第 6 章

金属配合物检测 DNA

Lionel Marcélis[a]，Willem Vanderlinden[b]，Andrée Kirsch-De Mesmaeker[a]
a 有机化学与光化学，布鲁塞尔自由大学，比利时
b 分子成像与光子学，光化学与光谱学实验室，鲁汶大学，比利时

6.1 引言

关于金属配合物与 DNA 的相互作用已有大量的报道。金属配合物对于理想的 DNA 光探针、光亲和标记、光试剂，甚至潜在的 DNA 靶向成像药物是必不可少的。然而本章不再叙述有关 DNA 靶向成像药物的内容，感兴趣的读者可以自行阅读相关的综述[1-4]。我们将重点解释为什么一些金属配合物不仅能探测 DNA 的整体结构或拓扑结构，而且能探测它的局部性质和特征。尽管金属铂配合物很重要，但由于其主要是用于抗癌药物，这里就再不讨论[4]。本章将重点关注 Ru（Ⅱ）配合物，因为多年来它们一直作为 DNA（成像）探针被研究。当然也有必要谈一下其他金属离子如 Cr、Rh、Re 和 Ir，它们也能被用于 DNA（成像）探针[5-10]。

我们不再回顾该研究领域的相关文献，但将结合具体的例子解释为什么一些金属配合物不仅在体外实验，而且在细胞生物学方面的体内试验中都能够成功作为十分有效的 DNA 探针（图 6.1）。

Ru（Ⅱ）配合物作为 DNA 探针的主要作用机制是光激发响应的结果，所以首先要理解其光物理学性质。因此，本章开头，我们先讨论 Ru(Ⅱ)配合物的光物理学性质，接着我们特意选择一些在后期将要讨论的重要的光探针例子。对光物理学性质的全面综述将指导我们合理解释金属配合物与不同类型 DNA 的相互作用，包括从片段 DNA 的性质到活细胞中发现的大分子 DNA 的全面结构。最后将结合具体的例子探讨用于测定特殊 DNA 的 Ru(Ⅱ)配合物探针。

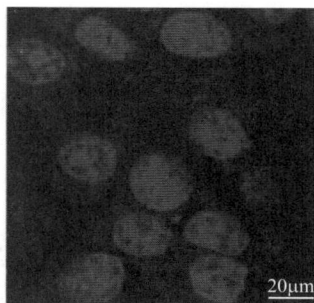

图 6.1　激光共聚焦显微镜观察人乳腺癌 MCF-7 细胞与 Ru（Ⅱ）配合物共培养的核染色图像。经许可引自［11］2011 Wiley-VCH Verlag GmbH & Co. KGaA，Weinheim

6.2　Ru（Ⅱ）配合物的光物理学性质

6.2.1　首个被研究的 Ru（Ⅱ）配合物——$[Ru(bpy)_3]^{2+}$

在 1970—1980 年之间出现了最早的对$[Ru(bpy)_3]^{2+}$光物理学性质研究的文献报道（图 6.2）[12,13]，自那以后，这个八面体配合物就一直是光物理学中大多数 Ru（Ⅱ）配合物的经典参考模型。因此我们来简要介绍它的光物理学性质。

$[Ru(bpy)_3]^{2+}$呈橘红色，吸收紫外可见光，并能发射出可见光光谱（图 6.3）。该配合物经光照弛豫后，使单重态金属与配体电荷跃迁激发态（^1MLCT）结合并 100% 直接过渡到三重态 MLCT 的激发态（^3MLCT）。这种电子自旋反转的过程称为系间跨越（ISC）。由于该过程的速度极快（几百飞秒），它可以与^1MLCT失活到基态过程以 100% 的效率竞争，这是 Ru 重原子效应。随着光的发射，这种^3MLCT状态最终回到基态。发光寿命（τ）取决于^3MLCT的寿命。换言之，发光寿命就等于非辐射速率常数与辐射速率常数和的倒数[$\tau=1/(k_r+k_{nr})$]。为了解释随着温度升高发光寿命缩短的这一现象，必须添加第三种钝化过程，即对金属中心三重激发态（^3MC）的热激活。^3MLCT 状态的寿命$\tau=1/[k_r+k_{nr}+A\exp(-\Delta E/RT)]$，在室温及氩气氛围下，水相中$\tau=620ns$[14]，式中$\Delta E$是指$^3MLCT$与$^3MC$两者之间的能量差，$A$代表指前因子。$^3MC$ 状态除了对基态的非辐射失活外，还可以引起失去一个配体（bpy），导致配合物分解。因为这种能量更高的^3MC状态不会发光，也不会干扰配合物来自^3MLCT的发射光谱。^3MLCT 的发光可能是$[(bpy)_2Ru(Ⅲ)(bpy^{·-})]^{2+*}$的激发态电子从 Ru（Ⅱ）转移到其中的 bpy 配体，也就是说其发射光谱与母体$[Ru(Ⅲ)(bpy^{·-})]^*$相对应。

6.2.2　均配物

对于其他的均配物如$[Ru(phen)_3]^{2+}$和$[Ru(TAP)_3]^{2+}$（图 6.2）[15]，图 6.3 中描述的光物理学原理依然适用，每一种具体的配合物具有不同的k_{nr}、k_r、ΔE 以及不同的吸收和

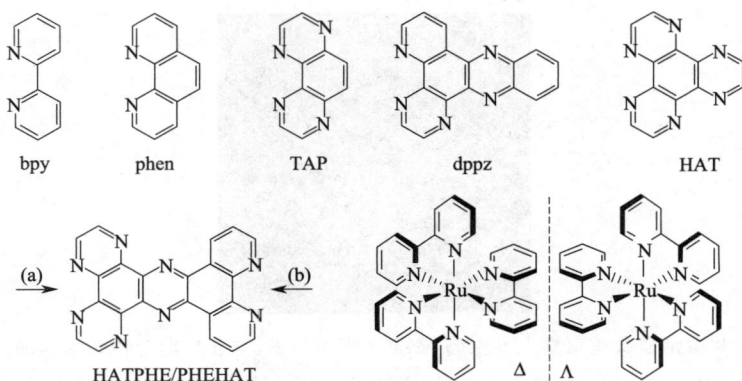

图 6.2 在本章讨论的一些多吡啶配体和 Ru(Ⅱ) 形成的 Λ 和 Δ 配合物。（a）在 HAT 部位的螯合位点；（b）HATPHE/PHEHAT 配体的 PHE 部分螯合位点。bpy—2,2'-联吡啶；phen—1,10-邻二氮杂菲；TAP—1,4,5,8-吡嗪-喹啉；dppz—二吡啶并吩嗪；HAT—1,4,5,8,9,12-六氮杂苯并菲；HATPHE/PHE-HAT—1,10-邻菲罗啉[5,6-b]1,4,5,8,9,12-六氮杂苯并菲

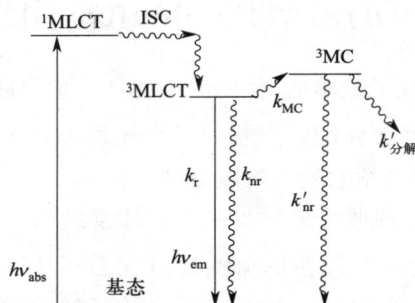

图 6.3 [Ru(bpy)$_3$]$^{2+}$ 的发光示意图，对于其他的三重态的 Ru(Ⅱ) 配合物同样适用

发射光谱。本例中发射光谱的物质为[Ru(Ⅲ)(phen$^{\cdot-}$)]* 和[Ru(Ⅲ)(TAP$^{\cdot-}$)]*。上述两个配合物与[Ru(bpy)$_3$]$^{2+}$ 相比主要区别是 ΔE 值，尤其[Ru(TAP)$_3$]$^{2+}$ 的 ΔE 非常小而使其在室温下以^{3}MC 状态存在。

6.2.3 杂配物

对于带有两个 phen 或两个 TAP 配体及第三个配体为 dppz、HAT、HATPHE 或 PHEHAT 的杂配物（图 6.2），其光物理学性质更加复杂。下面将讨论如图 6.3 所示的光物理学性质的偏差。这些杂配物是优异的 DNA 光探针，这主要是由三个配体以及配合物周围的溶剂或 DNA 微环境所引起的光物理变化所造成的。为了讨论相关的光物理学，我们首先要知道哪一种^{3}MLCT 的能量最低，也就是说从金属中心被激发到配体上的电子会落在哪里，因为发射是由最稳定的^{3}MLCT 状态产生的。

6.2.3.1 [Ru(phen)$_2$(dppz)]$^{2+}$

最稳定的激发态应该是跃迁的电子落在配体上而形成的最稳定状态 LUMO。因此对于[Ru(phen)$_2$(dppz)]$^{2+}$ 配合物[16,17]，发射是否对应[Ru(Ⅲ)(phen$^{\cdot-}$)]* 或[Ru(Ⅲ)(dppz$^{\cdot-}$）]*的^{3}MLCT？实际上，从配合物的电化学行为中很容易得出答案。通过分析配合物的第一还原波就可以确定还原是否发生，也就是第一个电子是否落在了 phen 或 dppz 配体上。这可以通过对比文献报道的配合物如[Ru(phen)^3]$^{2+}$的还原来判断。通过这种方法得出的结论是第一个电子落在了最能接受 π 电子的 dppz 配体上。因此发光的物种相应就是[Ru（Ⅲ）(dppz$^{\cdot-}$）]$^{*[18]}$。然而这种配合物的发光没有在水相中检测到而只在有机溶剂中可以检测到。关于这种现象有很多争论[16,17]，一致认为[Ru（Ⅲ）(dppz$^{\cdot-}$）]*物种呈现两种激发态：一种暗态，一种发光态，且两者的能量非常接近[图 6.4（a）]。它们的相对能级取决于溶剂。因为在水中水分子和 dppz 的 N 原子之间形成氢键，暗态比亮态稳定，所用在水中没有检测到发光。在有机溶剂中暗态的能量水平不再稳定，亮态的能量水平低于暗态，所以激发的配合物在有机溶剂中有发光。

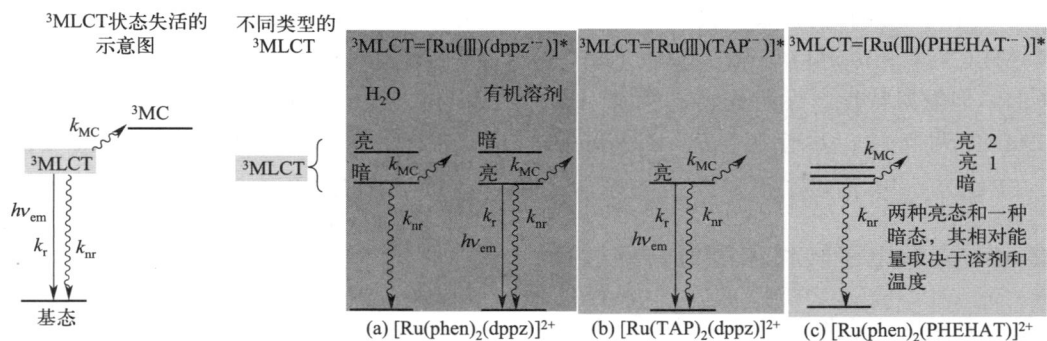

图 6.4　几种配合物的光物理示意

6.2.3.2　[Ru(TAP)$_2$(dppz)]$^{2+}$

[Ru(TAP)$_2$(dppz)]$^{2+}$的情况则完全不同[19-21]，其在水中及有机溶剂中都有发光。这个配合物的第一还原波与 TAP 配体接受电子相对应，而不是 dppz 配体接受电子，这表明 LUMO 以 TAP 为中心。因此对[Ru(TAP)$_2$(dppz)]$^{2+}$而言，能量最低的^{3}MLCT 状态就对应于只有一种相关亮态的[Ru（Ⅲ）(TAP$^{\cdot-}$）]*发光体。因此即使在水中也能发光并且被溶剂所调控[图 6.4（b）]。

6.2.3.3　[Ru(phen)$_2$(HAT)]$^{2+}$

如前所述，[Ru(phen)$_2$(HAT)]$^{2+}$的情况与[Ru(TAP)$_2$(dppz)]$^{2+}$[图 6.4（b）]相类似[22]。HAT 是最佳的 π 电子接受配体，因此 LUMO 以 HAT 中心。与[Ru(TAP)$_2$(dppz)]$^{2+}$配合物中的[Ru（Ⅲ）(TAP)]*情形一样，[Ru（Ⅲ）(HAT)]*发光体只有一种发光状态，由它决定在水中还是有机溶剂中发光。显然，激发态的[Ru(phen)$_2$(HAT)]$^{2+}$有其自身的特点（k_r、k_{nr}、^{3}MC）。

6.2.3.4　[Ru(phen)$_2$(HATPHE)]$^{2+}$ 和[Ru(phen)$_2$(PHEHAT)]$^{2+}$

从光物理学的角度来看，PHEHAT/HATPHE 配体替换[Ru(phen)$_2$(HAT)]$^{2+}$中的 HAT 配体（图 6.2）是非常有意思的。当这个配体在 HAT 一侧配合[图 6.2（a）]时，得到发射行为与[Ru(phen)$_2$(HAT)]$^{2+}$类似的[Ru(phen)$_2$(HATPHE)]$^{2+[23]}$。在^{3}MLCT 状态，从 Ru（Ⅱ）中心转移到 HATPHE 配体的电子是几乎不受 PHE 影响的情况下落在

HATPHE 的 HAT 部位的。相反，当 PHEHAT 在 PHE 一侧配合时，在［Ru（phen）$_2$（PHEHAT）］$^{2+}$［图 6.2（b）］中[23]，光物理学性质与［Ru（phen）$_2$（HATPHE）］$^{2+}$ 明显不同，同时与［Ru（phen）$_2$（dppz）］$^{2+}$ 有一定的相似性。事实上，与［Ru（Ⅲ）（PHEHAT·$^-$）］*［图 6.4（c）］相关的激发态不止一种，它们的能量都非常接近。已有研究证明，有三种不同的激发态可使配合物激发态失活，其中包括一种暗态和两种亮态（一种是电子将转移至 PHE 上，另外一种是电子会更多倾向于落在 HAT 部分）。这三个状态的相对数量取决于溶剂和温度。由于［Ru（phen）$_2$（dppz）］$^{2+}$ 暗态存在于水中，所以在水溶液中检测不到发光；另外两个亮态的发光依赖于温度并且在乙腈等有机溶剂中可观察到。

6.2.3.5 ［Ru(TAP)$_2$(PHEHAT)］$^{2+}$

［Ru（TAP）$_2$（PHEHAT）］$^{2+}$ 的情况与［Ru（phen）$_2$（PHEHAT）］$^{2+}$ 完全不同。电化学表明，对 TAP 配合物而言 LUMO 是以 TAP 配体为中心而不再是以 PHEHAT 配体为中心，所以 ^{3}MLCT 发光体对应于［Ru（Ⅲ）（TAP·$^-$）］*。尽管这种情况与［Ru（TAP）$_2$（dppz）］$^{2+}$ 的类似，但发射特性（发射光谱、激发态寿命以及与失活相关的速率常数）由第三个配体 PHEHAT 调节[24]。尽管在合成［Ru（phen）$_2$（HATPHE）］$^{2+}$ 的 TAP 类似物［Ru（TAP）$_2$（HATPHE）］$^{2+}$ 方面做了很多努力，但［Ru（TAP）$_2$（HATPHE）］$^{2+}$ 直到现在才被制备出来。

6.2.4 光致电子转移和能量转移过程

如上所述，三种配体除了调节 Ru（Ⅱ）配合物的光物理学性质外，它们还影响 ^{3}MLCT 激发态的电子供体或电子受体的性质。在还原剂（电子供体）存在的情况下［图 6.5（a）］，电子可以在释放能量的同时从该供体的 HOMO 跃迁到三重态激发态半空的 HOMO 上，从而转移到 Ru（Ⅲ）中心。在氧化剂（电子受体）存在的情况下［图 6.5（b）］，电子可以从复合物激发态的半满 LUMO 转移到该受体的空 LUMO。

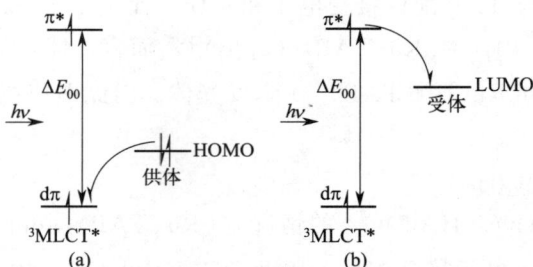

图 6.5　示例（a）供体为 DNA 的 G，受体为［Ru（TAP）$_2$（PHEHAT）］$^{2+*}$；
（b）供体为激发态配合物，受体为苯醌

这些光致电子转移（PET）过程在热力学上是合理的，因为配合物 HOMO-LUMO 跃迁能量（ΔE_{00}）使激发态配合物的氧化［图 6.5（a）］或还原［图 6.5（b）］能力与其基态相比有所增强。当配合物包含至少两个 π 电子接受配体时，如在［Ru（TAP）$_2$（PHEHAT）］$^{2+}$（图 6.5），从一个作为电子供体鸟嘌呤基（G）到配合物激发态就可以发生一个 PET，形成 G 的氧化态（G·$^+$）和配合物的还原态［Ru（TAP）（TAP·$^-$）（PHEHAT）］$^+$［式（6.1）］。［Ru（Ⅲ）（TAP）］* 所代表的配合物激发态就这样转化成了还原态［Ru（Ⅱ）（TAP·$^-$）］。这种

PET 过程通常与质子 $G^{\cdot+}$ 到 $[Ru(II)(TAP)^{\cdot-}]^{[21]}$ 的转移[式(6.1)]过程同时进行。这些过程既可以与单核苷酸鸟苷单磷酸发生，也可以与寡核苷酸、多核苷酸或任何其他含有 DNA 的 G 碱基发生，当然它们也引起了 ^{3}MLCT 态的发光猝灭。

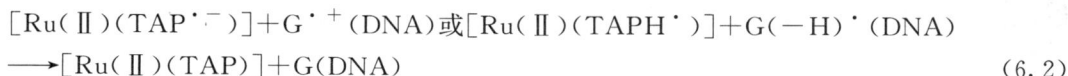

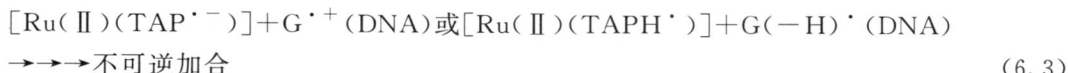

$$[Ru(III)(TAP^{\cdot-})]^* + G(DNA)$$
$$\longrightarrow [Ru(II)(TAP^{\cdot-})] + G^{\cdot+}(DNA) \text{或} [Ru(II)(TAPH^{\cdot})] + G(-H)^{\cdot}(DNA)$$
$$(6.1)$$

$$[Ru(II)(TAP^{\cdot-})] + G^{\cdot+}(DNA) \text{或} [Ru(II)(TAPH^{\cdot})] + G(-H)^{\cdot}(DNA)$$
$$\longrightarrow [Ru(II)(TAP)] + G(DNA)$$
$$(6.2)$$

$$[Ru(II)(TAP^{\cdot-})] + G^{\cdot+}(DNA) \text{或} [Ru(II)(TAPH^{\cdot})] + G(-H)^{\cdot}(DNA)$$
$$\rightarrow\rightarrow\rightarrow 不可逆加合$$
$$(6.3)$$

$$[Ru(III)(TAP^{\cdot-})]^* + O_2 \longrightarrow [Ru(II)(TAP)] + {}^1O_2^*$$
$$(6.4)$$

式(6.1)～式(6.4)所示的反应式中，激发态的配合物由发光物种代表。

PET 过程[式(6.1)]完成后，电子反向转移重新生成起始物质[式(6.2)]。在与式(6.2)的竞争中，生成的两个自由基也会发生反应，经过几个步骤后，生成一个 G 与配合物的不可逆加合物[式(6.3)]。这种加合物的结构如图 6.6(a) 所示。它的产生对应于配合物与 DNA 的相互作用，称之为不可逆相互作用，在后面将进一步讨论这种作用类型。这些加合物自身可以吸收光，在第二个 G 的存在下将会产生双加合物，导致在同一复合物上添加两个 G 碱基。如图 6.6 (b) 所示，当这两个 G 碱基属于两条 DNA 链时会在两条链之间产生不可逆的光交联 （见下文）[25]。

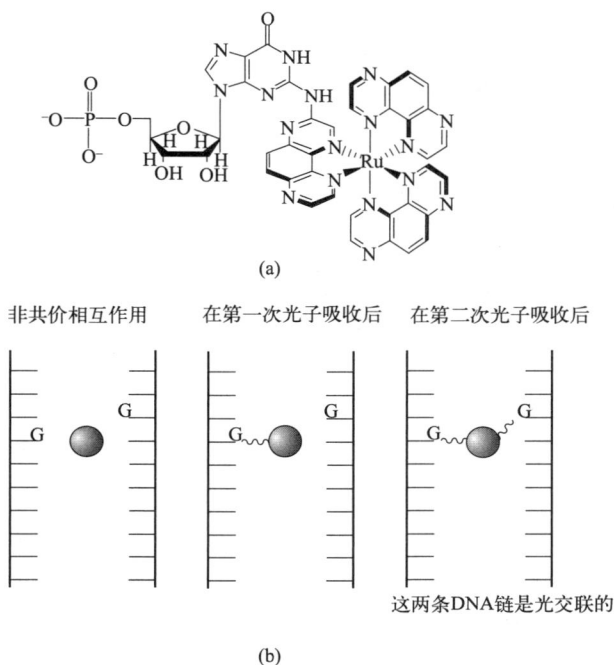

(a)

非共价相互作用　在第一次光子吸收后　在第二次光子吸收后

这两条DNA链是光交联的

(b)

图 6.6　(a)$[Ru(TAP)_3]^{2+}$ 和 GMP 的光加合物；(b) 配合物与一个链中的 G 形成单加合物，和另一条链上的第二个 G 形成双加合物 （两链之间不可逆地光交联），球代表 $[Ru(TAP)_2(phen)]^{2+}$

除了上述反应外，Ru(Ⅱ)配合物的^{3}MLCT状态也可以通过能量转移使氧具有感光性[式(6.4)]。因此^{3}MLCT激发态能将它们的电子能量转移到基态的三重态氧，从而导致发光的猝灭，并生成了单重激发态氧[26]，后者是 DNA 的一个非常重要的瞬时反应（见下文）。

6.3 单核 Ru (Ⅱ)配合物与简单双链 DNA 相互作用的研究进展

根据上述 Ru(Ⅱ) 配合物的^{3}MLCT 态的主要特征，下面将讨论它们与 DNA 的结合行为。鉴于它们具有作为 DNA 荧光探针的潜在用途，这些金属化合物形状、电荷、构象以及与研究的 DNA 类型的相关的其他特性都必须加以研究。例如，研究在低浓度水溶液中的简单双链 DNA 的局部结构的信息，通常在金属配合物存在的情况下使用的是小牛胸腺 DNA（CT-DNA）或合成低聚或多核苷酸。下面对可用的和参考的重要文献提供的基本分析方法做了简单总结。此外还讨论了更复杂的 DNA 的整体结构或形态和拓扑结构等信息。关于双链 DNA（dsDNA）是如何缠绕并形成更高阶结构的，在这种情况下需要使用如扫描力显微镜（SFM）等其他分析工具。为了研究 DNA 的完整或局部结构，依据金属探针上述的光物理学性质，它们既能可逆也能不可逆地相互作用。

由于 CT-DNA 具有商业价值，首次对配合物与简单双链 DNA 的相互作用的研究是用它为对象进行的，然后是寡核苷酸的合成，因为它们能被很容易地合成所需的长度和碱基序列，下面总结以上研究得出的一般结论。

6.3.1 简单双链 DNA 的研究

6.3.1.1 Ru 对映体

由于单核 Ru(Ⅱ) 配合物存在 Λ（左旋）和 Δ（右旋）两种对映体（图 6.2）。这表明按照选择的作用对象，即 DNA 类型和金属对映体，一些非对映配合物可能比其他形式更适合与DNA 相互作用。双链 DNA（A-DNA、B-DNA、Z-DNA 等）[27] 具有许多大小和凹槽形状不同，以及螺旋性[即右旋（A-DNA 和 B-DNA）和左旋（Z-DNA）]不同的形式。这些 DNA 与Ru(Ⅱ) 对映体的相互作用在一些综述中已有讨论[28-30]。

6.3.1.2 交互几何构型

除了对映体 Λ 或 Δ，另一个在 DNA 相互作用中的重要影响因素是 Ru(Ⅱ) 中心配位的配体的形状。当三种配体其中一个是大的平面配体（如 dppz[28,31,32] 或 PHE-HAT[18,23,33]）时，只要存在插入位点就可以插入 DNA 碱基对叠层之间，这一点与 bpy 不同[34]。通常一个插入的配合物占据 2～3 个碱基对，具体数量取决于另外两个非插入的辅助配体。根据插入模式，DNA 与金属配合物相互作用有很高的亲和常数。对于三种小分子的多偶氮配体，如邻菲罗啉或 TAP，配合物通常被吸附于 DNA 凹槽中，一些学者将这种相互作用的几何结构称为半插入[35]。此外还探讨了其他不同的插入构型，例如对于同一寡核苷酸，[Ru(phen)$_2$(dppz)]$^{2+}$ 的两种对映体（Δ 或 Λ）的两种插入结构是有区别的[36]，即对称和斜交插入（图 6.7）。因此外消旋的[Ru(phen)$_2$(dppz)]$^{2+}$ 共有四种插层几何构型。

此外，Λ 和 Δ 的 $[Ru(phen/bpy)_2(dppz)]^2$ 与 $[poly(dA-dT)]_2$ 在其副凹槽中的相互作用证明了配合物与配合物之间的协同和非协同作用[37]。辅助配体 bpy 或 phen 对协同或非协同作用有不同的影响。

6.3.1.3 研究相互作用几何构型的技术和方法

X 射线晶体学是在分子水平上研究金属配合物与 DNA 相互作用的最好方法。然而获得合适的晶体是具有挑战性的工作。报道的两个 dppz 配合物，Λ-$[Ru(phen)_2(dppz)]^{2+}$[38] 和 Λ-$[Ru(TAP)_2(dppz)]^{2+}$[39] 与寡核苷酸在其副凹槽中相互作用的晶体结构，观察到在不同碱基对（G-C 或 T-A），dppz 配体或倾斜或对称地插入（图 6.7）。此外配合物的辅助配体 phen 或 TAP 也在 dppz 未插入双链中有半插入（图 6.8）。换句话说，一个配合物在同一晶体中的两种相互作用结构。

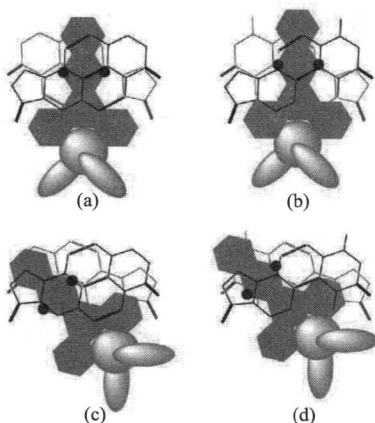

图 6.7 Δ-$[Ru(L)_2(dppz)]^{2+}$ 在 $(GC)_2$[(a),(c)]和$(AT)_2$[(b),(d)]上插入步骤示意图，其中(a)(b)是对称插入，(c)(d)是倾斜插入。经许可引自[36] 2012 Wiley-VCH Verlag GmbH & Co. KGaA，Weinheim

虽然这些结果非常重要，但不能把它们外推到溶液或活细胞中，因为相互作用的几何构型不仅取决于 DNA 序列和结构，而且取决于 DNA 的负载水平（或键合密度）、盐浓度、温度等。为了研究溶液中相互作用的几何构型，必须使用一系列相互补充的技术，如 DNA 金属配合物组装的黏度测量、线二色谱（LD）、圆二色谱（CD）、量热法、核磁共振和发射光谱，以及凝胶电泳。除了与上述光物理性质有关的发光以外，其余的技术在本章将不再讨论。

6.3.2 DNA 对发光特性的影响

以发光为基础的电子光谱在金属配合物与 DNA 的相互作用研究中起着非常重要的作用。因此测量稳定照射下的发光强度或脉冲照射下的发射寿命（即 ^{3}MLCT 态的激发寿命）是研究相互作用的必选工具。这些研究方法提供相互作用的键合常数和不同几何构型。DNA 对 ^{3}MLCT 态发光行为的影响可分为两类。

6.3.2.1 第一类——发光增强

在第一类中，配合物在碱基叠层中的插入或半插入作用使激发态的发射强度和寿命增加。这通常是由于非辐射失活速率常数 k_{nr}[图 6.4(a)和(c)]降低[40]。实际上是配合物嵌入

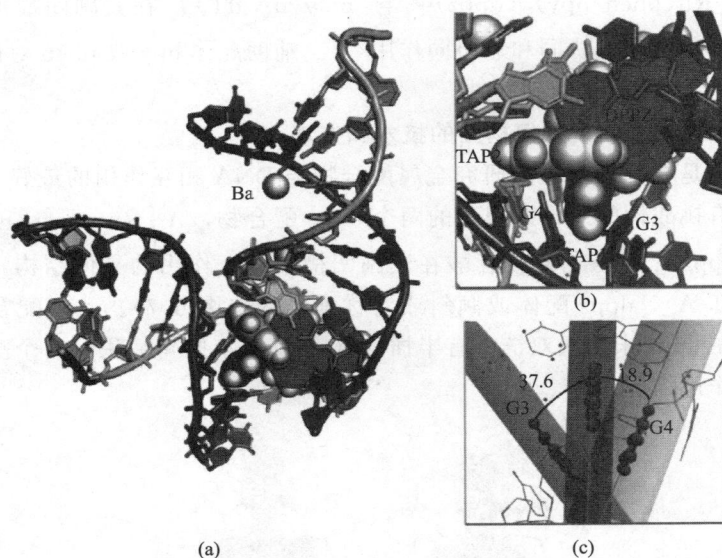

图 6.8 X 射线数据表明 Ru(Ⅱ) 双吡啶偶氮配合物同 DNA 的结合是利用 TAP 配体半插入的模式。

经许可引自 [39] 2011 National Academy of Sciences，U. S. A.

的 DNA 骨架弱化了激发态的振动失活作用。此外该骨架将能量转移至溶解在水相中的氧，防止了激发态的猝灭，$[Ru(phen)_3]^{2+}$（半插入）、$[Ru(phen)_2(HAT)]^{2+}$（HAT 插入）和$[Ru(phen)_2(HATPHE)]^{2+}$（HATPHE 插入）这些配合物一般都是这种情况。$[Ru(phen)_2(dppz)]^{2+}$ 中的对应的发光体是$[Ru(Ⅲ)(dppz)^{\cdot-}]^*$，是一个非常重要的现象，该激发物种在水中因以暗态形式存在而不会发光[图 6.4(a)]，由于碱基对的弱极性微环境以及与水分子之间不存在氢键，dppz 配体的插入触发了发光。结果是能量最低的^{3}MLCT 态变为亮态[图 6.4(a)]，因此在 DNA 存在的情况下$[Ru(phen)_2(dppz)]^{2+}$叫作"光开关"配合物。

此外，如果荧光测量基于一个光学纯的配合物，由于两种插入模式对 dppz 的 N 原子的保护程度不同，其相应的发光寿命也不同，所以能够将对称插入（图 6.7）与倾斜插入区分开来[36]。结合等温滴定量热法（ITC）数据，研究每个对映体的发射寿命贡献百分比与结合密度的关系，得出每个发射寿命的归属。倾斜插入寿命长，对称插入寿命短。值得注意的是，尽管$[Ru(phen)_2(dppz)]^{2+}$探针对 DNA 有很高的亲和力，但它是一种可逆的相互作用，因为可以通过透析使配合物脱离 DNA。另一配合物$[Ru(phen)_2(PHEHAT)]^{2+}$也可以和 DNA 是一个"光开关"，在这种情况下两个亮态的激发态都参与了发光。

6.3.2.2 第二类——发光猝灭

与第一类的"光开关"探针相比，与 DNA 相互作用使第二类配合物激发态的发光强度和寿命降低[1,40]。这种猝灭归因于 Ru(Ⅱ)-TAP 化合物从 G 碱基到^{3}MLCT 态的电子转移过程[图 6.5(a)和式(6.1)]。有关更详细的讨论，读者可以参考文献 [41]。此外这种发光抑制还伴随着两个自由基之间的反应[式(6.3)]，并产生了金属配合物在 G 碱基位与 DNA 的加合物[图 6.6(a)]。$[Ru(TAP)_3]^{2+}$、$[Ru(TAP)_2(dppz)]^{2+}$和$[Ru(TAP)_2(PHEHAT)]^{2+}$都是这种情况。因为如上所述，这些配合物包含至少两个 TAP 配体，因此它们与$[Ru(Ⅲ)(TAP)]^*$相对应的最低^{3}MLCT 态具有很强的氧化性[图 6.5(a)][1,40]。这类配合物的表现就像与 DNA 的"光切断"，并与之前的情况刚好相反，产生了一种不可逆的相互作用。事实上这类配合物不能通过透析脱离 DNA，而是通过含有 G 碱基的寡核苷酸凝胶电泳可以观察到产生的光产物。就像[poly(dA-dT)]$_2$，其序列中没有 G 碱基，光物理行为与第一类相似，就不会发生猝灭。

6.4 遗传物质的结构多样性

前面部分，研究者把诸如 CT-DNA 或双链合成寡核苷酸等 dsDNA 作为 Ru(Ⅱ) 配合物光探针的唯一靶点，并且集中讨论了它们的键合作用及其对 Ru(Ⅱ) 配合物光物理学性质的影响。然而更复杂的 DNA 构象存在于活细胞中。因此遗传物质除了其序列和双螺旋性质外，还表现出其他特征，如柔韧性、围绕蛋白质缠绕和松弛的能力等。这些局部和整体性质可以用可测量的不同参数来描述，如下一部分首先要解释的机械性质和拓扑性质，这些特性可以通过 SFM 来评估。随后将考虑使用 Ru(Ⅱ) 配合物分析 DNA 高级结构。

6.4.1 DNA 的力学性质

与大多数体外实验中使用的 DNA 相比，细胞中的遗传物质表现出更为明显的结构多样性。活细胞中的 DNA 不断弯曲、扭曲和被大分子缠绕。此外由于复杂的有机体将遗传信息存储在一维密码中，结果产生了一个非常长的基因组。因此有必要发生多层次的组织折叠和压缩以适应细胞提供的微小空间。

DNA 的局部力学性质至关重要。一直以来，应用最广泛的 DNA 弯曲模型是所谓的类蠕虫链模型（WLC）[42]。DNA 被视为各向同性的、连续的柔性弹性棒。这意味着与 DNA 螺旋弯曲相关的能量[ΔG_{bend},式(6.5)]显示出对变形程度的二次依赖性

$$\Delta G_{bend} = \frac{1}{2} B \left(\frac{\theta^2}{L} \right) \tag{6.5}$$

式中，L 是弯曲成一个角度 θ（弧度）的螺旋的轴向长度；B 是抗弯刚度，$J \cdot mol^{-1} \cdot bp$，长度用 bp（bp＝碱基对）表示。

除了弯曲，DNA 还表现出扭转的柔性。这种柔性导致围绕 DNA 螺旋轴的扭转运动并引起螺旋重复的局部变化。在大多数情况下，这些变动是用各向同性弹性模型为模板的，相应的扭转刚度约为 440 $kJ \cdot mol^{-1} \cdot bp$。

在线性 DNA 链中扭转刚度不会影响 DNA 的整体结构，但它对于活细胞中 DNA 形状是一个重要决定因素。在活细胞中的环状细菌基因组中或在真核生物染色质环中 DNA 链的自由旋转受到阻碍。在这些情况限制了 DNA 的拓扑结构。从严格意义上讲，拓扑学可以定义为只研究通过切割和重新连接而改变的性质，而非通过机械变形（弯曲、拉伸、扭转等）引起的变化性质。更具体地说，DNA 拓扑学研究的是 DNA 的缠结和天然变化的方式。在 6.4.2 节中将讨论如何利用拓扑约束来激活 DNA。

6.4.2 DNA 拓扑结构

DNA 拓扑结构对细胞的影响可以以 DNA 转录为例（实质上是酶催化从 DNA 合成

RNA）说明。为了 DNA 的转录，双螺旋结构中两条链需要分开去充当模板。由于双螺旋太大且/或实际上固定于周围的基质上，转录不能围绕它旋转。因此在聚合酶启动（螺旋过旋）和激活（螺旋欠旋）这两个过程中都产生了扭转应力[43]。DNA 开始弯曲并自身缠绕，在某种程度上由扭转和抗弯强度决定。结果就是过旋或欠旋以及拓扑约束，这种现象就是大家熟知的 DNA 超螺旋。

图 6.9 阐述了 DNA 拓扑和超螺旋的一些概念。鉴于一个线性双链 DNA 分子可以通过连接其两端来进行拓扑变化（图 6.9 所示的实线箭头）。首先通过双链 DNA 一个单链连接并将 5′ 与 3′ 端连接而使线性 dsDNA 闭合成一个圆环，DNA 仍然可以围绕这个新键自由旋转，因此这种环状的 DNA 主要采用了 DNA 环闭合之前的与链的几何结构无关的开放构型。如果两条链都以共价 5′-3′ 闭合，一条链就不可能绕另一条自由旋转了。因此如果我们将线性的 dsDNA 取其末端，双螺旋展开数圈后将两条链闭合，当 dsDNA 被迫形成一个开放的圆环时，它无法局部形成一个适当的 B-DNA 螺旋结构。但是 dsDNA 从本质上确实倾向于形成 B-DNA 型的螺旋，所以它就开始 3D 弯曲和缠绕并形成了一个超螺旋结构。此结构中超螺旋交叉（或"节点"）的数量取决于在环闭合之前展开的螺旋圈的数量。有趣的是这些不同的 DNA 拓扑形式也可以通过"切割动作"相互转换，如图 6.9 中虚线箭头所示。

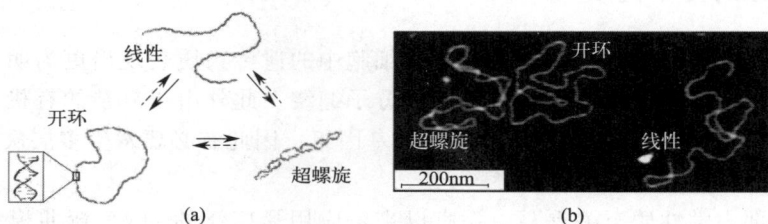

图 6.9 （a）通过切割（虚线箭头）和连接（实线箭头）实现 DNA 拓扑形式的相互转换；
（b）扫描力显微镜显示线性超螺旋和开放圆形的 pUC19 质粒 DNA

这种 DNA 的超螺旋结构是一种高能状态。一方面意味着它可以抵消如 RNA 聚合酶等大分子施加的力和力矩。实际上，从某种意义上聚合酶甚至会暂停工作，那么细胞还需要一定的机制来进一步说明这个问题。另一方面细胞又在不停地利用 DNA 的高能量状态。事实上，体内所有的 DNA 都是以能激活 DNA 的欠旋（负超螺旋）状态存在的。Vologodskii 等在其一项开创性的工作中提出这就是超螺旋密度[44]："DNA 分子就像有生命一样，从一个稳定的双螺旋结构变成波动不定的个体。"

人们发现 DNA 解旋时产生了一些非常规序列依赖的结构：回文序列可引起十字形挤压[45]，嘧啶-嘌呤交替序列可出现左旋 Z-DNA[46]，镜像对称的富嘌呤-富嘧啶序列中出现分子内三螺旋结构（H-DNA）[47]。Seeman 及其同事已经证实（并已建模）了在负超螺旋质粒中的哑铃形构型[48]。"哑铃"的主干由平行交叉（PX）DNA 组成，这是一种包含一个与双螺旋平行的两个侧面相关的中心二轴的四股同轴 DNA 复合物。PX-DNA 为 dsDNA-dsDNA 识别提供了一种手段并且可能与体内同源重组的初始阶段有关。十字形、Z-DNA、H-DNA 和 PX-DNA 在体内的重要性（和存在性）引起了激烈的争论。相比之下变性泡的生物学作用是相对没有争议的，并且通常被认为在许多核反应中非常重要[49]。当超螺旋密度足够大时这些变性泡可以在富含 AT 的序列上保持稳定[44,50]。在中等负超螺旋密度（稳态水平）

下，它们在这些序列上是亚稳态的，即在双螺旋和变性状态之间随机交替[44]。对于一个"平均"序列，DNA 的负螺旋结构通常通过碱基配对的形式形成，但只需很低的能量就能打开这种结构。

各种可能的 DNA 结构中，G-四联体，即由八个碱基配对型氢键连接的四重鸟嘌呤形成的富含鸟嘌呤序列，同样也起着重要的作用。这些形式主要存在于真核生物染色体末端的端粒酶中。端粒酶是防止染色体融合或退化的 DNA 序列的重复部分。细胞复制过程中端粒酶序列的一部分丢失。当端粒酶变得过短时复制就会停止，因此端粒酶被认为是细胞有丝分裂的"时间闹钟"。

综上所述，DNA 在体内通常处于高能量状态，这激活了 DNA 不论在小尺度（局部变性，Z-DNA……）和大尺度（超螺旋……）上都采用特定结构。此外细胞已释放出特定的 DNA 折叠模式以调节细胞过程。但仍有许多不限于如下问题需要继续研究：Ru(Ⅱ) 多吡啶配合物如何与这些相关形式的 DNA 相互作用？如何正确地对它们进行研究？这些配合物能被设计成对这些局部特征有一定的选择性吗？能不可逆地修饰 DNA 的机械/拓扑特性吗？

6.4.3　用 SFM 研究 [Ru(phen)$_2$(PHEHAT)]$^{2+}$ 和 [Ru(TAP)$_2$(PHEHAT)]$^{2+}$

我们对 Ru(Ⅱ) 配合物和 DNA 之间相互作用的了解主要来自 DNA 对 Ru(Ⅱ) 配合物光物理学性质影响的研究。但是 Ru(Ⅱ) 配合物是如何影响 DNA 结构的呢？在回答该问题上，扫描力显微镜（SFM）成像已被证实是一种强大的技术。与光学显微镜相比 SFM 不使用透镜和光，而是利用一个非常锐利的探针在样品表面扫描并记录该区域的信息。比如 DNA 这样的生物大分子结构的测定，是将 DNA 从溶液中吸附到一个用纳米级的精度确定的超级平整的表面。下面我们来说明如何利用 SFM 研究 [Ru(TAP)$_2$(PHEHAT)]$^{2+}$ 与 DNA 相互作用的可逆（黑暗中）和不可逆（激光照射后）效应[51]。

从光物理学性质（见之前的讨论）预测，即使在黑暗中，[Ru(TAP)$_2$(PHEHAT)]$^{2+}$ 也会通过 PHEHAT 配体的插入与 DNA 发生强烈的相互作用。插入通常以浓度依赖的方式使 DNA 线性长度增加，因此 SFM 就成为在无光条件下探测这种相互作用模式的理想手段。依据下面例子的讨论结果就可以证明 SFM 是一种既可以研究整体 DNA 特性，也可以表征其局部特性的技术。

根据吸附线性 DNA 限制性片段的 SFM 的图像可以确定轮廓长度分布。在这些条件下，DNA 占比由轮廓线长度分布随插层浓度的变化得到，并建立了配体结合等温线以定量拟合配体结合模型。McGhee 和 Von Hippel 研发了一种普适性模型[52]，应用于小配体以非协同方式与均匀点阵（DNA 被视为一个均匀点阵链分子）结合的系统。该模型包含一个结合位点数 n。整体结构的 n 大于晶格单元的，使得累积位点数小于结合位点数，所以使晶格完全饱和变得更加困难。配体的结合除了自身结合常数 K 外，还由未积累的位点决定。

结合分布确定轮廓长度的方法已成功地应用于 [Ru(phen)$_2$(PHEHAT)]$^{2+}$ 和 DNA 插入结合的研究，其缔合常数 $[K=(1.5\pm0.2)\times10^5 \text{ L}\cdot\text{mol}^{-1}]$ 和结合位点大小（$n=2.8\pm0.3$）[51] 与通过发光测定的结果是同数量级的[18]。然而由于意外的结构坍塌，没有成功地对描述 [Ru(TAP)$_2$(PHEHAT)]$^{2+}$ 插入结合模式参数进行一个相似的评价。更特别地，分子内和分子间的交联分别导致了单个分子的紧压和分子的聚集。交联活性表明除了 PHEHAT 配体外 TAP 配体也能与 DNA 结合。

这就引出了 TAP 究竟是如何与 DNA 相互作用的问题。在本研究中，小分子的核苷酸与 $[Ru(phen)_2(dppz)]^{2+}$ 和 $[Ru(TAP)_2(dppz)]^{2+}$ 共晶的问题也得到了解决[38,39]，证明了如前所述的 TAP 和 phen 的半插入结合模式。然而 SFM 数据显示 $[Ru(phen)_2(PHEHAT)]^{2+}$ 并没有显著表现出诱导的 DNA 断裂，这一点与 $[Ru(TAP)_2(PHEHAT)]^{2+}$ 是不同的，因此半插入位点是否是观察到的 DNA 交联的起点就值得怀疑。由于 phen 和 TAP 均在晶体结构中诱导半插入 DNA 发生显著弯曲，SFM 可在体外对半插入进行定量研究。更具体地说，每一个半插入都应该通过 DNA 弯曲减少测量到的线性 DNA 片段两端的距离（端-端距离）。这种效应在用均配物 $[Ru(TAP)_3]^{2+}$ 滴定线性 DNA 片段时可以观察到。然而由于 $[Ru(phen)_3]^{2+}$ 和 $[Ru(TAP)_3]^{2+}$ 对 DNA 端-端距离的影响非常相似，所以半插入不能解释 $[Ru(TAP)_2(PHEHAT)]^{2+}$（不是 $[Ru(phen)_2(PHEHAT)]^{2+}$）明显观察到 DNA 交联。

因此，学者们又研究了另一种 TAP 介导的氢键与 DNA 的结合模式。事实上与 phen 相比，TAP 中额外的氮原子可以作为氢键受体，氢键供体存在于 DNA 的凹槽中。通过竞争实验研究了氢键键合的可能性，将 DNA 和 $[Ru(TAP)_2(PHEHAT)]^{2+}$ 一起培养，随着尿素（一个强氢键供体）浓度的增加，确实有效地减少了 $[Ru(TAP)_2(PHEHAT)]^{2+}$ 介导的 DNA 交联，而同时尿素对 PHEHAT 介导的插入结合模式没有影响。因此在体外 TAP 配体似乎是通过氢键与 DNA 相互作用。

接下来，研究了 $[Ru(TAP)_2(PHEHAT)]^{2+}$ 对超螺旋质粒 DNA 分子中尺度结构光反应敏感度的影响。早期有关钌-TAP 配合物与超螺旋质粒 DNA 之间的光反应的实验表明：由于光氧化在 DNA 主链上有明显缺口形成[53,54]，拓扑化学变化对质粒 DNA 构象的显著影响（见图 6.9），可以从 SFM 图像中通过计算得到每个 DNA 分子链内交叉的数量（将此值称为节点数）来进行定量研究。天然超螺旋质粒（载体 pUC19）DNA 样本的节点分布显示出节点数为 7 的峰，而切口酶（切口酶只对双螺旋结构中两条链中的一条进行切割）处理 DNA 样本的节点数的分布表现出节点数为 2 的峰。换言之，SFM 可以用来成像和量化一个完整的、超螺旋的 DNA 分子和一个有缺口的、开环的 DNA 分子之间的区别。因此在 $[Ru(TAP)_2(PHEHAT)]^{2+}$ 配合物存在的情况下，可以用不同照射时间下 DNA 反应产物的 SFM 成像评估敏化的光裂解活性。通过与参照光敏剂 $[Ru(phen)_2(PHEHAT)]^{2+}$ 的比较证实了这一点。即随着 $[Ru(phen)_2(PHEHAT)]^{2+}$ 辐照次数的增加，小结节（对应有缺口的质粒）的分子数量增加，而大结节（对应完整的超螺旋质粒）的分子数量减少。

当用 $[Ru(TAP)_2(PHEHAT)]^{2+}$ 作光敏剂时，出乎意料地，在节点数分布随照射时间的变化方面出现了更为复杂的情况。不同的照射时间样品的节点数分布并没有出现两个高分辨的峰，反而在照射第一分钟（第一阶段）内出现了更多带有中间节点数的分子。然而延长照射时间（Ⅱ期：1min～1h）又使这部分分子转移到更高的节点数，这表明光反应又生成了新产物。这种意想不到的行为可以解释为生成了不可逆的共价光加合物的结果（参见图 6.6）。

我们评估了几种模型来解释观察结果，结果表明：在光加合物形成过程中，DNA 的机械和拓扑变化引起了环状 DNA 的结构变化。具体是线性 DNA 片段上的光加合物形成使 DNA 弯曲刚性增加，这可以解释第一阶段的行为即弯曲能力的降低使超螺旋 DNA 的节点数减少，因为它倾向于采用更开放的构象。

为了解释第二阶段的行为，我们推断，在理论上两个 TAP 配体的存可使超螺旋质粒 DNA 中两个远端 G 位点发生光交联，从而将分子分离成两个拓扑结构域，并增加这些 DNA 分子的平均节点数。通过使用限制性内切酶处理[Ru(TAP)$_2$(PHEHAT)]$^{2+}$-光敏质粒验证了这一假设。内切酶只能识别和切割 pUC19 质粒中的一个位点。因此如果确实发生了不可逆光交联，这种处理应该只影响包含识别位点域的拓扑状态。换句话说，如果假设是正确的，应该能够找到内部有超螺旋结构域的线性化分子。事实确实如此，这首次证明了含有节间光交叉连接的 G 的形成（图 6.10）。

最后，以超螺旋质粒为 DNA 底物，在尿素存在下研究了 TAP 介导的氢键对 Ru(Ⅱ) 配合物光反应结果的影响。不可逆光加合物的形成对 DNA 结构的影响几乎与不加尿素的情况相似。然而在尿素存在的情况下，光解离物的比率受到了很大的抑制。因此在某种程度上，TAP 介导的 DNA 与[Ru(TAP)$_2$(PHEHAT)]$^{2+}$之间氢键的几何构型状况对光解离物和光加合物的比例是很重要的。

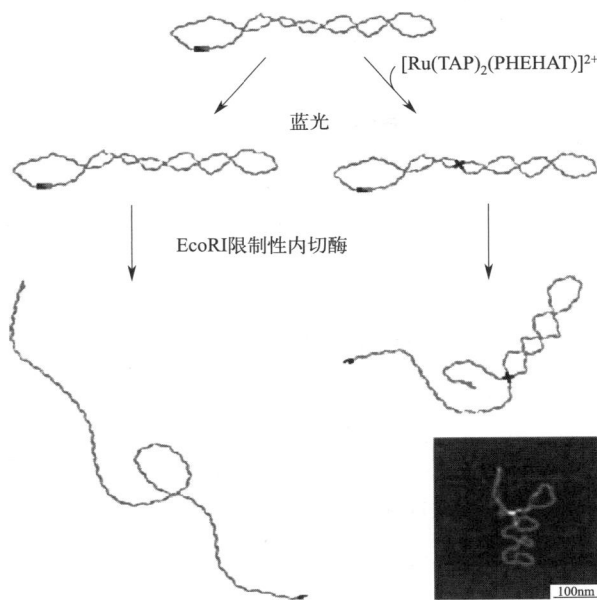

图 6.10 证明形成了稳定节间光交联的实验设计。一个包含单个 EcoRI 酶限制识别序列（以黑矩形表示）的超螺旋质粒 DNA 分别在[Ru(TAP)$_2$(PHEHAT)]$^{2+}$不存在（左）和存在（右）时受到辐射。[Ru(TAP)$_2$(PHEHAT)]$^{2+}$在长时间光照射下可产生共价光交联（图中黑色×），酶的线性化能产生具有内部超螺旋结构域的线性形式 DNA，而阴性对照在线性化后不出现这种超螺旋结构域。经许可引自［51］2012 American Chemical Society

6.5 双核 Ru（Ⅱ）配合物与不同类型 DNA 的独特相互作用

到目前为止我们主要讨论了基于单一金属中心的 Ru（Ⅱ）配合物。然而两个或更多的 Ru 离子可形成多核的配合物，不过这样生成的有机金属结构必须包含至少一个拥有三个螯合位点的桥接配体，如 HATPHE/PHEHAT、HAT（图 6.2），或 TPAC 或 μ-11,11'-bidp-pz（图 6.11）。本节将介绍不同的双核配合物在 DNA 存在时表现出的独特性能。

与单金属配合物相比，Ru（Ⅱ）双核配合物有更精细、更大结构以及更复杂的形状。利用这种在大小和形状/构象上的多元化特性，可以设计一些与经典的 DNA 双螺旋结构有独特相互作用或为 DNA 超结构特定探针的配合物。与单核类似物相比，双核配合物在 DNA 存在下的光化学行为也不同。通过不同的例子可以看出，这是由配合物的光物理学性质以及它们与靶标相互作用形式的改变引起的。

此外必须指出，在一个配合物中存在两个 Ru（Ⅱ）中心会产生非对映体，因为单金属中心配合物可以采用 Δ 或 Λ（图 6.2）。这样在 DNA 存在下每个立体异构体的特性也是不同的。

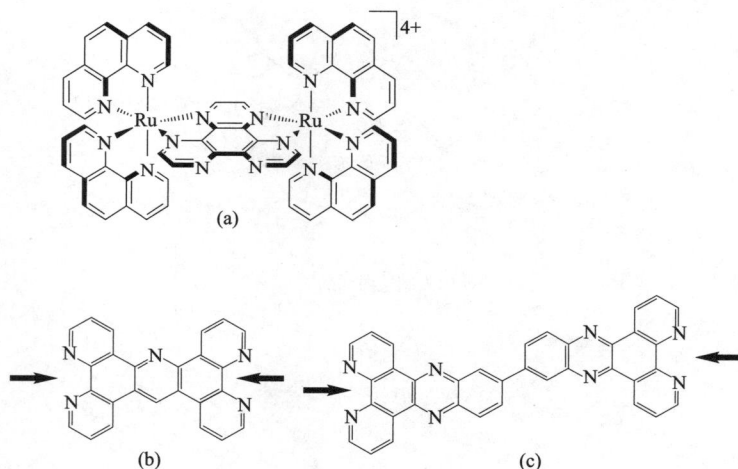

图 6.11 （a）双核的[{Ru(phen)₂}₂HAT]⁴⁺ 配合物的结构； （b） TPAC(吡啶[3,2-a:2',3'-c:3'',2''-h:2''',3'''-j]吖啶)； (c) μ-11,11'-bidppz{11,11'-bi(dipyrido[3,2-a:2',3'-c]phenazinyl)}配体。箭头表示可能的配位点

6.5.1 [{Ru(phen)₂}₂HAT]⁴⁺ 与变性 DNA 的可逆相互作用

HAT 配体具有三个等效的螯合位点，可以形成单核、双核或三核配合物。如前所述，单核金属配合物[Ru(phen)₂(HAT)]²⁺ 无论在水中还是在有机溶剂中都是发光的。与 TAP 一样，HAT 也是缺 π 电子的配体，因此发光基团对应于[Ru(Ⅲ)-HAT·⁻]*。在 DNA 存在的情况下，[Ru(phen)₂(HAT)]²⁺ 配合物通过 HAT 部分半插入[55]。

对于双核[{Ru(phen)₂}₂HAT]⁴⁺[图 6.11(a)]（三核配合物不讨论）[22]，发光基团没有变化，仍然是[Ru(Ⅲ)-HAT]*，然而光致氧化还原电位受第二个 Ru 离子的影响。根据热力学，在鸟嘌呤基和双核复合物之间的光诱导的电子转移（PET）应该是释放能量的过程[图 6.5 (a)]。事实上，激光闪光光解实验也证明，在 GMP 存在下，[{Ru(phen)$_2$}$_2$HAT]$^{4+}$ 被光还原[56]。如上所述，由 PET 引发的光加合物是可以预期的。与 GMP 形成的光产物也确实检测了，但这种共价加合物的量远远低于与至少含有两个 TAP 或 HAT 配体的单核 Ru（Ⅱ）配合物的光反应所产生的量。有学者提出这种光产物的低产率是由[{Ru(phen)$_2$}$_2$HAT]$^{4+}$ 和 GMP 之间的基态存在聚集作用引起的。[{Ru(phen)$_2$}$_2$HAT]$^{4+}$ 的吸收光谱在 GMP 存在下的确发生了改变，这表明在基态时这些物种之间存在相互作用。这些聚集作用将抑制比如在 ET 照射后应该在 G 碱基和 HAT 桥接配体之间形成共价键的这种物种在几何构型上的合理结构。

在 CT-DNA 存在的情况下，发射光谱数据表明双核配合物与单核配合物类似物 [Ru（phen）$_2$（HAT）]$^{2+}$ 或 [Ru（phen）$_3$]$^{2+}$ 相比，双核配合物与双螺旋不发生相互作用（即 DNA 对发射光谱没有影响）。然而在变性 DNA 存在的情况下则完全不同，可以观察到发光增加。事实上在变性过程中，首先是在高温下分离两条 DNA 链，然后当这两条 DNA 链慢慢冷却下来时，根据 Watson-Crick 碱基配对原则（退火），双螺旋结构又恢复。然而如果加热后将样品加冰淬火，得到了变性 DNA（如图 6.12 所示），其中的两条链是通过与双螺旋中的某些凸起黏在一起的，但其他有缺陷区域包含着由非配对碱形成的凸起。由于胞嘧啶-鸟嘌呤（C-G）碱基对比腺嘌呤-胸腺嘧啶（A-T）碱基对热力学稳定性更高，因此变性部分更有可能包含 A-T 而不是 C-G 碱基对。

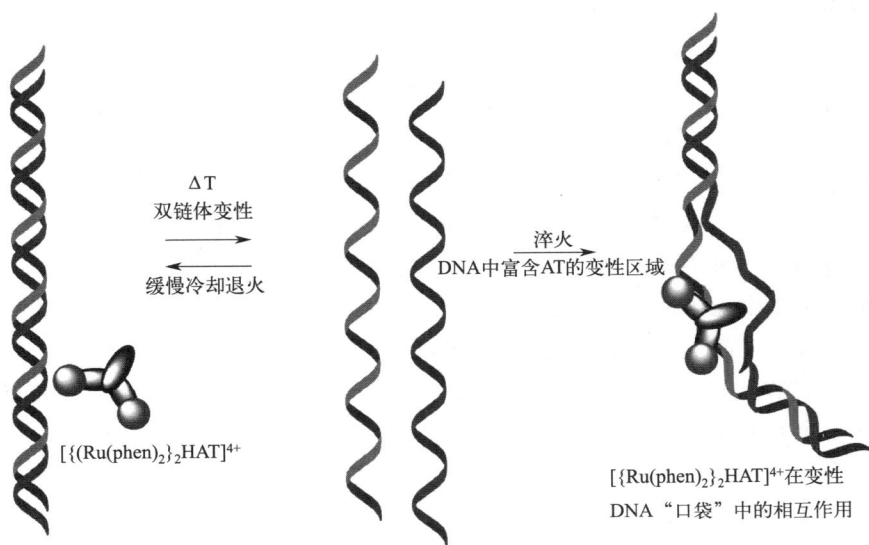

图 6.12　DNA 变性示意图

因此，在这种变性 DNA 存在的情况下，[{Ru(phen)$_2$}$_2$HAT]$^{4+}$ 的荧光增强是由于在变性 DNA 丰富的 A-T 凹陷和凸起中对激发态双核配合物的保护，而这种双核配合物很容易沉积在这些凹陷和凸起中。在脉冲激光激发下检测发现含鸟嘌呤碱基 PET 的瞬态吸收，但没有形成光加合物[56]。PET 这种表现是非常重要的，因为这一过程应该与观察到的发光增强现象相反，是发光淬灭的。不过必须指出的是所测得的发光是两种相反作用的结果：一是由于主要主体是配合物的富含 A-T 的变性区域的保护作用而增加，二是由具有一些 G-C 区域的 PET 的猝灭而减弱。随着脱氧核糖核酸（DNA）的变性，其发光增强，说明 A-T 保护作用的影响比 G-C[56] 的 ET 猝灭作用的影响更强。

综上所述，[{Ru(phen)$_2$}$_2$HAT]$^{4+}$ 与其类似物 [Ru(phen)$_2$(HAT)]$^{4+}$ 的性质差异凸显了双核配合物作为变性 DNA 荧光探针的主要性质。第二个中心离子的出现改变了其光化学性质和与 DNA 的相互作用方式。因为第二个 Ru 离子的出现增加了中心桥连 HAT 配体的 π 电子不足，这种激发态增强了的氧化能力有利于这样的 G 碱基 PET 过程，所以具有鸟嘌呤的 PET 是热力学可行的。此外虽然单核金属配合物在 DNA 螺旋结构内是插入的，但 [{Ru(phen)$_2$}$_2$HAT]$^{4+}$ 与双螺旋结构的相互作用不是很好，而是与 DNA[56] 的变性部分有很强的相互作用。这种独特的表现使得 [{Ru(phen)$_2$}$_2$HAT]$^{4+}$ 成为一种用于检测 DNA 不配对部分（如凸起环部分、发夹等）的优良荧光探针，如 6.4.2 节所述，这些部分在核反应过程中起着重要作用。

每个非对映体的双核配合物已被分离、纯化和研究[57]。ΔΔ、ΛΛ 对映体及内消旋体 ΔΛ 之间只有微小的差异。结果表明内消旋体与变性 DNA 的相互作用比其余两种对映体更好，但迄今为止还没有人提出合理的理由来说明这种立体专一性。

6.5.2　光敏性 [{Ru(TAP)$_2$}$_2$TPAC]$^{4+}$ 的靶向 G-四联体

TPAC 配体 [图 6.11(b)] 是由 Demeunynck 等首次合成的[58]。其以吖啶核为中心，有两个等价的螯合位点。出乎意料的是与之前讲的 HAT 情况相反，与单核类似物相比，与桥接配体 TPAC 螯合的第二个 Ru 离子，既不影响其光物理学性质，也不影响其氧化还原电位。因此在 [{Ru(TAP)$_2$}$_2$TPAC]$^{4+}$ 配合物中，两个 Ru 中心的行为相当独立，且发光基团对应于其次级单元 [Ru(Ⅲ)-TAP$^{·-}$]*。因此在辐照后，该配合物应该能够诱导一个带有鸟嘌呤的 ET 过程，且由光加合物生成。根据之前关于双核 HAT 配合物的研究结果，可以预测 [{Ru(TAP)$_2$}$_2$TPAC]$^{4+}$ 与经典双链 DNA 的相互作用不佳。然而有人观察到，照射含有 G 碱基的寡核苷酸双链（每条链上至少有一个 G 碱基），不仅容易形成单加合物，而且在产生的光加合物吸收第二个光子后也会产生双加合物。如图 6.6 所示，后者导致两个 DNA 链之间的光交联。这种光交联的产率比 TAP 单核类似物的产率要高得多，这可能是因为有四种 TAP 配体的存在提高了形成 G 位点不可逆光加合物与光交联的可能性[59]。我们认为这种高效生成的第一个 G 碱基单加合物会破坏局部的双链结构，从而使与 G 碱基光交联的另一条链吸收第二个光子。这与上面讨论的双核 HAT 配合物的情况形成了对照。这种情况下桥接的 HAT 配体由于两个 Ru(phen)$_2$ 基团而难以与 G 碱基作用 [图 6.11(a)]。因此不能再形成 G 加合物。

通过 [{Ru(TAP)$_2$}$_2$TPAC]$^{4+}$ 将两条链桥接不仅是有效的，而且意味着两个鸟嘌呤碱基之间的距离更远，它们实际上是由四个碱基对分开的[25]。由于这些特性，双核 [{Ru(TAP)$_2$}$_2$TPAC]$^{4+}$ 是靶向端粒序列中存在的 G-四联体的完美候选配合物（见前面的讨论，图 6.13）。在癌细胞中端粒长度在每一次细胞分裂后通过端粒酶蛋白的作用得以恢复，端粒酶蛋白可以使细胞不受控制地增殖，因此癌细胞持续繁殖。所以端粒区存在的 G-四联体是有价值的药物靶点。在此背景下通过光敏性双核 TPAC 配合物在 G-四联体内的两个 G 碱基之间形成不可逆的光桥（图 6.13），完全阻断了端粒的伸展，从而诱导细胞正常衰老，阻止癌细胞的增殖。结果表明双核的$[\{Ru(TAP)_2\}_2TPAC]^{4+}$对 G-四联体结构的光敏性比其他任何具有至少两个 TAP 配体的单核金属 Ru（Ⅱ）配合物要高得多，$[\{Ru(TAP)_2\}_2TPAC]^{4+}$的光加合物的产率是$[(Ru(TAP)_2TPAC]^{2+}$的 5 倍。

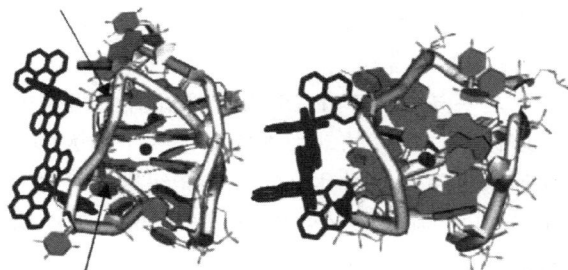

图 6.13　通过$[\{Ru(TAP)_2\}_2TPAC]^{4+}$将两个 G 碱基不可逆光交联后，G-四联体运行 2 ns MD 最后一个快照的分子模型。经许可引自 [59] 2012 Wiley-VCH Verlag GmbH & Co. KGaA，Weinheim

6.5.3　穿线嵌插

正如前文所指出的$[Ru(phen)_2(dppz)]^{2+}$是一个非常强大的 DNA 探针，因为它的发光依赖于 dppz 配体插入 DNA 碱基对叠层的方式。甚至对称的和倾斜的嵌插形状都可以通过发光寿命区分开来，然而$[Ru(phen)_2(dppz)]^{2+}$对 DNA 的特殊结构或序列选择性较低。因此 Lincoln 等研发了基于 bidppz 模板的桥连配体，如 μ-11,11′-bidppz[60] 和 μ-C4（cpdppz）[图 6.11(c) 和 6.14(a)][61]。对于桥连 TPAC，两个与 bidppz 配体螯合 Ru(Ⅱ) 中心相互不影响。因此这些双核配合物的发光与单核$[Ru(phen)_2(dppz)]^{2+}$的荧光具有相同的特征，发光基团对应于$[Ru(Ⅲ)\text{-}dppz]^*$。

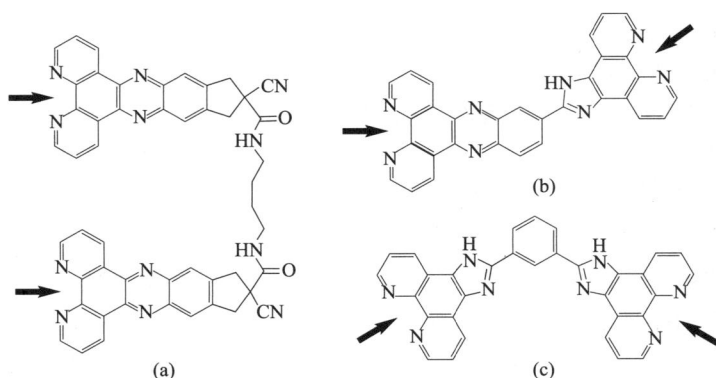

图 6.14　μ-C4（cpdppz）、μ-dppzip 和 μ-bipb 配体的结构（箭头代表可能的配合位点）(a)μ-C4(cpdppz)＝N,N'-双(12-氰基-12,13-二氢-11H-环戊基二吡啶并 3,2-h:2′,3′-吩嗪-12-羰基)-1,4-二氨基丁烷；(b)μ-dppzip＝2-(联吡啶 3,2-a:2′,3′-c)吩嗪-11-基)咪唑并[4,5-f][1,10]-菲咯啉；(c)μ-bipb 配体＝1,3-双(咪唑 4,5-f)[1,10]-菲咯啉-2-基)苯

第一个对[μ-(11,11'-bidppz)(phen)$_4$Ru$_2$]$^{4+}$ $\Delta\Delta$ 和 $\Lambda\Lambda$ 对映体的研究，报道了这一配合物在 DNA 凹槽内的简单键合作用[60]。后面的研究非常巧合，对在室温下放置一周后的样品分析结果表明配合物与 DNA 的相互作用与其最初在凹槽中的键合不同[62]。这就证明这种能够诱导发光强度显著增大的几何重排是非常缓慢的。

与 DNA 形成的复合物一旦到达上述的最终状态，与在凹槽中的初始结合物相比，其解离也非常缓慢（在 45℃ 条件下，SDS 诱导的解离需要几天时间，而初始的凹槽结合物则瞬间解离）。对这种最终状态建议的结合模式对应于穿线嵌插；换言之，桥连配体 bidppz 的插入要求两个金属中心的其中之一与另一个在 DNA 双螺旋对面凹槽中的金属中心的辅助配体 phen 穿过 DNA 双螺旋。所以，这极慢的动力学是由于一个庞大的 Ru（phen)$_2$ 部分必须通过碱基对的叠层。尽管这种相互作用是非共价的，但穿线嵌插导致了从 DNA 分离困难而具有高稳定性。这种强 DNA 亲和力和缓慢的解离动力学在生物学应用中很重要。实际上在自然界中也存在类似的穿线嵌插。例如天然抗生素诺拉霉素使一个庞大的糖基部分穿过碱基对的叠层，从而与 DNA 结合，导致在动力学方面形成高度稳定的相互作用，从而导致诺拉霉素的细胞毒性[63]。

[μ-(11,11'-bidppz)(phen)$_4$Ru$_2$]$^{4+}$ 的每一个非对映体与 DNA 的相互作用通过发光、LD 和 CD 表征[64]。这三种立体异构体中的每一种都通过穿线嵌插与 DNA 结合，主桥连配体 biddpz 夹在互为反式构象的碱基对之间 [图 6.11(c)][65]。由于位于副凹槽的 Ru(phen)$_2$ 部分更深入地插入 DNA 双螺旋中，所以该插层是不对称的。相比之下对于内消旋对映体 $\Delta\Delta$ 和 $\Lambda\Lambda$，得出的结论是 Λ 更深地插入副凹槽，使得主凹槽更适合 Δ[65]。

碱基序列对穿线嵌插速率有较大影响。这个过程在 [poly(dAdT)]$_2$ 中比在 CT-DNA 中快 65 {对 $\Lambda\Lambda$-[μ-(11,11'-bidppz)(phen)$_4$Ru^2]$^{4+}$} 到 2500 {对 $\Lambda\Lambda$-[μ-(11,11'-bidppz)(bpy)$_4$Ru$_2$]$^{4+}$} 倍[66]。所以通过动力学识别，双核配合物可以定位长的 A 嵌 T 区域。后者被认为是与双螺旋的呼吸动力学和 A 嵌 T 区域的弹性增强有关，这有利于穿线过程。进一步的研究表明至少需要 10 个连续的 A 嵌 T 碱基对才能实现高效的穿线嵌插[67]。因为即使为了一个钌中心可以穿过 DNA 螺旋只需要融化一个碱基对[68]，而 DNA 伸展了的过渡状态要比双核配合物本身尺寸大很多。

值得一提的是，人们已经用其他桥连配体验证了其他参数对穿线嵌插过程的影响（图 6.14）[辅助配体的影响[64,69]、桥连配体的刚性[70]、两个 Ru（Ⅱ) 中心之间的距离和插入配体的扩展芳香性[71]]。研究结果表明：[μ-(11,11'-bidppz)(phen)$_4$Ru$_2$]$^{4+}$ 的穿线速率是最慢的。以上研究揭示 μ-bipb 桥连配体的双核配合物 [图 6.14(c)] 没有插入 CT-DNA。然而有趣的是，在水和有机溶剂中都能发出荧光的 [μ-bipb(phen)$_4$Ru$_2$]$^{4+}$ 不同立体异构体被用于细胞内染色并揭示它的两个对映体 $\Delta\Delta$ 和 $\Lambda\Lambda$ 的细胞内定位模式不同[72]。这些对映体在固定细胞中分布的差异是其与细胞成分的不同亲和性引起的。这种双核配合物的手性对细胞定位的影响是特有的，它在设计高效的亚细胞结构定位光探针方面很有前途。

6.6 结论

在本章中我们试图解释一些 Ru（Ⅱ) 配合物在水和有机溶剂中的光物理学性质和光敏性

之间的关系，以及它们作为 DNA 探针，特别是 DNA 光探针的性质。为了阐明这种关系我们选择了几个具体的例子进行了说明。

近年来在该研究领域中取得了里程碑式的成就。已经获得并分析了寡核苷酸与插层的 Λ/ΔRu（Ⅱ）配合物生成的共晶体[38,39]，这些研究结果表明该领域向前迈出了重要的一步。此外在[poly(dA-dT)]$_2$ 的溶液中[Ru(phen/bpy)$_2$(dppz)]$^{2+[37]}$ 的 Λ 或 Δ 对映体也可能调节两个激发态寿命和 ITC 数据，并从晶体学数据中观察到倾斜和对称的插层[38,39]。第一次通过 SFM 在分子水平上观察到了对 DNA 分子（如质粒 DNA）的光敏性 TAP 插入 Ru（Ⅱ）配合物的光照效果。此外在细胞生物学中双核 Ru（Ⅱ）配合物的某些特定对映体或非对映体能够通过其特定的发光性能来标记细胞组分，这取决于是活细胞还是死细胞，这一事实也是特别重要并值得进一步研究的。

虽然在过去几年中在 Ru（Ⅱ）探针与简单分子甚至更复杂的 DNA 分子在体外和活细胞中相互作用的几何构型方面取得了重大进展，但仍有许多问题没有得到解答。例如虽然前面讲到配合物-DNA 溶液和配合物-寡核苷酸的共结晶有相似之处，但与寡核苷酸共结晶的这些配合物之间也存在性质差异，这些差异通过 X 射线晶体衍射和 SFM 观察配合物与质粒 DNA 的互相作用而体现。通过 X 射线晶体衍射分析发现[Ru(TAP)$_2$(PHEHAT)]$^{2+}$ 中的 TAP 配体与 DNA 之间实际上并不存在氢键作用。然而通过 SFM 分析，在不添加尿素的情况下，一定浓度的 DNA 溶液中 TAP 配体与 DNA 之间存在氢键作用可以从 DNA 聚合而得到结论（在[Ru(phen)$_2$(PHEHAT)]$^{2+}$ 中观测不到这样的聚合）。此外，这种氢键诱导的 DNA 聚合可以看出，光照下，与没有聚合物（存在尿素）相比，Ru（Ⅱ）配合物的光裂解产率比光加合物（或光交联物）产率高得多。Ru（Ⅱ）配合物光化学对 DNA 上层结构的依赖尚不清楚。也许 SFM 技术具有更好的横向分辨率，或者结合单分子光学方法（针尖增强拉曼光谱），未来这些问题将会得到解决。

从这里的讨论可以清楚地看出，许多 DNA 探针相互作用的分子细节仍有待于用一种简化的体外方法来探索，然而理解这些金属探针在细胞复杂环境中的吸收作用和特性，仍然是将它们应用在生物材料领域的严峻挑战。

致谢

L. M. 和 W. V. 分别感谢 FNRS（国家自然科学基金）和 IWT（佛兰德斯科学及技术创新）对博士期间工作给予的支持。作者对 FNRS 的资金支持表示感谢。

参考文献

1. L. Marcelis，C. Moucheron and A. Kirsch-De Mesmaeker，Ru-TAP complexes and DNA. From photo-induced electron transfer to gene photo-silencing in living cells，Philosophical Transations of the Royal Society A，371，1995 2012 0131（DOI 10.1098/rsta.2012.0131）（2013）.

2. L. Marcelis，J. Ghesquiere，K. Garnir，A. Kirsch-De Mesmaeker and C. Moucheron，Photo-oxidizing RuII complexes and light：Targeting biomolecules via photoadditions，Coor-

dination Chemistry Reviews,256(15-16),1569-1582(2012).

3. U. Schatzschneider, Photoactivated biological activity of transition-metal complexes, European Journal of Inorganic Chemistry,(10),1451-1467(2010).

4. P. C. Bruijnincx and P. J. Sadler, New trends for metal complexes with anticancer activity, Current Opinion in Chemical Biology,12(2),197-206(2008).

5. J. D. Aguirre, A. M. Angeles-Boza, A. Chouai, C. Turro, J. P. Pellois and K. R. Dunbar, Anticancer activity of heteroleptic diimine complexes of dirhodium: A study of intercalating properties, hydrophobicity and in cellulo activity, Dalton Transactions,10806-10812(2009).

6. M. Wojdyla, J. A. Smith, S. Vasudevan, S. J. Quinn and J. M. Kelly, Excited state behaviour of substituted dipyridophenazine Cr(Ⅲ)complexes in the presence of nucleic acids, Photochemical & Photobiological Sciences,9,1196-1202(2010).

7. J. A. Smith, M. W. George and J. M. Kelly, Transient spectroscopy of dipyridophenazine metal complexes which undergo photo-induced electron transfer with DNA, Coordination Chemistry Reviews,255(21-22),2666-2675(2011).

8. S. J. Burya, A. M. Palmer, J. C. Gallucci and C. Turro, Photoinduced ligand exchange and covalent DNA binding by two new dirhodium bis-amidato complexes, Inorganic Chemistry,51(21),11882-11890(2012).

9. NP. Kane-Maguire, Photochemistry and photophysics of coordination compounds: chromium, Topics in Current Chemistry,280,37-67(2007).

10. K. K. W. Lo and K. Y. Zhang, Iridium(Ⅲ)complexes as therapeutic and bioimaging reagents for cellular applications, RSC Advances,2,12069-12083(2012).

11. M. R. Gill, H. Derrat, C. G. W. Smythe, G. Battaglia and J. A. Thomas, Ruthenium (Ⅱ)metallo-intercalators: DNA imaging and cytotoxicity, ChemBioChem,12(6),877-880 (2011).

12. B. Durham, J. V. Caspar, J. K. Nagle and T. J. Meyer, Photochemistry of tris(2,2'-bipyridine)ruthenium(2+)ion, Journal of the American Chemical Society,104(18),4803-4810 (1982).

13. J. V. Caspar and T. J. Meyer, Photochemistry of tris(2,2'-bipyridine)ruthenium(2+) ion [Ru(bpy)$_3$]$^{2+}$. Solvent effects, Journal of the American Chemical Society,105(17),5583-5590(1983).

14. A. Juris, V. Balzani, F. Barigelletti, S. Campagna, P. Belser and A. von Zelewsky, Ru (Ⅱ)polypyridine complexes: photophysics, photochemistry, electrochemistry, and chemiluminescence, Coordination Chemistry Reviews,84,85-277(1988).

15. A. Masschelein, L. Jacquet, A. Kirsch-De Mesmaeker and J. Nasielski, Ruthenium complexes with 1,4,5,8-tetraazaphenanthrene. Unusual photophysical behavior of the trishomoleptic compound, Inorganic Chemistry,29(4),855-860(1990).

16. E. J. C. Olson, D. Hu, A. Hormann, A. M. Jonkman, M. R. Arkin, E. DA. Stemp, J. K. Barton and P. F. Barbara, First observation of the key intermediate in the "light-switch" mechanism of [Ru(phen)$_2$dppz]$^{2+}$, Journal of the American Chemical Society,119(47),

11458-11467(1997).

17. J. Olofsson, B. Onfelt and P. Lincoln, Three-state light switch of [Ru (phen)$_2$dppz]$^{2+}$: Distinct excited-state species with two, one, or no hydrogen bonds from solvent, Journal of Physical Chemistry A, 108(20), 4391-4398(2004).

18. C. Moucheron, A. Kirsch-De Mesmaeker and S. Choua, Photophysics of Ru(phen)$_2$ (PHEHAT)$^{2+}$: A novel "light switch" for DNA and photo-oxidant for mononucleotides, Inorganic Chemistry, 36(4), 584-592(1997).

19. I. Ortmans, B. Elias, J. M. Kelly, C. Moucheron and A. Kirsch-De Mesmaeker, [Ru (TAP)$_2$(dppz)]$^{2+}$: a DNA intercalating complex, which luminesces strongly in water and undergoes photo-induced proton-coupled electron transfer with guanosine-5'-monophosphate, Dalton Transactions, 668-676(2004).

20. C. G. Coates, P. Callaghan, J. J. McGarvey, J. M. Kelly, L. Jacquet and A. Kirsch-De Mesmaeker, Spectroscopic studies of structurally similar DNA-binding ruthenium(II) complexes containing the dipyridophenazine ligand, Journal of Molecular Structure, 598(1), 15-25 (2001).

21. B. Elias, C. Creely, G. W. Doorley, M. M. Feeney, C. Moucheron, A. Kirsch-De Mesmaeker, J. Dyer, D. C. Grills, M. W. George, P. Matousek, A. W. Parker, M. Towrie and J. M. Kelly, Photooxidation of guanine by a ruthenium dipyridophenazine complex intercalated in a double-stranded polynucleotide monitored directly by picosecond visible and infrared transient absorption spectroscopy, Chemistry-A European Journal, 14(1), 369-375(2008).

22. L. Jacquet and A. Kirsch-De Mesmaeker, Spectroelectrochemical characteristics and photophysics of a series of Ru(II) complexes with 1, 4, 5, 8, 9, 12-hexaazatriphenylene: effects of polycomplexation, Journal of the Chemical Society, Faraday Transactions, 88, 2471-2480(1992).

23. A. Boisdenghien, C. Moucheron and A. Kirsch-De Mesmaeker, [Ru(phen)$_2$ (PHEHAT)]$^{2+}$ and [Ru(phen)$_2$(HATPHE)]$^{2+}$: Two ruthenium(II) complexes with the same ligands but different photophysics and spectroelectrochemistry, Inorganic Chemistry, 44(21), 7678-7685(2005).

24. B. Elias, L. Herman, C. Moucheron and A. Kirsch-De Mesmaeker, Dinuclear Ru(II) PHEHAT and-TPAC complexes: Effects of the second Ru(II) center on their spectroelectrochemical properties, Inorganic Chemistry, 46(12), 4979-4988(2007).

25. L. Ghizdavu, F. Pierard, S. Rickling, S. Aury, M. Surin, D. Beljonne, R. Lazzaroni, P. Murat, E. Defrancq, C. Moucheron and A. Kirsch-De Mesmaeker, Oxidizing Ru(II) complexes as irreversible and specific photo-cross-linking agents of oligonucleotide duplexes, Inorganic Chemistry, 48(23), 10988-10994(2009).

26. D. Garcia-Fresnadillo, Y. Georgiadou, G. Orellana, A. M. Braun and E. Oliveros, Singlet-oxygen(1Δg)production by ruthenium(II)complexes containing polyazaheterocyclic ligands in methanol and in water, Helvetica Chimica Acta, 79(4), 1222-1238(1996).

27. W. Saenger, Principles of Nucleic Acid Structure, C. R. Cantor(ed.), Springer-Ver-

lag,New York(1988).

28. K. E. Erkkila,D. T. Odom and J. K. Barton,Recognition and reaction of metallointercalators with DNA,Chemical Reviews,99(9),2777-2796(1999).

29. A. W. McKinley,P. Lincoln and E. M. Tuite,Environmental effects on the photophysics of transition metal complexeswith dipyrido[2,3-a:3′,2′-c] phenazine(dppz)and related ligands,Coordination Chemistry Reviews,255(21-22),2676-2692(2011).

30. M. R. Gill and J. A. Thomas,Ruthenium(Ⅱ)polypyridyl complexes and DNA-from structural probes to cellular imaging and therapeutics,Chemical Society Reviews,41,3179-3192(2012).

31. A. E. Friedman,J. C. Chambron,J. P. Sauvage,N. J. Turro and J. K. Barton,A molecular light switch for DNA:Ru(bpy)$_2$(dppz)$^{2+}$,Journal of the American Chemical Society,112(12),4960-4962(1990).

32. C. Hiort,P. Lincoln and B. Norden,DNA binding of DELTA-and LAMBDA-[Ru(phen)$_2$DPPZ]$^{2+}$,Journal of the American Chemical Society,115(9),3448-3454(1993).

33. C. Moucheron and A. Kirsch-De Mesmaeker,New DNA-binding ruthenium(Ⅱ)complexes as photo-reagents for mononucleotides and DNA,Journal of Physical Organic Chemistry,11(8-9),577-583(1998).

34. J. M. Kelly,A. B. Tossi,D. J. McConnell and C. OhUigin,A study of the interactions of some polypyridylruthenium(Ⅱ)complexes with DNA using fluorescence spectroscopy,topoisomerisation and thermal denaturation,Nucleic Acids Research,13(17),6017-6034(1985).

35. P. Lincoln and B. Norden,DNA binding geometries of ruthenium(Ⅱ)complexes with 1,10-phenanthroline and 2,2′-bipyridine ligands studied with linear dichroism spectroscopy. Borderline cases of intercalation,Journal of Physical Chemistry B,102(47),9583-9594(1998).

36. A. W. McKinley,J. Andersson,P. Lincoln and E. M. Tuite,DNA sequence and ancillary ligand modulate the biexponential emission decay of intercalated [Ru(L)$_2$dppz]$^{2+}$ enantiomers,Chemistry-A European Journal,18(47),15142-15150(2012).

37. J. Andersson,L. H. Fornander,M. Abrahamsson,E. Tuite,P. Nordell and P. Lincoln,Lifetime heterogeneity of DNA-bound dppz complexes originates from distinct intercalation geometries determined by complex-complex interactions,Inorganic Chemistry,52(2),1151-1159(2013).

38. H. Niyazi,J. P. Hall,K. O'Sullivan,G. Winter,T. Sorensen,J. M. Kelly and C. J. Cardin,Crystal structures of Λ-[Ru(phen)$_{(2)}$dppz]$^{(2+)}$ with oligonucleotides containing TA/TA and AT/AT steps show two intercalation modes,Nature Chemistry,4(8),621-628(2012).

39. J. P. Hall,K. O'Sullivan,A. Naseer,J. A. Smith,J. M. Kelly and C. J. Cardin,Structure determination of an intercalating ruthenium dipyridophenazine complex which kinks DNA by semiintercalation of a tetraazaphenanthrene ligand,Proceedings of the National Academy of Sciences of the United States of America,108,17610-17614(2011).

40. B. Elias and A. Kirsch-De Mesmaeker,Photo-reduction of polyazaaromatic Ru(Ⅱ)

complexes by biomolecules and possible applications,Coordination Chemistry Reviews,250 (13-14),1627-1641(2006).

41. C. Moucheron, A. Kirsch-De Mesmaeker and J. M. Kelly,Photoreactions of ruthenium(Ⅱ)and osmium(Ⅱ)complexes with deoxyribonucleic acid(DNA),Journal of Photochemistry and Photobiology B:Biology,40(2),91-106(1997).

42. O. Kratky and G. Porod, Rontgenuntersuchung geloster fadenmolekule,Recueil des Travaux Chimiques des Pays-Bas,68(12),1106-1122(1949).

43. L. F. Liu and J. C. Wang,Supercoiling of the DNA template during transcription, Proceedings of the National Academy of Sciences of the United States of America,84(20), 7024-7027(1987).

44. AV. Vologodskii, AV. Lukashin, VV. Anshelevich and MD. Frank-Kamenetskii, Fluctuations in superhelical DNA,Nucleic Acids Research,6(3),967-982(1979).

45. M. Gellert,K. Mizuuchi,M. H. O'Dea,H. Ohmori and J. Tomizawa,DNA gyrase and DNA supercoiling,Cold Spring Harbor Symposia on Quantitative Biology,43,35-40(1979).

46. A. Rich,A. Nordheim and A. H. J. Wang,The chemistry and biology of left-handed Z-DNA,Annual Review of Biochemistry,53(1),791-846(1984).

47. S. M. Mirkin, V. I. Lyamichev, K. N. Drushlyak,V. N. Dobrynin,S. A. Filippov and M. D. Frank-Kamenetskii,DNA H form requires a homopurine-homopyrimidine mirror repeat,Nature,330(6147),495-497(1987).

48. X. Wang,X. Zhang,C. Mao and N. C. Seeman,Double-stranded DNA homology produces a physical signature,Proceedings of the National Academy of Sciences,107(28),12547-12552(2010).

49. S. Dasgupta,D. P. Allison,C. E. Snyder and S. Mitra,Base-unpaired regions in supercoiled replicative form DNA of coliphage M13,Journal of Biological Chemistry,252(16), 5916-5923(1977).

50. J. H. Jeon,J. Adamcik,G. Dietler and R. Metzler,Supercoiling induces denaturation bubbles in circular DNA,Physical Review Letters,105,208101(2010).

51. W. Vanderlinden,M. Blunt,C. C. David,C. Moucheron,A. Kirsch-De Mesmaeker and S. De Feyter,Mesoscale DNA structural changes on binding and photoreaction with Ru[(TAP)$_2$PHEHAT]$^{2+}$,Journal of the American Chemical Society,134(24),10214-10221(2012).

52. J. D. McGhee and P. H. von Hippel,Theoretical aspects of DNA-protein interactions: Cooperative and non-co-operative binding of large ligands to a one-dimensional homogeneous lattice,Journal of Molecular Biology,86(2),469-489(1974).

53. J. M. Kelly,D. J. McConnell,C. OhUigin, A. B. Tossi, A. Kirsch-De Mesmaeker,A. Masschelein and J. Nasielski,Ruthenium polypyridyl complexes; their interaction with DNA and their role as sensitisers for its photocleavage,Journal of the Chemical Society,Chemical Communications,1821-1823(1987).

54. H. Uji-i,P. Foubert,F. C. De Schryver,S. De Feyter,E. Gicquel,A. Etoc,C. Moucher-

on and A. Kirsch-De Mesmaeker, $[Ru(TAP)_3]^{2+}$-photosensitized DNA cleavage studied by atomic force microscopy and gel electrophoresis: A comparative study, Chemistry-A European Journal, 12(3), 758-762(2006).

55. R. Blasius, H. Nierengarten, M. Luhmer, JF. Constant, E. Defrancq, P. Dumy, A. van Dorsselaer, C. Moucheron and A. Kirsch-DeMesmaeker, Photoreaction of $[Ru(hat)_2 phen]^{2+}$ with guanosine-5′-monophosphate and DNA: Formation of new types of photoadducts, Chemistry-A European Journal, 11(5), 1507-1517(2005).

56. O. Van Gijte and A. Kirsch-De Mesmaeker, The dinuclear ruthenium（Ⅱ）complex $[(Ru(Phen)_2)_2(HAT)]^{4+}$ (HAT = 1,4,5,8,9,12-hexaazatriphenylene), a new photoreagent for nucleobases and photoprobe for denatured DNA, Journal of the Chemical Society, Dalton Transactions, 951-956(1999).

57. A. Brodkorb, A. Kirsch-De Mesmaeker, T. J. Rutherford and F. R. Keene, Stereoselective interactions and photo-electron transfers between mononucleotides or DNA and the stereoisomers of a HAT-bridged dinuclear ruII complex(HAT = 1,4,5,8,9,12-hexaazatriphenylene), European Journal of Inorganic Chemistry, 2001(8), 2151-2160(2001).

58. M. Demeunynck, C. Moucheron and A. Kirsch-De Mesmaeker, Tetrapyrido[3,2-a:2′, 3′-c:3′′,2′′-h:2′′′,3′′′-j]acridine(tpac): a new extended polycyclic bis-phenanthroline ligand, Tetrahedron Letters, 43(2), 261-264(2002).

59. S. Rickling, L. Ghisdavu, F. Pierard, P. Gerbaux, M. Surin, P. Murat, E. Defrancq, C. Moucheron and A. Kirsch-De Mesmaeker, A rigid dinuclear ruthenium（Ⅱ）complex as an efficient photoactive agent for bridging two guanine bases of a duplex or quadruplex oligonucleotide, Chemistry-A European Journal, 16(13), 3951-3961(2010).

60. P. Lincoln and B. Norden, Binuclear ruthenium（Ⅱ）phenanthroline compounds with extreme binding affinity for DNA, Chemical Communications, 2145-2146(1996).

61. B. Onfelt, P. Lincoln and B. Norden, Enantioselective DNA threading dynamics by phenazine-linked $[Ru(phen)_2 dppz]^{2+}$ Dimers, Journal of the American Chemical Society, 123 (16), 3630-3637(2001).

62. L. M. Wilhelmsson, F. Westerlund, P. Lincoln and B. Norden, DNA-Binding of semirigid binuclear ruthenium complex $\Delta, \Delta\mu$-(11,11′-bidppz)(phen)$_4$Ru$_2$]$^{4+}$: Extremely slow intercalation kinetics, Journal of the American Chemical Society, 124 (41), 12092-12093 (2002).

63. Y. C. Liaw, Y. G. Gao, H. Robinson, G. A. Van der Marel, J. H. Van Boom and A. H. J. Wang, Antitumor drug nogalamycin binds DNA in both grooves simultaneously: molecular structure of nogalamycin-DNA complex, Biochemistry, 28(26), 9913-9918(1989).

64. F. Westerlund, P. Nordell, J. Blechinger, T. M. Santos, B. Norden and P. Lincoln, Complex DNA binding kinetics resolved by combined circular dichroism and luminescence analysis, Journal of Physical Chemistry B, 112(21), 6688-6694(2008).

65. L. M. Wilhelmsson, E. K. Esborner, F. Westerlund, B. Norden and P. Lincoln, Meso stereoisomer as a probe of enantioselective threading intercalation of semirigid ruthenium

complex $[\mu\text{-}(11,11'\text{-bidppz})(\text{phen})_4\text{Ru}_2]^{4+}$, Journal of Physical Chemistry B, 107(42), 11784-11793(2003).

66. P. Nordell, F. Westerlund, L. M. Wilhelmsson, B. Norden and P. Lincoln, Kinetic recognition of AT-rich DNA by ruthenium complexes, Angewandte Chemie International Edition, 46(13), 2203-2206(2007).

67. P. Nordell, F. Westerlund, A. Reymer, A. H. El-Sagheer, T. Brown, B. Norden and P. Lincoln, DNA polymorphism as an origin of adenine-thymine tract length-dependent threading intercalation rate, Journal of the American Chemical Society, 130(44), 4651-14658 (2008).

68. T. Paramanathan, F. Westerlund, M. J. McCauley, I. Rouzina, P. Lincoln and M. C. Williams, Mechanically manipulating the DNA threading intercalation rate, Journal of the American Chemical Society, 130(12), 3752-3753(2008).

69. F. Westerlund, P. Nordell, B. Norden and P. Lincoln, Kinetic characterization of an extremely slow DNA binding equilibrium, Journal of Physical Chemistry B, 111(30), 9132-9137(2007).

70. F. Westerlund, M. P. Eng, M. U. Winters and P. Lincoln, Binding geometry and photophysical properties of DNA-threading binuclear ruthenium complexes, Journal of Physical Chemistry B, 111(1), 310-317(2007).

71. J. Andersson, M. Li and P. Lincoln, AT-specific DNA binding of binuclear ruthenium complexes at the border of threading intercalation, Chemistry-A European Journal, 16(36), 11037-11046(2010).

72. F. Svensson, J. Andersson, H. Amand and P. Lincoln, Effects of chirality on the intracellular localization of binuclear ruthenium(II) polypyridyl complexes, Journal of Biological Inorganic Chemistry, 17, 565-571(2012).

第 7 章

二巯基金属配合物对蛋白质和细胞的可视化

Danielle Park，Ivan Ho Shou，Minh Hua，Vivien M. Chen，Philip J Hogg
新南威尔士大学洛伊癌症研究中心，威尔士亲王临床研究学校，澳大利亚

7.1　As（Ⅲ）和 Sb（Ⅲ）的化学性质

三价砷和锑化合物与紧邻的二硫醇能形成高亲和性的环状结构（图 7.1）。例如对甲苯基氧化砷和 2,3-二丙硫醇通过两个硫原子和砷配位形成了五元环配合物[1]。因为考虑到熵，环状结构比 As（Ⅲ）与单硫醇形成的线性结构要稳定[2]。单键结合的 As（Ⅲ）及其周围第二个巯基和有效局域浓度非常高，从而驱动了砷与第二个硫原子的配位反应（图 7.1）。巯基的间距影响其与 As（Ⅲ）相互作用的亲和力。与 As（Ⅲ）反应的半胱氨酸的硫原子最佳距离是 3~4Å[1,3]。

用有机砷化合物 4-[N-(S-谷胱甘肽乙酰基)氨基]苯基亚砷酸（GSAO）可以测定 As（Ⅲ）对不同空间间距硫原子的亲和力[4]。GSAO 是苯基亚砷酸和谷胱甘肽（三肽）的结合物 [图 7.2(a)]。GSAO 能与小分子二硫醇、二巯基丙醇、6,8-硫辛酸及二硫苏糖醇（二巯基丁二醇）形成高亲和的配合物（表 7.1），而与单硫醇不能形成这类配合物。与 As（Ⅲ）结合的环状结构中的原子数与亲和度相关。例如 As（Ⅲ）与二巯基丙醇形成五元环的表观解离常数和 As（Ⅲ）与二硫苏糖醇形成七元环的表观解离常数相比，从 130nmol·L^{-1} 增到 420nmol·L^{-1}。GSAO 还与肽和蛋白二硫醇形成配合物（表 7.1）。肽结合 GSAO 的解离常数是 1μmol·L^{-1}，而砷与还原蛋白或硫氧还蛋白[5] 活性位点的二硫醇结合的解离常数为 370nmol·L^{-1}。肽和硫氧还蛋白与 GSAO 中的 As（Ⅲ）结合形成的环结构中都有 15 个原子。而硫氧还蛋白与 As（Ⅲ）的亲和力更高的原因可能是由硫氧还蛋白的二级结构引起的半胱氨酸的硫醇活性位点在蛋白质中的距离比在肽中更近且更有利于离子化[6]。

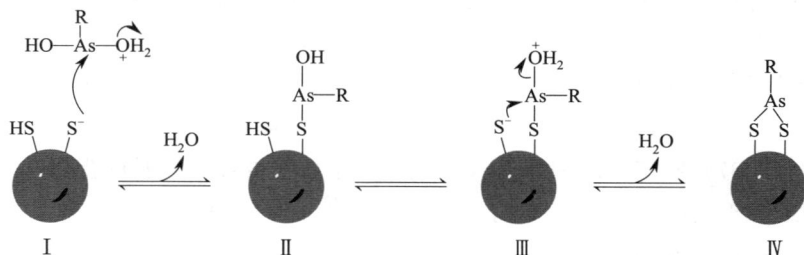

图 7.1 两个紧邻的半胱氨酸硫原子与 As(Ⅲ) 交联的机制。(Ⅰ) 由于缓冲作用少量的 RAs(OH)$_2$ 会产生羟基质子化，由于 S$^-$ 对砷的攻击，羟基质子化后以水的形式离去。(Ⅱ和Ⅲ) 缓冲液的作用可使剩余的巯基和羟基之间进行有效的质子转移，从而通过剩余的巯基阴离子对 As 的攻击使另外一个水分子脱除。第二个巯基同样与 As(Ⅲ) 结合的原因使它们的有效局域浓度非常高，从而促使反应进行。(Ⅳ) 结果是 As (Ⅲ) 与蛋白质的衍生物交联

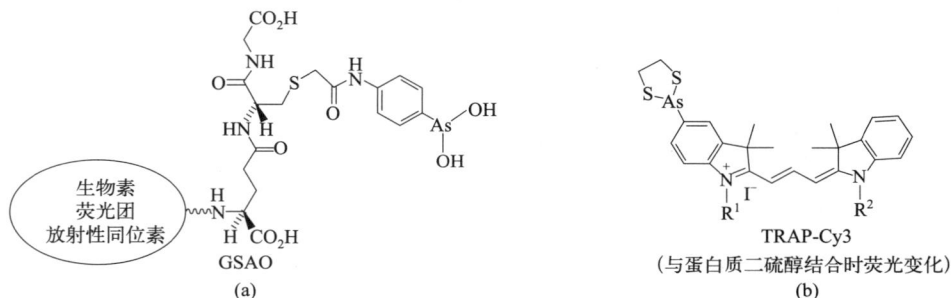

图 7.2 用有机砷标记天然蛋白质。(a) GSAO {4-[N-(S-谷胱甘肽乙酰基)氨基]苯基亚砷酸}，不同的报告基团与三肽中 γ-谷氨酰基中的氨基 N 原子相连；(b) TRAP-Cy3，当化合物与蛋白质中的二硫醇结合时 Cy3 的荧光性质发生变化

表 7.1 三价有机砷化合物与合成的和蛋白质二硫醇结合的解离常数[4]

二巯基化物	环的尺寸[①]	解离常数/(nmol·L^{-1})
2,3-二巯基-1-丙醇	5	130
6,8-硫辛酸	6	200
二硫苏糖醇	7	420
TrpCysGlyProCysLys[②]	15	1420
TrpCysGlyHisCysLys[③]	15	870
硫氧还蛋白	15	370

① GSAO 中的 As(Ⅲ) 在环结构中的原子数目。

② TrpCysGlyProCysLys 相当于硫氧还蛋白的活性位点序列[7]。

③ TrpCysGlyHisCysLys 对应于蛋白二硫异构酶的活性位点序列[8]。

7.2 半胱氨酸二硫醇在蛋白质中的功能

自然界中大多数间距紧密的双巯基半胱氨酸都是功能性的，即与蛋白质的作用有关。功

能性的半胱氨酸对是氧化还原酶的活性二硫醇位点或变构二硫键的还原形式。

蛋白质的二硫键或胱氨酸残基是两个半胱氨酸氨基酸中硫原子之间的连接链；迄今已在 3758 种人类蛋白质中明确了 15662 个二硫键。大约一半的二硫键（8183）位于三分之一的（1204）蛋白质中，这些蛋白质在内质网（ER）、高尔基体和核内体中分泌或起作用。近似数量的二硫键（7097）有三分之一左右（1989）位于血浆或细胞质膜的蛋白中。二硫键是蛋白质在细胞中成熟时形成的[9]，存在于真核细胞[10] 的内质网、高尔基体、高尔基体囊泡和线粒体膜间空间以及细菌[11] 的周质空间中。

二硫键具有结构作用或者功能作用，功能作用有两种类型：键催化作用和变构作用[12]。在蛋白质成熟过程中半胱氨酸与胱氨酸的准确配对是由氧化还原酶［如蛋白质二硫化异构酶（PDI）[8] 和硫氧还蛋白］的催化二硫化作用辅助完成的[5]。这些蛋白质在其活性位点上具有活性二巯基/二硫基，它们在蛋白质底物[13] 中进行二硫醚或二硫醇的氧化/还原循环。变构二硫键是一种利用常规还原裂解的方式控制成熟蛋白功能的键[14-16]。这是第三种翻译后修饰[12,16]。氧化还原酶或硫醇与二硫化物的交换可以使变构二硫化物裂解。

迄今已发现约 30 种哺乳动物、植物、细菌或病毒蛋白含有变构二硫化物。据报道它们的裂解会改变蛋白质的配体结合[17,18]、底物水解[19]、蛋白质水解[20-22] 或蛋白质中低聚物的形成[23,24]。一些人类蛋白质参与免疫应答（CD4，白细胞介素受体 γ 亚单位）、血栓形成（组织因子、β2-糖蛋白 I、因子 XI、血管性血友病因子）、血压调控（血管紧张素原）、炎症（组织型转谷氨酰胺酶、C-反应蛋白）和癌症（MICA、淋巴管生长因子、SRC 羧基端激酶）。

自 20 世纪 80 年代以来，三价砷被用于研究功能性双巯基化合物。三价砷通常通过交联二巯基抑制蛋白质功能。已用 As（Ⅲ）（最常见的小分子有机砷是苯砷酸）测试了单个蛋白和细胞通路。已研究的蛋白包括硫氧还蛋白[25]、卵磷脂胆固醇酰基转移酶[26]、酪氨酸磷酸酶[27] 和丙酮酸脱氢酶复合物[28] 中的脂酰胺。已研究的细胞通路包括代谢调节和细胞应激[29]、己糖转运[30] 和泛素依赖蛋白降解[31]。三价砷亲和色谱法也被用于纯化含有双巯基的蛋白质[32]（见第 1 章中使用金属配合物纯化生物分子的部分）。相反，合成的小分子双巯基化合物被用作 As(Ⅲ) 中毒的解毒剂。例如产于第二次世界大战期间的 2,3-二巯基丙醇（也被称为英国抗路易斯毒剂，或简称为 BAL），用于对抗生化武器中的有机砷化合物 α-氯乙烯二氯胂（也叫路易斯毒气）[2]。

7.3 蛋白分离中 As（Ⅲ）对二巯基的可视化作用

利用生物素标记的三肽三价砷的偶联物 GSAO ［图 7.2(a)］[4] 可以实现分离蛋白中功能性双巯基的可视化。生物素标记的 GSAO 与蛋白质的结合作用可以用链霉亲和素-过氧化物酶印迹标记蛋白来评估。例如 GSAO 生物素与组织因子（TF）的变构二硫醇的结合，如图 7.3 所示[33]。

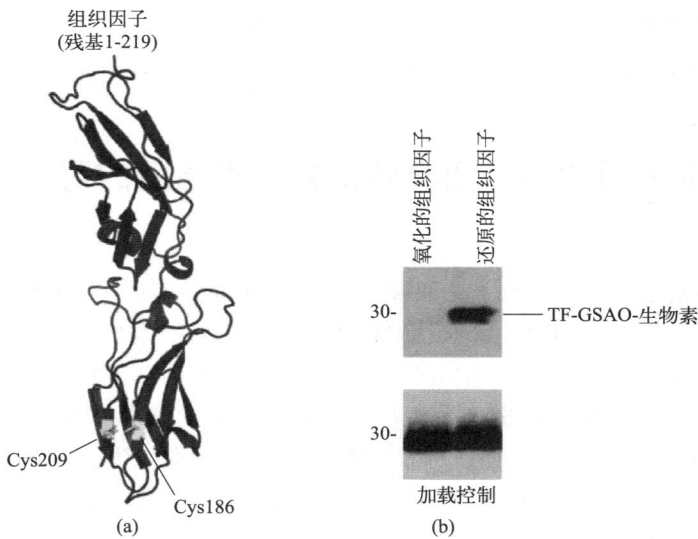

图 7.3 用有机砷标记组织因子中还原的变构二硫键。（a）人类 TF 胞外部分的带状结构。未配对的 Cys186 和 Cys209 残基显示为条状。还原蛋白通过在氧化结构（PDB ID 2HFT[34]）中清除二硫键来表示。（b）未配对的 Cys186 和 Cys209 硫醇用 GSAO 生物素标记。TF 的 Cys186-Cys209 二硫键被二硫苏糖醇和蛋白培养的 GSAO 生物素还原。样品在 SDS-PAGE 上解析，并通过链霉亲和素-过氧化物酶印迹法测定了 GSAO 生物素的掺入。底端图为 Western blot 检测 TF 的等效载荷，并显示了 30kDa 大小标记的位置。经许可改编自［33］2011 Biochemical Society

7.4 As（Ⅲ）对哺乳动物细胞表面二巯基的可视化作用

GSAO-生物素也被用于哺乳动物细胞表面含紧密的半胱氨酸二巯基的蛋白质，因为这种结合物是膜不可渗透的。GSAO-生物素在血管内皮细胞和人纤维肉瘤细胞的表面上标记了多达 12 种不同的蛋白质，且两种细胞类型之间标记蛋白质的模式不同。也许很有可能一些含紧密间隔巯基的细胞表面蛋白由于其丰度低而未鉴定出。

氧化还原酶 PDI 是在两个细胞表面检测到的蛋白质之一。PDI 参与了成纤维细胞[35]、淋巴细胞[36,37] 和血小板表面蛋白质二硫醇/二硫化物[38] 的氧化还原调控。如纤维肉瘤细胞表面 11 种蛋白质的硫醇含量随 PDI 过表达而升高，同时 11 种蛋白质中有 3 种的硫醇含量随 PDI 失表达而降低[35]。

7.5 As（Ⅲ）对细胞内蛋白质中二巯基的可视化作用

一种具备膜渗透性的 As(Ⅲ) 与花青染料的结合物 Cy3 已被用于对活细胞中邻近二巯基成像［图 7.2（b）］[39]。当 Cy3 染料与半胱氨酸二硫醇结合时，它的极化发生变化。它被用于检测自适应微生物对氧和光水平增加的响应，其中二硫醇氧化是响应之一。已经利用该结合物对光合微生物聚球藻进行了研究，此外该结合物也可用于监测哺乳动物和其他细胞内蛋白质中二巯基的氧化作用。

7.6 As（Ⅲ）对细胞中四半胱氨酸重组蛋白的可视化作用

三价双有机砷化合物可用于对含有两对相邻半胱氨酸残基的蛋白质进行成像[40,41]。这个双砷试剂被称为 FlAsH-EDT$_2$ 和 ReAsH-EDT$_2$，当它们与融合了四胱氨酸标签［Cys-Cys-Pro-Gly-Cys-Cys（图 7.4）］的重组蛋白结合时就会发荧光。这个标记形成了可以使半胱氨酸硫醇定位于其中并与双砷试剂发生反应的 α-螺旋，它们位于在柔性环内或与二级结构元素相结合的蛋白质末端[41]。如一种发绿色荧光的荧光素衍生物 FlAsH-EDT 和一种发红色荧光的试卤灵衍生物 ReAsH-EDT。还开发了性能良好的光稳定 FlAsH 探针 FRET[42]。

该技术可用于示踪表达蛋白质的亚细胞定位和活细胞的可视化[40,41,43]。也可用于蛋白质纯化、蛋白质与蛋白质相互作用、蛋白质稳定性和蛋白质聚集的研究中[41,44]。

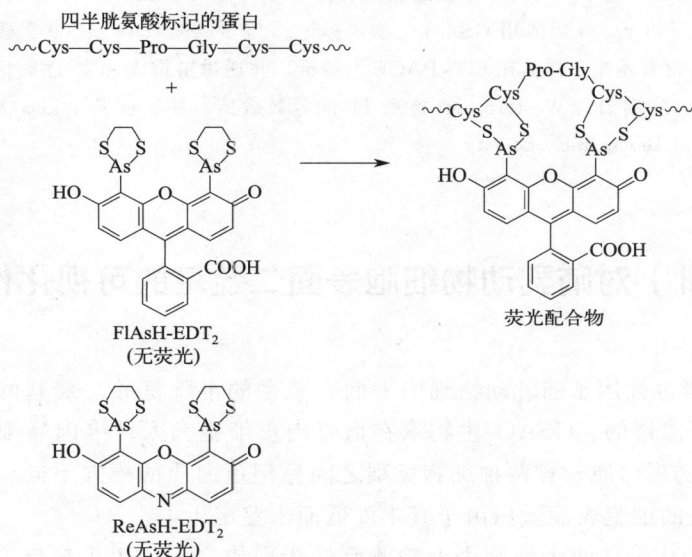

图 7.4　双砷试剂标记工程蛋白。当双砷试剂 FlAsH-EDT$_2$ 和 ReAsH-EDT$_2$ 与融合了四胱氨酸标签的重组蛋白结合时就会发光

7.7 光学标记 As（Ⅲ）对小鼠体内细胞死亡的可视化作用

7.7.1 健康细胞死亡和疾病细胞死亡

细胞死亡在人类生理中起着不可或缺的作用。例如在肠道中肠上皮细胞的生存期约为 5 天，而像中性粒细胞这样的免疫细胞的寿命仅以小时计算[45,46]。细胞周期受到严格的调控

并且通常不会对身体造成附带损害，但在某些病理中，这一过程可能会出现失衡。如心肌梗死和卒中等缺血性损伤，由于缺氧导致细胞过度死亡。细胞死亡也是阿尔茨海默病等神经退行性疾病的一个特征。

在细胞增殖抑制或超过细胞死亡（比如癌症）的情况下，治疗可能导致死亡。大多数化疗和放疗药物的目的是杀死肿瘤细胞，从而消除肿瘤肿块[47,48]。为了确定治疗是否有效，通常在治疗 2～3 个月后通过计算机断层扫描评估肿瘤大小，这一结果可作为进一步治疗的依据。快速评估治疗后肿瘤细胞增殖和死亡的技术[49] 来促进对疾病的处理，同时这种技术也将加快新药研发的步伐[49,50]。通过衡量新的细胞毒性药物的功效以及这些药物对其他组织的毒性，就比较容易作出继续或停止用药的决定。

显像剂的研发一直受到人们的关注，包括有机砷在内显像剂可以使不同组织中的细胞死亡可视化。在讨论这些之前我们先概述最常见的细胞死亡类型。细胞凋亡是在一系列生理过程中对消除多余或受损细胞非常必要的一种程序化的细胞死亡形式[51]。和细胞坏死不同，细胞凋亡是可控地将细胞成分封装至称为凋亡小体的膜围起的囊泡中，并在不引起完全免疫反应的情况下被吞噬细胞清除。细胞凋亡的早期特征之一是由水的流出而引起的细胞体积的减小，随后是膜起泡。随着凋亡过程的进行，质膜磷脂失去不对称性，线粒体失去膜电位，核染色质浓缩，DNA 断裂。包括线粒体介导的内在途径和死亡受体介导的外在途径的各种凋亡途径已被表征。但是每种途径的共同点是一组称为胱天蛋白酶的半胱氨酸蛋白酶的端点激活。由于天冬氨酸残基裂解后的底物而得名的胱天蛋白酶可分为启动子或执行子胱天蛋白酶。前者（胱天蛋白酶8、9 和10）的作用是通过裂解激活其他胱天蛋白酶，而后者（胱天蛋白酶3、6 和7）负责细胞成分的降解。

坏死代表细胞对严重的物理或化学损伤的反应，包括机械应力、渗透冲击、冻融和高温。这种形式的细胞死亡的特点是细胞质膜直接的和不可修复的损伤，结果是水的流入和细胞水肿。连续的外膜和内膜的破裂导致有害的溶酶体和细胞质成分的释放，转而又引起炎症反应[52]。与比作程序性自身死亡的细胞凋亡不同，坏死类似于细胞意外伤害死亡。

长期以来坏死和凋亡一直按经典二分法被视为两个互不相关的分支，然而，随着细胞凋亡后继发性坏死的出现，现在看来两者之间存在某种逻辑关系[53]。继发性坏死是指吞噬清除受阻时凋亡细胞死亡的终端。通常凋亡细胞在凋亡早期被周围的巨噬细胞和中性粒细胞清除。在巨噬细胞缺失的情况下邻近的上皮细胞、内皮细胞或树突状细胞也可能发挥这一作用。凋亡细胞的隔离可能发生在 DNA 断裂之前，甚至在观察到明显的形态学变化之前。这在诸如胚胎形成这样高度调控的生理过程中是肯定的，但是许多病理巨噬细胞往往数量不足和/或功能丧失。在肿瘤和受损组织中，巨噬细胞与死亡细胞的相对缺乏导致凋亡细胞的长期驻留，在这种情况下，细胞凋亡的形态和生化变化一直延续到凋亡程序完成。然而，在缺乏吞噬清除的情况下细胞转为继发性坏死，即质膜失去完整性而使细胞最终破裂[54]。

无核血细胞（血小板）也会发生坏死。受到严格调控的止血系统仅在血管损伤区域快速形成稳定的凝血块。血小板是这个复杂系统的关键因素，并具有激活作用、颗粒分泌和促凝血功能等多种生理作用。在兴奋剂刺激下血小板在形态和表面特征上表现的反应是不一致的，这受到环境和内在因素的影响[55]。并不是所有的血小板都被激活到相同的程度，在生长血栓的外层可以观察到松散结合的盘状血小板，这种血小板激活状态较低，而在血栓核心观察到的是具有连续钙尖峰和紧密黏附接触的较高激活状态血小板[56,57]。血栓核心中的促凝血小板具有指示坏死细胞死亡的性能[58]，坏死的血小板过多可能引起冠状动脉疾病和卒中的闭塞性血栓的形成。

7.7.2 细胞死亡显像剂

在细胞死亡成像探针中，检测凋亡细胞表面的磷脂酰丝氨酸的探针最受关注[59-67]。在健康细胞中，ATP 依赖酶氨基磷脂转位酶和转出酶协同作用维持脂质双分子层的不对称性，磷脂酰胆碱和鞘磷脂等阳离子磷脂被泵送至细胞膜外层，而磷脂酰丝氨酸则被限制在内层[68]。在细胞凋亡的起始阶段，转移酶和转位酶以钙依赖的方式失活，同时混合酶被同时激活，导致磷脂酰乙醇胺和磷脂酰丝氨酸在整个膜上重新分布。凋亡程序中磷脂酰丝氨酸外化的主要目的是对周围的巨噬细胞产生识别信号，在不引起炎症反应的情况下促进凋亡细胞的受控清理[69]。虽然这些磷脂酰丝氨酸配体也可以将磷脂结合在活细胞上，如活化的血小板、巨噬细胞、内皮细胞和衰老的红细胞。但细胞在如缺氧的胁迫状态下，也会使磷脂酰丝氨酸瞬时暴露。

其他的细胞死亡成像探针以活化的半胱天冬酶和细胞质抗原为靶标。Caspase-3 在凋亡细胞的清除中是一个重要的效应子[70]，被称为 ICMT-11 的一种靛红-5-磺胺，一种放射性同位素标记的活化 Caspase-3/7 的小分子抑制剂，已被用于小鼠体内治疗相关的淋巴瘤细胞死亡成像[71]。然而肝脏对 ICMT-11 的高摄取妨碍了腹部区域的成像，并且可能与组织蛋白酶发生交叉反应。RNA 代谢蛋白 La 抗原在细胞凋亡过程中会从细胞核向细胞质转移[72]，并且在细胞凋亡过程的后期，当质膜完整性受到损害时该蛋白就被抗体识别[73,74]。一种放射性标记的抗 La 抗体的成功研发预示着 DNA 烷基化剂介导的肿瘤细胞死亡成像前景可期[73,74]。

7.7.3 光学标记 As（Ⅲ）对小鼠脑部、肿瘤和血栓中细胞死亡的可视化作用

光学标记的三肽 As（Ⅲ），即 GSAO 已被用于培养基中和活体小鼠中细胞死亡成像[75-77]。随着细胞膜完整性的降低，标记的 GSAO 聚集在凋亡细胞和坏死细胞的胞液中，GSAO 主要通过与热休克蛋白 90（Hsp90）反应而保留在细胞质中[75]。Hsp90 是一种丰富的细胞质伴侣，在细胞体内平衡和肿瘤发展中起着重要的作用。Hsp90 分子伴侣机制阻止大量突变和过表达的癌蛋白错误折叠和降解，并被认为是致癌基因成瘾和肿瘤细胞存活的重要因素[78,79]。GSAO 的 As（Ⅲ）原子与 Hsp90 的 Cys597、Cys598 二硫醇交联，形成稳定的二硫胂酸盐 [图 7.5(a)]。

荧光标记的 GSAO 特异性地标记培养基中的凋亡细胞和坏死细胞，而生物素标记的 GSAO 在小鼠肿瘤中标记相同形态的细胞[75-77]。GSAO 与近红外荧光团的结合物 Alex Fluor 750（GSAO-AF750）已被用于无创成像环磷酰胺诱导的小鼠原位人乳腺癌肿瘤细胞死亡[76]。Alex Fluor 750 可以最大限度地渗透荧光信号，并使组织自发荧光的并发症最小[81]，更重要的是 GSAO-AF750 不会在小鼠的健康器官或组织中积聚，未结合的化合物会在约 3h 内通过肾脏从循环中清除。GSAO-AF750 的良好生物分布特性、对肿瘤细胞靶标的性质和无创检测肿瘤细胞死亡的能力，预示着这种化合物将在研究现有和新化疗药物的疗效方面得到应用。

GSAO-AF750 也被用于标记创伤性脑损伤中细胞的凋亡和坏死，这是一个重大的公共

卫生问题[77]。解剖成像最常用于评估创伤性脑损伤，它需要一个提供细胞信息的成像方式。GSAO-AF750 是一种非常有效的小鼠脑损伤细胞死亡的成像剂。注射 GSAO-AF750 3h 后即观察到最佳的信号-背景比，信号强度与病灶大小和探头浓度呈正相关［图 7.5(b)］。

胞质内 Hsp90 的丰度（占细胞总蛋白的 1%～2%）预示着 GSAO 结合物非常适合于对细胞死亡成像。显像剂的效力部分取决于该显像剂在给定体积中累积量的多少。高浓度的显像剂对靶标会带来更好的检测限和分辨率。胞液中 Hsp90 的丰度允许凋亡/坏死细胞中高浓度的 GSAO 结合物，因此其对细胞死亡可以有超强的检测和分辨能力。

GSAO-荧光团也在循环中血管损伤部位标记坏死的血小板。通过凝血酶和胶原蛋白的激活均可在体外产生坏死性血小板，而且只有这些血小板能用 GSAO-荧光团标记。GSAO 在肿瘤细胞中的主要靶标是含有二硫醇结构的 Hsp90［图 7.5(a)］，而在坏死的血小板中主要靶标可能是己糖激酶Ⅰ。该酶及其 ATP 共底物催化葡萄糖转化为葡萄糖-6-磷酸，这是糖酵解的第一步。似乎是 GSAO 中的 As(Ⅲ) 与己糖激酶Ⅰ的 Cys237 和 Cys256 交联，从酶的晶体结构来看这些半胱氨酸硫醇的硫原子相距 3.6Å[82]，近到足以与 As(Ⅲ) 发生反应。

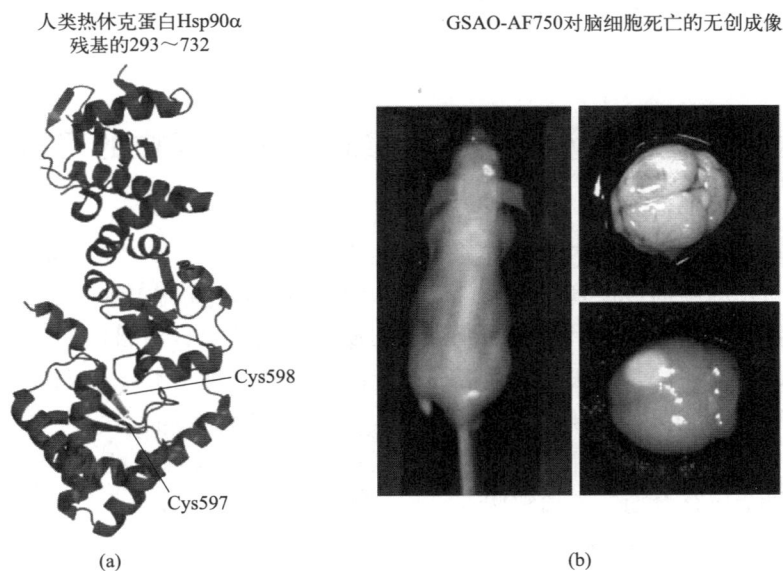

图 7.5　用光学标记的有机砷对脑细胞死亡进行无创伤成像。（a）人类热休克蛋白 Hsp90α 残基的 293～732 的带状结构，未配对的 Cys597 和 Cys598 残基显示为条状（黄色），结构为 PDB ID 3Q6M[80]。（b）GSAO-AF750 小鼠脑损伤细胞死亡的体内和体外成像。60s 诱导的脑冷冻损伤发生于右顶叶前部，尾静脉注射 1mg·kg^{-1} GSAO-AF750。注射探针 24h 后进行全身荧光成像。老鼠的大脑被切除以进行体外成像。顶端为病变部位红色变淡的亮视野图像，底端为同脑的荧光图像（见彩页）。许可改编自 2013［77］Macmillan Publishers Ltd

在无核血小板中，激活、凋亡和坏死的细胞标记有显著的重叠。GSAO-荧光素是一种有用的工具，当与其他激活标记物结合使用时，可以区分这些群体。在依赖胶原蛋白的小鼠动脉血栓形成模型中，GSAO-荧光素标记血小板聚集，其中血小板通过胶原蛋白和凝血酶激活（图 7.6）。在不依赖胶原的血栓形成模型中血小板标记很少。该有机砷正在被用于探测坏死血小板的生物学性质及其对活体内血栓形成的作用。

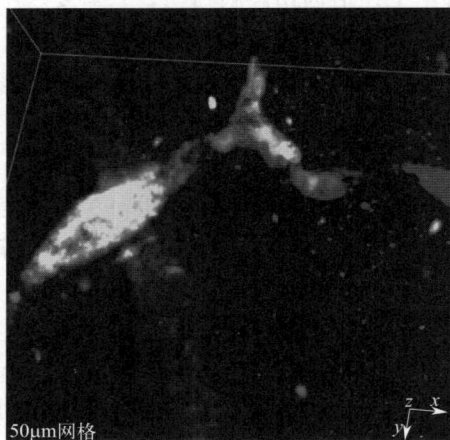

图 7.6 用光学标记的有机砷显示体内坏死的血小板血栓。$FeCl_3$ 对小鼠提睾肌小动脉损伤所引起血栓的活体荧光显微镜三维重构。图示：GSAO-Oregon Green（绿色）与血小板（红色，DyLight488 结合的 anti-CD42 抗体）在血栓中的共定位。GSAO-Oregon Green 和血小板信号的融合显示为黄色（见彩页）

7.8 放射性标记 As（Ⅲ）对小鼠肿瘤细胞死亡的可视化作用

上一节重点介绍了光学标记的有机砷试剂在培养基和小鼠中检测死亡细胞的作用。在体内对凋亡细胞和死细胞的成像具有成为对人类非常有用的研究和临床应用工具的潜力。例如在肿瘤学上评估对细胞毒性化学治疗和放射治疗反应，光学报告组目前还不适合人类使用。尽管可以通过放射性同位素方法和磁共振成像（MRI）来实现人体分子成像，但在临床实践中 MRI 仍在很大程度上是一种解剖学成像方式，并且比放射性同位素方法检测分子信号的灵敏度低得多[83]。因此放射性同位素技术一直是潜在的替代有机砷对人类成像应用的重点。

两个双功能金属螯合剂二乙烯三胺五乙酸（DTPA）和 1,4,7,10-四氮杂环十二烷-1,4,7,10-四乙酸（DOTA），都能通过 γ-谷氨酰基残基中的氨基和 GSAO 结合（图 7.2）对其进行放射性标记，它们也能与三价金属离子（如铟和镓）螯合。初步的体外研究表明培养基中的凋亡癌细胞和移入 C57BL/6 小鼠中的 Lewis 肺癌肿瘤都对铟（^{111}In）DTPA GSAO 有显著的摄入。在正常器官中，因为肾脏是 ^{111}In DTPA GSAO 的排泄途径，所以它的摄入量最高。使用相同感染小鼠模型，将 ^{111}In DTPA GSAO 和锝（^{99m}Tc）-Annexin V（另一种目前正在研究的细胞死亡成像试剂）进行比较，结果肿瘤和肾脏对两种药物的摄取相近，但因肝脏是 ^{99m}Tc Annexin V 的清除途径而对其摄取更高[75]。对 ^{111}In DTPA GSAO 的生物分布研究发现，肿瘤内对其相对较高且持续的摄取在注射后 2.5h 时达到峰值，随后缓慢下降，示踪剂的排泄相对较快，2.6h 时仅剩余 24%。研究也发现镓（^{67}Ga）DOTA GSAO 比 ^{111}In DTPA GSAO 具有更好的生物分布性能。结果显示 ^{67}Ga DOTA GSAO 表现出稍高的肿瘤吸收峰值，而且在肾脏、肝脏和脾脏内的保留时间更短（图 7.7）。

科学家们对皮下移植了人类前列腺癌细胞的小鼠治非疗组和治疗组肿瘤内 ^{67}Ga DOTA GSAO 摄取是否增加进行了评估研究。这些研究证明两组之间 ^{67}Ga DOTA GSAO 的摄取未出现绝对差异。尽管其原因尚待阐明，但一种可能的解释是绝对摄取量不如治疗后的增量变化有用，因此在治疗前后频繁连续地成像就非常重要。而^{67}Ga 和^{111}In 的物理半衰期都较长，这使得频繁连续成像变得困难甚至不可能。^{68}Ga 是一种正电子发射的放射性同位素，它短至 68min 的半衰期使频繁连续地成像成为可能，并且正电子发射断层扫描有更高的灵敏度和分辨率且可以定量。因此^{68}Ga 可以取代^{67}Ga。关于^{68}Ga DOTA GSAO 的研究正在进行，未来的研究重点将集中于评估使用^{68}Ga DOTA GSAO 治疗后细胞死亡的增量变化。

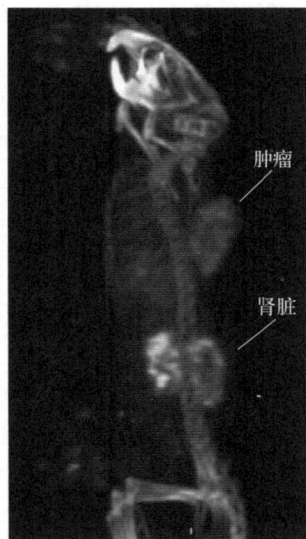

图 7.7 放射性标记的有机砷对肿瘤细胞死亡的无创成像。在一只免疫缺陷小鼠体内注射^{67}Ga DOTA GSAO 后，微计算机断层扫描（Micro-SPECT/CT）2h 获得的图像，注意肿瘤内的点状摄取和除肾脏外的正常器官内的低摄取

7.9 结论与展望

有机金属类化合物，尤其是与各种已报告基团结合的 As（Ⅲ），无论是在隔离状态下、在培养细胞中，还是在组织中，已被证明对于在活体小鼠体内含有适当间隔的半胱氨酸二硫醇的蛋白质进行成像非常有用。这是因为 As（Ⅲ）在生物环境中能有选择性地与间隔紧密的硫原子发生强烈反应。所以 As（Ⅲ）结合物已被用于对半胱氨酸二硫醇标记的重组蛋白成像，其中功能二硫醇是以催化或变构二硫键的还原形式存在的。有关变构二硫化物/二硫醇的确认和研究才刚起步。与此相关的哺乳动物、植物、细菌和病毒蛋白数量虽然未知，但肯定很多。无论现在还是将来，在蛋白质中以上功能的识别、研究和可视化研究中，As（Ⅲ）必定会发挥重要的作用。

参考文献

1. Adams E，Jeter D，Cordes AW，Kolis JW. Chemistry of organometalloid complexes

with potential antidotes-Structure of an organoarsenic(Iii)dithiolate ring. Inorg Chem. 1990; 29(8):1500-1503.

2. Stocken LA,Thompson RH. British anti-Lewisite:2. Dithiol compounds as antidotes for arsenic. Biochem J. 1946;40(4):535-548.

3. Bhattacharjee H,Rosen BP. Spatial proximity of Cys113,Cys172,and Cys422 in the metalloactivation domain of the ArsA ATPase. J Biol Chem. 996;271(40):24465-24470.

4. Donoghue N,Yam PT,Jiang XM,Hogg PJ. Presence of closely spaced protein thiols on the surface of mammalian cells. Protein Sci. 2000;9(12):2436-2445.

5. Holmgren A,Lu J. Thioredoxin and thioredoxin reductase:current research with special reference to human disease. Biochem Biophys Res Commun. 2010;396(1):120-124.

6. Weichsel A,Gasdaska JR,Powis G,Montfort WR. Crystal structures of reduced,oxidized,and mutated human thioredoxins:evidence for a regulatory homodimer. Structure. 1996;4(6):735-751.

7. Holmgren A. Thioredoxin and glutaredoxin systems. J Biol Chem. 1989;264(24):13963-13966.

8. Gilbert HF. Protein disulfide isomerase and assisted protein folding. J Biol Chem. 1997;272(47):29399-29402.

9. Depuydt M,Messens J,Collet JF. How proteins form disulfide bonds. Antioxid Redox Signaling. 2011;15(1):49-66.

10. Braakman I,Bulleid NJ. Protein folding and modification in the mammalian endoplasmic reticulum. Annu Rev Biochem. 2011;80:71-99.

11. Nakamoto H,Bardwell JC. Catalysis of disulfide bond formation and isomerization in the Escherichia coli periplasm. Biochim Biophys Acta. 2004;1694(1-3):111-119.

12. Cook KM,Hogg PJ. Posttranslational control of protein function by disulfide bond cleavage. Antioxid Redox Signal. 2013;18:1987-2015.

13. Berndt C,Lillig CH,Holmgren A. Thioredoxins and glutaredoxins as facilitators of protein folding. Biochim Biophys Acta. 2008;1783(4):641-650.

14. Hogg PJ. Disulfide bonds as switches for protein function. Trends Biochem Sci. 2003; 28(4):210-214.

15. Schmidt B,Ho L,Hogg PJ. Allosteric disulfide bonds. Biochemistry. 2006;45(24):7429-7433

16. Hogg PJ. Targeting allosteric disulphides in cancer. Nat Rev Cancer. 2013; 13:425-431.

17. Metcalfe C,Cresswell P,Barclay AN. Interleukin-2 signalling is modulated by a labile disulfide bond in the CD132 chain of its receptor. Open Biol. 2012;2(1):110036.

18. Wang MY,Ji SR,Bai CJ,ElKebir D,Li HY,Shi JM,*et al*. Aredox switch in C-reactive protein modulates activation of endothelial cells. FASEB J. 2011;25(9):3186-3196.

19. Jin X,Stamnaes J,Klock C,DiRaimondo TR,Sollid LM,Khosla C. Activation of extracellular transglutaminase 2 by thioredoxin. J Biol Chem. 2011;286(43):37866-37873.

20. Lay AJ, Jiang XM, Kisker O, Flynn E, Underwood A, Condron R, et al. Phosphoglycerate kinase acts in tumour angiogenesis as a disulphide reductase. Nature. 2000; 408 (6814): 869-873.

21. Kaiser BK, YimD, ChowIT, Gonzalez S, Dai Z, Mann HH, et al. Disulphide-isomerase-enabled shedding of tumour-associated NKG2D ligands. Nature. 2007; 447 (7143): 482-486.

22. Zhou A, Carrell RW, Murphy MP, Wei Z, Yan Y, Stanley PL, et al. A redox switch in angiotensinogen modulates angiotensin release. Nature. 2010;468(7320):108-111.

23. Maekawa A, Schmidt B, Fazekas de St Groth B, Sanejouand YH, Hogg PJ. Evidence for a domain-swapped CD4 dimer as the coreceptor for binding to class Ⅱ MHC. J Immunol. 2006;176(11):6873-6878.

24. Ganderton T, Wong JW, Schroeder C, Hogg PJ. Lateral self-association of VWF involves the Cys2431-Cys2453 disulfide/dithiol in the C2 domain. Blood. 2011; 118 (19): 5312-5318.

25. Brown SB, Turner RJ, Roche RS, Stevenson KJ. Conformational analysis of thioredoxin using organoarsenical reagents as probes. A time-resolved fluorescence anisotropy and size exclusion chromatography study. Biochem Cell Biol. 1989;67(1):25-33.

26. Jauhiainen M, Stevenson KJ, Dolphin PJ. Human plasma lecithin-cholesterol acyltransferase. The vicinal nature of cysteine 31 and cysteine 184 in the catalytic site. J Biol Chem. 1988;263(14):6525-6533.

27. Zhang ZY, Davis JP, Van Etten RL. Covalent modification and active site-directed inactivation of a low molecular weight phosphotyrosyl protein phosphatase. Biochemistry. 1992;31(6):1701-1711.

28. Stevenson KJ, Hale G, Perham RN. Inhibition of pyruvate dehydrogenase multienzyme complex from Escherichia coli with mono-and bifunctional arsenoxides. Biochemistry. 1978;17(11):2189-2192.

29. Gitler C, Mogyoros M, Kalef E. Labeling of protein vicinal dithiols: role of protein-S2 to protein-(SH)2 conversion in metabolic regulation and oxidative stress. Methods Enzymol. 1994;233:403-415.

30. Frost SC, Lane MD. Evidence for the involvement of vicinal sulfhydryl groups in insulin-activated hexose transport by 3T3-L1 adipocytes. J Biol Chem. 1985; 260 (5): 2646-2652.

31. Klemperer NS, Pickart CM. Arsenite inhibits two steps in the ubiquitin-dependent proteolytic pathway. J Biol Chem. 1989;264(32):19245-19252.

32. Kalef E, Gitler C. Purification of vicinal dithiol-containing proteins by arsenical-based affinity chromatography. Methods Enzymol. 1994;233:395-403.

33. Liang HP, Brophy TM, Hogg PJ. Redox properties of the tissue factor Cys186-Cys209 disulfide bond. Biochem J. 2011;437(3):455-460.

34. Muller YA, Ultsch MH, de Vos AM. The crystal structure of the extracellular do-

main of human tissue factor refined to 1. 7 A resolution. J Mol Biol. 1996;256(1):144-159.

35. Jiang XM,Fitzgerald M,Grant CM,Hogg PJ. Redox control of exofacial protein thiols/ disulfides by protein disulfide isomerase. J Biol Chem. 1999;274(4):2416-2423.

36. Lawrence DA,Song R,Weber P. Surface thiols of human lymphocytes and their changes after *in vitro* and *in vivo* activation. J Leukoc Biol. 1996;60(5):611-618.

37. Tager M,Kroning H,Thiel U,Ansorge S. Membrane-bound proteindisulfide isomerase(PDI)is involved in regulation of surface expression of thiols and drug sensitivity of B-CLL cells. Exp Hematol. 1997;25(7):601-607.

38. Burgess JK,Hotchkiss KA,Suter C,Dudman NP,Szollosi J,Chesterman CN,*et al*. Physical proximity and functional association of glycoprotein 1balpha and protein-disulfide isomerase on the platelet plasma membrane. J Biol Chem. 2000;275(13):9758-97566.

39. Fu N,Su D,Cort JR,Chen B,Xiong Y,Qian WJ,*et al*. Synthesis and application of an environmentally insensitive Cy3-based arsenical fluorescent probe to identify adaptive microbial responses involving proximal dithiol oxidation. J Am Chem Soc. 2013;135(9):3567-3575.

40. Griffin BA,Adams SR,Tsien RY. Specific covalent labeling of recombinant protein molecules inside live cells. Science. 1998;281(5374):269-272.

41. Pomorski A,Krezel A. Exploration of biarsenical chemistry--challenges in protein research. Chembiochem. 2011;12(8):1152-1167.

42. Spagnuolo CC,Vermeij RJ,Jares-Erijman EA. Improved photostable FRET-competent biarsenical-tetracysteine probes based on fluorinated fluoresceins. J Am Chem Soc. 2006;128(37):12040-12041.

43. Estevez JM,Somerville C. FlAsH-based live-cell fluorescent imaging of synthetic peptides expressed in Arabidopsis and tobacco. Biotechniques. 2006;41(5):569-570,72-4.

44. Thorn KS,Naber N,Matuska M,Vale RD,Cooke R. A novel method of affinitypurifying proteins using a bis-arsenical fluorescein. Protein Sci. 2000;9(2):213-217.

45. Marshman E,Booth C,Potten CS. The intestinal epithelial stem cell. Bioessays. 2002;24(1):91-98.

46. Summers C,Rankin SM,Condliffe AM,Singh N,Peters AM,Chilvers ER. Neutrophil kinetics in health and disease. Trends Immunol. 2010;31(8):318-324.

47. Rupnow BA,Knox SJ. The role of radiation-induced apoptosis as a determinant of tumor responses to radiation therapy. Apoptosis. 1999;4(2):115-143.

48. Thompson CB. Apoptosis in the pathogenesis and treatment of disease. Science. 1995;267(5203):1456-1462.

49. WeberWA,Czernin J,Phelps ME,Herschman HR. Technology insight:novel imaging of molecular targets is an emerging area crucial to the development of targeted drugs. Nat Clin Pract Oncol. 2008;5(1):44-54.

50. Weissleder R,Pittet MJ. Imaging in the era of molecular oncology. Nature. 2008;452(7187):580-589.

51. Taylor RC,Cullen SP,Martin SJ. Apoptosis:controlled demolition at the cellular level. Nat Rev Mol Cell Biol. 2008;9(3):231-241.

52. Al-Rubeai M,Fussenegger M. Apoptosis. Boston:Kluwer Academic Publishers;2004.

53. Silva MT,do Vale A,dos Santos NM. Secondary necrosis in multicellular animals:an outcome of apoptosis with pathogenic implications. Apoptosis. 2008;13(4):463-482.

54. Elliott MR,Ravichandran KS. Clearance of apoptotic cells:implications in health and disease. J Cell Biol. 2010;189(7):1059-1070.

55. Munnix IC,Kuijpers MJ,Auger J,Thomassen CM,Panizzi P,van Zandvoort MA,*et al*. Segregation of platelet aggregatory and procoagulant microdomains in thrombus formation:regulation by transient integrin activation. Arterioscler Thromb Vasc Biol. 2007; 27 (11):2484-2490.

56. Munnix IC,Cosemans JM,Auger JM,Heemskerk JW. Platelet response heterogeneity in thrombus formation. Thromb Haemost. 2009;102(6):1149-1156.

57. Nesbitt WS,Westein E,Tovar-Lopez FJ,Tolouei E,Mitchell A,Fu J,*et al*. A shear gradient-dependent platelet aggregation mechanism drives thrombus formation. Nat Med. 2009;15(6):665-673.

58. Jackson SP,Schoenwaelder SM. Procoagulant platelets:are they necrotic? Blood. 2010;116(12):2011-2018.

59. Schellenberger EA,Bogdanov A,Jr.,Petrovsky A,Ntziachristos V,Weissleder R,Josephson L. Optical imaging of apoptosis as a biomarker of tumor response to chemotherapy. Neoplasia. 2003;5(3):187-192.

60. Dechsupa S,Kothan S,Vergote J,Leger G,Martineau A,Berangeo S,*et al*. Quercetin,Siamois 1 and Siamois 2 induce apoptosis in human breast cancer MDA-mB-435 cells xenograft *in vivo*. Cancer Biol Ther. 2007;6(1):56-61.

61. Beekman CA,Buckle T,van Leeuwen AC,Valdes Olmos RA,Verheij M,Rottenberg S,*et al*. Questioning the value of(99m)Tc-HYNIC-annexin V based response monitoring after docetaxel treatment in a mouse model for hereditary breast cancer. Appl Radiat Isot. 2011;69(4):656-662.

62. Lederle W,Arns S,Rix A,Gremse F,Doleschel D,Schmaljohann J,*et al*. Failure of annexin-based apoptosis imaging in the assessment of antiangiogenic therapy effects. EJNMMI Res. 2011;1(1):26.

63. Wang F,Fang W,Zhao M,Wang Z,Ji S,Li Y,*et al*. Imaging paclitaxel(chemotherapy)-induced tumor apoptosis with 99mTc C2A,a domain of synaptotagmin I:a preliminary study. Nucl Med Biol. 2008;35(3):359-364.

64. Zhao M,Beauregard DA,Loizou L,Davletov B,Brindle KM. Non-invasive detection of apoptosis using magnetic resonance imaging and a targeted contrast agent. Nat Med. 2001; 7(11):1241-1244.

65. Smith BA,Akers WJ,LeevyWM,Lampkins AJ,Xiao S,Wolter W,*et al*. Optical imaging of mammary and prostate tumors in living animals using a synthetic near infrared zinc

(Ⅱ)-dipicolylamine probe for anionic cell surfaces. J Am Chem Soc. 2010;132(1):67-69.

66. Smith BA,Xiao S,Wolter W,Wheeler J,Suckow MA,Smith BD. *In vivo* targeting of cell death using a synthetic fluorescent molecular probe. Apoptosis. 2011;16(7):722-731.

67. Xiong C,Brewer K,Song S,Zhang R,Lu W,Wen X,*et al*. Peptide-based imaging agents targeting phosphatidylserine for the detection of apoptosis. J Med Chem. 2011;54(6): 1825-1835.

68. Fadeel B. Plasma membrane alterations during apoptosis:role in corpse clearance. Antioxid Redox Signaling. 2004;6(2):269-275.

69. Wang RF. Progress in imaging agents of cell apoptosis. Anti-Cancer Agents Med Chem. 2009;9(9):996-1002.

70. Porter AG,Janicke RU. Emerging roles of caspase-3 in apoptosis. Cell Death Differ. 1999;6(2):99-104.

71. Nguyen QD,Smith G,Glaser M,Perumal M,Arstad E,Aboagye EO. Positron emission tomography imaging of drug-induced tumor apoptosis with a caspase-3/7 specific [18F]-labeled isatin sulfonamide. Proc Natl Acad Sci USA. 2009;106(38):16375-16380.

72. Ayukawa K,Taniguchi S,Masumoto J,Hashimoto S,Sarvotham H,Hara A,*et al*. La autoantigen is cleaved in the COOH terminus and loses the nuclear localization signal during apoptosis. J Biol Chem. 2000;275(44):34465-34470.

73. Al-Ejeh F,Darby JM,Pensa K,Diener KR,Hayball JD,Brown MP. *In vivo* targeting of dead tumor cells in a murine tumor model using a monoclonal antibody specific for the La autoantigen. Clin Cancer Res. 2007;13(18 Pt 2):5519s-5527s.

74. Al-Ejeh F,Darby JM,Tsopelas C,Smyth D,Manavis J,Brown MP. APOMAB,a La-specific monoclonal antibody,detects the apoptotic tumor response to lifeprolonging and DNA-damaging chemotherapy. PLoS One. 2009;4(2):e4558.

75. Park D,Don AS,Massamiri T,Karwa A,Warner B,Macdonald J,*et al*. Noninvasive imaging of cell death using an hsp90 ligand. J Am Chem Soc. 2011;133(9):2832-2835.

76. Park D,Xie B-W,Van Beek ER,Blankevoort V,Que I,Lowik CWGM,*et al*. Optical imaging of treatment-related tumour cell death using a heat shock protein-90 alkylator. Mol Pharm. 2013;10:3882-3891.

77. Xie BW,Park D,Van Beek ER,Blankevoort V,Orabi Y,Que I,*et al*. Optical imaging of cell death in traumatic brain injury using a heat shock protein-90 alkylator. Cell Death Dis. 2013;4:e473.

78. Trepel J,Mollapour M,Giaccone G,Neckers L. Targeting the dynamic HSP90 complex in cancer. Nat Rev Cancer. 2010;10(8):537-549.

79. Wandinger SK,Richter K,Buchner J. The Hsp90 chaperone machinery. J Biol Chem. 2008;283(27):18473-18477.

80. Lee CC,Lin TW,Ko TP,Wang AH. The hexameric structures of human heat shock protein 90. PLoS One. 2011;6(5):e19961.

81. Xie BW,Mol IM,Keereweer S,van Beek ER,Que I,Snoeks TJ,*et al*. Dual-wavelength

imaging of tumor progression by activatable and targeting near-infrared fluorescent probes in a bioluminescent breast cancer model. PLoS One. 2012;7(2):e31875.

82. Aleshin AE,Kirby C,Liu X,Bourenkov GP,Bartunik HD,Fromm HJ,*et al*. Crystal structures of mutant monomeric hexokinase I reveal multiple ADP binding sites and conformational changes relevant to allosteric regulation. JMol Biol. 2000;296(4):1001-1015.

83. Levin CS. Primer on molecular imaging technology. Eur J Nucl Med Mol Imaging. 2005;32 Suppl 2:S325-S345.

第8章

金属配合物在测定金属离子、阴离子和小分子中的应用

Qin Wang，Katherine J. Franz
杜克大学化学系，美国

8.1 洞悉细胞内部

生物学是分子相互作用、排列和传递的复杂网络系统。我们不能轻易看到大多数生物分子行为，但是我们仍然致力于追踪它们在细胞、组织或生物体液中的状态表现，以更深入地了解它们的生理意义。因此，人们做了许多研究努力，来开发能够"看到"生物系统中特定分析目标的化学传感器。

化学传感器通过将识别响应（多为结合响应）转换为光谱信号来分析目标物。人们感兴趣的分析目标包括各种分子类型，例如，阴离子、小分子、蛋白质、核酸、金属离子、生物分子或其他外源分子。光谱信号可以是比色、发光、磁性、电化学或放射信号。当前使用的传感器在很大程度上依赖于有机染料、荧光蛋白、纳米颗粒和金属配合物来进行响应信号转导。在本章中，仅讨论采用金属配合物设计的化学传感器，其种类包括放射性和电活性金属，这里不再赘述。主要综述放射性金属的配位化学及其作为探针在 PET 和 SPECT 成像中的应用[1]，以及电活性过渡金属受体在电化学传感中的应用[2,3]。

8.1.1 以金属配合物为传感器的机制

金属配合物由中心金属离子及其周围配体组成。金属离子和配体丰富的选择性为金属配合物提供了具有结构、电子和配位特性多样性的可能，应用这些特性可设计生物领域应用的探针[4]。金属离子具有较强的电子亲和力的路易斯酸性，使其成为路易斯碱（供体）的良好受体，其中包括许多我们感兴趣的分析目标。此外，金属配合物可以与各种分析目标进行

金属-配体交换反应，从而通过置换机制进行检测。这些配体交换反应可通过改变中心金属离子或配体的类型，针对热力学和动力学特征进行调节。此外，过渡金属的未满d轨道（或镧系元素的f轨道）赋予金属配合物理想的荷电性和磁性，使其成为传感器的理想生色团、发光体或顺磁性中心。基于这些特征，在传感器设计的许多方面可以采用金属配合物。

8.1.2　金属配合物传感器的设计策略

传感器包括两个功能单元，一个为识别位点，用于与分析目标物相互作用；另一个为响应基团，用于发出传感器和分析目标结合的响应信号。响应基团可以是生色团、发光团（荧光团/磷光体）或顺磁性螯合物，在分析目标不存在和存在的情况下表现出不同的光学或电磁学特征。

基于金属配合物构建传感器的常用策略有三种（图8.1）。最常见的方法是通过共价键将识别位点与反应活性基团连接起来。在这种方法中，金属配合物可以充当响应基团（1a）或识别位点（1b）。例如，检测金属离子的传感器通常将螯合剂（金属离子受体）连接到光

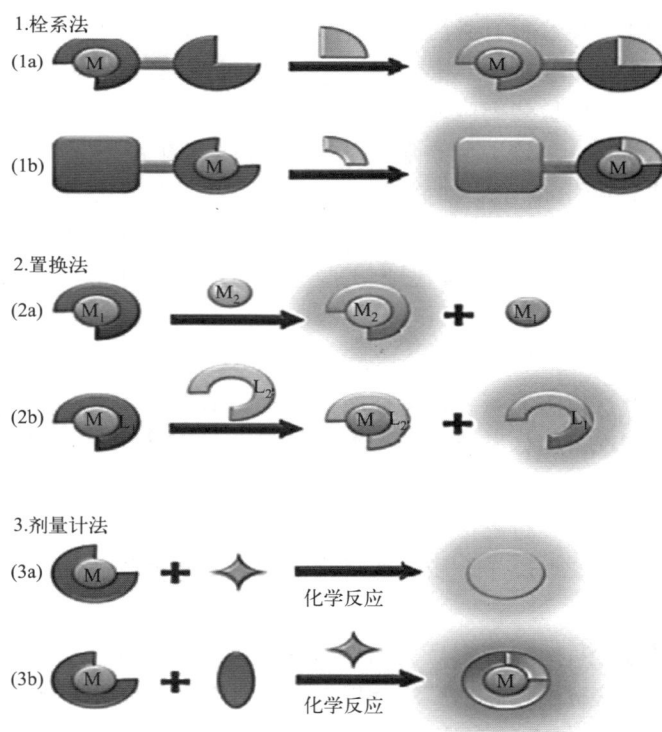

图8.1　金属配合物构建传感器的三种主要策略。在拴系法中，信号转导单元与识别单元共价连接，金属配合物可用于任一功能［分别为（1a）和（1b）］。置换方法涉及用一种金属替代另一种金属（2a），替换金属中心的配体生成最终信号转导产物（2b）。剂量计法通过不可逆的化学反应进行，其中分析物直接与金属配合物（金属中心或配体之一）反应，形成新的信号转导产物（3a）。或分析物催化两种物质反应以形成新的信号转导产物（3b）

致发光金属配合物。因此，所得的传感器属于（1a）类，其中金属配合物用作响应单元。相反，可以利用金属离子固有的路易斯酸性接受来自阴离子或中性分子的电子。在这种情况下，遵循（1b）金属配合物充当这些路易斯碱性分析目标的识别位点。

另一种策略是置换法，其中分析目标与金属配合物相互作用，通过置换中心金属离子（2a）或原有配体（2b）而引起明显的光谱变化。

以上两种策略中，分析目标与传感器的相互作用以及光谱特征的变化在原则上都是可逆的。但是，剂量定量法涉及传感器与分析目标之间的化学反应，这种反应通常是不可逆的，但选择性很高。分析目标可以起反应物（3a）或催化剂（3b）的作用，以诱导化学计量的改变，并伴随着光学特性的改变。

接下来将以生物探针检测相关的重要金属离子、阴离子和小分子的金属配合物为例，进一步阐述其总体设计策略。这些例子虽不全面，但它们要么能很好地阐明了设计机制，要么已用于对生物过程的研究中。

8.1.3 生物成像金属基传感器的一般标准

为了适用于生物系统的研究，传感器应尽量减少对系统的干扰，并且应在其工作浓度范围内对生物体没有毒性。显然很有必要获取更多有关传感器如何干扰生物系统的信息，但是人们并没有完全掌握这些干扰因素。传感器的定位也很关键[5]。根据不同的应用，具有不同亲脂性的传感器可以靶向检测细胞内或细胞外的分析目标。例如，大多数具有低亲脂性的水溶性传感器仅限于细胞外环境，而亲脂性传感器可能会穿过脂质膜以检测细胞内物质。其他分子设计可以将探针定位在亚细胞区域中，例如线粒体、溶酶体或细胞核[6]。如果定位的细胞区域具有良好的轮廓特征，则对探针检测特定细胞器时会很有利。但是，如果无法很好地表征定位，由于浓度富集或（非）预期的相互生物作用，会给传感带来检测误差。

理想的传感器对目标分析物具有高选择性和亲和力。鉴于生物系统的复杂性，在存在各种竞争性物质的情况下，传感器与分析目标间的相互识别存在竞争。选择性可以通过调节识别单元的关键因素来实现，例如配位原子、配位数、几何形状或腔体尺寸。配位化学原理，例如硬软酸碱（HSAB）理论和 Irving-Williams 稳定性序列，为设计选择性识别单元提供了一般标准。亲和力，通常用分析物的解离常数（k_d）表示，等于样品中分析物引起最大效应一半时所需的药物剂量，取决于分析物的局部浓度，理想的 k_d 值范围可以从毫摩尔到纳摩尔，甚至更低。

理想的传感器对分析目标应该更易表现出响应。例如，可以通过肉眼看到颜色变化的比色传感器适合于体外快速检测适宜浓度的分析目标。对于发光探针，则倾向于采用分析目标诱导的荧光增强检测（"开启"），而不是荧光猝灭（"关闭"）。类似地，对于 MRI 成像而言，弛豫性的显著增加有助于提高对比度。"开"和"关"型传感器适用于检测分析目标是否存在，但是比率荧光探针更适合定量测定分析目标的浓度，并且不易出现假阳性。在两个波长下分别检测分析目标识别时吸收或发射信号的变化，信号强度之比取决于分析目标的浓度。

8.2　测定金属离子的金属配合物

金属离子在生物过程起到重要作用（参见第 9 章，关于金属离子在活细胞中的光释放）。人体必需的过渡金属中，铁（4～5g）、锌（2～3g）和铜（250mg）是含量最高的三种元素[7]。这些金属离子的含量对于生长和发育至关重要，而且这些金属离子稳态的破坏与包括心血管疾病、癌症和神经退行性疾病在内的病理相关[8-10]。

一些重金属离子，例如汞和铅，由于其潜在的毒性而被归类为有害物质。因此，世界卫生组织严格规定了饮用水中这些金属离子的限量标准[11]。这些金属离子的传统定量分析主要依靠昂贵的分析仪器以及复杂的样品制备[12]。因此，重金属检测和定量的新方向就是研制可以快速检测、即时信号反馈和跟踪体内金属离子的小分子传感器。

体内必需金属离子和有毒金属离子的浓度及分布的检测是非常必要的。基于发光或比色传感器的光学技术是在生物流体或细胞中金属离子可视化分析策略的主要代表[13]。大多数用于金属离子的光学传感器都依赖于金属配位引起的生色团的发射强度、波长或寿命变化，包括传统的有机染料、荧光蛋白和发光金属配合物。在本节中重点介绍作为生色团的金属配合物。与有机染料相比，它们的优势包括较大的斯托克斯位移、较长的发射寿命、高灵敏度和光稳定性（有关将金属配合物用于细胞和生物成像的信息，请参见第 4 章）。

8.2.1　测定金属离子的拴系传感器

此类传感器一般将金属离子受体（识别单元）共价连接到金属配合物（响应单元），如图 8.1(1a) 所示。在检测到的金属离子与载脂蛋白（apo）受体配位后，金属受体与反应后金属配合物之间的电荷或能量相互作用导致金属配合物的光物理学性质发生变化。大多数发光传感器基于发光镧系元素配合物 [Sm(Ⅲ)、Eu(Ⅲ)、Tb(Ⅲ)、Dy(Ⅲ)、Yb(Ⅲ)] 或具有 d^6、d^8、d^{10} 电子构型 [Ru(Ⅱ)、Ir(Ⅲ)、Pt(Ⅱ) 和 Cu(Ⅰ)][14,15]。

8.2.1.1　检测 Zn^{2+} 和 Cu^{2+} 的发光 Ir(Ⅲ) 配合物

环金属化铱(Ⅲ) 配合物具有较低的三重激发态和微秒级的寿命，广泛用于各种物质（包括金属离子）传感器构造中的发光体[16]。在这些发光体中，阳离子 $[Ir(N^\wedge C\text{-}ppy)_2(N^\wedge N)]^+$ 配合物（其中 $N^\wedge C$-ppy 代表 2-苯基吡啶，$N^\wedge N$ 代表二亚胺配体，例如联吡啶或菲咯啉）最为常用，因为其合成方便，并且二亚胺配体易于官能化以调节其发射态。因此，二亚胺配体可以用金属螯合位点衍生用于其他金属离子发光传感器。

通过将金属离子受体的 2,2′-二甲基吡啶胺（DPA）与杂合 Ir(Ⅲ) 发光体偶联，开发了一系列 Zn^{2+} 响应传感器（图 8.2）。在有机溶液中联吡啶配体上结合两个螯合臂的 Ir(Ⅲ) 配合物 1 表现出选择性的 Zn^{2+} 诱导发射波长和寿命比值[17]。Lo 等开发了一系列发光的环金属化的 Ir(Ⅲ) 配合物，这些配合物包含连接到 1,10-邻菲咯啉配体的单个 DPA 部分，如图 8.2 中示例 2 所示[18]。当结合 $100\mu g$ 的 Zn^{2+} 时，与它们的载脂蛋白配合物相比，这些化合物的发射信号显示增强了 1.2～5.4 倍（k_d 值约为 $10^{-5}\,mol\cdot L^{-1}$）。虽然这些 Ir(Ⅲ) 探针的强发射保留在细胞内环境中，但它们的 IC_{50} 值为微摩尔级，产生中等的细胞毒性。后来，Nam 和 Lippard 等报道了 DPA 修饰的 Ir(Ⅲ) 配合物 3，该配合物具有两个蓝磷光（二氟苯基）吡啶配体和一个黄磷光菲咯啉配体[19]。因此，3 在其载脂蛋白的蓝色（461nm）和黄色（528nm）区域中呈现双重发射，与 Zn^{2+} 配合可导致黄色磷光的 12 倍开启。3 可应用于细胞内 Zn^{2+} 的活细胞成像[19]，在细胞中进一步加入竞争性螯合剂 TPEN 可显著降低黄色磷光信号，证明了该反应的可逆性。

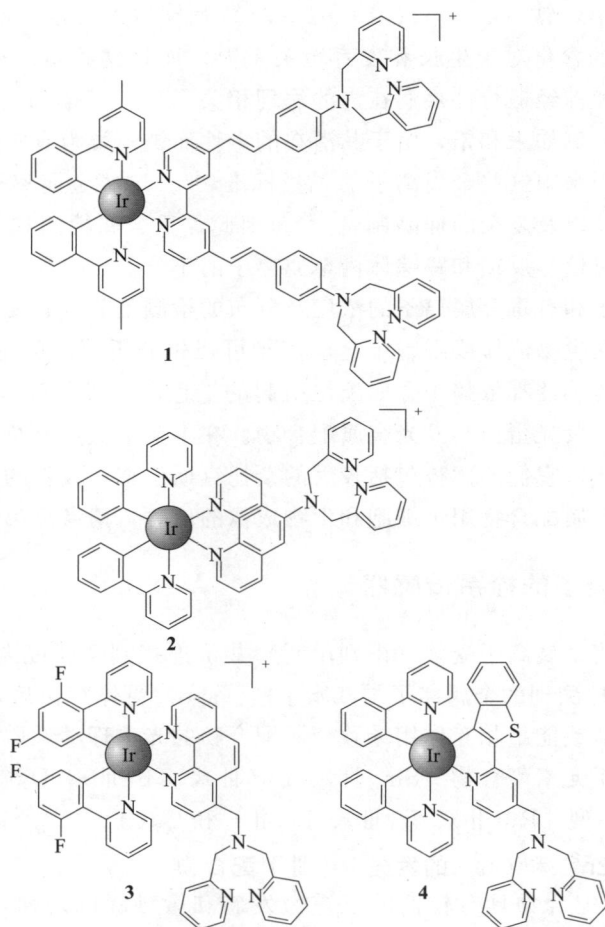

图 8.2　测定 Zn^{2+} 和 Cu^{2+} 的环金属化 Ir(Ⅲ) 配合物

值得注意的是，从热力学角度来看，这些传感器中的 DPA 受体对 Zn^{2+} 不具有选择性。实际上，这些化合物与 Fe^{3+}、Co^{3+}、Ni^{2+} 和 Cu^{2+} 的结合更强，但由于这些顺磁性金属阳离子会猝灭磷光，Zn^{2+} 可 "开启" 响应，故借此来鉴别 Zn^{2+}。通过将 DPA 附加在苯并噻吩基吡啶（btp）上而不是菲咯啉或联吡啶上来巧妙地调节计量比例，Nam、Lippard 及其同事创建了载脂蛋白复合物 4 作为 Cu^{2+} 配体的传感器[20]。载脂蛋白复合物 4 表现出双重磷光，其中 ppy 配体发出绿色发射光，而 btp 配体发出红色发射光，而添加 Cu^{2+} 导致红色磷光优先猝灭，因此绿色发射强度比红色增加约 4 倍（I_{py}/I_{btp}）。通过生成绿色和红色通道的磷光强度比图像 [图 8.3（e）]，及 Cu^{2+} 与 4 结合的可逆性和选择性来定量 HeLa 细胞内的 Cu^{2+}。

尽管 Ir(Ⅲ) 配合物的细胞毒性限制了其在活细胞研究中的生物学应用，但是目前这些成就为进一步利用金属配合物发光传感器测定细胞内移动金属离子的成像提供了很好的开端。

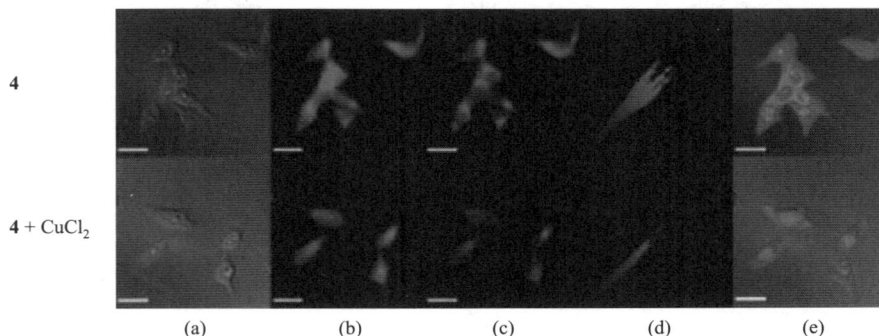

图 8.3　HeLa 细胞图像，首先将 HeLa 细胞与 $500 \mu mol \cdot L^{-1}$ CuCl₂（底部）或仅 HeLa 细胞（顶部）进行培养，然后在成像前加入 4 培养。（a）对比图；（b）通过绿色通道获得的磷光；（c）通过红色通道获得的磷光；（d）绿色和红色通道的共定位散点图；（e）绿色和红色通道的磷光强度比图像（见彩页）。经许可引自 [20] 2011 American Chemical Society

8.2.2　测定金属离子的置换传感器

采用金属配合物传感器检测金属离子的置换方法涉及两种可能的机制：中心金属置换或配体置换，分别如图 8.1(2a) 和 (2b) 所示。

8.2.2.1　金属置换：置换 Zn^{2+} 检测 Cu^{2+}

顺磁性金属中心通常会猝灭荧光，使传感器的开启具有挑战性。相反，全满 d 轨道（d^{10}）离子（例如 Zn^{2+}）则不是固有的猝灭剂。因此，用一种金属代替另一种金属成为一种传感测量策略。以下示例表明该原理可以更广泛地应用于其他系统，并解释了复杂的平衡是如何影响传感器输出的。Wei 及其同事报道，带有多个苯和吡啶环的荧光锌配合物 5-Zn（图 8.4）是有机溶液中 Cu^{2+} 的"关闭"型传感器[21]。载脂蛋白配体 5 本身在 375nm 处表现出相对弱的荧光发射。与 Zn^{2+} 的化学计量比为 1∶1 的配合物阻碍了两个芳香环之间 C—C 键的自由旋转，导致荧光强度提高了 6.4 倍。相反，由于 Cu^{2+} 的部分填充 d 轨道，随后在 Zn(Ⅱ) 配合物中加入 Cu^{2+} 会显著猝灭荧光信号。尽管载脂蛋白配体 5 相对于其他金属阳离子对 Cu^{2+} 和 Zn^{2+} 具有唯一选择性，但其对 Cu^{2+} 的亲和力高于对 Zn^{2+} 的亲和力，从而允许通过选择性地置换中心金属 Zn^{2+} 来荧光"关闭"检测 Cu^{2+}。

8.2.2.2　配体置换：交换配体检测金属

在不同的置换策略中，Gunnlaugsson 等利用配体交换反应开发了一种 Eu^{3+} 三元配合物在 6-BPS 缓冲水溶液中的 Fe^{2+} 传感器（图 8.5）。水溶性 4,7-二苯基-1,10-菲咯啉二磺酸盐（BPS）充当探针以敏化 Eu 的排放[22]。向发射的 6-BPS 系统中添加 Fe^{2+} 结合 BPS 配体，导致了 Fe-BPS₃ 复合物和配合物 6 的形成，在没有其 BPS 探针的情况下，体系发光性能较差。BPS 本身是用于 Fe^{2+} 比色传感的已知配体[23-25]，将 BPS 结合到 Eu(Ⅲ) 配合物上会使其发光敏化，这将 Fe^{2+} 的检测极限显著提高到约 10pmol/L。另外，6-BPS 的烷基硫醇基团

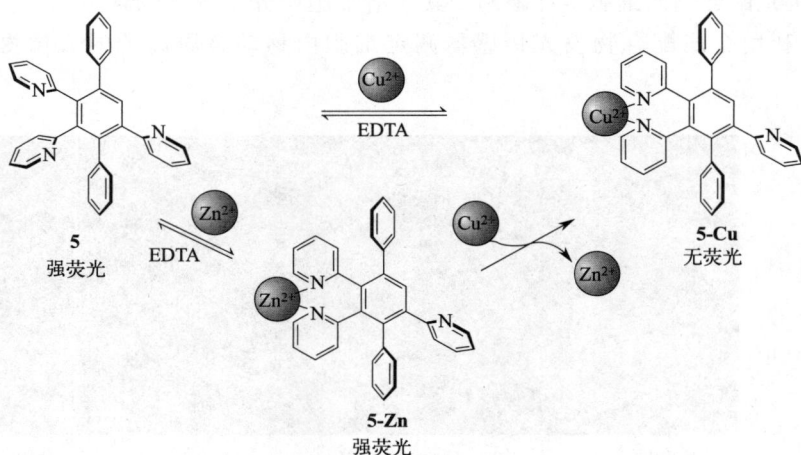

图 8.4 Zn^{2+} 配合物通过中心金属置换荧光"关闭"检测 Cu^{2+}[21]

有助于将其结合到金纳米颗粒并进一步评估其作为 Fe^{2+} 位移传感器在生物介质中的潜在应用。

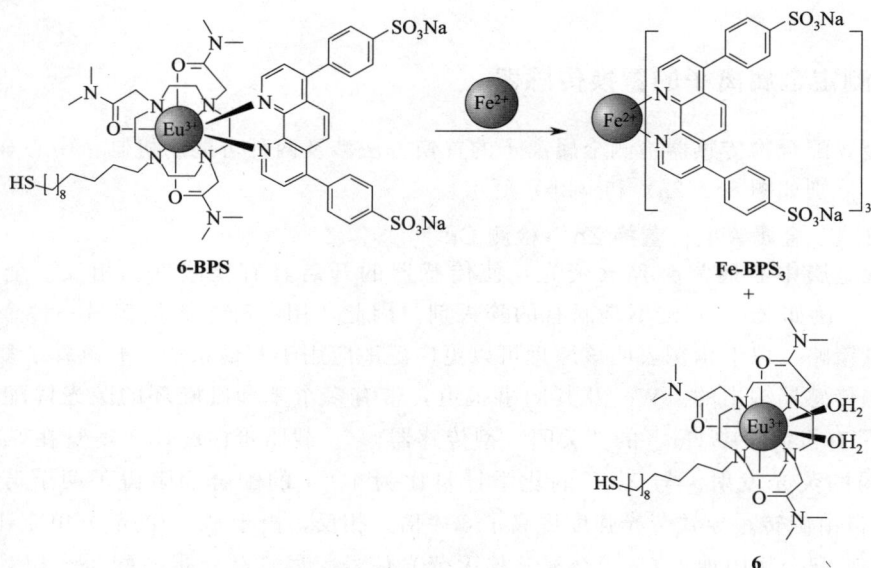

图 8.5 通过配体置换检测 Fe^{2+} 的发光 Eu(Ⅲ) 配合物。Fe^{2+} 与 Eu 大环配合物竞争结合 BPS，从而防止 6 的敏化发射[22]

8.2.3 测定金属离子的磁共振造影剂

尽管用于体外和细胞内金属成像的光学传感器有了长足的发展，但是光学技术仍具有局限性，其中之一是有限的光穿透深度。而磁共振成像（MRI）没有此缺陷，因此可以在不使用电离辐射的条件下以无创方式将活体标本内部结构三维可视化[26]。与荧光相比，其缺点是分辨率和灵敏度相对较低。因此，MRI 的实用性依赖于成像多细胞结构的整体反应，而不是成像细胞内的亚结构或物质。

水是生物组织中含量最多的分子。MRI 图像中源于水质子的核磁共振，信号强度与核自旋的弛豫率成正比。由于大多数 MRI 样品是异质的，因此器官或组织之间的固有对比度可以通过水浓度和局部环境的差异来充分区分。然而，在 50% 的临床 MRI 扫描中[27,28]，通常使用造影剂来进一步改善信号的分辨率和灵敏度。这些造影剂包含的顺磁性金属中心离子具有敞开的配位位点，可以使水分子进入配合物内层，从而增强水质子的顺磁性弛豫。含有七个未配对电子（$S=7/2$）的 Gd^{3+} 配合物具有高磁矩和长电子自旋弛豫时间（$9\sim10s$），因此它们应用最为广泛。此外，人们也构建了一些基于其他高自旋顺磁性离子如 Mn^{2+}、Mn^{3+}、Fe^{3+} 和 Cu^{2+} 的造影剂。造影剂对水质子的弛豫速率（定义为弛豫率 r_i）的增加受到造影剂性质的影响，包括直接与金属离子结合的水分子数（水合数，q）、内层配体水分子的平均停留寿命（τ_m）和整体分子旋转相关时间（τ_R）[27,29]。

当前在临床医学中使用的基于 Gd^{3+} 的造影剂是非特异性的，通常局限于细胞外空间，这限制了应用它们对解剖结构的描绘。但是，许多生理过程是通过特定的生化反应在细胞内进行的。通过 MRI 可视化生物过程激发了下一代 MRI 造影剂的发展，这种造影剂可以通过特定反应进行生物激活。通过优化弛豫率的三个参数（q、τ_m 和 τ_R），这些"智能"造影剂可以选择性地响应特定的生物标记物或分析目标（例如金属离子）发生弛豫率变化。

研发金属离子激活 MRI 造影剂的最常见策略是控制水合数 q。根据弛豫理论，顺磁性金属中心越接近水分子产生的弛豫率越高。如图 8.6 所示，基于 Gd^{3+} 的造影剂包含以顺磁性 Gd^{3+} 为核的螯合物和至少一种金属离子受体。在 Gd^{3+} 复合物的载脂蛋白形式中，金属受体臂与核中心 Gd^{3+} 结合且阻碍其与水分子结合。当分析目标金属离子存在时，MRI 造影剂金属受体臂与核中心 Gd^{3+} 解离，并与分析目标金属离子结合。这种分子内配体置换反应为水分子到达核内 Gd^{3+} 打开了一个额外的结合位点，与金属结合使水合数 q 从 0 变到更高水平（$q=1$），增强了信号对比度。

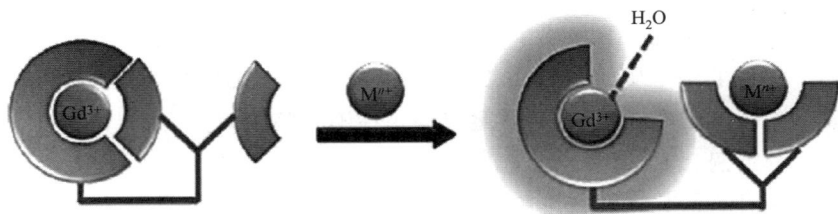

图 8.6 通过控制水合数来调整金属离子响应 MRI 造影剂的弛豫率

8.2.3.1 测定钙

Meade 等在设计 Gd-DOPTA 时率先提出了配体置换策略，Gd-DOPTA 代表着最早金属响应性 MRI 造影剂的 Ca^{2+} 传感器（图 8.7）[30,31]。它包含两个 Gd-DOTA 大环，其核 Gd^{3+} 通过修饰的 Ca^{2+} 受体 BAPTA 连接。在不存在 Ca^{2+} 的情况下，BAPTA 中的羧酸"臂"即金属结合位点在两侧与中心 Gd^{3+} 配合，如 7 所示。当与 Ca^{2+} 相互作用时，羧酸氧供体离开 Gd^{3+} 而与 Ca^{2+} 键合，如 8 所示。这种构象的改变增加了水接近中心 Gd^{3+} 的可能性，使弛豫率增加了大约 80%。复合物 7 可在较低的微摩尔范围内与 Ca^{2+} 结合，与细胞内 Ca^{2+} 浓度水平相一致。然而，较差的细胞渗透性和相对较低的弛豫率使测定靶向细胞外

Ca^{2+}更加合理，因为在毫摩尔范围内检测细胞外Ca^{2+}浓度和较高剂量的造影剂 7 结合可获得足够的分辨率。

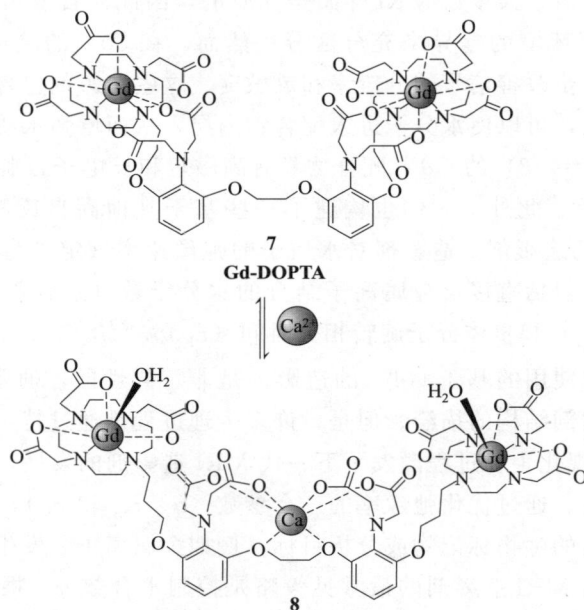

图 8.7　Gd-DOPTA 试剂与Ca^{2+}配合使第一配位层中Gd^{3+}的配位水分子数增加[30,31]示例

在检测细胞外Ca^{2+}的一系列Gd^{3+}造影剂设计中用到了相同的置换方法[32-34]。它们大多数是包含两个 DOTA 衍生大环与Gd^{3+}核心螯合的双金属配合物，并与Ca^{2+}受体的间隔连接。与配合物 7 中使用的高亲和力 BAPTA 不同，这些配合物中的中心金属受体对Ca^{2+}具有较低的亲和力，适用于检测细胞外Ca^{2+}，且Mg^{2+}或Ca^{2+}的干扰较小[35]。

对于这些基于 Gd-DOTA 的造影剂的一个问题是与水相比生理溶液的弛豫率会降低。我们推测生物缓冲液中的阴离子置换出了金属配合物中与Gd^{3+}配位的水分子。但是，至少有一个实例表明，仅有的一个核的 Gd-DOTA 在模拟脑脊液和细胞外基质中对Ca^{2+}产生的弛豫率增强分别是 36％和 25％，这个数量足以满足检测大脑中的Ca^{2+}[35]。

8.2.3.2　测定铜

铜是生命的一种必需元素，在细胞色素 c 氧化酶、超氧化物歧化酶和酪氨酸酶等酶中起催化辅助因子的作用[9]。铜的催化活性源自亚铜离子（Cu^{+}）和铜离子（Cu^{2+}）之间的氧化还原循环。由于其氧化还原活性，铜稳态的失调与许多严重的疾病有关，包括神经退行性病变以及威尔逊（Wilson）病或缅克斯（Menkes）综合征，其特征是无法将铜适当分布到细胞和组织中。

人体不同部位的细胞外铜水平各不相同，血清中铜的浓度为$10\sim25\mu mol \cdot L^{-1}$，突触裂隙中的浓度为$30\mu mol \cdot L^{-1}$，脑脊液中的浓度为$0.5\sim2.5\mu mol \cdot L^{-1}$。神经元细胞内铜水平可比其高 2～3 个数量级或更高浓度，铜的＋1 价氧化态在细胞内占主导地位[13]。Que 和 Chang 提出了一系列基于$Cu^{1+/2+}$的铜响应 MRI 造影剂，这些造影剂是核心与铜受体的侧基相连的 Gd-DOTA（图 8.8）。然而，第一代化合物 9 中结合Cu^{2+}的亚氨基二乙酸部分对Zn^{2+}选择性不足[36]。为了解决这个问题，在研发后续传感器时，将铜受体中的羧酸基改变为温和的硫醚基[37]。在 10～13 中引入 N 和 S 供体会使 Cu$^+$ 比其他竞争离子（包括 Cu^{2+} 和 Zn^{2+}）具有更高的选择性，响应弛豫率可高达 360%。而在键合未含有结合态 N、S 和 O 供体的 14，对 Cu$^+$ 和 Cu^{2+} 的响应是相同的。尤其是，化合物 10 在体外对 Cu$^+$ 的高选择性和高亲和性方面表现出最大的潜力（$k_d = 0.26$ pmol · L^{-1}），弛豫率也显著增强（360%）。

不过，像其他典型的基于 Gd^{3+} 的造影剂一样，由于细胞的抗渗透性，传感器 10 在很大程度上局限于细胞外环境。为了以细胞内的铜离子为目标，用八精氨酸（Arg$_8$）修饰得到衍生物 15，以改善细胞吸收和保留。衍生物 15 在活细胞中的累积浓度比传感器 10 高 9 倍，并且能够利用铜外排蛋白突变区分野生型和缅克斯综合征模型细胞系中的铜水平[38]。这一可喜的进展使 15 能够在体内作为铜传感器测铜不同状态相互转换的生物学机制有了希望[38]。

值得注意的是，在 24h 的培养后，HEK293 细胞中 15 表现出细胞毒性，IC$_{50}$ 值为 295 μmol · L^{-1}，而细胞外化合物 10 的 IC$_{50}$ 值则超过 2000 μmol · L^{-1}[38]。细胞活力的降低可能是由八精氨酸基团引起的，并且与含八精氨酸化合物的其他结果一致[39]。

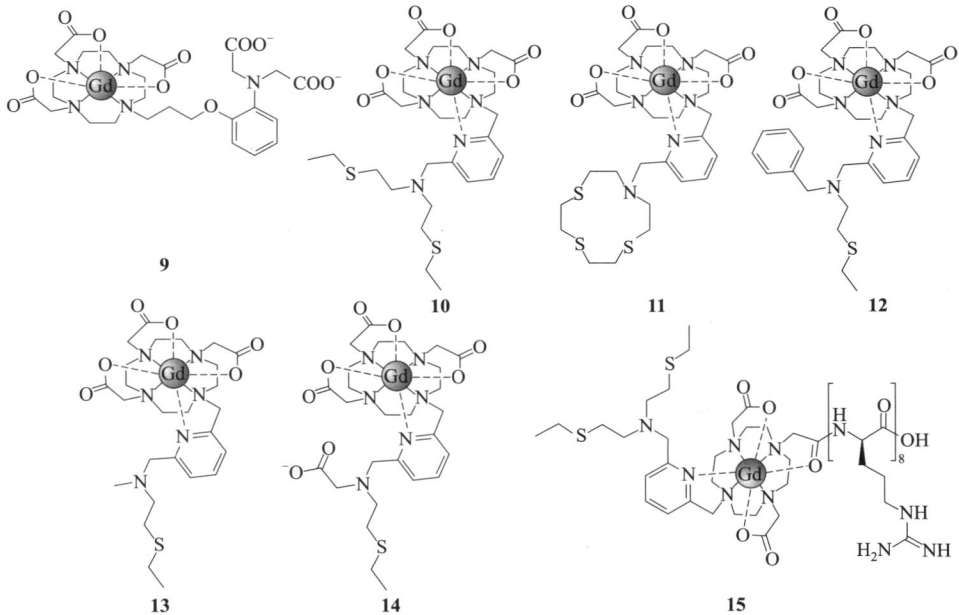

图 8.8 Gd(Ⅲ) 配合物的铜响应 MRI 造影剂

8.2.3.3 测定锌

大多数生物锌与蛋白质结合，并以必需的结构单元出现，例如在锌指转录因子中，或在几种水解酶中作为催化因子。还有一些在某些器官中以游离锌存在，例如在大脑、视网膜、胰腺和前列腺中。细胞内锌的总浓度，包括结合形式和未结合形式，在几百微摩尔的范围内，而未结合的游离锌在细胞内介于皮摩尔范围[40]。据估算，在细胞外人血浆中，游离锌离子的平均浓度高达 8 μmol/L[41]。由于 Zn^{2+} 也是重要的信号离子，因此在某些类型的谷氨酸神经元、前列腺和胰腺细胞的囊泡中锌浓度为体内最高，最高可达 300 μmol · L^{-1}[42]。

由于 d^{10} 电子构型的光谱沉默，生物锌的可视化很大程度上依赖于基于荧光的传感器，该传感器可以选择性和可逆地检测细胞或组织切片中的锌，也具有光学技术所有的局限性。关于设计用于 Zn^{2+} 传感的 MRI 造影剂，Nagano 等报道了一种策略，将 Gd-DTPA 的中央核心与两侧的 Zn^{2+}-受体（DPA 或羧酸和吡啶基侧链的组合）结合起来（图 8.9，配合物 16 和 17）。该系统的主要缺点是 Zn^{2+} 的配位几何形状阻碍了水分子进入 Gd^{3+} 内球的通道，导致弛豫率降低[43,44]。

一种替代方法为修饰测定 Ca^{2+} 的 Gd^{3+} 基传感探针通用模板，方法是通过减少羧酸"臂"的数量以保留对 Zn^{2+} 足够亲和力的同时降低对"硬" Ca^{2+} 的亲和力。Meade 及其同事研发了基于 Gd-DOTA 核心连接亚氨基二乙酸酯部分，或者一个吡啶和一个乙酸"臂"用于 Zn^{2+} 结合的 Zn^{2+} 传感器（图 8.9，配合物 18 和 19）。两种化合物对 Zn^{2+} 的弛豫率均提高了 100% 以上，而化合物 18 对 Cu^{2+} 的响应也有所提高[45,46]。这种选择性的降低与 Cu^{2+} 响应 MRI 造影剂 9 的观察结果一致（图 8.8），这可能是这两个传感器的结构相似导致的。

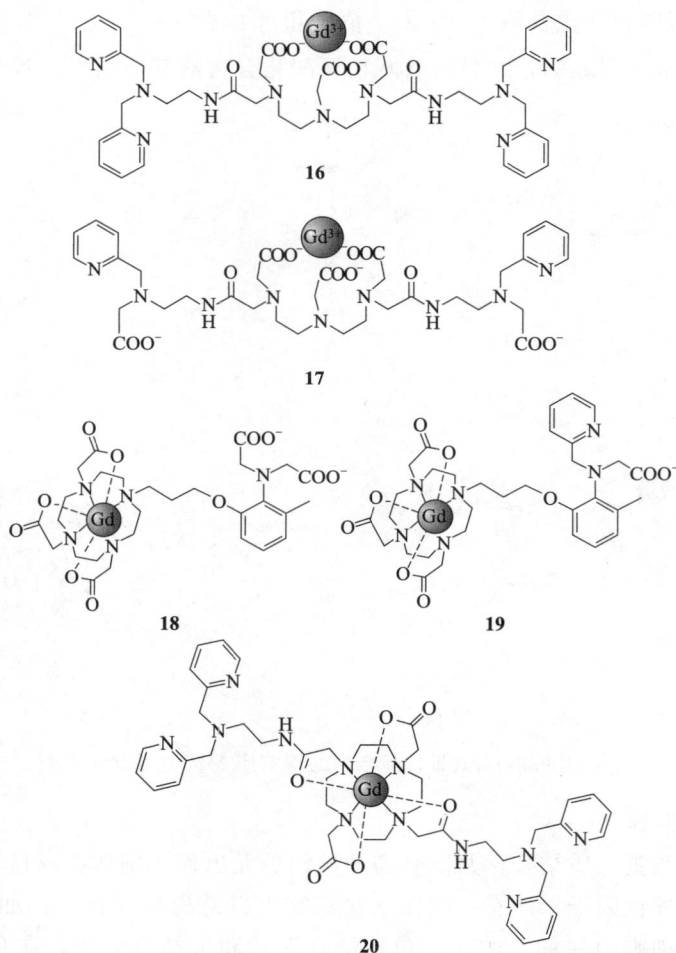

图 8.9　测定 Zn^{2+} 的响应 MRI 造影剂

Sherry 等报道了一种新颖的基于 Gd-DOTA 的 Zn^{2+} 传感器 20，该传感器大环 Gd^{3+} 核心桥接两个 DPA 单元用于与 Zn^{2+} 结合[47]。在载脂蛋白 Gd 20 的浓度为 Zn^{2+} 浓度 2 倍的条件下，表现出其弛豫率适当增加，而当金属化的 Gd 20-2Zn^{2+} 复合物与人血白蛋白（HSA）

结合时，观察到的弛豫率大幅提高超过 165%。虽然 20 也可以对 Cu^{2+} 产生响应，但由于 Cu^{2+} 的浓度很低，可假设这种竞争不会干扰 Zn^{2+} 的体内检测。实际上，已经在小鼠中进行了测试，观察在葡萄糖刺激的胰岛素分泌时，Zn^{2+} 从胰腺 γ 细胞向细胞外空间的释放[48]。正如预期，传感器 20 被限制在细胞外空间，释放的 Zn^{2+} 与传感器在细胞外形成 2：1 的配合物，最终与 HSA 络合后，弛豫率增加。更重要的是，可以从体内的造影图像中识别出细胞形态的变化，这既表明了糖尿病的进展，又表明了细胞膨胀和 γ 细胞功能的丧失[48]。对 Zn^{2+} 敏感的 MRI 传感器为糖尿病发展过程中 β 细胞功能体内监测提供了一种无创工具。

　　Lippard 等建立了一种用于双功能荧光-MRI 测定 Zn^{2+} 的卟啉共价有机框架化合物 21（图 8.10）[49]。无金属卟啉 21 具有荧光，Mn^{3+}-卟啉复合物 22 是有前途的 MRI 造影剂，可通过光学检测或磁共振进行双重成像。有研究证明复合物 22 以依赖 Zn^{2+} 的方式分布在大脑的不同区域，以进行体内成像[50]。该 Mn^{3+}-卟啉是第一个报道的金属离子细胞渗透性 MRI 传感器。由于所有以上的特征，该示例代表了研发无 Gd^{3+} 的响应性 MRI 造影剂的新方向。

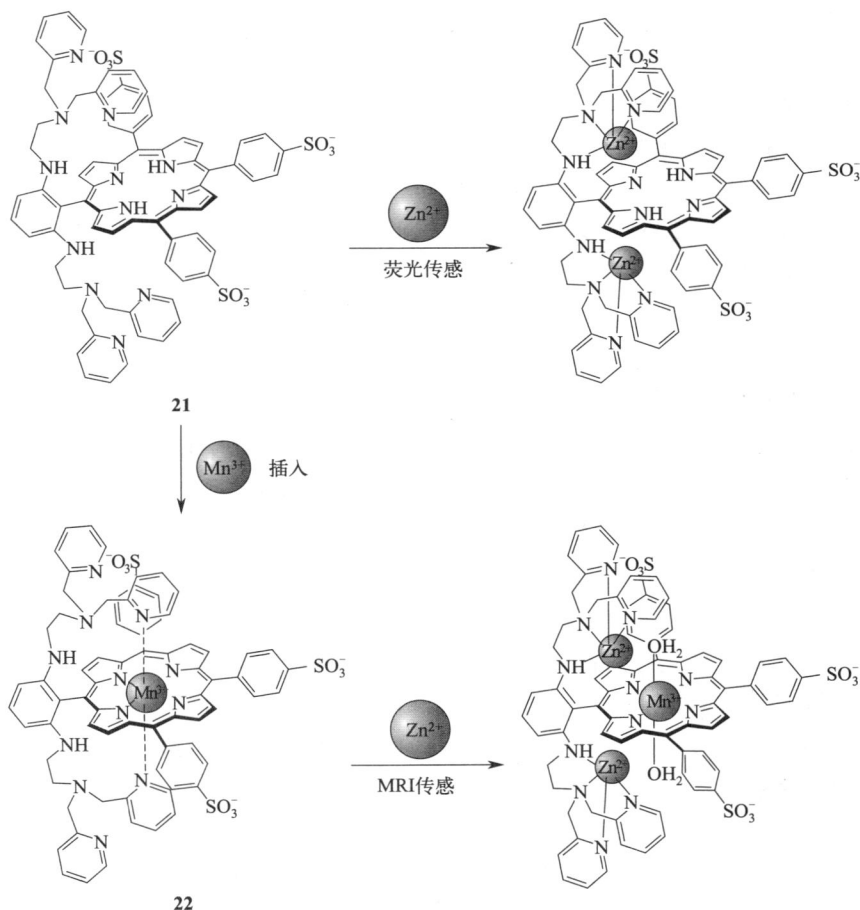

图 8.10　检测 Zn^{2+} 的 Mn^{3+}-卟啉双传感器图示。

经许可引自［49］2007 National Academy of Sciences，U. S. A

　　尽管在开发用于金属离子响应的 MRI 试剂方面取得了重大进展，但是只有少数几例实现了细胞或体内成像。目前这些"智能"MRI 试剂的设计模式，主要依赖于具有选择性金属受体的非特异性金属基 MRI 造影剂的衍生物。将这些 MRI 试剂传递到细胞外环境以外的其他重要位置仍然是很大的挑战。可以使用几种细胞传递工具来改善细胞吸收，包括脂质体内包封[51] 和与大分子转运蛋白结合，例如肽[52,53]、树状聚合物[54]、右旋糖酐[55]、TiO_2[56] 或金纳米颗粒[57]。然而，随着细胞积累和保留的增加，与母体化合物相比，这些传递载体修饰的细胞可能表现出更高的细胞毒性。此外，从复合物中释放 Gd^{3+} 的安全问题在细胞内环境中更为突出。因此，需要具有更高亲和力的 Gd^{3+} 螯合物或基于其他顺磁性金属中心的可渗透细胞的替代物。

8.2.4 金属离子化学计量器

如果传感器对分析物的识别基于不可逆的化学反应，则将传感器定义为化学计量器。剂量传感提供一种对金属离子具有快速响应的高选择性和灵敏性的检测方法。对于用来感应金属离子的金属配合物化学计量器，一般认为有以下两种情况。第一，被检测金属离子以化学反应修饰传感器并改变其光物理学性质（关闭或打开一个信号）的方式直接与剂量计反应 [图 8.1(3a)]。第二，待检测的金属离子催化两个物质之间的化学反应以形成具有更强光物理学性质的新产物 [图 8.1(3b)]。

8.2.4.1 Hg^{2+} 的磷光化学计量器

已经研制了几种基于 Ir(Ⅲ) 配合物的 Hg^{2+} 的磷光化学计量器（图 8.11）。对于化学计量器 23、24 和 25，基本传感原理涉及通过 Ir 配合物中嵌入的 S 原子识别 Hg^{2+}，引起了 Hg^{2+} 诱导的配体置换或分解而导致的磷光"关闭"或比率变化[58-60]。25 的磷光比率变化性质已应用于追踪活细胞内的 Hg^{2+}。这个例子代表着对 Hg^{2+} 表现出足够的细胞膜通透性和比率检测能力的第一个中性 Ir 配合物[60]。

8.2.4.2 Cu^{2+} 的发光 Ru（Ⅱ）计量器

Gopidas 等报道了一种用于检测 Cu^{2+} 的"开启式"发光化学计量器 26，该方法利用了 Cu^{2+} 氧化有机溶液中的芳族硫的能力（图 8.12）[61]。分析目标 Cu^{2+} 作为氧化剂与计量器中的吩噻嗪（Ptz）部位发生反应。在没有 Cu^{2+} 的情况下，[Ru（bpy）$_3$]$^{2+}$ 的激发会导致电子从 Ptz 部位转移到激发的 [Ru（bpy）$_3$]$^{2+}$ 发光体上，从而猝灭发光。乙腈中添加过量的 Cu^{2+} 能够氧化 Ptz 以产生稳定的 5-氧化物，这阻止了电子转移过程并恢复了 620nm 处的发射信号。由于只有 Cu^{2+} 能够进行此类氧化反应，因此该研究提供了一种高选择性方法，用于"开启"检测 Cu^{2+} 的浓度。应该注意的是，该反应的部分驱动力来自乙腈对生成的 Cu^+ 的稳定作用。因此，将这种策略应用于生物学问题时，需要评估待检测铜的氧化还原电位。

8.2.4.3 基于 Cu^+ 催化点击化学的计量学

Viguier 和 Hulme 开发了基于 Eu^{3+} 的 Cu^+ "开启"发光传感器，属于分析目标催化的计量学传感方法（图 8.13）[62]。Eu^{3+} 配合物 27 本身是非发射性的，但是 Cu^+ 触发了 27 与丹磺酰 28（含叠氮化物）的反应，生成敏化发光配合物 29。该检测过程基于高效的 Cu^+ 催化的点击反应，其中 Eu^+ 配合物 27 的炔基部分通过 Cu^+ 催化的 Huisgen 反应（1,3-偶极环加成）与 28 的叠氮化物尾部相互特异性作用。由于点击反应是生物正交的，并且仅由 Cu^+ 催化，因此，炔基-荧光团和叠氮化物的这种组合为生物环境中设计选择性 Cu^+ 传感器提供了通用方法。

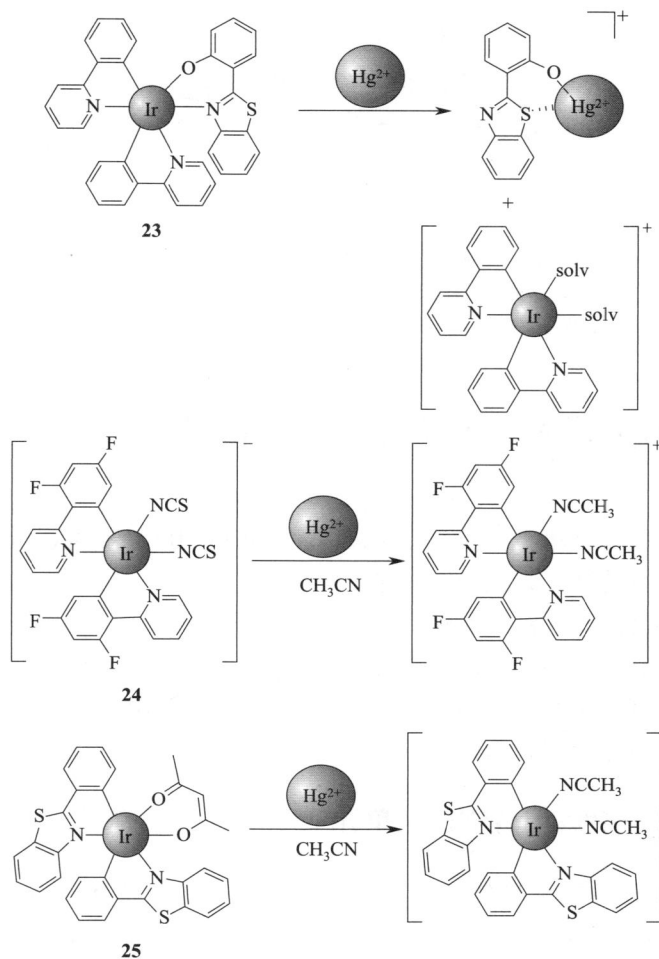

图 8.11　磷光 Ir(Ⅲ) 计量器（左上）与 Hg^{2+} 反应产生一个关闭信号（右上）或发射波长的改变，
从而提供比率计响应（右下）

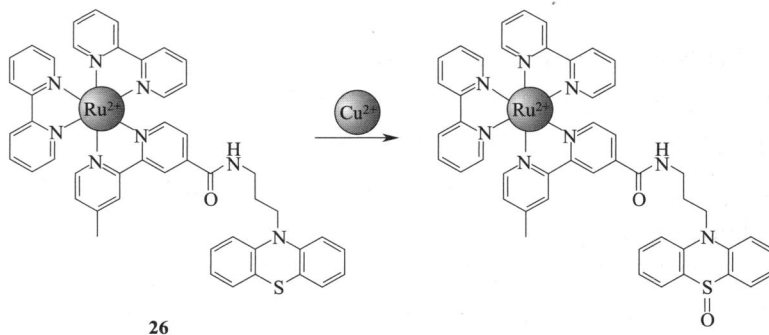

图 8.12　发光 Ru(Ⅱ) 计量器，通过 Cu 诱导的吩噻嗪侧基的氧化来检测 Cu$^{2+[61]}$。
吩噻嗪抑制了左侧 Ru 配合物的发光，而右侧的氧化产物提供了发射信号

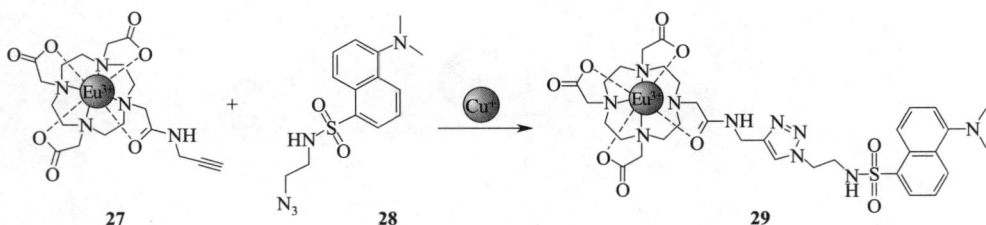

图 8.13　发光 Eu(Ⅲ) 计量器，用于通过 Cu[+] 催化的点击反应检测 Cu[+][62]。
Eu 配合物 27 不发光，而产物 29 敏化的 Eu 可发光

8.3　测定阴离子和中性分子的金属配合物

金属配合物具有一个被单个或多个配体包围的荷正电的路易斯酸金属中心，它可以表现出独特的金属相关的反应活性，包括金属配体取代反应和金属介导的氧化还原反应。这些显著的特性为检测生物学上具有路易斯碱性的重要阴离子和中性分子的传统有机荧光探针提供了重要的补充策略。在本节中，我们重点突出图 8.1 中概述的三种设计方法代表的金属基传感器选择性。这里，我们推荐感兴趣的读者阅读第 10 章，第 10 章虽然未阐述活性分子的检测，但叙述了如何使用金属配合物释放生物活性分子。

8.3.1　栓系方法：金属配合物识别单元

在 8.2.1 节中所述的栓系传感器中，金属配合物是响应单元。在设计用于检测阴离子或小分子的传感器中则相反，金属配合物充当可与金属中心结合的分析目标的识别单元。配合物周围的配体增强了对分析目标的特异性识别。通常作为响应基团引入常见的荧光团（如罗丹明、香豆素或荧光素），以发出分析目标-传感器识别信号［图 8.1(1b)］。或者，就像发光镧系元素配合物一样，金属配合物既可以是识别位点，也可以是信号发射位点[5,6]。

8.3.1.1　通过与 Zn (Ⅱ) 配合物结合检测磷物质

包括无机磷酸盐、焦磷酸盐（PPi）、核苷焦磷酸盐（如 ATP）以及磷蛋白和磷脂等在内的磷物质是受到特别关注的重要生物学靶标。例如，ATP 既可以作为通用能量也可以是细胞外信号信使，而 PPi 是细胞中 ATP 水解的产物。蛋白质磷酸化状态是普遍存在的细胞信号转导调节机制的一部分。

采用金属配合物作为磷物质的结合位点，是利用中心金属离子与磷分析物之间的强亲和力优势，并使检测水体系中的磷物质成为可能。在作为磷受体被研究的金属配合物中，人们对 Zn^{2+}-DPA 配合物及其类似物进行了广泛的研究。图 8.14 展示了用于检测磷的栓系传感器的通用框架。很典型地，两个 Zn^{2+}-DPA 的双臂通过决定两个磷受体间距离的间隔结合成一个荧光团。这些受体的双核结构对于它们的识别功能至关重要，因为单核形式对磷物质几乎没有亲和力。这些传感器对特定磷物质的选择性仍存在困难。例如，对于 PPi 传感器，

可以通过调整间隔长度来区分 PPi 与磷酸盐。然而，区分 PPi 和 ATP 更具挑战性，需要根据相应的受体在阴离子电荷密度上的差异进行精心设计[63]。

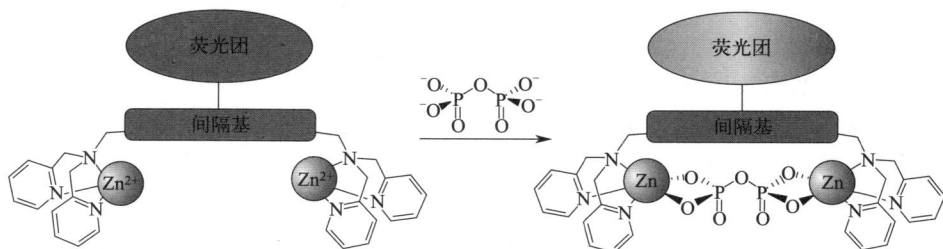

图 8.14 检测磷物质的栓系传感器的一般结构

在没有分析物的情况下，由于两个 Zn^{2+} 中心之间的静电排斥，DPA 与第二个 Zn^{2+} 的配位作用不佳，这使电子从 DPA 胺转移到荧光团并引起荧光猝灭。磷酸类物质与两个受体的协同配位有效地减少了由磷酸阴离子电负性引起的静电排斥，因此有利于理解双金属 Zn^{2+} 与 DPA 胺螯合并抑制猝灭的机制[14]。

Yoon 等将两个 Zn^{2+}-DPA 部分整合成荧光素，研发了一种针对 PPi 的"开启"荧光探针 30，其中荧光素中的共轭芳环还提供了有利于选择识别 PPi 的间隔（图 8.15）[64]。协同两种受体的螯合作用，在缓冲水溶液中与 PPi 结合会引起光的轻微红移和 1.5 倍的荧光增强。

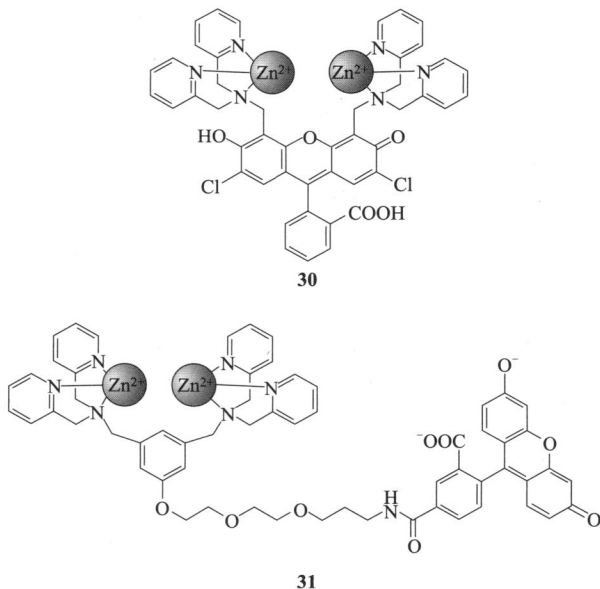

30

31

图 8.15 识别磷物质的 Zn^{2+}-DPA 的栓系荧光传感器

研究者进一步应用双核 Zn^{2+}-DPA 平台选择性地检测在生物环境中的阴离子磷脂。Smith 课题组报道了一种 Zn^{2+}-DPA 的配合物 31，对富含凋亡细胞膜的阴离子磷脂酰丝氨酸（PS）具有亲和力（图 8.15）[65]。PS 是一种磷脂，通常位于细胞膜的胞质内一侧。在细胞程序性死亡（细胞凋亡）的初期，PS 不再局限于内侧，而是暴露在膜的外部小叶上，这使其成为细胞凋亡的生物标志。由于 31 不能渗透细胞膜，因此其细胞外荧光强度反映了 PS 从内部小叶向外部小叶的迁移，它与细胞死亡的程度成正比。因此，建立了一种基于探针 31 及其生物素或量子点的有效检测细胞内健康细胞与凋亡细胞比的方法，这种方法规避了基于蛋白质的复杂膜联蛋白 V 方法的一些局限性[65,66]。

8.3.1.2　镧系元素配合物测定碳酸氢根

Parker 课题组率先研发了作为细胞探针对多种重要生物物质［包括金属、离子和含氧阴离子（如磷酸根、乳酸根、柠檬酸根和碳酸氢根）等］响应的发光镧系元素配合物[5,6]。这些探针的一般结构是中央为发光镧系元素，如 Tb(Ⅲ) 或 Eu(Ⅲ)，它们被包围在"悬挂臂"的大螯合环中，该"悬挂臂"有助于形成适当的与芳香族相连以敏化发光的分析物结合位点（图 8.16）。被检测阴离子对配位水分子的可逆置换不仅增加了发射强度，而且还显著改变了这些镧系元素配合物的光谱形式和圆极化发射，这有助于进行比率分析。新近从这种形式中研发的包括一对 Tb/Eu 的配合物，可以快速测量人血清中以及活细胞线粒体内的碳酸氢盐浓度[67,68]。32 的一个关键设计特征是定向选择酰胺取代的氮杂蒽酮敏化剂，它有助于通过巨胞饮作用和随后的优先线粒体定位作用促进探针的摄取。

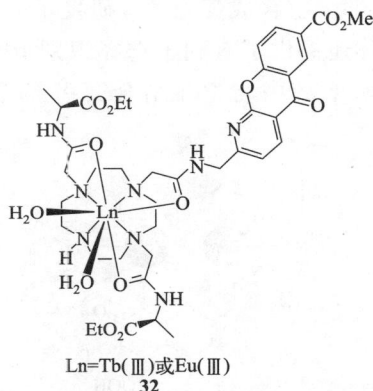

Ln=Tb(Ⅲ)或Eu(Ⅲ)
32

图 8.16　Tb(Ⅲ) 或 Eu(Ⅲ) 的发光配合物，提供碳酸氢盐的比率分析[67,68]

8.3.2　置换方法：金属配合物猝灭剂

具有未满轨道的金属中心通常通过电子或能量转移猝灭通路表现出荧光猝灭剂的功能。因此，金属-配体置换就提供了一种改变荧光输出的通用途径。其普通机制是基于金属对分析目标物的识别通过配体置换取代金属配合物荧光团并使其荧光猝灭。它可以通过两种不同的途径实现：一种是分析目标物取代金属中心的配体/荧光团，另一种是分析目标物从配合物中移去金属中心。

8.3.2.1　分子内荧光团置换检测核苷多磷酸盐

用 Zn^{2+}-DPA 双核体系与生色团相结合实现分子内配体置换的方法，可以检测水溶液中的磷衍生物。尤其是，Hamachi 等引入了蒽桥联的双（Zn^{2+}-DPA）配合物 33，用于细胞内 ATP 的荧光成像[69,70]。当 ATP 不存在时，氧杂蒽酮（呫吨酮）的荧光团羰基氧与双金属 Zn^{2+} 部分配位，使其荧光有效猝灭。当核苷多磷酸盐底物（例如 ATP）与 Zn^{2+} 结合后，就从金属配合物中置换出了悬臂荧光团，恢复呫吨酮环中的共轭结构并在体外

"开启"了发射（图 8.17）[69]，两个羟基的乙酰化可将其通过细胞内酯酶转化为细胞可渗透的传感器 33。33 在 Jurkat 活细胞中的荧光强度显示出其对 ATP 的依赖模式与用已知的 ATP 探针奎纳克林获得的图像一致。然而，尽管该传感器表现出对多磷酸盐比单磷酸盐、二磷酸盐阴离子更高的选择性，但它不能充分区分包括其他核苷三磷酸和肌醇三磷酸的多磷酸盐阴离子[69]。

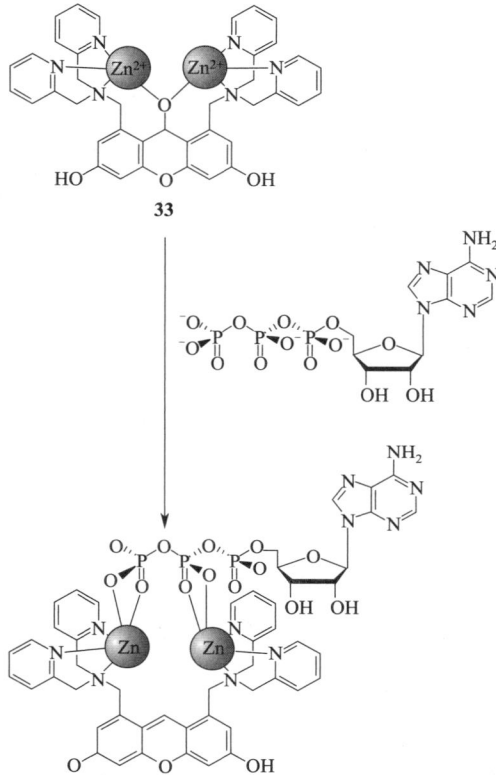

图 8.17 蒽桥联的双（Zn^{2+}-DPA）配合物的示意图，通过置换方法检测 ATP[69]。
在 ATP 结合之前，33 的荧光被猝灭，而右侧的 ATP 结合结构具有荧光

8.3.2.2 荧光团置换检测与金属结合的 NO

一氧化氮（NO）涉及广泛的生物过程，并且还是信号转导途径中的重要气体信使，这激发了人们开发实时与体内 NO 检测方法的兴趣。

Lippard 课题组报道了一系列检测 NO 的金属基平台，其通用机制是 NO 选择性地取代金属中心猝灭荧光的配体/荧光团，并开启荧光。他们初期制备的传感器 34 由 Co^{2+} 中心组成，该中心固定到（E）-N-异丙基-7-(异丙基氨基) 环庚-1,3,5-三烯胺配体并连接丹磺酰荧光团，由于丹磺酰荧光团靠近顺磁性 Co^{2+} 中心而荧光被猝灭[71]。NO 的识别会在形成金属-二亚硝酰基复合物时诱导一个荧光配体解离，从而显著增强荧光发射（图 8.18）。

其他铁-环拉胺、钌-卟啉和铑-四羧酸盐配合物也可利用配体置换策略检测 NO[72-74]。尽管这些例子在机制上是相似的，但钌-卟啉体系 35 是在 NO 诱导下从原始金属配合物中释

放的游离配体/荧光团 Ds-im，而钴存在的情况下是分子内发生的配体置换（图 8.18）。除释放荧光轴向配体外，35 与 NO 反应最终形成 Ru 配位产物时，还释放 CO 并生成 NO_2^-。

但是，这些置换策略的应用仅限于吹入比色皿中有机溶剂的高浓度 NO 气体，因为在水体中 H_2O 竞争性的配位作用可能会阻碍由 NO 引起的配体取代作用。

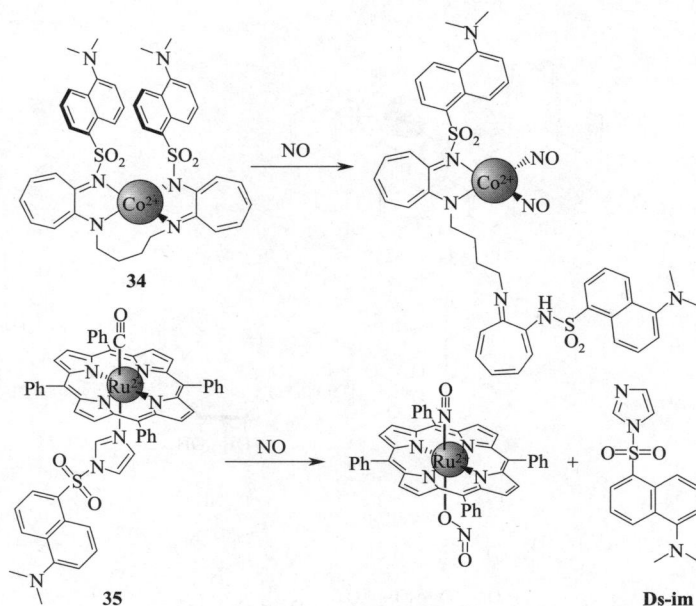

图 8.18　通过配体置换[71,72] 进行 NO 检测的金属配合物示意图。
左边的荧光团被顺磁性金属中心猝灭，而右边的产物显示增强荧光

8.3.2.3　金属置换检测氰化物

氰化物在工业上被广泛应用且本身具有剧毒性，因此很有必要研发低检测限的氰化物传感器。氰化物阴离子与铜离子具有强亲和力，大多数氰化物的开启式光学传感器中的生色团通常附带有配体，该配体与金属 Cu^{2+} 猝灭中心结合。氰化物与 Cu^{2+} 中心的配位移除了顺磁性金属猝灭剂，从而使荧光恢复并生成了稳定的 $[Cu(CN)_x]^{n-}$ 产物（图 8.19）。基于金属脱除机制的氰化物传感器的代表示例如图 8.20 所示，说明了"开启"检测水溶液中的氰化物[75-78] 机制。

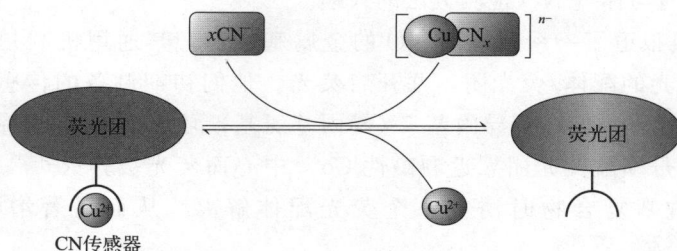

图 8.19　氰化物诱导的去金属化检测氰化物阴离子的 Cu(Ⅱ) 配合物示意图

值得注意的是，含有一部分 Cu^{2+}-DPA 的发光传感器 38 与 Ir^{3+}-聚吡啶基发光体结合

能够在水体环境中检测浓度低于安全标准限的氰化物，也能检测预先暴露于 $0.2mg \cdot L^{-1}$ 的氰化物水溶液中的活细胞中的氰化物[77]。Yoon 等以秀丽隐杆线虫作为测试生物介绍了体内成像传感器 39，暴露于不同水平的氰化物，引起相应量的铜从 39 中移去，结果引起荧光发射恢复程度的改变[78,79]。

另一种铜基荧光氰化物传感器是基于氰化物结合到钴胺素的 Co 中心，会生成深紫色配合物[80]。利用这种强烈的颜色变化，研发了一种固相萃取方法来检测血液中的氰化物[81]。

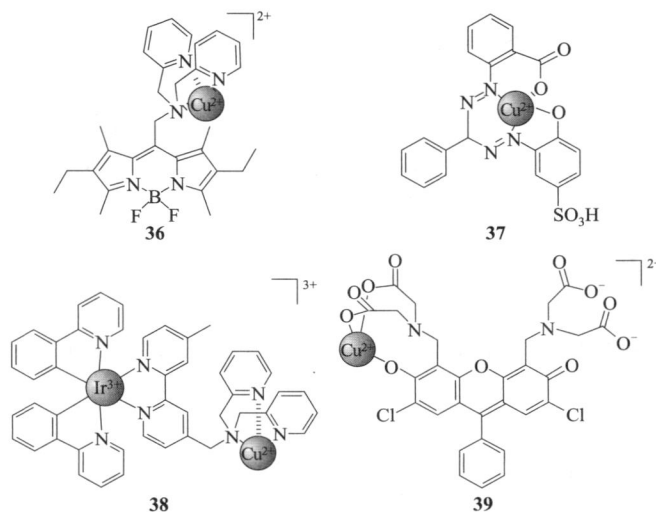

图 8.20　氰化物传感器中的 Cu(Ⅱ) 配合物

8.3.3　计量器法

化学计量器的总体设计策略是利用分析目标物对检测器化学反应的选择性。这种基于化学反应的传感器代表了为检测生物重要信号分子和应激分子而研发新型化学选择性探针的方向。可以根据这些阴离子和小分子的金属计量器在剂量反应中的参与程度对它们进行分类。①金属中心与分析目标物直接介导氧化还原或有机金属反应，而导致信号分子产生新的响应信号，这已应用于许多有关 NO、CO 和 H_2O_2 化学计量器的研发。②金属中心不直接参与反应。取而代之的是，分析物通过直接与传感器的有机成分发生反应而改变金属基的信号，典型的代表实例包括检测活性氧（ROS）的化学计量器。

8.3.3.1　金属介导的反应策略

（1）铜介导的还原亚硝基化检测 NO

上述 NO 的置换传感器的主要缺陷包括水不相溶性以及与 O_2 或其他化合物的交叉反应。为了规避这些弊端，Lippard 等开发了基于 Cu^{2+} 的配合物 40，水溶液和活细胞中的 NO 该配合物都能检测到[82]。该配合物由一个与 Cu^{2+} 键合的氨基喹啉及其与喹啉共轭的荧光素组成，且荧光被顺磁性 Cu^{2+} 中心猝灭。NO 存在时，Cu^{2+} 介导仲胺处的还原性亚硝化反应并释放出金属猝灭剂，使荧光发射增强（图 8.21）。这种基于反应的传感过程证明了其对 NO 超过各种 RNS 和 ROS 的高度选择性。鉴于这些理想特性，人们以复合物 40 及其衍生类似物为一种重要工具，可以通过细菌、巨噬细胞、嗅球脑片等生物模型产生的内源性

NO 成像来研究细菌 NO 合酶作用[82-84]。

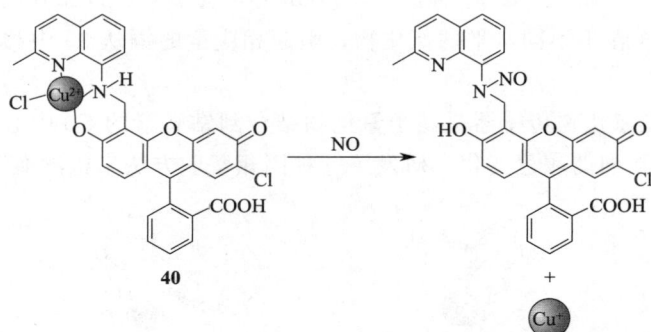

图 8.21　Cu(Ⅱ) 配合物 40 发射微弱，但与 NO 的反应，使配体的还原性亚硝基化，
Cu$^+$ 的释放和荧光强度得以恢复[82]

（2）钯介导的羰基化检测 CO

一氧化碳（CO）以其毒性而闻名，同时它还是一种类似于 NO 的气体传输剂，在调节对物理和化学胁迫的响应中起着重要作用（参见第 10 章）。在细胞水平上实时跟踪 CO 尚未解决。与 NO 不同，CO 不具备氧化还原性能，但对其在有机金属化学领域研究非常丰富。Chang 等研发了一种新型的基于金属介导的羰基化反应的化学计量器[85]。将环戊二烯的部分与硼二吡咯亚甲基（BODIPY）荧光团结合可以猝灭发射，而与 CO 的反应会导致 Pd 介导的羰基化，释放出 Pd（0）并使荧光恢复（图 8.22）。由于 41 的强大的响应开启，细胞通透性和低毒性，使得 41 无论在水体缓冲溶液还是活细胞中对 CO 选择性高于一系列反应活性物种的成像研究极具吸引力。

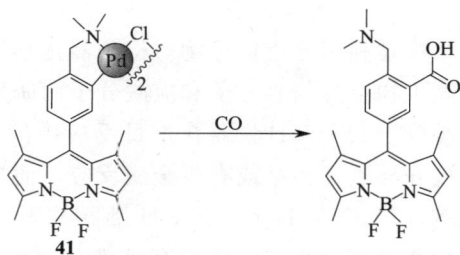

图 8.22　环钯计量器通过 Pd 介导的羰基化作用感应 CO[85]。
与右边相比，左边配合物的荧光强度较低

（3）铁介导的氧化裂解检测 H$_2$O$_2$

除了还原反应和有机金属反应外，金属介导的氧化机制也可应用于化学选择性成像。基于过氧化铁氧化还原反应的 H$_2$O$_2$ 选择性计量器是较好的示例，其中金属离子是 H$_2$O$_2$ 的反应位点（图 8.23）。Hitomi 研制的探针 42 包含与非发射性 3,7-二羟基吩嗪酰胺共轭的 Fe^{3+}-多吡啶[86]，而 Nam 课题组直接采用了经典锌传感器 ZP1，并进一步使用 bis-Fe^{2+} 作为 H$_2$O$_2$ 传感器 43 的金属反应位点[87]。添加 H$_2$O$_2$ 会依次引起铁介导的氧化、裂解和释放相应的发光荧光染料试卤灵和双羧基荧光素。据报道，43 测定了活细胞溶酶体中 H$_2$O$_2$ 水平的变化[87]。推测信号转导机制涉及能够介导 N-脱烷基化学反应的活性铁过氧化物或含氧中心。至于所释放的铁在体系中的状态，以及它是否会继续参与氧化反应还没有准确的解释。

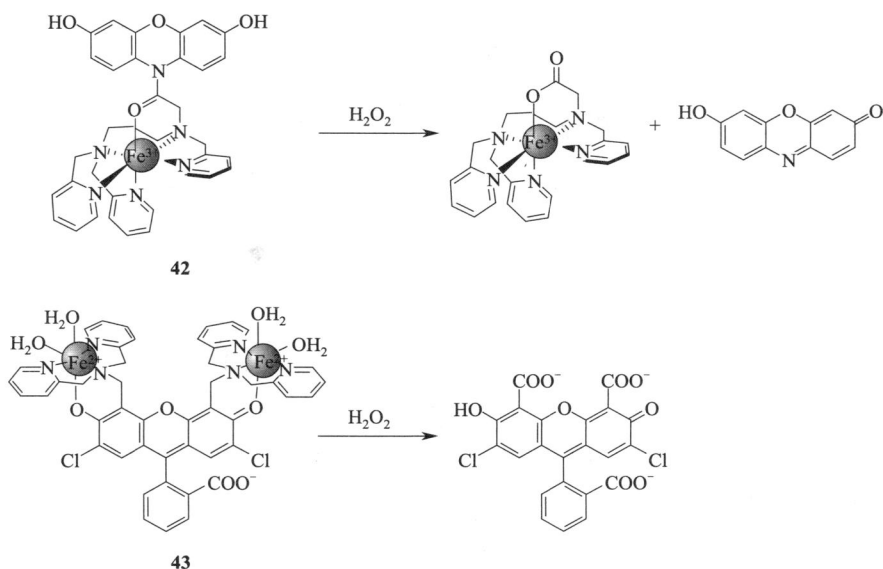

图 8.23 铁配合物作为计量器，通过铁介导的氧化、裂解和释放荧光团来检测 H_2O_2 [86,87]

8.3.3.2 有机反应策略

前荧光团氧化检测 ROS：ROS 的高反应活性已被广泛用于设计基于选择性化学反应的传感器。这个普通概念是"前荧光团"策略，即用具有氧化还原反应性"手柄"修饰荧光团，并有效终止其发射。"手柄"与 ROS 选择性的氧化还原反应引起"手柄"的解离，添加分析物会进一步敏化荧光团并使荧光恢复。在下面的实例中，在金属的计量器的范围内，由适当的配体结合金属离子起信号单元的作用，而不是识别位点。

图 8.24 显示了使用"前荧光团"策略的金属 ROS 传感器。Chang 等介绍了一种基于 Tb(Ⅲ) 的硼酸盐保护的探针 44 [88]。在没有 H_2O_2 的情况下，硼酸酯封端的芳环对镧系元素基本无敏化作用，而 H_2O_2 触发的氧化裂解反应产生富电子的触角苯胺，能将能量转移到镧系元素中心并开启发光响应。重要的是，44 能够使用氧化应激巨噬细胞作为细胞模型，对内源性 H_2O_2 生产进行细胞内监控。

传感器 45 是通过改变触角的敏化作用来开启镧系元素发光的另一个示例。作为一个触角的前体，苯三甲酸对 Tb(Ⅲ) 来说是弱的螯合剂和敏化剂。然而，与羟基自由基（·OH）的反应将其转化为配位能力较强的双齿螯合剂，并且有效敏化 Tb(Ⅲ) 的发光，使发射强度提高 11 倍 [89]。

传感器 46 也是通过配体为核心的氧化反应增强了发射强度。但在这里稍有不同，与 ClO⁻ 的反应消除了由 C ═N—OH 衍生物在环金属化 Ir(Ⅲ) 配合物 46 联吡啶配体上快速异构化引起的发光猝灭 [90]。图 8.24 中的三个计量器对相应分析目标物都显示出比其他反应物更高的选择性。

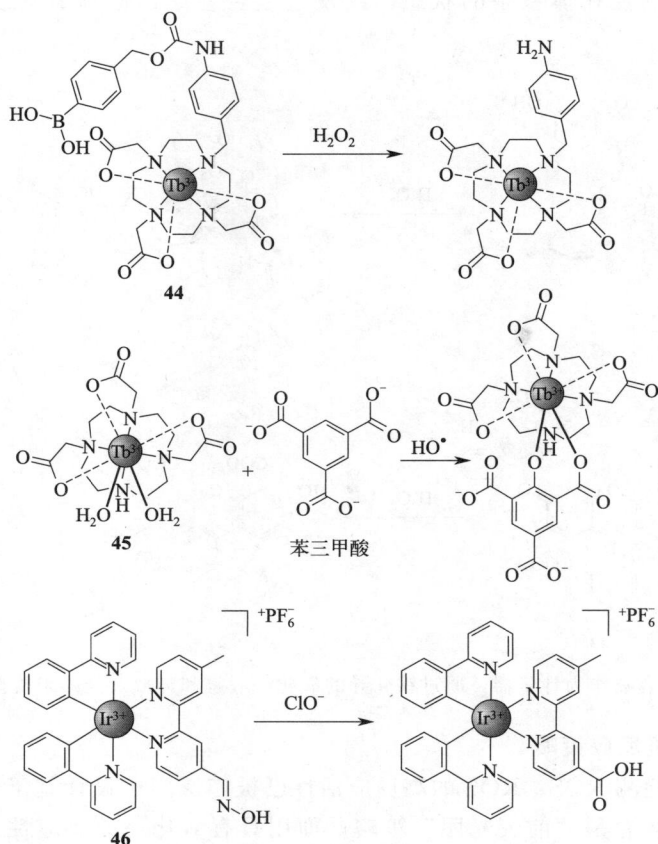

图 8.24　检测不同反应物的金属"前荧光团"。右侧的配合物比左侧的配合物发光性更强

8.4　结论

　　与大量使用传统有机染料作为信号转导元件的探针和传感器相比，基于金属试剂的成功实例相对较少，通过浏览荧光探针的商品目录就可以明显看出这种差异。但是，本章介绍的示例证明了基于金属配位化学各个方面具有创造性的传感器。前面各节中阐明的设计原理为传感器提供了一些通用的设计框架，在这些框架中，金属可以用作识别位点、信号位点、反应位点或催化剂。通过调整金属配合物的电子、空间和几何参数来优化这些功能的可能性很大。

　　创建这些探针需要掌握无机化学、基本的有机转化、有机金属反应以及光物理信号机制等相关知识。在利用这些探针学习生物学时，需要了解细胞和分子生物学，并对生物系统的复杂性有深刻的理解。因此，基于金属配合物传感器的相关研究在结合其他这些学科后会得以进一步发展。未来的挑战包括更好地了解这些探针在生命体中的摄取和亚细胞分区，更好地了解特定探针的内在能力，以避免非特异性响应，创建多模式系统将多种成像技术结合起来，并实现"一个分析目标物，一个探针"。实际上，这些挑战是所有生物探针面临的最前沿挑战，并非金属基探针所独有。然而，鉴于其独特的性能，金属配合物可能会提供特殊的解决方案。

致谢

感谢美国国立卫生研究院（GM084176）和美国国家科学基金会（CHE-1152054）对本实验室相关工作的支持。

缩略语

ATP	三磷酸腺苷
BAPTA	1,2-双(2-氨基苯氧基)乙烷-N,N,N',N'-四乙酸
BODIPY	硼二吡咯亚甲基
BPS	4,7-二苯基-1,10-菲咯啉二磺酸盐
bpy	2,2'-联吡啶
btp	2-(2'-苯并噻吩基)吡啶
DOTA	1,4,7,10-四氮杂环十二烷-1,4,7,10-四乙酸
DPA	2,2'-二甲基吡啶胺
Ds-im	丹磺酰咪唑
DTPA	二乙烯三胺五乙酸
HSA	人血白蛋白

参考文献

1. Wadas, T. J. , Wong, E. H. , Weisman, G. R. , and Anderson, C. J. (2010) Coordinating radiometals of copper, gallium, indium, yttrium, and zirconium for PET and SPECT imaging of disease. Chem Rev. 110:2858-2902.

2. Beer, P. D. and Cadman, J. (2000) Electrochemical and optical sensing of anions by transition metal based receptors. Coord. Chem. Rev. 205:131-155.

3. Tucker, J. H. and Collinson, S. R. (2002) Recent developments in the redox-switched binding of organic compounds. Chem. Soc. Rev. 31:147-156.

4. Haas, K. L. and Franz, K. J. (2009) Application of metal coordination chemistry to explore and manipulate cell biology. Chem. Rev. 109:4921-4960.

5. Montgomery, C. P. , Murray, B. S. , New, E. J. , Pal, R. , and Parker, D. (2009) Cell-penetrating metal complex optical probes: Targeted and responsive systems based on lanthanide luminescence. Acc. Chem. Res. 42:925-937.

6. New, E. J. , Parker, D. , Smith, D. G. , and Walton, J. W. (2010) Development of responsive lanthanide probes for cellular applications. Curr. Opin. Chem. Biol. 14:238-246.

7. Jones, C. J. and Thornback, J. , (2007) Medicinal Applications of Coordination Chemistry. Cambridge: Royal Society of Chemistry.

8. Andrews, N. C. and Schmidt, P. J. (2007) Iron homeostasis. Annu Rev Physiol. 69: 69-85.

9. Kim, B.-E. , Nevitt, T. , and Thiele, D. J. (2008) Mechanisms for copper acquisition, distribution and regulation. Nat. Chem. Biol. 4: 176-185.

10. Crichton, R. R. , Dexter, D. T. , and Ward, R. J. (2008) Metal based neurodegenerative diseases-From molecular mechanisms to therapeutic strategies. Coord. Chem. Rev. 252: 1189-1199.

11. World Health Organization, (2004) Guidelines for Drinking-water Quality. 3rd edn. Geneva: World Health Organization.

12. Nolan, E. M. and Lippard, S. J. (2008) Tools and tactics for the optical detection of mercuric ion. Chem Rev. 108: 3443-3480.

13. Que, E. L. , Domaille, D. W. , and Chang, C. J. (2008) Metals in neurobiology: Probing their chemistry and biology with molecular imaging. Chem. Rev. 108: 1517-1549.

14. Liu, Z. , He, W. , and Guo, Z. (2013) Metal coordination in photoluminescent sensing. Chem. Soc. Rev. 42: 1568-600.

15. Parker, D. (2011) Critical design factors for optical imaging with metal coordination complexes. Aust. J. Chem. 64: 239-243.

16. Dixon, I. M. , Collin, J. P. , Sauvage, J. P. , Flamigni, L. , Encinas, S. , and Barigelletti, F. (2000) A family of luminescent coordination compounds: iridium(Ⅲ) polyimine complexes. Chem. Soc. Rev. 29: 385-391.

17. Araya, J. C. , Gajardo, J. , Moya, S. A. , Aguirre, P. , Toupet, L. , Williams, J. A. G. , Escadeillas, M. , Le Bozec, H. , and Guerchais, V. (2010) Modulating the luminescence of an iridium(Ⅲ) complex incorporating a di(2-picolyl) anilino-appended bipyridine ligand with Zn^{2+} cations. New J. Chem. 34: 21-24.

18. Lee, P. K. , Law, W. H. T. , Liu, H. W. , and Lo, K. K. W. (2011) Luminescent cyclo-metalated iridium(Ⅲ) polypyridine di-2-picolylamine complexes: Synthesis, photophysics, electrochemistry, cation binding, cellular Internalization, and cytotoxic activity. Inorg. Chem. 50: 8570-8579.

19. You, Y. , Lee, S. , Kim, T. , Ohkubo, K. , Chae, W. S. , Fukuzumi, S. , Jhon, G. J. , Nam, W. , and Lippard, S. J. (2011) Phosphorescent sensor for biological mobile zinc. J. Am. Chem. Soc. 133: 18328-18342.

20. You, Y. , Han, Y. , Lee, Y. M. , Park, S. Y. , Nam, W. , and Lippard, S. J. (2011) Phosphorescent sensor for robust quantification of copper(Ⅱ) ion. J. Am. Chem. Soc. 133: 11488-11491.

21. Li, Z. X. , Zhang, L. F. , Wang, L. N. , Guo, Y. K. , Cai, L. H. , Yu, M. M. , and Wei, L. H. (2011) Highly sensitive and selective fluorescent sensor for Zn^{2+}/Cu^{2+} and new approach for sensing Cu^{2+} by central metal displacement. Chem. Commun. 47: 5798-5800.

22. Kotova,O.,Comby,S.,and Gunnlaugsson,T. (2011)Sensing of biologically relevant d-metal ions using a Eu(Ⅲ)-cyclen based luminescent displacement assay in aqueous pH 7.4 buffered solution. Chem. Commun. 47:6810-6812.

23. Pehkonen,S. (1995)Determination of the oxidation-states of iron in natural-waters-a review. Analyst. 120:2655-2663.

24. Hase,U. and Yoshimura,K. (1992)Determination of trace amounts of iron in highly purified water by ion-exchanger phase absorptiometry combined with flow-analysis. Analyst. 117:1501-1506.

25. Achterberg, E. P., Holland, T. W., Bowie, A. R., Fauzi, R., Mantoura, C., and Worsfold,P. J. (2001)Determination of iron in seawater. Anal. Chim. Acta. 442:1-14.

26. Tsien, R. Y. (2003) Imagining imaging's future. Nat. Rev. Mol. Cell Biol. : Ss16-Ss21.

27. Caravan,P.,Ellison,J. J.,McMurry,T. J.,and Lauffer,R. B. (1999)Gadolinium(Ⅲ) chelates as MRI contrast agents: Structure, dynamics, and applications. Chem Rev. 99: 2293-2352.

28. Werner, E. J., Datta, A., Jocher, C. J., and Raymond, K. N. (2008)High-relaxivity MRI contrast agents: Where coordination chemistry meets medical imaging. Angew. Chem. Int. Edit. 47:8568-8580.

29. Bonnet,C. S. and Toth,E. (2010)MRI probes for sensing biologically relevant metal ions. Future Med. Chem. 2:367-84.

30. Li,W. H.,Parigi,G.,Fragai,M.,Luchinat,C.,and Meade,T. J. (2002)Mechanistic studies of a calcium-dependent MRI contrast agent. Inorg. Chem. 41:4018-4024.

31. Li,W. H.,Fraser,S. E.,and Meade,T. J. (1999)A calcium-sensitive magnetic resonance imaging contrast agent. J. Am. Chem. Soc. 121:1413-1414.

32. Dhingra, K., Fouskova, P., Angelovski, G., Maier, M. E., Logothetis, N. K., and Toth,E. (2008)Towards extracellular Ca^{2+} sensing by MRI: synthesis and calcium-dependent H-1 and O-17 relaxation studies of two novel bismacrocyclic Gd^{3+} complexes. J. Biol. Inorg. Chem. 13:35-46.

33. Mishra,A.,Fouskova,P.,Angelovski,G.,Balogh,E.,Mishra,A. K.,Logothetis,N. K.,and Toth,E. (2008)Facile synthesis and relaxation properties of novel bispolyazamacrocyclic Gd^{3+} complexes: An attempt towards calcium-sensitive MRI contrast agents. Inorg. Chem. 47:1370-1381.

34. Angelovski,G.,Fouskova,P.,Mamedov,I.,Canals,S.,Toth,E.,and Logothetis, N. K. (2008)Smart magnetic resonance imaging agents that sense extracellular calcium fluctuations. Chembiochem. 9:1729-1734.

35. Dhingra, K., Maier, M. E., Beyerlein, M., Angelovski, G., and Logothetis, N. K. (2008)Synthesis and characterization of a smart contrast agent sensitive to calcium. Chem. Commun. :3444-3446.

36. Que,E. L. and Chang,C. J. (2006)A smart magnetic resonance contrast agent for se-

lective copper sensing. J. Am. Chem. Soc. 128:15942-15943.

37. Que, E. L., Gianolio, E., Baker, S. L., Wong, A. P., Aime, S., and Chang, C. J. (2009) Copper-responsive magnetic resonance imaging contrast agents. J. Am. Chem. Soc. 131:8527-8536.

38. Que, E. L., New, E. J., and Chang, C. J. (2012) A cell-permeable gadolinium contrast agent for magnetic resonance imaging of copper in a Menkes disease model. Chem. Sci. 3: 1829-1834.

39. Jones, S. W., Christison, R., Bundell, K., Voyce, C. J., Brockbank, S. M. V., Newham, P., and Lindsay, M. A. (2005) Characterisation of cell-penetrating peptide-mediated peptide delivery. Br. J. Pharmacol. 145:1093-1102.

40. Maret, W. and Li, Y. (2009) Coordination dynamics of zinc in proteins. Chem. Rev. 109:4682-4707.

41. Zalewski, P., Truong-Tran, A., Lincoln, S., Ward, D., Shankar, A., Coyle, P., Jayaram, L., Copley, A., Grosser, D., Murgia, C., Lang, C., and Ruffin, R. (2006) Use of a zinc fluorophore to measure labile pools of zinc in body fluids and cell-conditioned media. Biotechniques. 40:509-520.

42. Frederickson, C. J., Koh, J. Y., and Bush, A. I. (2005) The neurobiology of zinc in health and disease. Nat. Rev. Neurosci. 6:449-462.

43. Hanaoka, K., Kikuchi, K., Urano, Y., and Nagano, T. (2001) Selective sensing of zinc ions with a novel magnetic resonance imaging contrast agent. J. Chem. Soc., Perkin Trans. 2:1840-1843.

44. Hanaoka, K., Kikuchi, K., Urano, Y., Narazaki, M., Yokawa, T., Sakamoto, S., Yamaguchi, K., and Nagano, T. (2002) Design and synthesis of a novel magnetic resonance imaging contrast agent for selective sensing of zinc ion. Chem. Biol. 9:1027-1032.

45. Major, J. L., Parigi, G., Luchinat, C., and Meade, T. J. (2007) The synthesis and in vitro testing of a zinc-activated MRI contrast agent. Proc. Natl. Acad. Sci. USA. 104: 13881-13886.

46. Major, J. L., Boiteau, R. M., and Meade, T. J. (2008) Mechanisms of Zn(Ⅱ)-activated magnetic resonance imaging agents. Inorg. Chem. 47:10788-10795.

47. Esqueda, A. C., Lopez, J. A., Andreu-De-Riquer, G., Alvarado-Monzon, J. C., Ratnakar, J., Lubag, A. J. M., Sherry, A. D., and De Leon-Rodriguez, L. M. (2009) A new gadolinium-based MRI zinc sensor. J. Am. Chem. Soc. 131:11387-11391.

48. Lubag, A. J. M., De Leon-Rodriguez, L. M., Burgess, S. C., and Sherry, A. D. (2011) Noninvasive MRI of beta-cell function using a Zn^{2+}-responsive contrast agent. Proc. Natl. Acad. Sci. USA. 108:18400-18405.

49. Zhang, X. A., Lovejoy, K. S., Jasanoff, A., and Lippard, S. J. (2007) Water-soluble porphyrins as a dual-function molecular imaging platform for MRI and fluorescence zinc sensing. Proc. Natl. Acad. Sci. USA. 104:10780-10785.

50. Lee, T., Zhang, X. A., Dhar, S., Faas, H., Lippard, S. J., and Jasanoff, A. (2010) In

vivo imaging with a cell-permeable porphyrin-based MRI contrast agent. Chem. Biol. 17:665-673.

51. Kabalka,G. W. ,Davis,M. A. ,Moss,T. H. ,Buonocore,E. ,Hubner,K. ,Holmberg, E. ,Maruyama,K. , and Huang,L. (1991) Gadolinium-labeled liposomes containing various amphiphilic Gd-Dtpa derivatives-targeted MRI contrast enhancement agents for the liver. Magn. Reson. Med. 19:406-415.

52. Allen,M. J. and Meade,T. J. (2003) Synthesis and visualization of a membrane-permeable MRI contrast agent. J. Biol. Inorg. Chem. 8:746-750.

53. Bhorade,R. ,Weissleder,R. ,Nakakoshi,T. ,Moore,A. , and Tung,C. H. (2000) Macrocyclic chelators with paramagnetic cations are internalized into mammalian cells via a HIV-tat derived membrane translocation peptide. Bioconjugate Chem. 11:301-305.

54. Wiener,E. C. ,Konda,S. ,Shadron,A. ,Brechbiel,M. ,and Gansow,O. (1997) Targeting dendrimer-chelates to tumors and tumor cells expressing the high-affinity folate receptor. Invest. Radiol. 32:748-54.

55. Casali,C. ,Janier,M. ,Canet,E. ,Obadia,J. F. ,Benderbous,S. ,Corot,C. ,and Revel,D. (1998) Evaluation of Gd-DOTA-labeled dextran polymer as an intravascular MR contrast agent for myocardial perfusion. Acad. Radiol. 5:S214-S218.

56. Endres,P. J. ,Paunesku,T. ,Vogt,S. ,Meade,T. J. , and Woloschak,G. E. (2007) DNA-TiO$_2$ nanoconjugates labeled with magnetic resonance contrast agents. J. Am. Chem. Soc. 129:15760-15761.

57. Song,Y. ,Xu,X. ,MacRenaris,K. W. ,Zhang,X. Q. ,Mirkin,C. A. ,and Meade,T. J. (2009) Multimodal gadolinium-enriched DNA-gold nanoparticle conjugates for cellular imaging. Angew. Chem. Int. Ed. 48:9143-9147.

58. Liu,Y. ,Li,M. Y. ,Zhao,Q. ,Wu,H. Z. ,Huang,K. W. ,and Li,F. Y. (2011) Phosphorescent iridium(Ⅲ)complex with an N boolean and O ligand as a Hg^{2+}-selective chemodosimeter and logic gate. Inorg. Chem. 50:5969-5977.

59. Yang,H. ,Qian,J. J. ,Li,L. T. ,Zhou,Z. G. ,Li,D. R. ,Wu,H. X. , and Yang,S. P. (2010) A selective phosphorescent chemodosimeter for mercury ion. Inorg. Chim. Acta. 363:1755-1759.

60. Wu,Y. Q. ,Jing,H. ,Dong,Z. S. ,Zhao,Q. ,Wu,H. Z. ,and Li,F. Y. (2011) Ratiometric phosphorescence imaging of Hg(Ⅱ) in living cells based on a neutral iridium(Ⅲ)complex. Inorg. Chem. 50:7412-7420.

61. Ajayakumar,G. ,Sreenath,K. , and Gopidas,K. R. (2009) Phenothiazine attached Ru (bpy)$_{(3)}^{(2+)}$ derivative as highly selective "turn-ON" luminescence chemodosimeter for Cu^{2+}. Dalton Trans. ;1180-1186.

62. Viguier,R. F. H. and Hulme,A. N. (2006) A sensitized europium complex generated by micromolar concentrations of copper(I):Toward the detection of copper(Ⅰ)in biology. J. Am. Chem. Soc. 128:11370-11371.

63. Kim,S. K. ,Lee,D. H. ,Hong,J. I. ,and Yoon,J. (2009) Chemosensors for pyrophos-

phate. Acc. Chem. Res. 42:23-31.

64. Jang,Y. J.,Jun,E. J.,Lee,Y. J.,Kim,Y. S.,Kim,J. S.,and Yoon,J. (2005)Highly effective fluorescent and colorimetric sensors for pyrophosphate over $H_2PO_4^-$ in 100% aqueous solution. J. Org. Chem. 70:9603-9606.

65. Hanshaw,R. G.,Lakshmi,C.,Lambert,T. N.,Johnson,J. R.,and Smith,B. D. (2005)Fluorescent detection of apoptotic cells by using zinc coordination complexes with a selective affinity for membrane surfaces enriched with phosphatidylserine. Chembiochem. 6: 2214-2220.

66. van Engeland,M.,Nieland,L. J. W.,Ramaekers,F. C. S.,Schutte,B.,and Reutelingsperger,C. P. M. (1998)Annexin V-affinity assay:A review on an apoptosis detection system based on phosphatidylserine exposure. Cytometry. 31:1-9.

67. Smith,D. G.,Law,G. -l.,Murray,B. S.,Pal,R.,Parker,D.,and Wong,K. -L. (2011)Evidence for the optical signalling of changes in bicarbonate concentration within the mitochondrial region of living cells. Chem. Commun. 47:7347-7349.

68. Smith,D. G.,Pal,R.,and Parker,D. (2012)Measuring equilibrium bicarbonate concentrations directly in cellular mitochondria and in human serum using europium/terbium emission intensity ratios. Chem. Eur. J. 18:11604-11613.

69. Ojida,A.,Takashima,I.,Kohira,T.,Nonaka,H.,and Hamachi,I. (2008)Turn-on fluorescence sensing of nucleoside polyphosphates using a xanthene-based Zn(Ⅱ)complex chemosensor. J. Am. Chem. Soc. 130:12095-12101.

70. Ojida,A.,Nonaka,H.,Miyahara,Y.,Tamaru,S. I.,Sada,K.,and Hamachi,I. (2006)Bis(Dpa-Zn-Ⅱ)appended xanthone:Excitation ratiometric chemosensor for phosphate anions. Angew. Chem. Int. Ed. 45:5518-5521.

71. Franz,K. J.,Singh,N.,and Lippard,S. J. (2000)Metal-based NO sensing by selective ligand dissociation. Angew. Chem. Int. Ed. 39:2120-2122.

72. Lim,M. H. and Lippard,S. J. (2004)Fluorescence-based nitric oxide detection by ruthenium porphyrin fluorophore complexes. Inorg. Chem. 43:6366-6370.

73. Katayama,Y.,Takahashi,S.,and Maeda,M. (1998)Design,synthesis and characterization of a novel fluorescent probe for nitric oxide(nitrogen monoxide). Anal. Chim. Acta. 365:159-167.

74. Hilderbrand,S. A.,Lim,M. H.,and Lippard,S. J. (2004)Dirhodium tetracarboxylate scaffolds as reversible fluorescence-based nitric oxide sensors. J. Am. Chem. Soc. 126: 4972-4978.

75. Guliyev,R.,Buyukcakir,O.,Sozmen,F.,and Bozdemir,O. A. (2009)Cyanide sensing via metal ion removal from a fluorogenic BODIPY complex. Tetrahedron Lett. 50: 5139-5141.

76. Lou,X. D.,Zhang,L. Y.,Qin,J. G.,and Li,Z. (2008)An alternative approach to develop a highly sensitive and selective chemosensor for the colorimetric sensing of cyanide in water. Chem. Commun. :5848-5850.

77. Reddy, G. U., Das, P., Saha, S., Baidya, M., Ghosh, S. K., and Das, A. (2013) A CNspecific turn-on phosphorescent probe with probable application for enzymatic assay and as an imaging reagent. Chem. Commun. 49:255-257.

78. Chung, S. Y., Nam, S. W., Lim, J., Park, S., and Yoon, J. (2009) A highly selective cyanide sensing in water via fluorescence change and its application to *in vivo* imaging. Chem. Commun. ;2866-2868.

79. Chen, X., Nam, S.-W., Kim, G.-H., Song, N., Jeong, Y., Shin, I., Kim, S. K., Kim, J., Park, S., and Yoon, J. (2010) A near-infrared fluorescent sensor for detection of cyanide in aqueous solution and its application for bioimaging. Chem. Commun. 46:8953-8955.

80. Zelder, F. H. (2008) Specific colorimetric detection of cyanide triggered by a conformational switch in vitamin B12. Inorg. Chem. 47:1264-1266.

81. Mannel-Croise, C. and Zelder, F. (2012) Rapid visual detection of blood cyanide. Anal. Meth. 4:2632-2634.

82. Lim, M. H., Xu, D., and Lippard, S. J. (2006) Visualization of nitric oxide in living cells by a copper-based fluorescent probe. Nat. Chem. Biol. 2:375-380.

83. McQuade, L. E., Ma, J., Lowe, G., Ghatpande, A., Gelperin, A., and Lippard, S. J. (2010) Visualization of nitric oxide production in the mouse main olfactory bulb by a cell-trappable copper(II) fluorescent probe. Proc. Natl. Acad. Sci. USA. 107:8525-8530.

84. Pluth, M. D., Chan, M. R., McQuade, L. E., and Lippard, S. J. (2011) Seminaphtho fluorescein-based fluorescent probes for imaging nitric oxide in Live cells. Inorg. Chem. 50:9385-9392.

85. Michel, B. W., Lippert, A. R., and Chang, C. J. (2012) A reaction-based fluorescent probe for selective imaging of carbon monoxide in living cells using a palladium-mediated carbonylation. J. Am. Chem. Soc. 134:15668-15671.

86. Hitomi, Y., Takeyasu, T., Funabiki, T., and Kodera, M. (2011) Detection of enzymatically generated hydrogen peroxide by metal-based fluorescent probe. Anal. Chem. 83:9213-9216.

87. Song, D., Lim, J. M., Cho, S., Park, S. J., Cho, J., Kang, D., Rhee, S. G., You, Y., and Nam, W. (2012) A fluorescence turn-on H_2O_2 probe exhibits lysosome-localized fluorescence signals. Chem. Commun. 48:5449-5451.

88. Lippert, A. R., Gschneidtner, T., and Chang, C. J. (2010) Lanthanide-based luminescent probes for selective time-gated detection of hydrogen peroxide in water and in living cells. Chem. Commun. 46:7510-7512.

89. Page, S. E., Wilke, K. T., and Pierre, V. C. (2010) Sensitive and selective time-gated luminescence detection of hydroxyl radical in water. Chem. Commun. 46:2423-2425.

90. Zhao, N., Wu, Y. H., Wang, R. M., Shi, L. X., and Chen, Z. N. (2011) An iridium (III) complex of oximated 2,2'-bipyridine as a sensitive phosphorescent sensor for hypochlorite. Analyst. 136:2277-2282.

第 9 章

活细胞中金属离子的光解释放

Celina Gwizdala[a]，Shawn C. Burdette[b]

a 美国康涅狄格大学化学系

b 美国伍斯特理工学院化学与生物化学系

9.1 包括光笼配合物的光化学工具简介

现代实验生物学的标志是更加强调控制过程，而不是依靠观察研究。将观察和操作结合起来可以帮助建立对复杂过程更详细的理解。包括荧光传感器和驱动器在内的合成介质在监测和削弱生物过程方面越来越受欢迎[1-3]。因为即使分子和离子浓度的微小变化也会对体内平衡、信号转导和新陈代谢产生深远的影响，所以常用合成的介质来探查这些现象。开发和应用这些工具需要具备合成化学和细胞生物学等其他领域丰富的专业知识。这类研究的多学科性质要求不同背景的科学家之间要通力合作。最终用户必须向工具开发人员传达需求和所需要的改进，同时合成化学家以此尝试对优先级目标进行优化。

金属离子会触发、调节和终止所有生物体中的许多生物过程[4]。研究金属离子的稳态、转运和调节对理解基础生理学有着深远的影响。近三十年来，金属离子荧光传感器得到了广泛的发展 （图 9.1）[5]，多个国际研究小组的开创性工作促进了对传感器光化学以及将这些工具应用于生物问题时的具体要求的深入理解。利用荧光传感器进行的成像研究提供了有关基础浓度、波动和迁移率以及金属离子路径中断的重要信息。虽然小分子传感器的开发已经相对规范，但用于生物领域的金属离子驱动器的开发较少受到关注。

20 世纪 70 年代，Ca^{2+} 作为生物信号剂的作用开始受到越来越多的关注，但其作为新型光化学工具的发展开创了生物无机化学的新纪元。由 Roger Tsien 领导的研究小组在开发 Ca^{2+} 的小分子荧光传感器方面发挥了关键作用[6]。他们使用 Ca^{2+} 选择性 EGTA ［乙二醇双 (2-氨基乙醚)-N,N,N',N'-四乙酸］螯合剂和不同的有机荧光团，利用多种信号转导机制开发了一系列探针，用于在各种体系中查找 Ca^{2+} 信号 （图 9.2）。这些 Ca^{2+} 探针以及随后几

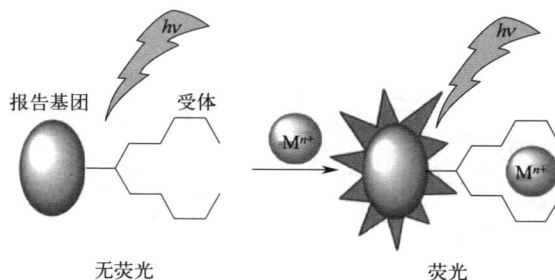

图 9.1　关-开荧光金属离子传感器中信号转导机制示意。在没有分析物的情况下，光激发荧光报告基团（通常是有机荧光团）不会产生信号。金属离子与受体的结合中断了猝灭途径，因此激发荧光报告基团导致荧光打开

年为其他金属离子开发的传感器，使生物活动可视化，而不再只依赖于通过间接技术检测。

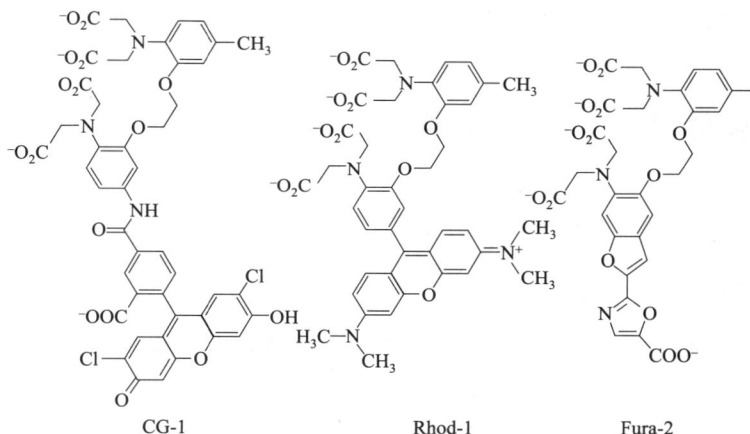

图 9.2　使用 Ca^{2+} 选择性 BAPTA 受体作为荧光传感器的代表。CG-1[7] 和 Rhod-1[8] 是关-开传感器，而 Fura-2 是比率式探针，其激发波长随 Ca^{2+} 的结合而变化[9]

　　传感器是强大的观测工具，但缺乏操纵生物活动的能力。要完全了解金属离子的稳态，需要额外的能够精确控制金属离子传递的化学工具。Tsien 等同时开发的光笼捕获 Ca^{2+} 配合物为监测和控制 Ca^{2+} 浓度（$[Ca^{2+}]$）提供了补充工具。光笼配合物是小分子金属离子的螯合剂，它们经过光引发会发生结合亲和力的变化（图 9.3）。迄今为止，光笼配合物几乎完全基于硝基苄基的光化学响应，硝基苄基最初是作为有机合成中的保护基发展起来的[10,11]，并用来控制生物活性小分子如氨基酸的传递[12]。

　　为了与生物实验相容，光笼配合物必须满足几个要求[1,2,13,14]。从化学角度看，理想的光笼配合物应经历有效的光解反应，从而形成与母体螯合剂相比对金属离子亲和力显著降低的光产物。光笼配合物必须能有效地将金属离子从与蛋白质和其他生物配体的配体交换中分离出来，且光产物与金属离子的结合力必须比靶细胞受体与金属离子的结合力更弱。在这些光笼配合物中，反应以高量子产率和快速的动力学有效进行。除了快速的有机反应外，光解后金属离子从螯合剂中释放的动力学速度应足够快，以模拟生物活动。光笼复合体以其配合物和载脂蛋白的形式在胞质溶胶中应保持稳定，并且光笼配合物以及相应的光产物应具有较低的毒性。

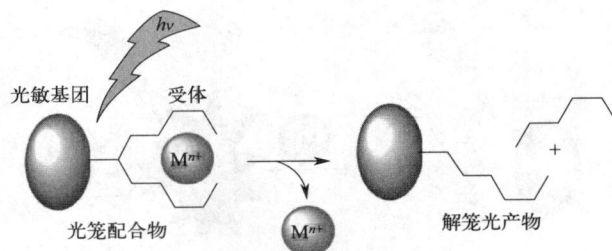

图 9.3　光笼配合物中金属离子释放机理的图示。在没有光的情况下，受体有效地将金属离子与其他螯合剂隔离开来。当暴露于光下时，化学反应会改变受体与金属的结合特性，从而释放出金属离子

　　光笼配合物与荧光传感器有许多相似之处，但在光物理和金属离子结合性能方面也有关键的区别。释放过程需要足够能量的辐射来破坏化学键，因此使用标准激发技术时，使用长波辐射的能力受到固有的限制。与传感器不同，如果与内源金属离子的配体交换反应缓慢，光笼配合物在金属化形式下应用时不需要具有绝对的金属离子结合选择性。

9.2　钙的生物化学和光笼配合物

9.2.1　Ca^{2+} 光笼配合物的设计策略

　　金属离子信号传递的早期工作的很大一部分集中在细胞内 Ca^{2+} 浓度（$[Ca]_i$）波动上。光笼配合物提供了一种方便的方法，通过时间和空间控制来半定量地调节 $[Ca]_i$，从而取代了不太精确的技术[15-17]。通过微量注射钙盐或增加细胞膜 Ca^{2+} 通透性来控制 $[Ca]_i$，缺乏特异性或可重复性。此外，光笼配合物允许细胞间 $[Ca^{2+}]_i$ 以预定量快速变化，并在足够长的时间内维持升高的 $[Ca^{2+}]_i$，以测量生理或生化过程[18]。

　　Tsien 小组开发的 Ca^{2+} 光敏笼状配合物利用了结合在苯甲醇衍生配体中的硝基苄基光保护基[13,19]。苯甲醇的功能性被整合到 BAPTA 螯合剂[1,2-双（邻氨基苯氧基）乙烷-N,N,N',N'-四柠檬酸]中，该螯合剂以对 Ca^{2+} 具选择性的 EGTA 配体为模板但由于脂肪胺被苯胺取代而显示出更强的 pH 不敏感性。光解作用将与 Ca^{2+} 结合的苯胺取代基的对位转化为吸电子羰基，降低了配体对金属离子的亲和力。Ca^{2+} 结合的氮原子上电子密度的降低源于苯胺孤对电子与羰基氧之间产生共振相互作用（图 9.4）[20,21]。这些光笼配合物使 Ca^{2+} 在光解前不能在生物学上发挥作用，统称为 Nitr-光笼配合物（图 9.5）。

　　第一代硝基化合物代表了 Ca^{2+} 传递方面的重大进步，但在生物学应用方面也受到限制[22]。虽然螯合剂的光解在毫秒内进行（表 9.1；Nitr-5＝0.27ms，Nitr-7＝1.8ms），但量子产率相对较低（5%），并且 Ca^{2+} 与母体螯合剂和光产物之间的亲和力差异变化仅约 40 倍。为了增加 Ca^{2+} 结合亲和力的变化幅度，在制备 Nitr-8 时影响光解的结合氮原子数量增加了一倍，其在 BAPTA 的每个芳香环上都含有一个硝基苄基[13]。虽然显著改变了亲和力约 3000 倍，但量子产率仍然低（2.6%），金属离子释放的动力学仍然缓慢。最新加入硝基化合物家族的钙光笼化合物，Nitr-T，模拟了 Nitr-8 的设计。Nitr-T 结合了 BAPTA 受体和

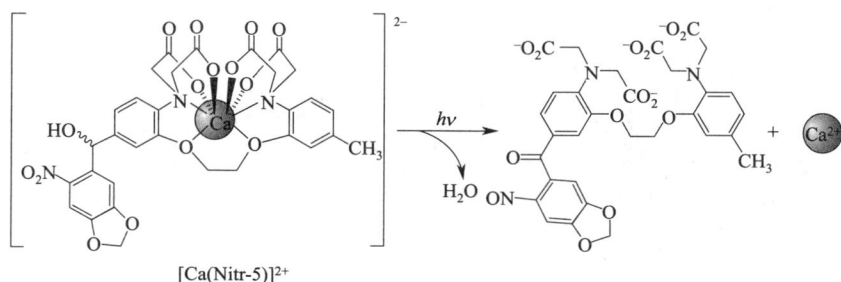

图 9.4 Nitr-5 的光笼配合物释放 Ca^{2+} 的机理。光解后，Nitr-5 的硝基苯甲酰基转化为二苯甲酮光产物。苯胺孤对电子在羰基上的共振离域作用降低了 BAPTA 受体对 Ca^{2+} 的结合亲和力，从而通过配位平衡的移动而增加了"游离"金属离子的浓度

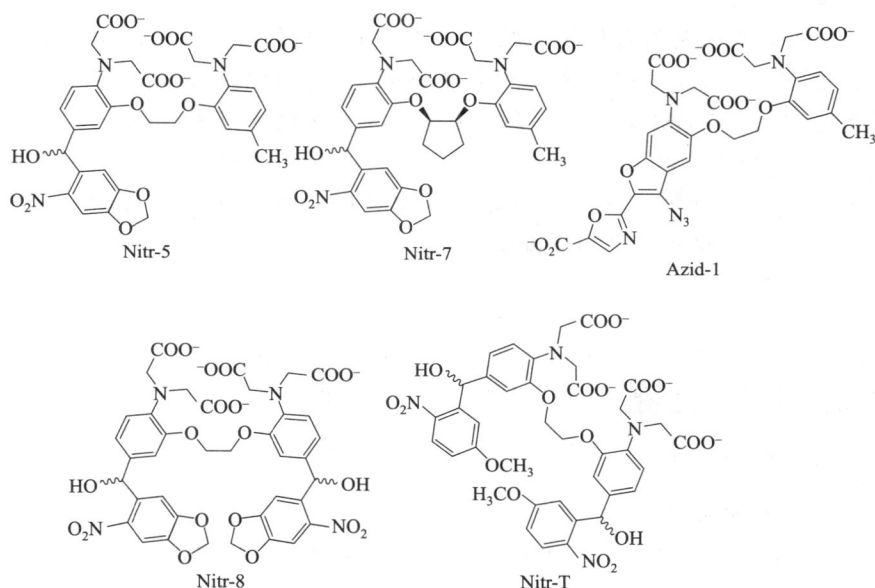

图 9.5 基于苯胺-Ca^{2+} 交互衰减的 Ca^{2+} 光笼配合物。Nitr 光笼配合物具有图 9.4 所示的相同释放机理。Nitr-8 和 Nitr-T 包含两个与硝基苯酚共轭的苯氨基。尽管光化学性质不同，但 Azid-1 中的金属释放机理与 Nitr 配合物类似

两个硝基苄基[23]。光解首先导致形成一个不对称的单亚硝基苯甲酮中间体，该中间体进行第二次光反应以产生最终的二亚硝基苯甲酮光产物。通过 UV-Vis 和 ^{1}H-NMR 对光产物进行了观察。光解后，Nitr-T 的 Ca^{2+} 亲和力从 $0.52\mu mol \cdot L^{-1}$ 增加到 $1.6 mmol \cdot L^{-1}$，变化超过 3000 倍，但是由于硝基苄基光笼基团的光化学性质，量子产率仍然相对较低（12%）。

由于硝基苄基基团具有相同的解笼光化学性质，因此提高类硝基化合物的量子产率已被证明是不可能的。为了克服这些局限性，研发了一种受钙荧光传感器 fura-2 结构启发的 Azid-1[24]。Azid-1 包含一个 BAPTA Ca^{2+} 受体和一个叠氮基取代的苯并呋喃基团，该苯并呋喃基团起着光笼基团的作用[25]。光解产生了一个吸电子的苯并呋喃-3-酮，其量子产率接近 100%（图 9.6）。光敏感度的增强、快速的光解速率和超过 500 倍的 Ca^{2+} 亲和力变化都是理想的光笼特性，但复杂的合成方法阻碍了其进一步的应用和商业化。

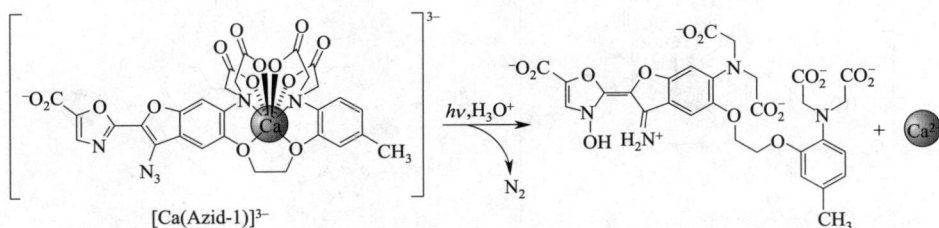

图 9.6 Azid-1 光笼配合物释放 Ca^{2+} 的机理。叠氮基团的光解作用使得在与 Ca^{2+} 结合的苯胺配体的对位引入了吸电子亚胺。苯胺氮原子上电子密度的降低使金属结合平衡向"游离" Ca^{2+} 方向移动

与 Tsien 同期的科学家 Kaplan 和 Graham 提出了另一种对 Ca^{2+} 进行光捕获的策略，涉及通过降低金属密度来释放 Ca^{2+}[26,27]。在这些 Ca^{2+} 光笼配合物中，硝基苄基的光解导致螯合剂主链的断裂，这引起螯合作用的减弱。以 DM-硝基苯为例，将硝基苄基直接连接到 EDTA（乙二胺-N,N,N',N'-四乙酸）受体的氨基上，螯合剂在光照下会断裂成两段（图 9.7）。与硝基光笼相比，DM-硝基苯具有显著更高的光解量子产率（18%），并且光笼配合物（7nmol·L^{-1}）与光产物（4mmol·L^{-1}）之间的亲和力有很大差异（表 9.1）[27,28]。Ca^{2+} 大约 50000 倍的亲和力变化，部分被光产物中 Ca^{2+} 缓冲能力和光笼配合物对 Mg^{2+}（K_d = 1.7 μmol·L^{-1}）的高亲和力所抵消[29,30]。

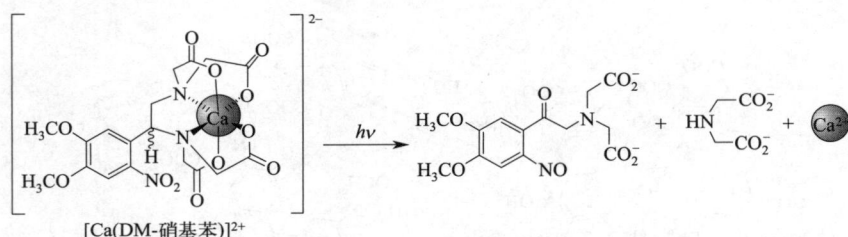

图 9.7 从 DM-硝基苯的光笼配合物中释放 Ca^{2+} 的机理。硝基苄基暴露在光下会导致碳-氮键断裂。螯合效应的降低大大降低了两种光产物对 Ca^{2+} 的亲和力，从而使平衡向"游离"金属离子方向移动

表 9.1 Ca^{2+} 光笼配合物的性质

光笼配合物	$K_{d,光笼配合物}$		$K_{d,光产物}$		Φ_{Apo}	Φ_{Ca}	光解速率 /s^{-1}	Ca^{2+} 释放速率/s^{-1}
	Ca^{2+}	Mg^{2+}	Ca^{2+}	ΔK_d①				
Nitr-5	145nmol·L^{-1}	8.5mmol·L^{-1}	6.3μmol·L^{-1}	40	0.012	0.035	2.5×10³	ND
Nitr-7	54nmol·L^{-1}	5.4mmol·L^{-1}	3.0μmol·L^{-1}	50	0.011	0.042	2.5×10³	ND
Nitr-T	520nmol·L^{-1}	ND	1.6mmol·L^{-1}	>3000	0.056	0.12	ND②	ND
Azid-1	230nmol·L^{-1}	8.0mmol·L^{-1}	120μmol·L^{-1}	500	0.9	1.0	ND	ND
DM-硝基苯	7.0nmol·L^{-1}	2.5μmol·L^{-1}	3.1mmol·L^{-1}, 89μmol·L^{-1}	>400000	0.18	0.18	8×10⁴	3.8×10⁴
NP-EGTA	80nmol·L^{-1}③	9.0mmol·L^{-1}	1.0mmol·L^{-1}③	>10000	0.2	0.23	5×10⁵	6.8×10⁴
DMNPE-4	48nmol·L^{-1}	10mmol·L^{-1}	2.0mmol·L^{-1}	>40000	0.09	0.09	3.3×10⁴	4.8×10⁴
NBF-EGTA	14nmol·L^{-1}④	15mmol·L^{-1}	1.0mmol·L^{-1}④	>70000	0.7	0.7	ND	2.0×10⁴

① ΔK_d = ($K_{d,光产物}$)/($K_{d,光笼配合物}$)。ΔK_d 为比较不同的光笼配合物提供了结合常数变化幅度的量度。

② 不确定。

③ pH 7.2。

④ pH 7.5。

为了避免选择性问题，第二代光笼 NP-EGTA 使用了一个 EGTA 受体（图 9.8）。光解导致快速的碳氮键裂解（$\tau = 2\mu s$），亲和力从光笼配合物的 $80\,nmol \cdot L^{-1}$ 降低到光产物的 $1\,mmol \cdot L^{-1}$，从而提高了 Ca^{2+} 的缓冲能力[31-33]。尽管 NP-EGTA（23%）的量子产率超过了 Nitr 化合物，但该化合物的低吸光度（$975\,L \cdot mol^{-1}cm^{-1}$）严重限制了光解效率。用类似的二甲氧基衍生物取代简单的硝基苄基可得到 DMNPE-4，并通过显著增加吸光度（$5100\,L \cdot mol^{-1}cm^{-1}$）使光解效率加倍。尽管光学性能有所改善，光解速率却降低了（$\tau = 30\mu s$）[34]。

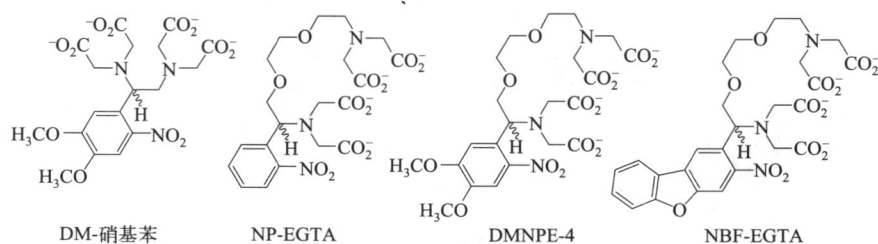

图 9.8 图 9.7 所示为以 DM-硝基苯为例的在键断裂时释放 Ca^{2+} 的光笼配合物，当 DM-硝基苯利用 EDTA 受体时，其余的光笼配合物掺入了一个 EGTA 螯合剂，该螯合剂对 Ca^{2+} 的选择性高于 Mg^{2+}

Ellis-Davies 研究小组开发的最新光笼使用了一种含新型硝基二苯并呋喃（NBF）发色团的 EGTA 螯合剂。众所周知，硝基苄基光笼对多光子激发具有抗性，而 NBF 则允许双光子激发，并使 NBF-EGTA 成为第一个不需要近紫外线激发的光笼配合物。NBF-EGTA 结合 Ca^{2+} 的解离常数为 $100\,nmol \cdot L^{-1}$，光解后解离常数降低至约 $1\,mmol \cdot L^{-1}$。除了保持良好的金属离子结合性能外，该光笼配合物还具有很高的量子产率（70%）和消光系数（$18400\,L \cdot mol^{-1}cm^{-1}$）[35]。

9.2.2 Ca^{2+} 光笼配合物的生物应用

使用 Nitr-5 和 Azid-1，由恒定的曝光而导致$[Ca]_i$ 稳定增加，同时部分光笼配合物光解也导致$[Ca]_i$ 持续增加。高亲和力光笼和低亲和力光产物之间的平衡的不断移动以远快于光解速率的速率进行。根据存在的低亲和力和高亲和力物质的总浓度确定出$[Ca]_i$ 持续升高[20,36]。可以使用光笼的总浓度、光源的强度和光反应的量子产率来计算光产物、释放的分析物和未反应的光笼配合物的浓度[37,38]。

因为通过胞质溶胶的光强度会降低，故预测大细胞释放的 Ca^{2+} 的量变得更加复杂[39]。在 Nitr-5 中，光产物（载脂蛋白，$24000\,L \cdot mol^{-1}cm^{-1}$；$[Ca(Nitr-5)]^{2-}$，$10000\,L \cdot mol^{-1}cm^{-1}$）的光吸收也会由激发光的屏蔽而导致无效的光解。当在 Azid-1 中光产物的光吸收率大大降低时，情况就相反了。在将硝基光笼配合物应用于生物学问题时，要避免这些难题，需要校正光照强度空间分布（比尔定律）和漫射[40]。Ca^{2+} 传感器已证实$[Ca]_i$ 的时空变化[41]。在使用 NP-EGTA 的实验中$[Ca]_i$ 的定量变化遵循硝基化合物的类似情况。由于与 Mg^{2+} 的竞争性结合以及竞争性内源缓冲剂对 Ca^{2+} 的总浓度的竞争，对 DM-硝基苯的行为建立模型仍然很困难[28,42]。使用 DM-硝基苯需要在 Mg^{2+} 耗尽的条件下进行实验。

Ca^{2+} 触发许多重要的生物过程（图 9.9）。由于细胞外液中 Ca^{2+} 的浓度（约 10^{-3} mol·

L^{-1}）比细胞间 Ca^{2+} 的静止浓度（约 $10^{-7} mol \cdot L^{-1}$）高 10^4 倍，因此细胞利用 Ca^{2+} 作为第二信号传递器[44]。各种细胞外刺激促进了 Ca^{2+} 在细胞内储存以及通过质膜通道进出细胞的运动[45,46]。定量调控细胞内 Ca^{2+} 浓度的能力成为识别这些刺激的一项极其重要的技术。

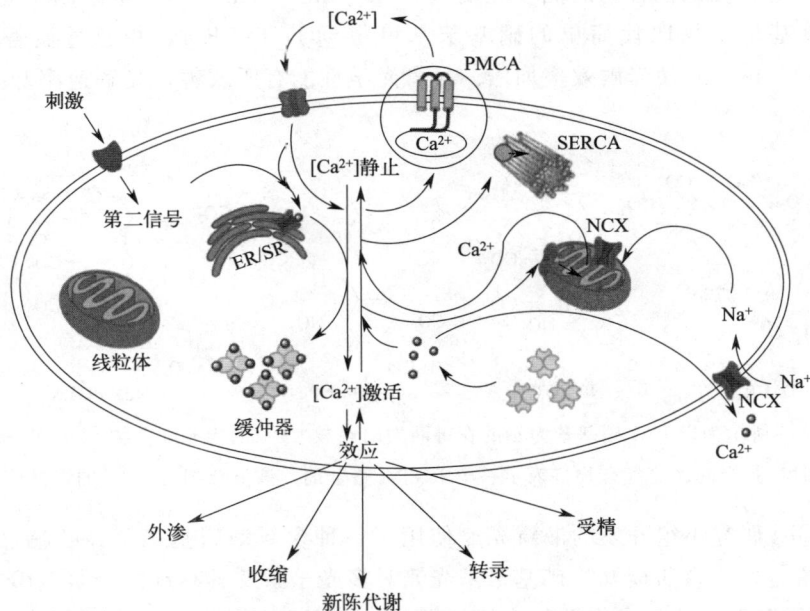

图 9.9　钙稳态和信号传递。由外部刺激和/或内部信号触发，细胞外 Ca^{2+} 进入细胞并触发储存在内质网或肌浆网（ER/SR）细胞器中的钙离子释放。释放的游离钙离子随后触发各种细胞过程，而任何过量的钙离子都将被 Ca^{2+} 结合蛋白缓冲。通过诸如 Na^+/Ca^{2+} 交换剂（NCX）和质膜 Ca^{2+}-ATPase（PMCA）交换剂可以在细胞质中去除 Ca^{2+}，留下的效应物或缓冲液。细胞内 Ca^{2+} 也通过肌浆网 Ca^{2+}-ATPase（SER-CA）和线粒体经单向转运蛋白泵入内质网。经许可改编自［43］2003 Macmillan Publishers Ltd

Ca^{2+} 光笼配合物的早期应用涉及 Ca^{2+} 依赖性离子通道的研究。光笼配合物使海兔神经元中 K^+ 和非特异性阳离子电流与 $[Ca^{2+}]_i$ 线性相关[41]。尽管量子产率低（1%）、光解缓慢（$5s^{-1}$），但在双电极电压钳制条件下神经元中 Nitr-2 的光解导致较大的 K^+ 通道电流的感应。类似的实验探索了 Ca^{2+} 激活的 K^+ 电流在胃平滑肌中的作用和 M 电流（I_M，毒蕈碱阻断的 K^+ 电流）在交感神经元中的作用[47,48]。

由于大量受体的参与，I_M 的调节机制仍不完全清楚[49,50]。由于最初相互矛盾的研究结果，$[Ca^{2+}]_i$ 涌入在受体激活及由此产生的 M 电流抑制中的作用存在争议[51]。使用 Nitr-5 进行的实验揭示了 $[Ca^{2+}]_i$ 对 M 电流的几种调谐方式[48]。发现使用 Nitr-5 产生的 $[Ca^{2+}]_i$ 的适度增加（约 $100nmol \cdot L^{-1}$）可以增强 I_M，而延长光解抑制 I_M 可以使 $[Ca^{2+}]_i$ 大幅增加。在连续接触毒蕈碱期间，可以通过反复光解 Nitr-5 来降低和恢复 I_M 的抑制。

在另一项 M 电流调节的研究中，Nitr-5 和 Fura-2 被用来同时释放和检测 Ca^{2+}[48]。在 M 电流抑制期间，用 Fura-2 测量连续光照期间的静止 $[Ca^{2+}]_i$。但是，过长的光解周期会导致探针的光漂白，从而降低 $[Ca^{2+}]_i$ 的测量精度。硝基和 DM-硝基苯光笼配合物也以类似的方式用于研究背根神经节神经元[52]、心房和心室细胞中的 Ca^{2+} 电流[53]，以及心脏细胞中

的 Mg^{2+}-核苷酸 L 型 Ca^{2+} 的电流调节[54,55]，并用于引发肌肉收缩[56,57]。

Ca^{2+} 光笼配合物已经阐明了 Ca^{2+} 在作为神经递质和在激素释放中的作用，从而促进了对基本突触和内分泌生理学的理解[33]。在不含 Ca^{2+} 的培养基中培养的突触前神经元，其在 Ca^{2+} 光释放之前和之后的突触后电流揭示膜电位对递质释放没有直接影响[58]。这些发现是有争议的[59]，但最终通过鱿鱼巨型突触和龙虾神经肌肉接点得到了证实[37,42]。在电位引发的递质释放过程中，用 DM-硝基苯模拟 Ca^{2+} 通道上自然发生的 $[Ca^{2+}]_i$ 瞬时变化。释放的持续时间约为 15ms，这与 Fura-2$[Ca^{2+}]_i$ 的测定有关。由牛嗜铬细胞和大鼠黑素细胞中 DM-硝基苯类 $[Ca^{2+}]_i$ 的增加所诱导的分泌期表明，Ca^{2+} 负责内分泌细胞囊泡池的胞吐和流通[60]。

通过对 Ca^{2+} 依赖性囊泡流通的细致研究，已经建立了对突触传递、促进和抑制作用的全面理解[61]。利用 Ca^{2+} 光笼配合物的实验揭示了 Ca^{2+} 与分泌触发物结合的动力学性质和协同性，以及释放动力学对花萼[62]、耳蜗毛细胞[63] 和光感受器[64] 的巨突触处局部 $[Ca^{2+}]_i$ 变化的依赖性。以上和其他研究可为最近已作为潜在信号转导剂出现的其他金属离子（如 Zn^{2+}）提供研究思路。

9.3　锌的生物化学和光笼配合物

9.3.1　Zn^{2+} 光笼配合物的生化靶标

尽管 Zn^{2+} 在组织中的丰度相对较低，介于 $10\sim100\mu g \cdot g^{-1}$ 之间，但却因其多功能性而成为人类生物学的重要元素。据估算，人类基因组中有 10% 的编码富含组氨酸和半胱氨酸残基的 Zn^{2+} 结合位点[65,66]，它们至少含有 3000 种锌蛋白。相比之下，基因组序列信息表明大约有 150 种铜蛋白[67] 和 250 种非血红素铁蛋白[68]。蛋白质利用 Zn^{2+} 进行结构构建和催化，但是直到最近才开始阐明锌到达这些蛋白质的机制。

Zn^{2+} 在细胞和体内的定量控制和分布是通过两个 Zn^{2+} 转运蛋白家族（导入器和导出器）[69]、锌调节传感器、金属硫蛋白[70] 和参与 Zn^{2+} 依赖性基因转录的蛋白质进行的（图9.10)[71]。尽管 Zn^{2+} 可能通过不同的机制进入/退出细胞，但由扩散产生的流入/流出是不利的。到目前为止，已经表征了 14 种将离子运送到细胞质中的 ZIP 蛋白和 10 种将锌从细胞质中运出的 ZnT 蛋白[72-74]，表明了这些转运蛋白是细胞内 Zn^{2+} 稳态调节的主要参与者。Zn^{2+} 转运的详细机制以及转运的 Zn^{2+} 的归宿均具有临床和生理意义[75]。

金属硫蛋白（MT）是一种金属离子结合蛋白，在两个富含半胱氨酸的簇中，四硫醇配位环境下可以最多容纳七个 Zn^{2+}[76]。因为 MT 蛋白质不能完全适合任何特定的 Zn^{2+} 类蛋白质，MT 的可能功能已被广泛讨论。尽管具有相似的配位环境，但在七个不同的结合位点之间，Zn^{2+} 的亲和力相差四个数量级，对 MT-2 卤化物的亲和力范围从纳摩尔级到皮摩尔级[77]。在生理条件下的亲和力变化使 MT 能够根据半胱氨酸的氧化程度成为 Zn^{2+} 供体或受体。

由于对氧化还原不活泼的 Zn^{2+} 仅结合 MT 中的还原硫醇/硫醇盐供体，因此细胞氧化还原信号可以转导为 Zn^{2+} 信号，其中$[Zn^{2+}]_i$ 在氧化条件下增加而在还原条件下减少[78]。

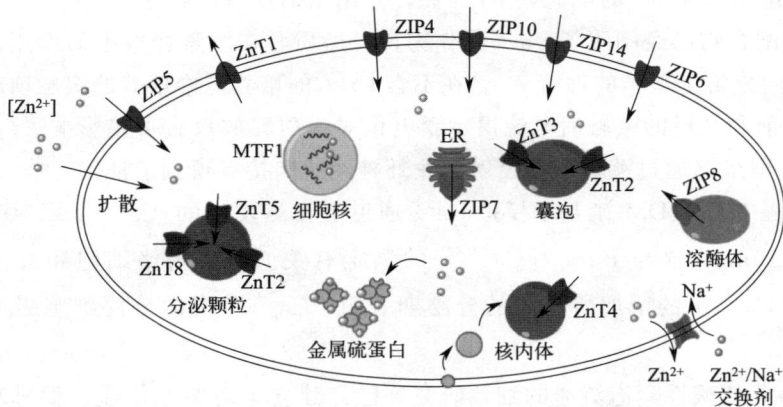

图 9.10 锌的转运和动态平衡。Zn^{2+} 主要通过 ZIP 转运蛋白进入细胞质，通过扩散和 Na^+/Zn^{2+} 交换剂进入细胞质的程度较小。Zn^{2+} 一旦进入细胞，就会被金属硫蛋白（MT）缓冲，或者通过 ZnT 转运蛋白转移到细胞器中。否则多余的锌离子会通过 Zn^{2+}/Na^+ 交换剂和 ZnT1 从细胞中排出

通过 $[Ca^{2+}]_i$ 引发的一氧化氮合酶释放一氧化氮，MT 中释放 Zn^{2+} 增加 $[Zn^{2+}]_i$，MT 进行亚硝化反应[79]。因为过度的 MT 氧化会释放细胞毒性水平的 Zn^{2+}，所以这种简单的信号转导突出了 Zn^{2+} 的生理水平与病理水平之间的微妙平衡[80,81]。Zn^{2+} 的稳态似乎是由不同的 MT 维持的，这些 MT 在细胞质、线粒体和细胞核内被调节和运输。Zn^{2+} 在 MT 运输中的驱动力和可能的作用尚不清楚。

几十年来，人们一直假设 Zn^{2+} 在细胞信号转导中起调节作用，但支持这一说法的证据却出现得较晚[82]。以类似于 Ca^{2+} 的研究方法来探讨 Zn^{2+} 光笼配合物可以促进 Zn^{2+} 可能参与的细胞内信号转导的研究。获得 Zn^{2+} 信号通路的确凿证据需要确定 $[Zn^{2+}]_i$ 波动的分子靶点。虽然 $[Zn^{2+}]_i$ 的增加可以通过 MT 氧化产生[83]，但蛋白激酶 C（PKC）[84] 的刺激和从细胞内区域[85] 或细胞外环境的转运也可产生 Zn^{2+} 信号[86]。光笼配合物可以模拟这些 Zn^{2+} 释放过程，通过正交分析技术监测提供对 $[Zn^{2+}]_i$ 变化的时空控制。

介导生物过程所需的各种类型的 Zn^{2+} 信号要求 Zn^{2+} 总流入量和释放时间发生不同的变化。虽然 Ca^{2+} 信号是即时信号，但 Zn^{2+} 信号可以持续数天。在心肌细胞[87]、单核细胞[88]、成纤维细胞[84] 和细胞内贮存物中[89] 可以观察到持续不到 1min 的快速锌元素信号。由于最初的延迟，在肥大细胞中观察到缓慢锌信号，称为 Zn^{2+} 波，其中 $[Zn^{2+}]_i$ 在最初释放后的 1h 内上升[85]。在细胞增殖和分化过程中甚至能观察到持续数小时或数天的更慢的信号[90,91]。

生物过程中的其他信号为 Zn^{2+} 的广泛重要性提供了证据。Zn^{2+} 可以通过抑制蛋白酪氨酸磷酸酶（PTP）来调节磷酸化信号，这可能是通过结合一个活性的硫醇基位点来实现的[92]。它通过胰岛素受体的磷酸化影响葡萄糖的运输，从而影响脂质和葡萄糖的代谢[93]。用重金属离子螯合剂 TPEN [N,N,N',N'-四（2-吡啶基）-1,2-乙二胺] 螯合 Zn^{2+} 可抑制磷酸化和胰岛素信号向下游传递，同时增加由 ZIP7 抑制的磷酸酶介导的 $[Zn^{2+}]_i$[90,94]。Zn^{2+} 以类似的方式影响表皮生长因子（EGF）信号转导[95]，以及涉及丝裂原活化蛋白激酶（MAPK）[96] 和蛋白激酶 C（PKC）[97] 的信号通路。

细胞间 Zn^{2+} 信号转导需要释放高浓度的 Zn^{2+}。由于正常的 $[Zn^{2+}]_i$ 必须较低才能维持体内稳态，因此必须从囊泡储备中调集大量的游离 Zn^{2+}[98]。通过 X 射线吸收精细结构谱仪（XAFS）对分离的囊泡进行分析表明，可用于配体交换反应和内部螯合的低分子量储备 Zn^{2+} 与含硫、氮和氧的配体结合[99]。用荧光传感器对可螯合的 Zn^{2+} 的浓度测量表明，大多数真核细胞均含有较低纳摩尔级至高皮摩尔级的 $[Zn^{2+}]_i$[87,100,101]。囊泡中 Zn^{2+} 的积累需要由 ZnT-2 介导的主动转运[102]。在神经末梢、垂体的体细胞、胰腺腺泡细胞中的酶原颗粒、胰岛 β 细胞、肠隐窝细胞、前列腺细胞、附睾管和成骨细胞中可发现囊泡锌[103]。释放的细胞外 Zn^{2+} 的功能仍在研究中。

9.3.2　Zn^{2+} 光笼配合物的设计策略

对研究 Zn^{2+} 稳态和信号传递的兴趣激励我们小组开始研发 Zn^{2+} 光笼配合物。最初的设计策略采用了为 Ca^{2+} 光笼配合物首创的概念，通过将硝基苄基整合到 Zn^{2+} 结合受体中。由 Ellis-Davies 设计的第一类光笼，即 DM-硝基苯，已被指定为 ZinCleav 化合物，以表示目标金属离子（锌）和释放策略（键断裂）[104,105]。与 DM-硝基苯相似，ZinCleav 光笼化合物在光解之前结合紧密，但受体主链的断裂会降低螯合作用，从而降低 Zn^{2+} 亲和力（图 9.11）。

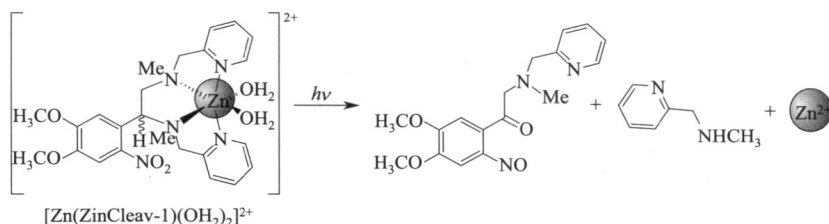

$[Zn(ZinCleav-1)(OH_2)_2]^{2+}$

图 9.11　Zn^{2+} 从 ZinCleav-1 的光笼配合物中释放的机理。如图 9.7 所示，硝基苄基暴露于光照下会导致碳-氮键断裂，类似于 DM-硝基苯。螯合效应的减小大大降低了两种光产物对 Zn^{2+} 的亲和力，从而使平衡向"游离"金属离子的方向移动

ZinCleav-1 利用四齿 EBAP [乙烯-双-α,α'-(2-氨基甲基)-吡啶] 受体，并以适度的亲和力结合 Zn^{2+}（$K_d = 0.23\mathrm{pmol \cdot L^{-1}}$，表 9.2）[105]。在用 350nm 光照射后，ZinCleav-1 分裂为含有 2-（氨基甲基）吡啶配体（$K_d \approx 40\mathrm{mmol \cdot L^{-1}}$）的两个弱结合片段。$Zn^{2+}$ 亲和力 8 个数量级的大幅度下降，再加上 $[Zn(ZinCleav-1)]^{2+}$ 适度的量子产率（1.7%），使 ZinCleav-1 在生物学研究中更具吸引力。然而，许多细胞的基础 Zn^{2+} 浓度维持在添加 $[Zn(ZinCleav-1)]^{2+}$ 会干扰光解前的稳态的水平。ZinCleav-1 最适用于游离 Zn^{2+} 浓度保持在 $2\mathrm{nmol \cdot L^{-1}}$ 以上的细胞中。

表 9.2　Zn^{2+} 光笼配合物的性质

光笼配合物	Zn^{2+} 配合物的 K_d[①]		ΔK_d	Φ_{Apo}	Φ_{Zn}
	光笼配合物	光产物			
ZinCast-1	$14\mu mol \cdot L^{-1}$[②]$/61\mu mol \cdot L^{-1}$[③]	$5.6\mathrm{mmol \cdot L^{-1}}$[②]$/5.6\mathrm{mmol \cdot L^{-1}}$[③]	400[②]$/92$[③]	0.007[③]	0.022[④]
ZinCast-2	$0.25\mathrm{mmol \cdot L^{-1}}$[④]$/8.6\mu mol \cdot L^{-1}$[⑤]	NA[④]$/48\mu mol \cdot L^{-1}$[⑤]	NA[④]$/6$[⑤]	0.004[③]	0.018[④]
ZinCast-3	$3.1\mathrm{mmol \cdot L^{-1}}$[④]$/33\mu mol \cdot L^{-1}$[⑤]	NA[④]$/3.8\mathrm{mmol \cdot L^{-1}}$[⑤]	NA[④]$/115$[⑤]	0.002[③]	0.012[⑤]
ZinCast-4	$11\mu mol \cdot L^{-1}$[③]$/12\mu mol \cdot L^{-1}$[④]	$56\mu mol \cdot L^{-1}$[③]$/11\mu mol \cdot L^{-1}$[④]	4[②]$/1$[④]	0.006[③]	NA

光笼配合物	Zn²⁺配合物的 K_d [①]		ΔK_d	Φ_{Apo}	Φ_{Zn}
	光笼配合物	光产物			
ZinCast-5	14μmol·L⁻¹[③]/15μmol·L⁻¹[④]	NA[③]/NA[④]	NA[③]/NA[④]	0.010[③]	NA
MonoCast	14μmol·L⁻¹[④]/12μmol·L⁻¹[⑤]	0.19mmol·L⁻¹[④]/14μmol·L⁻¹[⑤]	14[④]/1[⑤]	ND	ND
DiCast-1	20μmol·L⁻¹[④]/12μmol·L⁻¹[⑤]	3.8mmol·L⁻¹[④]/27μmol·L⁻¹[⑤]	190[④]/2[⑤]	ND	ND
DiCast-2	8.7μmol·L⁻¹[④]/10μmol·L⁻¹[⑤]	4.2mmol·L⁻¹[④]/3.3μmol·L⁻¹[⑤]	480[④]/330[⑤]	ND	ND
DiCast-3	7.8μmol·L⁻¹/5.0μmol·L⁻¹[④]	ND	NA[⑥]	ND	ND
ZinCleav-1	0.23pmol·L⁻¹	约40mmol·L⁻¹	约10¹¹	0.022	0.017
ZinCleav-2	0.9fmol·L⁻¹	0.158μmol·L⁻¹	约10⁸	0.047	0.023

① 除非特殊注明，否则结合常数均在缓冲水溶液（50mmol·L⁻¹ HEPES，100mmol·L⁻¹ KCl，pH＝7.0）中测定。

② 20% DMSO-水缓冲液（50mmol·L⁻¹ HEPES，100mmol·L⁻¹ KCl，pH＝7.0）。

③ 20%乙醇-水缓冲液（50mmol·L⁻¹ HEPES，100mmol·L⁻¹ KCl，pH＝7.0）。

④ 乙醇。

⑤ 乙腈。

⑥ 不确定。

据估计，细胞内的 Zn^{2+} 达到 mmol·L⁻¹ 级水平，暗示在细胞环境中有大量的 Zn^{2+}，但是在某些生物体和某些类型的细胞中，游离或松散螯合锌的总浓度可能低至 2nmol·L⁻¹ 或每个细胞只含一个锌离子[106]。六个数量级的浓度差异表明 $[Zn^{2+}]_i$ 受到高度调节。为了扩大 ZinCleav 光笼配合物的能力，以解答生物学问题，第二代化合物的研究重点是增加 Zn^{2+} 受体的亲和力。用六齿 TPEN 配体取代四齿 EBAP，使 ZinCleav-2 对 Zn^{2+} 的结合亲和力增加（$K_d=0.9fmol·L^{-1}$），从而使蛋白质和 $[Zn(ZinCleav-2)]^{2+}$ 之间的配体交换降低到接近小分子螯合剂可能达到的极限（图 9.12）[104]。ZinCleav-2 的光解作用导致形成两种光产物，每个光产物都带有一个二异丙基苯胺（DPA）配体，该配体以超过 ZinCleav-1 光产物的亲和力（$K_d=158nmol·L^{-1}$）结合 Zn^{2+}。与 ZinCleav-1 相比，提高 ZinCleav-2 及其光产物的配合物稳定性将降低光解前后 $[Zn^{2+}]_i$ 的静息浓度。由于 Zn^{2+} 的细胞内浓度可以在不同类型的细胞之间变化，因此使用 HySS 计算机程序对六种假设情况下的 Zn^{2+} 静息浓度进行了测定，其中，$[Zn^{2+}]$ 的生理水平在 1fmol·L⁻¹ 到 790pmol·L⁻¹ 之间变化。ZinCleav-2 的缓冲能力的提高，可以维持较低的 Zn^{2+} 静息浓度，同时在光解后可以大量释放游离的 Zn^{2+}。更低的 $[Zn(ZinCleav-1)]^{2+}$ 稳定性需要在光解前添加过量的载脂蛋白-ZinCleav-1，以维持亚纳米级生理水平的 $[Zn^{2+}]_i$。

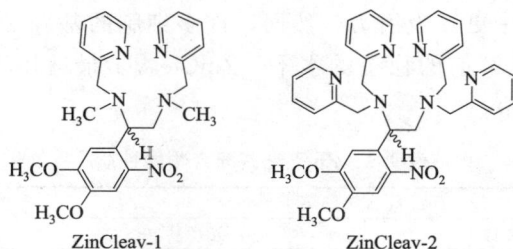

图 9.12 ZinCleav-1 和 ZinCleav-2 是利用图 9.11 所示释放机理的 Zn^{2+} 光笼配合物家族的最早两个成员。由于采用了 TPEN 配体，ZinCleav-2 对 Zn^{2+} 具有 fmol·L⁻¹ 级亲和特性，可防止光解之前蛋白质配体结合金属离子

ZinCast 光笼配合物是 ZinCleav 配合物的替代物，它将 Nitr 化合物中使用的硝基苯甲醇基团与 Zn^{2+} 结合配体结合在一起（图 9.13）[107-109]。像 ZinCleav 光笼一样，ZinCast 命名法同时包含了金属离子（锌离子）和释放机理（脱落）。将 ZinCast 暴露在光下会将苯甲醇转化为二苯甲酮，苯胺孤对电子部分离域到羰基氧上而使 Zn^{2+} 亲和力降低（图 9.14）。与 ZinCleav 化合物相比，亚硝基二苯甲酮光产物（ZinUnc）通常足够稳定，可以分离出来进行分析，从而在亲和力变化计算中具有更高的准确性。该系列中的第一个光笼配合物 ZinCast-1 结合了三齿 DPA 受体，并以 $K_d = 14\mu mol \cdot L^{-1}$ 结合 Zn^{2+}。辐照后 Zn^{2+} 亲和力下降至原来的四百分之一，是类似的 Ca^{2+} 光笼配合物测定结果的 8 倍[108]。但是，这种变化幅度受溶剂的强烈影响[109]。

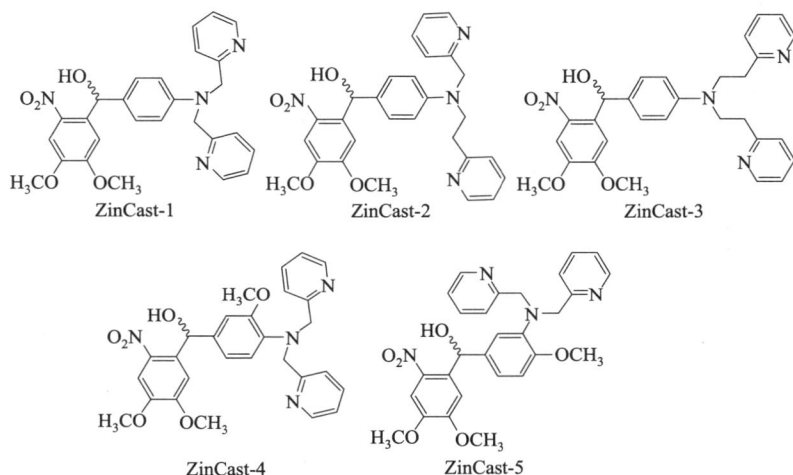

图 9.13 运用图 9.14 所示的金属释放机制的完整 ZinCast 光笼系列。
调节配体结构会改变光笼配合物对 Zn^{2+} 的亲和力

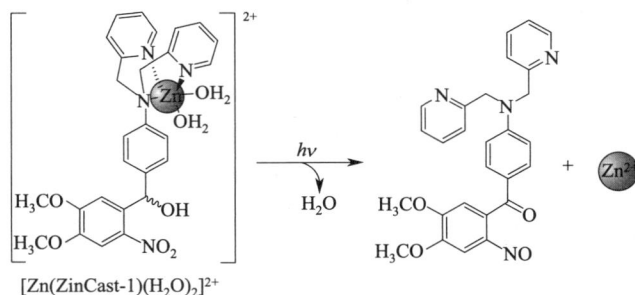

图 9.14 ZinCast-1 光笼配合物中 Zn^{2+} 的释放机理。光解后，类似于图 9.4 中 Nitr-5 所示的过程，ZinCast-1 的硝基苯甲酰基被转化为二苯甲酮光产物。苯胺孤对电子在羰基上的共振离域作用降低了 DPA 受体的 Zn^{2+} 结合亲和力，通过结合平衡的移动增加了"游离"金属离子的浓度

对两种 ZinCast-1 类似物（ZinCast-2 和 ZinCast-3）的比较研究，揭示了金属结合性能随螯合环大小变化的规律（表 9.2）[109]。苯胺氮原子和吡啶部分之间的烷基连接基从亚甲基扩展到乙烯，导致 ZinCast-1、ZinCast-2 和 ZinCast-3 分别形成 5,5-螯合环、5,6-螯合环和 6,6-螯合环。随着螯合物尺寸的增加，三种 ZinCast 光笼配合物似乎经历了 $N_{苯胺}$—Zn 键的延

长。[Zn(ZinCast-3)]$^{2+}$ 中 Zn—N$_{苯胺}$ 键的缩短导致了该系列化合物中 Zn^{2+} 光解后亲和力的最大变化。与其他 ZinCast 配合物相比，更强的 Zn—N$_{苯胺}$ 相互作用似乎增加了 [Zn(ZinCast-3)]$^{2+}$ 光解的量子产率。不理想的是，ZinCast-3 的弱结合常数和低水溶性使该化合物不适合任何生物学应用。

在 ZinCast 型结构中包含多个硝基苯甲醇基团，对解笼时金属结合亲和力的变化具有相似的影响。DiCast 系列化合物采用带前缀 Di-的 Cast 命名法表示存在两个硝基苄基（图 9.15）[107]。为了提高 Zn^{2+} 的卸载能力，同时保持 ZinCast-1 的 μmol · L^{-1} 级亲和力，通过在 DiCast-1 中额外添加苯胺形成含四个氮供体的受体，然后再被两个硝基苯甲醇基团官能化，进而扩展得到一个 DPA 螯合剂。为了量化第二种生色团对光解后亲和力变化的影响，制备了仅具有一个硝基苄基的相关光笼 MonoCast。在乙醇中测得，[Zn(DiCast-1)]$^{2+}$ 的光解使 Zn^{2+} 的亲和力从 20μmol · L^{-1}（亲和指数）降低到 3.8mmol · L^{-1}。第二个硝基苄基基团显著增加了 DiCast-1 中 Zn^{2+} 的释放，光解后 Zn^{2+} 亲和力降低 190 倍。尽管 DiCast-1 在光解后的亲和力下降比在相同条件下用一个硝基苄基官能化的所有相关 Cast 光笼的亲和力下降要大得多，Nitr-8 和 Nitro-T 的变化明显超过 DieCast-1 的变化[13,23]，并且所有实验均在非水溶剂中进行。

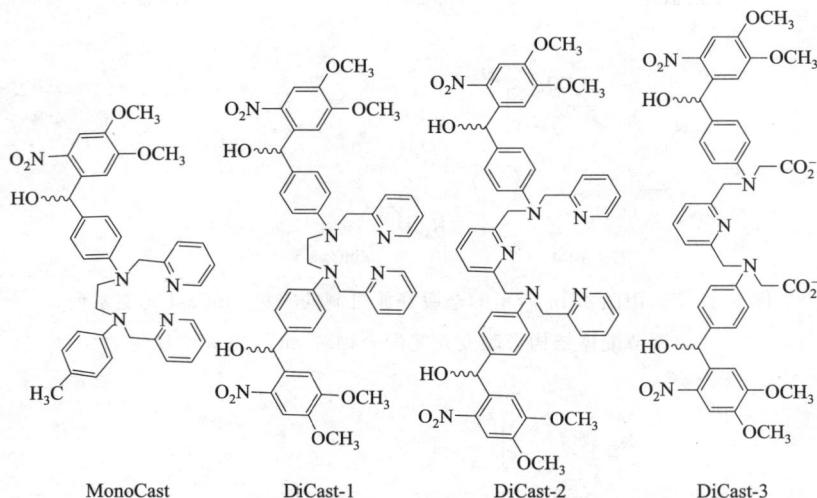

图 9.15　结合了 ZinCast 系列配体设计概念的 DiCast 光笼配合物，其中 Nitr-8 和 Nitr-T 中存在多个硝基苄基（图 9.5）。与 Ca^{2+} 类似物相似，这些光笼配合物在光解过程中结合亲和力表现出较大变化

为了提高 DiCast 配合物的稳定性，研究者设计了一种新型的带有桥联吡啶的受体，该受体将两个苯胺光笼配体结合在一起。该螯合剂还包含两个附加的侧链配体，以提供含有两个羧基的三吡啶基光笼 DiCast-2 和 DiCast-3。DiCast-2 在乙醇中以 $K_d = 8.7\mu$mol · L^{-1} 结合 Zn^{2+}。不同于其他的 Cast 光笼配合物，在解笼时增加 Zn^{2+} 亲和力会降低亲和力变化，对 DiCast-2 的金属亲和力变化是 DiCast-1 的 2.5 倍。在 DiCast-3 中，带电荷的羧酸盐增强了水溶性，使得所有实验均可在水溶液中进行。DiCast-3 的解离常数为 7.8μmol · L^{-1}，但是光产物的不稳定性使得无法定量分析光解后的亲和力变化。

虽然 Zn^{2+} 光笼配合物的概念已在体外得到证实，但在细胞和组织中的相应实验尚待开展。根据迄今为止报道的光笼配合物的性质，其在未来的研究中在某些方面受到限制。

ZinCast 光笼结合亲和力（$\mu mol \cdot L^{-1}$）弱于金属硫蛋白等典型内源蛋白质的受体和结合位点，Zn^{2+} 稳态可能在光解前受到干扰，使得这些工具的应用非常受限。现有数据表明，设计一个在光解之前就足够牢固地结合 Zn^{2+} 并在光解后释放出高浓度 Zn^{2+} 的 ZinCast 光笼配合物是很困难的。

与 ZinCast 光笼配合物相比，ZinCleav-1 和 ZinCleav-2 适合进行生物学研究。高亲和力和光分解后结合常数的显著变化都是非常理想的特性。虽然这些光笼配合物将被证明是有用的，但仍存在一些设计挑战。这两种化合物的 Zn^{2+} 配合物都带有电荷，因此在细胞膜上传输光笼配合物需要更具扩散性的技术（如用显微注射）来进行细胞内的研究。此外，量子产率低于预期。未来的研究方向包括现有的光笼配合物的应用以及改进设计以规避与生物研究相关的矛盾。

9.4 其他金属离子的光笼配合物

9.4.1 铜离子的光笼配合物

Cu^{2+} 和 Cu^+ 以与蛋白质结合的形式参与各种生物过程。铜的氧化还原活性驱动细胞色素 c 氧化酶（CcO）[110]、超氧化物歧化酶（SOD）[111]、铜蓝蛋白[112]、多巴胺 β 单加氧酶[113] 和其他催化氧化还原反应的酶[114,115] 的辅因子功能。Cu^+ 和 Cu^{2+} 的形式之间的相互转化被用来促进电子转移反应，但是不受控制的氧化还原过程也可以通过形成活性氧（ROS）而导致氧化损伤[116]。为了防止细胞损伤，富含半胱氨酸的金属硫蛋白和植物螯合肽结合并向外运输过量的铜，以维持严格的稳态[117]。大脑中的氧化应激和铜浓度升高与神经退行性疾病相关，因此神经铜稳态受到越来越多的关注[118]。

像 Zn^{2+} 一样，铜离子在大脑中的浓度分布不均，其中最高浓度达到 $mmol \cdot L^{-1}$ 水平的位置是在涉及对压力和恐慌作出反应的脑干部分以及与多巴胺分泌相关的中脑区域[119,120]。神经和肝铜的转运和调节是通过 ATP 酶（ATP7A 和 ATP7B）进行的，导致这些蛋白质功能紊乱的基因突变与遗传性神经铜缺乏症或威尔逊病有关[121]。虽然跨膜转运蛋白参与了在酵母和哺乳动物中细胞对铜的摄取（Ctr）[122]，但朊蛋白（PrP）[123] 和淀粉样前体蛋白[124] 是仅在大脑中发现的铜摄取/流出蛋白。细胞内铜的微摩尔级浓度触发 Ctr 的快速内吞和降解[125]，而毫摩尔级浓度则促进 PrP 的内吞[123]。

铜分子伴侣将细胞内的 Cu^+ 转运到细胞靶点。已经鉴定出三种哺乳动物铜分子伴侣：Atox1 将 Cu^+ 负载到高尔基 ATP 酶中[126]，CCS 将 Cu^+ 传递到 SOD[127]，Cox17 将 Cu^+ 运输到线粒体 CcO[128]。由于酵母可以很容易地进行基因调控，故借助酵母和哺乳动物的铜代谢的显著相似性可利用酵母阐明人类铜稳态的机制[129]。然而，关于"游离"铜在高等生物神经生理学[130] 和神经病理学[131] 中的作用，仍有许多尚未解决的问题。

金属伴侣和其他调节蛋白运输 Cu^+ 并维持体内平衡。因为 Cu^+ 在水中会发生歧化并易于与 O_2 反应，蛋白质对促进铜稳态尤其重要。虽然 Cu^{2+} 在铜蛋白的电子转移和 O_2 反应期间短暂存在，但细胞的还原环境使 Cu^+ 成为最普遍的氧化态。在体内平衡打破时，Cu^{2+} 可能通过催化过氧化氢形成羟基自由基而潜在地参与氧化应激。Cu^{2+} 光笼可以模拟这些过程，并且提供一种在细胞内以受控方式产生羟基自由基的工具。ZinCleav 和 ZinCast 结合 Cu^{2+} 比 Zn^{2+} 更紧密，并且 Cu^{2+} 很容易从配合物中置换 Zn^{2+}；然而，也有专门为 Cu^{2+} 设计的光笼配合物。

第一代光笼，H_2cage，含有一种四齿双（吡啶酰胺）螯合剂，该螯合剂在 C—N$_{酰胺}$ 键处断裂，形成两种双齿光产物（图 9.16）[132]。Cucage 在 pH 7.4 时与 Cu^{2+} 紧密结合（16pmol·L^{-1}），失去两个质子后，形成中性的双酰胺配位 Cucage（表 9.3）。与结构相似的光笼配合物相比，高量子产率（32%）归因于酰氨基。氮上的孤对电子与激发硝基苄基发色团而形成的乙酰-硝基中间体之间的共振相互作用使 ZinCleav 和 ZinCast 的光解效率显著降低（图 9.17）[104]。在 Cucage 中，酰胺羰基为氮孤对电子提供了另一种共振相互作用，这可能是增加了量子产率的原因。尽管氮孤对电子离域到酰胺羰基上提高了光解效率，但与 ZinCleav-1 相比，它也降低了 Cu^{2+} 的亲和力。然而，酰胺/酰胺酸盐配体的一个积极影响是光产物对金属离子的低亲和力，这意味着基本上没有缓冲释放的铜。虽然释放的铜的氧化态未确定，但 Cu^+ 是最有可能的光反应产物，然后快速氧化到 Cu^{2+}。

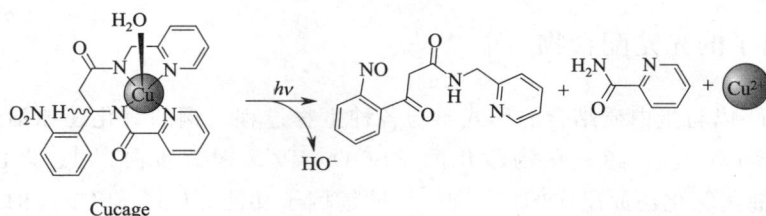

图 9.16　从光笼配合物 Cucage（H_2cage 的 Cu^{2+} 配合物）释放 Cu^{2+} 的机理。Cu^{2+} 光笼配合物的命名规则反映了与金属离子结合后酰胺氮原子的去质子化。将硝基苄基暴露在光照下会导致碳-氮键断裂，类似于 DM-硝基苯和 ZinCleav-1。除金属离子释放外，Cu^{2+} 的损失还会导致酰胺氮原子的质子化

表 9.3　Cu^{2+} 光笼配合物的性质

光笼配合物	Cu^{2+} 配合物的 $K_d^{①}$		ΔK_d	Φ_{Apo}	Φ_{Cu}
	光笼配合物	光产物			
H_2cage	16pmol·L^{-1}	21nmol·L^{-1}	1300	0.73	0.32
Imcage	NA	14nmol·L^{-1}	NA	NA	NA
Amcage	200pmol·L^{-1}	22nmol·L^{-1}	110	NA	NA
3arm-3	NA	13nmol·L^{-1}	NA	NA	NA
3arm-1	NA	0.92nmol·L^{-1}	NA	NA	NA
3Gcage	0.18fmol·L^{-1}	NA	NA	0.66	0.43
ZinCleav-1	约 0.05fmol·L^{-1}	0.23pmol·L^{-1}	约 4600	0.022	0.017^{②}

① pH 7 或 7.4 的 50mmol·L^{-1} HEPES 缓冲体系。

② Zn^{2+} 配合物的 Φ。

为了增加光笼的 Cu^{2+} 亲和力，研究者制备了一系列第二代化合物[133]。用咪唑基团（Imcage）或胺供体（Amcage）取代吡啶配体可缓解空间限制，并可形成一个具有更高稳定性的方形平面配合物（图 9.18）。在 Amcage 中用脂肪胺取代吡啶供体，或在 Imcage 中将 5 元环扩展为 6 元环，会使相应的 Cu^{2+} 配合物稳定性下降。在 3arm-1 和 3arm-3 中加入额外的一个吡啶基也无法提高对铜的亲和力。

ZinCleav-1 对 Cu^{2+} 的结合比 Cucage 更紧密（表 9.3）。基于合成和金属结合研究的结

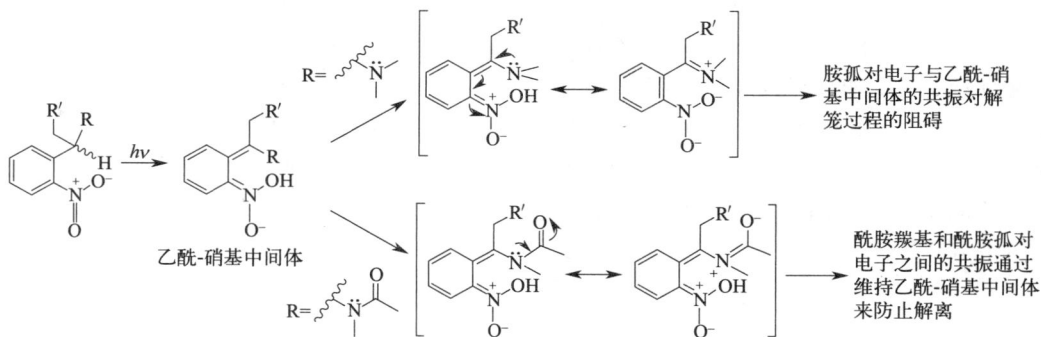

图 9.17　ZinCleav-和 DM-硝基苯类光笼配合物（上层）和 H_2cage/Cucage-类物质（下层）的解笼机理。硝基苄基光笼的解笼需要先形成一个乙酰-硝基中间体，然后再进行后续反应步骤。可以与乙酰-硝基中间体发生共振相互作用的孤对电子的存在可产生具有不同性质的中间体进而破坏解笼。当孤对电子与相邻的受体基团（如 H_2cage 中的羰基）共振时，该光笼表现出典型的硝基苄基化合物的光化学行为

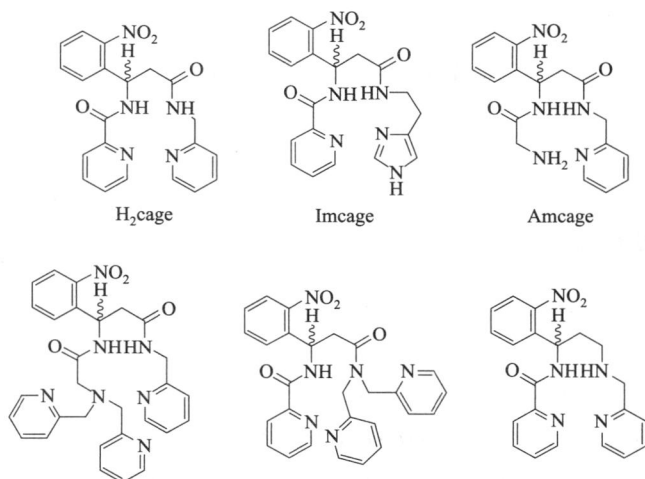

图 9.18　基于图 9.16 中所示的 Cucage 的金属离子释放机理外的 Cu^{2+} 的其他光笼配合物。与 H_2cage/Cucage 的命名法一样，该名称反映了配体是载脂蛋白形式还是金属化形式。当配合物和 Amcage 变为 CuAm 时，3Gcage 称为 Cu3G

果，采用仲胺取代 H_2cage 的一个酰氨基制备了 3Gcage，以增强结合亲和力[133]。取代反应使 Cu^{2+} 亲合力提高了近 5 个数量级（$K_d = 0.18$ fmol·L^{-1}）的同时量子产率几乎保持不变（43%）。尽管这两种配体都可以有效地形成 Cu^{2+} 光笼配合物，但铜的固有氧化还原活性在紫外光解作用下触发羟基自由基的产生[134]。通过用紫外线释放 Cu^{2+}，研究了 3Gcage 的 Cu^{2+} 配合物 Cu3G 在癌细胞中的细胞毒性。释放在 HeLa 细胞中的光感生的 Cu^{2+} 通过 Fenton 类反应触发羟基自由基的产生，并导致细胞活性降低，IC_{50} 值最高为 75 μmol·L^{-1}。通过 Cu3G 光解作用释放的 Cu 和非毒性水平的 H_2O_2 的结合引发了非凋亡性细胞死亡，并使 IC_{50} 进一步降低至约 30 μmol·L^{-1}。

　　除了运输和传递外，Cu^+ 还参与了信号传递[135,136]。设计用于 Cu^+ 的光笼对合成和受

体设计都提出了挑战。CuproCleav-1 的制备途径来源于 ZinCleav 光笼的合成（图 9.19）[137]。该受体由两个双（2-乙基硫代乙基）氨基组成。硫醚基团在水中既有结合选择性又起到稳定 Cu[+] 的作用。CuproCleav-1 以 54pmol·L[−1] 的解离常数结合 Cu[+]，与 Zn[2+] 和 Cu[2+] 的相互作用非常弱，并且具有类似于 ZinCleav 化合物的光物理性质。尽管在 Cu[+] 的光化学工具方面展现出重大进步，但疏水性硫醚配体除了具有必要的金属结合性能外，还降低了光笼的水溶性。Cu[+] 的生物学重要性使我们有必要进一步努力设计更具生物相容性的 CuproCleav 光笼配合物。

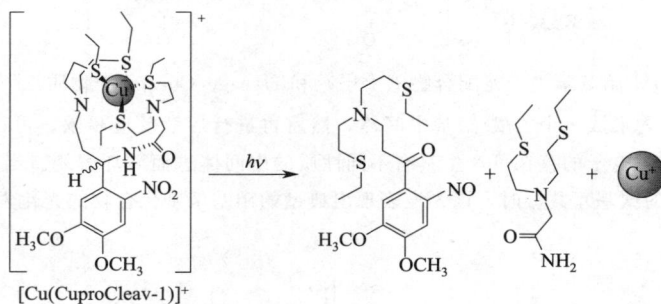

图 9.19　Cu[+] 从 CuproCleav-1 的光笼配合物中释放的机理。类似于 Cucage、ZinCleav-1 和 DM-硝基苯，将硝基苄基暴露在光照下会导致碳-氮键断裂。螯合效应的降低大大降低了两种光产物对 Cu[+] 的亲和力，从而使平衡向"游离"金属离子方向移动

9.4.2　铁离子的光笼配合物

像铜一样，铁在生物学上也具有两种常见的氧化态，并在电子转移和分子氧化学中具有相似的功能。铁与许多重要的生物学过程有关，例如呼吸[138]、DNA 合成[139]、能量产生[140]、光合作用[141] 和固氮[142]。在生理 pH 下，Fe[3+] 在水中的溶解度非常低（大约 10^{-17}mol·L[−1]），而 Fe[2+] 在水中的溶解度则要高得多（大约 10^{-1}mol·L[−1]），Fe[2+] 易氧化成 Fe[3+] 形成不溶性氧化物和氢氧化物。尽管铁离子在生理条件下的溶解度会引起转运问题，但 Fe[2+]/Fe[3+] 氧化还原循环对细胞和组织是有害的[143,144]。由于这些原因，细胞已经形成了一种复杂的蛋白质系统，允许铁的运输、储存和稳定[145]。Fe[3+] 被还原为 Fe[2+]，并由二价金属转运蛋白 1（DMT1）跨肠细胞膜转运[146]；但是，我们对细胞内过程的了解是有限的。铁通过铁转运蛋白运输进入循环系统，氧化后，转铁蛋白（Tf）清除 Fe[3+][147]。Tf 与 Fe[3+] 的结合非常牢固（10^{-22}mol·L[−1]），并防止与过氧化氢的反应[148]。当双铁 Tf 与其细胞受体（TfR1）结合时，细胞通过胞吞作用吸收铁[149]。随后，从 Tf 释放的铁离子被还原为 Fe[2+]，并通过 DMT1 内化为内质体。

虽然细胞中的大部分铁离子都与蛋白质紧密结合，但仍有少量铁离子处于游离状态[150,151]。可变铁池（LIP）中弱键合的细胞内 Fe[2+] 由低分子量铁配合物和高分子量中间体组成[152]。弱键合的铁可以很容易通过 ROS 的生成参与氧化损伤，因此也考虑了其他细胞内铁转运的方法[153,154]。为了防止氧化损伤，细胞会严格控制铁的吸收、代谢和储存。细胞内铁离子代谢受铁响应蛋白 IRP1 和 IRP2 的控制，这些蛋白对可变铁的波动做出响应。IRP 通过平移控制来调节参与铁稳态的蛋白质的表达[151]。系统的铁离子水平由铁调素协

调，铁调素是一种触发铁转运蛋白降解并阻止铁离子从肠细胞释放的肽[155]。长期的铁吸收和运输障碍会导致病变和死亡[156]。铁离子代谢和体内平衡的许多方面仍未完全了解，特别是关于 LIP[157]。荧光传感器和光笼配合物的开发都处于早期阶段[158,159]。

自然环境的铁广泛以不溶于水的氧化铁（Ⅲ）的形式存在。许多水生微生物通过分泌被称为铁载体的低分子量 Fe^{3+} 螯合物来获得这种生物必需金属[160]。铁载体利用三种螯合剂中的一种来配合环境中的 Fe^{3+}：儿茶酚、异羟肟酸和 α-羟基羧酸。其中，儿茶酚酸酯铁载体即使以其载脂蛋白形式存在也具有光反应活性[161]，而 α-羟基羧酸酯铁载体仅在形成 Fe^{3+} 配合物时才具有光感性[162]。含 α-羟基羧酸铁载体的铁离子配合物在紫外光下的光解可诱导配体氧化并释放 CO_2，同时伴随 Fe^{3+} 还原为 Fe^{2+}[163,164]。被称为气杆菌素的柠檬酸铁载体的研究结果表明，由于气杆菌素及其光产物具有大小相当的稳定常数，故光氧化的气杆菌素仍以与 Fe^{3+} 配位的形式存在[164]。尽管光解的气杆菌素可有效释放 Fe^{2+}，但释放的亚铁离子的快速再氧化会导致与新形成的光产物生成 Fe^{3+} 配合物。称为水龟素（Aquachelins）的 β-羟基天冬氨酸铁载体的铁配合物，也经历了配体的氧化和 Fe^{3+} 还原的紫外光解，被认为是基于自由基的反应[162]。Fe^{3+} 配合物是由两个异羟肟酸酯基团和一个位于 Aquachelin 的脂肪酸尾部的肽基团上发现的 β-羟基天冬氨酸残基配位而形成的。对水龟素及其光产物的结合常数的测定表明，部分光解配体分解后，Fe^{3+} 亲和力从 $10^{12.2}$ L·mol^{-1} 降至 $10^{11.5}$ L·mol^{-1}。尽管不知道光释放的 Fe^{2+} 的归宿，但相信一些 Fe^{2+} 可被生物再摄取，而其余的 Fe^{2+} 会被快速重新氧化并被强的 Fe^{3+} 配体清除。

受铁载体的光化学反应和对释放铁离子的光笼配合物的需求的启发，鲍德温（Baldwin）及其同事制备了一套含有 5 种 α-羟基酸的螯合剂，用于结合 Fe^{3+} 并光释放 Fe^{2+}[165]。每个配体都有一个双齿水杨基部分（Sal）和一个双齿 α-羟基酸部分（AHA），它们也起到感光单元的作用（图 9.20）。Fe^{3+} 配合物被表征为由 AHA 的烷氧基与单个铁离子桥联而成的三核簇。所有 5 个配合物的电喷雾电离质谱分析表明，三聚体结构在甲醇溶液中占主导地位。用循环伏安法测定了四种配合物的稳定常数，Sal-AHA 螯合物的值介于含羟肟酯的铁载体（$\lg K < 32$）和含儿茶酚酸酯的铁载体（$\lg K > 43$）之间。观察到 Fe^{2+} 产生的速率受酚酸酯部分上的吸电子/给电子基团影响，其中螯合物光解速率的增加表明酚酸酯基团给电子能力的降低。

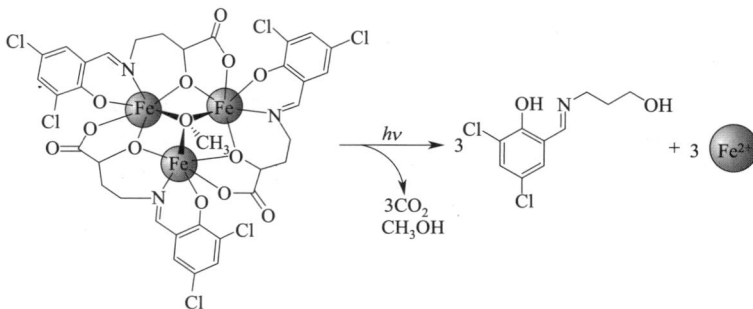

图 9.20　从光笼配合物 [Fe_3(3,5-diCl-Sal-AHA)$_3$(μ_3-OCH_3)]$^+$ 中释放 Fe^{3+} 的机理，其中 3,5-diCl-Sal-AHA 是 4-[(3,5-二氯-2-羟基亚苄基)氨基]-2-羟基丁酸。苯酚-Fe^{3+} 配体对金属电荷转移带的光激发导致 β-羟基酸的脱羧和光还原形成 Fe^{2+}

受 Fe^{3+} 选择性荧光传感器的启发，研究者尝试利用邻硝基苄基和 N-苯基-1-氧代-4,10-二硫-7-氮杂环十二烷大环（$AT_2 12C4$）开发一种 Fe^{3+} 光笼配合物[166]。FerriCast 以 1∶1 和 1∶2 的化学计量比结合有机溶剂中的 Fe^{3+}，虽然光笼通过紫外光转换成其光产物会导致 Fe^{3+} 亲和力降低，但在测定中引入含氧溶剂会触发金属化 FerriCast 的快速分解（图 9.21）[159]。

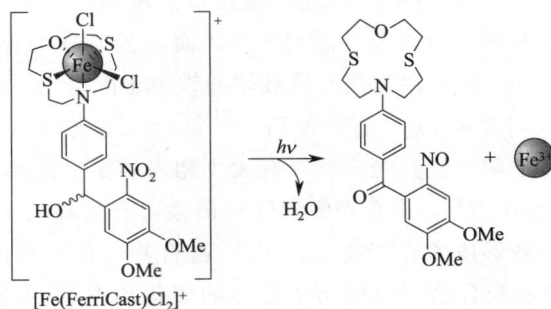

图 9.21 Fe^{3+} 从 FerriCast-1 的光笼配合物中释放的机理。光解后，类似于 Nitr-5 和 ZinCast-1 所示的过程，FerriCast-1 的硝基苯甲酰基被转换为二苯甲酮光产物。尽管在非水溶剂中工作，但受体在供氧基团存在下仍无法稳定 Fe^{3+} 配合物

9.4.3 不常用金属离子的光笼配合物

虽然其他金属离子的光笼配合物可能是有用的，但可用的相对较少。CrownCast-1 与 Nitr 和 ZinCast 化合物采用相同的金属释放机制[167]，在非水溶液中可以适度的选择性和亲和力作为 II 型阳离子受体。其余的 CrownCast 光笼配合物可以选择性地结合 Hg^{2+} 和 Pb^{2+}，但是光解后的金属离子亲和力变化非常微弱[168]。在混合溶剂中观察到利用 3,6,12,15-四硫-9-氮杂庚烷作为 Ag^+ 受体形成 ArgenCast 配合物具有类似的金属结合行为[169]。迄今为止开发的化合物都不适于生物应用，这为今后的研究提供了空间。

9.5 结论

除了必要的信号之外，金属离子的获取和运输中的干扰可能会导致神经退行性疾病。尽管在分子和细胞生物学领域已取得重大进展，但金属离子在生物学和病理学过程中的作用有待进一步阐明。尽管开展金属生物学研究是极其重要的，但研究受到现有工具的限制。荧光传感器对于研究 Ca^{2+}、Zn^{2+}、Cu^+ 和许多其他金属离子的功能具有不可估量的价值。相应的将 Ca^{2+} 导入细胞和组织的光化学工具在揭示和破译信号通路方面得到了广泛的应用，并为开发研究其他金属离子所需的方法指明了方向。正如早期对 Zn^{2+}、$Cu^{+/2+}$ 和 Fe^{3+} 的研究所证明的那样，这些金属离子的新功能可能会很快被发现，先前的假设也可能很快得到验证。

致谢

这项工作得到了 NSF 项目 CHE-0955361 的资助和伍斯特理工学院的支持。

参考文献

1. C. Gwizdala and S. C. Burdette,Following the Ca^{2+} roadmap to photocaged complexes for Zn^{2+} and beyond,Curr. Op. Chem. Biol. ,137-142(2012).

2. H. W. Mbatia and S. C. Burdette,Photochemical tools for studying metal ion signaling and homeostasis,Biochemistry,51,7212-7224(2012).

3. A. P. Pelliccioli and J. Wirz,Photoremovable protecting groups:reaction mechanisms and applications,Photochem. Photobiol. Sci. ,1(7),441-458(2002).

4. E. J. Martinez-Finley,S. Chakraborty,S. J. Fretham and M. Aschner,Cellular transport and homeostasis of essential and nonessential metals,Metallomics,4(7),593-605(2012).

5. D. W. Domaille,E. L. Que and C. J. Chang,Synthetic fluorescent sensors for studying the cell biology of metals,Nat. Chem. Biol. ,4(3),168-175(2008).

6. R. Y. Tsien,Fluorescent probes of cell signaling,Ann. Rev. Neurosci. ,12,227-253(1989).

7. M. Oheim,M. Naraghi,T. H. Muller and E. Neher,Two dye two wavelength excitation calcium imaging:results from bovine adrenal chromaffin cells,Cell Calcium,24(1),71-84(1998).

8. A. Minta,J. Kao and R. Y. Tsien ,Fluorescent indicators for cytosolic calcium based on rhodamine and fluorescein chromophores,J. Biol. Chem. ,264(14),8171-8178(1989).

9. M. Poenie,J. Alderton,R. Tsien and R. Steinhardt,Changes of free calcium levels with stages of the cell division cycle,Nature,315(6015),147-149(1985).

10. T. W. Greene,P. G. Wuts and J. Wiley,Protective Groups in Organic Synthesis. John Wiley & Sons,Inc. :New York,1999;Vol. 168.

11. V. R. Pillai,Photoremovable protecting groups in organic synthesis,Synthesis,1980(01),1-26(2002).

12. H. Yu,J. Li,D. Wu,Z. Qiu and Y. Zhang,Chemistry and biological applications of photo-labile organic molecules,Chem. Soc. Rev. ,39(2),464-473(2010).

13. S. R. Adams and R. Y. Tsien,Controlling cell chemistry with caged compounds,Ann. Rev. Physiol. ,55(1),755-784(1993).

14. G. C. R. Ellis-Davies,Caged compounds:photorelease technology for control of cellular chemistry and physiology,Nat. Methods,4(8),619-628(2007).

15. T. D. Carter,R. G. Bogle and T. Bjaaland,Spiking of intracellular calcium ion concentration in single cultured pig aortic endothelial cells stimulated with ATP or bradykinin,Biochem. J. ,278(Pt 3),697(1991).

16. L. Heilbrunn, The action of calcium on muscle protoplasm, Physiol. Zool. ,13(1),88-94(1940).

17. D. Thuringer and R. Sauvé, A patch-clamp study of the Ca^{2+} mobilization from internal stores in bovine aortic endothelial cells. Ⅱ. Effects of thapsigargin on the cellular Ca^{2+} homeostasis, J. Membr. Biol. ,130(2),139-148(1992).

18. G. C. Faas and I. Mody, Measuring the kinetics of calcium binding proteins with flash photolysis, Biochem. Biophys. Acta, Gen. Subjects, 1820(8),1195-1204(2012).

19. B. Herman and J. J. Lemasters, Optical Microscopy: Emerging Methods and Applications. Academic Press;1993.

20. S. Adams, J. P. Kao, G. Grynkiewicz, A. Minta and R. Tsien, Biologically useful chelators that release Ca^{2+} upon illumination, J. Am. Chem. Soc. ,110(10),3212-3220(1988).

21. R. Y. Tsien and R. S. Zucker, Control of cytoplasmic calcium with photolabile tetracarboxylate 2-nitrobenzhydrol chelators, Biophys. J. ,50(5),843-853(1986).

22. R. Y. Tsien, New calcium indicators and buffers with high selectivity against magnesium and protons: design, synthesis, and properties of prototype structures, Biochemistry, 19(11),2396-2404(1980).

23. J. Cui, R. A. Gropeanu, D. R. Stevens, J. Rettig and A. del Campo, New photolabile BAPTA-based Ca^{2+} cages with improved photorelease, J. Am. Chem. Soc. ,134(18),7733-7740(2012).

24. G. Grynkiewicz, M. Poenie and R. Y. Tsien, A new generation of Ca^{2+} indicators with greatly improved fluorescence properties, J. Biol. Chem. ,260(6),3440-3450(1985).

25. S. R. Adams, V. Lev-Ram and R. Tsien, A new caged Ca^{2+} ,azid-1,is far more photosensitive than nitrobenzyl-based chelators, Chem. Biol. ,4(11),867-78(1997).

26. G. Ellis-Davies and J. Kaplan, A new class of photolabile chelators for the rapid release of divalent cations: generation of caged calcium and caged magnesium, J. Org. Chem. ,53(9),1966-1969(1988).

27. J. H. Kaplan and G. Ellis-Davies, Photolabile chelators for the rapid photorelease of divalent cations, Proc. Nat. Acad. Sci. USA,85(17),6571-6575(1988).

28. E. Neher and R. Zucker, Multiple calcium-dependent processes related to secretion in bovine chromaffin cells, Neuron,10(1),21-30(1993).

29. R. K. Ayer Jr, and R. S. Zucker, Magnesium binding to DM-nitrophen and its effect on the photorelease of calcium, Biophys. J. ,77(6),3384-3393(1999).

30. G. C. Faas, K. Karacs, J. L. Vergara and I. Mody, Kinetic properties of DM-nitrophen binding to calcium and magnesium, Biophys. J. ,88(6),4421-4433(2005).

31. F. DelPrincipe, M. Egger, G. Ellis-Davies and E. Niggli, Two-photon and UV-laser flash photolysis of the Ca^{2+} cage, dimethoxynitrophenyl-EGTA-4, Cell Calcium,25(1),85-91(1999).

32. G. Ellis-Davies and J. H. Kaplan, Nitrophenyl-EGTA, a photolabile chelator that selectively binds Ca^{2+} with high affinity and releases it rapidly upon photolysis, Proc. Nat. Acad. Sci. USA,91(1),187-191(1994).

33. G. C. Ellis-Davies, Development and application of caged calcium, Methods Enzymol. ,360,226-238(2003).

34. G. Ellis-Davies and R. J. Barsotti, Tuning caged calcium: photolabile analogues of EGTA with improved optical and chelation properties, Cell Calcium,39(1),75-83(2006).

35. A. Momotake, N. Lindegger, E. Niggli, R. J. Barsotti and G. C. Ellis-Davies, The nitrodibenzofuran chromophore: a new caging group for ultra-efficient photolysis in living cells, Nat. Methods,3(1),35-40(2005).

36. C. C. Ashley, I. Mulligan and T. J. Lea, Ca^{2+} and activation mechanisms in skeletal muscle, Q. Rev. Biophys. ,24,1-73(1991).

37. L. Lando and R. S. Zucker, Ca^{2+} cooperativity in neurosecretion measured using photolabile Ca^{2+} chelators, J. Neurophysiol. ,72(2),825-830(1994).

38. T. Lea and C. Ashley, Ca^{2+} release from the sarcoplasmic reticulum of barnacle myofibrillar bundles initiated by photolysis of caged Ca^{2+} , J. Physiol. ,427(1),435-453(1990).

39. K. König, Multiphoton microscopy in life sciences, J. Microsc. , 200 (2), 83-104 (2000).

40. R. Zucker, Photorelease techniques for raising or lowering intracellular Ca^{2+} , Methods Cell Biol. ,40,31-63(1994).

41. L. Lando and R. S. Zucker, "Caged calcium" in Aplysia pacemaker neurons. Characterization of calcium-activated potassium and nonspecific cation currents, J. Gen. Physiol. ,93(6),1017-1060(1989).

42. K. Delaney and R. Zucker, Calcium released by photolysis of DM-nitrophen stimulates transmitter release at squid giant synapse, J. Physiol. ,426(1),473-498(1990).

43. M. J. Berridge, M. D. Bootman and H. L. Roderick, Calcium signalling: dynamics, homeostasis and remodelling, Nat. Rev. Mol. Cell. Biol. ,4(7),517-529(2003).

44. D. E. Clapham, Calcium signaling, Cell,131(6),1047-1058(2007).

45. T. Balla, Regulation of Ca^{2+} entry by inositol lipids in mammalian cells by multiple mechanisms, Cell Calcium,45(6),527-534(2009).

46. T. Gunter, K. K. Gunter, S. -S. Sheu and C. Gavin, Mitochondrial calcium transport: physiological and pathological relevance, Am. J. Physiol. Cell Physiol. , 267 (2), C313-C339 (1994).

47. A. Carl, N. McHale, N. Publicover and K. Sanders, Participation of Ca^{2+}-activated K^+ channels in electrical activity of canine gastric smooth muscle, J. Physiol. ,429(1),205-221(1990).

48. N. Marrion, R. Zucker, S. Marsh and P. Adams, Modulation of M-current by intracellular Ca^{2+} , Neuron,6,533-545(1991).

49. P. Adams and D. Brown, Luteinizing hormone-releasing factor and muscarinic agonists act on the same voltage-sensitive K^+-current in bullfrog sympathetic neurones, Br. J. Pharmacol. ,68(3),353-355(1980).

50. P. R. Adams, D. Brown and A. Constanti, Pharmacological inhibition of the M-current, J. Physiol. ,332(1),223-262(1982).

51. N. V. Marrion, Control of M-current, Ann. Rev. Physiol. , 59(1), 483-504(1997).

52. M. Morad, N. W. Davies, J. H. Kaplan and H. D. Lux, Inactivation and block of calcium channels by photo-released Ca^{2-} in dorsal root ganglion neurons, Science, 241(4867), 842-844(1988).

53. P. Charnet, S. Richard, A. Gurney, H. Ouadid, F. Tiaho and J. Nargeot, Modulation of Ca currents in isolated frog atrial cells studied with photosensitive probes. Regulation by cAMP and Ca^{2+}: A common pathway?, J. Mol. Cell. Cardiol. , 23(3), 343-356(1991).

54. S. Bates and A. Gurney, Ca^{2+}-dependent block and potentiation of L-type calcium current in guinea-pig ventricular myocytes, J. Physiol. , 466(1), 345-365(1993).

55. B. O'Rourke, P. H. Backx and E. Marban, Phosphorylation-independent modulation of L-type calcium channels by magnesium-nucleotide complexes, Science, 257(5067), 245-248 (1992).

56. S. Gyorke and M. Fill, Ryanodine receptor adaptation: control mechanism of Ca^{2+}-induced Ca^{2+} release in heart, Science, 260(5109), 807-809(1993).

57. M. Nabauer and M. Morad, Ca^{2+}-induced Ca^{2+} release as examined by photolysis of caged Ca^{2+} in single ventricular myocytes, Am. J. Physiol. Cell Physiol. , 258(1), C189-C193 (1990).

58. R. S. Zucker and P. G. Haydon, Membrane potential has no direct role in evoking neurotransmitter release, Nature, 335(6188), 360-362(1988).

59. B. Hochner, H. Parnas and I. Parnas, Membrane depolarization evokes neurotransmitter release in the absence of calcium entry, Nature, 342, 433-435(1989).

60. C. Heinemann, R. H. Chow, E. Neher and R. S. Zucker, Kinetics of the secretory response in bovine chromaffin cells following flash photolysis of caged Ca^{2+}, Biophys. J. , 67 (6), 2546-2557(1994).

61. B. Pan and R. S. Zucker, A general model of synaptic transmission and short-term plasticity, Neuron, 62(4), 539-554(2009).

62. S. M. Young Jr, and E. Neher, Synaptotagmin has an essential function in synaptic vesicle positioning for synchronous release in addition to its role as a calcium sensor, Neuron, 63(4), 482-496(2009).

63. D. Beutner, T. Voets, E. Neher and T. Moser, Calcium dependence of exocytosis and endocytosis at the cochlear inner hair cell afferent synapse, Neuron, 29(3), 681-690(2001).

64. G. Duncan, K. Rabl, I. Gemp, R. Heidelbergerand W. B. Thoreson, Quantitative analysis of synaptic release at the photoreceptor synapse, Biophys. J. , 98(10), 2102-2110(2010).

65. C. Andreini, L. Banci, I. Bertini and A. Rosato, Counting the zinc-proteins encoded in the human genome, J. Proteome Res. , 5(1), 196-201(2006).

66. A. Klug, The discovery of zinc fingers and their development for practical applications in gene regulation and genome manipulation, Q. Rev. Biophys. , 43(1), 1-21(2010).

67. C. Andreini, L. Banci, I. Bertini and A. Rosato, Occurrence of copper proteins through the three domains of life: a bioinformatic approach, J. Proteome Res. , 7(01), 209-216(2007).

68. C. Andreini, L. Banci, I. Bertini, S. Elmi and A. Rosato, Non-heme iron through the three domains of life, Proteins: Struct. , Funct. , Bioinf. , 67(2), 317-324(2007).

69. T. Fukada and T. Kambe, Molecular and genetic features of zinc transporters in physiology and pathogenesis, Metallomics, 3(7), 662-674(2011).

70. D. E. K. Sutherland and M. J. Stillman, The "magic numbers" of metallothionein, Metallomics, 3(5), 444-463(2011).

71. S. S. Krishna, I. Majumdar and N. V. Grishin, Structural classification of zinc fingers SURVEY AND SUMMARY, Nucleic Acids Res. , 31(2), 532-550(2003).

72. T. Kambe, An Overview of a Wide Range of Functions of ZnT and zip zinc transporters in the secretory pathway, Biosci. Biotech. Biochem. , 75(6), 1036-1043(2011).

73. R. E. Dempski, The cation selectivity of the zip Transporters, Metal Transporters, 69, 221(2012).

74. L. Huang and S. Tepaamorndech, The SLC30 family of zinc transporters-A review of current understanding of their biological and pathophysiological roles, Mol. Aspects Med. , 34(2), 548-560(2013).

75. S. Ripa and R. Ripa, Zinc cellular traffic: physiopathological considerations, Minerva Med. , 86(1-2), 37-43(1995).

76. Y. Li and W. Maret, Human metallothionein metallomics, J. Anal. At. Spectrom. , 23(8), 1055-1062(2008).

77. A. Kr₂ezel and W. Maret, Dual nanomolar and picomolar Zn(II) binding properties of metallothionein, J. Am. Chem. Soc. , 129(35), 10911-10921(2007).

78. W. Maret, Molecular aspects of human cellular zinc homeostasis: redox control of zinc potentials and zinc signals, Biometals, 22(1), 149-157(2009).

79. L. L. Pearce, K. Wasserloos, C. M. S. Croix, R. Gandley, E. S. Levitan and B. R. Pitt, Metallothionein, nitric oxide and zinc homeostasis in vascular endothelial cells, J. Nutr. , 130(5), 1467S-1470S(2000).

80. E. Bossy-Wetzel, M. V. Talantova, W. D. Lee, M. N. Schölzke, A. Harrop, E. Mathews, T. Götz, J. Han, M. H. Ellisman, G. A. Perkins and S. A. Lipton, Crosstalk between nitric oxide and zinc pathways to neuronal cell death involving mitochondrial dysfunction and p38-activated K+ channels, Neuron, 41, 351-365(2004).

81. A. Kr₂el, Q. Hao and W. Maret, The zinc/thiolate redox biochemistry of metallothionein and the control of zinc ion fluctuations in cell signaling, Arch. Biochem. Biophys. , 463(2), 188-200(2007).

82. R. J. Williams, Zinc: what is its role in biology? Endeavour, 8(2), 65-70(1984).

83. B. Roschitzki and M. Vašák, Redox labile site in a Zn4 cluster of Cu4, Zn4-metallothionein-3, Biochemistry, 42(32), 9822-9828(2003).

84. I. Korichneva, B. Hoyos, R. Chua, E. Levi and U. Hammerling, Zinc release from protein kinase C as the common event during activation by lipid second messenger or reactive oxygen, Sci. Signal. , 277(46), 44327-44331(2002).

85. S. Yamasaki, K. Sakata-Sogawa, A. Hasegawa, T. Suzuki, K. Kabu, E. Sato, T. Kurosaki, S. Yamashita, M. Tokunaga and K. Nishida, Zinc is a novel intracellular second messenger, J. Cell Biol. ,177(4),637-645(2007).

86. S. Antala and R. E. Dempski, The human ZIP4 transporter has two distinct binding affinities and mediates transport of multiple transition metals, Biochemistry,51(5),963-973 (2012).

87. D. Atar, P. H. Backx, M. M. Appel, W. D. Gao and E. Marban, Excitation-transcription coupling mediated by zinc influx through voltage-dependent calcium channels, J. Biol. Chem. ,270(6),2473-2477(1995).

88. H. Haase, J. L. Ober-Blöbaum, G. Engelhardt, S. Hebel, A. Heit, H. Heine and L. Rink, Zinc signals are essential for lipopolysaccharide-induced signal transduction in monocytes, J. Immunol. ,181(9),6491-6502(2008).

89. E. Tuncay, A. Bilginoglu, N. N. Sozmen, E. N. Zeydanli, M. Ugur, G. Vassort and B. Turan, Intracellular free zinc during cardiac excitation-contractioncycle: calcium and redox dependencies, Cardiovasc. Res. ,89(3),634-642(2011).

90. Y. Li and W. Maret, Transient fluctuations of intracellular zinc ions in cell proliferation, Exp. Cell Res. ,315(14),2463-2470(2009).

91. L. Petrie, J. Chesters and M. Franklin, Inhibition of myoblast differentiation by lack of zinc, Biochem. J. ,276(Pt 1),109-111(1991).

92. H. Haase and W. Maret, Intracellular zinc fluctuations modulate protein tyrosine phosphatase activity in insulin/insulin-like growth factor-1 signaling, Exp. Cell Res. ,291(2) doi,289-298(2003).

93. J. M. May and C. Contoreggi, The mechanism of the insulin-like effects of ionic zinc, J. Biol. Chem. ,257(8),4362-4368(1982).

94. C. Hogstrand, P. Kille, R. Nicholson and K. Taylor, Zinc transporters and cancer: a potential role for ZIP7 as a hub for tyrosine kinase activation, Trends Mol. Med. ,15(3),101-111(2009).

95. S. -J. Lee, K. -S. Cho, H. N. Kim, H. -J. Kim and J. -Y. Koh, Role of zinc metallothionein-3(ZnMt3) in epidermal growth factor(EGF)-induced c-Abl protein activation and actin polymerization in cultured astrocytes, J. Biol. Chem. ,286(47),40847-40856(2011).

96. J. M. Samet, L. M. Graves, J. Quay, L. A. Dailey, R. B. Devlin, A. J. Ghio, W. Wu, P. A. Bromberg and W. Reed, Activation of MAPKs in human bronchial epithelial cells exposed to metals, Am. J. Physiol. Lung Cell. Mol. Physiol. ,275(3),L551-L558(1998).

97. A. Baba, S. Etoh and H. Iwata, Inhibition of NMDA-induced protein kinase C translocation by a Zn^{2+} chelator: Implication of intracellular Zn^{2+}, Brain Res. ,557(1),103-108 (1991).

98. R. E. Carter, I. Aiba, R. M. Dietz, C. T. Sheline and C. W. Shuttleworth, Spreading depression and related events are significant sources of neuronal Zn^{2+} release and accumulation, J. Cereb. Blood Flow Metab. ,31(4),1073-1084(2010).

99. G. Wellenreuther, M. Cianci, R. Tucoulou, W. Meyer-Klaucke and H. Haase, The ligand environment of zinc stored in vesicles, Biochem. Biophys. Res. Commun. , 380(1), 198-203(2009).

100. H. Haase, S. Hebel, G. Engelhardt and L. Rink, Flow cytometric measurement of labile zinc in peripheral blood mononuclear cells, Anal. Biochem. , 352(2), 222-230(2006).

101. S. L. Sensi, L. M. Canzoniero, S. P. Yu, H. S. Ying, J.-Y. Koh, G. A. Kerchner and D. W. Choi, Measurement of intracellular free zinc in living cortical neurons: routes of entry, J. Neurosci. , 17(24), 9554-9564(1997).

102. R. D. Palmiter, T. B. Cole and S. D. Findley, ZnT-2, a mammalian protein that confers resistance to zinc by facilitating vesicular sequestration, EMBO J. , 15(8), 1784(1996).

103. G. Danscher and M. Stoltenberg, Zinc-specific autometallographic in vivo selenium methods: tracing of zinc-enriched(ZEN) terminals, ZEN pathways, and pools of zinc ions in a multitude of other ZEN cells, J. Histochem. Cytochem. , 53(2), 141-153(2005).

104. H. Bandara, T. P. Walsh and S. C. Burdette, A second-generation photocage for Zn^{2+} inspired by TPEN: Characterization and insight into the uncaging quantum yields of ZinCleav chelators, Chem. Eur. J. , 17(14), 3932-3941(2011).

105. H. D. Bandara, D. P. Kennedy, E. Akin, C. D. Incarvito and S. C. Burdette, Photoinduced release of Zn^{2+} with ZinCleav-1: a nitrobenzyl-based caged complex, Inorg. Chem. , 48(17), 8445-8455(2009).

106. C. E. Outten and T. V. O'Halloran, Femtomolar sensitivity of metalloregulatory proteins controlling zinc homeostasis, Science, 292(5526), 2488-2492(2001).

107. C. Gwizdala, P. N. Basa, J. C. MacDonald and S. C. Burdette, Increasing the dynamic range of metal ion affinity changes in Zn^{2+} photocages using multiple nitrobenzyl groups, Inorg. Chem. , 52, 8483-8494(2013), DOI: 10. 1021/ic400465g.

108. C. Gwizdala, D. P. Kennedy and S. C. Burdette, ZinCast-1: a photochemically active chelator for Zn^{2+}, Chem. Commun. , (45), 6967-6969(2009).

109. C. Gwizdala, C. V. Singh, T. R. Friss, J. C. MacDonald and S. C. Burdette, Quantifying factors that influence metal ion release in photocaged complexes using ZinCast derivatives, Dalton Trans. , 41, 8162-8174(2012).

110. S. A. Siletsky and A. A. Konstantinov, Cytochrome c oxidase: Charge translocation coupled to single-electron partial steps of the catalytic cycle, Biochem. Biophys. Acta, Bioenergetics, 1817(4), 476-488(2012).

111. J. M. Leitch, P. J. Yick and V. C. Culotta, The Right to Choose: Multiple Pathways for Activating Copper, Zinc Superoxide Dismutase, J. Biol. Chem. , 284(37), 24679-24683(2009).

112. P. Bielli and L. Calabrese, Structure to function relationships in ceruloplasmin: a 'moonlighting' protein, Cell. Mol. Life Sci. , 59(9), 1413-1427(2002).

113. J. P. Klinman, The copper-enzyme family of dopamine beta-monooxygenase and peptidylglycine alpha-hydroxylating monooxygenase: Resolving the chemical pathway for

substrate hydroxylation, J. Biol. Chem. ,281(6),3013-3016(2006).

114. B. -E. Kim, T. Nevitt and D. J. Thiele, Mechanisms for copper acquisition, distribution and regulation, Nat. Chem. Biol. ,4(3),176-185(2008).

115. Z. Xiao and A. G. Wedd, Metallo-oxidase Enzymes: Design of their active sites, Aust. J. Chem. ,64(3),231-238(2011).

116. K. Jomova and M. Valko, Advances in metal-induced oxidative stress and human disease, Toxicology,283(2-3),65-87(2011).

117. C. T. Dameron and M. D. Harrison, Mechanisms for protection against copper toxicity, Am. J. Clin. Nutrit. ,67(5),1091S-1097S(1998).

118. C. J. Maynard, R. Cappai, I. Volitakis, R. A. Cherny, A. R. White, K. Beyreuther, C. L. Masters, A. I. Bush and Q. -X. Li, Overexpression of Alzheimer's disease amyloid-β opposes the age-dependent elevations of brain copper and iron, J. Biol. Chem. ,277(47),44670-44676(2002).

119. I. L. Crawford, Zinc and the hippocampus: Histology, neurochemistry, pharmacology and putative functional relevance. In Neurobiology of the Trace Elements: Trace Element Neurobiology and Deficiencies, Dreosti, J. , Smith, R. , Eds. Humana Press: New Jersey, 1983; Vol. 1, pp. 163-212.

120. E. Bonilla, E. Salazar, J. J. Villasmil, R. Villalobos, M. Gonzalez and J. O. Davila, Copper distribution in the normal human brain, Neurochem. Res. ,9(11),1543-1548(1984).

121. S. Lutsenko, N. L. Barnes, M. Y. Bartee and O. Y. Dmitriev, Function and regulation of human copper-transporting ATPases, Physiol. Rev. ,87(3),1011-1046(2007).

122. B. Zhou and J. Gitschier, hCTR1: a human gene for copper uptake identified by complementation in yeast, Proc. Nat. Acad. Sci. USA,94(14),7481-7486(1997).

123. D. R. Brown and H. Kozlowski, Biological inorganic and bioinorganic chemistry of neurodegeneration based on prion and Alzheimer diseases, Dalton Trans. ,(13),1907-1917 (2004).

124. K. J. Barnham, W. J. McKinstry, G. Multhaup, D. Galatis, C. J. Morton, C. C. Curtain, N. A. Williamson, A. R. White, M. G. Hinds and R. S. Norton, Structure of the Alzheimer's disease amyloid precursor protein copper binding domain A regulator of neuronal copper homeostasis, J. Biol. Chem. ,278(19),17401-17407(2003).

125. M. J. Petris, K. Smith, J. Lee and D. J. Thiele, Copper-stimulated endocytosis and degradation of the human copper transporter, hCtr1, J. Biol. Chem. ,278(11),9639-9646 (2003).

126. S. -J. Lin, R. A. Pufahl, A. Dancis, T. V. O'Halloran and V. C. Culotta, A role for the Saccharomyces cerevisiae ATX1 gene in copper trafficking and iron transport, J. Biol. Chem. ,272(14),9215-9220(1997).

127. V. C. Culotta, L. W. Klomp, J. Strain, R. L. B. Casareno, B. Krems and J. D. Gitlin, The copper chaperone for superoxide dismutase, J. Biol. Chem. ,272(38),23469-23472 (1997).

128. D. M. Glerum, A. Shtanko and A. Tzagoloff, Characterization of COX17, a yeast gene involved in copper metabolism and assembly of cytochrome oxidase, J. Biol. Chem., 271 (24), 14504-14509(1996).

129. H. Zhou and D. J. Thiele, Identification of a novel high affinity copper transport complex in the fission yeast Schizosaccharomyces pombe, J. Biol. Chem., 276(23), 20529-20535(2001).

130. D. J. Thiele and J. D. Gitlin, Assembling the pieces, Nat. Chem. Biol., 4(3), 145-147 (2008).

131. B. Sarkar, The malfunctioning of copper transport in Wilson and Menkes diseases. In Neurodegenerative Diseases and Metal Ions: Metal Ions in Life Sciences, Sigel, A., Sigel, H., Sigel, R. K. O., Eds. John Wiley & Sons, Ltd: Chichester, 2006; pp. 207-226.

132. K. L. Ciesienski, K. L. Haas, M. G. Dickens, Y. T. Tesema and K. J. Franz, A photolabile ligand for light-activated release of caged copper, J. Am. Chem. Soc., 130(37), 12246-12247(2008).

133. K. L. Ciesienski, K. L. Haas and K. J. Franz, Development of next-generation photolabile copper cages with improved copper binding properties, Dalton Trans., 39(40), 9538-9546(2010).

134. A. A. Kumbhar, A. T. Franks, R. J. Butcher and K. J. Franz, Light uncages a copper complex to induce nonapoptotic cell death, Chem. Commun., 49, 2460-2462(2013).

135. S. C. Dodani, D. W. Domaille, C. I. Nam, E. W. Miller, L. A. Finney, S. Vogt and C. J. Chang, Calcium-dependent copper redistributions in neuronal cells revealed by a fluorescent copper sensor and X-ray fluorescence microscopy, Proc. Nat. Acad. Sci. USA, 108(15), 5980-5985(2011).

136. M. L. Schlief, A. M. Craig and J. D. Gitlin, NMDA receptor activation mediates copper homeostasis in hippocampal neurons, J. Neurosci., 25(1), 239-246(2005).

137. H. W. Mbatia, H. D. Bandara and S. C. Burdette, CuproCleav-1, a first generation photocage for Cu^+, Chem. Commun., 48(43), 5331-5333(2012).

138. K. H. Nealson and D. Saffarini, Iron and manganese in anaerobic respiration: environmental significance, physiology, and regulation, Ann. Rev. Microbiol., 48(1), 311-343 (1994).

139. J. Gao and D. R. Richardson, The potential of iron chelators of the pyridoxal isonicotinoyl hydrazone class as effective antiproliferative agents, IV: the mechanisms involved in inhibiting cell-cycle progression, Blood, 98(3), 842-850(2001).

140. D. R. Richardson, D. J. Lane, E. M. Becker, M. L.-H. Huang, M. Whitnall, Y. S. Rahmanto, A. D. Sheftel and P. Ponka, Mitochondrial iron trafficking and the integration of iron metabolism between the mitochondrion and cytosol, Proc. Nat. Acad. Sci. USA, 107(24), 10775-10782(2010).

141. M. Graziano, M. a. V. Beligni and L. Lamattina, Nitric oxide improves internal iron availability in plants, Plant Physiol., 130(4), 1852-1859(2002).

142. H. W. Paerl, L. E. Prufert-Bebout and C. Guo, Iron-stimulated N_2 fixation and growth in natural and cultured populations of the planktonic marine cyanobacteria Trichodesmium spp, App. Environ. Microbiol., 60(3), 1044-1047(1994).

143. B. Halliwell and J. Gutteridge, Oxygen free radicals and iron in relation to biology and medicine: some problems and concepts, Arch. Biochem. Biophys., 246(2), 501-514 (1986).

144. A. Terman and T. Kurz, Lysosomal iron, iron chelation, and cell death, Antioxid. Redox Signaling, 18(8), 888-898(2013).

145. K. Gkouvatsos, G. Papanikolaou and K. Pantopoulos, Regulation of iron transport and the role of transferrin, Biochem. Biophys. Acta, Gen. Subjects, 1820(3), 188-202(2012).

146. M. E. Conrad and J. N. Umbreit, Pathways of iron absorption, Blood Cells Mol. Dis., 29(3), 336-355(2002).

147. P. Aisen and I. Listowsky, Iron transport and storage proteins, Ann. Rev. Biochem., 49 (1), 357-393(1980).

148. E. Morgan, Transferrin, biochemistry, physiology and clinical significance, Mol. Aspects Med., 4(1), 1-123(1981).

149. J.-N. Octave, Y.-J. Schneider, A. Trouet and R. R. Crichton, Iron uptake and utilization by mammalian cells. I: Cellular uptake of transferrin and iron, Trends Biochem. Sci., 8 (6), 217-220(1983).

150. E. C. Theil, Iron, ferritin, and nutrition, Ann. Rev. Nutr., 24, 327-343(2004).

151. M. L. Wallander, E. A. Leibold and R. S. Eisenstein, Molecular control of vertebrate iron homeostasis by iron regulatory proteins, Biochem. Biophys. Acta, Mol. Cell Res., 1763 (7), 668-689(2006).

152. M. Arredondo and M. T. Núñez, Iron and copper metabolism, Mol. Aspects Med., 26(4), 313-327(2005).

153. P. T. Lieu, M. Heiskala, P. A. Peterson and Y. Yang, The roles of iron in health and disease, Mol. Aspects Med., 22(1), 1-87(2001).

154. A.-S. Zhang, A. D. Sheftel and P. Ponka, Intracellular kinetics of iron in reticulocytes: evidence for endosome involvement in iron targeting to mitochondria, Blood, 105(1), 368-375(2005).

155. E. Nemeth and T. Ganz, Regulation of iron metabolism by hepcidin, Ann. Rev. Nutr., 26, 323-342(2006).

156. N. C. Andrews, Disorders of iron metabolism, N. Engl. J. Med., 341(26), 1986-1995 (1999).

157. O. Kakhlon and Z. I. Cabantchik, The labile iron pool: characterization, measurement, and participation in cellular processes, Free Radical Biol. Med., 33(8), 1037-1046 (2002).

158. S. Epsztejn, O. Kakhlon, H. Glickstein, W. Breuer and Z. I. Cabantchik, Fluorescence analysis of the labile iron pool of mammalian cells, Anal. Biochem., 248(1), 31-40(1997).

159. D. P. Kennedy, C. D. Incarvito and S. C. Burdette, FerriCast: a macrocyclic photocage for Fe^{3+}, Inorg. Chem., 49(3), 916-923(2010).

160. C. Correnti and R. K. Strong, Mammalian siderophores, siderophore-binding lipocalins, and the labile iron pool, J. Biol. Chem., 287(17), 13524-13531(2012).

161. K. Barbeau, E. L. Rue, C. G. Trick, K. W. Bruland and A. Butler, Photochemical reactivity of siderophores produced by marine heterotrophic bacteria and cyanobacteria based on characteristic Fe(Ⅲ) binding groups, Limnol. Oceanogr., 48(3), 1069-1078(2003).

162. K. Barbeau, E. L. Rue, K. W. Bruland and A. Butler, Photochemical cycling of iron in the surface ocean mediated by microbial iron(Ⅲ)-binding ligands, Nature, 413(6854), 409-413(2001).

163. K. Barbeau, G. P. Zhang, D. H. Live and A. Butler, Petrobactin, a photoreactive siderophore produced by the oil-degrading marine bacterium Marinobacter hydrocarbonoclasticus, J. Am. Chem. Soc., 124(3), 378-379(2002).

164. F. C. Kupper, C. J. Carrano, J. U. Kuhn and A. Butler, Photoreactivity of iron(Ⅲ)-Aerobactin: Photoproduct structure and iron(Ⅲ) coordination, Inorg. Chem., 45(15), 6028-6033(2006).

165. H. Sayre, K. Milos, M. J. Goldcamp, C. A. Schroll, J. A. Krause and M. J. Baldwin, Mixed-donor, α-hydroxy acid-containing chelates for binding and light-triggered release of iron, Inorg. Chem., 49(10), 4433-4439(2010).

166. J. L. Bricks, A. Kovalchuk, C. Trieflinger, M. Nofz, M. Büschel, A. I. Tolmachev, J. Daub and K. Rurack, On the development of sensor molecules that display FeⅢ-amplified fluorescence, J. Am. Chem. Soc., 127(39), 13522-13529(2005).

167. D. P. Kennedy, C. Gwizdala and S. C. Burdette, Methods for preparing metal ion photocages: application to the synthesis of crowncast, Org. Lett., 11(12), 2587-2590(2009).

168. H. W. Mbatia, D. P. Kennedy, C. E. Camire, C. D. Incarvito and S. C. Burdette, Buffering heavy metal ions with photoactive crowncast cages, Eur. J. Inorg. Chem., 2010(32), 5069-5078(2010).

169. H. W. Mbatia, D. P. Kennedy and S. C. Burdette, Understanding the relationship between photolysis efficiency and metal binding using ArgenCast photocages, Photochem. Photobiol., 88, 844-850(2012).

第 10 章

利用金属配合物释放生物活性分子

Peter V. Simpson，Ulrich Schatzneider
朱利叶斯-马克西米利安大学 无机化学研究所 德国 乌尔茨堡

10.1 引言

与过渡金属中心配位可以调节分子的生物活性。在理想情况下，这是以一种空间和时间上受控的特殊引发机制将完全没有生物活性的药物前体转化为生物活性成分（图 10.1）。因此，可以将金属中心看作是防止生物活性分子与其预定生物目标相互作用的保护基团。触发机制可以是基于生物自身系统的固有性质或外源刺激，例如细胞和组织之间固有的 pH 或氧浓度的差异和外源施加的磁场或能够穿透生物体的电磁辐射。

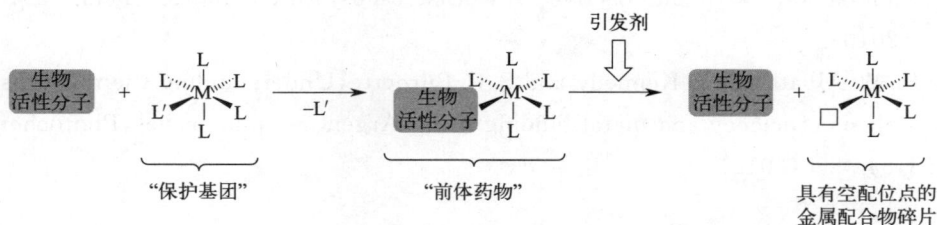

图 10.1　生物活性分子与过渡金属中心配位得到非活性的"前体药物"并且通过特定的触发机制释放活性
成分的基本原理。注意，在后一个过程中，不可避免地形成具有空配位点的金属配体碎片

从金属配合物中释放生物活性成分必然会产生一个具有空配位点的金属与其余配体共存的碎片，该碎片将很快被溶剂或蛋白质、核酸等生物大分子的官能团配位。这样，这种碎片其自身也可能就有了生物活性，并且可以在其他独立可控的实验中进行测试。从金属中心释放的生物活性化合物范围从小的双原子分子，如一氧化氮（NO）和一氧化碳（CO），到有机神经递质和成熟的药物。与第 9 章（活细胞中金属离子的光解释放）中讨论的，所释放的

金属离子表现出生物活性系统相对应，这里我们仅讨论金属配合物所释放组分自身的生物活性，并假定金属与其余配体共存的碎片与此无关（尽管这应该由独立的对照实验来证明）。

由于这一领域的研究进展非常快，为了突出这一领域的基本概念以及目前面临的挑战，我们不对其进行全面概括，而是重点介绍以下三种不同的应用：①金属配合物对信号小分子NO 和 CO 等的释放；②金属配合物有机神经递质的"光释放"；③金属基前体药物的抗癌活性化合物的低氧激活释放。

10.2 小分子信使

10.2.1 CO、NO 和 H$_2$S 的生物生成与传递

众所周知，小的双原子分子一氧化氮（NO）和一氧化碳（CO）一般是由有机物不完全燃烧产生的高毒性的空气污染物，但是现在已经充分证实这些小分子是由包括人类在内的高级生物中严格控制的酶过程内源性产生，并且在信号转导过程和对氧化应激反应中发挥重要作用[1-2]。连同硫化氢（H$_2$S）[3]，这些小分子被称为"内源性气体信使"，在生物系统中，它们实际上不是以诸如气泡的形式存在，而是溶解在体液和胞液中。由于其独特的反应活性[4]，CO、NO 和 H$_2$S 的组织特异性传递面临着特殊的挑战。在 NO 作为自由基可与生物系统的其他组分迅速相互作用的同时，硫化氢可依据不同 pH 以 H$_2$S、HS$^-$ 和 S^{2-} 的混合物形式存在。虽然一氧化碳是这三种物质中惰性最强的，但它很容易与金属蛋白中过渡金属中心结合，它的一般毒性就是由其在生物组织中的积累所致[5]。此外，由于这些分子本身没有任何进行化学改性的能力，因此也不可能将它们特异性地引入特定的组织或疾病部位。

为了在研发新疗法[6,7] 中利用它们优越的生物学特性，它们必须以前体药物形式与载体分子结合。由于 H$_2$S 与 pH 相关形态及其配位化学的复杂性，H$_2$S 的递送通常以有机硫化物为主，这里不再赘述[8,9]。然而，金属基硫化氢递送系统无疑是未来很有意义的研究目标。另一方面，一氧化碳和一氧化氮或协同其他配体能与过渡金属的多种氧化态配合，这样就可以很容易地调整这些系统的性质。虽然这些小分子信使的释放动力学主要由 M—NO 和 M—CO 键的强度决定，但协同配体在"外缘"对这些化合物的功能化可将其定向导向特定的生物靶标。在金属羰基配合物用作释放 CO 分子（CORM）时，Romao 等把它们分别称为"CORM 球体"和"药物球体"（图 10.2）[10]。以上原理同样适用于一氧化氮载体。

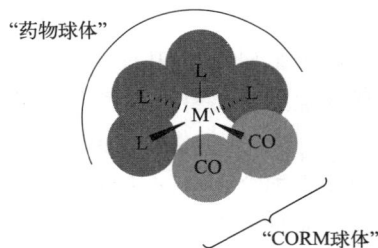

图 10.2 过渡金属羰基配合物的"CORM 球体"（浅灰色）和"药物球体"（深灰色）

10.2.2 用于胞内一氧化氮递送的金属-亚硝基配合物

尽管人们对 NO 介导生物活性的基本原理不了解，但在确认 NO 为内皮源性舒张因子（EDRF）之前，就已使用一氧化氮供体很久了，因为这一发现，Furch gott、Ignarro 和

Murat 共同获得了 1998 年诺贝尔生理学或医学奖[11-13]。据报道，自从硝酸甘油（三硝酸甘油酯，GTN）被用于治疗阿尔弗雷德·诺贝尔的心绞痛以来，大量的其他有机 NO 供体也被评估，其中许多目前已在临床使用[14-18]。早期最成功的一个例子就是在重症监护治疗中用于快速降低动脉高压的过渡金属配合物硝普钠（SNP，$Na_2[Fe(CN)_5(NO)]$，图 10.3 配合物 1），它在生理 pH 下可以自发释放一氧化氮。然而，为了更精确地控制 NO 的释放时间、位点和生物活性，光活化金属-亚硝基配合物已成为近年来研究的热点[19]。

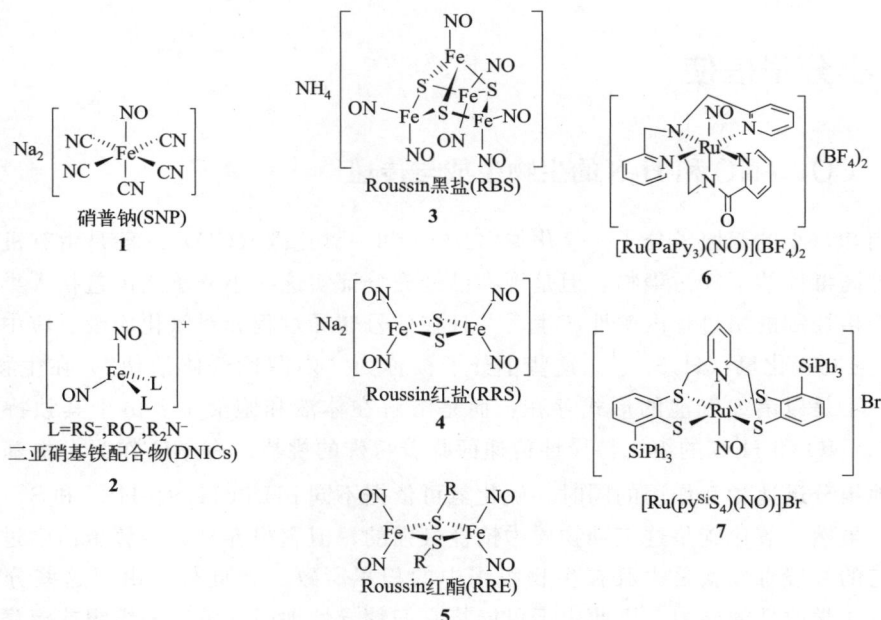

图 10.3　NO 释放分子的主要种类

由于金属-亚硝基配合物具有丰富的配位化学作用和可调控的释放动力学性质，对它们的研究重点主要集中在每个分子单元有一个或几个 NO 配体的铁和钌亚硝基配合物上（图 10.3）。除了只提供小的双原子配体的 SNP 1 之外，还介绍了更复杂的 NO 递送剂，包括二亚硝基铁配合物（DNICs，图 10.3 配合物 2）、铁-硫-簇硝基化合物 3～5，以及含轴向 NO 配体的卟啉基体系。许多单核铁和钌亚硝基配合物（如图 10.3 配合物 6 和 7）通常也可被视为卟啉类似物。

虽然 SNP 1 的二水合结晶在干燥和避光的情况下具有很好的长期稳定性，但其在溶液中表现出光诱导的 NO 快速释放，并在氧的存在下进一步加速。不过，在体内黑暗条件下的激发机理可能是由硫醇和抗坏血酸或金属蛋白相关的生物还原剂发生单电子还原诱导的 NO 释放。这些过程还释放出氰化物和过亚硝酸根，好在使用的 SNP 剂量很低，不足以使释放出的物质引起毒性[14]。

在生物系统中，尤其是在胁迫条件下，$Fe(NO)_2$ 单元与多种阴离子配体，特别是半胱氨酸和谷胱甘肽（GSH）中的供-S 基团配位生成二亚硝基铁配合物（DNICs，图 10.3 配合物 2）[20]。根据 Enemark-Feltham 表示法[21]，确定了分别具有 $\{Fe(NO)_2\}^9$ 和 $\{Fe(NO)_2\}^{10}$ 核结构的顺磁性和反磁性 DNICs，以及前者的二聚体形式。目前合成的 DNICs 被认为是一种重要的新型 NO 供体。

天然存在的[Fe-S]团簇除了在细胞中具有重要的电子转移和催化作用外，与一氧化氮的反应也会产生铁硫亚硝基团簇。根据簇芯的不同，这类团簇可分为三类：Roussin 黑盐（RBS，图 10.3 配合物 3）、Roussin 红盐（RRS，图 10.3 配合物 4）和 Roussin 红酯（RRE，图 10.3 配合物 5）。它们作为光触发一氧化氮传递系统，最近重新引起了人们的兴趣[22]。然而，只有 RRE 中的桥联硫基才能为进一步的功能化提供一个修饰位点。通过 RRS 中的 μ_2-硫配体的烷基化或硫酸盐与具有两个可位移羰基配体的[Fe(CO)$_2$(NO)$_2$]反应，可以很容易产生 RRE。改善这类 RRE[23-24] 的水溶性和稳定性以及它们的光物理性质是目前的研究方向，例如，通过增加长臂官能团以获得用于长波长光激活的高双光子吸收（TPA）截面[25]。

一个关键的问题是 NO 与金属-协同配体碎片，特别是卟啉衍生配体系统的快速重组。因此，其他多齿状配体可以被设计为温和的光诱导一氧化氮传递系统（例如，图 10.3 配合物 6 和 7）[19,26,27]。由于锰、铁和钌的固有毒性低，配位化学性质稳定且多样，所以它们是可选择的配位金属中心，而且如果 N 是金属的优先配位数，则通常需要一个具有 $N-1$ 个供体基团的多齿配体，从而完全占据除了与 NO 配位以外其他所有配位点。根据这一策略，例如 Mascharak 小组研究了化学式为[M(PaPy$_3$)(NO)]$^{+/2+}$（图 10.3）的配合物，M＝Mn、Fe 和 Ru，其中去质子化的酰氨基氮总是在亚硝基配体的反式位置。该铁配合物可以在 500nm 处触发释放 NO，并且量子产率 $\Phi=0.19$，这一结果与 SNP 和 RRE 相比就非常高效，因为它们需要更高的辐射能量（SNP 为 436nm），而且量子产率低很多[19]。除了这些结果之外，由于这些系统与溶剂发生配体交换反应以及 NO 氧化为 NO$_2$ 的反应都阻碍了它们的 NO 递送能力，因此将它们作为 NO 药前体意义不大。Ru 类似物也需要在 350nm 附近低波长处激发，而 Mn 配合物可在 532nm 处激发，量子产率更高（$\Phi=0.55$），且在水溶液中的稳定性更高。

光诱导 NO 释放的一个关键条件是低自旋{Mn(II)-NO}中心，它有在激发下从 M-N（配体）HOMO 跃迁至 M-NOπ^* 反键 LUMO 轨道的性质，这样可以削弱了金属-亚硝基键。然而，激发波长进一步红移达到细胞系统的"光效窗"600~800nm 范围是非常必要的，因为这一波段光的组织穿透深度大且对健康的细胞损伤小。其主要策略是将具有匹配吸收的有机发色团作为捕光基团附加到亚硝基金属配合物上，以实现光激发释放 NO。当轴向间苯二酚（7-羟基-3 氢-吩噁嗪-3-酮）在平面 RuN$_4$ 配体核上发生 O-配位反式硝基化时，可观察到重要的重原子效应，并与相应的 S-或 Se-发色团（分别为硫醇和硒基）交换，使主带从 590nm 移至 610~612nm[27]。

除了红光激活之外，在 NO 递送系统中，另一个常见的问题是除了生成 NO 外，也难免生成自身具有生物活性的金属-协同配体碎片。将亚硝基-金属-协同配体体系在聚合物基体中结合可以作为确保只释放 NO 活性物种的一种策略[28]。这可以通过两种方式实现。一种是要么将可聚合官能团引至协同配体周围，例如使用 4-乙烯吡啶（4-Vpy，如图 10.4 配合物 8 所示）[29]，或将金属亚硝基配合物非共价地嵌入大分子基质中。另一种是固定 NO 递送系统，方法是经由外围硫醇基锚定在例如金纳米颗粒（见图 10.4 配合物 9）表面[30]。在所有上述情况中，在适当的触发之后，NO 将扩散到其生物靶点，留下的部分便是仍保持与载体牢固结合的惰性金属-配体碎片（图 10.4）。

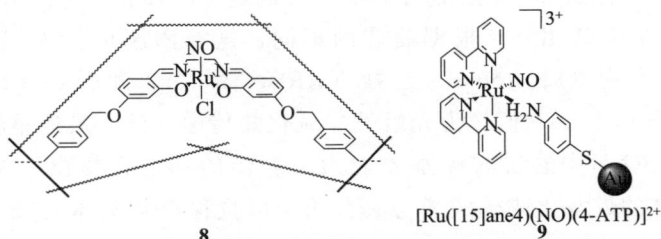

图 10.4　金属硝基配合物在固体载体上的固定化，要么通过引入可聚合基团（配合物 8），
要么通过对金表面具有高亲和力的硫醇盐（配合物 9）

10.2.3　CO 释放分子

与一氧化氮相比，除了 Alberto[31-34] 研究小组报道的碳酸硼钠（$Na_2[H_3BCOO]$、CORM-A1、图 10.5 配合物 10）及其酯和酰胺衍生物 $Na[H_3BCOOR]$ 和 $Na[H_3BCONHR]$ 以外，目前还没有不是基于过渡金属羰基配合物的细胞一氧化碳递送生理相关分子体系。正如 Motterlini 对这些系统的命名，目前有效的 CO 释放分子（CORM），涵盖了从单核羰基配合物 $[LM(CO)_n]$（$n=1\sim5$）到树状大分子及负载羰基金属的高分子和纳米材料的整个范围。其中的金属通常是在第ⅥB族至第Ⅷ族，尽管近期对铬、钴和钨配合物，以及铼和铱羰基化合物做了研究，但重点还是集中在钌、锰、铁和钼的羰基化合物，而且金属的氧化态均为 0 至 +2 的低氧化态。触发金属配合物释放 CO 的机制可分为四种类型：配体与溶剂的交换反应、酶介导的导致氧化性增强的远程键的断裂（酶促 CO 释放分子，ET-CORM）、光活化（PhotoCORM）以及近期采用交变磁场产生的热活化。

有关最早的两种金属羰基配合物 $Mn_2(CO)_{10}$（CORM-1）和 $Fe(CO)_5$ 对生物体系释放 CO 的性质研究表明，它们确实需要光激活，因此被称为 PhotoCORM（见下文），但由于它们较差的生物相容性，很快就被其他化合物取代[35]。在使用 CORM-2（图 10.5 配合物 11）做了一些初始试验之后，CORM-2 由于其较差的水溶性和每分子仅释放一个 CO 而被弃用[36]，此后大多数生物研究使用了 CORM-3（图 10.5 配合物 12），CORM-3 溶于水并诱导大鼠主动脉环制剂的浓度依赖性弛豫[37,38]。除了它的广泛使用之外，该化合物还阐明了一些新生 CO 释放分子的问题。首先，它的溶液化学性质复杂而且与 pH 有关[39]，更重要的是，它释放 CO 后剩余的分解产物迄今尚未得到充分表征。通常用不再释放 CO 的"老化"溶液作阴性对照，且称它们为灭活 CORM(iCORM)。尽管钌(Ⅱ)、氯化物和甘氨酸一般性质温和，但它们能与生物系统的组分相互作用而发生与 CO 无关的背景反应。例如，当 CORM-3 与溶菌酶共同培养后，X 射线晶体学分析表明，除了两个其他位点较少的连接外[40]，主要产物是 $[Ru(CO)_2(H_2O)_3]$ 基团与多肽链 His15 残基的结合物。

因此，很有必要对释放 CO 的 iCORM 进行独立制备和全面表征，以明确表明它们所表现的任何生物效应确实是仅仅由 CO 所致，而不是同一过程中另一必然产物金属-协同配体片段。这些第一代和第二代 CORM 存在的第二个问题是它们对任何组织没有特异活性，并且不具有药物分子所需的性质。有关这一领域的其他化合物，读者可参考 Alberto、Mann、Motterlini、Romao 和 Zobi[10,36,41-43] 的经典综述。在此，我们仅进一步讨论生物活性和靶向性质特殊的三个最新的配位化合物（图 10.5）。

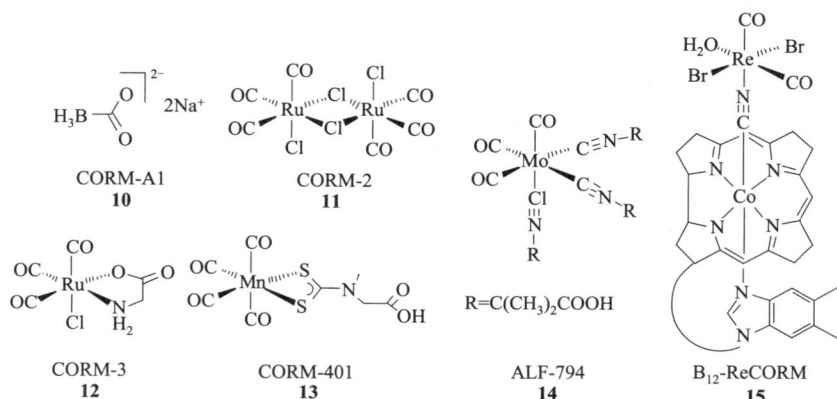

图 10.5　配体与溶剂交换引发的 CO 释放分子（CORM）

CORM-401（图 10.5 配合物 13）是在水中和 PBS 缓冲液中相对稳定的中性四羰基锰（Ⅰ）配合物，该分子在 4h 内仅释放出约 0.3mol 的 CO。不过，肌红蛋白会使它半衰期大幅度下降，不到 2min，3/4 的 CO 就能很容易被输送到蛋白质铁中心[44]。CORM-3 的性质也与此类似。能够确保 CO 在尽可能没有自由扩散或提前释放的情况下快速被送到生物靶标是非常重要的。这种在肌红蛋白存在下表现出不同活性的确切原因还需进一步研究。

这里要讨论的第二种化合物是具有三个异氰酸根协同配体的三羰基 Mo(0) 配合物 ALF-794（图 10.5 配合物 14）。为了调节其溶解性和靶标特异性，可多样地改变该配合物的结构。ALF-794 是由在 ALFAMA 分公司的 Romao 及其同事当作与一定疾病相关的一大类配合物家族的一部分研发的，即治疗由一种常见非处方镇痛药对乙酰氨基酚（APAP）的过量代谢产物引起的急性肝损伤。通过异氰酸根取代基细微的改变，ALF-794 在不同组织中的吸收可优化肝脏高蓄积，这主要取决于 $N \equiv C—C(CH_3)_nH_{2-n}—COOH$ 配体中甲基的数目。与血液中一氧化碳水平相比，肝脏 CO 浓度增加因子分别是 0.3($n=0$)～1($n=1$) 和 5.3（$n=2$)。此外，对于 $n=2$，肝脏特异性也高于肾脏特异性。另一方面，具有两个阴离子羧酸根的异氰酸根配体，在肾脏中优先累积。进一步的差异活性源于大鼠肝微粒体对金属配合物释放 CO 的激活。在小鼠模型中，与未治疗的对照组相比，在 30mg·kg^{-1}（体重）时，ALF-794 使转氨酶（ALT）水平降低了 60%，转氨酶（ALT）水平通常是肝细胞死亡的一种衡量标准，而其他化合物则表现出更高的 ALT 降低水平[45]。这些结果表明，按照有机药物研发中描述的构效关系（SAR）对 CORM "药物结构" 的细微调整（见图 10.2），可以实现显著的组织特异性和生物活性。

Zobi 小组所采用的另一种做法是，将一个以 $[ReBr_2(CO)_2]$ 片段为母体的新型铼（Ⅱ）配合物通过桥联氰基配体与氰钴胺（维生素 B$_{12}$）连接而形成 B$_{12}$-ReCORM（图 10.5 配合物 15），而不是调整 CORM 的药物结构。这种重要的分子被用作 CO 释放部位生物相容性母体[43]。在配合物 15 中的两个 CO 配体的其中之一在大约 2h 后完全释放。另外，对与脑卒中和心肌梗死有关的新生大鼠心肌酶及缺血再灌注损伤模型，配合物 15 显示出重要的活性。与对照组相比，当在再灌注条件以 30μmol·L^{-1} B$_{12}$-ReCORM 开始，细胞死亡减少 80%。

这些结果表明，通过进行简单的 CO 释放实验以及分子的药物结构的细微调节或与生物相容性或生物衍生载体连接，可调控 CO 释放分子实现高的组织特异性和生物活性。酶在不同的组织之间的表达差异很大，因此可以用它来研发药物前体的选择性位点活化。Schmalz 小组将这一概念引入含羰基铁配合物的 CO 释放分子领域，称之为酶触发 CORM（ET-CORM）[46-48]。一般思路是使 $Fe(CO)_3$ 分子与在 1-或 2-位羟基化的协同配体 1,3-丁二烯进行 η^4 配位。当羟基被"捕获"成为羧酸酯或磷酸盐时，这些琴凳状金属-羰基配合物，尤其是当 1,3-丁二烯基团键入到 1,4-环己二烯（图 10.6）这样的环体系时是稳定的。酯或磷酸盐的酶解会释放出与 1,2-不饱和酮发生互变异构的二烯醇。这就使得三羰基铁部位的哈普托数从 η^4 变为 η^2，从而促进其氧化降解，并最终释放出 3mol 一氧化碳以及铁离子和有机配体。

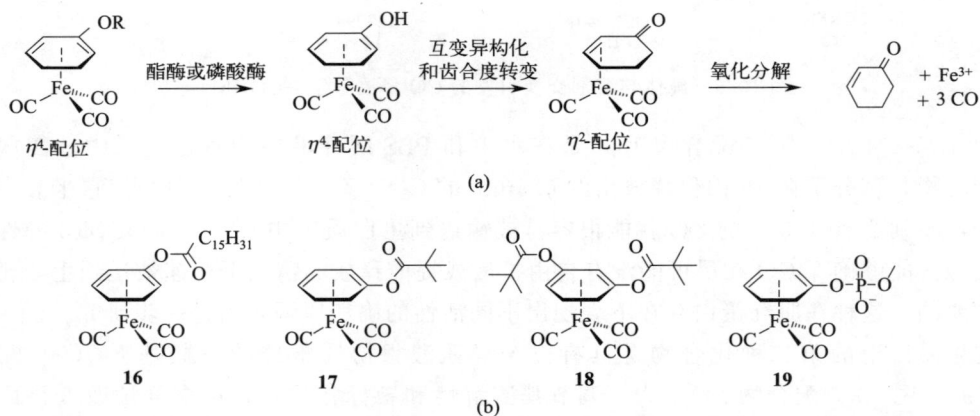

图 10.6 酶促 CORM（ET-CORM）的一般原理（a）和部分例子（b）

最初的研究表明 ET-CORM 对巨噬细胞有中至低度的细胞毒性，在适当酯酶存在下会释放 CO 至肌红蛋白，其中红假丝酵母菌脂肪酶（LCR）活性最强，并且显示了由于 CO 与诱导一氧化氮合酶（iNOS）结合而抑制了 NO 的生成[46]。进一步的研究确定了结构与活性之间的关系，特别关注羟基的 1-和 2-位、所连接的羧酸类型（配合物 16 和 17）、被 5,5-二甲基邻位取代功能化的 1,3-丁二烯以及将两个羟基引入配合物 18 的 1-和 3-位[47]。研究还表明，大多数受试化合物仅表现出中等微摩尔级的 IC_{50} 值，但当活性最强化合物为 $10\mu mol \cdot L^{-1}$ 时，其对酶促生成 NO 的抑制率可达 50%～60%。试验发现 $Fe(CO)_3$ 与 1-羟基-5,5-二甲基-1,3-环己二烯形成的配合物能在 NO 生成高抑制性和较低细胞毒性之间做到最佳平衡。比如二甲基化倾向于降低细胞毒性，却使活性在一定程度降低，二酯的毒性较强，但其 NO 抑制能力强。相应的磷酸盐（如图 10.6 配合物 19）也能被酶激活，表现出 CO 的释放和对 NO 生成的抑制，然而植物磷酸酶对触发释放是最有效的，这又表明酶的活性谱还有待进一步研究。

前面描述的 CORM，是通过金属羰基配合物与溶剂相互作用或细胞成分（如蛋白质和酶）相互作用进行的内在触发释放 CO，除 CORM 外，研究人员还开始研究外在应用的触发剂。因为光触发可以对生物作用进行精确的空间和时间控制，所以外在触发的研究重点就集中在光触发上（图 10.7）。Motterlini 等[35] 对属于这种类型的两种金属羰基配合物 $Mn_2(CO)_{10}$（图 10.7 配合物 20）和 $Fe(CO)_5$（图 10.7 配合物 21）进行了初步研究。由于这些化合物生物利用度很差，并且要使用"冷光源"，所以它们很快就被移出了 CORM-2 和 CORM-3（见图 10.5）的范畴。

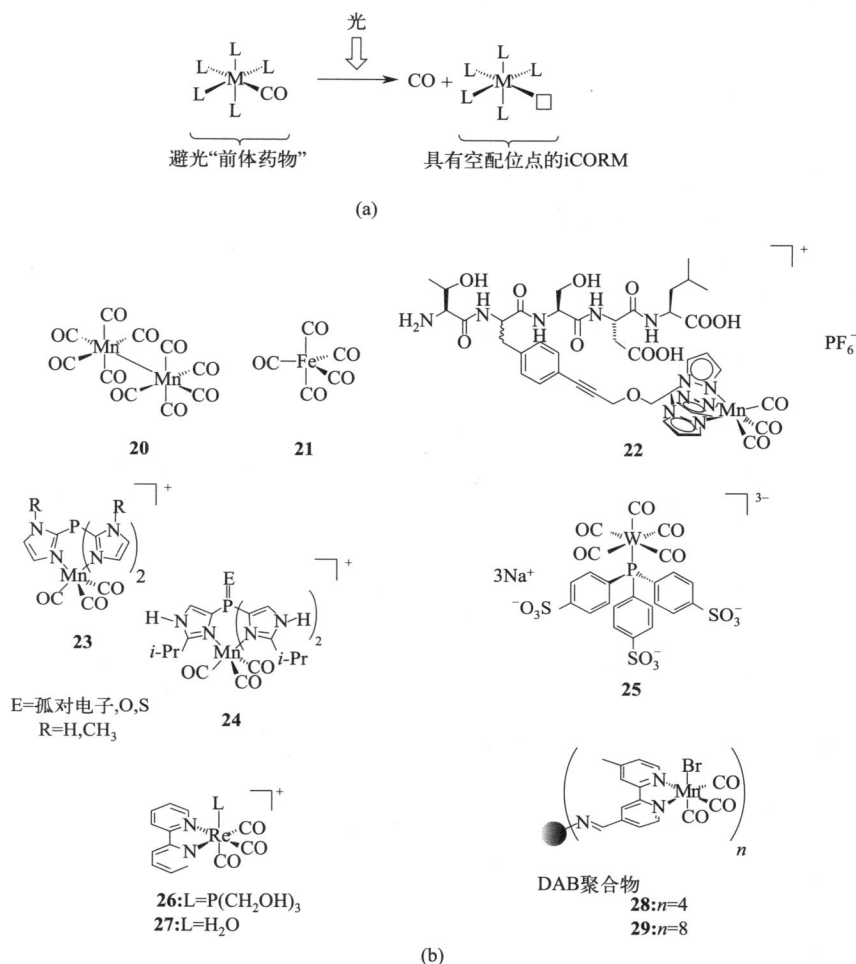

(a)

(b)

图 10.7　光触发 CO 释放分子（PhotoCORM）的一般原理（a）和部分例子（b）

在引入金属羰基配合物作为 CO 释放分子的初始概念 5 年之后，受有机"笼状"化合物启发（参见 10.3.1 节），Schatzschneider 小组报道了由光触发三羰基锰（Ⅰ）配合物引起的一氧化碳释放，如在化合物 22 中，具有平面三齿三（吡唑基）甲烷（tpm）配体。通常简便地用由 UV 手持灯产生的 365nm 波长的光使 TLC 板显色，结果显示每摩尔金属配合物可释放出 2/3mol 的 CO[49]。此外，以金属锰作为内在标记的原子吸收光谱（AAS）可以证明 HT-29 人类癌细胞对配合物有效地被动吸收。它们在细胞培养实验中也表现出不同的生物活性。尽管在浓度为 $100\mu mol \cdot L^{-1}$ 与 HT-29 细胞共培养 48h 没有活性，但在 48h 培养中期用 365nm 光辐照 10min 可以引起生物量的显著降低，这一结果可通过对照有机标准试剂 5-氟尿嘧啶的结晶紫实验证实。

虽然通常对 CO 关注的焦点是其细胞保护性，但这些实验表明，高度局部有毒的一氧化碳浓度有利于从体内根除畸变的细胞组织。UV-泵/IR-探针飞秒级实验表明，在光激发开始时金属配合物仅释放三个 CO 配体中的一个，而且一些分子还可能发生了双分子重排[50]。EPR 研究证明，由氧化失去剩余的 CO 配体，iCORM 的最终产物是由于氧化作用而失去剩余的 CO 配体之后的单核锰（Ⅱ）tpm 配合物，其最终在进一步氧化作用下双聚形成了氧桥锰（Ⅲ）二聚体[51]。

除了以上 tpm 化合物之外，Kunz 小组详尽地研究了与其类似的具有三（唑基）配体的 $Mn^I(CO)_3$ 配合物，例如配合物 23 和 24，研究了取代基对配体的影响[52,53]，并且还通过使用可聚合的配体将其与聚合物载体系统连接[54]。按照同样的思路，为了改善靶向和细胞传递性能，他们也将 tpm 母体化合物连接在多肽、二氧化硅和碳纳米材料载体上（图 10.7）[55-57]。

2010 年，Ford 及其同事报道了他们研究的第一个非锰化合物，即带三个负电荷的配合物 $[W(CO)_5(tppts)]^{3-}$（配合物 25），其中三磺化三苯基膦（tppts）配体使中性五羰基钨（0）部分具有理想的水溶性。该化合物在黑暗条件下的充气水缓冲液中可保持数小时的稳定性，当用 313nm 光辐照时可使配合物中的 5 个羰基配体释放出其中的一个后形成水合物，接着在氧分子存在下进一步发生不可逆的氧化反应[58]。虽然在此之前已报道了一些光活化释放 CO 载体化合物，但 PhotoCORM 这个术语的第一次使用还是要归功于这个报道。自此以后，文献中出现了更多的 PhotoCORM，尤其是基于铁和钌的 Photo-CORM[59-64]。特别是如在 10.2.2 节中所讨论的，Mascharak 小组在锰亚硝基配合物的 CORM 同系物研究中取得了很大的成功（如图 10.3 中的配合物 6）。经过精心的配体设计，可利用 400～550nm 范围的低频率可见光实现 CO 释放，这对于更高级的生物应用是至关重要的。

有关 CORM 的一个主要问题是缺乏灵敏的分析方法来研究金属羰基配合物的细胞摄取和细胞内分布，以及一氧化碳配体的最终状态。一般来说，M-(CO)振动出现在 1850～2300cm^{-1} 之间的波数范围，生物（大）分子成分在这个区域没有信号，因此在红外或拉曼光谱中细胞没有吸收峰。所以，可以用共聚焦拉曼显微镜在活的、非固定的人结肠癌细胞中观察 $[Mn(CO)_3(tpm)]^+$ 配合物[65]，然而为得到良好的信噪比，所需的浓度要在毫摩尔级到微摩尔级的范围，这就比通常用于 CORM 生理研究所需的浓度高出约 2～3 个数量级。这是由拉曼光谱固有的低灵敏度所致，所以必须使用近场技术，如表面增强拉曼散射（SERS）来缓解这一矛盾。虽然目前在这个方向的研究还算活跃，但不足的是所有实验仅使用固定细胞和干细胞[66-67]，这可能引起化合物在细胞内的大幅重新分布，而使其明显不能代表其自然状态。这里，我们请感兴趣的读者参考第 5 章，该章详细描述了金属羰基配合物的活细胞成像作用。

2012 年，Pierri 和 Ford 等合作研究了一种新的、非常有创意的 PhotoCORM，即 $[Re(bpy)(CO)_3(P(OCH_2OH)_3)]^+$（图 10.7 配合物 26），在光诱导下释放膦反式位上的一氧化碳配体，立体定向地形成相应的水合物 $[Re(bpy)(CO)_2(P(OCH_2OH)_3)(H_2O)]^+$（图 10.7 配合物 27）[68-69]。其在 365nm 和 405nm 激发下的量子产率分别是 0.21 和 0.11。更有趣的是，这两种化合物在不同波长下都是高度发光的。在 355nm 激发下，三羰基铼（Ⅰ）配合物 26 的最大发射波长为 515nm，水化产物 27 的发射红移至 585nm，并在充气的水介质中仍保留这一性质。对它们的第一次研究是用共聚焦荧光显微镜实时跟踪活体 PPC-1 细胞中存在的 PhotoCORM 及其 iCORM 产物。重要结果是，这两种化合物在浓度达 $100\mu mol \cdot L^{-1}$ 时也表现出较低的细胞毒性。除了这第一个固有荧光的 CORM 外，Chang 和 He 小组分别报道了两种研究细胞内 CO 的发光探针[70-72]。在复杂的生物基质存在的情况下，这些探针能否作为研究一氧化碳在低物质的量浓度（微摩尔级）下传递到生物系统的普遍工具，仍有待观察。

Smith 和 Schatzschneider 小组最近报道的以$[MnBr(bpy^{R,R})(CO)_3]$（图 10.7）[73] 为母体的树状配合物，将该研究引入到了大分子化学领域。在带有 2,2'-联吡啶官能团的配体中引入醛基，可以使聚（丙烯）亚胺树状大分子末端的氨基与 1,4-二氨基丁烷（DAB）核相连。可以制备并表征分别含有 4 个和 8 个三羰基锰结构的 G1 和 G2 代化合物 28 和 29，分别包含 12 和 24 个羰基配体。在 410nm 的 LED 光源下，每个 $Mn(CO)_3$ 单元中 2/3 的 CO 配体可以被光解释放。有趣的是，该过程没有任何空间效应，说明所有锰单元都是不发生分子内相互作用的独立 PhotoCORM。

Janiak 及其同事报道了一种非常新颖的策略，就是将带有金属羰基配合物的超顺磁性氧化铁纳米粒子（SPION）通过交变磁场局部加热，激发其释放 CO[74]。氨基酸衍生配体 3,4-二羟基苯丙氨酸，通过螯合邻儿茶酚酸基团锚定在镁铁石 SPION 上，使纳米颗粒呈现双齿 N，O 配体结构，这与 CORM-3 类似。比如与 $[RuCl(\mu\text{-}Cl)(CO)_3]_2$ 反应生成功能化的 $RuCl(CO)_3$ 纳米粒子 30（图 10.8）。此外，还制备了苯丙氨酸模型化合物进行对照。

经测定每个纳米颗粒约含 400 个 $RuCl(CO)_3$ 单位，其平均直径约为 10nm，换言之就是 60% 3,4-二羟基苯丙氨酸都带有 $RuCl(CO)_3$ 单元的官能团。即使在这些分子层的覆盖下，颗粒也保留着超顺磁特性。根据标准肌红蛋白测定法测定，即使在无磁场条件下 CORM@SPION 纳米颗粒也能释放一些 CO，但与 CORM-3 一样，其半衰期要比分子模型化合物的半衰期更长。外加交变磁场（约 250kHz 和 40mT）使功能化纳米粒子的半衰期减少至原来的 1/2，而模型化合物无论有无磁场，其半衰期在实验误差范围内保持恒定。

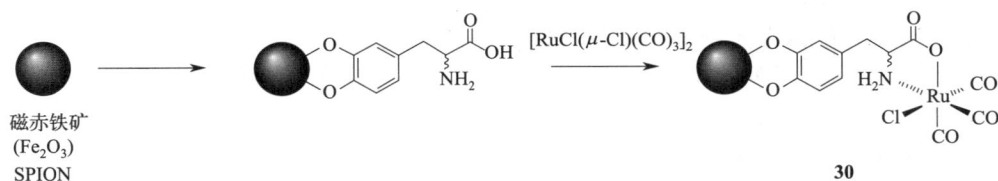

图 10.8　通过交变磁场加热合成引发释放 CO 的功能化的 $RuCl(CO)_3$ 超顺磁性氧化铁纳米粒子

10.3　"笼状"金属配合物中神经传导物质的"光释放"

10.3.1　"笼状"化合物

"笼状"化合物中的生物活性分子由于与光不稳定的保护基团以共价键结合而失去活性（参见第 9 章）[75-79]。这种叫法实际上是非常不恰当的，因为基本上这些化合物都不是生物活性成分从其封闭的内腔中释放出来容器分子。事实是自从 30 多年前描述了第一个"笼状"

化合物之后，这个名字就一直保留下来[80]。通常由光激发引起的保护基团解离称启动"释放"，这样可以对释放的生物活性分子进行精确的时空调控（图 10.9）。1978 年，Hoffman 及其同事首次报道，在生物学环境中，用 340nm 光照射会使通过酯键将保护基团 2-硝基苯基磷酸或 1-(2-硝基)苯乙基连接到 ATPγ-磷酸上的"笼状 ATP"的 5′-三磷酸腺苷（ATP）光解释放[81]，这时他们建立了这个概念。从"笼状"分子释放的 ATP 可以激活内部能量储存不足的红细胞中的 Na、K-ATP 酶，而对"笼状"分子自身没有影响。自那时起，人们已经研究了许多包括芳硝基、芳甲基、香豆素-4-烷基甲基和芳基羧基甲基[82-83] 在内的其他光不稳定保护基团，但时至今日，金属配合物在这一作用中的应用还远未受到重视。

　　许多有机光不稳定保护基团只能在 400nm 以下的波长下被去除，而金属配合物的吸收光谱通常具有相对红移的低能带，因此可以使用较低能量光触发光释放。由于光的组织穿透深度与所使用的波长成正比[84-86]，所以使用金属配合物作为光不稳定保护基团对更有效的药物释放具有很大的应用前景，并且较低的激发能可以降低对健康组织的光损伤也是大家所希望的。本节将重点关注主要通过光触发从金属中心释放的生物活性有机分子及其活性。关于金属中 CO 和 NO 等小分子信使的释放问题，读者可以参见前面的章节。

图 10.9　光活化光不稳定保护基团 PG "释放" 药物分子的机制

10.3.2　生物活性分子的"释放"

　　迄今为止，作为光不稳定保护基团的金属配合物几乎完全是具有一个或多个由将要"释放"的生物活性物质占据配位点的钌(Ⅱ)多吡啶配合物。事实上，人们已对钌(Ⅱ)多吡啶配合物的光化学诱导配体解离做了广泛研究，包括促进配体释放的 MLCT 态与低能 d-d 态之间的转变[87,88]。不过，近期才进行了这一性质在生物环境中的研究。最近 10 年，特别是 Etchenique 小组巧妙地利用多吡啶钌体系丰富的光化学性质，制备了能在光激发下释放神经活性分子的无机"笼状"化合物。这些神经活性分子的快速和局部释放，使得人们可以进一步研究受体分布、离子通道动力学以及其他过程。对$[Ru(bpy)_2(4AP)_2]^{2+}$（图 10.10 配合物 31）的合成和研究是这方面第一个成功的例子[89]，该配合物含有 4-氨基吡啶（4AP），4AP 是一种神经活性分子，它可以阻断某些 K^+ 通道[90]，促进去极化并增加神经元活力。用暗稳定配合物 31 治疗药用水蛭中央神经节时，通过氙闪光灯的可见光脉冲测量单细胞跨膜电位时观察到了特征性工作电位。研究者证实，在光激发下从金属中心能释放一个 4AP 分子，而配合物$[Ru(bpy)_3]^{2+}$ 在相同条件下没有活性。后来有报道称，在生理条件下，720nm 的高功率激光源的双光子激发（TPE）配合物 31 也能光解离出一个 4AP 分子，同时在 720nm、800nm、950nm 的激发下还能产生双光子荧光[91]。

　　含有如色胺、酪胺、5-羟色胺、γ-氨基丁酸（GABA）和丁胺等其他生物活性胺的类似$[Ru(bpy)_2L_2]^{2+}$型配合物，尽管其解离量子产率相对较低，但研究发现它们也能释放一个胺分子（图 10.10）[92]。有关$[Ru(bpy)_2(L)_2]^{2+}$类型配合物光解离产生 4AP、丁胺和 γ-氨基丁酸详尽计算研究，读者可参考 Salassa 等的报道[93]。据 Etchenique 及其同事报道，[Ru(bpy)$_2$(PPh$_3$)(GABA)]$^{2+}$（图 10.10 配合物 32）可在 450nm 激发下释放 GABA[94]。配合物 32 释放 GABA 的量子产率（$\phi=0.21$）显著高于配合物 31（$\phi=0.036$），或商用 γ-氨基丁酸 α-羧基-2-硝基苄基酯[O-(CNB-caged)GABA，$\phi=0.16$][95]，从而可将有效的光释放与可见区域中的触发波长相结合。在光激发下，配合物 32 诱导的蛙卵母细胞表达 GABAc 受体的膜离子流变化与游离 GABA 相似。

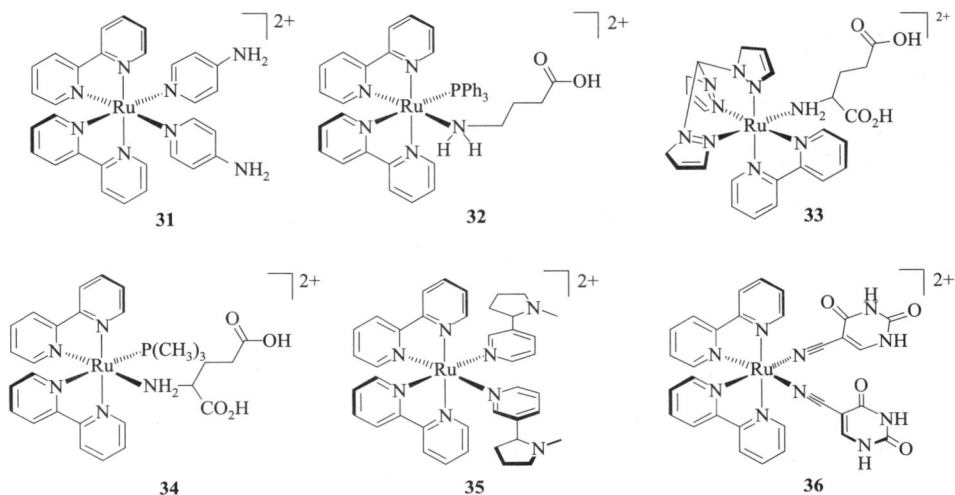

图 10.10　具有钌保护基团的"笼状"生物活性分子的一些例子

另一个对学习和记忆功能很重要的神经传导物质是谷氨酸（GlutH$_2$），用低能可见光使金属"笼状"基团释放这种化合物是一大进步。不过，谷氨酸能够通过氨基和 α-羧基与钌螯合形成牢固的双齿配合物，因此其光激发解离量子产率非常低[96]。用三齿三（吡唑）甲烷（tpm）配体取代 Ru(bpy)$_2$ 体系中的一个联吡啶配体，使 GlutH$_2$ 完全通过氨基与金属配位，可以阻止 GlutH$_2$ 与钌的螯合反应。[Ru(bpy)(tpm)(GlutH$_2$)]$^{2+}$（图 10.10 配合物 33）在 450nm 辐射下释放谷氨酸，量子产率为 0.035，这是相同波长下 2-(二甲氨基)-5-硝基苯(DANP)保护基团的 17 倍[97]。生物活性物质能从金属配体中快速释放是非常重要的，特别是对神经传导物质，因为它在研究或控制过程中有时间限制。配合物 [Ru(bpy)$_2$(PMe$_3$)(GlutH$_2$)]$^{2+}$（图 10.10 配合物 34）在 532nm 激发后不到 50ns 释放谷氨酸，也可以在 800nm 处通过功能截面为 0.14GM 的双光子吸收释放谷氨酸[98,99]。为了证明该系统的有效性，将激光脉冲复用成五个间隔很近的光束，并将其定向到经配合物 34 处理的皮层锥体神经元上，产生了与谷氨酸受体的激活一致的工作电位。

尼古丁成瘾的机制是一个尚未完全被理解的药理学领域[100,101]，这是与吸烟有关的一种可避免的疾病，是肺癌的主要原因。尼古丁是烟碱乙酰胆碱受体（nAChR）的激发剂，它是肌肉、神经节和大脑中的配体门控离子通道，同时也能与多巴胺系统相互作用。为了理解尼古丁成瘾的分子机制，以开发新的治疗策略，有效控制尼古丁在活体组织中的快速释放和精准的空间分布是至关重要的。早期研究表明，使用 532nm Nd-YAG 脉冲激光照射[Ru(bpy)$_2$(nic)$_2$]$^{2+}$（图 10.10 配合物 35），对配合物 35 的一个尼古丁分子的快速释放产生了影响（大约 17ns）。后期的实验中，使用 473nm 的蓝色激光脉冲在水蛭神经节的 Retzius 神经元中激发了与尼古丁的激活相一致的工作电位[102]。

研究者用一种钌多吡啶配合物光解释放 5-氰基尿嘧啶（5-CNU）[103]，之前已证实它能抑制体内嘧啶分解代谢，是抗癌药物 5-氟尿嘧啶的类似物。Turro 及其同事[103] 制备了[Ru (bpy)$_2$(5-CNU)$_2$]$^{2+}$（图 10.10 配合物 36），这与 Etchenique 所研究的系统不同，它在可见光（$\lambda_{irr} \geqslant 395nm$）照射时可释放 2mol 的生物活性分子。进一步的实验表明，在 5-CNU 光解后，出现了双水产物 [Ru（bpy）$_2$（H$_2$O）$_2$]$^{2+}$，它可与线性 pUC 18 质粒结合，而在黑暗中孵育的样品没有这种效果。该配合物代表了一种新的设计理论，也就是生物活性既受到生物活性物质 5-CNU 释放的影响，又受到光激发后[Ru(bpy)$_2$(H$_2$O)$_2$]$^{2+}$ 与 DNA 的结合的影响所构成的一种双重作用方法。

虽然对金属配合物作为"笼状"生物活性分子的光不稳定保护基团概念的使用已有 10 年时间了，但仍有许多需要研究的领域，特别是钌以外金属的应用。金属配合物具有许多优于传统有机光不稳定保护基团的优点，尤其是更长波长光引发的光释放更适合体内，因为长波长光不仅组织穿透较深，而且对正常细胞成分损伤较小。钌多吡啶体系在这一作用中的应用已经得到了很好的探索，通过产生从金属中心释放的生物活性分子和产生的金属片段能够结合来自一个最初惰性物种的 DNA，甚至提供了多种作用光化学疗法的可能性。未来研究重点应放在生成具有高双光子吸收（TPA）截面的金属光不稳定保护基团上，以更易于利用低能可见光或近红外光解离。虽然对有机"笼状"分子的研究[104-105] 已经非常广泛，但一些金属配合物的固有供体性质可能会需要更合适的候选者。

10.4　钴配合物的低氧激活

10.4.1　钴配合物的生物还原激活

近年来，钴基药物领域的研究主要集中在这种金属的良好氧化还原性质方面。Co(Ⅱ) 和 Co(Ⅲ) 的不同电子性质使相关配体的不稳定性产生很大差异。通过利用肿瘤组织特有的生理条件来激活钴配合物，人们可以设计出在目标部位具有高活性而在身体的其他区域保持相对惰性的一种药物，从而减少与非必要毒性相关的化疗副作用。

理想情况下，当设计成的分子只在肿瘤自身特定化学微环境中产生活性成分，而在正常组织中不产生时，这就是发生在理想肿瘤中前体药物的选择性激活。各种策略的基础是肿瘤特异性酶或抗原（和抗体）的靶向性、pH 差异、辐射治疗和肿瘤缺氧[106-107]。前两种策略由于肿瘤中酶可变的表达水平和靶向抗原水平低而存在困难，因此在此不再讨论。有几个实例详细说明了利用实体肿瘤内的 pH 差异使金属基前体药物激活，或利用放射疗法通过辐射水分解产生还原物质的策略，这些将在后面讨论。我们知道，有缺陷的新生血管和高间质压力导致肿瘤的缺氧（低氧浓度）区域难以成为肿瘤细胞不能快速分裂的区域。这一特性似乎在实体肿瘤中非常普遍且独特，使其成为选择性前药激活的极好位点。人们已经研发出了许多在低氧条件下选择性地形成活性药物的有机化合物，包括醌类[108-109]、芳香族[110-113] 和脂肪族 N-氧化物[114-115]，其中一些已进入临床试验[116]。

前药在低氧环境中的激活是通过单电子还原发生的，如图 10.11 所示。在人体中，这种还原可以通过在所有组织中都存在的多种还原酶（黄嘌呤氧化酶和细胞色素 P450 还原酶）进行[117]。在正常健康组织的富氧环境中，已被还原和活化的物质又被氧快速氧化，再次形成非活性前药。据推测，在低氧环境中药物的活化主要取决于再次氧化的速率而不是初始还原速率[107]。然而，在 O_2 水平降低的区域，例如实体瘤的低氧区域，再次氧化速率大幅降低，从而使活化的药物影响其作用[118]。尽管这一普遍机制至少受到一种钴配合物质疑[119]，但可以肯定的是，单电子氧化还原是氧抑制代谢减少的主要机制。Φstergaard 等利用绿色荧光蛋白（GFP）氧化还原探针，证明真核细胞的胞质环境是高度还原的（－298mV 相对于 NHE），这意味着任何设计的低氧活化的前药在这些条件下都是可还原的[120]。

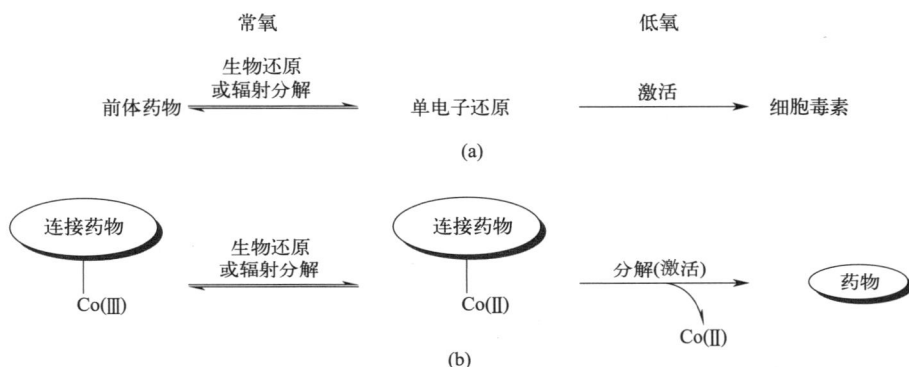

图 10.11 低氧激活选择性释放生物活性物质的可能机制

尽管已有 Ru、Cu 和 Re 配合物作为潜在低氧激活前药[121,122] 的报道，但大多数是有关钴[106,107,118,123,124] 的实例。由于钴配合物在此背景下显示出的潜力最大，本章仅对它进行讨论。钴的电子性质非常适合这种情况。简单地说，较高氧化态 Co(Ⅲ) 的配位稳定（低自旋 $3d^6$ 金属中心），而较低氧化态 Co(Ⅱ) 由于其 $3d^7$ 电子构型而使配体容易交换。生物分子与相对稳定的 Co(Ⅲ) 中心配位使其失去生物活性，所形成的配合物作为药前体，可在随后低氧环境中被生物还原为不稳定的 Co(Ⅱ) 状态而释放活性物质，如图 10.11 所示[118]。由于 $[Co^{II}(H_2O)_6]^{2+}$ 很高的氧化电位（$E^0 = 1800mV$）[125]，所以水很容易取代 Co(Ⅱ) 的配体，并不可逆地形成 $[Co^{II}(H_2O)_6]^{2+}$。

为了确保作为低氧激活的药物前体而设计的钴配合物能够很好地发挥作用，可微调钴中心周围的辅助配体以改变 Co(Ⅱ)/Co(Ⅲ) 氧化还原电势、溶解度（亲水性或亲脂性）和总电荷[118]。钴可以与多种高场和中场配体配位，从而可以制备出具有明显不同生理特性的多种配合物。

10.4.2　低氧激活的 DNA 烷基化的钴药物前体

Hambley 及其同事的文献综述[118] 为 2007 年以前 Co(Ⅲ) 配合物向肿瘤提供细胞毒性药物的应用情况做了深入概括。为提高抗肿瘤活性设计 Co(Ⅲ) 药物前体的早期尝试主要是金属配合物中烷基化基团的结合。Teicher 等先发现含硝基配体的 Co(Ⅲ) 配合物是有效的放射增敏剂[126]，接着描述了具有氮芥、双（2-氯乙基）胺（BCA）配体（图 10.12）[127] 的 Co（Ⅲ）配合物 *trans*-[Co(acac)₂(NO₂)(bca)]（acac＝乙酰丙酮，图 10.12 配合物 37）的合成及其抗肿瘤活性。由于氮芥在 DNA 双螺旋链之间形成链间交联而具有较高的细胞毒性，因此长期以来它一直被用作抗癌的化疗药物。据推测，bca 配体与 Co（Ⅲ）配位后因为将不再提供氮孤对电子而失活，但在 Co（Ⅲ）被生物还原为 Co（Ⅱ）时，细胞毒性氮芥将会被释放出来。这些研究者还制备了含有一个未激活吡啶的 Co（Ⅲ）配合物 *trans*-[Co(acac)₂(NO)₂(py)]（py＝吡啶，图 10.12 配合物 38）作为对照，这是阐明氮芥和钴配体片段分别对整个生物活性贡献的一种手段。

他们还发现尽管钴配合物 37 和配合物 38 在富氧条件下的活性均高于低氧条件下的活性，但钴配合物 37 对 EMT6 小鼠乳腺肿瘤细胞的活性高于配合物 38。这与单独的 bca 配体的活性形成对比，bca 配体对富氧细胞和缺氧细胞具有相同的细胞毒性。然而，配合物 37 是一种有效的放射增敏剂，在体外照射后在缺氧细胞中活性增加，与不含配合物 37 相比剂量调整因子为 2.4。此外，配合物 37 对 SCC-25/HN2 氮芥 SCC-25 人鳞状细胞癌耐药亚系具有良好的活性，表明当使用钴药物前体配合物时，可以绕开耐药细胞系中氮芥失活的方法。

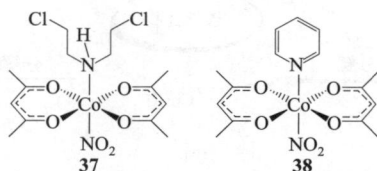

图 10.12　低氧激活的钴药物前体 37 和对照配合物 38

Ware 小组报道了大多数其他含氮芥配体的 Co（Ⅲ）配合物。尽管最初研究的是失活氮丙啶配体的 Co（Ⅲ）配合物[128]，但研究人员随后就开始研究双齿氮芥。理论上螯合氮芥配体将使还原态的 Co（Ⅱ）具有更高的动力学稳定性，可以使其在正常组织中被氧再次氧化，这是低氧激活药物前体的先决条件。为此研究人员合成了一系列此类分别具有 *N*,*N*-双（2-氯乙基）乙二胺（dce）和 *N*,*N*'- 双（2-氯乙基）乙二胺（bce）配体，以及在 acac 配体上的有不同取代基的配合物（图 10.13 配合物 39 和 40）[128]。

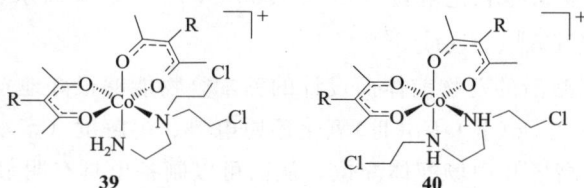

图 10.13　含有双齿氮芥的低氧激活钴药物前体

利用这些配合物对 AA8 细胞系[129] 及其突变亚系 UV4 的生长抑制进行了测试，后者对 DNA 烷基化剂尤其敏感[130]。与游离 dce 和 bce 配体相比，39 和 40 配合物具有相似的活性，但是不对称的配合物 39 比对称的配合物 40 更具有细胞毒性，可能是由于 dce 配合物更高的还原电位使释放更快。dce 配合物和 bce 配合物对 UV4 细胞系更活跃，证实活性氮芥配体的释放引起细胞毒性。应注意的是，配合物 39 的还原电位约为－800mV（相对于

NHE)，而配合物 40 的还原电位一般较高，表明适合不超过细胞中还原条件的还原电位范围较窄。与富氧的细胞相比，在 acac 配体上具有甲基基团的配合物 39 在低氧条件的效果提高 20 倍，而 bce 配体就没有明显的区别。该配合物还对完整的 EMT6 球状体具有高的低氧激活效力（表现许多实体瘤特征的肿瘤细胞的三维聚集体），进一步证明了该配合物在实体瘤核心的低氧区域内释放了可扩散的细胞毒性氮芥[131]。

Ware 等继续报道了含三齿氮芥配体的 Co(Ⅲ) 配合物的合成和生物学评价，该配合物能提高在好氧条件下还原物种的稳定性[132]。不过，这些配合物的活性低于配合物 39，其中一例仅观察到 5 倍的低氧选择性。具有 acac 配体的配合物 39 类似物，取代 acac 配体的碳酸[133]、草酸[133] 和 tropolonato[134] 配体均显著地降低了低氧选择性。

该小组还报道了使用电离辐射通过水的辐射解离产生还原性自由基，从而还原钴配合物，使细胞毒性剂释放。该方法具有一定的优势，可以靶向细胞毒性药物释放的非常特定区域。因此，他们制备了含有 8-羟基喹啉（8-HQ）和各种大环辅基配体的 Co(Ⅲ) 配合物（图 10.14）[135]。8-HQ 本身是一种细胞毒性化合物，是一种偶氮氯甲基苄吲哚（azaCBI）细胞毒素的模型化合物，即一种合成的有效的 DNA 小沟烷基化剂双卡霉素类似物[136]。研究发现，与治疗相关的辐射剂量能在各种介质中高效地还原配合物并释放 8-HQ，但与游离的 8-HQ 相比，它们的细胞毒性较低。此外，含有大环配体的配合物 41 在高氧和低氧浓度的代谢条件下都是稳定的。

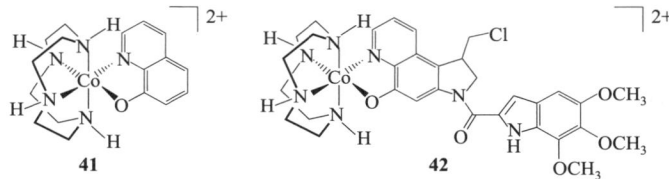

图 10.14 含有细胞毒性分子的低氧激活钴药物前体

这些研究者接着制备了钴配合物 42，用 azaCBI 取代 8-HQ 配体[137]。配合物 42 表现出显著的辐射降解性，并能够在低氧甲酸盐缓冲液和人血浆中同时释放 azaCBI，在抗 UV4 细胞增殖试验中，其作用几乎与游离的 azaCBI 一样强。然而，对于人结肠癌细胞系 HT29，配合物 42 的效力明显低于游离的 azaCBI，但也显示出 20 倍的低氧选择性，并且在没有电离辐射的情况下也可在低氧介质中活化。为理解细胞内还原机制，将配合物 42 在野生型 A549 细胞缺氧悬浮液和具有过表达的细胞色素 P450 还原酶（被认为是哺乳动物细胞中主要的一电子还原酶）的低氧 A549 细胞中孵育。在这两种情况下，配合物 42 的还原代谢速率没有显著差异，研究人员据此推测，其他还原剂例如抗坏血酸、硫醇或 NAD(P)H 在还原 Co(Ⅲ) 低氧活化药物前体方面可能起重要作用。

Denny 及其同事的一份报告详细介绍了一系列在配合物 42 中大环配体的轴向氮原子上加上各种取代基的类似物合成和生物学评价[138]。他们通过加入甲基、磺酸盐、磷酸盐或羧基改变配合物的总电荷和溶解度，并且比较了配合物 42 和游离的 azaCBI 对 SKOV3 和 HT29 人卵巢癌和结肠癌细胞株的活性。有趣的是，所有化合物都比母体配合物 42 活性更高，低氧条件下的 IC$_{50}$ 值与游离 azaCBI 相当。然而，只有一种在轴向位置含有 N-甲基取代基的化合物的低氧活性高于配合物 42，这可能是由于该配合物在生理条件下具有相同的总电荷和更高稳定性。

10.4.3　MMP 抑制剂的低氧激活的钴药物前体

在细胞毒性 DNA 烷基化剂靶向 DNA 的替代策略中，最近的研究集中于研发癌细胞特有的或加剧的细胞过程。这些策略可能包括对肿瘤加速生长或肿瘤通过转移在全身扩散的特定酶的抑制作用。转移是指癌细胞从身体的一个部位扩散到另一个部位，是恶性疾病导致死亡的主要原因。生长中的癌细胞首先突破上皮基底膜，开始血管生成，使原发肿瘤扩张。然后，这些细胞可能进入血液，最终迁移到其他器官或组织，并生长为继发性肿瘤或转移瘤[139]。人们已经设计出许多新的抗转移药物来抑制这一过程，包括基质金属蛋白酶（MMP）抑制剂。

基质金属蛋白酶是能引起结缔组织和细胞外基质蛋白质降解的金属酶家族，在组织重塑和伤口愈合等过程中发挥重要作用。然而，MMP 也被认为参与了转移，肿瘤细胞在侵袭邻近组织和降解形成基底膜主要结构成分的胶原蛋白时，将 MMP 隔离在其前缘表面，从而促进了转移[139]。MMP 的活性位点由一个重要的催化作用的 Zn(Ⅱ)离子组成，该离子与三个组氨酸残基结合，同时拥有与底物结合的另外两个游离位点。从设计选择性抑制转移药物的角度看，由于 MMP 在扩散性肿瘤细胞中大量地过表达和（或）激活，其靶向性是很有前途的[140-144]。事实上，MMP 的过表达与癌症患者的不良预后相关[145]。许多 MMP 抑制剂含有羟肟基团，其能够强烈地螯合 MMP 中的 Zn 离子，从而阻断蛋白酶的基本催化区域，防止肿瘤细胞扩散到血液中[146]。其中一种作为抗转移药物引起大量关注的化合物是马立马司他（Marimastat）（图 10.15 化合物 43），它在进入Ⅲ期临床试验之前，由于患者反应不佳而最终被放弃。

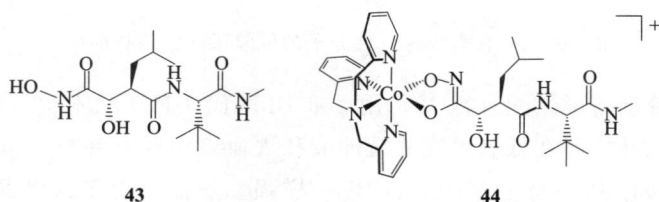

图 10.15　MMP 抑制剂马立马司他 43 和低氧激活的钴-马立马司他共轭物 44

与使用马立马司他相关的一个问题是它对癌细胞中 MMP 的非选择性，并伴有炎症多发性关节炎（临床表现为关节痛、红斑和功能严重限制关节肿胀）常见的剂量依赖性副作用[147]。为了提高马立马司他的选择性，Failes 和 Hambley 研究了使用 Co(Ⅲ)-马立马司他偶合物作为在实体瘤内的缺氧环境中选择性释放马立马司他方法的可行性。初步研究了一些含有简单羟基酸和羟肟配体的 Co(Ⅲ)配合物作为马立马司他的模型，揭示了不可逆的还原过程，表明配体从金属中心解离，电位适合于细胞生物还原剂，但不会太低，在到达作用位点之前不稳定[148]。同一研究者随后报告了钴配合物 44 的制备，其含有三(甲基吡啶)-胺(tpa)和马立马司他配体，以及其在低氧条件下对马立马司他的选择性释放[149]。

经 X 射线晶体学证实，配合物 44 为双去质子化氢肟酸盐。在溶液中，观察到两种去质子化"羟基"基团和叔 tpa 氮配位的顺反异构体，其比例约为 1∶1。异构体不能分离，但由于不会改变配合物的生物活性，因此在随后的测试中使用了该混合物。循环伏安法显示，配合物 44 在－863mV（相对于 Ag/AgCl）处具有不可逆还原峰，而母体配合物[CoCl(H_2O)(tpa)](ClO_4)_2 的还原峰为－166mV，表明氢肟酸配体具有很高的稳定性。这样的电位对于低氧选择性生物还原释放是否是最佳的还尚不清楚，因为这种药物前体预计作用于细胞外，而细胞外局部还原电位尚不确切[149]。

这些研究人员在非还原环境中用配合物 44 和游离的马立马司他 43 对 MMP-9 进行了体外抑制研究。马立马司他的 IC_{50} 值为 7nmol·L^{-1}，与报道值 3nmol·L^{-1} 相当，而配合物 44 的 IC_{50} 为 900nmol·L^{-1}。可能是由于马立马司他与钴中心的配合导致较大的活性差异，这防止了它与 MMP-9 中催化锌离子的结合。据推测，观察到的配合物 44 的活性是由已从配合物释放出来的马立马司他所致，而不是配合物本身的任何内在活性。一个含马立马司他配体的 Fe(Ⅲ)配合物的 IC_{50} 值为 190nmol·L^{-1}，与 Fe(Ⅲ)相对 Co(Ⅲ)的增加相一致[150]。在植入 4T 1.2 肿瘤的小鼠体内测试配合物 44 的体内试验表明，相对于对照和游离的马立马司他，配合物 44 抑制肿瘤生长，提示马立马司他增加了 MMP 的激活部位的输送。然而，令人惊讶的是，在实验结束时收集脊柱、肺部和股骨时，观察到马立马司他和配合物 44 的转移水平增加（用实时聚合酶链反应测定肿瘤负荷）。虽然目前尚不清楚为什么配合物 44 会促进转移，但研究者先前观察到高浓度的 Co(Ⅱ)可以提高 MMP-9 的蛋白水解活性，这与用近似离子大小的 Co(Ⅱ)离子替代 MMP-9 中的 Zn(Ⅱ)离子是一致的[151]。

为了更好地了解钴低氧激活复合物在孤立细胞和实体肿瘤中的摄取、分布和激活过程，Hambley 及其同事报告了可作为细胞毒性药物的优良荧光探针和前体药物的配合物 45～50（图 10.16）[152,153]。在游离形态下，功能化的蒽醌和香豆素-343 配体显示强烈的荧光，当与钴中心结合时，荧光猝灭，从而可以简单地看见配体与金属解离的细胞或肿瘤区域。通过在 DLD-1 人结肠癌细胞中驱动光可转换的绿-红荧光蛋白 EosFP 的表达并随后转染，生成了在局部缺氧区域发出红色荧光的 HRE-Eos 多克隆细胞系。用配合物 46 和游离香豆素-343 处理该细胞系的球状体，显示出不同的分布曲线。尽管在球状体中观察到由香豆素-343 引起的荧光，但在中心 150μm 直径内由 EosFP 引起的低氧诱导荧光不存在。然而，在与 EosFP 荧光共享区域中的球状体的中心可以看到由配合物 46 引起的荧光，这说明，香豆素-343 穿透球体的能力增强，然后以低氧选择性的方式进行生物还原和释放[152]。

使用钴药物前体的细胞毒药物的递送进一步细化到配合物 47～50，每种药物都含有不同数量的烟酸基团功能化的 tpa 配体。研究者假设使用 pK_a 在 7 左右的弱酸性药物前体可以使其在酸性肿瘤微环境中选择性地摄取和积累[153]。通过在生理 pH 下掺入烟酸基团（烟酸 pK_a 约 4.6）控制复合物的总电荷[154]，可以显示配合物 49 选择性地聚集在肿瘤球状体的低氧区域中（图 10.17）。在中性 pH 下，配合物 13 的异羟肟酸胺基本上是去质子化的，且带电的配合物穿透结构。然而，在到达球状体的酸性核心时，羟肟胺被质子化，形成一个基本中性的物种，这有助于细胞摄取并随后通过生物还原或配体交换释放游离荧光团。这是合理设计金属配合前药候选物的一个极好例子，该候选前体药物在肿瘤内难以到达的区域表现出靶向聚集，然后通过外部条件的变化选择性地释放生物活性分子。以这种方式递送多种抗癌细胞毒性物质的能力具有令人兴奋的前景，毫无疑问，它将在未来引起人们强烈的兴趣。

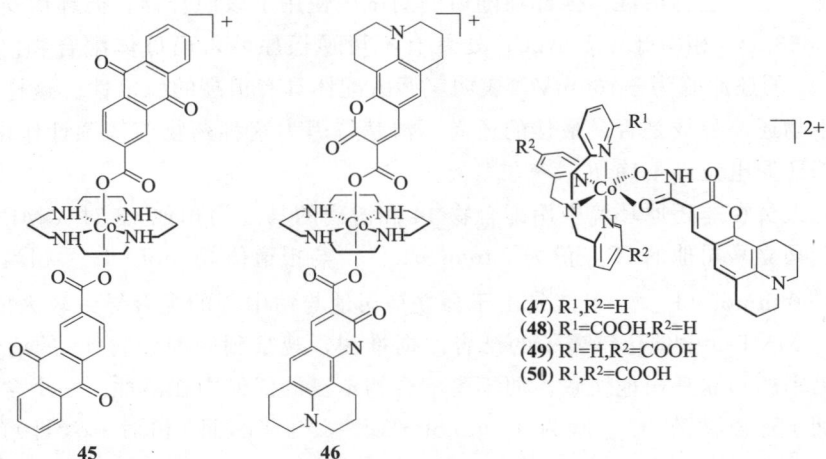

(47) R^1,R^2=H
(48) R^1=COOH,R^2=H
(49) R^1=H,R^2=COOH
(50) R^1,R^2=COOH

图 10.16　低氧激活荧光探针和细胞毒性剂

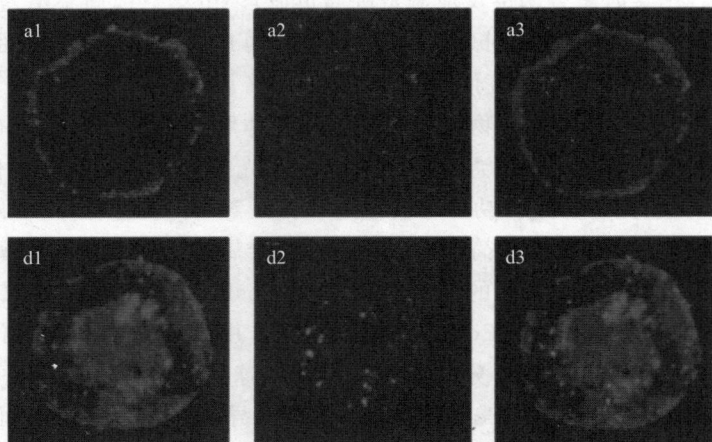

图 10.17　钴配合物在球状体中的吸收取决于化合物的电荷。用游离荧光团（a）和配合物 13（d）处理
HRE-Eos DLD-1 球体的共聚焦显微镜图像。第 1 列显示蓝色通道中配体引起的荧光，第 2 列显示
细胞表达 EosFP 响应于红色通道中的缺氧，第 3 列显示覆盖（见彩页）。经许可引自［153］2013
American Chemical Society

10.5　结论

　　过渡金属配合物可以用作生物活性分子的保护基，由此得到的系统用作靶向细胞传递的
前药。金属配体的释放可以通过许多不同的触发机制来实现，这些触发机制本质上是由于细
胞微环境的变化，或者是外部施加的，特别是以光的形式。后者需要长波长照射，以确保组
织的深度穿透，并尽量减小对正常组织的损伤。在所有情况下，除了释放生物活性分子外，

还会生成一种自身具有活性的金属-共配体碎片，因此需要独立制备，并在对照实验中进行测试。

致谢

P. S. 感谢亚历山大·冯·洪堡基金会博士后研究基金。

参考文献

1. A. K. Mustafa, M. M. Gadalla, S. H. Snyder, Sci. Signal. 2009, 2, re2.

2. M. Kajimura, R. Fukuda, R. M. Bateman, T. Yamamoto, M. Suematsu, Antioxid. Redox Signal. 2010, 13, 157-192.

3. L. Li, P. Rose, P. K. Moore, Ann. Rev. Pharmacol. Toxicol. 2011, 51, 169-187.

4. J. M. Fukuto, S. J. Carrington, D. J. Tantillo, J. G. Harrison, L. J. Ignarro, B. A. Freeman, A. Chen, D. A. Wink, Chem. Res. Toxicol. 2012, 25, 769-793.

5. R. Foresti, R. Motterlini, Curr. Drug Targets 2010, 11, 1595-1604.

6. R. Motterlini, L. E. Otterbein, Nature Rev. Drug Discovery 2010, 9, 728-743.

7. B. Wegiel, D. W. Hanto, L. E. Otterbein, Trends Mol. Med. 2013, 19, 3-11.

8. M. Whiteman, S. Le Trionnair, M. Chopra, B. Fox, J. Whatmore, Clinical Sci. 2011, 121, 459-488.

9. M. Whiteman, P. G. Winyard, Exp. Rev. Clin. Pharmacol. 2011, 4, 13-32.

10. C. C. Romao, W. A. Blättler, J. D. Seixas, G. J. L. Bernardes, Chem. Soc. Rev. 2012, 41, 3571-3583.

11. R. F. Furchgott, Angew. Chem. Int. Ed. 1999, 38, 1870-1880.

12. L. J. Ignarro, Angew. Chem. Int. Ed. 1999, 38, 1882-1892.

13. F. Murad, Angew. Chem. Int. Ed. 1999, 38, 1856-1868.

14. P. G. Wang, M. Xian, X. Tang, X. Xu, Z. Wen, T. Cai, A. J. Janczuk, Chem. Rev. 2002, 102, 1091-1134.

15. C. Napoli, L. J. Ignarro, Ann. Rev. Pharmacol. Toxicol. 2003, 43, 97-123.

16. D. A. Riccio, M. H. Schoenfisch, Chem. Soc. Rev. 2012, 41, 3731-3741.

17. A. W. Carpenter, M. H. Schoenfisch, Chem. Soc. Rev. 2012, 41, 3742-3752.

18. P. N. Cnoeski, M. H. Schoenfisch, Chem. Soc. Rev. 2012, 41, 3753-3758.

19. M. J. Rose, P. K. Mascharak, Curr. Opin. Chem. Biol. 2008, 12, 238-244.

20. H. Lewandowska, M. Kalinowska, K. Brzoska, K. Wojciuk, G. Wojciuk, M. Kruszewski, Dalton Trans. 2011, 40, 8273-8289.

21. J. H. Enemark, R. D. Feltham, Coord. Chem. Rev. 1974, 13, 339-406.

22. P. C. Ford, J. Bourassa, K. Miranda, B. Lee, I. Lorkovic, S. Boggs, S. Kudo, L. Laverman, Coord. Chem. Rev. 1998, 171, 185-202.

23. Y. -J. Chen, W. -C. Ku, L. -T. Feng, M. -L. Tsai, C. -H. Hsieh, W. -H. Hsu, W. -F. Li-

aw,C. -H. Hung,Y. -J. Chen,J. Am. Chem. Soc. 2008,130,10929-10938.

24. H. H. Chang, H. J. Huang, Y. L. Ho, Y. D. Wen, S. N. Huang, S. J. Chiou, Dalton Trans. 2009,6396-6402.

25. S. R. Wecksler, A. Mikhailovsky, D. Korystov, F. Buller, R. Kannan, L. S. Tan, P. C. Ford,Inorg. Chem. 2007,46,395-402.

26. M. J. Rose,P. K. Mascharak,Coord. Chem. Rev. 2008,252,2093-2114.

27. N. L. Fry,P. K. Mascharak,Acc. Chem. Res. 2011,44,289-298.

28. D. Crespy, K. Landfester, U. S. Schubert, A. Schiller, Chem. Commun. 2010, 46, 6651-6662.

29. J. T. Mitchell-Koch, T. M. Reed, A. S. Borovik, Angew. Chem. Int. Ed. 2004, 43, 2806-2809.

30. A. Diaz-Garcia,M. Fernandez-Oliva,M. Ortiz,R. Cao,Dalton Trans. 2009,7870-7872.

31. R. Alberto, K. Ortner, N. Wheatley, R. Schibli, A. P. Schubiger, J. Am. Chem. Soc. 2001,123,3135-3136.

32. R. Motterlini, P. Sawle, S. Bains, J. Hammad, R. Alberto, R. Foresti, C. J. Green, FASEB J. 2004,18,284-286.

33. T. S. Pitchumony,B. Spingler,R. Motterlini,R. Alberto,Chimia 2008,62,277-279.

34. T. S. Pitchumony, B. Spingler, R. Motterlini, R. Alberto, Org. Biomol. Chem. 2010,8, 4849-4954.

35. R. Motterlini,J. E. Clark,R. Foresti,P. Sarathchandra,B. E. Mann,C. J. Green,Circ. Res. 2002,90,e17-e24.

36. B. E. Mann,Organometallics 2012,31,5728-5735.

37. R. Foresti,J. Hammad,J. E. Clark,T. R. Johnson,B. E. Mann,A. Friebe,C. J. Green, R. Motterlini,Br. J. Pharmacol. 2004,142,453-460.

38. J. E. Clark,P. Naughton,S. Shurey,C. J. Green,T. R. Johnson,B. E. Mann,R. Foresti,R. Motterlini,Circ. Res. 2003,93,e2-e8.

39. T. R. Johnson,B. E. Mann,I. P. Teasdale, H. Adams, R. Foresti, C. J. Green, R. Motterlini,Dalton Trans. 2007,1500-1508.

40. T. Santos-Silva,A. Mukhopadhyay,J. D. Seixas,G. J. L. Bernardes,C. C. Romao,M. J. Romao,J. Am. Chem. Soc. 2011,133,1192-1195.

41. R. Alberto,R. Motterlini,Dalton Trans. 2007,1651-1660.

42. B. E. Mann,in Top. Organomet. Chem. Vol. 32,eds. N. Metzler-Nolte and G. Jaouen, Springer,Berlin,2010,pp. 247-285.

43. F. Zobi,Future Med. Chem. 2013,5,175-188.

44. S. H. Crook,B. E. Mann,A. J. H. M. Meijer,H. Adams,P. Sawle,D. Scapens,R. Motterlini,Dalton Trans. 2011,40,4230-4235.

45. A. R. Marques,L. Kromer,D. J. Gallo,N. Penacho,S. S. Rodrigues,J. D. Seixas,G. J. L. Bernardes,P. M. Reis,S. L. Otterbein,R. A. Ruggieri,A. S. G. Goncalves,A. M. L. Goncalves,M. N. De Matos,I. Bento,L. E. Otterbein,W. A. Blättler,C. C. Romao,Organometallics

2012,31,5810-5822.

46. S. Romanski, B. Kraus, U. Schatzschneider, J. Neudörfl, S. Amslinger, H. -G. Schmalz, Angew. Chem. Int. Ed. 2011,50,2392-2396.

47. S. Romanski, B. Kraus, M. Guttentag, W. Schlundt, H. Rücker, A. Adler, J. -M. Neudörfl, R. Alberto, S. Amslinger, H. -G. Schmalz, Dalton Trans. 2012,41,13862-13875.

48. S. Romanski, H. Rücker, E. Stamellou, M. Guttentag, J. Neudörfl, R. Alberto, S. Amslinger, B. Yard, H. -G. Schmalz, Organometallics 2012,31,5800-5809.

49. J. Niesel, A. Pinto, H. W. Peindy N'Dongo, K. Merz, I. Ott, R. Gust, U. Schatzschneider, Chem. Commun. 2008,1798-1800.

50. P. Rudolf, F. Kanal, J. Knorr, C. Nagel, J. Niesel, T. Brixner, U. Schatzschneider, P. Nürnberger, J. Phys. Chem. Lett. 2013,4,596-602.

51. H. -M. Berends, P. Kurz, Inorg. Chim. Acta 2012,380,141-147.

52. P. C. Kunz, W. Huber, A. Rojas, U. Schatzschneider, B. Spingler, Eur. J. Inorg. Chem. 2009,5358-5366.

53. W. Huber, R. Linder, J. Niesel, U. Schatzschneider, B. Spingler, P. C. Kunz, Eur. J. Inorg. Chem. 2012,3140-3146.

54. N. E. Brückmann, M. Wahl, G. J. Reiß, M. Kohns, W. Wätjen, P. C. Kunz, Eur. J. Inorg. Chem. 2011,4571-4577.

55. H. Pfeiffer, A. Rojas, J. Niesel, U. Schatzschneider, Dalton Trans. 2009,4292-4298.

56. G. Dördelmann, H. Pfeiffer, A. Birkner, U. Schatzschneider, Inorg. Chem. 2011,50, 4362-4367.

57. G. Dördelmann, T. Meinhardt, T. Sowik, A. Krüger, U. Schatzschneider, Chem. Commun. 2012,48,11528-11530.

58. R. D. Rimmer, H. Richter, P. C. Ford, Inorg. Chem. 2010,49,1180-1185.

59. R. Kretschmer, G. Gessner, H. Görls, S. H. Heinemann, M. Westerhausen, J. Inorg. Biochem. 2011,105,6-9.

60. V. P. Lorett-Velasquez, T. M. A. Jazzazi, A. Malassa, H. Görls, G. Gessner, S. H. Heinemann, M. Westerhausen, Eur. J. Inorg. Chem. 2012,1072-1078.

61. C. S. Jackson, S. Schmitt, Q. P. Dou, J. J. Kodanko, Inorg. Chem. 2011,50,5336-5338.

62. M. A. Gonzalez, N. L. Fry, R. Burt, R. Davda, A. Hobbs, P. K. Mascharak, Inorg. Chem. 2011,50,3127-3134.

63. M. A. Gonzalez, S. J. Carrington, N. L. Fry, J. L. Martinez, P. K. Mascharak, Inorg. Chem. 2012,51,11930-11940.

64. M. A. Gonzalez, M. A. Yim, S. Cheng, A. Moyes, A. J. Hobbs, P. K. Mascharak, Inorg. Chem. 2012,51,601-608.

65. K. Meister, J. Niesel, U. Schatzschneider, N. Metzler-Nolte, D. A. Schmidt, M. Havenith, Angew. Chem. Int. Ed. 2010,49,3310-3312.

66. C. Policar, J. B. Waern, M. -A. Plamont, S. Clede, C. Mayer, R. Prazeres, J. -M. Ortega, A. Vessiéres, A. Dazzi, Angew. Chem. Int. Ed. 2011,123,890-894.

67. S. Clede，F. Lambert，C. Sandt，Z. Gueroui，M. Refregiers，M. -A. Plamont，P. Dumas，A. Vessiéres，C. Policar，Chem. Commun. 2012，48，7729-7731.

68. A. E. Pierri，A. Pallaoro，G. Wu，P. C. Ford，J. Am. Chem. Soc. 2012，134，18197-18200.

69. R. D. Rimmer，A. E. Pierri，P. C. Ford，Coord. Chem. Rev. 2012，256，1509-1519.

70. B. W. Michel，A. R. Lippert，C. J. Chang，J. Am. Chem. Soc. 2012，134，15668-15671.

71. J. Wang，J. Karpus，B. S. Zhao，Z. Luo，P. R. Chen，C. He，Angew. Chem. Int. Ed. 2012，51，9652-9656.

72. L. Yuan，W. Lin，L. Tan，K. Zheng，W. Huang，Angew. Chem. Int. Ed. 2013，52，1628-1630.

73. P. Govender，S. Pai，U. Schatzschneider，G. Smith，Inorg. Chem. 2013，52，5470-5478.

74. P. C. Kunz，H. Meyer，J. Barthel，S. Sollazzo，A. M. Schmidt，C. Janiak，Chem. Commun. 2013，49，4896-4898.

75. S. R. Adams，R. Y. Tsien，Ann. Rev. Physiol. 1993，55，755-784.

76. G. C. R. Ellis-Davies，Nat. Methods 2007，4，619-628.

77. H. Yu，J. Li，D. Wu，Z. Qiu，Y. Zhang，Chem. Soc. Rev. 2010，39，464-473.

78. C. Brieke，F. Rohrbach，A. Gottschalk，G. Meyer，A. Heckel，Angew. Chem. Int. Ed. 2012，51，8446-8476.

79. P. Klan，T. Solomek，C. G. Bochet，A. Blanc，R. Givens，M. Rubina，V. Popik，A. Kostikov，J. Wirz，Chem. Rev. 2013，113，119-191.

80. H. A. Lester，J. M. Lerbonne，Ann. Rev. Biophys. Bioeng. 1982，11，151-175.

81. J. H. Kaplan，B. Forbush，J. F. Hoffman，Biochemistry 1978，17，1929-1935.

82. N. Hoffmann，Chem. Rev. 2008，108，1052-1103.

83. P. Klán，T. Šolomek，C. G. Bochet，A. Blanc，R. Givens，M. Rubina，V. Popik，A. Kostikov，J. Wirz，Chem. Rev. 2013，113，119-191.

84. R. Weissleder，V. Ntziachristos，Nat. Med. 2003，9，123-128.

85. K. Szacilowski，W. Macyk，A. Drzewiecka-Matuszek，M. Brindell，G. Stochel，Chem. Rev. 2005，105，2647-2694.

86. P. Agostinis，K. Berg，K. A. Cengel，T. H. Foster，A. W. Girotti，S. O. Gollnick，S. M. Hahn，M. R. Hamblin，A. Juzeniene，D. Kessel，M. Korbelik，J. Moan，P. Mroz，D. Nowis，J. Piette，B. C. Wilson，J. Golab，Cancer J. Clini. 2011，61，250-281.

87. V. Balzani，V. Carassitti，Photochemistry of Coordination Compounds，Academic-Press，New York，1970.

88. D. V. Pinnick，B. Durham，Inorg. Chem. 1984，23，1440-1445.

89. L. Zayat，C. Calero，P. Alborés，L. Baraldo，R. Etchenique，J. Am. Chem. Soc. 2003，125，882-883.

90. M. Müller，P. W. Dierkes，W. -R. Schlue，Brain Res. 1999，826，63-73.

91. V. Nikolenko，R. Yuste，L. Zayat，L. M. Baraldo，R. Etchenique，Chem. Commun. 2005，1752-1754.

92. L. Zayat, M. Salierno, R. Etchenique, Inorg. Chem. 2006, 45, 1728-1731.

93. L. Salassa, C. Garino, G. Salassa, R. Gobetto, C. Nervi, J. Am. Chem. Soc. 2008, 130, 9590-9597.

94. L. Zayat, M. G. Noval, J. Campi, C. I. Calero, D. J. Calvo, R. Etchenique, ChemBio-Chem 2007, 8, 2035-2038.

95. K. R. Gee, R. Wieboldt, G. P. Hess, J. Am. Chem. Soc. 1994, 116, 8366-8367.

96. M. Salierno, C. Fameli, R. Etchenique, Eur. J. Inorg. Chem. 2008, 2008, 1125-1128.

97. A. Banerjee, C. Grewer, L. Ramakrishnan, J. Jäger, A. Gameiro, H. -G. A. Breitinger, K. R. Gee, B. K. Carpenter, G. P. Hess, J. Org. Chem. 2003, 68, 8361-8367.

98. E. Fino, R. Araya, D. S. Peterka, M. Salierno, R. Etchenique, R. Yuste, Front. Neural-Circuits 2009, 3, 1-9.

99. M. Salierno, E. Marceca, D. S. Peterka, R. Yuste, R. Etchenique, J. Inorg. Biochem. 2010, 104, 418-422.

100. J. A. Dani, S. Heinemann, Neuron 1996, 16, 905-908.

101. J. -P. Changeux, Nat. Rev. Neurosci. 2010, 11, 389-401.

102. O. Filevich, M. Salierno, R. Etchenique, J. Inorg. Biochem. 2010, 104, 1248-1251.

103. R. N. Garber, J. C. Gallucci, K. R. Dunbar, C. Turro, Inorg. Chem. 2011, 50, 9213-9215.

104. D. Warther, S. Gug, A. Specht, F. Bolze, J. F. Nicoud, A. Mourot, M. Goeldner, Bioorg. Med. Chem. 2010, 18, 7753-7758.

105. F. Bolze, J. F. Nicoud, C. Bourgogne, S. Gug, X. H. Sun, M. Goeldner, A. Specht, L. Donato, D. Warther, G. F. Turi, A. Losonczy, Optical Mat. 2012, 34, 1664-1669.

106. W. A. Denny, Eur. J. Med. Chem. 2001, 36, 577-595.

107. W. A. Denny, Cancer Invest. 2004, 22, 604-619.

108. I. Antonini, T. S. Lin, L. A. Cosby, Y. R. Dai, A. C. Sartorelli, J. Med. Chem. 1982, 25, 730-735.

109. E. Hatzigrigoriou, M. V. Papadopoulou, D. Shields, W. D. Bloomer, Oncol. Res. 1993, 5, 29-36.

110. A. Monge, F. J. Martinez-Crespo, A. Lopez de Cerain, J. A. Palop, S. Narro, V. Senador, A. Marin, Y. Sainz, M. Gonzalez, J. Med. Chem. 1995, 38, 4488-4494.

111. J. S. Daniels, K. S. Gates, J. Am. Chem. Soc. 1996, 118, 3380-3385.

112. J. M. Brown, Cancer Res. 1999, 59, 5863-5870.

113. J. -T. Hwang, M. M. Greenberg, T. Fuchs, K. S. Gates, Biochemistry 1999, 38, 14248-14255.

114. W. R. Wilson, P. Van Zijl, W. A. Denny, Int. J. Radiat. Oncol. Biol. Phys. 1992, 22, 693-696.

115. P. J. Smith, N. J. Blunt, R. Desnoyers, Y. Giles, L. H. Patterson, Cancer Chemother. Pharmacol. 1997, 39, 455-461.

116. Q. -T. Le, A. Taira, S. Budenz, M. Jo Dorie, D. R. Goffinet, W. E. Fee, R. Goode, D.

Bloch, A. Koong, J. Martin Brown, H. A. Pinto, Cancer 2006, 106, 1940-1949.

117. A. V. Patterson, M. P. Saunders, E. C. Chinje, L. H. Patterson, I. J. Stratford, Anti-Cancer Drug Des. 1998, 13, 541-573.

118. M. D. Hall, T. W. Failes, N. Yamamoto, T. W. Hambley, Dalton Trans. 2007, 3983-3990.

119. R. F. Anderson, W. A. Denny, D. C. Ware, W. R. Wilson, Br. J. Cancer 1996, 74, S48-S51.

120. H. Østergaard, C. Tachibana, J. R. Winther, J. Cell. Biol. 2004, 166, 337-345.

121. P. J. Blower, J. R. Dilworth, R. I. Maurer, G. D. Mullen, C. A. Reynolds, Y. Zheng, J. Inorg. Biochem. 2001, 85, 15-22.

122. L. L. Parker, S. M. Lacy, L. J. Farrugia, C. Evans, D. J. Robins, C. C. O'Hare, J. A. Hartley, M. Jaffar, I. J. Stratford, J. Med. Chem. 2004, 47, 5683-5689.

123. T. W. Hambley, Dalton Trans. 2007, 4929-4937.

124. N. Graf, S. J. Lippard, Adv. Drug Delivery Rev. 2012, 64, 993-1004.

125. D. C. Ware, B. D. Palmer, W. R. Wilson, W. A. Denny, J. Med. Chem. 1993, 36, 1839-1846.

126. B. A. Teicher, J. L. Jacobs, K. N. S. Cathcart, M. J. Abrams, J. F. Volano, D. H. Picker, Radiat. Res. 1987, 109, 36-46.

127. B. A. Teicher, M. J. Abrams, K. W. Rosbe, T. S. Herman, Cancer Res. 1990, 50, 6971-6975.

128. D. C. Ware, B. G. Siim, K. G. Robinson, W. A. Denny, P. J. Brothers, G. R. Clark, Inorg. Chem. 1991, 30, 3750-3757.

129. L. Thompson, J. Rubin, J. Cleaver, G. Whitmore, K. Brookman, Somat. Cell Mol. Genet. 1980, 6, 391-405.

130. C. A. Hoy, L. H. Thompson, C. L. Mooney, E. P. Salazar, Cancer Res. 1985, 45, 1737-1743.

131. W. R. Wilson, J. W. Moselen, S. Cliffe, W. A. Denny, D. C. Ware, Int. J. Radiat. Oncol. Biol. Phys. 1994, 29, 323-327.

132. D. C. Ware, P. J. Brothers, G. R. Clark, W. A. Denny, B. D. Palmer, W. R. Wilson, J. Chem. Soc. , Dalton Trans. 2000, 925-932.

133. P. R. Craig, P. J. Brothers, G. R. Clark, W. R. Wilson, W. A. Denny, D. C. Ware, Dalton Trans. 2004, 0, 611-618.

134. D. C. Ware, H. R. Palmer, P. J. Brothers, C. E. F. Rickard, W. R. Wilson, W. A. Denny, J. Inorg. Biochem. 1997, 68, 215-224.

135. G. O. Ahn, D. C. Ware, W. A. Denny, W. R. Wilson, Radiat. Res. 2004, 162, 315-325.

136. D. L. Boger, D. S. Johnson, Angew. Chem. Int. Ed. 1996, 35, 1438-1474.

137. G. O. Ahn, K. J. Botting, A. V. Patterson, D. C. Ware, M. Tercel, W. R. Wilson, Biochem. Pharmacol. 2006, 71, 1683-1694.

138. G. -L. Lu, R. J. Stevenson, J. Y. -C. Chang, P. J. Brothers, D. C. Ware, W. R. Wilson,

W. A. Denny, M. Tercel, Bioorg. Med. Chem. 2011, 19, 4861-4867.

139. B. R. Zetter, Ann. Rev. Med. 1998, 49, 407-424.

140. S. R. Bramhall, Int. J. Pancreatol. 1997, 21, 1-12.

141. J. Trédaniel, P. Boffetta, E. Buiatti, R. Saracci, A. Hirsch, Int. J. Cancer 1997, 72, 565-573.

142. B. Davidson, I. Goldberg, P. Liokumovich, J. Kopolovic, W. H. Gotlieb, L. Lerner-Geva, I. Reder, G. Ben-Baruch, R. Reich, Int. J. Gynecol. Pathol. 1998, 17, 295-301.

143. A. Lochter, M. J. Bissell, APMIS 1999, 107, 128-136.

144. L. J. van't Veer, H. Dai, M. J. van de Vijver, Y. D. He, A. A. M. Hart, M. Mao, H. L. Peterse, K. van der Kooy, M. J. Marton, A. T. Witteveen, G. J. Schreiber, R. M. Kerkhoven, C. Roberts, P. S. Linsley, R. Bernards, S. H. Friend, Nature 2002, 415, 530-536.

145. M. Hidalgo, S. G. Eckhardt, J. Natl. Cancer Inst. 2001, 93, 178-193.

146. M. Whittaker, C. D. Floyd, P. Brown, A. J. H. Gearing, Chem. Rev. 1999, 99, 2735-2776.

147. E. Rosenbaum, M. Zahurak, V. Sinibaldi, M. A. Carducci, R. Pili, M. Laufer, T. L. DeWeese, M. A. Eisenberger, Clin. Cancer Res. 2005, 11, 4437-4443.

148. T. W. Failes, T. W. Hambley, Dalton Trans. 2006, 1895-1901.

149. T. W. Failes, C. Cullinane, C. I. Diakos, N. Yamamoto, J. G. Lyons, T. W. Hambley, Chem. Eur. J. 2007, 13, 2974-2982.

150. T. W. Failes, T. W. Hambley, J. Inorg. Biochem. 2007, 101, 396-403.

151. C. K. Underwood, D. Min, J. G. Lyons, T. W. Hambley, J. Inorg. Biochem. 2003, 95, 165-170.

152. B. J. Kim, T. W. Hambley, N. S. Bryce, Chem. Sci. 2011, 2, 2135-2142.

153. N. Yamamoto, A. K. Renfrew, B. J. Kim, N. S. Bryce, T. W. Hambley, J. Med. Chem. 2012, 55, 11013-11021.

154. R. W. Green, H. K. Tong, J. Am. Chem. Soc. 1956, 78, 4896-4900.

第 11 章

金属配合物在活细胞中作为酶抑制剂和催化剂

Julien Furrer,[a]Gregory S. Smith[b], Bruno Therrien[c]

a 伯尔尼大学 化学与生物化学系，瑞士

b 开普敦大学 化学系，南非

c 纳沙泰尔大学 化学研究所，瑞士

11.1 引言

金属配合物的催化作用已经被开发利用了几十年，如今，金属基催化剂是合成化学家日常使用的基本催化剂[1]。2001 年诺贝尔化学奖授予 Knowles-Noyori-Sharpless 在不对称催化方面所作的贡献，在 2005 年授予 Chauvin-Grubbs-Schrock 在交换方法方面和 2010 年授予 Heck-Negishi-Suzuki 在钯催化的交叉偶合反应方面所作的贡献，这些都是金属催化过程改变合成化学家日常工作的著名例子。这些例子阐明了目前金属基催化剂是如何在化学中发挥重要作用的。

当把金属配合物添加到生物介质中时，它们也可以成为各种反应的催化剂，例如将烟酰胺腺嘌呤二核苷酸（NAD^+）还原成 1,4-NADH，或将谷胱甘肽（GSH）氧化成氧化谷胱甘肽（GSSG）等反应[2]。这些细胞内的催化反应可以干扰天然功能，因此可以成为开发新金属基药物重要的生物学靶点。本章概述了在细胞和生物体中发生的催化反应，并讨论了作为催化剂的金属配合物的例子。

在细胞和生物体中，金属配合物也能与生物分子相互作用，从而破坏重要的生物过程。金属配合物与生物分子之间的相互作用为靶向特定的生物功能和疾病提供了新方法[3,4]。例如，顺铂和 DNA 的相互作用通过阻断细胞复制来实现其抗癌功效[5]。虽然几种金属配合物理论上可以与 DNA 相互作用，但这些金属配合物通常也会与其他生物分子如蛋白质相互作用。

酶是一类重要的蛋白质，是生物体的天然生物催化剂[6]。酶的活性部位通常是一个空腔，底物在转化和释放之前在其中结合较弱。用抑制剂替代天然底物可以阻断这些特异性结合位点。对这些活性位点三维结构的了解使设计高效抑制剂成为可能，从而为化学家提出了新的挑战。

有几篇综述已经对作为酶抑制剂的金属配合物[3,7-9]进行了详尽的论述，因此，我们没有试图准备一篇类似的综述去重点关注这些综述中没有涉及的近期发表的文献，而是选择向读者强调研究人员开发的针对金属配合物抑制酶的策略。

总之，本章针对的是本科生或该领域的初学者，重点是给他们阐述主要的概念和策略，可以用来设计新的金属配合物作为酶抑制剂或作为细胞和有机体的催化剂。从文献中选择的例子用来说明不同的概念，可能无法全面概括该领域。

11.2 金属基抑制剂：从偶然发现到理性设计

配位化学为化学工作者制备高效酶抑制剂提供了多样性和多功能性。通过配位化学，引入具有结构上或生物功能性的配体相对容易。因此，本节将讨论一些迄今为止已经开发的获得金属配合物作为酶抑制剂的策略。

11.2.1 模拟已知酶结合物的结构

在文献中出现的几种已知的酶有机抑制剂，其中一些甚至被用于临床治疗生理疾病。这些抑制剂的三维结构可以作为设计金属基类似物的模型。Meggers[3]奇妙地利用了这一策略，以星形孢菌素为模型，以钌、锇或铱等过渡金属为金属中心，构建了结构类似星形孢菌素的配合物（图 11.1）。星形孢菌素阻止 ATP 与蛋白激酶的活性位点结合，蛋白激酶是参与各种蛋白质磷酸化的一类重要酶。

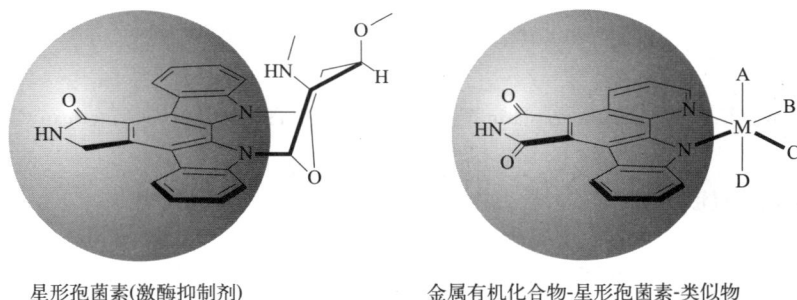

星形孢菌素(激酶抑制剂)　　　金属有机化合物-星形孢菌素-类似物

图 11.1　模拟星形孢菌素结构的金属配合物。经许可引自［3］2009 Royal Societyof Chemistry

按照这一策略，Meggers[3]小组制备了几种高效的激酶有机金属抑制剂。激酶内金属配合物的晶体结构表明，金属中心仅起结构作用，确保所选配体的三维排列，并增加系统的刚性。

人们利用磷酸盐（PO_4^{3-}）和钒酸盐（VO_4^{3-}）之间的高度相似性来制备磷酸酶抑制剂（图 11.2)[10]。在磷酰基转移酶的空腔内，磷酸盐水解的过程中形成了一个五配位磷，因此，一个稳定的五配位钒酸盐配合物可以强烈地相互作用并抑制酶。甚至通过在钒原子上添加适当的配体可以提高其抑制效果和选择性。事实上，在钒中心周围引入两个 3-羟基吡啶酸配体、一个水分子和一个氧配体，可产生一种高选择性的磷酸肽 3-磷酸酶抑制剂（$IC_{50}=35nmol \cdot L^{-1}$）[11]。

钒酸盐配合物对磷酸酶的亲和力，及其蛋白酪氨酸磷酸酶的活性位点内催化半胱氨酸氧化的能力，似乎是钒配合物胰岛素模拟效应的关键因素[12]。

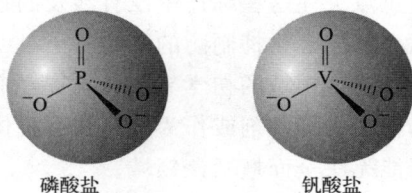

图 11.2　磷酸盐和钒酸盐离子之间的结构类比[11]

11.2.2　已知的酶抑制剂与金属配合物配位

谷胱甘肽转移酶（GST）是一类参与细胞解毒过程的重要酶。已知这些含硫酶与金属配合物相互作用，形成牢固的金属硫键。这尤其与顺铂相关，顺铂容易被 GST 阻断，从而降低顺铂对癌细胞的疗效。因此，为了克服这一局限，研究者最近将一种已知的 GST 抑制剂依他尼酸（EA-H）配位到一个铂（Ⅳ）中心[13]。将所得 $Pt(NH_3)_2Cl_2(EA)_2$ 配合物（图11.3）命名为 Ethacraplatin，该配合物对 GST 具有较高的抑制活性，在将 EA 单元分解并将 Pt（Ⅳ）中心还原为 Pt（Ⅱ）后，就释放出顺铂类配合物。

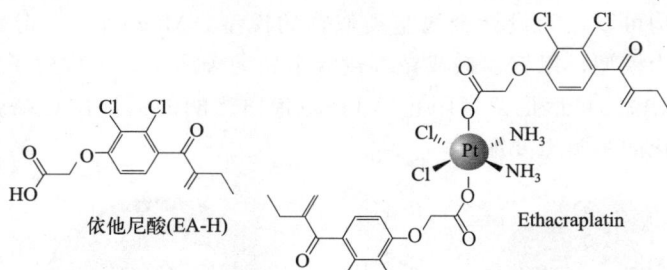

图 11.3　依他尼酸（EA-H）和 Ethacraplatin 配合物。经许可引自 [13] 2005 American Chemistry Society

11.2.3　交换配体抑制酶

含磷的金配合物已被用来抑制人的二硫还原酶（图 11.4）[14]。弱配位的磷和氯配体在生物介质中逐步释放，在初始配体解聚后，金原子可以位于酶活性位点的两个半胱氨酸硫醇基之间，通过 X 射线结构分析证实，形成了几乎线性的 Cys-S-Au-S-Cys 配合物。吡啶类衍生物对人谷胱甘肽还原酶和硫氧还蛋白还原酶具有极强的活性。

11.2.4　金属配位控制构象

Marshall 和他的同事对控制肽组的方向以模仿类似于蛋白质中发现的那些自然发生的肽 β-

旋转功能非常感兴趣[15]。这些 β-旋转序列常参与蛋白质之间的相互作用，因此，人为的 β-旋转序列会阻碍识别过程。为了达到目的，我们制备了环状五肽，在酰胺键还原后，在氮杂冠序列的中心添加了一种金属（图 11.5）。金属（Mn、Fe、Co、Ni、Cu 或 Zn）给系统引入了刚性，并允许肽基正确定向形成 β-旋转类似物。这些系统可以作为淀粉酶的抑制剂。

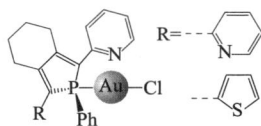

图 11.4　含磷的金（Ⅰ）配合物。经许可引自［14］2006 Wiley-VCH Verlag GmbH & Co. KgaA，Weinheim

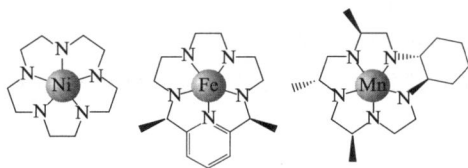

图 11.5　选定的五氮冠金属配合物。经许可引自［15］2007 John Wiley and Sons

11.2.5　与已知的金属-酶促过程竞争

一些酶家族具有金属活性位点，因此，配位化学可以成为破坏这些过程的有力工具。可以采取三种策略：①用另一种金属离子代替活性金属离子；②插入一个强配体来阻断酶的金属活性位点；③金属配合物通过半胱氨酸或硒代半胱氨酸单位配位到活性位点。

在金属酶中，锌指蛋白是生物应用的重要靶点。例如，金（Ⅲ）菲罗啉（phen）配合物［AuCl₂（phen）］Cl 被认为是聚［二磷酸腺苷（ADP）-核糖］聚合酶（PARPs）的潜在抑制剂（图 11.6）[16]。研究表明，PARPs 活性部位的锌离子被金离子取代。金加合物的形成大大降低了酶的活性。

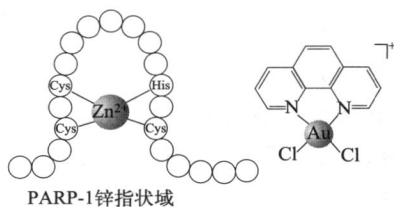

PARP-1锌指状域

图 11.6　锌指蛋白的金菲罗啉配合物。经许可引自［16］2011 American Chemical Society

11.3　多核金属配合物：新一代酶抑制剂

结构研究表明，许多金属酶在它们的活性位点上利用一种以上的通常处于不同氧化态的金属离子[17-22]。事实上，当我们开始了解这些酶的工作机制时，很容易发现几种金属的存在对酶的功能是至关重要的。基于这一概念，抑制酶过程的新策略是应用多核配合物作为酶抑制剂。这种类型的抑制作用的前提是制备含有金属的配合物，这些金属可以很容易转化为特定酶执行其功能所需的内源性金属的氧化态。根据其制备所用配体的性质，这些配合物可以竞争性地与酶的活性位点结合，从而阻断其功能。这种酶的特异性靶向对研发有效的药物疗法是极为有用的。

本章前面几节着重介绍了金属配合物，特别是单核配合物作为酶抑制剂的作用，后面几节将重点介绍活细胞和生物体中的催化剂。最新的方法主要是通过桥联配体或作为簇群的一部分结合两个或更多的金属中心生成新的多核配合物。这些新的多核配合物提供了化疗的新方法，具有新的作用模式，而这往往是单核金属配合物所不能达到的。

通常，金属酶含有多个金属活性位点，它们通常由相同的金属离子组成。然而，也有酶活性位点含有不同类型金属离子的例子。酶中存在两个或两个以上的金属中心，如脲酶，可以使多核配合物激活亲电和亲核底物[23]。在许多金属催化过程中，金属中心之间的近距离接触和协同作用使其具有优越活性和选择性，并在许多金属催化过程中转化具有挑战性的底物[19,20,22]。

据报道，多核金属配合物可以抑制酶的活性，通常利用蛋白质靶点，如组蛋白去乙酰酶、端粒酶、拓扑异构酶和蛋白激酶。一些全面的综述已经充分总结了多核配合物作为药物的应用[24-26]。这里有必要强调，本节的目的是强调多核配合物作为酶抑制剂的潜力，因为多核配合物作为生物制剂的应用仍然是一个相对较新的领域，对其具体靶点的研究仍在进行中。后续的讨论目的是让读者深入了解多核酶抑制剂的潜力。本节将重点介绍一类具有酶抑制作用的配合物或一种通常被多核配合物靶向的特定酶。

11.3.1 杂多酸：具有广谱酶抑制作用

11.3.1.1 结构特性

杂多酸（POMs）可以说是多用途多金属氧化物酶抑制剂中最大的一类。这些多核化合物是由氧原子桥联的过渡金属团簇[27-30]。它们的结构主要包括八面体几何结构和典型的酶抑制结构，如图 11.7 所示的球棍分子[31]。POMs 具有阴离子配合物的特征，即使在生物 pH 的水介质中也具有较高的稳定性。在结构上，它们可以分为两组，即异多阴离子或氧金属酸盐和杂多阴离子或氧金属酸盐。该异多阴离子仅由一种类型的 d^0 金属阳离子组成，通常是 Mo^{6+}、W^{6+} 或 V^{5+}，它们被氧化阴离子桥联。杂多阴离子配合物中含有一个或多个额外的 p、d 或 f 区元素以及大量元素，这使它们比异聚阴离子具有更高的结构多样性。杂多阴离子 POMs 因其结构易于修饰而被作为酶抑制剂研究。

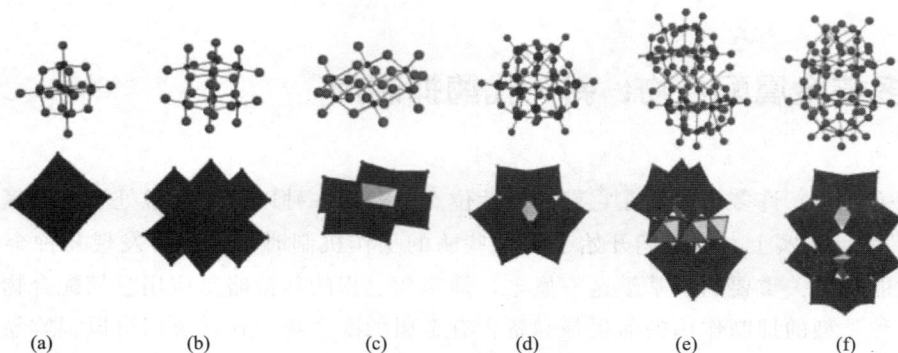

(a)　　(b)　　(c)　　(d)　　(e)　　(f)

图 11.7　六种典型 POMs 结构的球棍和多面体示意图。经许可引自［31］2013 Wiley-VCH Verlag GmbH & Co. KGaA，Weinheim

11.3.1.2 酶抑制活性

多种 POMs 在微摩尔至纳摩尔浓度范围内均显示出对酶的抑制活性，仅举几例，如磷酸酶、激酶、核酸酶和蛋白酶等。它们的酶抑制作用也被认为有助于其药理活性，如抗癌、抗菌、抗原虫、抗病毒和抗糖尿病。在过去 40 年里，这些配合物受到了极大的关注，Stephan 等发表的一篇综述强调了这些化合物的巨大潜力及其可能的酶促靶点[31]。人们认为 POMs 可与多种生物分子相互作用。某些磷酸酶存在于细胞外，因此即使 POMs 不能进入细胞，也能与它们相互作用[32,33]。一些 POMs 作为外核苷酸酶抑制剂已被研究，其中最显著的发现是在大鼠小脑和海马切片中阻止 ATP 的分解[34]。它们还能有效抑制致病菌嗜肺军团杆菌（Legionella pneumophila）[35] 中的核苷三磷酸二磷酸水解酶（NTPDase）。

蛋白激酶在癌细胞中表达上调，已成为药物设计的重要靶点。POMs，如 $[P_2Mo_{18}O_{62}]^{6-}$ 显示了对蛋白激酶 CK2 的非竞争性抑制[36-39]。此外，还发现了 POMs 与硫转移酶和唾液酸转移酶之间的相互抑制作用[40]。这些特殊的酶修饰细胞表面的糖链，这一点尤为重要，因为许多微生物利用细胞表面的唾液化/硫酸化聚糖进行初步感染[40]。

POMs 与胞内酶的相互作用已被提出，但目前尚不确定观察到的活性是否可以扩展到体内研究。组蛋白去乙酰化酶（HDAC）就是这样一个例子。在针对 HDAC 的高通量筛选中，发现了许多 POMs 强抑制剂，但这种抑制作用在细胞系统或动物中是否有效还有待确定[41]。人们还对它们在体外抑制核酸酶、DNA 和 RNA 聚合酶以及蛋白酶的能力表示出很大的兴趣[28,42-48]。然而，这些酶是细胞内的靶标，目前还没有证据支持 POMs 能够接近它们。

POMs 作为酶抑制剂的设计和研究仍处于相对早期的阶段。与大多数其他多核配合物因其潜在的酶相互作用而引起人们的兴趣一样，能在体内达到细胞内目标的 POMs 的制备还有待完成，但我们认为离这一目标也不远了。

传统的多金属氧酸盐对多种酶有亲和力，因此引起了人们对使用其他金属制备 POMs 的兴趣[49-50]。Wong 等合成并研究了四核多阴离子钌氧草酸团簇 $Na_7[Ru_4(\mu_3\text{-O})_4(C_2O_4)_6]$（图 11.8）[50] 的酶活性。该团簇以剂量依赖的方式显示抗艾滋病毒活性。研究者评估了该团簇对 R5-tropic HIV-1（BaL）感染/复制的抗病毒活性，发现其抑制了 98% 的病毒复制。进一步研究其对 HIV-1 逆转录酶的影响，发现其比有机抑制剂 3'-叠氮-3'-脱氧胸苷 5'-三磷酸（AZT-TP）[50] 更有效地降低了 HIV-1 RT 活性。

POMs 的确切作用方式仍不清楚[31]。虽然偶尔观察到细胞摄取 POMs，然而，带负电荷的细胞膜与阴离子间的静电斥力不利于细胞的摄取。因此，有人认为 POMs 与胞外酶更容易发生酶促抑制作用。此外，POMs 的稳定性也是一个需要考虑的重要因素，因为在一些情况下，碎片可能是活性抑制剂。然而，尽管仍处于起步阶段，这一方法代表了一个新的研究领域，正受到大量的关注，需要进一步的研究来更好地理解 POMs 与酶的相互作用。

11.3.2 多核 G-四联体 DNA 稳定剂：端粒酶的潜在抑制剂

端粒酶是一种核糖核酸蛋白，负责将 DNA 序列重复添加到端粒区域的 DNA 链的 3' 端。也有证据表明，这种酶在 70 个基因的上调和糖酵解的激活中发挥作用，这些基因可能隐含在癌细胞的生长和转移中，糖酵解可以使癌细胞快速消耗糖分，从而促进其程序化的生长速度[51]。端粒稳定有助于保存不受约束的细胞增殖潜能。从结构上看，端粒酶是由不同成分组成的多聚体酶：RNA 亚基人端粒酶 RNA 成分（hTERC，也称 hTR 或 hTER）、催化亚基人端粒酶逆转录酶（hTERT）和相关蛋白[52]。据观察，大多数人类肿瘤显示出强烈的端粒酶表达上调（它们在 85％～90％的癌细胞中过表达），但体细胞不表达这种酶。因此，端粒酶抑制是癌症治疗的一个潜在靶点[53]。

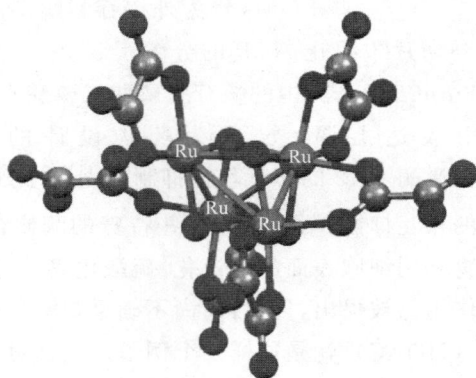

图 11.8　阴离子[Ru$_4$(μ_3-O)$_4$(C$_2$O$_4$)$_6$]$^{7-}$ 的球棒示意图。经许可引自[50]2006 American Chemical Society

G-四联体由富含鸟嘌呤的 DNA 序列构成，在人类端粒和基因启动子中含量丰富（参见第 6 章，该章讨论了使用金属配合物探测 DNA）[54]。鸟嘌呤（G）碱基有自组装四分体的能力，这些四分体可以堆叠在一起形成四联体 DNA 结构。这些四联体结构被相邻四联体之间的阳离子（K$^+$）进一步稳定。这些 G-四联体具有包括抑制端粒酶的多种生物学功能[55,56]。近年来，多核配合物作为端粒酶抑制剂的研究动向已开始显现。研究者已对含有喹诺酮类、3-氨基喹啉类、喹啉类或菲罗啉类配体的水溶性三锇有机金属簇对端粒酶的抑制作用做了测试（图 11.9）[57,58]。在游离细胞培养基中，发现含磺化膦配体的配合物是端粒酶功能的最佳抑制剂。然而，在测试 MCF-7 乳腺癌细胞系的端粒酶抑制时，发现它们的活性降低了。

在细胞游离试验中，发现四个四核 Pt（Ⅱ）金属方阵（图 11.10）选择性地与启动子 G-四联体（bcl2）和双链 DNA 的 htelo G-四联体结合[59]。使用端粒重复扩增法（TRAP）和3-(4,5-二甲基噻唑-2-酰基)-2,5-二苯基四唑溴化铵（MTT）法对这些化合物进行了进一步的体外评估，发现它们具有较高的端粒酶抑制活性和抗癌活性[59]。

双核钌配合物和多核钌配合物被认为是更好的 G-四联体 DNA 结合剂，因为它们对盐浓度[60] 变化的敏感性较低。双螺旋 DNA 的离子强度远低于 G-四联体 DNA，因此能够有效结合 G-四联体 DNA 的配合物必须能够承受高的盐浓度。无论 Na$^+$ 和 K$^+$ 缓冲液是否存在，双核配合物（结构1，图 11.11）都能促进反平行 G-四联体结构的形成[61]。

双核配合物 2 和 3（图 11.11）都能与 G-四联体和双螺旋 DNA 结合[62]，而配合物 4（图11.12)含有柔性的非环状冠醚链，对 G-四联体表现出中度稳定性[63]。配合物 4 的荧光研究表明，该配合物对 G-四联体结构的选择性优于 DNA 双链结构；DNA 双链结构和四联体结构的荧光有很大的区别。已有报道称，三核配合物 5 和 6（图 11.12）可引起人类端粒 DNA

的显著构象变化，并使 G-四联体 $AG_3(T_2AG_3)_3$ 特征序列更稳定[64]。

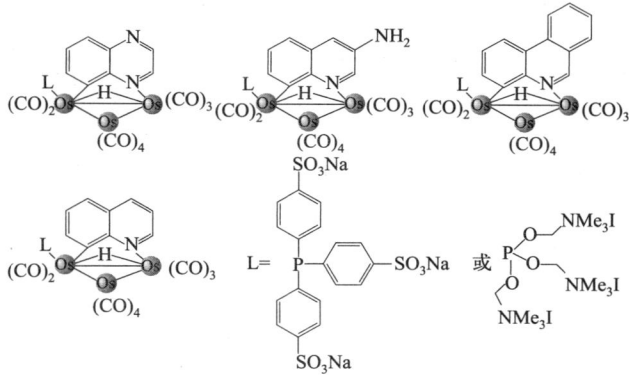

图 11.9　在游离细胞培养基中测试抗端粒酶活性的锇簇。经许可引自 ［57］ 2005 Elsevier 和 ［58］ 2011 Royal Society of Chemistry

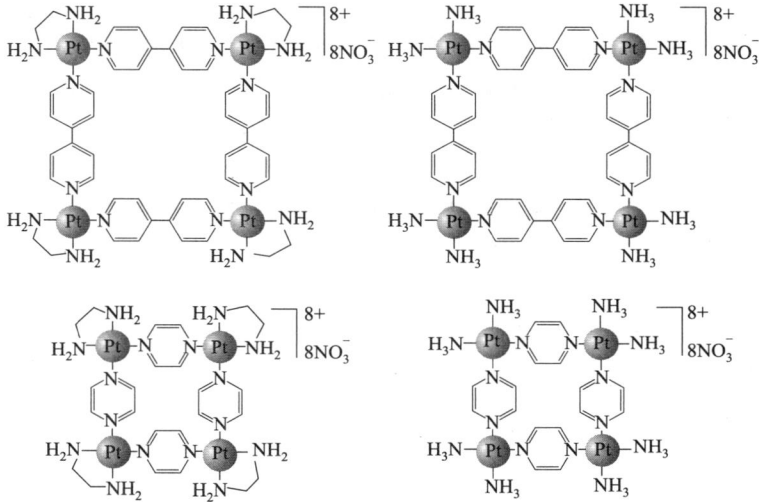

图 11.10　在体外显示很有端粒酶抑制前途的金属正方形。经许可引自 ［59］ 2012 Royal Society of Chemistry

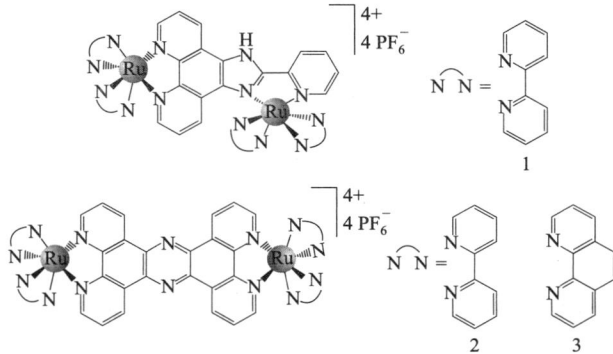

图 11.11　双核钌配合物作为 G-四联体稳定剂。经许可引自 ［61］ 2008 American Chemical Society

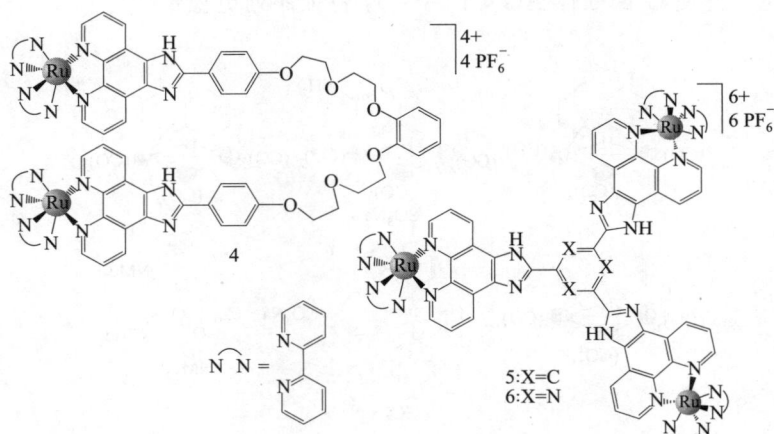

图 11.12 配合物 4～6 用于稳定 G-四联体。经许可引自 [63] 2009 Royal Society of Chemistry 和 [64] 2010 Elsevier

Luedtke 小组已经合成了一系列胍修饰的酞菁锌衍生物（结构 7，图 11.13）[65]。重要的是这些酞菁锌衍生物对四联体 DNA 有选择性的荧光反应。研究发现 c-Myc（致癌启动子）四联体 DNA 的亲和力比双链小牛胸腺 DNA 高 5000 倍。酞菁锌配合物的胞内定位不同于双链 DNA 探针，而与四联体介导的启动子失活一致。当然，还需要进一步的研究来确定确切的作用模式。

Vilar 及其同事描述了一种类似双四联体 DNA 的结合物和光开关[66]。环化金属铂配合物（结构 8，图 11.13）显示其对 c-Myc 选择性超过对 26-mer 双链 DNA 序列的 1000 倍。尽管在 DMSO 中对四联体 DNA 有很高的亲和力，但这种低水溶性配合物并不能被骨原性肉瘤 U2OS 细胞吸收。为了克服这一局限性，铂配合物被封入一个水溶性的金属笼中[67]，这样就保证了配合物能够被输送进癌细胞中。将铂配合物内化并从六钌笼化合物中释放出来后，共聚焦荧光显微镜显示了核中配合物的定位，在那里它可能与四联体相互作用。

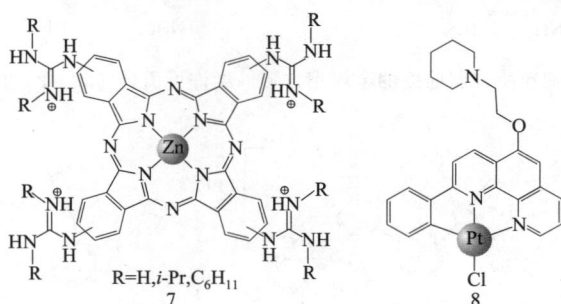

图 11.13 配合物 7 和 8 用作 G-四联体稳定剂和光开关。经许可引自 [65] 2009 Wiley-VCH Verlag GmbH & Co KgaA，Weinheim 和 [66] 2012，KGaA，Weinheim Wiley-VCH Verlag GmbH & Co

11.3.3 多核多吡啶钌配合物：DNA 拓扑异构酶Ⅱ抑制剂

含钌的配合物作为药物制剂已引起广泛关注。钌在生理条件下可表现出一系列氧化态 [Ru(Ⅱ)、Ru(Ⅲ) 和 Ru(Ⅳ)]，且其配合物也显示出低毒性[68-73]。多核 Ru(Ⅱ) 配合物在生物学中的应用是一个新兴的研究领域[26]。随着对这些配合物生物功能的研究不断扩大，越来越清楚多核钌配合物有系列不同的靶标。Ⅱ型拓扑异构酶（TopoⅡ）在 DNA 合成中起整合作用。这些酶在一个双螺旋上同时切断两条 DNA 链，然后通过酪氨酸键连接到 TopoⅡ。接着第二个 DNA 双链通过这个缺口。因此 TopoⅡ能够控制 DNA 缠结和超螺旋。这是通过 ATP 水解实现的，并且在这个过程中，TopoⅡ能够增加或减少两个单位的 DNA 环的连接数。此外，TopoⅡ倾向于染色体的解纠缠。整个过程由 ATP 依赖性的再连接完成[63,74]。

TopoⅡ的抑制剂通过非竞争性结合 ATP 来靶向 ATP 酶活性。一些多吡啶基双核配合物具有这种能力。已对双核配合物（结构 9，图 11.14）对丝状疟原虫 DNA TopoⅡ的抑制作用做了体外评价。该配合物经过与酶的短暂孵育后，加入 pBR322 DNA。结果发现，配合物 9 对 TopoⅡ活性的抑制率为 75%[75]。采用酶介导的超螺旋 pBR322 松弛试验，Sharma 等[76] 评价了配合物 10～12（图 11.14）对丝状寄生虫 $S.cervei$ Topo-Ⅱ DNA 活性的影响。即使浓度低于 $2\mu g \cdot mL^{-1}$，杂双核和同双核配合物均表现出与 TopoⅡ-DNA 配合物形成的很强亲和力。研究者提出，这些配合物可能通过以下三种机制之一影响 TopoⅡ-DNA 活性：①与酶结合；②与 TopoⅡ-DNA 配合物结合；③与 DNA 自身结合[76]。

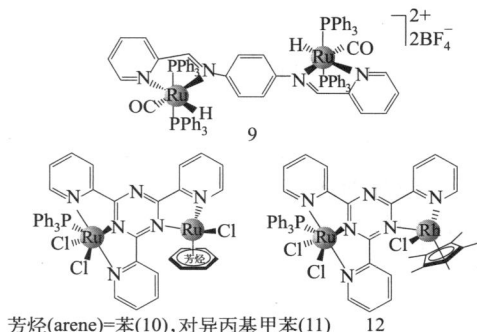

图 11.14　对 TopoⅡ酶显示出亲和力的双核配合物 9～12。经许可引自 [75] 2004 Elsevier 和 [76] 2008 American Chemical Society

11.4　活细胞中金属配合物催化剂

在一篇非常重要的综述中，Alessio 及其同事根据金属抗癌化合物的作用模式将它们分为以下五类，希望这将有助于研究人员今后合理设计抗癌药物[77]。①功能化合物，如顺铂、NAMI-A 或 KP1019，其中金属与生物靶标结合；②结构化合物，其中金属决定化合物的整体形状；③载体化合物，其中金属作为预期在体内传递的活性配体的载体；④催化化合物，其中金属化合物作为催化剂；⑤光敏化合物，其中金属化合物具有光活性，可作为光敏剂。虽然第①类功能化合物和第②类结构化合物包含许多金属配合物，并已在本综述和其他综述中广泛讨论[78-86]，但第④类催化化合物仍然是一个研究相对较少的领域。不过，最近的一篇专题文章提出并讨论了一种能够催化生物体内化学转化的合成金属配合物[2]，表明非生物反应在生物系统中的应用取得了重大进展。金属配合物催化剂目前只包含少数配合物，并认为金属在体内起催化剂的作用，例如，通过产生活性氧（ROS）导致细胞损伤，或氧化/

还原重要的生物分子[如烟酰胺腺嘌呤二核苷酸(NAD^+)及谷胱甘肽(GSH)]。

11.4.1　NAD^+/NADH 的催化作用

　　烟酰胺腺嘌呤二核苷酸（NAD^+）是一种辅酶 NAD^+/NADH，参与许多细胞氧化还原反应（图 11.15），但它也可以作为细菌 DNA 连接酶的底物，利用它从蛋白质中除去乙酰基[87,88]。由于这些功能的重要性，参与 NAD^+ 代谢的酶已经成为重要的和有前途的药物研发目标。此外，辅酶 1,4-NADH 是许多有助于有机化合物立体选择性合成的酶还原反应所必需的[89,90]。近年来，有机金属化合物干扰细胞内 NAD^+/NADH 氢化物转移反应的可能性作为一种新的作用机制引起了广泛关注。

　　Sadler 小组合成的钌（Ⅱ）芳烃抗癌配合物[(η^6-arene)Ru(en)Cl]PF_6（arene＝六甲基苯、对异丙基甲苯、二氢化苊；en＝乙二胺）[91-94]，在生理条件下能有效催化水中甲酸盐对 NAD^+ 高效选择性还原形成 1,4-NADH[95]。然而，得到的反应速率是铑（Ⅲ）五甲基环戊二烯配合物催化速率的 1/50[96]。重要的是，用于测试化合物的 A549 肺癌细胞对甲酸盐的耐受性非常强，即使在毫摩尔浓度下也是如此。因此，本研究揭示了将芳烃钌配合物与甲酸盐共同作为催化药物的可能性。

　　在一个为了提高[(η^6-arene)Ru(en)Cl]$^+$ 配合物对从甲酸向 NAD^+ 转移氢反应催化效率的试验中，Sadler 及其同事观察到了一个相反的反应，即氢从 1,4-NADH 转移了有机金属配合物[97]（图 11.15）。因此，研发的半夹心 Ru（Ⅱ）芳烃和 Ir（Ⅲ）环戊二烯配合物可以利用 NADH 作为氢源还原酮。这项研究清楚地表明，这些新的配合物可以有效地调节细胞的氧化还原特性，从而导致细胞凋亡。

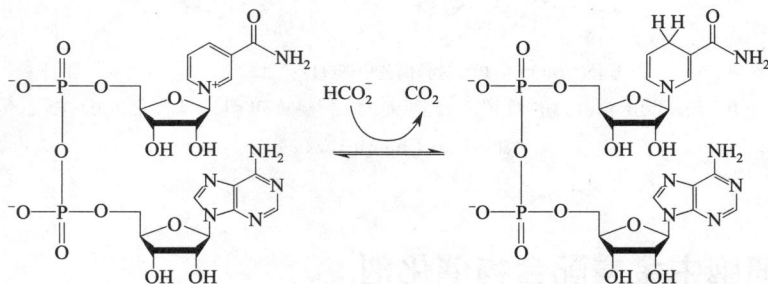

图 11.15　甲酸盐存在时 NAD^+/NADH 的转换

　　最近，该研究小组合成了一系列中性钌（Ⅱ）半夹心[(η^6-arene)Ru(N∩N′)Cl]（arene＝芳烃）类配合物，但用的是改性的乙二胺螯合配体（图 11.16）。他们为了改善在甲酸盐存在下转移氢化 NAD^+ 生成 1,4-NADH 的特定选择性催化性能，添加了一个类似于 Noyori 配体的磺酰胺基团。这一系列化合物的催化活性比乙二胺类似物提高了大约一个数量级[98]。

11.4.2　硫醇半胱氨酸和谷胱甘肽的氧化作用

　　Sadler 及其同事的研究证明了一系列令人兴奋的钌配合物的特征，即钌芳烃硫代配合物的活化可能涉及氧化还原机制。例如，谷胱甘肽与[(η^6-bip)Ru(en)Cl]$^+$ 反应生成巯基配合物[(η^6-bip)Ru(en)(GS)]$^+$[99]。该配合物随后被氧化成一种不寻常的磺化配合物[(η^6-bip)Ru(en){GS(O)}]，该物质通常不稳定，但在这种特殊情况下，由于氢键以及与钌（Ⅱ）中心的配位而使其变得稳定[100,101]。磺基丙氨酸-Ru 加合物随后可与鸟嘌呤的标准靶标 N^7 发生反应。有趣的是，这些研究人员表示即使添加了过量的 GSH，cGMP 加合物 $[(\eta^6\text{-bip})\text{Ru}(\text{en})(\text{cGMP-N7})]^+$ 仍然是主要产物。因此，鸟嘌呤的 N^7 通过磺化中间体轻松地取代 S 键合的谷胱甘肽可能为 RNA 和 DNA 在体内钌化提供了一条潜在的途径。最近，该课题组在谷胱甘肽和 DNA 寡核苷酸之间进行了两个配合物 $[(\eta^6\text{-bip})\text{Ru}(\text{en})\text{Cl}]^+$ 和 $[(\eta^6\text{-bip})\text{Ru}(\text{tha})\text{Cl}]^+$（tha＝四氢蒽）的竞争实验。结果表明，无论谷胱甘肽的浓度如何，两种配合物与单链寡核苷酸的反应都会产生单钌化寡核苷酸。因此，他们的发现揭示了谷胱甘肽在这些钌抗癌配合物的作用机制中具有潜在的对照作用[102]。

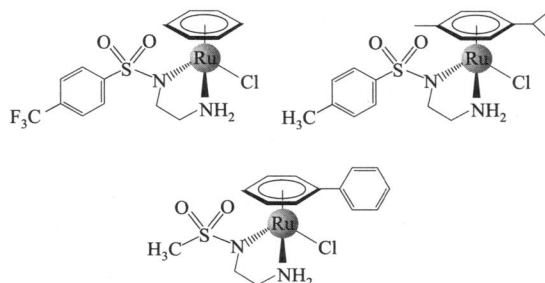

图 11.16　Sadler 合成的具有催化活性的中性有机金属半夹心钌（Ⅱ）配合物的一般结构。经许可引自 [98] 2012 American Chemical Society

谷胱甘肽也被证明能促进巯基配合物 $[(\eta^6\text{-hmb})\text{Ru}(\text{en})\text{SR}]^+$（R＝$i$-Pr）氧化成为磺化配合物 $[(\eta^6\text{-hmb})\text{Ru}(\text{en})\{\text{S}(\text{O})\text{R}\}]^+$，在生理条件下氧化明显是由 O_2-GSH 偶合介导。钌芳烃配合物也可诱导蛋白质中的半胱氨酸残基的氧化，例如人血白蛋白（HsA）的 Cys34。配合物 $[(\eta^6\text{-}p\text{-cymene})\text{Ru}(\text{en})\text{Cl}]^+$（cymene＝对异丙基甲苯）能够诱导白蛋白中唯一的游离巯基基团 Cys34 被氧化为亚磺酸盐。另一方面，未发现 Cys34 被配合物 $[(\eta^6\text{-bip})\text{Ru}(\text{en})\text{Cl}]^+$ 氧化。研究者认为其原因可能由于芳烃较大，阻碍了其进入 Cys34[103]。

Sadler 及其同事也开创了研发纯催化药物的可能性[104]。他们已经研制了一个 $[(\eta^6\text{-芳烃})\text{Ru}(\text{azpy})\text{I}]^+$（azpy＝$N,N$-二甲基苯基偶氮吡啶，芳烃＝对异丙基甲苯或联苯）类型的有机金属半夹层钌（Ⅱ）化合物家族（图 11.17）。

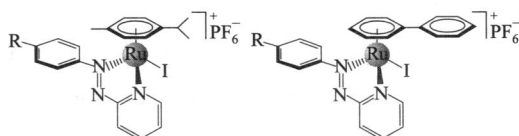

图 11.17　由 Sadler 及其同事研制的催化活性阳离子有机金属半夹层钌（Ⅱ）化合物的一般结构，R＝NMe_2、OH 或 H。经许可引自 [104] 2008 National Academy of Sciences，USA

这些配合物最显著的特点是对人卵巢癌 A2780 和人肺癌 A549 细胞株有高细胞毒性（IC_{50} 在 $\mu\text{mol} \cdot L^{-1}$ 范围）[104]，尽管替代非常惰性。例如，它们不能被水活化。值得注意的是，Sadler 及其同事已经证明，该配合物的细胞毒性直接来源于氧化还原循环中产生的活性氧（ROS）的增加，在氧化还原循环中，配合物在谷胱甘肽（GSH）氧化为氧化谷胱甘肽（GSSG）的反应中起催化剂的作用。事实上，^{1}H-NMR 谱图显示，随着对应于 GSSG 中 Cys 的 α-CH 和 β-CH$_2$ 的 Cys 原共振的逐渐消失和新的 Cys 共振的出现，已证明用 $100\mu\text{mol} \cdot L^{-1}$ 的配合物导致约 4mmol·L^{-1} 的 GSH 被稳定氧化成 GSSG[104]。这种氧化反应产生 H_2（模式 11.1），但不能直接表征。然而，研究者注意到在反应过程中反应管中形成了气泡，这有力地说明了 H_2 的产生。

$$R\text{-}SH + R'\text{-}SH \xrightarrow{\text{钌配合物}} RS\text{-}SR' + H_2$$

模式 11.1　钌配合物催化硫醇氧化反应的通式

即使不产生活性氧，GSH 催化转化为 GSSG 也可能直接与抗肿瘤活性有关。众所周知，癌细胞的谷胱甘肽含量比健康细胞高。所有活细胞中，超过 90% 的谷胱甘肽以还原型形式（GSH）存在，只有不到 10% 以二硫形式（GSSG）存在[105]。GSSG/GSH 比值升高被认为是氧化应激的标志，氧化应激会损害细胞的所有成分，包括蛋白质、脂质和 DNA，并可能导致细胞凋亡。

Süss-Fink 和 Furrer 小组也发现了水溶性且空气中稳定的 $[(\eta^6\text{-}p\text{-cymene})_2Ru_2(\mu_2\text{-}SR)_3]^+$ 和 $[(\eta^6\text{-}p\text{-cymene})_2Ru_2(\mu_2\text{-}SR')_2(\mu_2\text{-}SR'')]^+$（图 11.18）类型芳烃钌配合物对人卵巢癌 A2780 细胞具有惊人的高细胞毒性，尽管它们对配体取代完全没有反应[106-108]。值得指出的是，其中一些化合物的 IC_{50} 值（低至 30nmol·L^{-1}）使它们成为迄今报道的最具细胞毒性的芳烃钌配合物。尽管配体替代完全惰性，但如此强的活性还是令人惊讶。然而，Hartinger 及其同事进行的一项研究表明，金属药物与蛋白质相互作用与对肿瘤细胞毒性之间存在负相关[109]，这一发现似乎也适用于其他类型的配合物。

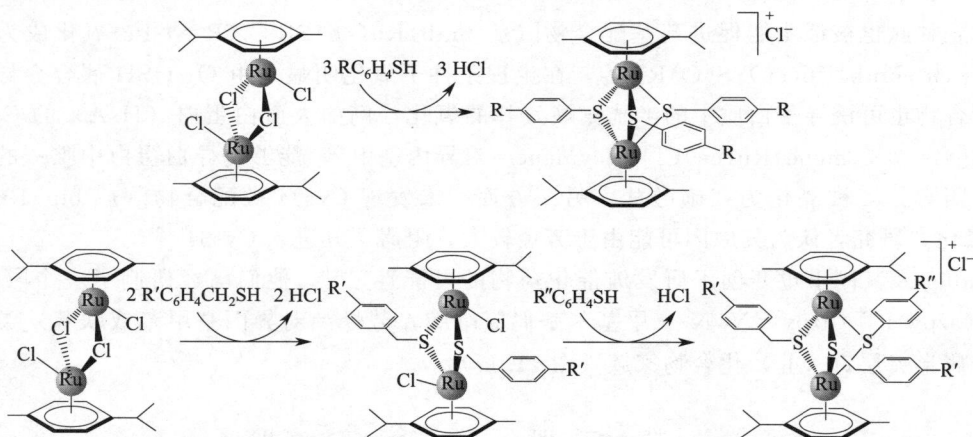

图 11.18　氯盐形式配合物 $[(\eta^6\text{-}p\text{-cymene})_2Ru_2(\mu_2\text{-}SC_6H_4R)_3]^+$（上图）和 $[(\eta^6\text{-}p\text{-cymene})_2Ru_2$

$(\mu_2\text{-}SCH_2C_6H_4R')_2(\mu_2\text{-}SC_6H_4R'')]^+$（下图）的合成[108]

与 Sadler 的配合物类似，这些三硫代的配合物也是 GSH 在水溶液中氧化的高效催化剂。总之，研究结果表明，这些配合物具有高体外抗癌活性的部分原因可能是它们催化谷胱甘肽氧化的潜力，但似乎也得益于其他属性/机制，如 Hammett 常量（其中含有取代常数，如电负性和内消旋效应）和相关的亲油性参数，研究者不能提供 IC_{50} 和 TOF_{50} 值（在 50% 的转换频率）之间的任何相关性的证据。更准确地说，IC_{50} 值、Hammett 常数 σ_p 和 20 多个配合物的亲脂性参数 $\lg P$ 之间的线性回归显示出良好的非线性判定，并且包含了 Hammett 常数 σ_p（$0.2 < \sigma_p < 0$）和 $\lg P$ 值（$\lg P > 3.0$）两个常数最佳区域的最合理数值是导致 IC_{50} 值最低的原因。有了这些结果，研究者可以假设钌化合物可能在活性氧形成后改变细胞内某些酶的行为，使癌细胞对其吸收受到亲脂性的影响[106-108]。

这些金属中心催化剂的一个潜在缺点是，它们可能有在复杂的生物介质中失活（中毒）的倾向。Süss-Fink 和 Furrer 小组已经证明，它们中的一个配合物可以像氯盐一样原样回收。此外，由于 TOF_{50} 第 5 次循环后仅下降 15%，因此配合物的稳定性非常显著[106]。这些配合物可能具有非常稳定和高效的优点，因此可能具有更大的生物活性潜力。

11.4.3 氧化控制的细胞毒性

Sadler 及其同事在一篇非常重要的论文中，报道了含有邻苯二胺(o-pda)、邻苯醌二亚胺(o-bqdi)或 4,5-二甲基邻苯二胺(dmpda)为螯合配体的钌(Ⅱ)芳烃配合物（图 11.19）的制备和表征，芳烃和卤化物的变化对邻苯二胺配体氧化影响的研究，以及它们对 A2780 人卵巢癌和 A549 人肺癌细胞株的细胞毒性作用的影响[110]。他们已经证明，含 o-pda 螯合配体的钌芳烃配合物在氧化生成还原性的 o-bqdi 配合物时失去对癌细胞的细胞毒性。该报道的主要和最令人兴奋的结果是，可以通过改变配合物中其他配体（芳烃和单齿配体）的电子性质来控制其氧化过程。

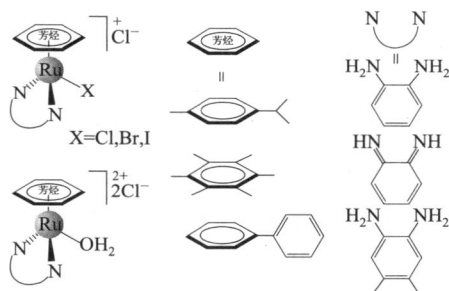

图 11.19　从 PF_6^-、Cl^- 或 I^- 盐分离的含 o-pda、o-bqdi、dmpda 螯合配体的钌配合物。经许可引自[111]
2006 Wiley-VCH Verlag GmbH & Co. KgaA，Weinheim

11.5　官能团的催化转化和消除

近期能够在生物系统中将配合物的保护基团催化消除的研究成果展示了一个具有吸引力的研究方向，因为它将使催化活性药物前体的设计成为可能。Meggers 小组已成功研制了通式为[Cp * Ru(COD)Cl]和[Cp * Ru(η^6-pyrene)]PF_6 的钌半夹层配合物(Cp * ＝五甲基环戊二烯,COD＝1,5-环辛二烯,图 11.20)。这些配合物可以在水、空气甚至硫醇存在的情况下将烯丙基氨基甲酸酯裂解成它们各自的伯胺。重要的是，[Cp * Ru(η^6-pyrene)]PF_6 成功地在 HeLa 细胞中发挥了催化作用[111,112]。

该小组还研究了铁内消旋四芳基卟啉配合物对芳香叠氮化物还原为其对应胺的有效催化作用。研究者发现这种还原反应在生理条件下甚至在活的哺乳动物细胞中都可以进行。该反应以硫醇为还原剂且不受水和空气的影响。然而，研究者也注意到芳香叠氮化物在体内的代谢减少，因此限制了这种方法。这种新的催化反应在细胞成像和催化药物释放方面的应用研

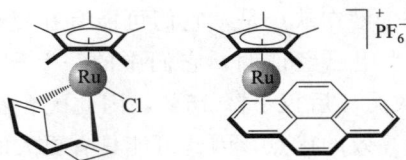

图 11.20 配合物[Cp＊Ru(COD)Cl]和[Cp＊Ru(η^6-pyrene)]PF$_6$。经许可引自[111]2006 Wiley-VCH Verlag GmbH & Co. KgaA,Weinheim

11.6 催化控制的碳-碳键形成

在活的生物系统中形成碳-碳键的可能性是药物化学和有机金属化学领域的一个令人兴奋的研究方向，例如将两种或两种以上的成分在其最终的细胞目的地组装成药物。在这一领域，可能是受到一系列钯催化交叉偶合反应研究的启发，在生物系统中钯催化代表了迄今为止报道的大部分金属催化。几十年前，首次报道了用于蓝藻膜脂加氢反应的钯催化[114]。封入聚苯乙烯微球中的钯纳米颗粒进入哺乳动物细胞并催化细胞内的 Suzuki Miyaura 交叉偶联反应（模式 11.2）[115,116] 被报道。Davis 及其同事已经报道了钯催化的大肠埃希菌细胞表面标记，Lin 及其同事报道了钯催化剂介导的细菌细胞中无铜 Sonogashira 交叉偶合反应[117-118]。重要的是，钯催化剂在低浓度下有效且无毒性[117]。金以及其他金属也很有应用前景。例如，Kim 及其同事研制了一种用于人角质细胞中金离子的荧光检测的荧光金传感器。最终传感器的形成主要基于催化分子内的氢化反应[119]。

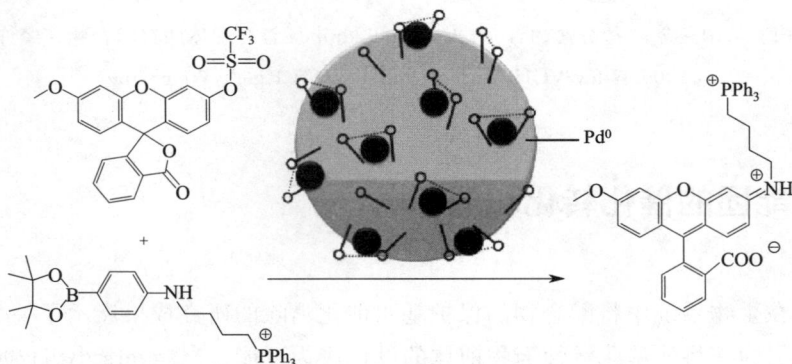

模式 11.2 封于聚苯乙烯微中的钯纳米颗粒催化胞内 Suzuki-Miyaura 交叉偶联反应模式[115]

11.7 结论

几十年来，DNA 被认为是设计具有生物活性的金属基药物的主要目标。然而，正如本章所强调，显然还有可以研究的其他目标，酶就是非常有潜力的其中之一。目前有多个研究小组正在进行有关金属配合物对酶促过程抑制能力的研究和使用不同的策略制备金属基酶抑制剂。在细胞内发生催化反应是获得生物活性金属配合物的新方法。展望金属基化合物未来的发展，提高金属基化合物的选择性和特异性是未来无机化学生物学发展的重点。

参考文献

1. C. Bolm, Cross-coupling reactions, J. Org. Chem. ,77,5221-5223(2012).

2. P. K. Sasmal, C. N. Streu and E. Meggers, Metal complex catalysis in living biological systems, Chem. Commun. ,49,1581-1587(2013).

3. E. Meggers, Targeting proteins with metal complexes, Chem. Commun. , 1001-1010 (2009).

4. J. F. Norman and T. W. Hambley, Targeting strategies for metal-based therapeutics, in E. Alessio(Ed.), Bioinorganic Medicinal Chemistry, Wiley-VCH, Weinheim, Germany, pp. 49-78(2011).

5. J. Reedijk, Why does cisplatin reach guanine-N7 with competing S-donor ligandsavailable in the cell? Chem. Rev. ,99,2499-2510(1999).

6. S. J. Benkovic and S. Hammes-Schiffer, A perspective on enzyme catalysis, Science, 301,1196-1202(2003).

7. K. J. Kilpin and P. J. Dyson, Enzyme inhibition by metal complexes: concepts, strategies and applications, Chem. Sci. ,4,1410-1419(2013).

8. G. Gasser and N. Metzler-Nolte, Metal compounds as enzyme inhibitors, in E. Alessio (Ed.), Bioinorganic Medicinal Chemistry, Wiley-VCH, Weinheim, Germany, pp. 351-382 (2011).

9. A. Y. Louie and T. J. Meade, Metal complexes as enzyme inhibitors, Chem. Rev. ,99, 2711-2734(1999).

10. D. Rehder, The trigonal-bipyramidal NO_4 ligand set in biologically relevant vanadium compounds and their inorganic models, J. Inorg. Biochem. ,102,1152-1158(2008).

11. M. Nakai, M. Obata, F. Sekiguchi, M. Kato, M. Shiro, A. Ichimura, I. Kinoshita, M. Mikuriya, T. Inohara, K. Kawabe, H. Sakurai, C. Orvig and S. Yano, Synthesis and insulinomimetic activities of novel mono- and tetranuclear oxovanadium(Ⅳ) complexes with 3-hydroxypyridine-2-carboxylic acid, J. Inorg. Biochem. ,98,105-112(2004).

12. K. H. Thompson, J. Lichter, C. LeBel, M. C. Scaife, J. H. McNeil and C. Orvig, Vanadium treatment of type 2 diabetes: A view to the future, J. Inorg. Biochem. , 103,554-558 (2009).

13. W. H. Ang, I. Khalaila, C. S. Allardyce, L. Juillerat-Jeanneret and P. J. Dyson, Rational design of platinum(Ⅳ) compounds to overcome glutathione-S-transferase mediated drug resistance, J. Am. Chem. Soc. ,127,1382-1383(2005).

14. S. Urig, K. Fritz-Wolf, R. Réau, C. Herold-Mende, K. Tóth, E. Davioud-Charvet and K. Becker, Undressing of phosphine gold(Ⅰ) complexes as irreversible inhibitors of human

disulfide reductases, Angew. Chem. Int. Ed. ,45,1881-1886(2006).

15. Y. Che, B. R. Brooks, D. P. Riley, A. J. H. Reaka and G. R. Marshall, Engineering metal complexes of chiral pentaazacrowns as privileged reverse-turn scaffolds, Chem. Biol. Drug Des. ,69,99-110(2007).

16. F. Mendes, M. Groessl, A. A. Nazarov, Y. O. Tsybin, G. Sava, I. Santos, P. J. Dyson and A. Casini, Metal-based inhibition of poly(ADP-ribose)polymerase-The guardian angel of DNA, J. Med. Chem. ,54,2196-2206(2011).

17. R. H. Holm, P. Kennepohl and E. I. Solomon, Structural and Functional Aspects of Metal Sites in Biology, Chem. Rev. ,96,2239-2314(1996).

18. P. M. Vignais and B. Billoud, Occurrence, classification, and biological function of hydrogenases:An overview, Chem. Rev. ,107,4206-4272(2007).

19. N. Mitïc, S. J. Smith, A. Neves, L. W. Guddat, L. R. Gahan and G. Schenk, The catalytic mechanisms of binuclear metallohydrolases, Chem. Rev. ,106,3338-3363(2006).

20. L. R. Gahan, S. J. Smith, A. Neves and G. Schenk, Phosphate ester hydrolysis:Metal complexes as purple acid phosphatase and phosphotriesterase analogues, Eur. J. Inorg. Chem. ,2745-2758(2009).

21. D. E. Wilcox, Binuclear metallohydrolases, Chem. Rev. ,96,2435-2458(1996).

22. C. Belle and J. -L. Pierre, Asymmetry in bridged binuclear metalloenzymes: Lessons for the chemist, Eur. J. Inorg. Chem. ,4137-4146(2003).

23. E. Jabri, M. B. Carr, R. P. Hausinger and P. A. Karplus, The crystal structure of urease from Klebsiella aerogenes, Science, 268,998(1995).

24. C. G. Hartinger, A. D. Phillips and A. A. Nazarov, Polynuclear ruthenium, osmium and gold complexes. The quest for innovative anticancer chemotherapeutics, Curr. Topics Med. Chem,11,2688-2702(2011).

25. P. Govender, B Therrien and G. S. Smith, Bio-metallodendrimers- Emerging strategies in metal-based drug design, Eur. J. Inorg. Chem. ,2853-2862(2012).

26. G. S. Smith and B. Therrien, Targeted and multifunctional arene ruthenium chemotherapeutics, Dalton Trans. ,40,10793-10800(2011).

27. C. E. Müller, J. Iqbal, Y. Baqi, H. Zimmermann, A. Röllich and H. Stephan, Polyoxometalates-a new class of potent ecto-nucleoside triphosphate diphosphohydrolase(NTPDase) inhibitors, Bioorg. Med. Chem. Lett. ,16,5943-5947(2006).

28. D. A. Judd, J. H. Nettles, N. Nevins, J. P. Snyder, D. C. Liotta, J. Tang, J. Ermolieff, R. F. Schinazi and C. L. Hill, Polyoxometalate HIV-1 protease inhibitors. A new mode of protease inhibition, J. Am. Chem. Soc. ,123,886-897(2001).

29. M. T. Pope and A. Müller, Chemistry of polyoxometallates. Actual variation on an old theme with interdisciplinary references, Angew. Chem. Int. Ed. ,30,34-48(1991).

30. M. T. Pope; Heteropoly and Isopoly Oxometalates, Springer, New York, 1983.

31. H. Stephan, M. Kubeil, F. Emmerling and C. E. Müller, Polyoxometalates as versatile enzyme inhibitors, Eur. J. Inorg. Chem. ,1585-1594(2013) and references therein.

32. T. L. Turner, V. H. Nguyen, C. C. McLauchlan, Z. Dymon, B. M. Dorsey, J. D. Hooker and M. A. Jones, Inhibitory effects of decavanadate on several enzymes and Leishmania tarentolae In Vitro, J. Inorg. Biochem., 108, 96-104 (2012).

33. J. D. Foster, S. E. Young, T. D. Brandt and R. C. Nordlie, Tungstate: a potent inhibitor of multifunctional glucose-6-phosphatase, Arch. Biochem. Biophys., 354, 125-132 (1998).

34. M. J. Wall, G. Wigmore, J. Lopatar, B. G. Frenguelli and N. Dale, The novel NTPDase inhibitor sodium polyoxotungstate(POM-1) inhibits ATP breakdown but also blocks central synaptic transmission, an action independent of NTPDase inhibition, Neuropharmacology, 55, 1251-1258 (2008).

35. F. M. Sansom, P. Riedmaier, H. J. Newton, M. A. Dunstone, C. E. Müller, H. Stephan, E. Byres, T. Beddoe, J. Rossjohn, P. J. Cowan, A. J. F. d'Apice, S. C. Robson and E. L. Hartland, Enzymatic properties of an ecto-nucleoside triphosphate diphosphohydrolase from Legionella pneumophila, J. Biol. Chem., 283, 12909-12918 (2008).

36. R. Prudent, V. Moucadel, B. Laudet, C. Barette, L. Lafanechère, B. Hasenknopf, J. Li, S. Bareyt, E. Lacôte, S. Thorimbert, M. Malacria, P. Gouzerh and C. Cochet, Identification of polyoxometalates as nanomolar noncompetitive inhibitors of protein kinase CK2, Chem. Biol., 15, 683-692 (2008).

37. D. W. Boyd, K. Kustin and M. Niwa, Do vanadate polyanions inhibit phosphotransferase enzymes? Biochim. Biophys. Acta, 827, 472-475 (1985).

38. G. Choate and T. E. Mansour, Subunit structure of functional porin oligomers that form permeability channels in the outer membrane of Escherichia coli, J. Biol. Chem., 254, 1457-1462 (1979).

39. R. Prudent, C. F. Sautel and C. Cochet, Structure-based discovery of small molecules targeting different surfaces of protein-kinase CK2, Biochim. Biophys. Acta, 1804, 493-498 (2010).

40. A. Seko, T. Yamase and K. Yamashita, Polyoxometalates as effective inhibitors for sialyl- and sulfotransferases, J. Inorg. Biochem., 103, 1061-1066 (2009).

41. Z. X. Dong, R. K. Tan, J. Cao, Y. Yang, C. F. Kong, J. Du, S. Zhu, Y. Zhang, J. Lu, B. Q. Huang and S. X. Liu, Discovery of polyoxometalate-based HDAC inhibitors with profound anticancer activity in vitro and in vivo, Eur. J. Med. Chem., 46, 2477-2484 (2011).

42. Y. Inouye, Y. Tokutake, J. Kunihara, T. Yoshida, T. Yamase, A. Nakata and S. Nakamura, Suppressive effect of polyoxometalates on the cytopathogenicity of human immunodeficiency virus type 1(HIV-1) in vitro and their inhibitory activity against HIV-1 reverse transcriptase, Chem. Pharm. Bull., 40, 805-807 (1992).

43. S. G. Sarafianos, U. Kortz, M. T. Pope and M. J. Modak, Mechanism of polyoxometalate-mediated inactivation of DNA polymerases: an analysis with HIV-1 reverse transcriptase indicates specificity for the DNA-binding cleft, Biochem. J., 319, 619-626 (1996).

44. C. Schoeberl, R. Boehner, B. Krebs, C. Mueller and A. Barnekow, A new polyoxometalate complex inhibits retrovirus encoded reverse transcriptase activity in vitro and in vi-

vo, Int. J. Oncol. ,12,153-160(1998).

45. J. M. Messmore and R. T. Raines, Decavanadate inhibits catalysis by ribonuclease A, Arch. Biochem. Biophys. ,381,25-30(2000).

46. A. Bartholomeusz, E. Tomlinson, P. J. Wright, C. Birch, S. Locarnini, H. Weigold, S. Marcuccio and G. Holan, Use of a Flavivirus RNA-dependent RNA polymerase assay to investigate the antiviral activity of selected compounds, Antiviral Res. ,24,341-350(1994).

47. D. Hu, C. Shao, W. Guan, Z. M. Su and J. Z. Sun, Studies on the interactions of Ti-containing polyoxometalates(POMs) with SARS-CoV 3CLpro by molecular modeling, J. Inorg. Biochem. ,101,89-94(2007).

48. A. Flutsch, T. Schroeder, M. G. Grutter and G. R. Patzke, HIV-1 protease inhibition potential of functionalized polyoxometalates, Bioorg. Med. Chem. Lett. , 21, 1162-1166 (2011).

49. J. A. F. Gamelas, H. M. Carapuça, M. S. Balula, D. V. Evtuguin, W. Schlindwein, F. G. Figueiras, V. S. Amaral and A. M. V. Cavaleiro, Synthesis and characterisation of novel ruthenium multi-substituted polyoxometalates: α,β-$[SiW_9 O_{37} Ru_4 (H_2 O)_3 Cl_3]^{7-}$, Polyhedron, 29,3066-3073(2010).

50. E. L. -M. Wong, R. W. -Y. Sun, N. P. -Y. Chung, C. -L. S. Lin, N. Zhu and C. -M. Che, A mixed-valent ruthenium-oxo oxalato cluster $Na_7[Ru_4 (\mu^3\text{-}O)_4 (C_2 O_4)_6]$ with potent anti-HIV activities, J. Am. Chem. Soc. ,128,4938-4939(2006).

51. E. H. Blackburn, Telomeres and telomerase: their mechanisms of action and the effects of altering their functions, FEBS Lett. ,579,859-862(2005).

52. T. R. Cech, Life at the end of the chromosome: telomeres and telomerase, Angew. Chem. , Int. Ed. ,39,34-43(2000).

53. E. K. Parkinson, R. F. Newbold and W. N. Keith, The genetic basis of human keratinocyte immortalisation in squamous cell carcinoma development: the role of telomerase reactivation, Eur. J. Cancer, 33,727-734(1997).

54. J. L. Huppert and S. Balasubramanian, Prevalence of quadruplexes in the human genome, Nucleic Acids Res. ,33,2908-2916(2005).

55. W. H. Zhou, N. J. Brand and L. M. Ying, G-quadruplexes-novel mediators of gene function, J. Cardiovasc. Transl. Res. ,4,256-270(2011).

56. A. M. Zahler, J. R. Williamson, T. R. Cech and D. M. Prescott, Inhibition of telomerase by G-quartet DNA structures, Nature, 350,718-720s(1991).

57. D. Colangelo, A. Ghiglia, A. Ghezzi, M. Ravera, E. Rosenberg, F. Spada and D. Osella, Water-soluble benzoheterocycle triosmium clusters as potential inhibitors of telomerase enzyme, J. Inorg. Biochem. ,99,505-512(2005).

58. E. Rosenberg and R. Kumar, New methods for functionalizing biologically important molecules using triosmium metal clusters, Dalton Trans. ,41,714-722(2012).

59. X. -H. Zheng, Y. -F. Zhong, C. -P. Tan, L. -N. Ji and Z. -W. Mao, Pt(II) squares as selective and effective human telomeric G-quadruplex binders and potential cancer therapeu-

tics,Dalton Trans. ,41,11807-11812(2012).

60. J. Zhang,F. Zhang,H. Li,C. Liu,J. Xia,L. Ma,W. Chu,Z. Zhang,C. Chen,S. Li and S. Wang,Recent progress and future potential for metal complexes as anticancer drugs targeting G-quadruplex DNA,Curr. Med. Chem. ,19,2957-2975(2012).

61. S. Shi,J. Liu,T. Yao,X. Geng,L. Jiang,Q. Yang,L. Cheng and L. N. Ji,Promoting the formation and stabilization of G-quadruplex by dinuclear RuII complex Ru2(obip)L4,Inorg. Chem. ,47,2910-2912(2008).

62. T. Wilson,M. P. Williamson and J. A. Thomas,Differentiating quadruplexes：binding preferences of a luminescent dinuclear ruthenium（Ⅱ）complex with four-stranded DNA structures,Org. Biomol. Chem. ,8,2617-2621(2010).

63. L. Xu,D. Zhang,J. Huang,M. Deng,M. G. Zhang and X. Zhou,High fluorescence selectivity and visual detection of G-quadruplex structures by a novel dinuclear ruthenium complex,Chem. Commun. ,46,743-745(2010).

64. L. Xu,G. L. Liao,X. Chen,C. -Y. Zhao,H. Chao and L. N. Ji,Trinuclear Ru(Ⅱ) polypyridyl complexes as human telomeric quadruplex DNA stabilizers,Inorg. Chem. Commun. ,13,1050-1053 (2010).

65. J. Alzeer,B. R. Vummidi,P. J. C. Roth and N. W. Luedtke,Guadinium-modifiedphthalocyanines as high-affinity G-quadruplex fluorescent probes and transcriptional regulators,Angew. Chem. Int. Ed. ,48,9362-9365(2009).

66. K. Suntharalingam,A. Ł eczkowska,M. A. Furrer,Y. Wu,M. K. Kuimova,B. Therrien,A. J. P. White and R. Vilar,A cyclometallated platinum complex as a selective optical switch for quadruplex DNA,Chem. Eur. J. ,18,16277-16282(1012).

67. B. Therrien,Drug delivery by water-soluble organometallic cages,Top. Curr. Chem. , 319,35-56(2012).

68. W. H. Ang and P. J. Dyson,Classical and non-classical ruthenium-based anticancer drugs：towards targeted chemotherapy,Eur. J. Inorg. Chem. ,4003-4018(2006).

69. C. S. Allardyce and P. J. Dyson,Ruthenium in medicine：Current clinical uses and future prospects,Platinum Met. Rev. ,45,62-69(2001).

70. I. Kostova,Ruthenium complexes as anticancer agents,Curr. Med. Chem. ,13,1085-1107(2006).

71. C. S. Allardyce,A. Dorcier,C. Scolaro and P. J. Dyson,Development of organometallic(organo-transition metal) pharmaceuticals,Appl. Organomet. Chem. ,19,1-10(2005).

72. M. Galanski,V. B. Arion,M. A. Jakupec and B. K. Keppler,Recent developments in the field of tumor-inhibiting metal complexes,Curr. Pharm. Des. ,9,2078-2089(2003).

73. H. M. R. Robinson,S. Bratlie-Thoresen,R. Brown and D. A. F. Gillespie,Chk1 is required for G2/M checkpoint response induced by the catalytic topoisomerase Ⅱ inhibitor ICRF-193,Cell Cycle,6,1265-1267(2007).

74. C. L. Baird,M. S. Gordon,D. M. Andrenyak,J. F. Mareceki and J. E. Lindsley,The ATPase reaction cycle of yeast DNA topoisomerase Ⅱ,J. Biol. Chem. ,276,27893-27898

(2001).

75. M. Chandra, A. N. Sahay, D. S. Pandey, R. P. Tripathi, J. K. Saxena, V. J. M. Reddy, M. C. Peurta and P. Valegra, Potential inhibitors of DNA topoisomerase Ⅱ: ruthenium(Ⅱ) poly-pyridyl and pyridyl-azine complexes, J. Organomet. Chem. ,689,2256-2267(2004).

76. S. Sharma, S. K. Singh and D. S. Pandey, Ruthenium(Ⅱ) polypyridyl complexes: Potential precursors, metalloligands, and Topo Ⅱ inhibitors, Inorg. Chem. , 47, 1179-1189 (2008).

77. T. Gianferrara, I. Bratsos and E. Alessio, A categorization of metal anticancer compounds based on their mode of action, Dalton Trans. ,37,7588-7598(2009).

78. E. S. Antonarakis and A. Emadi, Ruthenium-based chemotherapeutics: are they ready for prime time? Cancer Chemother. Pharmacol. ,66,1-9(2010).

79. G. Gasser, I. Ott and N. Metzler-Nolte, Organometallic anticancer compounds, J. Med. Chem. ,54,3-25(2011).

80. A. Bergamo and G. Sava, Ruthenium anticancer compounds: myths and realities of he emerging metal-based drugs, Dalton Trans. ,40,7817-7823(2011).

81. E. A. Hillard and G. Jaouen, BioOrganometallics: Future trends in drug discovery, analytical chemistry, and catalysis, Organometallics,30,20-27(2011).

82. G. Sava, A. Bergamo and P. J. Dyson, Metal-based antitumour drugs in the ost-genomic era: what comes next? Dalton Trans. ,40,9069-9075(2011).

83. C. G. Hartinger, N. Metzler-Nolte and P. J. Dyson, Challenges and opportunities in the evelopment of organometallic anticancer drugs, Organometallics,31,5677-5685(2012).

84. G. Sava, G. Jaouen, E. A. Hillard and A. Bergamo, Targeted therapy vs. DNA-adduct ormation-guided design: thoughts about the future of metal-based anticancer drugs, Dalton Trans. ,41,8226-8234(2012).

85. A. L. Noffke, A. Habtemariam, A. M. Pizarro and P. J. Sadler, Designing rganometallic compounds for catalysis and therapy, Chem. Commun. ,48,5219-5246(2012).

86. A. Bergamo, C. Gaiddon, J. H. M. Schellens, J. H. Beijnen and G. Sava, Approaching umour therapy beyond platinum drugs: Status of the art and perspectives of ruthenium drug candidates, J. Inorg. Biochem. ,106,90-99(2012).

87. D. Westerhausen, S. Herrmann, W. Hummel and E. Steckhan, Formate-driven, on-enzymatic NAD(P)H regeneration for the alcohol dehydrogenase catalyzed tereoselective reduction of 4-phenyl-2-butanone, Angew. Chem. Int. Ed. ,31,1529-1531(1992).

88. C. Wong, D. G. Drueckhammer and H. M. Sweers, Enzymatic vs. fermentative synthesis: thermostable glucose dehydrogenase catalyzed regeneration of NAD(P)H for se in enzymatic synthesis, J. Am. Chem. Soc. ,107,4028-4031(1985).

89. U. Kragl, D. Vasic-Racki and C. Wandrey, Continuous production of L-tert-leucine n series of two enzyme membrane reactors, Bioprocess Eng. ,14,291-297(1996).

90. P. S. Wagenknecht and E. J. Sambriski, Recent Res. Dev. Inorg. Chem. , 3, 35-50 (2003).

91. R. E. Morris, R. E. Aird, P. del S. Murdoch, H. Chen, J. Cummings, N. D. Hughes, S. Parsons, A. Parkin, G. Boyd, D. I. Jodrell and P. J. Sadler, Inhibition of cancer cell rowth by ruthenium(Ⅱ) arene complexes, J. Med. Chem., 44, 3616-3621(2001).

92. R. Fernández, M. Melchart, A. Habtemariam, S. Parsons and P. J. Sadler, Use of helating ligands to tune the reactive site of half-sandwich ruthenium(Ⅱ)-arene anticancer complexes, Chem. Eur. J., 10, 5173-5179(2004).

93. Y. K. Yan, M. Melchart, A. Habtemariam and P. J. Sadler, Organometallic chemistry, iology and medicine: ruthenium arene anticancer complexes, Chem. Commun., 38, 4764-4776 (2005).

94. F. Wang, A. Habtemariam, E. P. L. van der Geer, R. Fernández, M. Melchart, R. J. Deeth, R. Aird, S. Guichard, F. P. A. Fabbiani, P. Lozano-Casal, I. D. H. Oswald, D. I. Jodrell, S. Parsons and P. J. Sadler, Controlling ligand substitution reactions of organometallic complexes: tuning cancer cell cytotoxicity, Proc. Natl. Acad. Sci. U. S. A., 102, 18269-18274 (2005).

95. Y. K. Yan, M. Melchart, A. Habtemariam, A. F. A. Peacock and P. J. Sadler, Catalysis of regioselective reduction of NAD^+ by ruthenium(Ⅱ) arene complexes under biologically relevant conditions, J. Biol. Inorg. Chem., 11, 483-488(2006).

96. H. C. Lo, C. Leiva, O. Buriez, J. B. Kerr, M. M. Olmstead and R. H. Fish, Bioorganometallic chemistry. 13. Regioselective reduction of NAD^+ models, 1-benzylnicotinamde triflate and β-nicotinamide ribose-5′-methyl phosphate, with in situ generated [Cp * Rh(bpy) H]$^+$: Structure-activity relationships, kinetics, and mechanistic aspects in the formation of the 1,4-NADH derivatives, Inorg. Chem., 40, 6705-6716(2001).

97. S. Betanzos-Lara, Z. Liu, A. Habtemariam, A. M. Pizarro, B. Qamar and P. J. Sadler, Organometallic ruthenium and iridium transfer-hydrogenation catalysts using coenzyme NADH as a cofactor, Angew. Chem. Int. Ed., 51, 3897-3900(2012).

98. J. J. Soldevila-Barreda, P. C. A. Bruijnincx, A. Habtemariam, G. J. Clarkson, R. J. Deeth and P. J. Sadler, Improved catalytic activity of ruthenium-arene complexes in the reduction of NAD^+, Organometallics, 31, 5958-5967(2012).

99. F. Wang, J. Xu, A. Habtemariam, J. Bella and P. J. Sadler, Competition between glutathione and guanine for a ruthenium(Ⅱ) arene anticancer complex: detection of a sulfenato intermediate, J. Am. Chem. Soc., 127, 17734-17743(2005).

100. H. Petzold and P. J. Sadler, Oxidation induced by the antioxidant glutathione (GSH), Chem. Commun., 37, 4413-4415(2008).

101. H. Petzold, J. Xu and P. J. Sadler, Metal and ligand control of sulfenate reactivity: arene ruthenium thiolato-mono-s-oxides, Angew. Chem., Int. Ed., 47, 3008-3011(2008).

102. F. Wang, J. Xu, K. Wu, S. K. Weidt, C. L. Mackay, P. R. R. Langridge-Smith and P. J. Sadler, Competition between glutathione and DNA oligonucleotides for ruthenium(Ⅱ) arene anticancer complexes, Dalton Trans., 42, 3188-3195(2013).

103. W. Hu, Q. Luo, X. Ma, K. Wu, J. Liu, Y. Chen, S. Xiong, J. Wang, P. J. Sadler and F.

Wang, Arene control over thiolate to sulfinate oxidation in albumin by organometallic ruthenium anticancer complexes, Chem. Eur. J. ,15,6586-6594(2009).

104. S. J. Dougan, A. Habtemariam, S. E. McHale, S. Parsons and P. J. Sadler, Catalytic organometallic anticancer complexes, Proc. Natl. Acad. Sci. USA,105,11628-11633(2008).

105. N. Satoh, N. Watanabe, A. Kanda, M. Sugaya-Fukasawa and H. Hisatomi, Expression of glutathione reductase splice variants in human tissues, Biochem. Genet. ,48,816-821 (2010).

106. F. Giannini, G. Süss-Fink and J. Furrer, Efficient oxidation of cysteine and glutathione catalyzed by a dinuclear areneruthenium trithiolato anticancer complex, Inorg. Chem. , 50,10552-10554(2011).

107. F. Giannini, J. Furrer, A. -F. Ibao, G. Süss-Fink, B. Therrien, O. Zava, M. Baquie, P. J. Dyson and P. Šepni˘cka, Highly cytotoxic trithiophenolatodiruthenium complexes of the type $[(\eta_6-p-MeC_6H_4Pri)_2Ru_2(SC_6H_4-p-X)_3]^+$: synthesis, molecular structure, electrochemistry, cytotoxicity, and glutathione oxidation potential, J. Biol. Inorg. Chem. ,17,951-960 (2012).

108. F. Giannini, L. E. H. Paul and J. Furrer, Insights into the mechanism of action and cellular targets of ruthenium complexes from NMR spectroscopy, Chimia, 66, 775-780 (2012).

109. S. M. Meier, M. Hanif, W. Kandioller, B. K. Keppler and C. G. Hartinger, Biomolecule binding vs. anticancer activity: reactions of Ru(arene)[(thio)pyr-(id)one] compounds with amino acids and proteins, J. Inorg. Biochem. ,108,91-95(2012).

110. T. Bugarcic, A. Habtemariam, R. J. Deeth, F. P. A. Fabbiani, S. Parsons and P. J. Sadler, Ruthenium(Ⅱ) arene anticancer complexes with redox-active diamine ligands, Inorg. Chem. ,48,9444-9453(2009).

111. C. N. Streu and E. Meggers, Ruthenium-induced allylcarbamate cleavage in living cells, Angew. Chem. ,Int. Ed. ,45,5645-5648(2006).

112. P. K. Sasmal, S. Carregal-Romero, W. J. Parak and E. Meggers, Light-triggered ruthenium-catalyzed allylcarbamate cleavage in biological environments, Organometallics, 31, 5968-5970(2012).

113. P. K. Sasmal, S. Carregal-Romero, A. A. Han, C. N. Streu, Z. Lin, K. Namikawa, S. L. Elliott, R. W. Köster, W. J. Parak and E. Meggers, Catalytic azide reduction in biological environments, ChemBioChem,13,1116-1120(2012).

114. L. Vigh, F. Joó and Á. Cséplö, Modulation of membrane fluidity in living protoplasts of Nicotiana plumbaginifolia by catalytic hydrogenation, Eur. J. Biochem. , 146, 241-244 (1985).

115. R. M. Yusop, A. Unciti-Broceta, E. M. V. Johansson, R. M. Sánchez-Martín and M. Bradley, Palladium-mediated intracellular chemistry, Nat. Chem. ,3,239-243(2011).

116. A. Unciti-Broceta, E. M. V. Johansson, R. M. Yusop, R. M. Sánchez-Martín and M. Bradley, Synthesis of polystyrene microspheres and functionalization with Pd(0) nanoparti-

cles to perform bioorthogonal organometallic chemistry in living cells, Nat. Protocols, 7, 1207-1218(2012).

117. C. D. Spicer, T. Triemer and B. G. Davis, Palladium-mediated cell-surface labeling, J. Am. Chem. Soc. ,134,800-803(2012).

118. N. Li, R. K. V. Lim, S. Edwardraja and Q. Lin, Copper-free Sonogashira cross-coupling for functionalization of alkyne-encoded proteins in aqueous medium and in bacterial cells, J. Am. Chem. Soc. ,133,15316-15319(2011).

119. J. H. Do, H. N. Kim, J. Yoon, J. S. Kim and H. -J. Kim, A rationally designed fluorescence turn-on probe for the gold(Ⅲ) ion, Org. Lett. ,12,932-934(2010).

第 12 章

金属配合物在化学生物学中的其他应用

Tanmaya Joshi，Malay Patra，Gilles Gasser
苏黎世大学化学系，瑞士

12.1 引言

金属配合物在化学生物学中的应用，除了本书前 11 章叙述的内容之外，还发现其他一些重要的用途。当然，这些应用中有的才刚起步，有的也只是最近才出现报道资料。因此，在这一相对较短的章节中，我们旨在呈现金属配合物的其他应用，同时强调它们在化学生物学中的应用潜力。和贯穿整本书的思路一样，重点仍然强调金属配合物这一领域的特异性。

12.2 表面固定蛋白质和酶

为了研究蛋白质和酶在生物纳米技术、生物医药、生物传感、生物催化和生物燃料电池等[1-4]不同领域的应用，对其表面固定化不论现在还是将来都是一个需要研究的问题。针对这个目的，人们已经开始使用一些固定化技术[1-7]。最普遍的方法是使用交联剂（如戊二醛、碳二亚胺衍生物等）使酶/蛋白质通过共价键或通过物理吸附[5]（如吸附至材料孔穴中）结合在固体基质上。相对于物理吸附法，共价键固定法的优势是防止蛋白质或酶被淋出。这是相对于物理吸附法的优势，但它同时也有一个缺陷，即共价键固定化使用的合成条件可能诱导表面固定酶的构象改变，从而使酶的活性与游离状态相比降低[1]。为了避免这些特殊的问题而得到一个理想的固定化酶（如既不干扰酶的结构也不妨碍基质和产物往返于活性点的扩散），人们已开始研究一种新方法。重要的是，人们建立的使用金属配合物的方法可以使酶和蛋白质固定在不同的物质表面，其中包括：介孔硅酸盐（MPS）[8-10]、琼脂糖珠[11]、聚乙烯吡咯烷酮-基质[12] 或金[13-17]。感兴趣的读者可阅读第 1 章，其详细阐述的固定相金属离子色谱（IMAC）技术就是一种极其简单的利用固定相的金属配合物纯化酶和蛋白质的方法。

一般来说，固定酶和蛋白质，首先是将初始形态的表面进行合成修饰，使其成为可以连接金属离子的活性点。金属离子连接到修饰后的表面之后，就成了将来能键合特定蛋白质的模板。为了阐释用金属配合物固定酶/蛋白质的概念，我们举个例子，如将人体病原菌酿脓链球菌（*Streptococcus pyogenes*）中的一个小蛋白酶抑制剂固定在介孔硅酸盐表面（MPS）[8]。介孔硅酸盐表面首先是用 3-碘丙基三甲氧基硅烷功能化非离子型表面活性剂模板（SBA-15）（图 12.1），然后其表面的碘基与 1,4,8,11-四氮杂环十四烷（环拉胺）反应产生环拉胺修饰的 SBA-15，接着后者与 Ni^{2+} 配位，生成 SBA-15-Ni-环拉胺[8]。有趣的是，整个制备 SBA-15-Ni-环拉胺的过程可以容易地按照观察到的（修饰的）MPS 如图 12.1 所示颜色变化步骤进行[8]。然后将酶，例如组氨酸标记的 Spi，固定在 SBA-15-Ni-环拉胺上。像 IMAC 技术一样，要固定蛋白质就需要它含有一个能与金属配位的组氨酸位点。另外，还有几个必须调节的参数，比如 pH、离子强度和蛋白质浓度，以免在蛋白质表面发生非必要反应（如疏水作用）。研究者注意到，为消除 Spi 的组氨酸位点和未功能化的 SBA-15 之间发生非必要反应，在反应初期必须添加 PEG400（PEG：聚乙二醇）。用类似的方法，相同的基团也能够成功地将组氨酸标记的丙氨酸消旋酶[18] 和南极假丝酵母（Candida antartica）脂肪酶 B[18] 固定在 MPS 上。

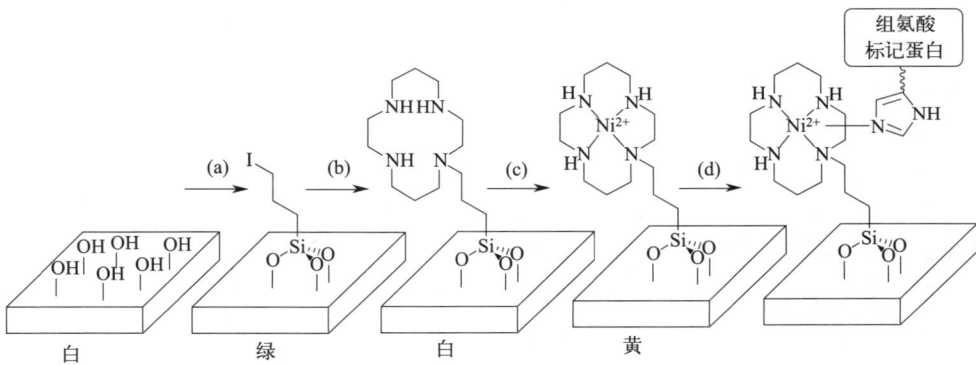

图 12.1　将蛋白质固定在金属修饰的介孔硅酸盐表面示意图。也表明了（修饰的）硅酸盐的颜色。(a) $I(CH_2)_3Si(OCH_3)_3$，甲苯；(b) 环拉胺，K_2CO_3，CH_3CN；(c) $NiCl_2$，H_2O；(d) His_6-Spi，缓冲液，PEG400。经许可引自[1] 和[8] 2013 and 2010 Royal Society of Chemistry

除了以上叙述的利用氨基酸侧基与特定金属离子具有配位能力的性质而使蛋白质和酶固定在表面上之外，Kim、Brunsveld、Jonkheijm 与他们的合作者先将金表面用超分子主体分子功能化，再利用有机金属化合物与超分子主-客体分子之间的交互作用将蛋白质和多肽固定在已功能化的金表面[13-17]。就像两篇相关综述所讨论的[4, 19]，因为蛋白质/多肽不是以共价键的方式结合在表面的，金属配位结合法固定化过程就有可逆性的优势。

更具体的例子，由 Kaifer 及其合作者研发的二茂铁基衍生物-葫芦脲[7] 主-客体体系也实现了以上基团的固定化[20-22]。基于环形（有时也称为葫芦形）对称的主体分子葫芦脲

[7]（CB [7]，图 12.2）对所识别的疏水部分，比如水中二茂铁衍生物（Fc），具有亲和力（在 nmol～pmol 范围）[4]，从而形成主-客体体系。与另外一种著名的应用更广的"生物素-亲和素-抗生蛋白链霉素"的主-客体体系相比，Fc/CB [7] 体系的优势是具有小的识别主体、生物正交、不因有机溶剂而变性、不需高温且成本较低[15]。

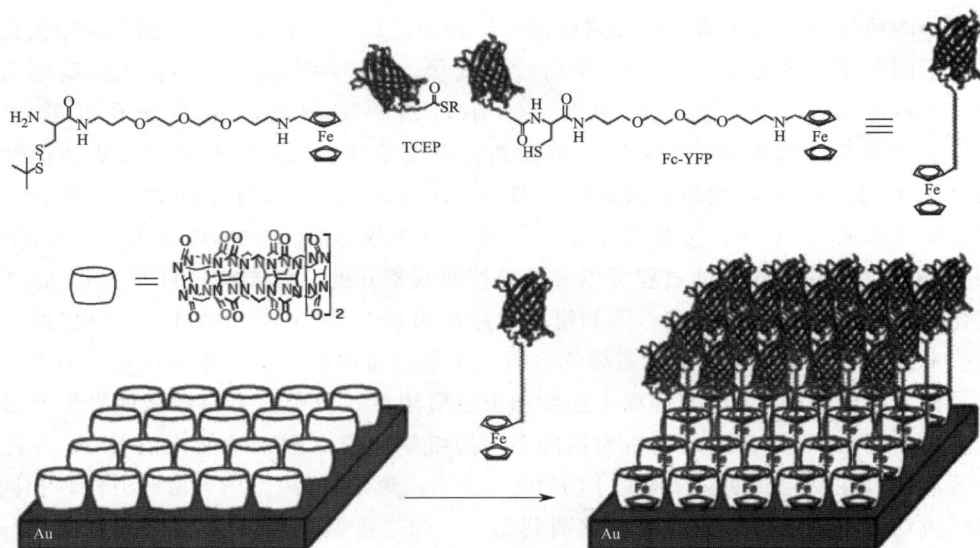

图 12.2　二茂铁-半胱氨酸衍生物与 YFP 连接反应以及将产生的 Fc-YFP 固定在单层 CB [7] 上。经许可引自 [14] 2010 Wiley-VCH Verlag GmbH & Co. KGaA，Weinheim

为此，Kim 及其团队率先证实用特定 Fc 标记（每个蛋白质平均 19 个 Fc 单元）的葡萄糖氧化酶的确可以嵌至由含硫 CB [7] 衍生物[15] 预功能化的金表面上。他们把这个体系用作葡萄糖传感器[15]。Brunsveld、Jonkheijm 及其合作者更进一步利用 Zhang 等报道的方法选择性地将固定在 CB [7] 单分子层上的肽或蛋白质有效地自组装在金表面，此过程无须对 CB [7] 分子进行修饰或额外的特殊处理[13, 14, 16, 23]。

Kim 的工作没有确定二茂铁基分子的数目，而在以下实例中表明肽的蛋白质生物共轭化合物中含有 1 个[13, 14] 或 2 个[16] Fc 单元。如图 12.2 所示的例子，黄色荧光蛋白质（YFP）与 Fc 通过自然化学连接形成 Fc-YFP 生物共轭物而被标记。X 射线光电子能谱（XPS）、红外反射吸收光谱（IR-RAS）、循环伏安分析（CV）和水接触角测定（WCA）[14] 证实了 Fc-YFP 成功地固定在单层 CB [7] 上。重要的是，这些研究者可以模仿固定 Fc-YFP（图 12.3）。而且，如前期所料，这样的固定是可逆的，甚至还可以除去 Fc 的衍生物 [FcCH$_2$NMe$_3$I] 和 Fc-YFP（图 12.3）[14]。值得注意的是，可以用硫醚功能化的 β-环糊精（β-CD）主体系统代替 CB [7] 进行类似的固定化[16]。

在有关 Fc-YFP[14] 的后续工作中，研究者证实，这个概念可以进一步延伸至控制固定化蛋白质的定位[17]。与 CB [7] 相反，Fc 与 β-CD 之间的配合作用会因 Fc 氧化成二茂铁盐（Fc$^+$）而明显减弱[20, 21]。研究者就利用这个性质去控制固定化二茂铁标记蛋白质的定位[17]。更为特别的是，如图 12.4（a）的详细描述，他们得到了五个不同的 Fc-YFP 结构，它们可能是二聚体（Fc-dYFP$_s$）或非二聚体（Fc-eYFP$_s$）。表面等离子体共振（SPR）、荧

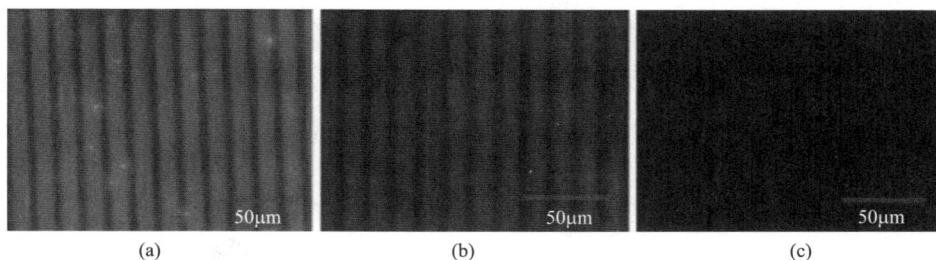

图 12.3　CB 表面 Fc-YFP 的 FM 图像。(a) 直接洗印；(b) 在磷酸缓冲液中洗涤 24h 之后；(c) 在 [FcCH$_2$NMe$_3$I] (5mmol·L^{-1}；在硫酸缓冲液中) 溶液中洗涤 24h 之后。经许可引自 [14] 2010 Wiley-VCH Verlag GmbH & Co. KGaA，Weinheim

光显微镜结合电化学分析及其微观成像可以证实 YFPs 成功固定于金表面[17]。最后重要一点，应用一个二硫化物锁住两个 YFP 之间的动态共价键可以制备更加稳定且可逆的固定蛋白。这样就能完成单价和二价二茂铁与 β-CD 表面相互作用的切换 [图 12.4(b)][17]。

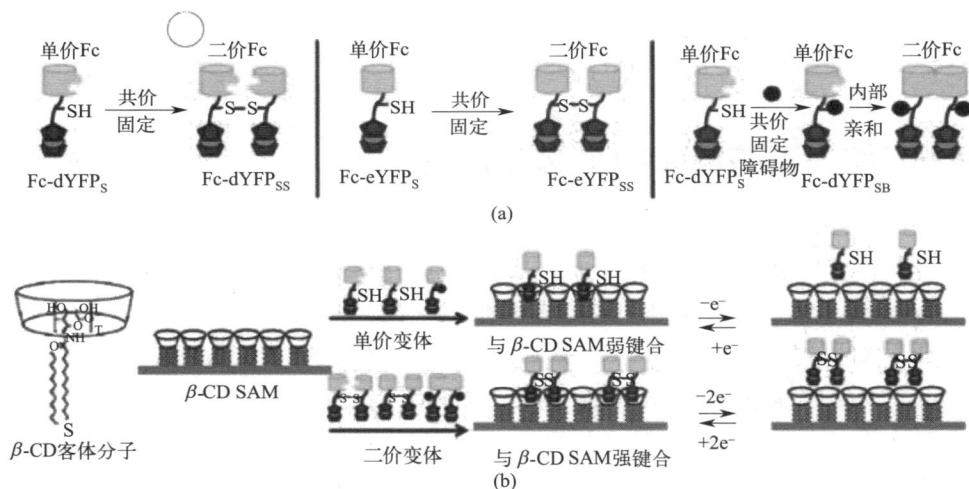

图 12.4　(a) 共价固定 [通过形成二硫化物和非共价固定 (通过内在亲和力) 从一元对应物产生 Fc-YFP 二元变体]；用了两个 YFP 变体，一个易于二聚 (dYFP)，而另一个抑制二聚 (eYFP)。(b) 单层硫醚-功能化的 β-CD 自组装在金片表面，Fc-YFP 变体以不同的键合力与 β-CD SAM 络合；Fc 基氧化还原之后，蛋白质就能够分别被解析和再吸附。缩写词：SS—二硫化物构造；S—游离光胱氨酸；SB—半胱氨酸与 N-甲基马来酰亚胺反应。经许可引自 [17] 2012 American Chemical Society

近期，该研究团队利用这些前期的研究结果将细胞固定在金表面[13]。如图 12.5 所示，将含整合素环 RGD (Fc-cRGD) 的二茂铁与肽的共轭物固定在 CB [7] 覆盖的金表面之后，就能完成人脐静脉内皮细胞 (hUVECs) 的固定化[13]。正如预期，如果 CB [7] 覆盖的表面与删去了 cRGD 肽的二茂铁形成共轭物 Fc-cRAD，那么在表面固定 hUVECs 的效率将变低。结果显示平铺在表面的细胞较少，而且固定在表面的细胞量与用 Fc-cRGD 的相比减少了 2/3[13]。非常重要的是，经存活分析 (live-dead assay) 证明，与对照组织培养板 (TCP)

和纤维连接蛋白覆盖的 TCP [13] 相比，hUVECs 在单层自组装的 CB[7] 与 Fc-cRGD 螯合的表面更有活性。还有，CB[7] 和 Fc-cRGD 表面的划痕实验证明单层细胞在 8h 内完全恢复[13]。这个结果象征着固定化超分子体系是细胞生长的一个有效方式。

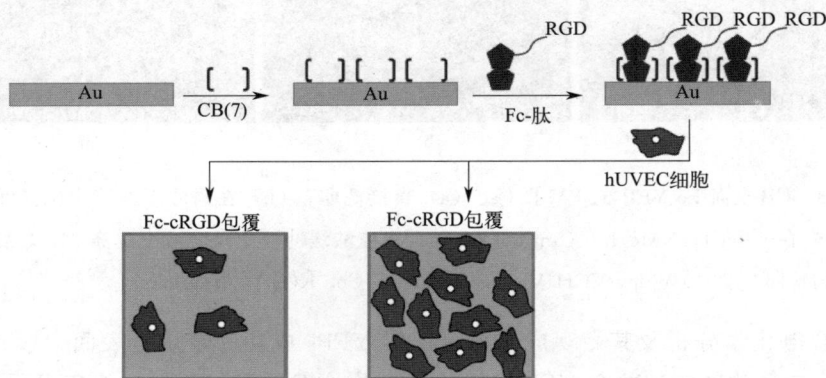

图 12.5　金表面涂覆单层 CB[7]，且参照化合物 Fc-cRAD 与 Fc-cRGD 预培养，随后将内皮细胞黏附在超分子功能化的表面。经许可引自 [13] 2013 Royal Society of Chemistry

12.3　用作人工核酸酶的金属配合物

在中性条件下，未催化的脱氧核糖核酸（DNA）中磷酸酯键裂解半衰期，据估算是千亿年[24]。在核糖核酸（RNA）中，尽管内部存在一个亲核基团 $2'$-OH，但裂解速率仍然是 10^{-10} s^{-1}，计算半衰期超过 100 年[24]。这些天然的磷酸酯键的自发降解具有惰性虽然是必须的，但是，必要时能使这些磷酸酯键有效裂解的物质资源也是同等重要的。事实上，磷酸酯键的水解作用对细胞功能是至关重要的，比如 DNA 修复、转录、突变 DNA 的降解、信号转导和代谢[25, 26]。在核酸酶（nucleases）的作用下，磷酸酯键可以自发完全裂解。这些核酸酶中的大多数是特指的含有金属离子（主要有 Mg^{2+}、Ca^{2+}、Fe^{2+}、Mn^{2+} 或 Zn^{2+}）作为辅酶因子[25, 26] 的金属核酸酶（metallonucleases）。在金属核酸酶中，人们确信金属离子的参与对磷酸酯的酶促水解反应有极其重要的作用。然而，除此之外，对所有天然的金属核酸酶来说，其在水解反应催化过程中的准确作用尚未揭示。由于理解有关金属配合物准确的作用机理不是一项简单的工作，所以研究仿生天然金属核酸酶的催化活性具有相当大的挑战性。

为了得到解决这个问题的简单办法，学者们研究了许多用作合成金属核酸酶的低分子量金属配合物，它们是为替代复杂天然金属酶而设计的结构和功能简单的模型。虽然答案还未确定，但截至目前从以上系统研究中得到的信息，能极大地帮助我们进一步理解金属离子对核酸酶催化活性的作用。在这个已经研究了超过十年的方向中，形成了许多精巧的合成金属核酸酶的体系[26, 27-34]。从生物技术和分子生物学应用的视角理解，金属配合物（复合磷酸酯酶）的发展与构象探针或治疗药剂和印迹试剂都有很大的关系[25, 34]。过渡系列金属离子，也包括一些镧系和锕系的金属离子形成的许多金属配合物，都被当作合成核酸酶进行了研究。现已发表了很多有关以上这些金属核酸酶的结构与功能关系、有关当前天然金属核酸酶仿生催化活性所面临的困难和有关克服这些问题的策略的综述文献[25-31, 35-52]。

全面讨论有关仿生金属核酸酶的内容超出了本章范围，这部分的目的是利用特定的例子概述当前的进展。Cu(Ⅱ)、Zn(Ⅱ)和镧系元素配合物使磷酸酯水解速率极快，因此限制了对这些配合物的讨论。理论上，以上及通常意义的所有金属离子丰富的配位化学，可用于：①路易斯酸/磷酸二酯键的静电活化；②促进亲核进攻，稳定过渡态和离去基团；③在中性pH提供一个有力的亲核试剂促进/辅助水解作用（图 12.6）[24, 35]。读者可通过阅读相关文献，拓展并深刻理解合成金属核酸酶的设计与发展。迄今为止，虽然对于高效合成金属核酸酶取得了巨大进步，但是在合成与天然金属核酸酶的活性之间还存在着将近 4～5 个数量级的明显差异[25, 35]。由于这个差异，为了增强合成金属核酸酶的活性，在调整它们的配位层和配体环境的研究中还有广阔的空间。天然金属核酸酶按水解的方式切断磷酸酯键；因此，从全面视角看，我们把讨论仅仅限制在水解裂解模型系统中了，然而，读者应该注意到了当前许多优秀综述所讨论[40, 53-56]的主题正是由氧化或者光诱导的另一种核酸降解机理。与光诱导 DNA 损伤相关的简短讨论，读者可参阅第 6 章。

在文献中，人们用许多非天然磷酸酯作模型去探讨金属配合物裂解磷酸酯键的动力学[25]。这些基质对初步评估金属配合物的裂解活性是极其有用的模型。但对所有已做的研究进行深入分析超出了本书的范围。相反，本书可以对迄今已收集到的有关金属核酸酶介导磷酸酯键裂解机理的资料提供一个简短综述，在其中所选例子中，无论天然 DNA 的寡核苷酸片段还是 RNA 序列或双链质粒 DNA 都被用作试验基质。

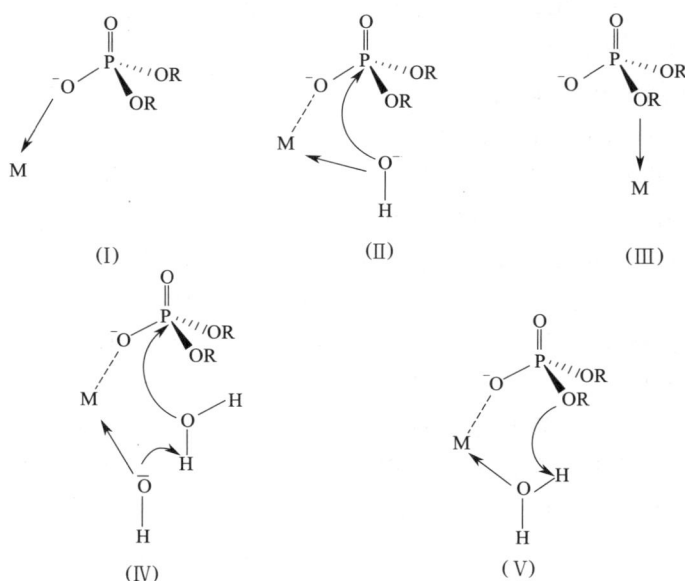

图 12.6　金属离子能够促进磷酸酯水解的可能活化模式[24]：（Ⅰ）路易斯酸活化；（Ⅱ）亲核试剂活化；（Ⅲ）离去基团活化；（Ⅳ）与氢氧化物配位形成活化碱；（Ⅴ）与水分子配位形成活化酸

12.3.1 单核和多核 Cu (Ⅱ)和 Zn (Ⅱ) 配合物

Burstyn 及其合作者进行的有关 Cu(Ⅱ) 与 1,4,7-三氮杂环壬烷的配合物（tacn，图 12.7 结构 1）[28]对磷酸酯裂解活性机理的首创性研究，促进了其他大环配合物作为裂解剂研究的进展。他们证明，在近生理环境中，Cu(Ⅱ)-tacn 配合物能裂解单链 DNA 和双链 DNA。此外，研究也表明，在大环胺中引入空间位阻效应能够使 DNA 裂解活性发生变化[28,57]。以模式磷酸酯为基质，通过对一系列 N-取代 Cu(Ⅱ)-tacn 配合物（图 12.7）进行的互补研究表明，水解速率随着空间位阻效应的增大而提高，与溶液中无活性的羟氧桥接二聚体的生成速率降低相关[25,28]。

研究者分析了多吡啶配体的 Cu(Ⅱ) 和 Zn (Ⅱ) 配合物对磷酸酯的裂解能力。阳离子型配合物 Cu(Ⅱ)-2,2′-二吡啶（bpy，图 12.8 结构 12）衍生物中电正性的侧基（图 12.8 结构 13～19）也能裂解 DNA[58,59]。其活性依赖于侧基臂包容的相对空间大小以及通过静电和/或静电辅助氢键的相互作用而使它们与底物键合增强的能力。

Cu(Ⅱ)-bpy 配合物，Cu(Ⅱ)-18、Cu(Ⅱ)-13、Cu(Ⅱ)-15，分别有胍基、铵、四烷基胺官能团，与未修饰的母体配合物相比其表现出的活性分别高出将近 10 倍［PH7.2，37℃，米氏参数（催化速率常数）分别为：$k_{cat}=1.23\times10^{-3}\,s^{-1}$、$1.17\times10^{-3}\,s^{-1}$、$1.15\times10^{-3}\,s^{-1}$］。同样，对 Zn (Ⅱ) 的配合物 Zn (Ⅱ)-18 和 Zn (Ⅱ)-19 的研究表明，它们也表现出核酸酶活性，但是它们的活性低于 Cu(Ⅱ) 的对应物，表明金属离子对配合物活性的影响[60]。一种 2,2′,6′,2″-三联吡啶（terpy，图 12.8 结构 20）Cu(Ⅱ) 配合物在中性 pH 和 37℃时，能够按水解方式裂解 RNA 基聚（A）$_{12～18}$，其拟一级反应速率常数是 $1.69\times10^{-5}\,s^{-1[61]}$。由 Burstyn 及其合作者[62] 开展的有关 Cu(Ⅱ)-tacn 配合物 1 对裂解 RNA 的另一个特定研究，结果发现它虽然与 Cu(Ⅱ)-terpy 配合物相比裂解能力较弱，但对单链和双链 RNA 的寡核苷酸仍然都有裂解活性[63]。

在为改善大环配体的 Cu(Ⅱ) 配合物的裂解活性而进行的工作中，也采用了双官能团的协同催化作用。在 DNA 按这种作用水解时，葡糖球菌核酸酶（SNase）就是这样一个天然金属核酸酶的最好例子。氮杂-氧-冠醚（图 12.9 结构 21）的 Cu(Ⅱ) 配合物，有两个乙基胍侧基臂，其裂解 DNA 的速率可以超过未催化超螺旋 DNA 裂解速率的 10^8 倍（pH 7.5，37℃ ，$k_{cat}=1.65\times10^{-4}\,s^{-1}$）[64]。Spiccia、Graham 及合作者分别研究了大环/非大环、有一个（或多个）胍侧基（图 12.9 结构 22～32）配体的 Cu(Ⅱ)配合物，结果发现胍侧基的长度与位置能够显著影响配合物的裂解活性[25]。

Spiccia、Graham 及合作者利用不同长度的间隔烷基来增补双（2-吡啶基甲基）胺（dpa）和 tacn 骨架上的胍侧基部分。他们发现与 Cu(Ⅱ) 中心配位的胍基官能团的增多可能对相应的 Cu(Ⅱ) 配合物的 DNA 裂解中活性有不利影响。X 射线晶体技术（X-ray crystallography）可以证明 Cu(Ⅱ)-22 和 Cu(Ⅱ)-25 配合物中胍侧基与 Cu(Ⅱ) 的配位作用。不论这样的 Cu(Ⅱ) 与胍基配位如何，发现 DNA 的裂解速率与母体配合物相比要么类似，要么更高，这就说明在 DNA 磷酸酯水解时 Cu(Ⅱ) 中心和胍基部位之间存在协同作用[25]。

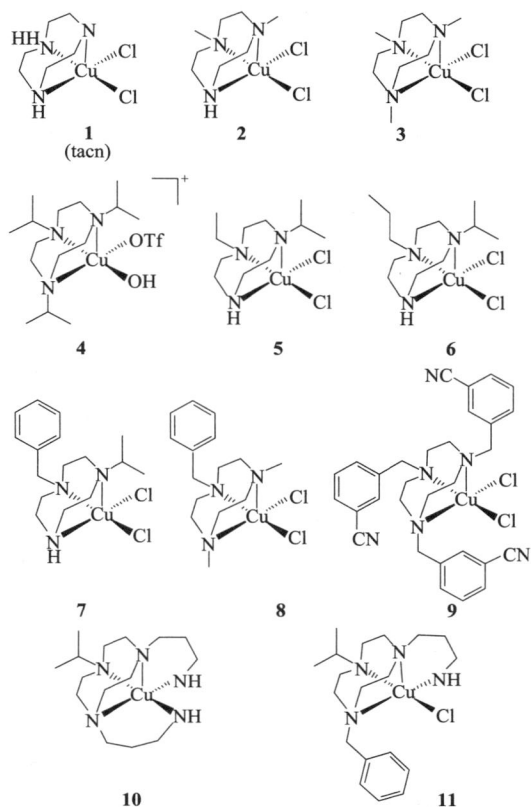

图 12.7　N-取代 Cu(Ⅱ)-tacn 配合物结构

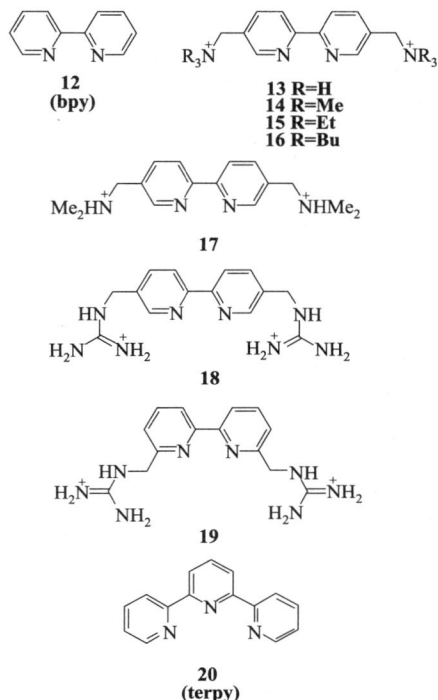

图 12.8　作为金属核酸酶结构研究的多吡啶配体系列

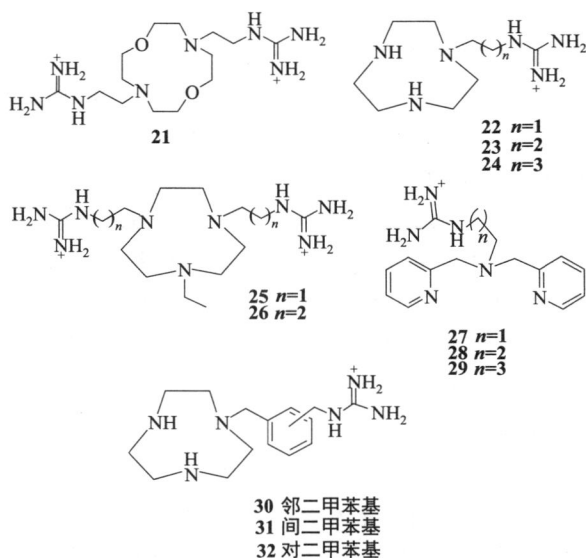

图 12.9　胍侧基配体实例

在另一个实例研究中，发现有一个邻二甲苯基连接胍基官能团的 Cu(Ⅱ)-tacn 配合物 Cu(Ⅱ)-30 裂解 pBR322 质粒 DNA 比非胍基 Cu(Ⅱ) 配合物大约快 20 倍（k_{obs} 分别为 2.7×10^{-4} s^{-1} 和 1.2×10^{-5} s^{-1}，pH=7.0，37℃）[65]。研究者认为促进配合物 Cu(Ⅱ)-30 活性提高的因素是其中胍基与 Cu(Ⅱ) 中心之间的距离相近，以及多阴离子 DNA 中临近的磷酸酯基。研究者推测，由于胍基间距有利于与磷酸酯基复杂几何构型相匹配，它们就相互作用形成电荷协同氢键，从而使得 Cu(Ⅱ) 中心上的羟基占据有利位置而对邻位磷酸二酯中的磷原子进行亲核进攻[65]。

研究表明，1,3,5-三氨基环己烷（tach）（见图 12.10）配体与 Cu(Ⅱ) 和 Zn(Ⅱ) 的配合物也能促进 DNA 中磷酸酯键的水解[66,67]。Cu(Ⅱ)-tach 水解噬菌体 DNA 的速率常数是 1.2×10^{-3} s^{-1}（pH 8.1，35℃），而 Zn(Ⅱ)-tach 则明显表现出较弱的水解活性，速率常数是 2.0×10^{-6} s^{-1}（pH 7.0，35℃）。重要的是，反,顺-1,3,5-三氨基环己烷（t-tach）（图 12.10 结构 34）配体，它的一

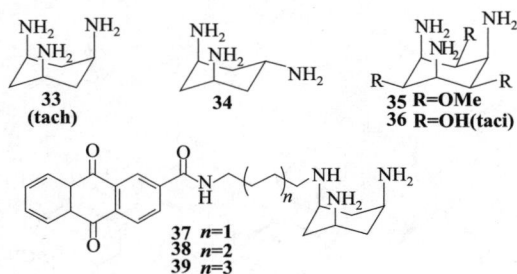

图 12.10　一些 tach 基单核配体结构

个氨基在反式位置上，与 Cu(Ⅱ) 的配合物在 pH7.0 时能有效裂解质粒 DNA；测定的速率常数 $k_{obs}=5.5 \times 10^{-5}$ s^{-1}（35℃）[68]。与之极其相似的全顺-2,4,6-三氨基-1,3,5-三羟基环己烷（taci，图 12.10 结构 36）配体与 Cu(Ⅱ) 配合物也能使质粒 DNA 以 2.3×10^{-3} s^{-1} 的速率裂解[69]，其有效的水解活性可以归因于配体中存在的羟基，它能使配合物增强对 DNA 基质的亲和力。将蒽醌（一种已知的 DNA 嵌入物）通过一个可弯曲的空间间隔（图 12.10 结构 37～39）连接到三氨基环己烷上，相应的 Zn(Ⅱ) 配合物 Zn(Ⅱ)-39，在生理条件下，与未修饰的 Zn(Ⅱ) 配合物相比，其裂解活性提高了 15 倍[67]。

有实例表明，拥有核酸碱基的 Cu(Ⅱ)-bpy 配合物（图 12.11 结构 42～44），表现出明显的 pBR322 质粒 DNA 裂解速率[25]。氨基糖苷卡那霉素和新霉素以及天然 RNA 键合的抗生素与 Cu(Ⅱ) 的配合物（图 12.11），也都表现出催化 DNA 和 RNA 基质裂解的能力[70]。

为了试图提高金属配合物的核酸酶活性，研究者考察了多金属协同性能[24,26,30,33～35,37,39,42]。如果我们认为天然金属核酸酶也要采用多个基质-酶的相互作用才能发生裂解，则选择协同性就是合理的。研究者已按常规进行了基于 tacn 和其他大环的多核配合物的 DNA 裂解能力的测试（图 12.12）[71-73]。例如，双 tacn 配体（图 12.12 结构 45）的双核 Cu(Ⅱ) 和 Zn(Ⅱ) 配合物[72]，Cu(Ⅱ)$_2$-45 与未修饰的单核 Cu(Ⅱ)-tacn 相比，能够将水解 RNA 结构 GpppG 的速率提高 100 倍[72]。实验结果证实，在以上系统中存在着一定程度的双金属协同效应[71]。但也应该注意到这些双核金属体系的活性并不是总高于它们单核金属的类似物[73]。

也有文献报道了嵌合在螯合基 dpa 配体上的双核和三核 Cu(Ⅱ)/Zn(Ⅱ) 配合物（图 12.13）裂解磷酸酯的例子[74-76]。多核 Cu(Ⅱ) 配合物 Cu(Ⅱ)$_3$-50、Cu(Ⅱ)$_3$-51 和 Cu(Ⅱ)$_2$-52 裂解 DNA 的速率要比单核的 Cu(Ⅱ)-dpa 配合物高出 100 倍[74,75]。

40
（卡那霉素）

41
（新霉素）

42

43

44

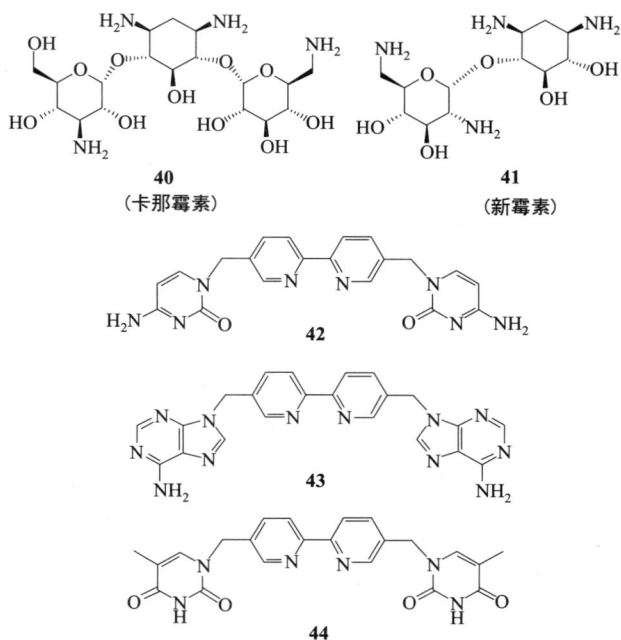

图 12.11　具有核酸亲和力的（40～41）或核碱基
侧基的（42～44）单核配体

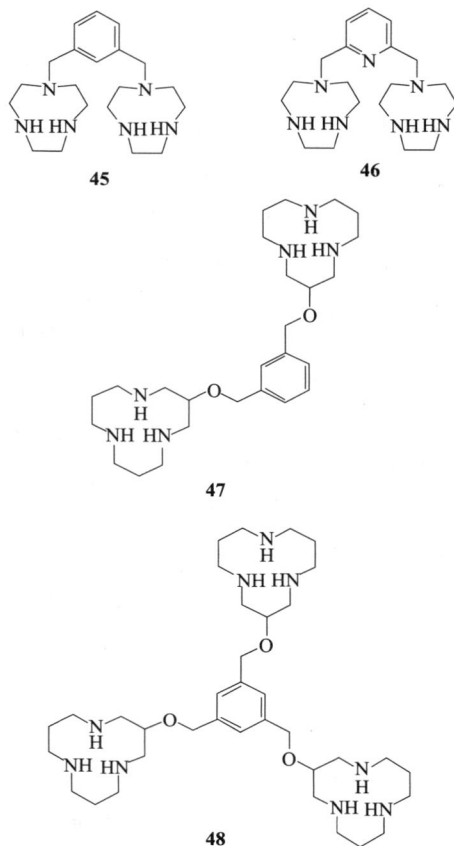

45

46

47

48

图 12.12　大环双核与三核配体代表性实例

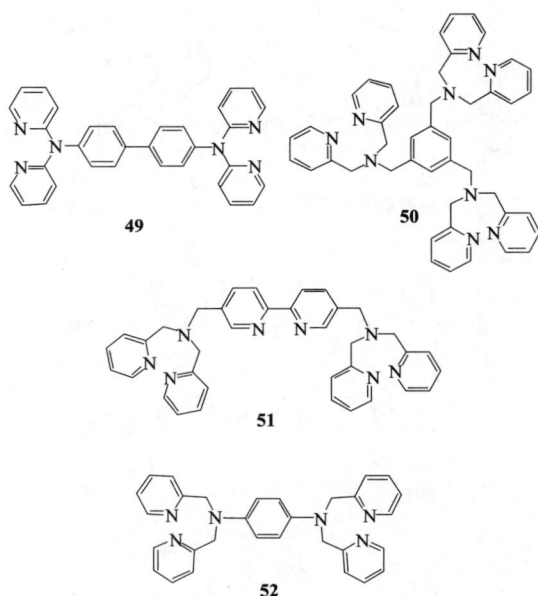

图 12.13　吡啶基或 dpa-〔双（2-吡啶甲基）胺〕基双核与三核配体结构

12.3.2　镧系元素配合物

一般而言，镧系离子的路易斯硬酸性、高配位数性、快速配体交换动力学及自身缺乏氧化还原化学等性质，足以使之成为潜在的磷酸酯水解促进因子[32,35,43,45,47]。然而，由于游离镧系离子弱（或差）的溶解性和高毒性，直接使用它们不切实际。另一方面，快速交换配体动力学会妨碍保持热力学和动力学总体都稳定的 Ln(Ⅲ) 基高活性配合物体系的构建[30,32,43]。因此，有关镧系配位化学的良好的基本知识对构建有催化活性而不是惰性的 Ln(Ⅲ) 基配合物是至关重要的。从文献中看到作为水解剂的 Ln(Ⅲ) 基配合物的例子大致包括多氨基羧化物、大环席夫碱类、冠醚和氮杂冠大环为配体（见图 12.14）的配合物。

研究发现一种氨基多羧酸配体，5-甲基-2-羟基-1,3-二甲苯基-α，α-二氨基-N，N，N'，N'-四乙酸（HXTA，图 12.14 结构 54），它的双 Ce (Ⅳ) 配合物可以水解石蕊 29 质粒 DNA，在 pH8 和 37℃时，速率 1.4×10^{-4} s^{-1}，确切说是双链断裂[77]。同样，实验也表明，55℃时，双（镧系）配合物 Ce$_2$（HPTA）和 La$_2$（HPTA）也能够将双链 DNA 水解（HPTA：1,3-二氨基-2-羟丙烷 -N,N,N',N'-四乙酸，图 12.14 结构 53）[78]。

单核和双核 Ln(Ⅲ) 大环席夫碱的配合物是有效的金属（核糖）核酸酶。Morrow 等[47]的研究显示 Eu(Ⅲ)、Tb(Ⅲ)、Lu(Ⅲ) 和 Gd(Ⅲ) 与六齿配体 56（图 12.14）的配合物，虽然对金属释放显惰性，但对 RNA 低聚物 A$_{12}$～A$_{18}$ 的水解具有潜在的催化活性（对〔Eu(56)〕$^{3+}$ 拟一级速率常数 $k_{obs} = 4.17 \times 10^{-4}$ s^{-1}），同样地，含羟基大环席夫碱 57（图 12.14）的双核 Ho$_2$ 和 Er$_2$ 配合物在将双链 DNA 分裂成单链产物时也表现出活性[79]。

Schneider 及其合作者[80,81]也研究了 Eu^{3+} 和 Pr^{3+} 的氮杂冠醚配合物的裂解能力。在配体骨架上的羧基臂对各类单核 Eu^{3+}-氮杂冠醚配合物的催化活性无影响[80]，为了在裂解过程中引入双金属协同作用而进行的配体 62（图 12.15）[81]骨架修饰，结果使活性增加了大约四倍。按照同样的研究思路，Janda 及其合作者考察了一系列镧系（Ⅲ）的氮杂冠醚基配体（63～66，图 12.14）配合物对磷酸酯和质粒 DNA 模型的水解能力[82]。总之，在筛选过的镧系离子中，Eu、Gd 或 Tb 基体系具有较好的裂解活性。裂解速率最快的是含有 β-萘基的 Gd（Ⅲ）-65 配合物。按照 Michaelian 动力学模型计算，其催化双链 DNA 裂解速率常数 k_{cat} 是 7.5×10^{-3} s^{-1}。

Ln（Ⅲ）与氮杂大环配体 DOTA 衍生物的配合物（DOTA=1,4,7,10-四氮杂环十二烷-1,4,7,10-四乙酸）在溶液中表现出配体交换惰性[43]。有关对这类配合物[La(TCMC)]$^{3+}$[TCMC=1,4,7,10-四（2-氨基甲酰甲烷)-1,4,7,10-四氮杂环十二烷，结构 67，图 12.14]的研究显示，其裂解 RNA 低聚物 $A_{12} \sim A_{18}$ 的速率是 1.58×10^{-4} s^{-1}[83]。奇怪的是，当 La（Ⅲ）离子被 Eu（Ⅲ）或 Dy（Ⅲ）离子取代，相应的配合物[Eu(TCMC)]$^{3+}$ 和[Dy(TC-MC)]$^{3+}$ 都失去活性。

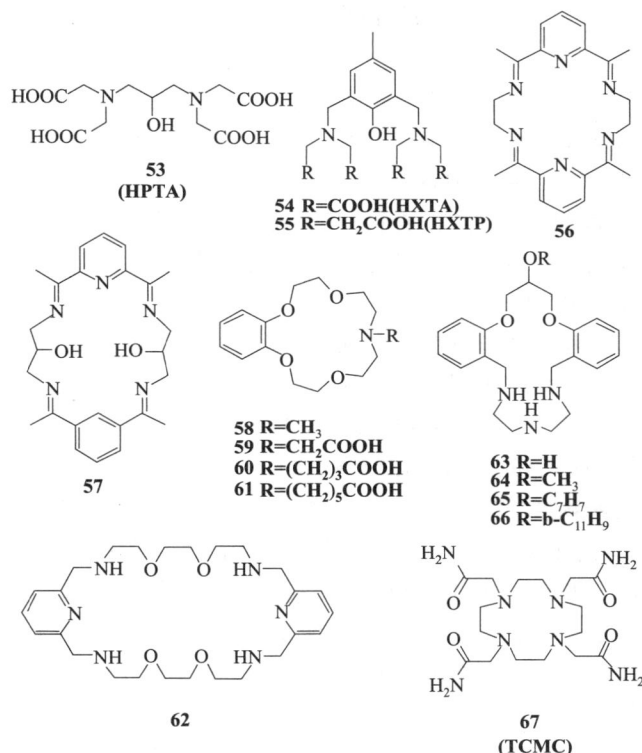

图 12.14　用于镧系元素基人工核酸酶的配体系列

通过深入研究金属核酸酶领域可得出结论，高效合成金属核酸酶的关键是对基质的高反应性和特定的亲和性。相关反应性和亲和性的问题通常是通过恰当地选择金属离子、多金属组合的协同作用和在配体构建中对有机官能团的良好定位（为第二层与金属中心的相互作用）来解决。为了调节选择性，将生物高分子与活性配合物结合，例如寡核苷酸和肽核酸（PNA）低聚物或肽蛋白基的特定序列都有尝试[25, 32, 35, 41, 43, 84-87]。然而，天然和人工体系依然存在悬殊的区别，重要的一个问题是对活性酶位点局部微环境带来的影响研究不足[25, 35]。在将来构建金属核酸酶结构以建立催化效率新标准时，这是要考虑的一个重要参数。

12.4　金属配合物促进细胞摄入

近十几年来，对医疗药物分子在细胞内高效运转新策略的研发取得了实质性的进步。研究表明，利用适当的载体，如高分子[94,95]、溶酶体[96,97] 和细胞穿透肽（CPPs）[98-101]，可顺利地将许多用作药物的/生物学上非常重要的多肽、蛋白质[88,89]、寡核苷酸[90,91] 和纳米粒子[92,93] 转运至细胞内部。这一策略也成功地延伸到了转运用作药物的/生物学上重要的金属配合物领域。各种实例已经证实，必要时，将金属配合物附载在适当的载体上，不仅可以提高其在细胞内的摄入量，而且还可反映它们在细胞内的分布[102,103]。只有少数几个实例试验出相反的情况。即用金属配合物来促进或调节重要生物分子的细胞摄入及细胞内的分布，尽管"理论论证"仍然处于初始阶段，但几个金属肽/肽核酸（PNA）的共轭物对它已有证实。

对 PNA 而言，它们较弱的细胞摄入和细胞核内的截留性能是抑制它们以抗转录和抗基因剂在治疗应用中快速发展的主要因素。国际上，大量的研究都集中在研发使 PNA 在细胞内高效转运的新方法上[104]。在这种背景下，PNA 与阳离子多肽、脂肪酸和纳米粒子的共轭物表现出了对细胞摄入的改善[104]。直接/间接将这些合成寡核苷酸金属化是为转运 PNA 新近报道的且相当有前途的方法。这种方法依赖于化学修饰的 PNA 分别与金属配合物或金属离子之间的结合或配位作用[105,106]。

Kramer 及其合作者第一时间报道了在细胞培养基上，当连接了 tpy（tpy＝2，2′∶6′，2′-三吡啶）PNA 低聚物与 Zn^{2+} 形成配合物时，其细胞摄入有明显改善[105]。他们制备了一系列的 N-端和 C-端修饰的 PNA 低聚物 [PNA 1a～3b，图 12.15（a）]。对 PNA 1a～3a，分别将一个 tpy 螯合剂和一个荧光团接在 N-端和 C-端 [[图 12.15（a）]。用流式细胞技术监测修饰过的 PNA 低聚物在 HeLa 细胞中的细胞摄入。如图 12.15（b）所示，PNA1a～PNA3a 比缺少 tpy 基团的 PNA1b～PNA3b 更容易被摄入。值得注意的是，当加入浓度相等的 Zn^{2+} 与其混合时，PNA1a 和 PNA2a 的细胞摄入明显增强。作者推测，摄入量增大是由于 Zn^{2+} 与连接 tpy 部分生成了配合物。正如预期，PNA1b～PNA3b 或 PNA1c 缺少与 PNA 共轭的 tpy 部分，Zn^{2+} 则不会该改变它们的摄入量。为了确定一个达到最高摄入量所需的最佳 Zn^{2+} 浓度，将 HeLa 细胞与 PNA1a 在不同的 Zn^{2+} 浓度下培育 1 h。Zn^{2+} 浓度是PNA1a 浓度的 0.5 倍时，获得了最高的细胞摄入量，这就表明，HeLa 细胞优先摄入的物种是 $[Zn(PNA1a)_2]^{2+}$。

同样地，Metzler-Nolte 及其合作者对金属-多肽共轭物细胞摄入研究的另一个实例发现，NLS（核定为信号）多肽与二茂钴阳离子的共轭物 NLS-2 [图 12.16（a）] 很容易通过一种激活机制被细胞摄入，也叫细胞内吞作用[107]。在二茂钴-NLS 共轭物中加入荧光团（荧光素）就可以用荧光显微镜监测 HepG2 细胞中的细胞摄入情况。此外，这个研究团队证实 NLS-2 主要集中在细胞核。这就表示 NLS-2 能够从细胞核内体逸出而进入胞液。NLS-2 中存在的茂金属配合物部分使内吞体膜的渗透性增强，因为对照化合物 NLS-1 缺少有机金属部分，虽然同样发现它被细胞摄入，但仅被限于核内体中。在以上初期研究结果的激励下，该团队又研究了一个含有二茂铁基的 NLS 类似共轭物 [NLS-3，图 12.16（a）] 的细胞摄

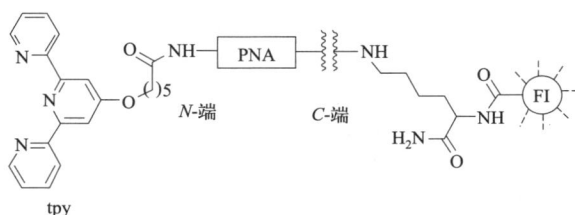

tpy

PNA 1a (N) tpy-TCACAACTAkk-FI(C):**PNA 1b**(N) TCACAACTAkk-FI(C)
PNA 1c (N) FI-TCACAACTAkkk(C);
PNA 2a (N)tpy-TACACAACTkk-FI(C):**PNA 2b**(N) TACACAACTkk-FI(C);
PNA 3a (N)tpy-TCCTCGCCCTTGCTCACCATkk-FI(C)
PNA 3b (N)TCCTCGCCCTTGCTCACCATkk-FI(C)

FI=四甲基罗丹明荧光团，k=细胞溶解酶(C-端,FI-外修饰组氨酸)

(a)

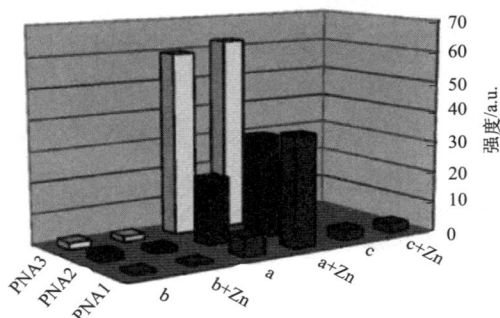

(b)

图 12.15　（a）修饰的 PNA 低聚体；（b）HeLa 细胞与
2.5μmol·L^{-1}探针培育 1h 后流式细胞计数分析的平均细胞荧
光强度。经许可引自 [105] 2006 American Chemical Society

入情况。尽管这两个金属茂配合物的电荷和氧化还原电势明显不同，但含有二茂铁的 NLS-3
和 NLS-2 的表现是相似的[108]。

　　然而，当把细胞渗透性肽（CPP）TAT（48-60），即 HIV 病毒的衍生物，作为研究对象
时，二茂铁和它的同构物二茂钴阳离子表现出的细胞摄入模式有鲜明差异[109]。当二茂铁-
TAT 衍生物进入细胞并且定位在细胞质时，二茂钴阳离子的衍生物却没有表现出任何的摄
入。这时，很重要的是应该说明金属茂配合物与多肽的偶合没有引起细胞毒性。实验显示，
当金属-NLS 多肽配合物的实验浓度升到最高 1mmol·L^{-1} 时，细胞仍然是健康的[108]。

　　值得注意的是，Schatzschneider 及合作者用荧光显微镜研究了 CpMn（CO）$_3$ 与 CP-
PhCT（18-32）-k7 共轭物在人类乳腺癌细胞 MCF-7 中的摄入及细胞内分布 [图 12.16
（b）][110]。如图 12.16（c）所示，观察到荧光素（CF）标记的参照多肽 CPP-1 在靠近细
胞核的囊泡处成相对弱的点状分布，表明与之前对同类多肽的报道一样是由内吞作用引起的
囊泡摄入[111, 112]。然而，CPP-1 金属有机衍生化得到的 CPP-2 这种情形就改变了，含有多
肽 CPP-2 的三羰基锰未被限制在细胞核内体中，而是遍及细胞液分布。另外，发现有大量
的积累在细胞核。基于这些结果，在这个特例中，可以得出结论，CPP 的有机金属衍生化
有助于其跨过核内体和核膜，结果使得多肽从核内体有效释放而完成它的核定位。然而，和
前面描述的金属-NLS 共轭物[107] 相反，研究发现 hCT（18-32）-k7-CpMn（CO）$_3$ 却对

MCF-7 细胞有一定的毒性，其 IC_{50} 值为 $36\mu mol \cdot L^{-1}$。

前面几段讨论的所有金属共轭物都含有荧光染料。但是它对细胞摄入或细胞内定位的影响在参考文献中并没有讨论。有一点很重要，即有机荧光团的存在能够改变多肽在细胞内的分布模式，这与最近 Pucket 和 Barton 观察到的八精氨酸-钌肽共轭物的结果一致[113]。所以，在这里仅举几例，直接的分析方法，比如原子吸收光谱（AAS）或诱导耦合等离子体-质谱（ICP-MS），它们不需要（荧光团）外部标记，是研究有机金属与生物分子共轭物细胞摄入的更可靠的技术（这些技术的详细论述可参考第 3 章）。

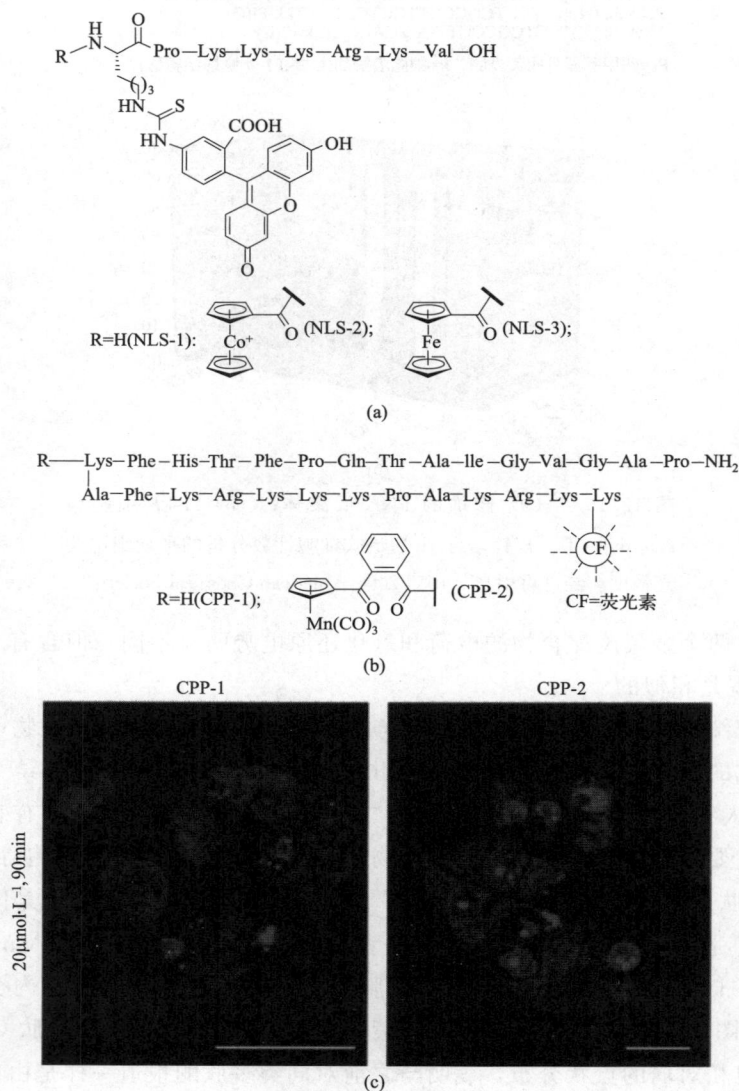

(a)

(b)

(c)

图 12.16 　（a）Metzler-Nolte 及其合作者[106, 107] 制备的 NLS 共轭物（NLS-1、NLS-2、NLS- 3）结构；（b）Schatzschneider 及其合作者[110] 制备的 hCT（18～32）-k7 共轭物（CPP-1 和 CPP-2）结构；（c）与 CPP-1（左）和 CPP-2（右）在浓度为 $20\mu mol \cdot L^{-1}$ 培育 90min 后的未固定的 MCF-7 活细胞的荧光显微镜图像。经许可引自 ［110］2008 Royal Society of Chemistry

12.5 结论

就像本章几个为数不多的实例所示，在将来，除了前11章所阐述的那些特殊领域外，金属配合物在很多领域都会发挥极其重要的作用。我们简要地强调了金属配合物在化学生物学其他领域的应用，就现阶段而言，既没有充分形成"专有"的章节，也没有见到对它的广泛论述。简而言之，无机化学家们必须继续探索金属配合物能在生物环境里发挥的特异的物理化学性质，而且，迫切需要大幅提升现有研究水平，进一步拓展无机化学生物学的研究领域。

致谢

本项工作由瑞士国际自然科学基金（SNSF Professorship PP00P2 _ 133568 to G. G. ）、苏黎世大学菲尔科学研究基金会和苏黎世大学资助。

参考文献

1. E. Magner，Immobilisation of enzymes on mesoporous silicate materials，Chem. Soc. Rev. ，42，6213-6222 (2013).

2. P. Jonkheijm，D. Weinrich，H. Schröder，C. M. Niemeyer，H. Waldmann，Chemical strategies for generating protein biochips，Angew. Chem. Int. Ed. ，47 (50)，9618-9647 (2008).

3. M. J. W. Ludden，D. N. Reinhoudt，J. Huskens，Molecular printboards：versatile platforms for the creation and positioning of supramolecular assemblies and materials，Chem. Soc. Rev. ，35 (11)，1122-1134 (2006).

4. D. A. Uhlenheuer，K. Petkau，L. Brunsveld，Combining supramolecular chemistry with biology，Chem. Soc. Rev. ，39 (8)，2817-2826 (2010).

5. L. Cao. Carrier-bound Immobilized Enzymes：Principles，Application and Design. Weinheim：Wiley-VCH；2005.

6. U. Hanefeld，L. Gardossi，E. Magner，Understanding enzyme immobilisation，Chem. Soc. Rev. ，38 (2)，453-468 (2009).

7. D. Gaffney，J. Cooney，E. Magner，Modification of mesoporous silicates for immobilization of enzymes，Top. Catal. ，55，1101-1106 (2012).

8. D. A. Gaffney，S. O' Neill，M. C. O' Loughlin，U. Hanefeld，J. C. Cooney，E. Magner，Tailored adsorption of His6-tagged protein onto nickel (ii) -cyclam grafted mesoporous silica，Chem. Commun. ，46 (7)，1124-1126 (2010).

9. K. E. Cassimjee，M. Trummer，C. Branneby，P. Berglund，Silica-immobilized His6-tagged enzyme：Alanine racemase in hydrophobic solvent，Biotechnol. Bioeng. ，99

（3），712-716 （2008）.

10. E. Kang, J. -W. Park, S. J. McClellan, J. -M. Kim, D. P. Holland, G. U. Lee, E. I. Franses, K. Park, D. H. Thompson, Specific adsorption of histidine-tagged proteins on silica surfaces modified with Ni^{2+}/NTA-derivatized poly （ethylene glycol）, Langmuir, 23 （11）, 6281-6288 （2007）.

11. J. Nahalka, Z. Liu, X. Chen, P. G. Wang, Superbeads: Immobilization in "sweet" chemistry, Chem. Eur. J., 9 （2）, 372-377 （2003）.

12. G. Drager, C. Kiss, U. Kunz, A. Kirschning, Enzyme-purification and catalytic transformations in a microstructured PASSflow reactor using a new tyrosine-based Ni-NTA linker system attached to a polyvinylpyrrolidinone-based matrix, Org. Biomol. Chem., 5 （22）, 3657-3664 （2007）.

13. P. Neirynck, J. Brinkmann, Q. An, D. van der Schaft, P. Jonkheijm, L. G. Milroy, L. Brunsveld, Supramolecular control over cell adhesion via ferrocene-cucurbit ［7］ uril host-guest binding on gold surfaces, Chem. Commun., 49, 3679-3681 （2013）.

14. J. F. Young, H. D. Nguyen, L. Yang, J. Huskens, P. Jonkheijm, L. Brunsveld, Strong and Reversible Monovalent Supramolecular Protein Immobilization, ChemBioChem, 11, 180-183 （2010）.

15. I. Hwang, K. Baek, M. Jung, Y. Kim, K. M. Park, D. -W. Lee, N. Selvapalam, K. Kim, Noncovalent immobilization of proteins on a solid surface by cucurbit ［7］ uril-ferrocenemethylammonium pair, a potential replacement of biotin-avidin pair, J. Am. Chem. Soc., 129, 4170-4171 （2007）.

16. D. Wasserberg, D. Uhlenheuer, P. Neirynck, J. Cabanas-Danés, J. Schenkel, B. Ravoo, Q. An, J. Huskens, L. -G. Milroy, L. Brunsveld, P. Jonkheijm, Immobilization of ferrocene-modified SNAP- fusion proteins, Int. J. Mol. Sci., 14 （2）, 4066-4080 （2013）.

17. L. Yang, A. Gomez-Casado, J. F. Young, H. D. Nguyen, J. Cabanas-Danés, J. Huskens, L. Brunsveld, P. Jonkheijm, Reversible and oriented immobilization of ferrocene-modified proteins, J. Am. Chem. Soc., 134, 19199-19206 （2012）.

18. D. A. Gaffney, J. C. Cooney, F. R. Laffir, K. E. Cassimjee, P. Berglund, U. Hanefeld, E. Magner, Microporous Mesoporous Mater., submitted （2013）.

19. M. Patra, G. Gasser, Organometallic compounds, an opportunity for chemical biology, ChemBioChem, 13, 1232 -1252 （2012）.

20. W. Ong, A. E. Kaifer, Unusual electrochemical properties of the inclusion complexes of ferrocenium and cobaltocenium with cucurbit ［7］ uril, Organometallics, 22 （21）, 4181-4183 （2003）.

21. W. S. Jeon, K. Moon, S. H. Park, H. Chun, Y. H. Ko, J. Y. Lee, E. S. Lee, S. Samal, N. Selvapalam, M. V. Rekharsky, V. Sindelar, D. Sobransingh, Y. Inoue, A. E. Kaifer, K. Kim, Complexation of ferrocene derivatives by the cucurbit ［7］ uril host: A comparative study of the cucurbituril and cyclodextrin host families, J. Am. Chem. Soc., 127 （37）, 12984-12989 （2005）.

22. D. Sobransingh, A. E. Kaifer, Binding interactions between the host cucurbit [7] uril and dendrimer guests containing a single ferrocenyl residue, Chem. Commun. , (40), 5071-5073 (2005).

23. Q. An, G. Li, C. Tao, Y. Li, Y. Wu, W. Zhang, A general and efficient method to form self-assembled cucurbit [n] uril monolayers on gold surfaces, Chem. Commun. , (17), 1989-1991 (2008).

24. N. H. Williams, B. Takasaki, M. Wall, J. Chin, Structure and nuclease activity of simple dinuclear metal complexes: Quantitative dissection of the role of metal ions, Acc. Chem. Res. , 32 (6), 485-493 (1999).

25. D. Desbouis, I. P. Troitsky, M. J. Belousoff, L. Spiccia, B. Graham, Copper (II), zinc (II) and nickel (II) complexes as nuclease mimetics, Coord. Chem. Rev. , 256 (11-12), 897-937 (2012).

26. C. Liu, L. Wang, DNA hydrolytic cleavage catalyzed by synthetic multinuclear metallonucleases, Dalton Trans. , 227-239 (2009).

27. J. A. Cowan, Metal activation of enzymes in nucleic acid biochemistry, Chem. Rev. , 98 (3), 1067-1088 (1998).

28. E. L. Hegg, J. N. Burstyn, Toward the development of metal-based synthetic nucleases and peptidases: a rationale and progress report in applying the principles of coordination chemistry, Coord. Chem. Rev. , 173 (1), 133-165 (1998).

29. F. Mancin, P. Scrimin, P. Tecilla, U. Tonellato, Artificial metallonucleases, Chem. Commun. , 2540-2548 (2005).

30. C. Liu, M. Wang, T. Zhang, H. Sun, DNA hydrolysis promoted by di- and multi-nuclear metal complexes, Coord. Chem. Rev. , 248 (1-2), 147-168 (2004).

31. A. Dallas, Principles of nucleic acid cleavage by metal ions, Nucleic Acids Mol. Biol. , 13, 61 (2004).

32. J. A. Cowan, Chemical nucleases, Curr. Opin. Chem. Biol. , 5 (6), 634-642 (2001).

33. F. Mancin, P. Tecilla, Zinc (II) complexes as hydrolytic catalysts of phosphate diester cleavage: from model substrates to nucleic acids, New J. Chem. , 31 (6), 800 (2007).

34. T. Shell, D. L. Mohler, Hydrolytic DNA cleavage by non-lanthanide metal complexes, Curr. Org. Chem. , 11 (17), 1525 (2007).

35. F. Mancin, P. Scrimin, P. Tecilla, Progress in artificial metallonucleases, Chem. Commun. , 48 (45), 5545-5559 (2012).

36. W. Yang, Nucleases: diversity of structure, function and mechanism, Q. Rev. Biophys. , 44 (1), 1-93 (2011).

37. C. M. Dupureur, One is enough: insights into the two-metal ion nuclease mechanism from global analysis and computational studies, Metallomics, 2 (9), 609-620 (2010).

38. J. R. Morrow, Speed limits for artificial ribonucleases, Comments Inorg. Chem. , 29 (5-6), 169-188 (2008).

39. C. M. Dupureur, Roles of metal ions in nucleases, Curr. Opin. Chem. Biol., 12 (2), 250-255 (2008).

40. Q. Jiang, N. Xiao, P. Shi, Y. Zhu, Z. Guo, Design of artificial metallonucleases with oxidative mechanism, Coord. Chem. Rev., 251 (15-16), 1951-1972 (2007).

41. J. R. Morrow, O. Iranzo, Synthetic metallonucleases for RNA cleavage, Curr. Opin. Chem. Biol., 8 (2), 192-200 (2004).

42. J. Suh, Synthetic artificial peptidases and nucleases using macromolecular catalytic systems, Acc. Chem. Res., 36 (7), 562 (2003).

43. S. J. Franklin, Lanthanide-mediated DNA hydrolysis, Curr. Opin. Chem. Biol., 5 (2), 201-208 (2001).

44. C. -H. Chen, Artificial nucleases, ChemBioChem, 2 (10), 735 (2001).

45. R. Haener, D. Huesken, J. Hall, Development of artificial ribonucleases using macrocyclic lanthanide complexes, CHIMIA Int. J. Chem., 54 (10), 569-573 (2000).

46. M. Komiyama, N. Takeda, T. Shiiba, Y. Takahashi, Y. Matsumoto, M. Yashiro, Rare earth metal ions for DNA hydrolyses and their use to artificial nuclease, Nucleo. s Nucleot., 13 (6-7), 1297-1309 (1994).

47. J. R. Morrow, L. A. Buttrey, V. M. Shelton, K. A. Berback, Efficient catalytic cleavage of RNA by lanthanide(Ⅲ) macrocyclic complexes: toward synthetic nucleases for in vivo applications, J. Am. Chem. Soc., 114 (5), 1903-1905 (1992).

48. B. Lippert, From cisplatin to artificial nucleases. The role of metal ion-nucleic acid interactions in biology, BioMetals, 5 (4), 195 (1992).

49. L. Basile, Metallonucleases: real and artificial, Met. Ions Biol. Syst., 25 (Interrelat. Met. Ions, Enzymes, Gene Expression), 31 (1989).

50. M. Costas, M. P. Mehn, M. P. Jensen, L. Que, Dioxygen activation at mononuclear nonheme iron active sites: Enzymes, models, and intermediates, Chem. Rev., 104 (2), 939-986 (2004).

51. G. Parkin, Synthetic analogues relevant to the structure and function of zinc enzymes, Chem. Rev., 104 (2), 699-768 (2004).

52. L. M. Mirica, X. Ottenwaelder, T. D. P. Stack, Structure and spectroscopy of copper-dioxygen complexes, Chem. Rev., 104 (2), 1013-1046 (2004).

53. B. Armitage, Photocleavage of nucleic acids, Chem. Rev., 98 (3), 1171-1200 (1998).

54. D. R. McMillin, K. M. McNett, Photoprocesses of copper complexes that bind to DNA, Chem. Rev., 98 (3), 1201-1220 (1998).

55. W. K. Pogozelski, T. D. Tullius, Oxidative strand scission of nucleic acids: Routes initiated by hydrogen abstraction from the sugar moiety, Chem. Rev., 98 (3), 1089-1108 (1998).

56. L. J. K. Boerner, J. M. Zaleski, Metal complex-DNA interactions: from transcription inhibition to photoactivated cleavage, Curr. Opin. Chem. Biol., 9 (2), 135-144

(2005).

57. E. L. Hegg, S. H. Mortimore, C. L. Cheung, J. E. Huyett, D. R. Powell, J. N. Burstyn, Structure-reactivity studies in copper （Ⅱ）-catalyzed phosphodiester hydrolysis, Inorg. Chem., 38 (12), 2961-2968 (1999).

58. J. He, P. Hu, Y. -J. Wang, M. -L. Tong, H. Sun, Z. -W. Mao, L. -N. Ji, Double-strand DNA cleavage by copper complexes of 2, 2′-dipyridyl with guanidinium/ammonium pendants, Dalton Trans., (24), 3207-3214 (2008).

59. Y. An, M. -L. Tong, L. -N. Ji, Z. -W. Mao, Double-strand DNA cleavage by copper complexes of 2, 2′-dipyridyl with electropositive pendants, Dalton Trans., (17), 2066-2071 (2006).

60. J. He, J. Sun, Z. -W. Mao, L. -N. Ji, H. Sun, Phosphodiester hydrolysis and specific DNA binding and cleavage promoted by guanidinium-functionalized zinc complexes, J. Inorg. Biochem., 103 (5), 851-858 (2009).

61. M. K. Stern, J. K. Bashkin, E. D. Sall, Hydrolysis of RNA by transition metal complexes, J. Am. Chem. Soc., 112 (13), 5357-5359 (1990).

62. E. L. Hegg, K. A. Deal, L. L. Kiessling, J. N. Burstyn, Hydrolysis of Double-stranded and single-stranded RNA in hairpin structures by the copper （Ⅱ） macrocycle Cu （[9] aneN$_3$） Cl$_2$, Inorg. Chem., 36 (8), 1715-1718 (1997).

63. L. A. Jenkins, J. K. Bashkin, M. E. Autry, The embedded ribonucleotide Assay: A chimeric substrate for studying cleavage of RNA by transesterification, J. Am. Chem. Soc., 118 (29), 6822-6825 (1996).

64. X. Sheng, X. -M. Lu, Y. -T. Chen, G. -Y. Lu, J. -J. Zhang, Y. Shao, F. Liu, Q. Xu, Synthesis, DNA-binding, cleavage, and cytotoxic activity of new 1, 7-dioxa-4, 10-diazacyclododecane artificial receptors containing bisguanidinoethyl or diaminoethyl double side arms, Chem. Eur. J., 13 (34), 9703-9712 (2007).

65. L. Tjioe, A. Meininger, T. Joshi, L. Spiccia, B. Graham, Efficient plasmid DNA cleavage by copper （Ⅱ） complexes of 1, 4, 7-triazacyclononane ligands featuring xylyl-linked guanidinium groups, Inorg. Chem., 50 (10), 4327-4339 (2011).

66. T. Itoh, H. Hisada, T. Sumiya, M. Hosono, Y. Usui, Y. Fujii, Hydrolytic cleavage of DNA by a novel copper （Ⅱ） complex with cis, cis-1, 3, 5-triaminocyclohexane, Chem. Commun., 677-678 (1997).

67. E. Boseggia, M. Gatos, L. Lucatello, F. Mancin, S. Moro, M. Palumbo, C. Sissi, P. Tecilla, U. Tonellato, G. Zagotto, Toward efficient Zn （Ⅱ）-based artificial nucleases, J. Am. Chem. Soc., 126 (14), 4543-4549 (2004).

68. T. Kobayashi, S. Tobita, M. Kobayashi, T. Imajyo, M. Chikira, M. Yashiro, Y. Fujii, Effects of N-alkyl and ammonium groups on the hydrolytic cleavage of DNA with a Cu(Ⅱ) TACH (1, 3, 5-triaminocyclohexane) complex. Speciation, kinetic, and DNA-binding studies for reaction mechanism, J. Inorg. Biochem., 101 (2), 348-361 (2007).

69. C. Sissi, F. Mancin, M. Gatos, M. Palumbo, P. Tecilla, U. Tonellato, Efficient

plasmid DNA cleavage by a mononuclear copper (Ⅱ) complex, Inorg. Chem., 44 (7), 2310-2317 (2005).

70. A. Sreedhara, J. A. Cowan, Catalytic hydrolysis of DNA by metal ions and complexes, J. Biol. Inorg. Chem., 6 (4), 337 (2001).

71. X. Sheng, X. Guo, X. -M. Lu, G. -Y. Lu, Y. Shao, F. Liu, Q. Xu, DNA binding, cleavage, and cytotoxic activity of the preorganized dinuclear zinc (Ⅱ) complex of triazacyclononane derivatives, Bioconjug. Chem., 19 (2), 490-498 (2008).

72. K. P. McCue, J. R. Morrow, Hydrolysis of a model for the $5'$ -Cap of mRNA by dinuclear copper (Ⅱ) and zinc (Ⅱ) complexes. Rapid hydrolysis by four copper (Ⅱ) ions, Inorg. Chem., 38 (26), 6136-6142 (1999).

73. M. Laine, K. Ketomaki, P. Poijarvi-Virta, H. Lonnberg, Base moiety selectivity in cleavage of short oligoribonucleotides by di- and tri-nuclear Zn (Ⅱ) complexes of aza-crown-derived ligands, Org. Biomol. Chem., 7 (13), 2780-2787 (2009).

74. Y. An, S. -D. Liu, S. -Y. Deng, L. -N. Ji, Z. -W. Mao, Cleavage of double-strand DNA by linear and triangular trinuclear copper complexes, J. Inorg. Biochem., 100 (10), 1586-1593 (2006).

75. D. Li, J. Tian, Y. Kou, F. Huang, G. Chen, W. Gu, X. Liu, D. Liao, P. Cheng, S. Yan, Synthesis, X-ray crystal structures, magnetism, and DNA cleavage properties of copper (Ⅱ) complexes with 1, 4-tpbd ligand, Dalton Trans., 3574-3583 (2009).

76. V. Uma, M. Kanthimathi, J. Subramanian, B. Unni Nair, A new dinuclear biphenylene bridged copper (Ⅱ) complex: DNA cleavage under hydrolytic conditions, Biochim. Biophys. Acta (BBA) - General Subjects, 1760 (5), 814-819 (2006).

77. M. E. Branum, A. K. Tipton, S. Zhu, L. Que, Double-strand hydrolysis of plasmid DNA by dicerium complexes at 37℃, J. Am. Chem. Soc., 123 (9), 1898-1904 (2001).

78. M. E. Branum, L. Que Jr,, Double-strand DNA hydrolysis by dilanthanide complexes, JBIC J. Biol. Inorg. Chem., 4 (5), 593-600 (1999).

79. B. Zhu, D. -Q. Zhao, J. -Z. Ni, Q. -H. Zeng, B. -Q. Huang, Z. -L. Wang, Binuclear lanthanide complexes as catalysts for the hydrolysis of double-stranded DNA, Inorg. Chem. Commun., 2 (8), 351-353 (1999).

80. A. Roigk, O. V. Yescheulova, Y. V. Fedorov, O. A. Fedorova, S. P. Gromov, H. -J. Schneider, Carboxylic groups as cofactors in the lanthanide-catalyzed hydrolysis of phosphate esters. Stabilities of europium(Ⅲ) complexes with aza-benzo-15-crown-5 ether derivatives and their catalytic activity vs bis (p-nitrophenyl) phosphate and DNA, Org. Lett., 1 (6), 833-835 (1999).

81. K. G. Ragunathan, H. -J. Schneider, Binuclear lanthanide complexes as catalysts for the hydrolysis of bis (p-nitrophenyl) -phosphate and double-stranded DNA, Angew. Chem. Int. Ed., 35 (11), 1219-1221 (1996).

82. T. Berg, A. Simeonov, K. D. Janda, A combined parallel synthesis and screening

of macrocyclic lanthanide complexes for the cleavage of phospho di- and triesters and double-stranded DNA, J. Com. Chem. , 1 (1), 96-100 (1998).

83. S. Amin, J. R. Morrow, C. H. Lake, M. R. Churchill, Lanthanide(Ⅲ) tetraamide macrocyclic complexes as synthetic ribonucleases: Structure and catalytic properties of [La (tcmc) (CF$_3$SO$_3$) (EtOH)] (CF$_3$SO$_3$)$_2$, Angew. Chem. Int. Ed. , 33 (7), 773-775 (1994).

84. T. Niittymaki, H. Lonnberg, Artificial ribonucleases, Org. Biomol. Chem. , 4 (1), 15-25 (2006).

85. A. Whitney, G. Gavory, S. Balasubramanian, Site-specific cleavage of human telomerase RNA using PNA-neocuproine. Zn (Ⅱ) derivatives, Chem. Commun. , 36-37 (2003).

86. M. Murtola, M. Wenska, R. Strömberg, PNAzymes that are artificial RNA restriction enzymes, J. Am. Chem. Soc. , 132 (26), 8984-8990 (2010).

87. M. Murtola, R. Stromberg, PNA based artificial nucleases displaying catalysis with turnover in the cleavage of a leukemia related RNA model, Org. Biomol. Chem. , 6 (20), 3837-3842 (2008).

88. V. P. Torchilin, Intracellular delivery of protein and peptide therapeutics, Drug Discov. Today: Tech. , 5 (2-3), e95-e103 (2008).

89. C. Y. Looi, M. Imanishi, S. Takaki, M. Sato, N. Chiba, Y. Sasahara, S. Futaki, S. Tsuchiya, S. Kumaki, Octa-arginine mediated delivery of wild-type Lnk protein inhibits TPO-induced M-MOK megakaryoblastic leukemic cell growth by promoting apoptosis, PLoS ONE, 6 (8), e23640 (2011).

90. S. EL Andaloussi, T. Lehto, I. Mäger, K. Rosenthal-Aizman, I. I. Oprea, O. E. Simonson, H. Sork, K. Ezzat, D. M. Copolovici, K. Kurrikoff, J. R. Viola, E. M. Zaghloul, R. Sillard, H. J. Johansson, F. Said Hassane, P. Guterstam, J. Suhorutšenko, P. M. D. Moreno, N. Oskolkov, J. Hälldin, U. Tedebark, A. Metspalu, B. Lebleu, J. Lehtiö, C. I. E. Smith, Ü. Langel, Design of a peptide-based vector, PepFect6, for efficient delivery of siRNA in cell culture and systemically in vivo, Nucleic Acids Res. , 39 (9), 3972-3987 (2011).

91. S. Trabulo, S. Resina, S. Simões, B. Lebleu, M. C. Pedroso de Lima, A non-covalent strategy combining cationic lipids and CPPs to enhance the delivery of splice correcting oligonucleotides, J. Control. Release, 145 (2), 149-158 (2010).

92. H. Yukawa, Y. Kagami, M. Watanabe, K. Oishi, Y. Miyamoto, Y. Okamoto, M. Tokeshi, N. Kaji, H. Noguchi, K. Ono, M. Sawada, Y. Baba, N. Hamajima, S. Hayashi, Quantum dots labeling using octa-arginine peptides for imaging of adipose tissue-derived stem cells, Biomaterials, 31 (14), 4094-4103 (2010).

93. K. T. Yong, Y. Wang, I. Roy, H. Rui, M. T. Swihart, W. C. Law, S. K. Kwak, L. Ye, J. Liu, S. D. Mahajan, J. L. Reynolds, Preparation of quantum dot/drug nanoparticle formulations for traceable targeted delivery and therapy, Theranostics, 2, 681-

694 (2012).

94. W. B. Liechty, D. R. Kryscio, B. V. Slaughter, N. A. Peppas, Polymers for drug delivery systems, Annu. Rev. Chem. Biomol. Eng., 1 (1), 149-173 (2010).

95. Q. Zhu, F. Qiu, B. Zhu, X. Zhu, Hyperbranched polymers for bioimaging, RSC Adv., 3 (7), 2071-2083 and references therein (2013).

96. V. P. Torchilin, Recent approches to intracellular delivery of drugs and DNA and organelle targeting, Ann. Rev. Biomed. Eng., 8 (1), 343-375 (2006).

97. J. Connor, L. Huang, pH-sensitive Immunoliposomes as an efficient and targetspecific carrier for antitumor drugs, Cancer Res., 46 (7), 3431-3435 (1986).

98. E. Koren, V. P. Torchilin, Cell-penetrating peptides: breaking through to the other side, Trends Mol. Med., 18 (7), 385-393 (2012).

99. R. Johnson, S. Harrison, D. Maclean. Therapeutic applications of cell-penetrating peptides. In: Langel Ü. (ed.) Cell-Penetrating Peptides: Humana Press; 2011. pp. 535-551.

100. W. L. Munyendo, H. Lv, H. Benza-Ingoula, L. D. Baraza, J. Zhou, Cell penetrating peptides in the delivery of biopharmaceuticals, Biomolecules, 2 (2), 187-202 (2012).

101. M. C. Morris, S. Deshayes, F. Heitz, G. Divita, Cell-penetrating peptides: from molecular mechanisms to therapeutics, Bio. Cell, 100 (4), 201-217 (2008).

102. D. E. Reichert, J. S. Lewis, C. J. Anderson, Metal complexes as diagnostic tools, Coord. Chem. Rev., 184 (1), 3-66 (1999).

103. N. Metzler-Nolte, Medicinal applications of metal-peptide bioconjugates, Chimia, 61, 736-741 (2007).

104. E. Rozners, Recent advances in chemical modification of peptide nucleic acids, J. Nucleic Acids, 2012, 8 and references therein (2012).

105. A. Füssl, A. Schleifenbaum, M. Görtz, A. Riddell, C. Schultz, R. Krämer, Cellular uptake of PNA-terpyridine conjugates and its enhancement by Zn^{2+} Ions, J. Am. Chem. Soc., 128 (18), 5986-5987 (2006).

106. G. Gasser, A. M. Sosniak, N. Metzler-Nolte, Metal-containing peptide nucleic acid conjugates, Dalton Trans., 40, 7061-7076 and references therein (2011).

107. F. Noor, A. Wüstholz, R. Kinscherf, N. Metzler-Nolte, A cobaltocenium-peptide bioconjugate shows enhanced cellular uptake and directed nuclear delivery, Angew. Chem. Int. Ed., 44 (16), 2429-2432 (2005).

108. F. Noor, R. Kinscherf, G. A. Bonaterra, S. Walczak, S. Wölfl, N. Metzler-Nolte, Enhanced cellular uptake and cytotoxicity studies of organometallic bioconjugates of the NLS peptide in HepG2 cells, ChemBioChem, 10, 493-502 (2009).

109. G. Jaouen, N. Metzler-Nolte. Medicinal Organometallic Chemistry. Topics in Organometallic Chemistry. 1st edn. Heidelberg: Springer; 2010.

110. I. Neundorf, J. Hoyer, K. Splith, R. Rennert, H. W. P. N'Dongo, U.

Schatzschneider，Cymantrene conjugation modulates the intracellular distribution and induces high cytotoxicity of a cell-penetrating peptide，Chem. Commun.，5604-5606（2008）.

111. R. Rennert，I. Neundorf，A. G. Beck-Sickinger，Calcitonin-derived peptide carriers：Mechanisms and application，Adv. Drug Delivery Rev.，60（4-5），485-498（2008）.

112. C. Foerg，U. Ziegler，J. Fernandez-Carneado，E. Giralt，R. Rennert，A. G. Beck-Sickinger，H. P. Merkle，Decoding the entry of two novel cell-penetrating peptides in HeLa cells：Lipid raft-mediated endocytosis and endosomal escape，Biochemistry，44（1），72-81（2004）.

113. C. A. Puckett，J. K. Barton，Fluorescein redirects a ruthenium-octaarginine conjugate to the nucleus，J. Am. Chem. Soc.，131（25），8738-8739（2009）.

（a）

（b）

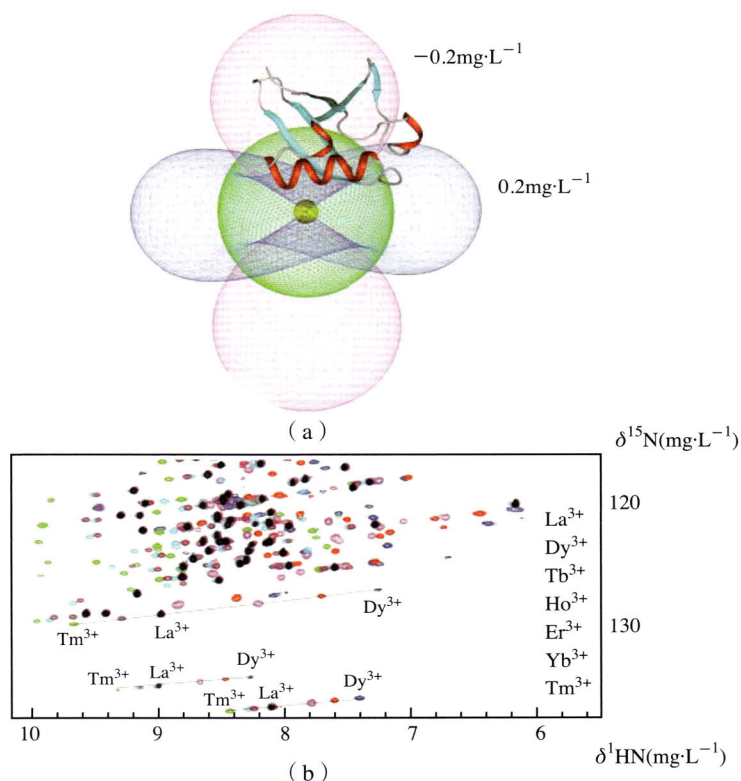

彩图2.3　（a）结合到蛋白质（泛素）上的镧系元素离子（Dy^{3+}，黄色）的各向异性磁性张量（粉红色和蓝色）和PRE扩展区（绿色）的等值面表示。核的NMR信号坐标落在张量等值面上的PCS为±0.2，而粉红色等值面上的核的信号与蓝色等值面相反。（b）用各种顺磁性镧系离子（Ⅲ）作为抗磁性参考标记蛋白质（泛素），叠加^1H-^{15}NHSQC NMR的光谱

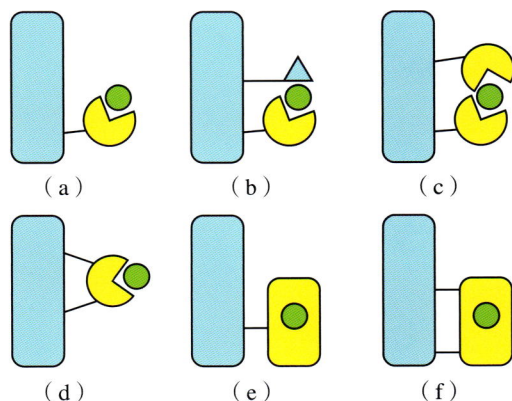

彩图2.5　将镧系离子引入蛋白质的不同策略（蓝色矩形代表蛋白质,黄色图形代表螯合配体/肽,绿色圆圈代表镧系离子）。（a）稳定镧系元素配合物的单点结合；（b）稳定的镧系元素螯合物的单点结合且与氨基酸残基侧链配位结合（蓝色三角形）；（c）单个金属离子与一对镧系螯合剂的两点结合；（d）稳定的镧系元素配合物的两点结合；（e）镧系元素结合肽的单点结合；（f）镧系元素结合肽的两点结合

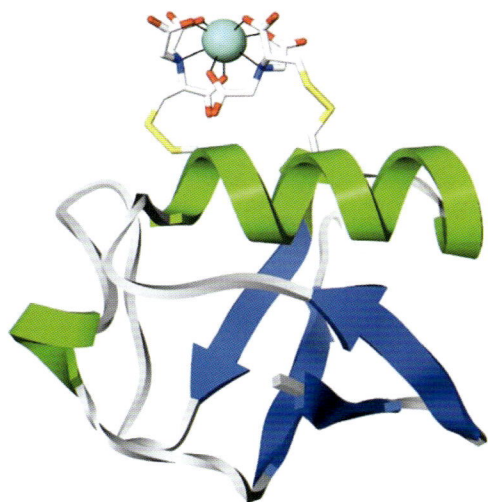

彩图 2.8 通过一对 LBT 6 固定的 Ln³⁺ 的人泛素蛋白模型。该蛋白显示一条带，Cys24 和 Cys28 侧链带有 LBT，镧系离子为浅蓝色的球体。经许可引自[41] 2011 Royal Society of Chemistry

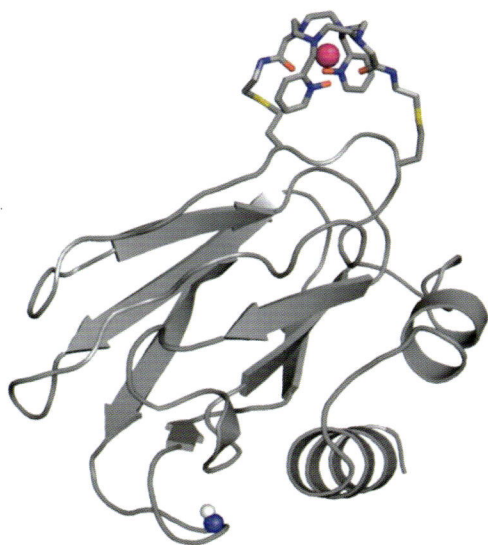

彩图 2.9 LBT 7 通过两个近端半胱氨酸残基的二硫键与假天青素假天青蛋白两点连接。LBT 以棍棒结构显示，镧系元素离子以粉红色球形表示。经许可引自[25] 2011 Elsevier

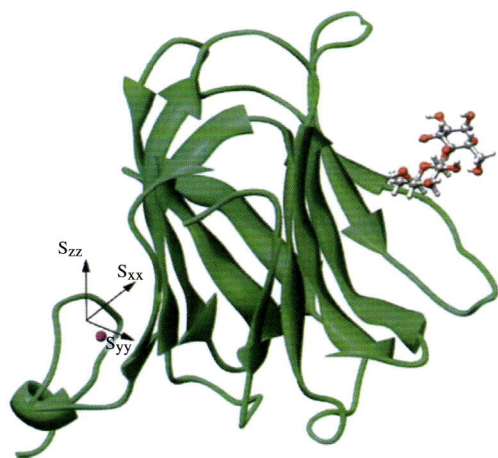

彩图 2.10 Galectin-3-乳糖配合物的结构。镧系元素结合肽已被引入 Galectin-3 中，其镧系元素离子的位置由左下方的紫红色球形表示。经许可转载[45] 2008 The Protein Society

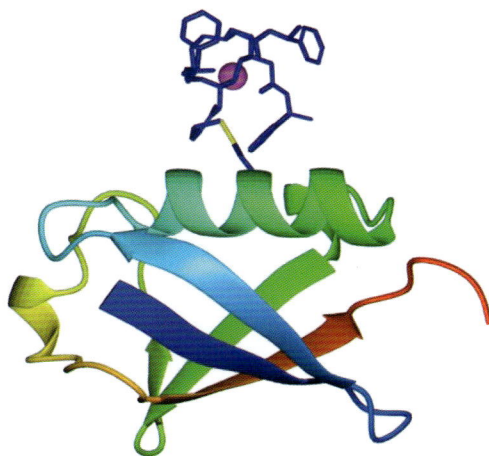

彩图 2.11 泛素 A28C 突变体 Cys28 与 LBT9 的结合模型。镧系离子由紫红色球表示，为突出显示二硫键，标记为黄色，LBT 和 Cys28 的侧链以棍棒结构显示。经许可引自 [46] 2011 American Chemical Society

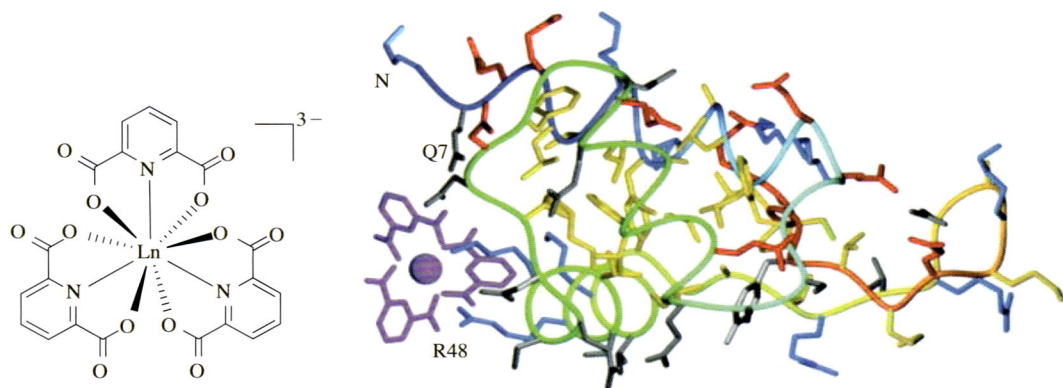

彩图 2.14　[Ln(DPA)₃]³⁻ 配合物和与 ArgN 的结合模型（紫色）。
经许可引自[54] 2009 American Chemical Society

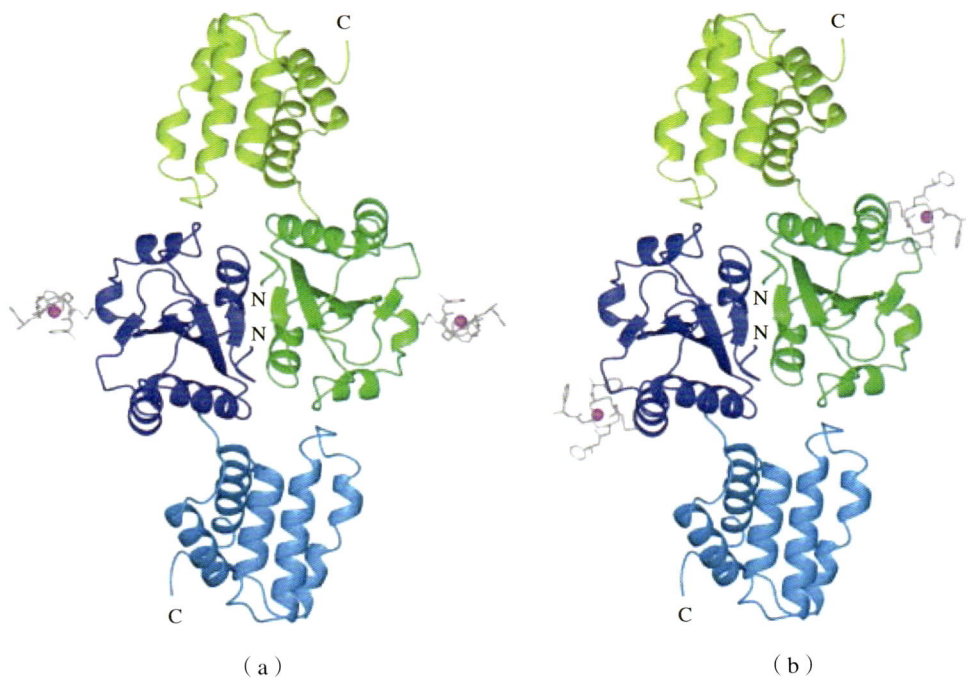

（a）　　　　　　　　　（b）

彩图 2.15　Gd（Ⅲ）-9 标记在 114 位置（a）和 147 位置（b）的 ERp29 二聚体结构模型。蛋白质单体以蓝色和绿色表示，N-端结构域使用较深的颜色，标记物以棍棒结构（灰色）表示，粉红色的球表示 Gd^{3+}。Gd（Ⅲ）-Gd（Ⅲ）模型的距离与通过 DEER 实验测得的距离非常吻合。经许可引自[64] 2011 American Chemical Society

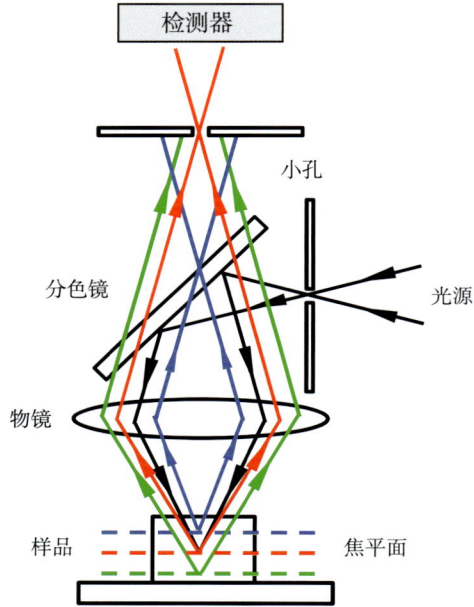

彩图 4.6 激光扫描共聚焦显微镜示意图

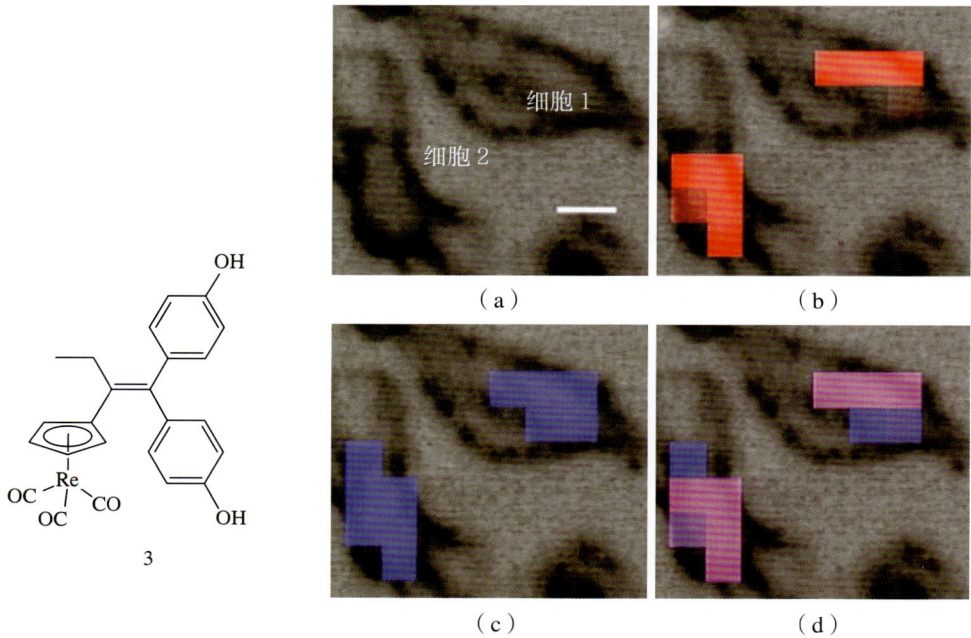

彩图 5.5 用3处理的 MDA-MB-231 细胞。（a）明场图像（比例尺为10μm）。SR-FTIR-SM 映射：（b）E波段热点（红色）；（c）酰胺 I 波段热点（蓝色）；（d）E波段热点（蓝色），酰胺 I 波段热点（红色），覆盖层（洋红色）。像素大小：6×6μm²。经许可改编自[31] 2013 Elsevier

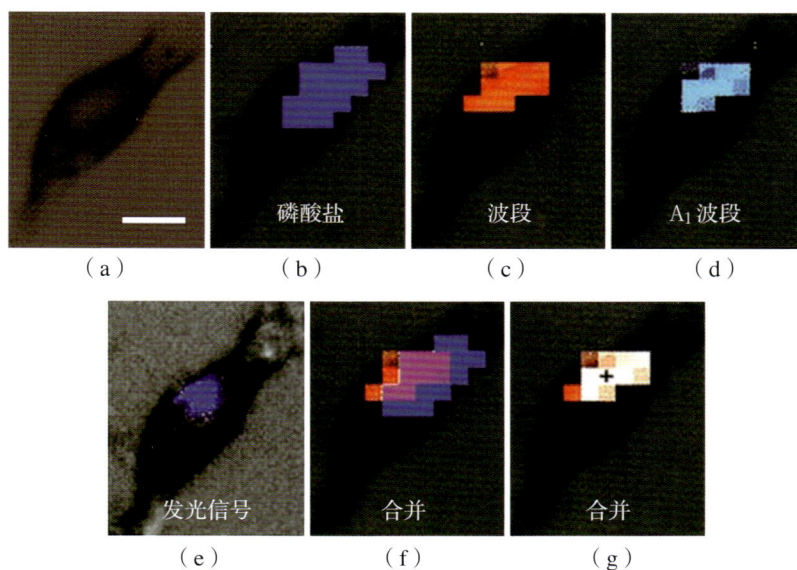

彩图 5.6 MDA-MB-231细胞与4培养。(b)～(d) SR-FTIR 映射，热点：(b) 磷酸盐反对称伸缩（蓝色），(c) E 波段（红色），(d) A₁波段(青色)。(e) 荧光图像，4（蓝色）定位。(f)、(g) SR-FTIR 热点的叠加：(f)(b)（蓝色）和(c)（红色）的叠加（洋红色），(g)(c)（红色）和(d)（青色）的叠加（白色）。经许可引自[32] 2012Royal Society of Chemistry。像素大小：3mm×3mm

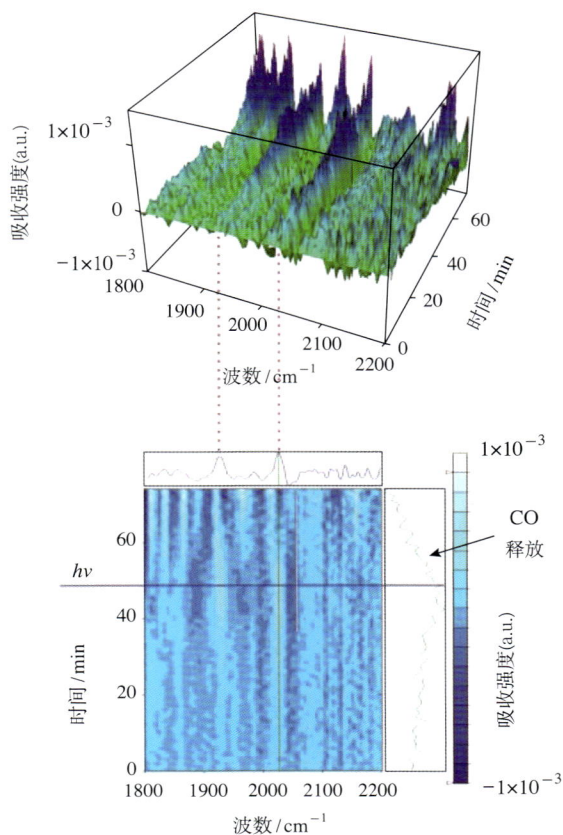

彩图 5.9 单个 3T3 纤维原细胞中6的积累和随后的光解。图片以2D（底部）和 3D（顶部）表示复合物6培养的 3T3 细胞的 IR 光谱随时间的变化。2D 光谱框架中的绿线是沿图中所示方向的"横截面"。标记的峰对应于fac-[Mn^I(CO)$_3$]$^+$核的E和A₁伸缩模式。经许可改编自[40] 2013 American Chemical Society

人类休克蛋白 Hsp90α
残基 293 732

Cys598

Cys597

（a）

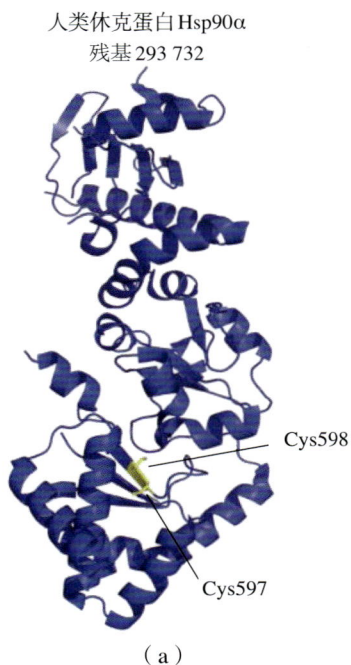

GSAO-AF750 对脑细胞死亡的无创成像

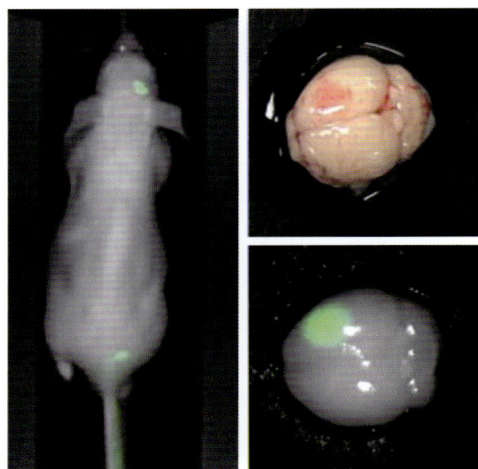

（b）

彩图 7.5 用光学标记的有机砷对脑细胞死亡进行无创伤成像。（a）人类休克蛋白 Hsp90α 残基的 293~732 的带状结构，未配对的 Cys597 和 Cys598 残基显示为条状（黄色），结构为 PDB ID 3Q6M[80]。（b）GSAO-AF750 小鼠脑损伤细胞死亡的体内和体外成像。60s 诱导的脑冷冻损伤发生于右顶叶前部，尾静脉注射 1mg·kg⁻¹ GSAO-AF750。注射探针 24h 后进行全身荧光成像。老鼠的大脑被切除以进行体外成像。顶端为病变部位红色变淡的亮视野图像，底端为同脑的荧光图像。许可改编自 2013 [77] Macmillan Publishers Ltd

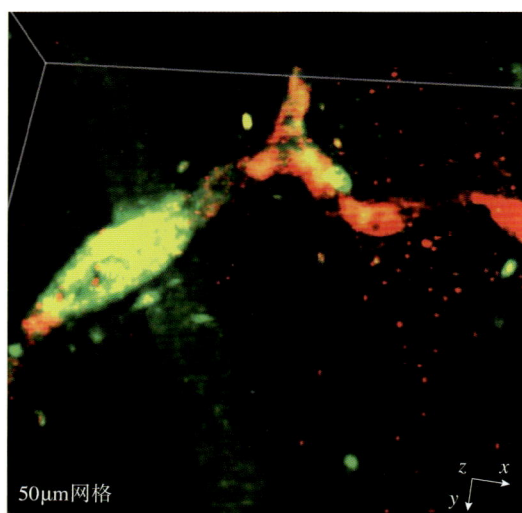

50μm网格

彩图 7.6 用光学标记的有机砷显示体内坏死的血小板血栓。FeCl₃ 对小鼠提睾肌小动脉损伤所引起血栓的活体荧光显微镜三维重构。图示：GSAO-Oregon Green（绿色）与血小板（红色，DyLight488 结合的 anti-CD42 抗体）在血栓中的共定位。GSAO-Oregon Green 和血小板信号的融合显示为黄色

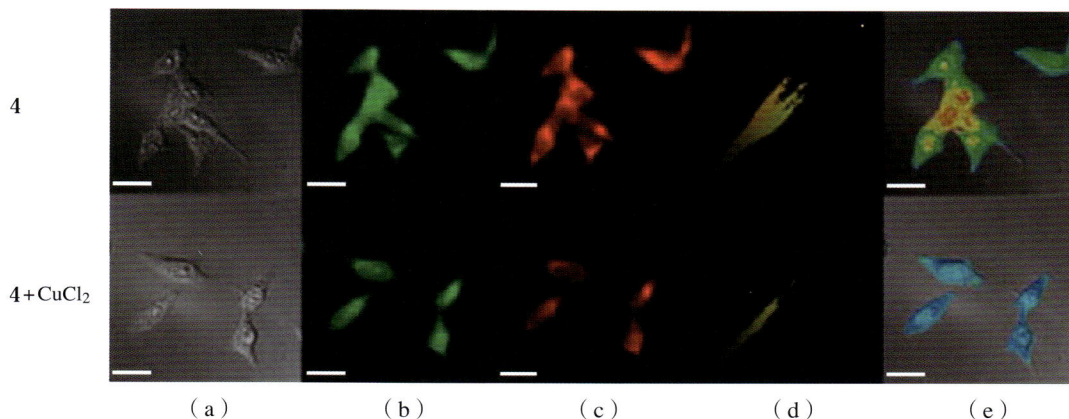

彩图 8.3　HeLa 细胞图像，首先将 HeLa 细胞与 $500\mu mol \cdot L^{-1}$ $CuCl_2$（底部）或仅 HeLa 细胞（顶部）进行培养，然后在成像前加入4培养。（a）对比图；（b）通过绿色通道获得的磷光；（c）通过红色通道获得的磷光；（d）绿色和红色通道的共定位散点图；（e）绿色和红色通道的磷光强度比图像。经许可引自[20] 2011 American Chemical Society

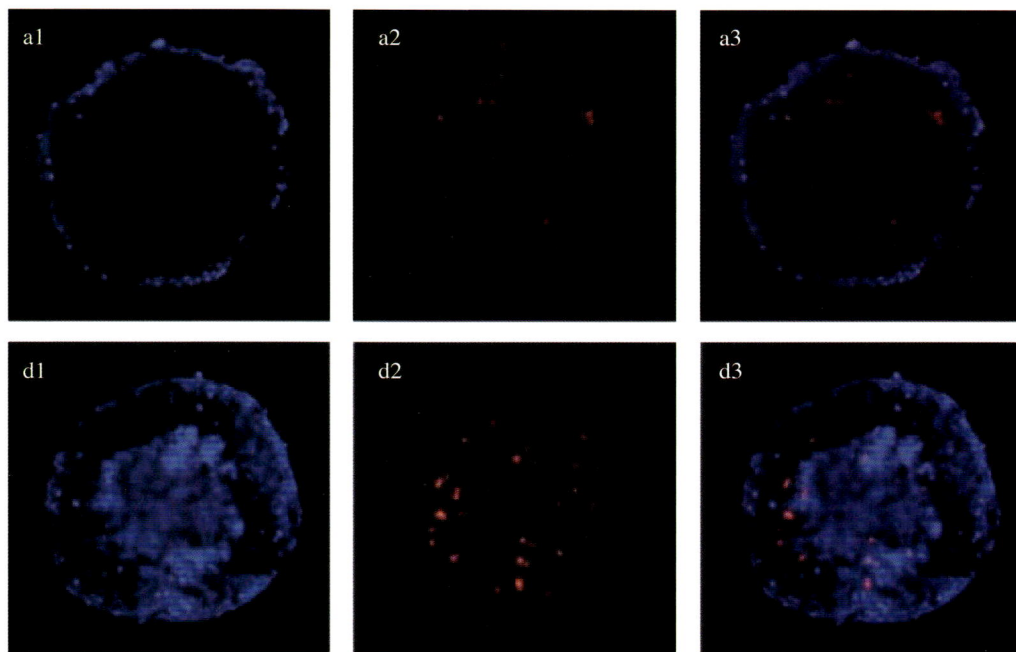

彩图 10.17　钴配合物在球状体中的吸收取决于化合物的电荷。用游离荧光团（a）和配合物 13（d）处理 HRE-Eos DLD-1 球体的共聚焦显微镜图像。第1列显示蓝色通道中配体引起的荧光，第2列显示细胞表达 EosFP 响应于红色通道中的缺氧，第3列显示覆盖。经许可引自[153] 2013 American Chemical Society